国家卫生健康委员会“十三五”规划教材
全 国 高 等 学 校 教 材
供基础、临床、预防、口腔医学类专业用

基础化学

Basic Chemistry

第9版

主　审　魏祖期
主　编　李雪华　陈朝军
副主编　尚京川　刘　君　籍雪平

人民卫生出版社
People's Medical Publishing House

图书在版编目(CIP)数据

基础化学/李雪华,陈朝军主编. —9版. —北京:人民卫生出版社,2018

全国高等学校五年制本科临床医学专业第九轮规划教材

ISBN 978-7-117-26656-7

Ⅰ. ①基… Ⅱ. ①李… ②陈… Ⅲ. ①化学－高等学校－教材 Ⅳ. ①06

中国版本图书馆CIP数据核字(2018)第164583号

基 础 化 学

第9版

主　　编:李雪华　陈朝军

出版发行:人民卫生出版社(中继线 010-59780011)

地　　址:北京市朝阳区潘家园南里19号

邮　　编:100021

E - mail:pmph @ pmph.com

购书热线:010-59787592　010-59787584　010-65264830

印　　刷:北京盛通印刷股份有限公司

经　　销:新华书店

开　　本:850×1168　1/16　**印张**:21　**插页**:1

字　　数:621千字

版　　次:1978年7月第1版　2018年9月第9版

2023年5月第9版第6次印刷(总第61次印刷)

标准书号:ISBN 978-7-117-26656-7

定　　价:58.00元

编　委

以姓氏笔画为序

融合教材阅读使用说明

融合教材介绍：本套教材以融合教材形式出版，即融合纸书内容与数字服务的教材，每本教材均配有特色的数字内容，读者阅读纸书的同时可以通过扫描书中二维码阅读线上数字内容。

《基础化学》(第9版)融合教材配有以下数字资源：

教学课件　案例　视频　自测试卷　英文名词读音

❶ 扫描教材封底圆形图标中的二维码，打开激活平台。

❷ 注册或使用已有人卫账号登录，输入刮开的激活码。

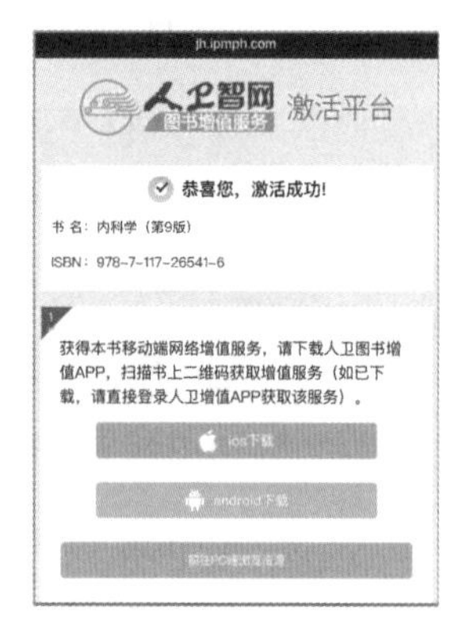

❸ 下载“人卫图书增值”APP，也可登录 zengzhi.ipmph.com 浏览。

❹ 使用 APP“扫码”功能，扫描教材中二维码可快速查看数字内容。

配套教材(共计56种)

全套教材书目

《基础化学》(第9版)配套教材

《基础化学学习指导与习题集》(第3版)　主编：李雪华、陈朝军

《基础化学实验》(第4版)　主编：李雪华、籍雪平

《Basic Chemistry for Higher Medical Education 基础化学》(第3版)　主编：傅迎、胡新

读者信息反馈方式

欢迎登录“人卫e教”平台官网“medu.pmph.com”，在首页注册登录后，即可通过输入书名、书号或主编姓名等关键字，查询我社已出版教材，并可对该教材进行读者反馈、图书纠错、撰写书评以及分享资源等。

序　言

党的十九大报告明确提出，实施健康中国战略。没有合格医疗人才，就没有全民健康。推进健康中国建设要把培养好医药卫生人才作为重要基础工程。我们必须以习近平新时代中国特色社会主义思想为指引，按照十九大报告要求，把教育事业放在优先发展的位置，加快实现教育现代化，办好人民满意的医学教育，培养大批优秀的医药卫生人才。

着眼于面向 2030 年医学教育改革与健康中国建设，2017 年 7 月，教育部、国家卫生和计划生育委员会、国家中医药管理局联合召开了全国医学教育改革发展工作会议。之后，国务院办公厅颁布了《国务院办公厅关于深化医教协同进一步推进医学教育改革与发展的意见》（国办发〔2017〕63 号）。这次改革聚焦健康中国战略，突出问题导向，系统谋划发展，医教协同推进，以"服务需求、提高质量"为核心，确定了"两更加、一基本"的改革目标，即：到 2030 年，具有中国特色的标准化、规范化医学人才培养体系更加健全，医学教育改革与发展的政策环境更加完善，医学人才队伍基本满足健康中国建设需要，绘就了今后一个时期医学教育改革发展的宏伟蓝图，作出了具有全局性、战略性、引领性的重大改革部署。

教材是学校教育教学的基本依据，是解决培养什么样的人、如何培养人以及为谁培养人这一根本问题的重要载体，直接关系到党的教育方针的有效落实和教育目标的全面实现。要培养高素质的优秀医药卫生人才，必须出版高质量、高水平的优秀精品教材。一直以来，教育部高度重视医学教材编制工作，要求以教材建设为抓手，大力推动医学课程和教学方法改革。

改革开放四十年来，具有中国特色的全国高等学校五年制本科临床医学专业规划教材经历了九轮传承、创新和发展。在教育部、国家卫生和计划生育委员会的共同推动下，以裘法祖、吴阶平、吴孟超、陈灏珠等院士为代表的我国几代著名院士、专家、医学家、教育家，以高度的责任感和敬业精神参与了本套教材的创建和每一轮教材的修订工作。教材从无到有、从少到多、从多到精，不断丰富、完善与创新，逐步形成了课程门类齐全、学科系统优化、内容衔接合理、结构体系科学的立体化优秀精品教材格局，创建了中国特色医学教育教材建设模式，推动了我国高等医学本科教育的改革和发展，走出了一条适合中国医学教育和卫生健康事业发展实际的中国特色医药学教材建设发展道路。

在深化医教协同、进一步推进医学教育改革与发展的时代要求与背景下，我们启动了第九轮全国高等学校五年制本科临床医学专业规划教材的修订工作。教材修订过程中，坚持以习近平新时代中国特色社会主义思想为指引，贯彻党的十九大精神，落实"优先发展教育事业""实施健康中国战略"及"落实立德树人根本任务，发展素质教育"的战略部署要求，更加突出医德教育与人文素质教育，将医德教育贯穿于医学教育全过程，同时强调"多临床、早临床、反复临床"的理念，强化临床实践教学，着力培养医德高尚、医术精湛的临床医生。

我们高兴地看到，这套教材在编写宗旨上，不忘医学教育人才培养的初心，坚持质量第一、立德树人；在编写内容上，牢牢把握医学教育改革发展新形势和新要求，坚持与时俱进、力求创新；在编写形式上，聚力"互联网 +"医学教育的数字化创新发展，充分运用 AR、VR、人工智能等新技术，在传统纸质教材的基础上融合实操性更强的数字内容，推动传统课堂教学迈向数字教学与移动学习的新时代。为进一步加强医学生临床实践能力培养，整套教材还配有相应的实践指导教材，内容丰富，图文并茂，具有较强的科学性和实践指导价值。

我们希望，这套教材的修订出版，能够进一步启发和指导高校不断深化医学教育改革，推进医教协同，为培养高质量医学人才、服务人民群众健康乃至推动健康中国建设作出积极贡献。

2018 年 2 月

全国高等学校五年制本科临床医学专业
第九轮　规划教材修订说明

全国高等学校五年制本科临床医学专业国家卫生健康委员会规划教材自 1978 年第一轮出版至今已有 40 年的历史。几十年来，在教育部、国家卫生健康委员会的领导和支持下，以裘法祖、吴阶平、吴孟超、陈灏珠等院士为代表的我国几代德高望重、有丰富的临床和教学经验、有高度责任感和敬业精神的国内外著名院士、专家、医学家、教育家参与了本套教材的创建和每一轮教材的修订工作，使我国的五年制本科临床医学教材从无到有，从少到多，从多到精，不断丰富、完善与创新，形成了课程门类齐全、学科系统优化、内容衔接合理、结构体系科学的由规划教材、配套教材、网络增值服务、数字出版等组成的立体化教材格局。这套教材为我国千百万医学生的培养和成才提供了根本保障，为我国培养了一代又一代高水平、高素质的合格医学人才，为推动我国医疗卫生事业的改革和发展做出了历史性巨大贡献，并通过教材的创新建设和高质量发展，推动了我国高等医学本科教育的改革和发展，促进了我国医药学相关学科或领域的教材建设和教育发展，走出了一条适合中国医药学教育和卫生事业发展实际的具有中国特色医药学教材建设和发展的道路，创建了中国特色医药学教育教材建设模式。老一辈医学教育家和科学家们亲切地称这套教材是中国医学教育的“干细胞”教材。

本套第九轮教材修订启动之时，正是我国进一步深化医教协同之际，更是我国医疗卫生体制改革和医学教育改革全方位深入推进之时。在全国医学教育改革发展工作会议上，李克强总理亲自批示“人才是卫生与健康事业的第一资源，医教协同推进医学教育改革发展，对于加强医学人才队伍建设、更好保障人民群众健康具有重要意义”，并着重强调，要办好人民满意的医学教育，加大改革创新力度，奋力推动建设健康中国。

教材建设是事关未来的战略工程、基础工程，教材体现国家意志。人民卫生出版社紧紧抓住医学教育综合改革的历史发展机遇期，以全国高等学校五年制本科临床医学专业第九轮规划教材全面启动为契机，以规划教材创新建设，全面推进国家级规划教材建设工作，服务于医改和教改。第九轮教材的修订原则，是积极贯彻落实国务院办公厅关于深化医教协同、进一步推进医学教育改革与发展的意见，努力优化人才培养结构，坚持以需求为导向，构建发展以“5+3”模式为主体的临床医学人才培养体系；强化临床实践教学，切实落实好“早临床、多临床、反复临床”的要求，提高医学生的临床实践能力。

在全国医学教育综合改革精神鼓舞下和老一辈医学家奉献精神的感召下，全国一大批临床教学、科研、医疗第一线的中青年专家、学者、教授继承和发扬了老一辈的优秀传统，以严谨治学的科学态度和无私奉献的敬业精神，积极参与第九轮教材的修订和建设工作，紧密结合五年制临床医学专业培养目标、高等医学教育教学改革的需要和医药卫生行业人才的需求，借鉴国内外医学教育教学的经验和成果，不断创新编写思路和编写模式，不断完善表达形式和内容，不断提升编写水平和质量，已逐渐将每一部教材打造成了学科精品教材，使第九轮全套教材更加成熟、完善和科学，从而构建了适合以“5+3”为主体的医学教育综合改革需要、满足卓越临床医师培养需求的教材体系和优化、系统、科学、经典的五年制本科临床医学专业课程体系。

其修订和编写特点如下：

1. 教材编写修订工作是在国家卫生健康委员会、教育部的领导和支持下，由全国高等医药教材建设研究学组规划，临床医学专业教材评审委员会审定，院士专家把关，全国各医学院校知名专家教授编写，人民卫生出版社高质量出版。

2. 教材编写修订工作是根据教育部培养目标、国家卫生健康委员会行业要求、社会用人需求，在全国进行科学调研的基础上，借鉴国内外医学人才培养模式和教材建设经验，充分研究论证本专业人才素质要求、学科体系构成、课程体系设计和教材体系规划后，科学进行的。

3. 在教材修订工作中，进一步贯彻党的十九大精神，将"落实立德树人根本任务，发展素质教育"的战略部署要求，贯穿教材编写全过程。全套教材在专业内容中渗透医学人文的温度与情怀，通过案例与病例融合基础与临床相关知识，通过总结和汲取前八轮教材的编写经验与成果，充分体现教材的科学性、权威性、代表性和适用性。

4. 教材编写修订工作着力进行课程体系的优化改革和教材体系的建设创新——科学整合课程、淡化学科意识、实现整体优化、注重系统科学、保证点面结合。继续坚持"三基、五性、三特定"的教材编写原则，以确保教材质量。

5. 为配合教学改革的需要，减轻学生负担，精炼文字压缩字数，注重提高内容质量。根据学科需要，继续沿用大 16 开国际开本、双色或彩色印刷，充分拓展侧边留白的笔记和展示功能，提升学生阅读的体验性与学习的便利性。

6. 为满足教学资源的多样化，实现教材系列化、立体化建设，进一步丰富了理论教材中的数字资源内容与类型，创新在教材移动端融入 AR、VR、人工智能等新技术，为课堂学习带来身临其境的感受；每种教材均配有 2 套模拟试卷，线上实时答题与判卷，帮助学生复习和巩固重点知识。同时，根据实际需求进一步优化了实验指导与习题集类配套教材的品种，方便老师教学和学生自主学习。

第九轮教材共有 53 种，均为**国家卫生健康委员会"十三五"规划教材**。全套教材将于 2018 年 6 月出版发行，数字内容也将同步上线。教育部副部长林蕙青同志亲自为本套教材撰写序言，并对通过修订教材启发和指导高校不断深化医学教育改革、进一步推进医教协同，为培养高质量医学人才、服务人民群众健康乃至推动健康中国建设寄予厚望。希望全国广大院校在使用过程中能够多提供宝贵意见，反馈使用信息，以逐步修改和完善教材内容，提高教材质量，为第十轮教材的修订工作建言献策。

全国高等学校五年制本科临床医学专业第九轮规划教材
教材目录

序号	书名	版次	主编	副主编
1.	医用高等数学	第7版	秦 侠 吕 丹	李 林 王桂杰 刘春扬
2.	医学物理学	第9版	王 磊 冀 敏	李晓春 吴 杰
3.	基础化学	第9版	李雪华 陈朝军	尚京川 刘 君 籍雪平
4.	有机化学	第9版	陆 阳	罗美明 李柱来 李发胜
5.	医学生物学	第9版	傅松滨	杨保胜 邱广蓉
6.	系统解剖学	第9版	丁文龙 刘学政	孙晋浩 李洪鹏 欧阳宏伟 阿地力江·伊明
7.	局部解剖学	第9版	崔慧先 李瑞锡	张绍祥 钱亦华 张雅芳 张卫光
8.	组织学与胚胎学	第9版	李继承 曾园山	周 莉 周国民 邵淑娟
9.	生物化学与分子生物学	第9版	周春燕 药立波	方定志 汤其群 高国全 吕社民
10.	生理学	第9版	王庭槐	罗自强 沈霖霖 管又飞 武宇明
11.	医学微生物学	第9版	李 凡 徐志凯	黄 敏 郭晓奎 彭宜红
12.	人体寄生虫学	第9版	诸欣平 苏 川	吴忠道 李朝品 刘文琪 程彦斌
13.	医学免疫学	第7版	曹雪涛	姚 智 熊思东 司传平 于益芝
14.	病理学	第9版	步 宏 李一雷	来茂德 王娅兰 王国平 陶仪声
15.	病理生理学	第9版	王建枝 钱睿哲	吴立玲 孙连坤 李文斌 姜志胜
16.	药理学	第9版	杨宝峰 陈建国	臧伟进 魏敏杰
17.	医学心理学	第7版	姚树桥 杨艳杰	潘 芳 汤艳清 张 宁
18.	法医学	第7版	王保捷 侯一平	丛 斌 沈忆文 陈 腾
19.	诊断学	第9版	万学红 卢雪峰	刘成玉 胡申江 杨 炯 周汉建
20.	医学影像学	第8版	徐 克 龚启勇 韩 萍	于春水 王 滨 文 戈 高剑波 王绍武
21.	内科学	第9版	葛均波 徐永健 王 辰	唐承薇 肖海鹏 王建安 曾小峰
22.	外科学	第9版	陈孝平 汪建平 赵继宗	秦新裕 刘玉村 张英泽 李宗芳
23.	妇产科学	第9版	谢 幸 孔北华 段 涛	林仲秋 狄 文 马 丁 曹云霞 漆洪波
24.	儿科学	第9版	王卫平 孙 锟 常立文	申昆玲 李 秋 杜立中 母得志
25.	神经病学	第8版	贾建平 陈生弟	崔丽英 王 伟 谢 鹏 罗本燕 楚 兰
26.	精神病学	第8版	郝 伟 陆 林	李 涛 刘金同 赵旭东 王高华
27.	传染病学	第9版	李兰娟 任 红	高志良 宁 琴 李用国

序号	书名	版次	主编	副主编
28.	眼科学	第9版	杨培增 范先群	孙兴怀 刘奕志 赵桂秋 原慧萍
29.	耳鼻咽喉头颈外科学	第9版	孙 虹 张 罗	迟放鲁 刘 争 刘世喜 文卫平
30.	口腔科学	第9版	张志愿	周学东 郭传瑸 程 斌
31.	皮肤性病学	第9版	张学军 郑 捷	陆洪光 高兴华 何 黎 崔 勇
32.	核医学	第9版	王荣福 安 锐	李亚明 李 林 田 梅 石洪成
33.	流行病学	第9版	沈洪兵 齐秀英	叶冬青 许能锋 赵亚双
34.	卫生学	第9版	朱启星	牛 侨 吴小南 张正东 姚应水
35.	预防医学	第7版	傅 华	段广才 黄国伟 王培玉 洪 峰
36.	中医学	第9版	陈金水	范 恒 徐 巍 金 红 李 锋
37.	医学计算机应用	第6版	袁同山 阳小华	卜宪庚 张筠莉 时松和 娄 岩
38.	体育	第6版	裴海泓	程 鹏 孙 晓
39.	医学细胞生物学	第6版	陈誉华 陈志南	刘 佳 范礼斌 朱海英
40.	医学遗传学	第7版	左 伋	顾鸣敏 张咸宁 韩 骅
41.	临床药理学	第6版	李 俊	刘克辛 袁 洪 杜智敏 闫素英
42.	医学统计学	第7版	李 康 贺 佳	杨土保 马 骏 王 彤
43.	医学伦理学	第5版	王明旭 赵明杰	边 林 曹永福
44.	临床流行病学与循证医学	第5版	刘续宝 孙业桓	时景璞 王小钦 徐佩茹
45.	康复医学	第6版	黄晓琳 燕铁斌	王宁华 岳寿伟 吴 毅 敖丽娟
46.	医学文献检索与论文写作	第5版	郭继军	马 路 张 帆 胡德华 韩玲革
47.	卫生法	第5版	汪建荣	田 侃 王安富
48.	医学导论	第5版	马建辉 闻德亮	曹德品 董 健 郭永松
49.	全科医学概论	第5版	于晓松 路孝琴	胡传来 江孙芳 王永晨 王 敏
50.	麻醉学	第4版	李文志 姚尚龙	郭曲练 邓小明 喻 田
51.	急诊与灾难医学	第3版	沈 洪 刘中民	周荣斌 于凯江 何 庆
52.	医患沟通	第2版	王锦帆 尹 梅	唐宏宇 陈卫昌 康德智 张瑞宏
53.	肿瘤学概论	第2版	赫 捷	张清媛 李 薇 周云峰 王伟林 刘云鹏 赵新汉

第七届全国高等学校五年制本科临床医学专业教材评审委员会名单

主审简介

魏祖期

男，1948年6月生于湖北武汉。华中科技大学化学及化工学院教授（已退休），1996—2016年任中华医学会医学化学学会理事。

从事医学化学教学工作至今36年。在量子化学研究领域，独创了组合数学方法推引原子谱项，快速推引等价和非等价组态原子谱项，并创造性地编制了谱项算法程序。在配位化学领域，从事配位化合物嵌入反应动力学研究、棉酚铂新型配合物合成及抗肿瘤活性研究、仿SOD酶配合物的合成及活性研究。是两项国家自然科学基金资助课题的主要成员。发表多篇第一作者研究论文并为国际权威科学文献索引SCI及EI收录。主持湖北省教育厅两项教学研究课题及国家高等教育研究中心两项子课题研究，创造学生自学训练和基础化学课程建设研究项目。作为人民卫生出版社出版的全国高等学校五年制本科临床医学专业规划教材《基础化学》第5～8版的主编，主编了主干教材及配套教材。获学校优秀教材一等奖、教学质量一等奖。

李雪华

女，1963年12月生于广西南宁。现任广西医科大学教授，硕士研究生导师，校教学名师，广西高等教育学会化学专业委员会常务理事，中国化学化工学会广西分会常务理事，药学系主任，无机化学与物理化学教研室主任，广西科技项目、民族药审评专家，《广西医科大学学报》编委会编委、中文核心《食品科学》及《化学研究与应用》评审专家。

从事医药化学教学研究工作至今32年。致力于多糖活性及构效关系研究，及靶向载药体系研究，主持了2项省级重点攻关课题、3项省级自然科学基金及2项厅级科研课题工作，主要参与了国家自然科学基金、部、厅级5项课题的工作。获9项国家发明专利授权，发表论文44篇(SCI 7篇，EI 2篇)，获广西药学会中恒科学技术奖三等奖1项。主持教学课题省级2项、校级3项及参与1项教育部教改课题。荣获省级教学成果二等奖1项，校教学成果二等奖2项，获省级“广西高校大学生化学化工类学术创新成果竞赛”第5~18届一等奖4项和二等奖6项。获校最受欢迎十佳教师奖、全英教学最受欢迎教师奖、本科教学质量奖、本科教学管理先进个人、巾帼标兵。主编了4本教材，2本获广西高校优秀教材一等奖和二等奖，副主编了15本及参编了10本国家“十一五”“十二五”规划纸质、数字及协编医药学教材。

陈朝军

女，汉族，1957年11月生于河北保定。中共党员，无机化学教授，硕士研究生导师，曾任内蒙古医科大学无机化学教研室副主任、主任，药学院副院长、院长。现任教育部高等学校药学指导委员会委员，中国高等医学教育学会药学教育研究会常务理事，中国化学会内蒙古化学学会常务理事，内蒙古自治区食品药品学会常务理事。1982年毕业于内蒙古大学化学专业。同年到内蒙古医学院(现内蒙古医科大学)药学院任教。1997年晋升副教授，2004年晋升教授。近年来主持或参与各级教学项目4项；近三年发表论文7篇，完成全国高等医学教育学会教育研究会教改课题1项，承担内蒙古自治区高等教育科学“十一五”“十二五”规划课题各1项，承担内蒙古医科大学教学质量工程教改项目1项，主持、参与国家和自治区科研项目5项。副主编全国高等学校第八轮五年制本科临床医学专业规划教材《基础化学》(第8版)；主编《医药用化学实验》教材。获内蒙古自治区教学成果一等奖1项，内蒙古医科大学教学成果一、二等奖各1项。发表教改论文6篇，发表专业论文36篇。

尚京川

男，1961 年 6 月生于四川内江。现任重庆医科大学药学院教授，药学实验中心副主任，硕士研究生导师。

从事医药学化学教学至今 35 年。主要从事生物药物分析的研究工作，获四川省中医药局科技成果三等奖一项，参与完成包括国家自然科学基金、重庆市科委攻关等科研项目 10 项，获授权国家发明专利 3 项，在国内外学术刊物发表研究论文 83 篇，培养硕士研究生 28 名。编写教材 16 部，其中主编 3 部，副主编 4 部，国家规划教材 6 部。获学校教学成果二等奖 1 项。

刘　君

女，1963 年 3 月生于山东济宁。现任济宁医学院教授，山东大学与济宁医学院联合培养硕士研究生导师，山东省化学化工学会医学化学专业委员会副主任委员。

从事医药化学教育 35 年。近年来，先后主持和承担厅局级以上科研课题 10 余项，在国内外刊物上发表论文 40 余篇；主编、副主编、参编国家及省部级“十一五”“十二五”“十三五”规划教材及其配套教材 10 余部；是省试点课程、省精品课程、校精品课程的主要负责人。获山东省高校科技进步奖、山东省教育科学优秀成果奖和济宁市科技进步奖 10 余项；获山东省高校科教兴鲁先锋共产党员、济宁市“五一”巾帼奖章、校教学名师等荣誉。

籍雪平

女，1962 年 7 月生于河北石家庄，日本信州大学理学博士。现任河北医科大学药学院教授、博士研究生导师，河北省分析仪器技术学会环境分析监测分会理事，兼任河北省科学技术奖评审专家。

至今从事医用化学教学工作 34 年。致力于电化学分析的理论和方法研究，主要方向是电化学生物传感器。近年来，主持省部级和厅局级科研课题 5 项、省级和校级教学课题 2 项。作为第一完成人获河北省科学技术进步奖二等奖 1 项、三等奖 1 项。发表学术论文 40 余篇，其中 SCI 论文（作为第一或通讯作者）15 篇，影响因子最高为 7.780。

前言

《基础化学》(第9版)是根据全国高等学校五年制本科临床医学专业第九轮规划教材修订工作的原则和要求进行修订的。修订工作充分体现教材的传承和创新，坚持“三基”(基础理论、基本知识、基本技能)、“五性”(思想性、科学性、先进性、启发性、适用性)、“三特定”(特定对象、特定要求、特定限制)的原则要求，反映新时期深化医教协同教学内容和学科发展的成果，以及五年制本科临床医学专业教学核心思想和特点，使本教材贴近教学、贴近医学、突出创新和注重规范等特色，提升教材质量，服务于高素质医疗卫生人才的培养。

教材修订重点：①教材形式创新，在纸质教材基础上融合优质数字资源(微课视频、PPT、习题、案例以及实验视频)。②更新内容，包括学科新进展及医学应用、推荐阅读、新的数据图表、问题与思考和习题。③贴近医学，突出化学知识的临床应用，每章都有结合临床的应用实例、案例和习题等内容。④优化教材，适当降低难度、精练内容，注重论述严谨、语言流畅简洁、层次分明、术语规范、图文并茂。⑤内容的编排调整更符合课程的教学规律、学生认知规律，借鉴国外同类优秀教材的编写理念，强调全套教材的整体化，整体内容排布遵循由浅入深，顺序更合理，适应五年制本科教学的需求；将第8版教材中电解质部分分为均相与非均相两章；化学热力学分为化学热力学基础与化学平衡两章；调整了分子结构理论部分的阐述顺序。⑥注重终身学习能力培养，增加学科发展与综述题。⑦强化实验技能培养，增加了实验规范化操作视频。

本版教材共16章，理论课参考学时为51~63学时，其中：绪论1学时，稀薄溶液的依数性质4学时，电解质溶液4学时，沉淀溶解平衡2学时，缓冲溶液3~4学时，胶体2~3学时，化学热力学基础4学时，化学平衡2学时，化学反应速率和氧化还原反应与电极电位各4~5学时，原子结构和元素周期律4~6学时，共价键与分子间力5~6学时，配位化合物4~6学时，滴定分析和可见-紫外分光光度法各2~3学时，常用现代仪器分析简介和核化学及其应用简介各3~4学时。

在本次教材的修订过程中，编委带来了各自院校师生对第8版教材的肯定，同时也结合教学实践提出了一些合理化的修订意见，大家集思广益，尤其是魏祖期教授、傅迎教授的精雕细琢，为教材增色许多。在此，我们衷心感谢尽职尽责的各位编委，感谢一直以来关心、支持《基础化学》教材修订工作的各院校领导和师生，诚恳希望大家继续关注第9版，对书中的不妥和错误之处不吝赐教，批评指正。

李雪华　陈朝军

2018年5月

目　录

附 录

绪　论

一、化学的研究内容

化学(chemistry)是一门在原子、离子、分子水平上研究物质的组成、结构、性质及变化规律的科学。

自然界是由**物质**(substance)组成的，物质是不依赖于人们感觉、认识而客观存在的东西，物质有两种基本形态，即**实物**(matter)和**场**(field)，实物是指以间断形式存在的物质形态，指具有静止质量、体积、占有空间的物体，如分子、原子和电子等。场是指以连续形式存在的物质形态，没有静止的质量和体积，如电场、磁场、声和光等。化学的研究对象主要是实物，习惯上实物也称为物质。

21 世纪，化学研究的对象跨越了微观—介观—宏观的所有层面，已扩大到众多的学科领域，如与生命科学、材料科学、纳米科学、哲学及社会科学等学科交叉融合，形成了更广泛的分子研究内涵——**泛分子**(pan-molecule)层次。

化学所研究的内容中，物质的组成包括定性、定量测定。物质的结构则包含由化学键将原子连接而成的一级分子结构，由原子间及分子间作用力构建而成的二级、三级及四级结构，这些结构通过构型、构象、手性、粒度、形状和形貌等体现，并决定物质的物理、化学和功能，以及生物和生理活性等性质。如人体内的酶具有高度选择性的作用方式就是受制于蛋白质的三级及四级结构。此外，化学所研究的物质变化涉及物理、化学及能量的变化及其规律，它们是化学学科发展、应用之基础。

二、化学学科的历史发展及地位

化学作为一门自然学科，在科学技术和社会生活等方面起着重要的作用。从古至今，伴随着人类社会的进步，化学的历史发展大致分为 3 个时期。

17 世纪中叶以前的古代和中古时期，化学还没有成为一门科学，人类的化学知识来源于以实用为目的的具体工艺过程，如炼金术、炼丹术、制陶、制玻璃、冶金、酿酒、染色、医药学等。

17 世纪后半叶到 19 世纪末的近代化学时期，英国科学家玻意耳(Boyle R)的化学元素论，英国科学家道尔顿(Dalton J)和意大利化学家阿伏伽德罗(Avogadro A)的原子 - 分子论的相继提出，以及元素周期律的发现，逐渐形成了比较完整的无机化学体系和化学理论体系，饱和碳的四面体结构和苯的六元环结构的建立，促进了有机化学发展，物理学的发展成就了物理化学理论，原子量的测定和物质成分的分析推进了分析化学的发展。至此，无机化学、有机化学、物理化学和分析化学四大化学基础学科相继建立，化学实现了从经验到理论的重大飞跃，真正确立了其独立科学的重要地位。

20 世纪初，是现代化学的飞速发展时期。这一时期，无论在化学的理论、研究方法、实验技术及应用方面都发生了深刻的变化。量子论的发展使化学和物理学有了共同的语言，现代物理技术在化学中的应用，解决了化学上许多悬而未决的问题。以数学模型表达的量子力学原子结构理论，使人们对原子内部结构的认识，无论在深度还是在广度上都达到了前所未有的水平。周期表中第七未完成周期被宣告结束，现代的分子结构理论(包括价键理论、分子轨道理论和配位场理论)，使人们对分子内部结构和化学键的认识不断深入。原有的四大化学基础学科，衍生出了如高分子化学、核化学和放射化学、生物化学等新的分支，与其他学科交叉渗透又形成如环境化学、农业化学、医学化学、药物化学、材料化学、地球化学、计算化学等众多的边缘学科。与此同时，化学的研究手段已不再是纯粹的实验科学，在量子力学、计算机发展的基础上，构建了新的研究手段，即理论研究、模型和计算机模拟方法。至此，化学借助数学和物理学科，使其研究效率达到事半功倍的效果，与其他学科的交叉融合，推动了化学在许多领域的飞速发展，因此化学已被公认为是一门中心科学（central science）*。

三、化学与医学的关系

化学与医学的关系密不可分。早在16世纪，欧洲化学家就提出化学要为医治疾病制造药物。1800年，英国化学家Davy H发现了一氧化二氮的麻醉作用。接着是麻醉效果更强的乙醚被发现，使无痛外科手术和牙科手术成为可能。自此以后，又发明了许多更好的麻醉剂，如普鲁卡因（procaine）这样的局部麻醉剂，使现代外科手术得以实现。1932年，德国科学家Domagk G找到一种偶氮磺胺染料Prontosil，使一位患细菌性血中毒的孩子康复。在此启发下，化学家制备了许多新型的磺胺药物，并开创了今天的抗生素领域。荣获2015年诺贝尔生理学或医学奖的中国化学家屠呦呦，于1972年利用化学方法，从青蒿中分离提取青蒿素，有效降低了疟疾患者死亡率，并于次年合成了比青蒿素强10倍功效的双氢青蒿素，挽救了全球特别是发展中国家数百万人的生命。

现代化学和现代医学的关系更加密切。医学的主要任务是研究人体中生理、心理和病理现象的规律，从而寻求诊断、治疗和预防疾病的有效方法，这要求研究人员对物质的内部结构及其纷繁复杂的化学变化有基本的认识，而现代化学研究已进入分子水平，成为医学学科研究发展的保障手段之一。带动了如生理学、微生物学、免疫学、遗传学、药理学及病理学等基础医学的研究，也深入到分子水平，并由此形成了分子免疫学、分子遗传学、分子药理学、分子病理学等新学科。现代医学众多研究手段与化学密不可分，如人体各组织的组成、亚细胞结构和功能、物质代谢和能量变化等生命活动及生物大分子多种多样的功能与其特定的结构关系的研究，均离不开如X射线衍射、光谱分析、同位素标记、荧光标记、生物传感器、荧光量子点、电子显微镜等化学技术、化学原理与方法。

近几十年来，随着化学与医学的携手共进，特别是医药学在分子水平上的前沿研究不断得到突破，从发现人体微观变化入手，可精准地合成更有效的药物。例如，以纳米高分子聚合物作为抗癌药物载体制成的剂型，通过对高分子聚合物进行不同目的的修饰，可以同时实现有效控制药物在体内的释药速率，药物定向进入靶细胞，避免药物在其他组织中的释放造成的毒副作用，克服机体耐药性，还可利用纳米物质在近红外光区的吸光作用联合光热疗效，使药物达到最佳的多重治疗功效。又如，21世纪初，科学家借用新的化学方法，完成了具有划时代意义的人类基因组（human genome）计划，并对基因组多样性、遗传疾病产生的原因、基因表达调控的协调作用，以及蛋白质产物的功能进行了全面的研究，实现对生命的起源、种间和个体间差异、疾病产生的机制及长寿与衰老等最基本生命现象的更深层次的认识。今天，基因检测已经成为一种医学常规检测手段，进入人们的生活，通过对血液、体液或细胞中DNA的基因类型、基因缺陷及其表达功能分析，可明确病因或预知身体患某种疾病风险，这一手段在新生儿遗传性疾病的检测、遗传疾病的诊断和某些常见病的辅助诊断中已得到广泛应用。

四、《基础化学》的作用与教材特点

在高等医学教育中，不论国内，还是国外，历来都将化学作为重要的基础课程，是医学生知识结构中必备的基本组成部分。“基础化学”是我国高等医学院校一年级学生的第一门化学课。其任务是给一年级学生提供与医学相关的现代化学的基本概念、基本原理及其应用知识，为他们打下较广泛和较深入的基础。“基础化学”的学习目的：一是作为医学生后续课程的学习基础，如有机化学、生物化学、生理学、药理学、免疫学、神经学等学科；二是通过理论课学习与实践课的综合训练，并结合实验课的训练，培养学生动手能力和综合实验技能，独立分析问题和解决问题的能力，为将来从事医疗

* 1993年国际纯粹与应用化学联合会（International Union of Pure and Applied Chemistry Association，IUPAC）在北京召开第34届学术大会，中心议题是“化学——21世纪的中心科学”。

工作掌握更多的科学思路和科学方法，具备创新思维能力，使医学生在自然学科上具有更高的科学素养和更严谨的科学态度。

基础化学的内容是根据医学专业的特点选定的，提炼和融合了作为医学专业本科生必须掌握的化学基本知识，内容覆盖全面，难易适中，内容精炼，编排紧凑。其中第1～4章为“无机化学”的内容，描述水溶液的性质、有关理论和应用。第5～9章为“物理化学”原理内容，叙述化学反应的能量变化、反应方向和限度、反应速率，以及氧化还原反应规律、原理及其应用内容，第10～12章为“结构化学”内容，第13～15章为“分析化学”中容量分析及仪器分析的简介内容，第16章为“核化学”内容。

作为医学类系列教材之一，本教材中渗透着众多化学与医学密切相关的医学案例，每章均有学科发展及化学在医学应用成果的拓展内容，使医学生初步了解化学在医学中的重要意义及应用。此外，每章还设有化学在医学学科发展的导读内容及综述题，引导学生通过自主学习，有更进一步思考的方向和目标。每章在重要内容中衔接“问题与思考”，促动学生能更清晰地理解重要的知识点或原理等内容。

与本教材配套的教材还有《基础化学实验》(第4版)、《基础化学学习指导与习题集》(第3版)、《Basic Chemistry for Higher Medical Education 医学基础化学》(第3版)，协助学生全方位地学好基础化学这门课程。

五、如何学好基础化学

大学阶段的学习是更高级阶段的自主学习，注重建立不同学科基本知识架构及严谨的科学思维方式，学生应着力培养自己终身学习的能力，培养发现问题、分析问题、解决问题及创新思维的能力。

为达到以上目的，以下介绍供学生参考的一些学习方法。

策略一：高效利用课堂学习，提高听课效率。听课时要适当做些笔记，以利于紧跟教师的思路，积极思考，还要注意教师提出问题、分析问题和解决问题的思路和方法，从中受到启发，建立化学学科特有的理科思维方式。

策略二：提高预习、复习的学习效率，建立清晰的知识脉络结构。在预习、复习时，通过寻找章、节、段中知识点、公式、原理、定律，用最简单的语言或关键词列出，发现各知识点间关联性，特别注意原理、定律或公式使用的条件要点。

策略三：合理应用配套教材《基础化学学习指导与习题集》。做练习有利于深入理解、掌握和运用化学知识，但在做习题前，需对所学知识按策略二进行系统复习，使知识系统化、结构化。还要重视例题和难题解析过程中的分析方法和技巧，努力培养独立思考和分析问题、解决问题的能力。

策略四：以1～4人组，通过查阅文献资料，了解所学知识在学科中的发展与应用，完成每章书后的“学科发展与医学应用综述题”，在课堂上进行汇报交流，积累科学研究方法，为开创性思维、后续医学学科的学习及科学研究打下坚实的基础。

策略五：实验课是“基础化学”课程的重要组成部分，是理解和掌握课程内容、学习科学实验方法、培养动手能力的重要环节，是培养综合素质必不可少的手段。本教材的配套教材《基础化学实验》(第4版)，通过规范操作、综合实验、实验设计三级培养，确保学生在化学实验技能方面得到全面的训练。每个实验均设置了与实验相关但又适度拓展了教材内容的预习问题，由学生实验前通过查阅文献资料完成。预习作业中，还设有题目要求学生模拟实验设计者，以流程图的方式再现实验的设计方案，理解实验的设计思路及科学研究方法，使学生由实验内容的被动执行者和教师命令的服从者，转变成实验方案的设计者和执行者，培养学生初步的科研思维能力。

提倡阅读参考书刊、查阅专业网站。本教材在书末列有推荐阅读，以及在附录七中列出部分化学及相关网址以供读者查阅。

（李雪华）

第一章 稀薄溶液的依数性质

溶液（solution）是由两种或两种以上物质以分子、原子或离子的形式互相分散而形成的均匀、稳定的分散系统。溶液可以以气态、液态或固态3种状态存在。一般所说的溶液都是指液态溶液，多数情况下指水溶液。

溶液的性质可分为两类：一类与溶质的本性有关，如溶液的颜色、酸碱性、导电性等；另一类与溶质本性无关，只取决于溶质在溶液中的质点数目。对于难挥发性非电解质稀薄溶液而言，这类与溶质本性无关的性质，具有一定的共同性和规律性，通常被称为稀薄溶液的**依数性质**（colligative properties），简称依数性。这些性质包括蒸气压力下降、沸点升高、凝固点降低和渗透压力。

稀薄溶液的依数性质对细胞内外物质的交换与输运、临床输液、水及电解质代谢等问题，具有一定的理论指导意义。本章主要介绍难挥发性非电解质稀薄溶液的依数性质、电解质溶液的依数性行为和渗透压力在医学上的意义。

第一节 混合物的组成标度

混合物（mixture）是由两种或两种以上物质共同组成的体系。当组成混合物的各组分在体系中所占的比例发生变化时，可能会导致混合物的性质产生明显改变。因此，对于混合物应当在确定其组成成分的同时，还需要指明各组分的相对含量，即**组成标度**（composition scale）。下面以水溶液为例介绍混合物的常用组成标度。

一、质量分数、体积分数及质量浓度

（一）质量分数

质量分数（mass fraction）定义为物质B的质量除以混合物的质量。对于溶液而言，质量分数定义为溶质的质量除以溶液的质量，符号为ω_B，即

$$\omega_B \xlongequal{\text{def}} \frac{m_B}{m} \tag{1-1}$$

式中，m_B为溶质B的质量，m为溶液的质量。用质量分数表示溶液的组成标度，方法简单、使用方便，是常用的溶液组成标度表示方法之一。市售硫酸、盐酸、硝酸、氨水等试剂都用这种方法表示其相对含量。式（1-1）中符号“$\xlongequal{\text{def}}$”意为“按定义等于”，在书写定义式时需以此注明。

（二）体积分数

体积分数（volume fraction）定义为在相同温度和压力下，物质B的体积除以混合物混合前各组分体积之和，符号为φ_B，即

$$\varphi_B \xlongequal{\text{def}} \frac{V_B}{\sum V_i} \tag{1-2}$$

式（1-2）中，V_B为物质B的体积，$\sum V_i$为混合前各组分体积之和。例如，25℃时，人体动脉血中氧气的体积分数$\varphi_B=0.196$（或19.6%）；消毒乙醇的体积分数$\varphi_B=0.75$（或75%）。

（三）质量浓度

质量浓度（mass concentration）定义为溶质 B 的质量除以溶液的体积，符号为 ρ_B，即

$$\rho_B \stackrel{\text{def}}{=\!=} \frac{m_B}{V} \tag{1-3}$$

式（1-3）中，m_B 为溶质 B 的质量，V 为溶液的体积。ρ_B 的国际单位为 $kg \cdot m^{-3}$，常用单位为 $g \cdot L^{-1}$ 或 $g \cdot mL^{-1}$ 等。如我国药典中所提及的稀盐酸、稀硫酸、稀硝酸皆是质量浓度为 $0.10g \cdot mL^{-1}$ 的溶液。

二、摩尔分数

摩尔分数（mole fraction）又称为物质的量分数或物质的量比。物质 B 的摩尔分数定义为：物质 B 的物质的量与混合物的总物质的量之比，符号为 x_B，即

$$x_B \stackrel{\text{def}}{=\!=} \frac{n_B}{\sum n_i} \tag{1-4}$$

式（1-4）中，n_B 为物质 B 的物质的量，$\sum n_i$ 为混合物的总物质的量。

对于由溶质 B 和溶剂 A 组成的溶液，溶质 B 的摩尔分数为

$$x_B = \frac{n_B}{n_A + n_B}$$

式中，n_B 为溶质 B 的物质的量，n_A 为溶剂 A 的物质的量。同理，溶剂 A 的摩尔分数为

$$x_A = \frac{n_A}{n_A + n_B}$$

显然，$x_A + x_B = 1$，即混合物（或溶液）中所有物质的摩尔分数之和为 1。

在化学反应中，用物质的量表示有关物质之间量的关系相对简单，用摩尔分数来表示溶液的组成标度可以和化学反应直接联系起来。此外，由于摩尔分数不随温度的改变而变化，也常用于稀薄溶液性质的研究中。

三、物质的量浓度和质量摩尔浓度

（一）物质的量浓度

物质的量浓度（amount-of-substance concentration）定义为 B 的物质的量 n_B 除以混合物的体积，即

$$c_B \stackrel{\text{def}}{=\!=} \frac{n_B}{V} \tag{1-5}$$

式（1-5）中，c_B 为 B 的物质的量浓度，n_B 是 B 的物质的量，V 是混合物的体积。对溶液而言，物质的量浓度定义为溶质的物质的量除以溶液的体积。

物质的量浓度的国际单位是 $mol \cdot m^{-3}$，常用单位为 $mol \cdot L^{-1}$。医学和药学上也常以 $mol \cdot L^{-1}$、$mmol \cdot L^{-1}$、$\mu mol \cdot L^{-1}$ 等为单位。

物质的量浓度可简称为**浓度**（concentration）。本书采用 c_B 表示 B 的浓度，而用[B]表示 B 的平衡浓度。

在使用物质的量浓度时，必须指明物质的基本单元。如 $c(H_2SO_4) = 1mol \cdot L^{-1}$，$c(\frac{1}{2}Ca^{2+}) = 4mmol \cdot L^{-1}$ 等。括号中的化学式符号表示物质的基本单元。

在医学上，世界卫生组织（WHO）提议凡是已知相对分子质量的物质在体液内的含量均应该用物质的量浓度表示。如人体血液葡萄糖含量正常值，过去习惯表示为 70mg%～100mg%，意为每 100mL 血液含葡萄糖 70～100mg，按法定计量单位应表示为 $c(C_6H_{12}O_6) = 3.9 \sim 5.6mmol \cdot L^{-1}$。对于未知其相对分子质量的物质 B 则可用质量浓度表示。

例 1-1　正常人血浆中每 100mL 含 Na^+ 326mg、HCO_3^- 164.7mg、Ca^{2+} 10mg，它们的物质的量浓度

（单位 $mmol \cdot L^{-1}$）各为多少？

解

$$c(Na^+)=\frac{326mg}{23.0\,g \cdot mol^{-1}}\times\frac{1}{100mL}\times\frac{1g}{1000mg}\times\frac{1000mL}{1L}\times\frac{1000mmol}{1mol}=142mmol \cdot L^{-1}$$

$$c(HCO_3^-)=\frac{164.7mg}{61.0g \cdot mol^{-1}}\times\frac{1}{100mL}\times\frac{1g}{1000mg}\times\frac{1000mL}{1L}\times\frac{1000mmol}{1mol}=27.0mmol \cdot L^{-1}$$

$$c(Ca^{2+})=\frac{10mg}{40g \cdot mol^{-1}}\times\frac{1}{100mL}\times\frac{1g}{1000mg}\times\frac{1000mL}{1L}\times\frac{1000mmol}{1mol}=2.5mmol \cdot L^{-1}$$

例 1-2　市售浓硫酸密度为 $1.84kg \cdot L^{-1}$，H_2SO_4 的质量分数为 96%，计算物质的量浓度 $c(H_2SO_4)$ 和 $c(\frac{1}{2}H_2SO_4)$，单位用 $mol \cdot L^{-1}$。

解　H_2SO_4 的摩尔质量为 $98g \cdot mol^{-1}$，$\frac{1}{2}H_2SO_4$ 的摩尔质量为 $49g \cdot mol^{-1}$，

$$c(H_2SO_4)=\frac{96}{100}\times\frac{1}{98g \cdot mol^{-1}}\times 1.84kg \cdot L^{-1}\times\frac{1000g}{1kg}=18mol \cdot L^{-1}$$

$$c(\frac{1}{2}H_2SO_4)=\frac{96}{100}\times\frac{1}{49g \cdot mol^{-1}}\times 1.84kg \cdot L^{-1}\times\frac{1000g}{1kg}=36mol \cdot L^{-1}$$

（二）质量摩尔浓度

质量摩尔浓度（molality）定义为溶质 B 的物质的量除以溶剂的质量，符号为 b_B，即

$$b_B \overset{\text{def}}{=\!=} \frac{n_B}{m_A} \tag{1-6}$$

式（1-6）中，n_B 为溶质 B 的物质的量，m_A 为溶剂 A 的质量。b_B 的单位是 $mol \cdot kg^{-1}$。

由于质量摩尔浓度与温度无关，因此在物理化学中广为应用。

例 1-3　将 7.00g 结晶草酸（$H_2C_2O_4 \cdot 2H_2O$）溶于 93.0g 水中，求草酸的质量摩尔浓度 $b(H_2C_2O_4)$ 和摩尔分数 $x(H_2C_2O_4)$。

解　结晶草酸的摩尔质量 $M(H_2C_2O_4 \cdot 2H_2O)=126g \cdot mol^{-1}$，而 $M(H_2C_2O_4)=90.0g \cdot mol^{-1}$，故 7.00g 结晶草酸中草酸的质量为

$$m(H_2C_2O_4)=\frac{7.00g\times 90.0g \cdot mol^{-1}}{126g \cdot mol^{-1}}=5.00g$$

溶液中水的质量为

$$m(H_2O)=93.0g+(7.00-5.00)g=95.0g$$

则

$$b(H_2C_2O_4)=\frac{5.00g}{90.0g \cdot mol^{-1}\times 95.0g}\times\frac{1000g}{1kg}=0.585mol \cdot kg^{-1}$$

$$x(H_2C_2O_4)=\frac{\dfrac{5.00g}{90.0g \cdot mol^{-1}}}{(\dfrac{5.00g}{90.0g \cdot mol^{-1}})+(\dfrac{95.0g}{18.0g \cdot mol^{-1}})}=0.0104$$

第二节　溶液的蒸气压力下降

一、液体的蒸气压力

在一定温度下，将液体放入一密闭容器中，由于液体分子的热运动，一部分动能足够大的分子克服液体分子间的作用力逸出液面，扩散形成气相分子，这一过程称为**蒸发**（evaporation）。随着液相上方气相分子数目的增加，某些气相分子不断运动也会接触到液面并被吸引到液相中，这一过程称为

凝结(condensation)。纯水的蒸发和凝结可表示如下

$$H_2O(l) \rightleftharpoons H_2O(g) \tag{1-7}$$

开始阶段，蒸发过程占优势，但随着蒸气密度的增加，凝结的速率也增大。当蒸发速率与凝结速率相等，气相和液相达到平衡，蒸气的密度不再改变，这时蒸气所具有的压力称为该温度下的饱和蒸气压力，简称**蒸气压力**(vapor pressure)，用符号 p 表示，单位是 Pa 或 kPa。

在一定温度下，蒸气压力与液体的本性有关，不同的物质有不同的蒸气压力。如在 20℃，水的蒸气压力为 2.34kPa，而乙醚的却高达 57.6kPa。

蒸气压力随温度的变化而改变。液体的蒸发是吸热过程。因此，当温度升高时，式(1-7)表示的液相与气相间的平衡向右移动，蒸气压力将随温度升高而增大。水的蒸气压力与温度的关系见表 1-1。

表 1-1　不同温度下水的蒸气压力

t/℃	p/kPa	t/℃	p/kPa
0	0.611 15	50	12.352
5	0.872 58	60	19.946
10	1.2282	70	31.201
15	1.7058	80	47.414
20	2.3393	90	70.182
25	3.1699	100	101.32
30	4.2470	110	143.38
35	5.6290	120	198.67
40	7.3849	130	270.28

图 1-1 反映了乙醚、乙醇、水、聚乙二醇等不同的液体物质的蒸气压力随温度升高而增大的情况。

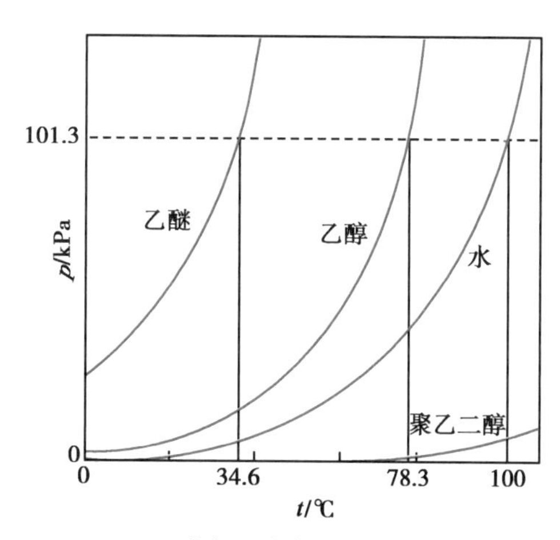

图 1-1　蒸气压力与温度的关系图

固体也具有一定的蒸气压力。固体直接蒸发为气体的过程称为**升华**(sublimation)。如冰、碘、樟脑及萘等属于易挥发性物质，具有较显著的蒸气压力。但大多数固体的蒸气压力都很小。

固体的蒸气压力也随温度升高而增大。表 1-2 给出了不同温度下冰的蒸气压力。

无论固体还是液体，蒸气压力大者称为易挥发性物质，蒸气压力小者则称为难挥发性物质。本章讨论稀薄溶液依数性质时，忽略难挥发性溶质自身的蒸气压力，只考虑溶剂的蒸气压力。

表 1-2　不同温度下冰的蒸气压力

t/℃	p/kPa	t/℃	p/kPa
0	0.611 15	−15	0.165 27
−1	0.562 66	−20	0.103 24
−2	0.517 70	−25	0.063 29
−3	0.476 04	−30	0.038 01
−4	0.437 45	−35	0.022 35
−5	0.401 74	−40	0.012 84
−10	0.259 87		

二、溶液的蒸气压力下降——Raoult 定律

含有难挥发性溶质溶液的蒸气压力总是低于同温度纯溶剂的蒸气压力。

问题与思考 1-1

为什么难挥发性物质的稀薄溶液的蒸气压力低于纯溶剂的蒸气压力？

溶液中部分液面或多或少地被难挥发性的溶质分子占据，导致溶剂的表面积相对减小，因此，单位时间内逸出液面的溶剂分子数目相对纯溶剂要少（图 1-2），式（1-7）表示的液相与气相间的平衡向左移动，导致溶液的**蒸气压力下降**（vapor pressure lowering）。显然，溶液中难挥发性溶质浓度愈大，溶剂的摩尔分数愈小，蒸气压力下降愈多（图 1-3）。

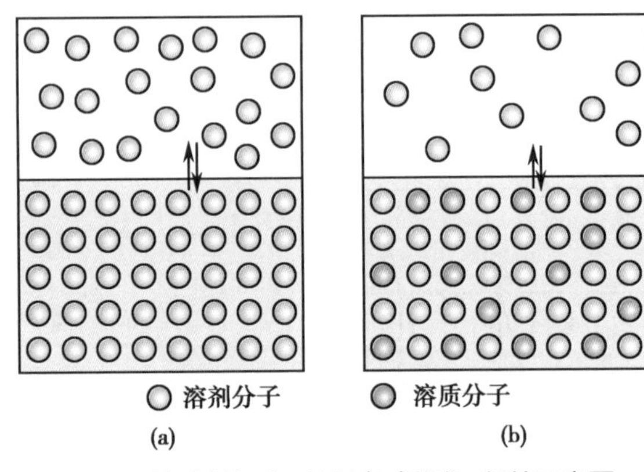

图 1-2　纯溶剂（a）和溶液（b）蒸发 - 凝结示意图

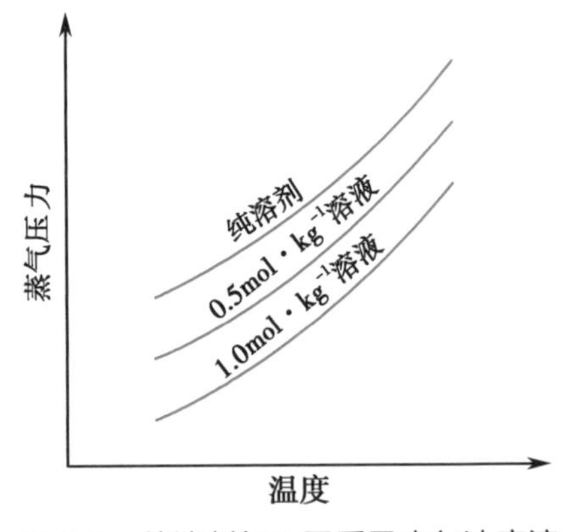

图 1-3　纯溶剂与不同质量摩尔浓度溶液的蒸气压力曲线

1887 年，法国物理学家 Raoult FM 根据实验结果总结得出如下规律：在一定温度下，难挥发性非电解质稀薄溶液的蒸气压力等于纯溶剂的饱和蒸气压力与溶剂的摩尔分数的乘积。其数学表达式为

$$p = p^{\circ} x_A \tag{1-8}$$

式（1-8）中，p 为溶液的蒸气压力，p° 为纯溶剂的蒸气压力，x_A 为溶液中溶剂的摩尔分数。

对于只有一种溶质的稀薄溶液，设 x_B 为溶质的摩尔分数，由于 $x_A + x_B = 1$，所以

$$p = p^{\circ}(1 - x_B)$$

$$p = p^{\circ} - p^{\circ} x_B$$

$$p^{\circ} - p = p^{\circ} x_B$$

$$\Delta p = p^{\circ} x_{B} \tag{1-9}$$

式中，Δp 表示溶液的蒸气压力下降。式(1-9)是 Raoult 定律的又一种表达形式。

Raoult 定律的适用范围是难挥发性非电解质的稀薄溶液。因为在稀薄溶液中，溶剂分子之间的引力受溶质分子的影响很小，与纯溶剂几乎相同，溶剂的饱和蒸气压力仅取决于单位体积内溶剂的分子数。如果溶液浓度变大，溶质对溶剂分子之间的引力有显著的影响，这时溶液的蒸气压力以 Raoult 定律计算会出现较大的误差。

从 Raoult 定律可以推导出稀薄溶液蒸气压力下降与溶质的质量摩尔浓度 b_B 的关系。在稀薄溶液中，$n_A >> n_B$，则

$$x_B = \frac{n_B}{n_A + n_B} \approx \frac{n_B}{n_A} = \frac{n_B}{m / M_A} = \frac{n_B}{m} \times M_A$$

式中，m 为溶剂的质量，单位为 g。若取 kg 为 m 的单位，并保持 x_B 的值不变，有

$$x_B \approx \frac{n_B}{m} \times \frac{1000\text{g}}{1\text{kg}} \times \frac{M_A}{1000} = b_B \times \frac{M_A}{1000}$$

所以

$$\Delta p = p^{\circ} x_B = p^{\circ} \times \frac{M_A}{1000} \times b_B$$

$$\Delta p = K b_B \tag{1-10}$$

式(1-10)中，K 为比例系数，它取决于 p° 和溶剂的摩尔质量 M_A。

因此，Raoult 定律又可以表述为：在一定温度下，难挥发性非电解质稀薄溶液的蒸气压力下降与溶质的质量摩尔浓度成正比，而与溶质的本性无关。

例 1-4　已知 293.15K 时水的饱和蒸气压力为 2.3393kPa，将 6.840g 蔗糖 $M(C_{12}H_{22}O_{11})$ 溶于 100.0g 水中，计算蔗糖溶液的质量摩尔浓度和蒸气压力。

解　蔗糖的摩尔质量为 342.0g·mol^{-1}，因此溶液的质量摩尔浓度为

$$b(C_{12}H_{22}O_{11}) = \frac{6.840\text{g}}{342.0\text{g} \cdot \text{mol}^{-1}} \times \frac{1000\text{g} \cdot \text{kg}^{-1}}{100.0\text{g}} = 0.2000\text{mol} \cdot \text{kg}^{-1}$$

水的摩尔分数为

$$x(H_2O) = \frac{\dfrac{100.0\text{g}}{18.02\text{g} \cdot \text{mol}^{-1}}}{\dfrac{100.0\text{g}}{18.02\text{g} \cdot \text{mol}^{-1}} + \dfrac{6.840\text{g}}{342.0\text{g} \cdot \text{mol}^{-1}}} = \frac{5.549\text{mol}}{(5.549 + 0.020\,00)\text{mol}} = 0.9964$$

蔗糖溶液的蒸气压为

$$p = p^{\circ} x_A = 2.3393\text{kPa} \times 0.9964 = 2.331\text{kPa}。$$

第三节　溶液的沸点升高和凝固点降低

一、溶液的沸点升高和凝固点降低

（一）纯液体的沸点和凝固点

纯液体的**沸点**(boiling point)是指液体的蒸气压力与外界大气压力相等，液体开始沸腾时的温度。纯液体的**正常沸点**(normal boiling point)是指标准状态下，外界压力为 101.3kPa 液体沸腾时的温度，用 T_b° 表示，简称沸点。例如，水的正常沸点是 373.15K。

液体的沸点与外界压力有关。外界压力越大，沸点越高，反之亦然。因此，在实际工作中，对热不稳定的物质进行提取或精制时，常采用减压蒸馏或减压浓缩的方法以降低蒸发温度，防止高温加热对这些物质的破坏。而对热稳定的注射液和对某些医疗器械进行灭菌时，则常采用热压灭菌法，即在密闭的高压消毒器内加热，通过提高水蒸气的温度来缩短灭菌时间并提高灭菌效果。

问题与思考 1-2

为什么在蒸发或蒸馏实验过程中，蒸馏瓶中需要加入少量沸石？它与溶液的沸点有何关系？

当用一种内壁非常光滑的容器加热某种纯液体时，会出现温度已经达到或者超过液体沸点时，液体并没有沸腾的现象，称为**过热现象**（super heating）。过热现象容易使液体产生暴沸而发生危险。因此，实验室进行蒸发或蒸馏时需要在蒸馏瓶中加入少量沸石。

凝固点（freezing point）是指在一定外界压力下，物质的液相和固相蒸气压力相等，两相平衡共存时的温度。若外界压力为 101.3kPa 时，物质的凝固点称为**正常凝固点**（normal freezing point），用 T_f^o 表示，简称凝固点。例如，水的正常凝固点是 273.15K，又称冰点，此温度时纯水的液相和固相蒸气压力相等。

外界压力不同，凝固点数值不同。有些液体的凝固点随外界压力的增大而升高。有些液体则相反，其凝固点随外界压力的增大而降低。

常见溶剂的正常沸点和凝固点列在表 1-3 中。

表 1-3　常见溶剂的 T_b^o、K_b 和 T_f^o、K_f 值

溶剂	T_b^o/ ℃	K_b /(K·kg·mol^{-1})	T_f^o / ℃	K_f/(K·kg·mol^{-1})
水	100	0.512	0.0	1.86
乙酸	118	2.93	17.0	3.90
苯	80	2.53	5.5	5.10
乙醇	78.4	1.22	−117.3	1.99
四氯化碳	76.7	5.03	−22.9	32.0
乙醚	34.7	2.02	−116.2	1.8
萘	218	5.80	80.0	6.9

（二）溶液的沸点升高和凝固点降低

实验表明，难挥发性非电解质稀薄溶液的沸点总是高于纯溶剂的沸点，这一现象称为溶液的**沸点升高**（boiling point elevation）。溶液沸点升高的原因是溶液的蒸气压力低于纯溶剂的蒸气压力。如图 1-4 所示，横坐标表示温度，纵坐标表示蒸气压力。AA′ 为纯水的蒸气压力曲线，BB′ 为稀薄溶液的蒸气压力曲线。纯水的沸点 $T_b^o = 373.15$K，$p^o = 101.3$kPa。在温度为 T_b^o 时，溶液的蒸气压力低于 101.3kPa。若使溶液的蒸气压力等于 101.3kPa，只有升高温度到 T_b，溶液才会沸腾。T_b 为溶液的沸点，溶液的沸点升高为 ΔT_b。

难挥发性非电解质稀薄溶液的凝固点总比纯溶剂凝固点低的现象被称为溶液的**凝固点降低**（freezing point depression）。凝固点降低同样是由溶液的蒸气压力下降所引起。在图 1-4 中，AC 为固相纯溶剂的蒸气压力曲线。AA′ 与 AC 相交于 A 点，蒸气压力为 0.611 15kPa，此时冰和水两相共存，A 点对应的温度即是纯水的凝固点 T_f^o（273.15K）。这时溶液的蒸气压力低于 0.611 15kPa，冰和水两相不能共存。由于冰的蒸气压力比水的蒸气压力高，冰将融化。进一步降低温度，冰的蒸气压力曲线与溶液的蒸气压力曲线相交到 B 点，这时溶液中溶剂的蒸气压力与冰的蒸气压

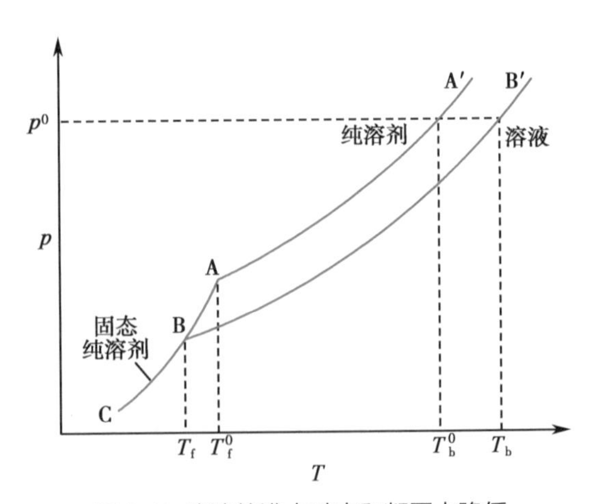

图 1-4　溶液的沸点升高和凝固点降低

力相等，溶液中水和冰能够共存，这一温度就是该溶液的凝固点 T_f。

溶液的沸点升高及凝固点降低均与溶液的蒸气压力下降相关。难挥发性非电解质稀薄溶液的沸点升高与溶液的质量摩尔浓度之间的关系为

$$\Delta T_b = T_b - T_b^o = K_b b_B \tag{1-11}$$

式(1-11)中，K_b 为溶剂的摩尔沸点升高常数。

难挥发性非电解质稀薄溶液的凝固点降低与溶液的质量摩尔浓度之间的关系为

$$\Delta T_f = T_f^o - T_f = K_f b_B \tag{1-12}$$

式(1-12)中，ΔT_f 为溶液的凝固点降低值，K_f 为溶剂的摩尔凝固点降低常数。

由式(1-11)和式(1-12)可见，难挥发性非电解质稀薄溶液的沸点升高和凝固点降低均与溶液的质量摩尔浓度成正比，与溶质的本性无关。

图 1-5 显示了水和溶液冷却过程温度的变化情况。曲线(1)是纯水的理想冷却曲线。从 a 点缓慢冷却到达 b 点，温度为 273.15K，此时水开始结冰。结冰过程中温度不再发生变化，曲线上出现一段平台期即 bc 段，水的液相和固相共存，平台对应的温度T_f^o称为纯水的凝固点。如果继续冷却，待全部的水都结成冰后，温度会再继续下降，即 cd 段。

曲线(2)是实验条件下水的冷却曲线。因为实验做不到无限缓慢冷却，而是相对较快速地强制冷却，通常会出现温度下降到T_f^o时不凝固的过冷现象。一旦固相出现，因物质凝固时放热，温度又回升而出现平台。

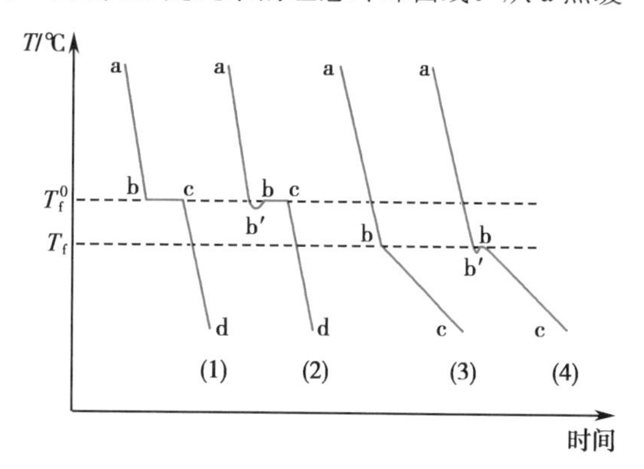

图1-5　水和溶液的冷却曲线

> **问题与思考 1-3**
>
> 1. 试举出过冷现象在现实生活和医学研究领域的应用实例。
>
> 2. 科学研究表明，植物的抗旱性和抗寒性与溶液的蒸气压力下降和凝固点下降规律有关，如何解释？

与过热现象类似，过冷现象也广泛存在。如人工降雨就是向天空中的过冷水汽投洒具有凝结核作用的碘化银或干冰，让水汽在凝结核物质上凝结，最终成雨而落下。生物材料如造血干细胞、精子、角膜等低温保存，采用加入甘油、蔗糖、聚乙二醇等低温保护剂，目的是降低细胞外介质的冰点或过冷点，减轻冷冻细胞及组织的损伤。

图 1-5 中的曲线(3)是溶液的理想冷却曲线。与曲线(1)不同，溶液在温度下降至 T_f 时才开始结冰，$T_f < T_f^o$。随着冰的析出，溶液浓度不断增大，溶液的凝固点也不断下降，出现一段缓慢下降的斜线。此时，溶液的凝固点是指刚有溶剂固体析出(即 b 点)的温度 T_f。

曲线(4)是实验条件下的溶液冷却曲线。可以看出，适当的过冷会使溶液凝固点的观察变得相对容易(温度下降到 T_f 以下的 b′ 点后，又回升到 b 点)。

沸点升高法和凝固点降低法常用于测定溶质的相对分子质量。但多数溶剂的 K_f 值大于 K_b 值，同一溶液的凝固点降低值比沸点升高值大，因此凝固点降低法灵敏度相对较高，实验误差相对较小。特别是凝固点测定法常在低温下进行，一般不会引起生物样品的变性或破坏。因此，在医学和生物科学实验中凝固点降低法的应用更为广泛。

例 1-5　将 0.638g 尿素溶于 250g 水中，测得此溶液的凝固点降低值为 0.079K，试求尿素的相对分子质量。

解　水的 $K_f = 1.86\text{K·kg·mol}^{-1}$，因为

$$\Delta T_f = K_f b_B = K_f \frac{m_B}{m_A M_B}$$

$$M_B = \frac{K_f m_B}{m_A \Delta T_f}$$

式中，m_A 和 m_B 分别为溶剂和溶质的质量，M_B 为溶质的摩尔质量（$kg \cdot mol^{-1}$）。代入有关数值得

$$M(CON_2H_4) = \frac{1.86K \cdot kg \cdot mol^{-1} \times 0.638g}{250g \times 0.079K} = 0.060kg \cdot mol^{-1} = 60g \cdot mol^{-1}$$

所以，尿素的相对分子质量为60。

二、电解质稀薄溶液的依数性行为

前面我们讨论了溶质为难挥发性非电解质稀薄溶液的依数性质，如果溶质是难挥发性电解质时，对相同浓度的溶液，它的稀薄溶液依数性的结果还与难挥发性非电解质溶液一致吗？表1-4给出了NaCl、$MgSO_4$ 溶液凝固点降低相关数据。

表1-4　一些电解质水溶液的凝固点降低值

$b_B/(mol \cdot kg^{-1})$	ΔT_f(实验值)/K		ΔT_f(计算值)/K
	NaCl	$MgSO_4$	
0.01	0.036 03	0.030 0	0.018 58
0.05	0.175 8	0.129 4	0.092 90
0.10	0.347 0	0.242 0	0.185 8
0.50	1.692	1.018	0.929 0

由表1-4中数据可见，两种溶液 ΔT_f 的实验值均大于计算值，如 $0.10mol \cdot kg^{-1}$ 的NaCl溶液，按 $\Delta T_f = K_f b_B$ 计算，ΔT_f 应为0.1858K，但实验测定值却是0.3470K，实验值几乎是计算值的2倍，电解质溶液的依数性行为的理论计算值和实验测定值出现较大偏差。因此，计算电解质稀薄溶液的依数性质时必须引入校正因子 i，i 又称为van't Hoff系数。

$$\Delta T_b = iK_b b_B \quad (1\text{-}13)$$

$$\Delta T_f = iK_f b_B \quad (1\text{-}14)$$

溶液越稀，i 越趋近于电解质解离出的正离子和负离子的总数。例如，在极稀薄溶液中，AB型电解质（如KCl、KNO_3、$CaSO_4$ 等）的 i 值趋近于2；AB_2 或 A_2B 型电解质（如 $MgCl_2$、$CaCl_2$、Na_2SO_4 等）的 i 值趋近于3。

问题与思考1-4

表1-4中的NaCl和 $MgSO_4$ 为AB型电解质，若取校正因子 $i=2$，按照式（1-14）计算得到的 ΔT_f 要大于实验值，且溶液浓度越大，计算值和实验值的差异也越大，为什么？

第四节　溶液的渗透压力

一、渗透现象和渗透压力

在图1-6中，将一定浓度的稀薄溶液与纯溶剂用**半透膜**（semi-permeable membrane）分开。从图1-6（a）可以看到，纯溶剂和溶液两者的液面高度是相等的；一段时间后，图1-6（b）显示溶液一侧的液面上升，说明溶剂分子不断地通过半透膜转移到溶液中，这种溶剂分子通过半透膜进入到溶液中的自发过程称为**渗透**（osmosis）。不同浓度的两种溶液用半透膜隔开，也有渗透现象发生。

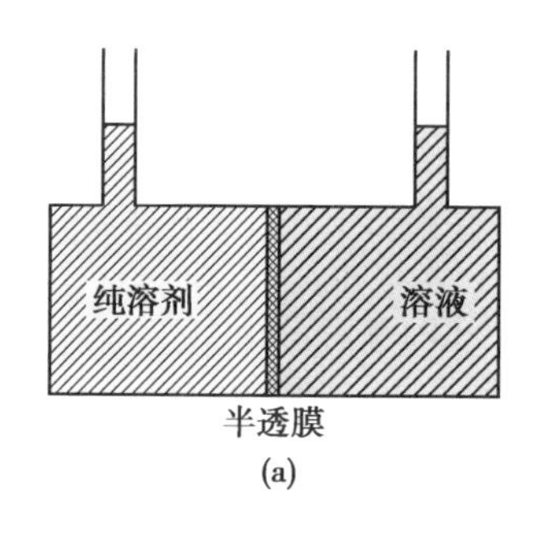

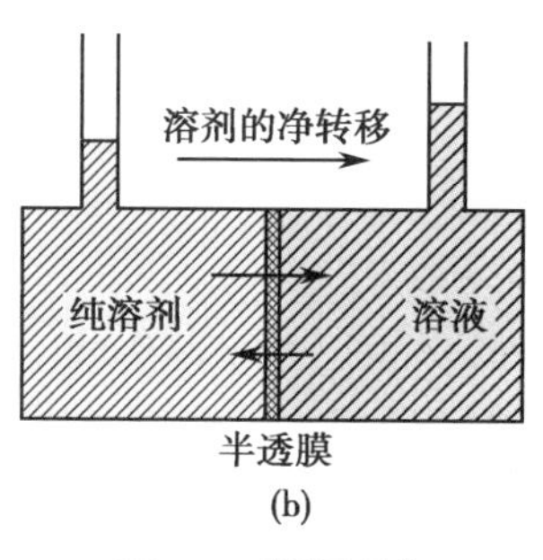

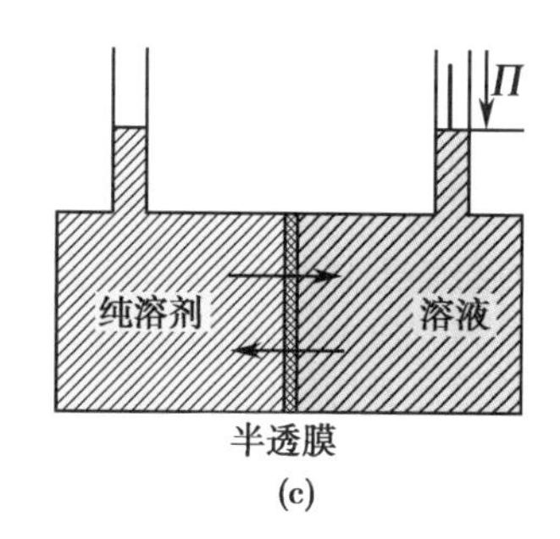

图1-6　**渗透现象**

半透膜的种类多种多样，通透性也不相同。图1-6中的半透膜只允许溶剂水分子透过。膜两侧单位体积内溶剂分子数不等，单位时间内由纯溶剂进入溶液中的溶剂分子数要比由溶液进入纯溶剂的多，因此，膜两侧渗透速度不同，结果是溶液一侧的液面上升。因此，渗透现象的产生必须具备两个条件：一是有半透膜存在；二是半透膜两侧单位体积内溶剂的分子数不相等。

由于渗透作用，溶液的液面上升，水柱的静压力增大，当单位时间内进出溶液和纯溶剂的水分子数目相等，即达到了渗透平衡。如图1-6(c)所示，将纯溶剂与溶液以半透膜隔开时，可在溶液一侧施加额外的压力以恰好保持渗透平衡，该压力即为溶液的**渗透压力**(osmotic pressure)。符号用Π表示，单位是Pa或kPa。

溶液的渗透压力具有依数性质。如果半透膜两侧溶液的质点浓度相等，则渗透压力相等，这两种溶液互称为**等渗溶液**(isotonic solution)。渗透压力不相等的两种溶液，渗透压力相对高者称为**高渗溶液**(hypertonic solution)，渗透压力相对低者称为**低渗溶液**(hypotonic solution)。

问题与思考 1-5

若以半透膜将溶液和纯溶剂隔开，并在溶液一侧施加一个大于其渗透压力的外压时，会出现什么现象？

如果在图1-6中溶液上方所施加的压力大于溶液的渗透压力时，溶剂的流动方向将变为从溶液向纯溶剂一侧流动，这一过程称为**反渗透**(reverse osmosis)。同样，用半透膜将稀溶液和浓溶液隔开，并在浓溶液一侧施加大于两种溶液渗透压力差的外力时，也会发生反渗透。根据反渗透的原理，在压力驱动下借助于半透膜的选择截留作用可实现溶液中溶质与溶剂的分离。例如，在水处理工艺中，通过反渗透可将水中的离子、细菌、病毒、有机物及胶体等杂质去除，以获得高质量的纯净水，是目前制取医药用纯水的主要方法之一。此外，反渗透也常用于海水的淡化处理，以及常温下对药物溶液的浓缩。

二、溶液的渗透压力与浓度及温度的关系

1886年，荷兰物理化学家van't Hoff通过实验得出稀薄溶液的渗透压力与溶液浓度、绝对温度的关系

$$\Pi V = n_B RT \tag{1-15}$$

$$\Pi = c_B RT \tag{1-16}$$

式(1-15)和式(1-16)中，R为气体常数，T为绝对温度。对稀薄溶液

$$\Pi \approx b_B RT \tag{1-17}$$

van't Hoff公式的意义是，一定温度下，溶液的渗透压力与溶液的浓度成正比。也就是说，渗透压力与单位体积溶液中溶质质点的数目成正比，而与溶质的本性无关。

例 1-6　将2.00g蔗糖($C_{12}H_{22}O_{11}$)溶于水，配成50.0mL溶液，求溶液在37℃时的渗透压力。

解　$C_{12}H_{22}O_{11}$的摩尔质量为342g·mol^{-1}，则

$$c(C_{12}H_{22}O_{11})=\frac{n}{V}=\frac{2.00\text{g}}{342\text{g}\cdot\text{mol}^{-1}\times 0.0500\text{L}}=0.117\text{mol}\cdot\text{L}^{-1}$$

根据式(1-16)：$\Pi=c_{B}RT$，其中气体常数R的单位

$$[R]=\text{J}\cdot\text{K}^{-1}\cdot\text{mol}^{-1}=\text{Pa}\cdot\text{m}^{3}\cdot\text{K}^{-1}\cdot\text{mol}^{-1}=10^{3}\text{Pa}\cdot\text{L}\cdot\text{K}^{-1}\cdot\text{mol}^{-1}=\text{kPa}\cdot\text{L}\cdot\text{K}^{-1}\cdot\text{mol}^{-1}$$

$$\therefore\ \Pi=0.117\text{mol}\cdot\text{L}^{-1}\times 8.314\text{kPa}\cdot\text{L}\cdot\text{K}^{-1}\cdot\text{mol}^{-1}\times(273.15+37)\text{K}=302\text{kPa}$$

温度为37℃，0.117mol·L^{-1}的蔗糖溶液产生的渗透压力为302kPa，相当于30.8m水柱高的压力，充分表明渗透压力是一种强大的推动力。

对于电解质稀薄溶液产生的渗透压力，计算公式为

$$\Pi=ic_{B}RT \tag{1-18}$$

例1-7　临床上常用的生理盐水是9.0g·L^{-1}的NaCl溶液，求溶液在37℃时的渗透压力。

解　NaCl在稀薄溶液中完全解离，$i\approx 2$，NaCl的摩尔质量为58.5g·mol^{-1}

根据$\Pi=ic_{B}RT$

$$\Pi=\frac{2\times 9.0\text{g}\cdot\text{L}^{-1}\times 8.314\text{kPa}\cdot\text{L}\cdot\text{K}^{-1}\cdot\text{mol}^{-1}\times 310.15\text{K}}{58.5\text{g}\cdot\text{mol}^{-1}}=7.9\times 10^{2}\text{kPa}$$

利用稀薄溶液的依数性质可以测定溶质的相对分子质量。但对蛋白质等高分子化合物，用渗透压力法测定其相对分子质量比凝固点降低法灵敏，而且可在常温下进行，不损害生物样品。

例1-8　将1.00g血红素溶于适量纯水中，配制成100mL溶液，在20℃时测得溶液的渗透压力为0.366kPa，求血红素的相对分子质量。

解　根据van't Hoff公式，

$$\Pi V=n_{B}RT=\frac{m_{B}}{M_{B}}RT$$

$$M_{B}=\frac{m_{B}RT}{\Pi V}$$

式中，M_{B}为血红素的摩尔质量，m_{B}为血红素质量，V为溶液体积，代入相应数值，得

$$M(\text{血红素})=\frac{1.00\text{g}\times 8.314\text{kPa}\cdot\text{L}\cdot\text{K}^{-1}\cdot\text{mol}^{-1}\times 293.15\text{K}}{0.366\text{kPa}\times 0.100\text{L}}=6.66\times 10^{4}\text{g}\cdot\text{mol}^{-1}$$

血红素的浓度仅为1.50×10^{-5}mol·L^{-1}，凝固点下降为2.79×10^{-5}℃，相对分子质量用其他方法很难测定。但此溶液渗透压力相当于37.4mm H_2O的压力，所以采用该方法完全可以准确测定。

三、渗透压力在医学上的意义

（一）渗透作用与生理现象

临床常用c(NaCl)为0.15mol·L^{-1}的氯化钠溶液和$c(C_6H_{12}O_6)$为0.28mol·L^{-1}的葡萄糖溶液，因为这两种溶液相对血浆渗透压力而言都是等渗溶液。

1. 等渗、低渗和高渗溶液　图1-7显示红细胞在不同浓度NaCl溶液中的形态变化。

若将红细胞置于浓度相对较低的NaCl溶液中，如c(NaCl)$=7\times 10^{-2}$mol·L^{-1}，显微镜下可观察到红细胞形态发生变化。红细胞逐渐充盈、胀大以致破裂，释放出红细胞内的血红蛋白使溶液染成红色，医学上将这一过程称为**细胞溶血**（hemolysis），如图1-7(a)所示。溶血的原因是细胞内液与细胞外的NaCl溶液渗透压力不相等，细胞内液的渗透压力高于细胞外液，细胞外液的水向细胞内渗透所致，细胞外的NaCl溶液被称为低渗溶液。

若将红细胞置于较高浓度的NaCl溶液中，如c(NaCl)$=2.6$mol·L^{-1}，红细胞形态的变化是逐渐皱缩，如图1-7(b)所示，并可能聚结成团块。此现象若发生在血管内将产生“栓塞”。红细胞皱缩的原因依然是细胞膜两侧溶液的渗透压力不相等，细胞内液的渗透压力低于细胞外的NaCl溶液，红细胞内的水向外渗透引起。细胞外NaCl溶液被称为高渗溶液。

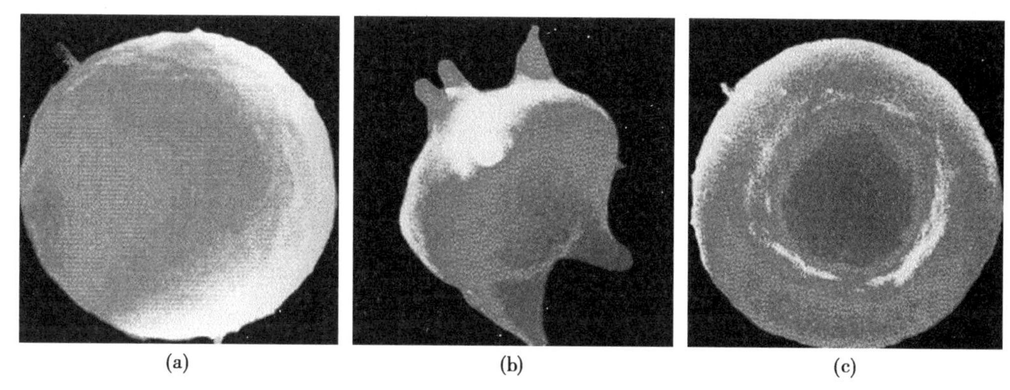

图 1-7　红细胞在不同浓度 NaCl 溶液中的形态变化

(a) 7×10^{-2}mol·L^{-1}；(b) 2.6mol·L^{-1}；(c) 0.15mol·L^{-1} NaCl 溶液

若将红细胞置于生理盐水中，c(NaCl) = 0.15mol·L^{-1}，观察到红细胞形态基本不变，如图 1-7（c）所示。细胞既不膨胀也不皱缩。因为生理盐水的渗透压力与红细胞内液的渗透压力相等，细胞内液与细胞外液处于渗透平衡状态。临床上除了用等渗溶液外，也有使用高渗溶液的情况。如 $c(C_6H_{12}O_6)$ 为 2.8mol·L^{-1} 的葡萄糖溶液，使用目的主要是纠正低血糖情况。

2. 渗透浓度　医学上定义溶液的等渗、低渗和高渗是以血浆的总渗透压力为标准的。体液中能够产生渗透效应的溶质粒子（分子、离子等）统称为渗透活性物质。根据国际纯粹与应用化学联合会（International Union of Pure and Applied Chemistry，IUPAC）和国际临床化学联合会（IFCC）推荐，渗透活性物质的浓度表达可以使用**渗透浓度**（osmotic concentration），单位为 mol·L^{-1}，符号记作 c_{os}。

渗透压力也是稀薄溶液的依数性质。van't Hoff 定律又可以这样表述：在一定温度下，稀薄溶液的渗透压力与渗透浓度成正比，与溶质的本性无关。数学表达式为

$$\Pi = c_{os}RT \tag{1-19}$$

由于体液中渗透活性物质的物质的量相对较小，渗透浓度单位又常表示为"mmol·L^{-1}"。

例 1-9　计算医院补液用的 50.0g·L^{-1} 葡萄糖溶液和 9.00g·L^{-1} NaCl 溶液（生理盐水）的渗透浓度（以 mmol·L^{-1} 表示）。

解　葡萄糖 $M(C_6H_{12}O_6)$ 的摩尔质量为 180g·mol^{-1}，50.0g·L^{-1} $C_6H_{12}O_6$ 溶液的渗透浓度为

$$c_{os} = \frac{50.0\text{g} \cdot \text{L}^{-1}}{180\text{g} \cdot \text{mol}^{-1}} \times \frac{1000\text{mmol}}{1\text{mol}} = 278\text{mmol} \cdot \text{L}^{-1}$$

NaCl 的摩尔质量为 58.5g·mol^{-1}，NaCl 溶液中渗透活性物质为 Na^+ 和 Cl^-。9.00g·L^{-1} NaCl 溶液的渗透浓度为

$$c_{os} = \frac{9.00\text{g} \cdot \text{L}^{-1}}{58.5\text{g} \cdot \text{mol}^{-1}} \times \frac{1000\text{mmol}}{1\text{mol}} \times 2 = 308\text{mmol} \cdot \text{L}^{-1}$$

根据稀薄溶液依数性规律。实验测得血浆的凝固点下降值为 0.553℃，据此求得血浆的渗透浓度为 297mmol·L^{-1}。因此，临床上规定渗透浓度在 280～320mmol·L^{-1} 的溶液为等渗溶液。表 1-5 列出了正常人血浆、组织间液和细胞内液中各种物质的浓度。

表 1-5　正常人血浆、组织间液和细胞内液中各种物质的渗透浓度（mmol·L^{-1}）

渗透活性物质	血浆中的浓度	组织间液中的浓度	细胞内液中的浓度
Na^+	144	137	10
K^+	5	4.7	141
Ca^{2+}	2.5	2.4	
Mg^{2+}	1.5	1.4	31
Cl^-	107	112.7	4

续表

渗透活性物质	血浆中的浓度	组织间液中的浓度	细胞内液中的浓度
HCO_3^-	27	28.3	10
HPO_4^{2-}、$H_2PO_4^-$	2	2	11
SO_4^{2-}	0.5	0.5	1
磷酸肌酸			45
肌肽			14
氨基酸	2	2	8
肌酸	0.2	0.2	9
乳酸盐	1.2	1.2	1.5
三磷酸腺苷			5
一磷酸己糖			3.7
葡萄糖	5.6	5.6	
蛋白质	1.2	0.2	4
尿素	4	4	4
c_{os}	303.7	302.2	302.2

（二）晶体渗透压力和胶体渗透压力

人体的体液包含有大量的水和溶解物质。根据体液存在的部位分为细胞内液和细胞外液两部分。细胞外液又分为组织液和血浆两类。组织液指的是存在于组织细胞周围的组织间隙中的液体。它是细胞内液和血浆之间进行物质交换的媒介。血浆是血液的液体部分，其中水分占90%～92%，血浆蛋白、电解质、酶类、激素类、胆固醇和其他营养素等占8%～10%。

人体血浆渗透压力约为773kPa，由血浆晶体渗透压力和血浆胶体渗透压力两者构成。细胞膜和毛细血管壁通透性不同，因此，晶体渗透压力与胶体渗透压力表现出不同的生理作用。

1. 晶体渗透压力（crystalloid osmotic pressure） 血浆中的小分子晶体物质（主要是氯化钠，其次是碳酸氢钠和葡萄糖、尿素等）形成的渗透压力称为血浆晶体渗透压力，约为705.6kPa。血浆晶体渗透压力的主要作用是维持细胞内外水盐平衡，对保持细胞正常形态和细胞膜的完整性方面起着重要的作用。

细胞膜对膜内、外两侧分子和离子的通透性具有选择性。正常情况下，细胞内外晶体物质的浓度相等，晶体渗透压力相等，细胞内、外水的交换保持着动态平衡，细胞形态保持基本不变。

如果人体缺水，细胞外液中电解质的浓度相对升高，导致晶体渗透压力增大。细胞内液的水分子通过细胞膜向外渗透，造成细胞内失水。若大量饮水或静脉输入过多的溶液，细胞外液电解质的浓度就会降低，晶体渗透压力可能减小。这时，细胞外液水分子将透过细胞膜进入细胞内液，严重时可产生水中毒。如向高温作业的工人提供含电解质类物质的汽水，就是为了保持细胞外液晶体渗透压力的相对恒定，以免影响细胞的形态和功能。

晶体物质比较容易通过毛细血管壁，因此，血浆和组织间液两者之间的晶体渗透压力基本相同。

2. 胶体渗透压力（colloid osmotic pressure） 血浆中的大分子物质（蛋白质、核酸）形成的渗透压力称为胶体渗透压力，其数值较小，为2.93～4.00kPa。

血浆与组织间液中某些成分之间的交换是透过毛细血管进行的。血浆胶体渗透压力的主要作用是调节血管内外水分和小分子物质的分布，对组织间液回流进入毛细血管产生压力，维持血浆与组织液之间的液体平衡。在正常情况下，血浆胶体渗透压力和其他因素一起使毛细血管内外的水分交换保持动态平衡，维持血浆容量和组织液容量的相对稳定。

如果由于疾病造成血浆蛋白减少，血浆胶体渗透压力降低，血浆中的水分子和小分子溶质就会过多地透过毛细血管壁进入组织间液，造成组织间液增多而血液容量降低，这是形成水肿的原因之一。临床上对大面积烧伤或失血过多等原因造成血容量下降的患者进行补液时，考虑到这类患者血浆蛋白

损失较多，除补充电解质溶液外还要输入血浆或右旋糖酐，以恢复血浆的胶体渗透压力并增加血容量。

（三）体液渗透压力的测定

直接测定溶液的渗透压力比较困难，而测定溶液的凝固点降低比较方便。因此，临床上对血液、胃液、唾液、尿液、透析液、组织细胞培养液的渗透压力的测定，常用“冰点渗透压力计”，通过测定溶液的凝固点降低值进行推算。

冰点渗透压力计的主要部件有半导体制冷装置、高精度测温系统、过冷引晶装置。渗透压力的测定步骤是：在冷槽中加入不冻液，打开冷却半导体制冷装置的水管；开电源预热；用渗透浓度为 $300\text{mmol}\cdot\text{L}^{-1}$ 或 $800\text{mmol}\cdot\text{L}^{-1}$ 的 NaCl 标准溶液校正仪器；取 1mL 体液样品置于试管，放入冷槽测定渗透压力，仪器自动显示结果。

例 1-10 测得人体血液的凝固点降低值 $\Delta T_f = 0.56$℃，求在体温 37℃时的渗透压力。

解 因为 $\Delta T_f = K_f b_B$，有 $b_B = \dfrac{\Delta T_f}{K_f}$；又对于血浆，可以近似认为 $\{c_B\}_{\text{mol}\cdot\text{L}^{-1}} \approx \{b_B\}_{\text{mol}\cdot\text{kg}^{-1}}$，所以

$$
\begin{aligned}
\Pi &= c_B RT = \{b_B\}\text{mol}\cdot\text{L}^{-1} \times RT \\
&= \frac{0.56}{1.86}\text{mol}\cdot\text{L}^{-1} \times 8.314\text{kPa}\cdot\text{L}\cdot\text{K}^{-1}\cdot\text{mol}^{-1} \times (273.15+37)\text{K} \\
&= 7.8\times10^2\text{kPa}
\end{aligned}
$$

所以人体血液在体温 37℃时的渗透压力为 7.8×10^2kPa。

血液净化技术

血液净化是近年来临床医学迅速发展起来的一门交叉学科，它源于肾脏疾病的治疗，但现在已经广泛应用于医学各个专业中，成功地治疗了许多疑难病症，尤其在危重病监护（intensive care unit，ICU）方面，血液净化疗法发挥了巨大的作用，为人类健康作出了重要贡献。由于其发展借助了生物材料、微电子学、分子生物学等领域的先进技术，因此，血液净化已成为衡量医院现代化的重要标志之一。

血液净化技术的原理是把患者的血液引出体外，建立血管循环通路，通过一系列净化装置——透析机、透析器、血管路、透析液，利用弥散、对流、吸附、分离的原理，除去其中某些致病物质，净化血液，达到治疗疾病的目的。临床常用的血液净化方法包括：血液透析、血液滤过、血液灌流、血浆置换、免疫吸附和连续性肾脏替代治疗等。

例如，血液透析（hemodialysis，HD）的目的在于替代衰竭肾脏，清除代谢废物，调节水、电解质和酸碱平衡的部分功能。该法就是根据膜平衡渗透原理，将病人血液与含一定量化学成分的透析液同时引入透析器内，利用渗透膜两侧溶质浓度差，达到清除体内水分及代谢产物和毒性溶质、或向体内补充所需溶质的治疗目的。现代的血液透析还被拓展用于药物和毒物中毒、戒毒、心力衰竭等各系统疾患中。近年来一个重要的发现是血液透析能够修复内皮细胞，保护心、肾、肝、肺、神经、胃肠、血液、骨髓、脑等器官系统。

Summary

Solution is a homogeneous mixture composed of two or more substances. Generally, a solute is dissolved in a solvent. There are the composition scales to quantify the solute content, such as mass fraction, volume fraction, mole fraction, mass concentration, amount-of-substance concentration, molarity, *etc.* Conversion between any two composition scales can be made.

Properties of solutions that depend on the amount of solute are called colligative properties. These properties mainly include vapor pressure lowering, boiling point elevation, freezing point depression,

and osmotic pressure. The properties of dilute solutions are discussed, and the solute is nonvolatile and nonelectrolyte substance except the osmotic pressure property in this chapter.

1. The vapor pressure of the solution is lower than that of the pure solvent. The value of vapor pressure lowering is related to the vapor pressure and the mole fraction of the solvent, that is $p_A = p_A^o x_A$. This equation is called Raoult's law.

2. The boiling point is higher than that of the pure solvent, while the freezing point is lower than that of the pure solvent. These changes in temperature can be expressed in terms of the molality of the solute and are a constants characteristic of the solvent

$$\Delta T_b = K_b b_B \text{ and } \Delta T_f = K_f b_B$$

3. Osmotic pressure (Π), the pressure that can be exerted on a solution to maintain equilibrium when the solution is separated from pure solvent by semi-permeable membrane through which only the solvent can pass, is given by

$$\Pi = c_B RT$$

4. In a solution, electrolytes will ionize and each ion will act as an entity. Therefore, the equimolal solutions of electrolytes will have higher colligative properties than equimolal solutions of nonelectrolytes. For electrolyte solutions, the colligative properties should be modified with van't Hoff factor.

学科发展与医学应用综述题

1. 冰袋在临床上应用广泛，是施行物理降温、消肿、止痛、止血的常用措施之一。某儿童医院自制了一种盐水冰袋：将质量分数为10%的食盐水装入医用塑料袋，封口后置于冰箱内冰冻，使用时取出，用毛巾包裹放在所需部位。

问题：

(1) 该盐水冰袋的制作原理是什么？为何不直接使用自来水制作冰袋？

(2) 若用乙醇代替食盐制作冰袋，是否可行？为什么？

2. 渗透性利尿药又称脱水药，多为低分子化合物，包括甘露醇、山梨醇等，其药理作用主要取决于药物分子本身在溶液中对渗透压力的调节。甘露醇($C_6H_{14}O_6$)口服不吸收，静脉注射后不易从毛细血管渗入组织，能够迅速降低颅内压，是用于治疗和抢救脑水肿的首选药，也可降低青光眼患者的房水量及眼内压。此外，甘露醇在体内迅速经肾脏排泄，一般情况下经肝脏代谢的量很少，静脉注射甘露醇可产生较强的利尿作用。甘露醇的不良反应以水和电解质代谢紊乱最为常见。

问题：

(1) 甘露醇静脉给药后为什么能降低颅内压和眼内压？

(2) 试分析甘露醇的利尿作用及引起不良反应的原因。

(3) 临床上还有哪些常用的渗透性利尿药？

习　题

1. 现有一患者需输液补充Na^+ 3.0g，需要静脉滴注生理盐水(9.0g·L^{-1} NaCl溶液)多少毫升？

2. 经检测某成年人每100mL血浆中含K^+ 20mg、Cl^- 366mg，试计算它们各自的物质的量浓度(单位用mmol·L^{-1}表示)。

3. 水在20℃时的饱和蒸气压力为2.34kPa。若于100g水中溶有10.0g蔗糖(M_r=342)，求此溶液的蒸气压力。

4. 甲溶液由1.68g蔗糖(M_r=342)和20.00g水组成，乙溶液由2.45g(M_r=690)的某非电解质和20.00g水组成。

(1) 在相同温度下，哪份溶液的蒸气压力高？

(2) 将两份溶液放入同一个恒温密闭的钟罩里，时间足够长，两份溶液浓度会不会发生变化？为什么？

(3) 当达到系统蒸气压力平衡时，转移的水的质量是多少？

5. 将 2.80g 难挥发性物质溶于 100g 水中，该溶液在 101.3kPa 下，沸点为 100.51℃。求该溶质的相对分子质量及此溶液的凝固点。($K_b=0.512K·kg·mol^{-1}$，$K_f=1.86K·kg·mol^{-1}$)

6. 烟草有害成分尼古丁的实验式是 C_5H_7N，今将 538mg 尼古丁溶于 10.0g 水，所得溶液在 101.3kPa 下的沸点是 100.17℃。求尼古丁的分子式。

7. 试比较下列溶液的凝固点的高低（苯的凝固点为 5.5℃，$K_f=5.10K·kg·mol^{-1}$，水的 $K_f=1.86K·kg·mol^{-1}$)：

(1) $0.1mol·kg^{-1}$ 蔗糖的水溶液；(2) $0.1mol·kg^{-1}$ 乙二醇的水溶液；

(3) $0.1mol·kg^{-1}$ 乙二醇的苯溶液；(4) $0.1mol·kg^{-1}$ 氯化钠水溶液。

8. 今有两种溶液，一为 1.50g 尿素($M_r=60.05$)溶于 200g 水中，另一为 42.8g 某非电解质溶于 1000g 水中，这两种溶液在同一温度下结冰，试求该非电解质的相对分子质量。

9. 试排出在相同温度下，下列溶液渗透压力由大到小的顺序：

(1) $c(C_6H_{12}O_6)=0.2mol·L^{-1}$；(2) $c(\frac{1}{2}Na_2CO_3)=0.2mol·L^{-1}$；

(3) $c(\frac{1}{3}Na_3PO_4)=0.2mol·L^{-1}$；(4) $c(NaCl)=0.2mol·L^{-1}$。

10. 今有一氯化钠溶液，测得凝固点为 −0.26℃，下列说法哪个正确？为什么？

(1) 此溶液的渗透浓度为 $140mmol·L^{-1}$；(2) 此溶液的渗透浓度为 $280mmol·L^{-1}$；

(3) 此溶液的渗透浓度为 $70mmol·L^{-1}$；(4) 此溶液的渗透浓度为 $7.153mmol·L^{-1}$。

11. 100mL 水溶液中含有 2.00g 白蛋白，25℃时此溶液的渗透压力为 0.717kPa，求白蛋白的相对分子质量。

12. 测得泪水的凝固点为 −0.52℃，求泪水的渗透浓度及 37℃时的渗透压力。

Exercises

1. What are the normal freezing points and boiling points of the following solution? (a) 21.0 g NaCl in 135 mL of water. (b) 15.4 g of urea in 66.7 mL of water.

2. If 4.00 g of a certain nonelectrolyte is dissolved in 55.0 g of benzene, the resulting solution freezes at 2.36℃. Calculate the molecular weight of the nonelectrolyte.

3. A quantity of 7.85 g of a compound having the empirical formula C_5H_4 is dissolved in 301 g of benzene. The freezing point of the solution is 1.05℃ below that of pure benzene. What are the molar mass and molecular formula of this compound?

4. Ethylene glycol (EG), $CH_2(OH)CH_2(OH)$, is a common automobile antifreeze. It is cheap, water-soluble, and fairly nonvolatile (b.p. 197℃). Calculate the freezing point of a solution containing 651 g of this substance in 2505 g of water. Would you keep this substance in your car radiator during the summer? The molar mass of ethylene glycol is 62.01 g.

5. A solution is prepared by dissolving 35.0 g of hemoglobin (Hb) in enough water to make up one liter in volume. If the osmotic pressure of the solution is found to be 10.0 mmHg at 25℃, calculate the molar mass of hemoglobin.

6. A 0.86 percent by mass solution of NaCl is called "physiological saline" because its osmotic pressure is equal to that of the solution in blood cell. Calculate the osmotic pressure of this solution at normal body temperature (37℃). Note that the density of the saline solution is $1.005 g·mL^{-1}$.

（叶建涛）

第二章　电解质溶液

在水溶液中或熔融状态下能导电的化合物称为**电解质**（electrolyte），这些化合物的水溶液称为电解质溶液。人体体液如血浆、胃液、泪水和尿液等都含有许多电解质离子，如 Na^+、K^+、Ca^{2+}、Mg^{2+}、Cl^-、HCO_3^-、CO_3^{2-}、HPO_4^{2-}、$H_2PO_4^-$、SO_4^{2-} 等，这些离子在体液中的存在状态及含量，关系到体液渗透平衡和体液的酸碱度，并对神经、肌肉等组织的生理、生化功能起着重要的作用。人体的许多生理和病理现象与酸碱平衡有关。生物体的细胞液及各种组织液有严格的酸碱范围，如在生理作用中起重要作用的酶只有在合适的 pH 条件下才能发挥其效能。因此，掌握电解质溶液的基本理论、基本特性和变化规律，掌握酸碱平衡及溶液 pH 的计算方法等知识，对医科学生十分重要。

第一节　强电解质溶液

一、电解质和解离度

电解质可分为强电解质和弱电解质两类。**强电解质**（strong electrolyte）在水溶液中能完全解离，它包括离子型化合物（如 NaCl、KOH）和强极性分子（如 HCl、HNO_3）。**弱电解质**（weak electrolyte）在水溶液中大部分是以分子的形式存在，只有部分解离成离子且存在与未解离的分子之间的解离平衡。弱电解质通常是弱酸或弱碱，如乙酸（HAc）、NH_3 等物质。

与非电解质相比，在讨论电解质溶液的依数性质规律时，需要引入一个校正因子 i，i 与电解质在溶液中的解离程度（解离所产生的微粒数）有关。

电解质的解离程度可以定量地用**解离度**（degree of dissociation）α 来表示，它是指电解质溶液达到解离平衡时，已解离的分子数和原有的分子总数之比。

$$\alpha=\frac{\text{已解离的分子数}}{\text{原有的分子总数}} \tag{2-1}$$

解离度的单位为 1，习惯上也可以用百分率表示。解离度可通过测定电解质溶液的依数性质（如 T_f、T_b 和 Π）或电导率等求得。

例 2-1　某电解质 HA 溶液的质量摩尔浓度 $b=0.1\text{mol}\cdot\text{kg}^{-1}$，测得此溶液的 $\Delta T_f=0.19\text{K}$，求该电解质的解离度。

解　HA 在水溶液中存在解离平衡，设其解离度为 α，那么已解离 HA 的质量摩尔浓度为 0.1α $\text{mol}\cdot\text{kg}^{-1}$

$$HA(aq) \rightleftharpoons H^+(aq)+A^-(aq)$$

	HA(aq)	H^+(aq)	A^-(aq)
初始时 $b/\text{mol}\cdot\text{kg}^{-1}$	0.1		
平衡时 $b/\text{mol}\cdot\text{kg}^{-1}$	$0.1-0.1\alpha$	0.1α	0.1α

达到解离平衡后，溶液中所含分子和离子的总浓度为

$$[(0.1-0.1\alpha)+0.1\alpha+0.1\alpha]\text{mol}\cdot\text{kg}^{-1}=0.1(1+\alpha)\text{mol}\cdot\text{kg}^{-1}$$

根据 $\Delta T_f=K_f b_B$ 得

$$0.19\text{K}=1.86\text{K}\cdot\text{kg}\cdot\text{mol}^{-1}\times0.1(1+\alpha)\text{mol}\cdot\text{kg}^{-1}$$

$$\alpha=0.022=2.2\%$$

因此 HA 的解离度为 2.2%。

解离度的大小不仅与物质的本性有关，还与电解质溶液的浓度、溶剂性质及温度有关。

问题与思考 2-1

从例 2-1 得到的解离度，能否求出解离平衡常数 K，并导出 K 与 α 的关系？

不同电解质的解离度差别很大。一般来说，对于 $0.1\text{mol}\cdot\text{kg}^{-1}$ 的电解质溶液，解离度大于 30% 的称为强电解质，小于 5% 的称为弱电解质，而介于 5%～30% 的称为中强电解质。

理论上，强电解质溶液的解离度应为 100%，但实验测得的解离度却小于 100%，溶液的依数性数值也比完全以自由离子存在时要小。而且，溶液浓度愈大，离子电荷价数愈高，这种偏差也愈大。因此，实验测得的解离度并不代表强电解质在溶液中的实际解离度，故称为**表观解离度**（degree of apparent dissociation）。如何解释表观解离度小于理论解离度呢？Debye-Hückel 的离子互吸理论给予了合理的阐述。

二、Debye-Hückel 的离子互吸理论

1923 年，Debye P 和 Hückel E 提出了电解质的**离子互吸理论**（ion interaction theory）。其要点为：①强电解质在水中是全部解离的；②离子间通过静电引力相互作用，每一个离子都被周围电荷相反的离子包围着，形成了**离子氛**（ion atmosphere）。离子氛是一个平均统计模型，虽然一个离子周围的相反电荷的离子并不均匀分布，但统计模型以球形对称分布处理。如图 2-1 所示，每一个离子氛中心的离子同时又是另一个离子氛的相反电荷离子的成员。由于离子氛的存在，离子之间相互作用而互相牵制，不能完全自由运动，因而不能 100% 发挥离子应有的效能。此外，在强电解质的溶液中，正、负离子还可以部分缔合成“离子对”而作为一个独立单位运动，使自由离子的浓度降低。显然，离子氛和离子对的形成与溶液的浓度和离子所带的电荷有关。溶液愈浓，离子所带电荷愈大，离子之间的相互牵制作用愈强。

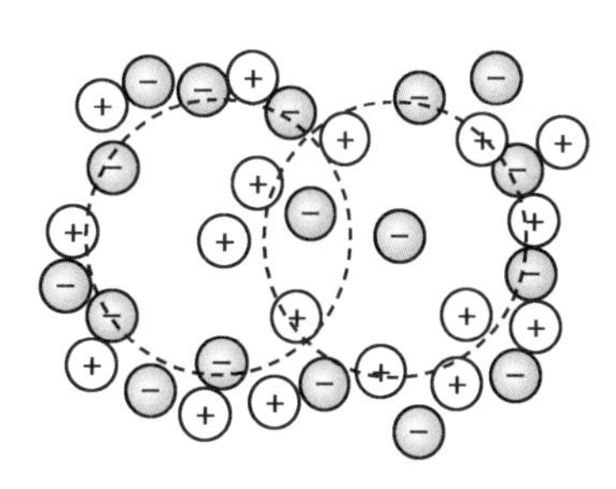

图 2-1　离子氛示意图

三、离子的活度和离子强度

为了表达强电解质溶液中离子之间的相互作用，1907 年美国化学家 Lewis GN 提出了**活度**（activity）的概念，活度表示电解质溶液中实际上能起作用的离子浓度，也称有效浓度。由于受到离子之间及溶剂的影响，活度与浓度会有偏差。活度可以通过将浓度乘上一个校正系数，对浓度进行校正而得到，这个校正系数称为**活度因子**（activity factor），也称活度系数，用 γ 表示。对于溶质 B 的活度 a_B 与质量摩尔浓度 b_B 的关系为

$$a_B = \gamma_B \cdot b_B / b^{\ominus} \tag{2-2}$$

式（2-2）中，$b^{\ominus}$ 为溶质 B 的标准质量摩尔浓度（即 $1\text{mol}\cdot\text{kg}^{-1}$）。$a$ 和 γ 均为量纲为 1 的量，SI 单位为 1。一般来说，由于 $a_B<b_B$，故 $\gamma_B<1$。溶液愈稀，离子间的距离愈大，离子间的牵制作用愈弱，离子氛和离子对出现的机会愈少，活度与浓度间的差别就愈小。因此，①当强电解质溶液中的离子浓度很小，且离子所带的电荷数也少时，活度接近浓度，此时 $\gamma\approx1$。②严格地说，溶液中的中性分子也有活度和浓度的差别，不过不像离子的差别那么大，所以通常把中性分子的 γ 视为 1。③对于弱电解质溶液，因其离子浓度很小，一般把弱电解质的 γ 也视为 1。

在电解质溶液中，由于正、负离子同时存在，目前单种离子的活度因子不能由实验测定，但可用实验方法来求得电解质溶液离子的平均活度因子 $\gamma_{\pm}$。对 1-1 价型电解质，如 NaCl、KNO_3 等，其离子的平均活度因子定义为正离子和负离子的活度因子的几何平均值，即$\gamma_{\pm}=\sqrt{\gamma_{+}\cdot\gamma_{-}}$。而离子的平均活度等于正离子和负离子活度的几何平均值，即$a_{\pm}=\sqrt{a_{+}\cdot a_{-}}$。

活度因子是溶液中离子间作用力的反映，与溶液中的离子浓度和所带的电荷有关，而活度因子又直接影响活度的大小。为此 Lewis GN 在 1921 年引入了**离子强度**（ionic strength）的概念，定义为

$$I \overset{\text{def}}{=\!=\!=} \frac{1}{2}\sum_i b_i Z_i^2 \tag{2-3}$$

式（2-3）中，b_i 和 Z_i 分别为溶液中 i 离子的质量摩尔浓度和该离子的电荷数。近似计算时，也可以用 c_i 代替 b_i。I 的单位为 $mol \cdot kg^{-1}$。离子强度反映了离子间作用力的强弱，I 值愈大，离子间的作用力愈大，活度因子就愈小；反之，I 值愈小，离子间的相互作用力愈小，活度因子就愈接近于“1”。Debye-Hückel 理论导出了离子的活度因子与溶液中离子强度的关系

$$\lg \gamma_i = -Az_i^2\sqrt{I}$$

式中，A 为常数，在 298.15K 的水溶液中 $A = 0.509 kg^{1/2} \cdot mol^{-1/2}$。

若求电解质离子的平均活度因子时，上式可改为

$$\lg \gamma_\pm = -A\left|z_+ \cdot z_-\right|\sqrt{I}$$

此式只适用于离子强度小于 $0.01 mol \cdot kg^{-1}$ 的稀薄溶液。对于较高离子强度的溶液，需要对 Debye-Hückel 方程作修正。在生物体中，离子强度对酶、激素和维生素的功能影响是不能忽视的。

问题与思考 2-2

在考虑电解质稀薄溶液依数性质时，为什么只有在极稀薄溶液中，AB 型强电解质 NaCl、KCl 的校正因子 i 趋近于 2？

第二节　酸碱理论

酸和碱是两类重要的电解质。人们在研究酸碱物质的性质与组成及结构的关系方面，提出了许多的酸碱理论。1884 年，瑞典化学家 Arrhenius SA 建立了电离理论，但该理论把酸碱反应只限于水溶液中，把酸碱范围限制在能解离出 H^+ 或 OH^- 的物质。这种局限性就必然产生许多与化学事实相矛盾的现象，如 NH_4Cl 水溶液呈酸性而自身并不含 H^+，Na_2CO_3 或 Na_3PO_4 水溶液呈碱性而自身也不含 OH^-。而且，更不能解释非水体系中的酸碱性等问题。为了解决这些矛盾，1923 年，丹麦化学家 Brønsted JN 和英国化学家 Lowry TM 提出了酸碱质子理论。同年，美国化学家 Lewis GN 提出了酸碱电子理论。1963 年，美国化学家 Pearson SG 建立了软硬酸碱理论。本节主要介绍酸碱质子理论，并简要介绍酸碱电子理论。

一、酸碱质子理论

（一）酸碱的定义

酸碱质子理论（Brønsted-Lowry theory）认为：凡能给出质子（H^+）的物质都是**酸**（acid），凡能接受质子的物质都是**碱**（base）。酸是质子的给体，碱是质子的受体。酸与碱的关系可用下式表示：

$$\text{酸} \rightleftharpoons \text{质子} + \text{碱}$$
$$HCl \rightleftharpoons H^+ + Cl^-$$
$$HAc \rightleftharpoons H^+ + Ac^-$$
$$H_2CO_3 \rightleftharpoons H^+ + HCO_3^-$$
$$HCO_3^- \rightleftharpoons H^+ + CO_3^{2-}$$
$$NH_4^+ \rightleftharpoons H^+ + NH_3$$
$$H_3O^+ \rightleftharpoons H^+ + H_2O$$

$$H_2O \rightleftharpoons H^+ + OH^-$$

$$[Al(H_2O)_6]^{3+} \rightleftharpoons H^+ + [Al(H_2O)_5OH]^{2+}$$

关系式左边的物质是酸，右边的物质是碱和 H^+（质子）。即酸和碱不是孤立的，酸给出质子后余下的部分就是碱，碱接受质子后即成为酸。酸和碱既可以是分子，也可以是离子。

上述的关系式称为**酸碱半反应式**（half reaction of acid-base），半反应式两边对应的酸碱物质称为**共轭酸碱对**（conjugate acidbase pair）。酸释放一个质子后形成其**共轭碱**（conjugate base），碱结合一个质子后形成其**共轭酸**（conjugate acid）。酸比其共轭碱多一个质子。由此可见，酸和碱相互依存，又可以相互转化。

从酸碱质子理论可以看出：

（1）有些物质既可以作为酸给出质子，也可以作为碱接受质子，这些物质称为**两性物质**（amphoteric substance）。如 H_2O、$H_2PO_4^-$、HCO_3^- 等都是两性物质。

（2）Na_2CO_3 在 Arrhenius 电离理论中称为盐，但酸碱质子理论则认为 CO_3^{2-} 是碱，而 Na^+ 既不给出质子，又不接受质子，是非酸非碱物质。又如，NH_4Cl 中的 NH_4^+ 是酸，NaAc 中的 Ac^- 是碱。酸碱质子理论不存在"盐"的概念。

（3）酸碱质子理论体现了酸和碱相互转化和相互依存的关系，并且大大地扩大了酸碱物质的范围。

（二）酸碱反应的实质

酸碱半反应式"酸 $\rightleftharpoons$ H^+ + 碱"仅仅表达了酸与碱的共轭关系，并不是一种实际反应式。质子非常小，电荷密度非常大，在溶液中不能单独存在。在酸给出质子的瞬间，质子必然迅速与碱结合，因此在实际化学反应中，酸给出质子的半反应和另一种碱接受质子的半反应必然同时发生。

例如，在 HAc 水溶液中，存在着两个酸碱半反应

酸碱半反应 1　　$\underset{酸_1}{HAc(aq)} \rightleftharpoons H^+(aq) + \underset{碱_1}{Ac^-(aq)}$

酸碱半反应 2　　$\underset{碱_2}{H_2O(l)} + H^+(aq) \rightleftharpoons \underset{酸_2}{H_3O^+(aq)}$

两式相加，得总反应

$$\underset{酸_1}{HAc(aq)} + \underset{碱_2}{H_2O(l)} \rightleftharpoons \underset{碱_1}{Ac^-(aq)} + \underset{酸_2}{H_3O^+(aq)} \quad (2\text{-}4)$$

（H^+ 由 HAc 传递给 H_2O）

由式（2-4）可见，两个共轭酸碱对反应的净结果是 HAc 把质子 H^+ 传递给了 H_2O。如果没有酸碱半反应 2 的存在，即没有 H_2O 接受 H^+，则 HAc 就不能在水中解离。

酸碱反应的实质是两对共轭酸碱对之间的**质子传递反应**（proton-transfer reactions）。一种酸（酸$_1$）给出质子而生成其共轭碱（碱$_1$），另一种碱（碱$_2$）接受质子而生成其共轭酸（酸$_2$）。这种质子传递反应，既不要求反应必须在溶液中进行，也不要求先生成独立的质子再结合到碱上，而只是质子从一种物质转移到另一种物质中去。因此，反应可在水溶液中进行，也可在非水溶剂中或气相中进行。

在质子传递反应中，存在着争夺质子的过程。酸愈强，其给出质子的能力就愈强；碱愈强，其接受质子的能力就愈强。因此，酸碱反应的方向总是由较强的酸向较强的碱传递质子，生成较弱的碱和较弱的酸。例如

$$HCl(aq) + NH_3(aq) \longrightarrow NH_4^+(aq) + Cl^-(aq)$$

因 HCl 的酸性比 NH_4^+ 强，NH_3 的碱性比 Cl^- 强，故上述反应强烈地向右进行。

（三）溶剂的拉平效应和区分效应

依据酸碱质子理论，酸碱的强弱，除了与酸碱的本性、温度、浓度有关以外，还与溶剂密切相关。

例如，HAc 在水中表现为弱酸，但在液氨中却表现为强酸；又如，HCl、HNO_3 和 $HClO_4$ 在水溶液中都表现为强酸，这是因为它们在水中给出质子的能力都很强，同时也是由于水分子的碱性足够全部接受这些质子。只要酸的浓度不太大，它们完全解离，此时 H_2O 则完全接受由酸解离出来的质子，生成 H_3O^+，因为 H_3O^+ 是水中能存在的最强酸的形式，所以这些酸的强度都被拉平到 H_3O^+ 的水平上。这种能将各种不同强度的酸拉平到溶剂化质子（如 H_3O^+）水平的效应称为溶剂的**拉平效应**（leveling effect）。

如果将上述 3 种酸溶解到冰醋酸（作为溶剂）中，由于 HAc 的碱性比水要弱，在这种情况下，这些酸无法全部将其质子传递给 HAc，即质子转移的程度存在差别，从而使酸呈现出不同的强度，其强度顺序为：$HClO_4>HCl>HNO_3$，这种能区分出酸（或碱）的强弱的效应称为溶剂的**区分效应**（differentiating effect）。

因此，同一物质在不同溶剂中显示的酸（或碱）的强度是不同的，这与溶剂接受或给出质子能力的大小有关。溶剂的这种性质，在非水酸碱滴定分析中被广泛应用。

二、水的质子自递平衡

（一）水的质子自递平衡和水的离子积

水是两性物质，既可以给出质子，又可以接受质子。因此水分子间也可发生质子传递反应，称为水的**质子自递反应**（proton self-transfer reaction）。

半反应$_1$
$$\underset{\text{酸}_1}{H_2O(l)} \rightleftharpoons H^+(aq) + \underset{\text{碱}_1}{OH^-(aq)}$$

半反应$_2$
$$\underset{\text{碱}_2}{H_2O(l)} + H^+(aq) \rightleftharpoons \underset{\text{酸}_2}{H_3O^+(aq)}$$

总反应
$$\underset{\text{酸}_1}{H_2O(l)} + \underset{\text{碱}_2}{H_2O(l)} \rightleftharpoons \underset{\text{碱}_1}{OH^-(aq)} + \underset{\text{酸}_2}{H_3O^+(aq)} \tag{2-5}$$

（H^+ 由第一个 H_2O 传递给第二个 H_2O）

式（2-5）的平衡常数表达式为

$$K=\frac{[H_3O^+][OH^-]}{[H_2O][H_2O]}$$

上式中的$[H_2O]$可以看成是一常数，将它与 K 合并，则

$$K_w=[H_3O^+][OH^-] \tag{2-6}$$

K_w 称为水的**质子自递平衡常数**（proton self-transfer constant），又称**水的离子积**（ion-product constant for water），其数值与温度有关。例如，K_w 在 0℃时为 1.13×10^{-15}，25℃时为 1.01×10^{-14}，100℃时为 5.59×10^{-13}。其他温度下水的离子积常数（pK_w）见附录三的附表 3-1。

水的离子积不仅适用于纯水，也适用于所有稀水溶液。在一定温度下，只要已知溶液中的 H_3O^+ 浓度，就可以根据式（2-6）计算其中 OH^- 的浓度。

在液氨和冰醋酸中，也存在类似的质子自递平衡

$$NH_3(l)+NH_3(l) \rightleftharpoons NH_4^+ + NH_2^-$$
$$HAc(l)+HAc(l) \rightleftharpoons H_2Ac^+ + Ac^-$$

（二）水溶液的 pH

在水溶液中同时存在 H_3O^+ 和 OH^-，它们的含量不同，溶液的酸碱性也不同。即中性溶液中$[H_3O^+]=[OH^-]=\sqrt{K_w}$，酸性溶液中$[H_3O^+]>[OH^-]$，碱性溶液中$[H_3O^+]<[OH^-]$。

在生产和科学研究中，经常使用 H_3O^+ 浓度很小的溶液，如血清中$[H_3O^+]=3.9\times10^{-8}mol\cdot L^{-1}$，书写十分不便。为此，定义 pH 为 H_3O^+ 活度的负对数，即

$$pH = -\lg a(H_3O^+)$$

在稀薄溶液中，浓度和活度的数值十分接近，可用浓度代替活度，有

$$pH = -\lg[H_3O^+]$$

溶液的酸碱性也可用 pOH 表示，即

$$pOH = -\lg a(OH^-) \text{ 或 } pOH = -\lg[OH^-]$$

在 25℃时，水溶液中：pH + pOH = 14.00。

pH 和 pOH 的使用范围一般在 0～14，在这个范围以外，直接用 H_3O^+ 或 OH^- 的浓度 $c(mol \cdot L^{-1})$ 来表示更方便。人体的各种体液都有各自的 pH 范围，生物体中的一些生物化学变化，只能在一定的 pH 范围内才能正常进行，各种酶也只有在一定的 pH 范围才具有活性。表 2-1 列出了正常人各种体液的 pH 范围。

表 2-1　**人体各种体液的 pH**

体液	pH	体液	pH
血清	7.35～7.45	大肠液	8.3～8.4
成人胃液	0.9～1.5	乳汁	6.0～6.9
婴儿胃液	～5.0	泪水	～7.4
唾液	6.35～6.85	尿液	4.8～7.5
胰液	7.5～8.0	脑脊液	7.35～7.45
小肠液	～7.6		

三、酸碱电子理论

酸碱质子理论的优点很多，但它的主要缺点是把酸只限于给出质子的物质，而酸性物质如 SO_3、BF_3 等却被排除在酸的行列之外。1923 年，Lewis GN 从电子结构的观点提出了**酸碱电子理论**(electron theory of acid and base)。该理论认为，酸是具有空轨道、能够接受电子对的物质，又称电子对受体；碱是具有孤对电子、能够给出电子对形成配位键的物质，又称电子对给予体。其基本反应为

$$\underset{\text{酸}}{A} + \underset{\text{碱}}{B} \longrightarrow \underset{\text{酸碱配合物}}{A:B}$$

例如

$$BF_3 + [:\ddot{F}:]^- \rightleftharpoons [F_3B \leftarrow F]^-$$

$$SO_3 + [:\ddot{O}:]^{2-} \rightleftharpoons [O_3S \leftarrow O]^{2-}$$

$$Cu^{2+} + 4NH_3 \rightleftharpoons [Cu(\leftarrow NH_3)_4]^{2+}$$

F^-(如 KF)、O^{2-}(如 CaO)、NH_3 都是电子对给予体，属于碱；BF_3、SO_3、Cu^{2+}(如 $CuSO_4$)都是电子对受体，属于酸。

由于化合物中普遍存在配位键，所以 Lewis 酸碱范围相当广泛，酸碱配合物几乎无所不包。可以说，金属离子皆是酸，与金属离子结合的阴离子或中性分子皆是碱。金属氧化物、各种配合物及

Arrhenius 理论的盐类都是酸碱配合物。许多有机化合物也可看作是酸碱配合物。例如，乙醇，其中乙基离子（$C_2H_5^+$）是酸，羟基离子（OH^-）是碱；又如乙酸乙酯，其中乙酰离子（CH_3CO^+）是酸，乙氧离子（$C_2H_5O^-$）是碱。甚至烷烃也可想象为 H^+ 和烃负离子（R^-）所形成的酸碱配合物。

由此可见，酸碱电子理论所定义的酸碱包罗的物质种类极为广泛，远非其他酸碱理论可比。一般把酸碱电子理论所定义的酸和碱，分别称为 Lewis 酸和 Lewis 碱，又称广义酸和广义碱。

根据酸碱电子理论，可把酸碱反应分为以下 4 种类型

酸碱加合反应，如 $Ag^+(aq)+2NH_3(aq) \rightleftharpoons [Ag(NH_3)_2]^+(aq)$

碱取代反应，如 $[Cu(NH_3)_4]^{2+}(aq)+2OH^-(aq) \rightleftharpoons Cu(OH)_2(s)+4NH_3(aq)$

酸取代反应，如 $[Cu(NH_3)_4]^{2+}(aq)+4H^+(aq) \rightleftharpoons Cu^{2+}(aq)+4NH_4^+(aq)$

双取代反应，如 $HCl(aq)+NaOH(aq) \rightleftharpoons NaCl(aq)+H_2O(l)$

Lewis 酸碱也可以与氧化还原反应相联系。氧化剂是反应中能接受电子的物质，属于酸；还原剂是反应中给出电子的物质，属于碱。

酸碱电子理论扩大了酸碱的范围，而且还能用于许多有机反应和无溶剂系统。但该理论的酸碱概念过于笼统，而且对酸碱的强弱也不能给出定量的标准，只能依据具体的反应来判断。1963 年，美国化学家 Pearson SG 提出了软硬酸碱理论，该理论可用于解释配位化合物的稳定性。

第三节 弱酸和弱碱溶液的解离平衡

一、弱酸、弱碱的解离平衡及其平衡常数

弱酸、弱碱是弱电解质，它们在水溶液中只有一部分解离，而解离出来的离子又部分地重新结合成分子，解离过程是可逆的，因而溶液中存在解离平衡。

例如，乙酸在水中的解离平衡

$$HAc(aq)+H_2O(l) \rightleftharpoons Ac^-(aq)+H_3O^+(aq)$$

氨在水中的解离平衡

$$NH_3(aq)+H_2O(l) \rightleftharpoons NH_4^+(aq)+OH^-(aq)$$

上述解离平衡称为酸碱解离平衡，或**酸碱平衡**（acid-base equilibrium）。且每个酸碱平衡都有其平衡常数。

例如，HAc 的平衡常数可表示为

$$K=\frac{[Ac^-][H_3O^+]}{[HAc][H_2O]}$$

式中的方括号均表示各物质的平衡浓度。在水溶液中，水作为溶剂是大量的，因此，$[H_2O]$ 可看成是常数，上式可写为

$$K_a=\frac{[Ac^-][H_3O^+]}{[HAc]} \tag{2-7}$$

K_a 称为**酸解离常数**（acid dissociation constant）。

K_a 是水溶液中弱酸强度的量度，在一定温度下其值一定。K_a 的数值大小可以表示弱酸的相对强弱。K_a 值愈大，酸性愈强，反之亦然。例如，HAc、HClO 和 HCN 的 K_a 分别为 1.75×10^{-5}、3.9×10^{-8} 和 6.2×10^{-10}，因此，这三种酸的强弱顺序为 HAc>HClO>HCN。一些弱酸的 K_a 值非常小，为使用方便，也常用 pK_a 表示，$pK_a=-\lg K_a$。

类似地，氨的**碱解离常数**（base dissociation constant）为 K_b，可表示为

$$K_b=\frac{[NH_4^+][OH^-]}{[NH_3]} \tag{2-8}$$

K_b 值的大小同样可以表示碱的强度，K_b 值愈大，碱性愈强。$pK_b = -\lg K_b$。

表 2-2 列出一些常用弱酸的 K_a 值，更多的数据列在附录三的附表 3-2。

表 2-2　一些酸在水溶液中的 K_a 和 pK_a 值（25℃）

酸 HA	K_a(aq)	pK_a(aq)	共轭碱 A^-
H_3O^+	—	—	H_2O
HIO_3	1.6×10^{-1}	0.78	IO_3^-
$H_2C_2O_4$	5.6×10^{-2}	1.25	$HC_2O_4^-$
H_2SO_3	1.4×10^{-2}	1.85	HSO_3^-
H_3PO_4	6.9×10^{-3}	2.16	$H_2PO_4^-$
HF	6.3×10^{-4}	3.20	F^-
HCOOH	1.8×10^{-4}	3.75	$HCOO^-$
$HC_2O_4^-$	1.5×10^{-4}	3.81	$C_2O_4^{2-}$
HAc	1.75×10^{-5}	4.756	Ac^-
H_2CO_3	4.5×10^{-7}	6.35	HCO_3^-
H_2S	8.9×10^{-8}	7.05	HS^-
$H_2PO_4^-$	6.1×10^{-8}	7.21	HPO_4^{2-}
HSO_3^-	6×10^{-8}	7.2	SO_3^{2-}
HCN	6.2×10^{-10}	9.21	CN^-
NH_4^+	5.6×10^{-10}	9.25	NH_3
HCO_3^-	4.7×10^{-11}	10.33	CO_3^{2-}
HPO_4^{2-}	4.8×10^{-13}	12.32	PO_4^{3-}
HS^-	1.0×10^{-19}	19	S^{2-}
H_2O	1.0×10^{-14}	14.00	OH^-

（左侧箭头向上：酸性增强；右侧箭头向下：碱性增强）

二、共轭酸碱解离常数的关系

弱酸的 K_a 与其共轭碱的 K_b 之间有确定的对应关系。如酸 HA 的质子传递平衡

$$HA(aq)+H_2O(l) \rightleftharpoons A^-(aq)+H_3O^+(aq)$$

$$K_a = \frac{[H_3O^+][A^-]}{[HA]}$$

而其共轭碱 A^- 的质子传递平衡

$$A^-(aq)+H_2O(l) \rightleftharpoons HA(aq)+OH^-(aq)$$

$$K_b = \frac{[HA][OH^-]}{[A^-]}$$

又因为溶液中同时存在水的质子自递平衡

$$H_2O(l)+H_2O(l) \rightleftharpoons OH^-(aq)+H_3O^+(aq)$$

$$K_w = [H_3O^+][OH^-]$$

以 K_a 和 K_b 代入，得

$$K_a \cdot K_b = K_w \tag{2-9}$$

式（2-9）表示，K_a 与 K_b 成反比，说明酸愈弱，其共轭碱愈强；碱愈弱，其共轭酸愈强。若已知 K_a，就可求出其共轭碱的 K_b，反之亦然。

多元酸（polyprotic acids）或**多元碱**（polyacid bases）在水中的质子传递反应是分步进行的，K_a 与 K_b 的关系要复杂一些。例如，H_2CO_3，其质子传递分两步进行，每一步都有相应的质子传递平衡

$$H_2CO_3(aq)+H_2O(l) \rightleftharpoons HCO_3^-(aq)+H_3O^+(aq)$$

$$K_{a1}=\frac{[HCO_3^-][H_3O^+]}{[H_2CO_3]}=4.5\times10^{-7}$$

$$HCO_3^-(aq)+H_2O(l)\rightleftharpoons CO_3^{2-}(aq)+H_3O^+(aq)$$

$$K_{a2}=\frac{[CO_3^{2-}][H_3O^+]}{[HCO_3^-]}=4.7\times10^{-11}$$

其共轭碱 HCO_3^- 和 CO_3^{2-} 也存在质子传递平衡：

$$HCO_3^-(aq)+H_2O(l)\rightleftharpoons H_2CO_3(aq)+OH^-(aq)$$

$$K_{b2}=\frac{[H_2CO_3][OH^-]}{[HCO_3^-]}=\frac{K_w}{K_{a1}}$$

$$CO_3^{2-}(aq)+H_2O(l)\rightleftharpoons HCO_3^-(aq)+OH^-(aq)$$

$$K_{b1}=\frac{[HCO_3^-][OH^-]}{[CO_3^{2-}]}=\frac{K_w}{K_{a2}}$$

问题与思考 2-3

H_3PO_4、$H_2PO_4^-$、HPO_4^{2-} 都是酸，它们的共轭碱分别为 $H_2PO_4^-$、HPO_4^{2-}、PO_4^{3-}，那么每一个共轭酸的 K_a 与其共轭碱的 K_b 对应关系如何？

三、酸碱平衡的移动

酸碱平衡会受到外界因素的影响而发生移动，这些影响因素有浓度、同离子效应和盐效应等。

（一）浓度对酸碱平衡的影响

设弱酸 HA 在水中存在解离平衡

$$HA(aq)+H_2O(l)\rightleftharpoons H_3O^+(aq)+A^-(aq)$$

若增大溶液中 HA 的浓度，则平衡被破坏，H_3O^+ 和 A^- 的浓度将会增大，直至新的平衡建立，即平衡向 HA 解离的方向移动。反之，若减小溶液中 HA 的浓度，平衡将向生成 HA 的方向移动。

例 2-2 试计算 $0.100mol\cdot L^{-1}$ HAc 溶液的解离度 α 及 $[H_3O^+]$。

解 已知 HAc 的 $K_a=1.75\times10^{-5}$。设 $[H_3O^+]=x\ mol\cdot L^{-1}$

根据

$$HAc(aq)+H_2O(l)\rightleftharpoons H_3O^+(aq)+Ac^-(aq)$$

	HAc	H_3O^+	Ac^-
初始浓度 /$mol\cdot L^{-1}$	0.100	0	0
平衡浓度 /$mol\cdot L^{-1}$	$0.100-x$	x	x

由

$$K_a=\frac{[H_3O^+][Ac^-]}{[HAc]}=\frac{x^2}{0.100-x}$$

解得 $x=[H_3O^+]=1.32\times10^{-3}mol\cdot L^{-1}$

因此，$0.100mol\cdot L^{-1}$ HAc 溶液的解离度

$$\alpha=[H_3O^+]/c(HAc)=1.32\times10^{-3}mol\cdot L^{-1}/(0.100mol\cdot L^{-1})=1.32\times10^{-2}=1.32\%$$

参照例 2-2，可以得到几种不同浓度时 HAc 的解离度和 $[H_3O^+]$ 的数据，列于表 2-3。

表 2-3 不同浓度 HAc 的 α 和 $[H_3O^+]$

$c/(mol\cdot L^{-1})$	α / %	$[H_3O^+]/(mol\cdot L^{-1})$
0.200	0.935	1.87×10^{-3}
0.100	1.32	1.32×10^{-3}
0.0200	2.95	5.92×10^{-4}

由表 2-3 可知，稀释弱酸溶液，弱酸 HA 的浓度减小，$[H_3O^+]$也相应减小，但随着溶液的稀释，弱酸的解离度 α 却增大，平衡向酸解离方向移动，这一规律称为**稀释定律**（dilution law）。

（二）同离子效应

如果在达到平衡的 HAc 溶液中加入少量 NaAc，由于 NaAc 是强电解质，在水溶液中全部解离为 Na^+ 和 Ac^-，使溶液中 Ac^- 的浓度增大，导致 HAc 的解离平衡向左移动，从而降低了 HAc 的解离度。即

$$HAc(aq) + H_2O(l) \rightleftharpoons H_3O^+(aq) + Ac^-(aq)$$

←平衡移动方向

$$Ac^-(aq) + Na^+(aq) \leftarrow NaAc(s)$$

同理，若在达到平衡的 NH_3(aq)溶液中加入少量 NH_4Cl（强电解质），则 NH_3(aq)的解离平衡向着生成 NH_3 分子的方向移动，导致 NH_3(aq)的解离度降低。即

$$NH_3(aq) + H_2O(l) \rightleftharpoons OH^-(aq) + NH_4^+(aq)$$

←平衡移动方向

$$NH_4^+(aq) + Cl^-(aq) \leftarrow NH_4Cl(s)$$

这种在弱酸或弱碱的水溶液中，加入与弱酸或弱碱的解离平衡中含有相同离子的易溶强电解质，使弱酸或弱碱的解离度降低的现象称为**同离子效应**（common-ion effect）。

例 2-3　在 $0.100mol \cdot L^{-1}$HAc 溶液中加入固体 NaAc，使其浓度为 $0.100mol \cdot L^{-1}$（设溶液体积不变），计算溶液的$[H_3O^+]$和解离度。

解　设已解离的$[H_3O^+] = x\ mol \cdot L^{-1}$

	$HAc(aq) + H_2O(l) \rightleftharpoons$	$H_3O^+(aq)$	$+ Ac^-(aq)$
初始浓度 $/mol \cdot L^{-1}$	0.100	0	0.100
平衡浓度 $/mol \cdot L^{-1}$	$0.100 - x \approx 0.100$	x	$0.100 + x \approx 0.100$

根据
$$K_a = \frac{[Ac^-][H_3O^+]}{[HAc]}$$

$$[H_3O^+] = K_a \cdot [HAc]/[Ac^-] = (1.75 \times 10^{-5} \times 0.100/0.100)\ mol \cdot L^{-1} = 1.75 \times 10^{-5} mol \cdot L^{-1}$$

$$\alpha = [H_3O^+]/c(HAc) = 1.75 \times 10^{-5} mol \cdot L^{-1}/0.100 mol \cdot L^{-1} = 1.75 \times 10^{-4} = 0.0175\%$$

比较例 2-3 与例 2-2 的计算结果可知，在 $0.100mol \cdot L^{-1}$ HAc 溶液中加入 NaAc 后，由于产生同离子效应，溶液中的$[H_3O^+]$和 HAc 的解离度均降低为原来的 1/75。因此，利用同离子效应可控制溶液中某些离子的浓度和调节溶液的酸碱性。

> **问题与思考 2-4**
>
> 在例 2-3 中，如果将加入的 NaAc 改为 HCl 溶液，使其浓度为 $0.100mol \cdot L^{-1}$（忽略体积变化），那么溶液的$[H_3O^+]$及 HAc 的解离度与加入 NaAc 的结果相同吗？为什么？

利用同离子效应，还可以计算强酸与弱酸或强碱与弱碱混合溶液的 pH。例如，HCl 与 HAc 的混合溶液，由于 HAc 的解离被抑制，可忽略由 HAc 解离出来的$[H_3O^+]$，其溶液的 pH 只需按混合溶液中强酸的浓度进行计算。

（三）盐效应

若在 HAc 溶液中加入不含相同离子的强电解质，如 NaCl，则因离子强度增大，溶液中离

子之间的相互牵制作用增大，使 HAc 的解离度略有增大，这种作用称为**盐效应**（salt effect）。例如，在 0.100mol•L^{-1} HAc 溶液中加入 NaCl 使其浓度为 0.100mol•L^{-1}，则溶液中的[H_3O^+]由 1.32×10^{-3}mol•L^{-1} 增大到 1.82×10^{-3}mol•L^{-1}，HAc 的解离度由 1.32% 增大到 1.82%。

产生同离子效应时，必然伴随有盐效应，但同离子效应的影响比盐效应要大得多，因此，同离子效应存在时，一般不考虑盐效应的影响。

第四节　酸碱溶液 pH 的计算

工农业生产、科学研究及日常生活中经常需要知道溶液的 pH。计算酸或碱溶液的 pH，需要从酸碱平衡来考虑溶液中的组成及其组分的化学性质。即首先考虑处于溶液中的酸或碱是属于强电解质还是弱电解质，然后分析此溶液中哪些组分是主要的，哪些组分可以忽略不计，使计算简单化。

要注意的是，由于溶液中离子强度和活度因子等因素的影响，计算得到的 pH 和使用酸度计测定的数值之间存在一定的差异。

一、强酸或强碱溶液

强酸或强碱属于强电解质，在水中完全解离。例如，HCl 在水中的解离：

$$HCl(aq) + H_2O(l) \longrightarrow H_3O^+(aq) + Cl^-(aq)$$

溶液中还存在水的质子自递平衡。由此，HCl 溶液中主要存在 H_2O、H_3O^+ 及 Cl^-。H_2O 本身的解离很弱，加上 HCl 解离的 H_3O^+ 同离子效应，强烈地抑制了 H_2O 的解离，使 H_2O 解离的 H_3O^+ 可忽略不计。因此，HCl 溶液的 H_3O^+ 浓度由 HCl 浓度来确定。一般浓度下，对于强酸 HA，$[H_3O^+] = c(HA)$*；对于强碱 B，$[OH^-] = c(B)$。

当强酸或强碱的浓度很稀，溶液的$[H_3O^+]$或$[OH^-] < 10^{-6}$mol•L^{-1} 时，此时由 H_2O 解离出的 H_3O^+ 或 OH^- 就不能忽略。

二、一元弱酸或弱碱溶液

弱酸或弱碱在溶液中只有部分解离，故需通过酸碱解离常数与平衡浓度的关系式来计算溶液的 pH。在大多数情况下，可综合考虑溶液中主要的和可忽略的组分，采用近似法进行简便计算。

一元弱酸 HA 的水溶液中，存在着两种质子传递平衡

$$HA(aq) + H_2O(l) \rightleftharpoons H_3O^+(aq) + A^-(aq)$$

$$K_a = \frac{[H_3O^+][A^-]}{[HA]}$$

$$H_2O(l) + H_2O(l) \rightleftharpoons H_3O^+(aq) + OH^-(aq)$$

$$K_w = [H_3O^+][OH^-]$$

溶液中的 H_3O^+、A^-、OH^- 和 HA 的浓度都是未知的，要精确求得$[H_3O^+]$，计算相当麻烦。因此，可考虑采用下面的近似处理。

（1）设 HA 的初始浓度 c_a，HA 的解离度 α，则$[H_3O^+] = \alpha c_a$。当 $K_a \cdot c_a \geqslant 20K_w$，可以忽略水的质子自递平衡，只需考虑弱酸的质子传递平衡。

$$HA(aq) + H_2O(l) \rightleftharpoons H_3O^+(aq) + A^-(aq)$$

	HA(aq)		H_3O^+(aq)	A^-(aq)
初始浓度 / mol•L^{-1}	c_a			
平衡浓度 / mol•L^{-1}	$c_a(1-\alpha)$		αc_a	αc_a

有

* H_2SO_4 虽然是强酸，但其 $K_{a2} = 1.0 \times 10^{-2}$，因此其 $c(H_2SO_4) < [H_3O^+] < 2c(H_2SO_4)$

$$K_a=\frac{[H_3O^+][A^-]}{[HA]}=\frac{c_a\alpha\cdot c_a\alpha}{c_a(1-\alpha)}=\frac{c_a\alpha^2}{1-\alpha} \tag{2-10}$$

或

$$K_a=\frac{[H_3O^+]^2}{c_a-[H_3O^+]} \tag{2-11}$$

$$[H_3O^+]=\frac{-K_a+\sqrt{K_a{}^2+4K_ac_a}}{2} \tag{2-12}$$

（2）当弱酸的 $\alpha<5\%$，或 $c_a/K_a\geqslant 500^*$，已解离的酸极少，$1-\alpha\approx1$，式（2-10）可以变为

$$K_a=c_a\alpha^2$$

$$\alpha=\sqrt{K_a/c_a} \tag{2-13}$$

或

$$[H_3O^+]=\sqrt{K_a\cdot c_a} \tag{2-14}$$

式（2-13）表明：溶液的解离度与其浓度的平方根成反比。即浓度越稀，解离度越大，这个关系式定量地解释了稀释定律。式（2-14）即为计算一元弱酸溶液［H_3O^+］的最简式。

对一元弱碱溶液，当 $K_b\cdot c_b\geqslant 20K_w$，且 $c_b/K_b\geqslant 500$ 时，同理可以得到计算一元弱碱溶液［OH^-］的最简式

$$[OH^-]=\sqrt{K_b\cdot c_b} \tag{2-15}$$

例 2-4　计算 0.100mol·L⁻¹ HAc 溶液的 pH，以及 Ac^-、HAc、OH^- 的浓度。

解　查附录三附表 3-2，HAc 溶液的 $K_a=1.75\times10^{-5}$

$$K_a\cdot c(HAc)=(1.75\times10^{-5}\times0.100)=1.75\times10^{-6}>20K_w$$

又因 $c(HAc)/K_a=0.100/(1.75\times10^{-5})>500$，可用式（2-14）进行计算，解得

$$[H_3O^+]=\sqrt{1.75\times10^{-5}\times0.100}\ mol\cdot L^{-1}=1.32\times10^{-3}mol\cdot L^{-1}$$

$$pH=2.88^{**}$$

有

$$[Ac^-]=[H_3O^+]=1.32\times10^{-3}mol\cdot L^{-1}$$

$$[HAc]=(0.100-1.32\times10^{-3})mol\cdot L^{-1}\approx0.100mol\cdot L^{-1}$$

$$[OH^-]=K_w/[H_3O^+]=7.58\times10^{-12}mol\cdot L^{-1}$$

例 2-4 的计算结果表明，在 $0.100mol\cdot L^{-1}$ HAc 溶液中，由 H_2O 本身解离的［H_3O^+］=［OH^-］=$7.58\times10^{-12}mol\cdot L^{-1}$，与［$H_3O^+$］=$1.32\times10^{-3}mol\cdot L^{-1}$ 相比完全可以忽略，即忽略水的质子自递平衡是合理的。而且 $0.100mol\cdot L^{-1}$ HAc 的解离度 α=［H_3O^+］/c（HAc）=1.32%，$1-\alpha\approx1$，［HAc］=c（HAc）×（$1-\alpha$）≈ c（HAc），于是式（2-14）成立。

一般认为，当 $c_a\cdot K_a\geqslant 20K_w$ 且 $c_a/K_a\geqslant500$ 或 $\alpha<5\%$ 时，才可使用式（2-14）计算一元弱酸溶液的 H_3O^+ 浓度，否则将造成较大的误差。当 $c_a\cdot K_a<20K_w$ 时，H_2O 的解离就不能忽略。对于一元弱碱，也有相似结果。

例 2-5　将 4.10g 固体 NaAc 配制成 0.500L 水溶液，计算该溶液的 pH。

解　NaAc 溶于水后完全解离成 Na^+ 和 Ac^-，按照质子理论，Ac^- 是一元弱碱，溶液的 pH 主要由 Ac^- 决定。

$$c_b=c(Ac^-)=4.10g/(82.03g\cdot mol^{-1}\times0.500L)=0.100mol\cdot L^{-1}$$

在水溶液中存在反应

$$Ac^-(aq)+H_2O(l)\rightleftharpoons HAc(aq)+OH^-(aq)$$

$$K_b(Ac^-)=K_w/K_a(HAc)=1.00\times10^{-14}/(1.75\times10^{-5})=5.71\times10^{-10}$$

由于

$$c_b\cdot K_b>20K_w，且\ c_b/K_b=0.100/(5.71\times10^{-10})>500$$

由式（2-15）$[OH^-]=\sqrt{K_b\cdot c}=\sqrt{5.71\times10^{-10}\times0.100mol\cdot L^{-1}}=7.56\times10^{-6}mol\cdot L^{-1}$

* 按 α<5%，可算得 c/K>400，取 $c/K\geqslant500$，其［H_3O^+］的计算误差<5%。

** 根据有效数字规则，pH=2.879，但通常测定的 pH 仅能达到 2 位有效数字。

$$pOH = 5.12, pH = 14.00 - 5.12 = 8.88$$

例 2-6　测得 0.25mol•L⁻¹ 的 HF 水溶液的 pH 为 1.92，计算 HF 的 K_a。

解　pH = 1.92，则 $[H_3O^+] = 10^{-1.92} mol \cdot L^{-1} = 0.012 mol \cdot L^{-1}$。

在 HF 水溶液中存在如下平衡：

$$HF(aq) + H_2O(l) \rightleftharpoons F^-(aq) + H_3O^+(aq)$$

初始浓度 /mol•L^{-1}　0.25

平衡浓度 /mol•L^{-1}　0.25 − 0.012　　0.012　0.012

$$K_a = \frac{[H_3O^+][F^-]}{[HF]} = \frac{0.012^2}{0.25 - 0.012} = 6.0 \times 10^{-4}$$

三、多元酸（碱）溶液

多元酸（碱）的水溶液是一种复杂的酸碱平衡系统，其质子传递反应是分步进行的，即存在分级解离，每一级解离都有其酸碱解离常数。

例如，二元酸 H_2S，25℃时其 $K_{a1} = 8.9 \times 10^{-8}$，$K_{a2} = 1.0 \times 10^{-19}$。又如，$H_3PO_4$ 在水中有三级解离，$K_{a1} = 6.9 \times 10^{-3}$，$K_{a2} = 6.1 \times 10^{-8}$，$K_{a3} = 4.8 \times 10^{-13}$。

从上面的解离常数可以看出：$K_{a1} >> K_{a2} >> K_{a3}$，这是多步解离的规律，因为前一级解离生成的 H_3O^+ 对后一级的解离具有抑制作用（同离子效应）。因此，多元酸溶液中，当 $K_{a1}/K_{a2} > 10^2$*，以第一步解离产生的 H_3O^+ 为主，其他级解离生成的 H_3O^+ 可忽略不计，其 H_3O^+ 浓度可按一元弱酸的处理方式计算。

例 2-7　计算 0.020mol•L⁻¹ H_2CO_3 溶液中 H_3O^+、H_2CO_3、HCO_3^-、CO_3^{2-} 和 OH^- 的浓度。

解　查附录三附表 3-2 得 $K_{a1} = 4.5 \times 10^{-7}$，$K_{a2} = 4.7 \times 10^{-11}$。设 H_2CO_3 解离的 $[H_3O^+] = x$ mol•L⁻¹，HCO_3^- 解离的 $[H_3O^+] = y$ mol•L⁻¹。溶液中存在下列平衡

$$H_2CO_3(aq) + H_2O(l) \rightleftharpoons HCO_3^-(aq) + H_3O^+(aq)$$

初始浓度 /mol•L^{-1}　0.020

平衡浓度 /mol•L^{-1}　$0.020 - x \approx 0.020$　　$x - y \approx x$　　$x + y \approx x$

$$K_{a1} = \frac{[HCO_3^-][H_3O^+]}{[H_2CO_3]} = \frac{x^2}{0.020} = 4.5 \times 10^{-7}$$

$$x = 9.5 \times 10^{-5}$$

$$[H_3O^+] = [HCO_3^-] = 9.5 \times 10^{-5} mol \cdot L^{-1}$$

$$[H_2CO_3] = 0.020 mol \cdot L^{-1}$$

$$HCO_3^-(aq) + H_2O(l) \rightleftharpoons CO_3^{2-}(aq) + H_3O^+(aq)$$

平衡浓度 /mol•L^{-1}　$9.5 \times 10^{-5} - y$　　　　$9.5 \times 10^{-5} + y$

$\approx 9.5 \times 10^{-5}$　　y　　$\approx 9.5 \times 10^{-5}$

$$K_{a2} = \frac{[CO_3^{2-}][H_3O^+]}{[HCO_3^-]} = \frac{(9.5 \times 10^{-5})\,y}{9.5 \times 10^{-5}} = 4.7 \times 10^{-11}$$

$$y = 4.7 \times 10^{-11}$$

$$[CO_3^{2-}] = 4.7 \times 10^{-11} mol \cdot L^{-1}$$

$$[OH^-] = K_w/[H_3O^+] = 1.0 \times 10^{-14}/9.5 \times 10^{-5}$$

$$[OH^-] = 1.0 \times 10^{-10} mol \cdot L^{-1}$$

从上述计算结果可知，H_2CO_3 第一步解离的 $[H_3O^+] = 9.5 \times 10^{-5} mol \cdot L^{-1}$，第二步解离的 $[H_3O^+] = 4.7 \times 10^{-11} mol \cdot L^{-1}$，由 H_2O 解离的 $[H_3O^+] = 1.0 \times 10^{-10} mol \cdot L^{-1}$。因此，溶液的 H_3O^+ 浓度决定于 H_2CO_3 第一步的解离，忽略第二步及水的解离是完全合理的。可以按一元弱酸的近似处理来计算 H_2CO_3 溶液的 pH，即当 $K_{a1} \cdot c_a \geq 20K_w$ 且 $c_a/K_{a1} \geq 500$ 时

* 大多数多元酸的 K_{a1}/K_{a2} 为 10^4～10^6，仅有少数多元酸的 $K_{a1}/K_{a2} < 10^2$。

$$[H_3O^+]=\sqrt{K_{a1}\cdot c}=\sqrt{4.5\times10^{-7}\times0.02}\text{mol}\cdot L^{-1}=9.5\times10^{-5}\text{mol}\cdot L^{-1},\ pH=4.02$$

由此得出如下结论（可推广到一般的多元弱酸溶液）：

（1）当多元弱酸的 $K_{a1}>>K_{a2}$ 时，计算其 $[H_3O^+]$，可当作一元弱酸处理。

（2）多元弱酸第二步解离平衡所得的共轭碱的浓度近似等于其 K_{a2}，与酸的起始浓度关系不大。如 H_2CO_3 溶液中，$[CO_3^{2-}]\approx K_{a2}(H_2CO_3)$；$H_3PO_4$ 溶液中，$[HPO_4^{2-}]\approx K_{a2}(H_3PO_4)$。

（3）多元弱酸第二步及以后各步的质子传递平衡所得的相应共轭碱的浓度都很低。

多元弱碱在溶液中的分步解离与多元弱酸相似，根据类似的条件，可按一元弱碱溶液的计算方式求算其 $[OH^-]$。

例 2-8　计算 $0.100\text{mol}\cdot L^{-1}$ Na_2CO_3 溶液的 pH，以及 CO_3^{2-} 和 HCO_3^- 浓度。

解　Na_2CO_3 是二元弱碱，CO_3^{2-} 与 HCO_3^-、HCO_3^- 与 H_2CO_3 分别为共轭酸碱对。在水中存在平衡：

$$CO_3^{2-}(aq)+H_2O(l)\rightleftharpoons HCO_3^-(aq)+OH^-(aq)$$

$$K_{b1}=K_w/K_{a2}=1.0\times10^{-14}/(4.7\times10^{-11})=2.1\times10^{-4}$$

$$HCO_3^-(aq)+H_2O(l)\rightleftharpoons H_2CO_3(aq)+OH^-(aq)$$

$$K_{b2}=K_w/K_{a1}=1.0\times10^{-14}/(4.5\times10^{-7})=2.2\times10^{-8}$$

因 $K_{b1}/K_{b2}>10^2$，$c_b\cdot K_{b1}>20K_w$，且 $c_b/K_{b1}>500$，故

$$[OH^-]=\sqrt{K_{b1}\cdot c_b}=\sqrt{2.1\times10^{-4}\times0.100}\text{mol}\cdot L^{-1}=4.6\times10^{-3}\text{mol}\cdot L^{-1}$$

$$[HCO_3^-]\approx[OH^-]=4.6\times10^{-3}\text{mol}\cdot L^{-1}$$

$$pOH=2.34,\ pH=14.00-2.34=11.66$$

$$[CO_3^{2-}]=0.100\text{mol}\cdot L^{-1}-4.6\times10^{-3}\text{mol}\cdot L^{-1}=0.095\text{mol}\cdot L^{-1}$$

计算结果表明，$0.100\text{mol}\cdot L^{-1}$ Na_2CO_3 溶液仅有约 5% 解离成 HCO_3^-，溶液中的主要物种仍是 CO_3^{2-} 及 Na^+。

四、两性物质溶液

按照酸碱质子理论，既能给出质子又能接受质子的物质称为两性物质。酸式盐如（HCO_3^-、$H_2PO_4^-$、HPO_4^{2-}）、弱酸弱碱盐（如 NH_4Ac、NH_4CN、NH_4F）及氨基酸等都是两性物质。以 $NaHCO_3$ 为例，假设 $NaHCO_3$ 溶液的浓度为 c，当两性物质 HCO_3^- 作为酸时，在水中的质子传递反应为

$$HCO_3^-(aq)+H_2O(l)\rightleftharpoons H_3O^+(aq)+CO_3^{2-}(aq)$$

$$K_a=\frac{[H_3O^+][CO_3^{2-}]}{[HCO_3^-]}=K_{a2}(H_2CO_3)=4.7\times10^{-11}\quad(1)$$

当两性物质 HCO_3^- 作为碱时：HCO_3^- 在水中的质子传递反应为

$$HCO_3^-(aq)+H_2O(l)\rightleftharpoons OH^-(aq)+H_2CO_3(aq)$$

$$K_b=\frac{[OH^-][H_2CO_3]}{[HCO_3^-]}=\frac{K_w}{K_{a1}(H_2CO_3)}=2.2\times10^{-8}\quad(2)$$

$$H_2O(l)+H_2O(l)\rightleftharpoons H_3O^+(aq)+OH^-(aq)$$

$$K_w=[H_3O^+][OH^-]\quad(3)$$

可见，两性物质在水溶液中的酸碱性均取决于相应的 K_a 与 K_b 的相对大小，即：

$K_a>K_b$，溶液的 pH < 7，呈酸性，如 NaH_2PO_4、NH_4F、$HCOONH_4$、$NH_3^+CH_2COO^-$ 等。

$K_a<K_b$，溶液的 pH > 7，呈碱性，如 Na_2HPO_4、$NaHCO_3$、$(NH_4)_2CO_3$、NH_4CN 等。

$K_a\approx K_b$，溶液的 pH ≈ 7，呈中性，如 NH_4Ac 等。

由上述式（1）～（3）可见，由于其质子传递平衡非常复杂，在计算两性物质溶液中的 $[H_3O^+]$ 时，可以根据具体情况，进行近似处理。

当 $cK_a\geqslant20K_w$ 且 $c\geqslant20K_a'$（$K_a'=K_w/K_b$）时，经过推导和近似处理，可得

$$[H_3O^+]=\sqrt{K_a'K_a}\quad\text{或}\quad pH=\frac{1}{2}(pK_a'+pK_a)\quad(2\text{-}16)$$

式(2-16)是忽略了水的解离近似求算两性物质溶液中 H_3O^+ 浓度(或 pH)的计算公式。式(2-16)中的 K_a 为两性物质作为酸时的解离常数,而 K_a' 则是两性物质作为碱时其对应的共轭酸的解离常数,c 为两性物质的起始浓度。

例 2-9　定性说明 Na_2HPO_4 溶液的酸碱性(已知 H_3PO_4 的 $K_{a1}=6.9\times10^{-3}$,$K_{a2}=6.1\times10^{-8}$,$K_{a3}=4.8\times10^{-13}$)。

解　在 Na_2HPO_4 溶液中主要存在如下平衡

$$H_2O(l)+HPO_4^{2-}(aq)\rightleftharpoons H_3O^+(aq)+PO_4^{3-}(aq)\qquad K_{a3}=4.8\times10^{-13}$$

$$H_2O(l)+HPO_4^{2-}(aq)\rightleftharpoons OH^-(aq)+H_2PO_4^-(aq)\quad K_{b2}=\frac{K_w}{K_{a2}}=\frac{1.0\times10^{-14}}{6.1\times10^{-8}}=1.6\times10^{-7}$$

第一个解离平衡中 HPO_4^{2-} 给出质子,第二个解离平衡中 HPO_4^{2-} 接受质子。K_{a3} 与 K_{b2} 本身就是两性物质的酸常数和碱常数,因为,$K_{b2}>K_{a3}$,所以,HPO_4^{2-} 接受质子的能力大于给出质子的能力,故溶液呈碱性。

例 2-10　在 298.15K,计算 $0.010mol\cdot L^{-1}NaHCO_3$ 溶液的 pH(已知 H_2CO_3 的 $K_{a1}=4.5\times10^{-7}$,$K_{a2}=4.7\times10^{-11}$)。

解　因为 $K_{a2}c>20K_w$,$c>20K_a'$,故可采用(2-16)计算溶液的$[H_3O^+]$

$$[H_3O^+]=\sqrt{K_a'\cdot K_a}=\sqrt{K_{a1}\cdot K_{a2}}=\sqrt{4.5\times10^{-7}\times4.7\times10^{-11}}mol\cdot L^{-1}=4.6\times10^{-9}mol\cdot L^{-1}$$

$$pH=-\lg[H_3O^+]=-\lg(4.6\times10^{-9})=8.34$$

例 2-11　计算 $0.10mol\cdot L^{-1}NH_4CN$ 溶液的 pH,已知 NH_3 的 K_b 为 1.8×10^{-5},HCN 的 K_a 为 6.2×10^{-10}。

解　NH_4CN 在水溶液中存在的主要物种是 NH_4^+、CN^- 和 H_2O,具有下列反应

$$NH_4^+(aq)+H_2O(l)\rightleftharpoons NH_3(aq)+H_3O^+(aq)\quad K_a=K_w/K_b=5.6\times10^{-10}$$

$$CN^-(aq)+H_2O(l)\rightleftharpoons HCN(aq)+OH^-(aq)\quad K_b=K_w/K_a'=1.6\times10^{-5}$$

$$H_2O(l)+H_2O(l)\rightleftharpoons H_3O^+(aq)+OH^-(aq)\quad K_w=1.00\times10^{-14}$$

因为 $K_ac>20K_w$,$c>20K_a'$,故可忽略水的解离,采用(2-16)计算溶液的$[H_3O^+]$

即

$$[H_3O^+]=\sqrt{K_a\cdot K_a'}$$

$$[H_3O^+]=\sqrt{5.6\times10^{-10}\times6.2\times10^{-10}}\ mol\cdot L^{-1}=6.0\times10^{-10}mol\cdot L^{-1}$$

$$pH=9.22$$

肾脏在酸碱平衡中的作用

机体在代谢过程中产生的大量酸性物质,需不断消耗 HCO_3^- 和其他碱性物质来中和,因此,如果不能及时补充碱性物质和排除多余的 H_3O^+,血液 pH 就会发生变动。肾脏对排出非挥发性酸及保留 HCO_3^- 发挥着重要作用。

肾主要调节固定酸,通过排酸或保碱的作用来维持 HCO_3^- 的浓度。正常情况下肾小球与肾小管以整合模式维持酸-碱平衡,肾小球每天滤过 HCO_3^- 约 4.32mol,如此大量的 HCO_3^- 如果完全从尿中丢失,可导致严重的代谢性酸中毒。然而,正常情况下,肾小管可最大限度地防止 HCO_3^- 的丢失。肾小管细胞内富含碳酸酐酶(carbonic anhydrase,CA),能催化 H_2O 和 CO_2 结合生成 H_2CO_3,并解离出 H_3O^+ 和 HCO_3^-。肾小管上皮细胞在不断分泌 H_3O^+ 的同时,在碳酸酐酶作用下,将肾小球滤过的 HCO_3^- 重吸收进入血液循环,防止细胞外液 HCO_3^- 的丢失。肾小管的次要功能是再生 HCO_3^-。如仍不足以维持细胞外液的 HCO_3^- 浓度,则通过磷酸盐的酸化和分泌 NH_4^+ 生成新的 HCO_3^- 以补充机体的消耗,从而维持血液 HCO_3^- 的相对恒定。如果体内 HCO_3^- 含量过高,肾脏可减少 HCO_3^- 的生成和重吸收,使血浆 HCO_3^- 浓度降低。

Summary

Substance that dissociates in water to produce cations and anions is electrolyte. The degree of dissociation is represented by α,

$$\alpha = \frac{\text{the number of ionized molecules}}{\text{the total number of molecules}} \times 100\%$$

Strong electrolytes completely dissociate in an aqueous solution, but the apparent degree of dissociation is not 100% because the interionic attractions prevent the ions from behaving as totally independent particles, thus an ion atmosphere is formed. The degree of dissociation of weak electrolyte is less than 100%.

According to the Brønsted-Lowry theory, an acid is a proton donor, a base is a proton acceptor, and an acid-base reaction is a proton-transfer reaction, respectively. For a weak acid HA that partially dissociates, an equilibrium can be reached among the mixture of HA, H_3O^+, and A^-.

$$HA(aq) + H_2O(l) \rightleftharpoons A^-(aq) + H_3O^+(aq)$$

and can be measured by acid dissociation constant, $K_a = \frac{[H_3O^+][A^-]}{[HA]}$.

Meanwhile, the extent of dissociation for a weak base B can be measured by base dissociation constant.

$$B(aq) + H_2O(l) \rightleftharpoons BH^+(aq) + OH^-(aq)$$

$$K_b = \frac{[BH^+][OH^-]}{[B]}$$

Water acts as both an acid and a base. The equilibrium constant for the proton-transfer reaction between two H_2O molecules is called the ion-product constant of water, K_w.

$$H_2O(l) + H_2O(l) \rightleftharpoons H_3O^+(aq) + OH^-(aq)$$

$$K_w = [H_3O^+][OH^-]$$

K_w equals 1.0×10^{-14} at 25℃. The acidity of an aqueous solution can be expressed on the pH scale as $pH = -\lg[H_3O^+]$.

A conjugate base is the part that remains of the acid molecule after a proton is lost. A conjugate acid is formed when a proton is transferred to the base. That is

$$A^- + H^+ \rightleftharpoons HA$$

HA and A^- are called a conjugate acid-base pair. For any such pairs, there is the following relation,

$$K_a \cdot K_b = [H_3O^+][OH^-] = K_w$$

The strength for a conjugate acid-base pair is strong acid-weak conjugate bases and weak acids-strong conjugate base.

Polyprotic acids contain more than one dissociable protons and dissociate in a stepwise manner. The stepwise dissociation constants decrease in the order of $K_{a1} >> K_{a2} >> K_{a3}$. Amphoteric substances is both as an acid and as a base.

The degree of dissociation of a weak electrolyte is reduced by the common-ion effect. Salt effect slightly increases the degree of dissociation.

学科发展与医学应用综述题

1. 无机盐中的 Na^+、Cl^- 是维持细胞外液渗透压力的主要离子，而 K^+、HPO_4^{2-} 是维持细胞内液渗透压力的主要离子；体液中的电解质（如 HCO_3^-、HPO_4^{2-} 等）及其相应的共轭酸类可组成缓冲对，是维持体液酸碱平衡的重要物质。试简述强电解质在生物体内有哪些作用？

2. 在甘氨酸 NH_2CH_2COOH 中，有一个羧基（$-COOH$）和一个氨基（$-NH_2$），且 K_a 和 K_b 几乎相等。试用酸碱质子理论分析在下列条件下，甘氨酸主要以哪种形式存在。

（1）强酸性溶液；（2）强碱性溶液；（3）纯水中。

习　题

1. 指出下列各酸的共轭碱：H_2O、H_3O^+、H_2CO_3、HCO_3^-、NH_4^+、$NH_3^+CH_2COO^-$、H_2S、HS^-。

2. 指出下列各碱的共轭酸：H_2O、NH_3、HPO_4^{2-}、NH_2^-、$[Al(H_2O)_5OH]^{2+}$、CO_3^{2-}、$NH_3^+CH_2COO^-$。

3. 说明：（1）H_3PO_4 溶液中存在着哪几种离子？请按各种离子浓度的大小排出顺序。其中 H_3O^+ 浓度是否为 PO_4^{3-} 浓度的 3 倍？（2）$NaHCO_3$ 和 NaH_2PO_4 均为两性物质，但前者的水溶液呈弱碱性而后者的水溶液呈弱酸性，为什么？

4. 通过查附录三附表 3-2，计算下列酸碱质子传递平衡常数，并判断反应偏向何方？

（1）$HNO_2(aq)+CN^-(aq) \rightleftharpoons HCN(aq)+NO_2^-(aq)$

（2）$HSO_4^-(aq)+NO_2^-(aq) \rightleftharpoons HNO_2(aq)+SO_4^{2-}(aq)$

（3）$NH_4^+(aq)+Ac^-(aq) \rightleftharpoons NH_3(aq)+HAc(aq)$

（4）$SO_4^{2-}(aq)+H_2O(l) \rightleftharpoons HSO_4^-(aq)+OH^-(aq)$

5. 正常成人胃液的 pH 为 1.4，婴儿胃液 pH 为 5.0。问成人胃液中的 H_3O^+ 浓度是婴儿胃液的多少倍？

6. 计算 $0.10mol \cdot L^{-1}$ H_2S 溶液中 $[H_3O^+]$、$[HS^-]$ 及 $[S^{2-}]$。已知 $K_{a1}=8.9 \times 10^{-8}$，$K_{a2}=1.0 \times 10^{-19}$。

7. 解痛药吗啡（$C_{17}H_{19}NO_3$）是一种弱碱，主要由未成熟的罂粟籽提取得到，其 $K_b=7.9 \times 10^{-7}$。试计算 $0.015mol \cdot L^{-1}$ 吗啡水溶液的 pH。

8. 叠氮钠（NaN_3）加入水中可起杀菌作用。计算 $0.010mol \cdot L^{-1}$ NaN_3 溶液的各种物种的浓度。已知叠氮酸（HN_3）的 $K_a=1.9 \times 10^{-5}$。

9. 水杨酸（邻羟基苯甲酸，$C_7H_6O_3$）是二元酸，$K_{a1}=1.06 \times 10^{-3}$，$K_{a2}=3.6 \times 10^{-14}$，它是一种消毒防腐剂，有时可用作止痛药而代替阿司匹林，但它有较强的酸性，能引起胃出血。计算 $0.065mol \cdot L^{-1}$ 的 $C_7H_6O_3$ 溶液的 pH 及平衡时各物种的浓度。

10. 计算下列溶液的 pH：（1）100mL、$0.10mol \cdot L^{-1}$ H_3PO_4 与 100mL、$0.20mol \cdot L^{-1}$ NaOH 相混合；（2）100mL、$0.10mol \cdot L^{-1}$ Na_3PO_4 与 100mL、$0.20mol \cdot L^{-1}$ HCl 相混合。

11. 液氨也像水那样可以发生质子自递反应：$NH_3(l)+NH_3(l)=NH_4^++NH_2^-$。请写出乙酸在液氨中的质子传递反应，并说明乙酸在液氨中的酸性与在水中的酸性相比，是更强还是更弱？

12. 在剧烈运动时，肌肉组织中会积累一些乳酸（$CH_3CHOHCOOH$），使人产生疼痛或疲劳的感觉。已知乳酸的 $K_a=1.4 \times 10^{-4}$，测得某样品的 pH 为 2.45。计算该样品中乳酸的浓度。

13. 现有 $0.20mol \cdot L^{-1}$ HCl 溶液，问：（1）如使 pH=4.0，应该加入 HAc 还是 NaAc？（2）如果加入等体积的 $2.0mol \cdot L^{-1}$ NaAc 溶液，则混合溶液的 pH 是多少？（3）如果加入等体积的 $2.0mol \cdot L^{-1}$ NaOH 溶液，则混合溶液的 pH 又是多少？

14. 喹啉（$C_{20}H_{24}N_2O_2$，$M_r=324.4$）是主要来源于金鸡纳树皮的重要生物碱，它是一种抗疟药。已知 1g 喹啉能溶在 1.90L 水中，计算该饱和溶液的 pH。已知 $pK_{b1}=5.1$，$pK_{b2}=9.7$。

15. 计算下列溶液的 pH：（1）$0.10mol \cdot L^{-1}$ HCl 溶液与 $0.10mol \cdot L^{-1}$ $NH_3 \cdot H_2O$ 等体积混合；（2）$0.10mol \cdot L^{-1}$ HAc 溶液与 $0.10mol \cdot L^{-1}$ $NH_3 \cdot H_2O$ 等体积混合；（3）$0.10mol \cdot L^{-1}$ HCl 溶液与 $0.10mol \cdot L^{-1}$ Na_2CO_3 溶液等体积混合。

16. 计算下列溶液的 pH：（1）$0.20mol \cdot L^{-1}$ H_3PO_4 溶液与 $0.20mol \cdot L^{-1}$ Na_3PO_4 等体积混合；

(2) 0.20mol·L^{-1} Na_2CO_3 溶液与 0.10mol·L^{-1} HCl 溶液等体积混合。

17. 在 1.0L 0.10mol·L^{-1} H_3PO_4 溶液中，加入 6.0g NaOH 固体，完全溶解后，设溶液体积不变，求 (1) 溶液的 pH；(2) 37℃时溶液的渗透压；(3) 在溶液中加入 18g 葡萄糖，其溶液的渗透浓度为多少？是否与血液等渗（300mmol·L^{-1}）？［M_r(NaOH) = 40.0，M_r($C_6H_{12}O_6$) = 180.2］

Exercises

1. 125.0 mL of 0.40 mol·L^{-1} propanic acid, HPr, is diluted to 500.0 mL. What will the final pH of the solution be? ($K_a = 1.3 \times 10^{-5}$)

2. Ethylamine, $CH_3CH_2NH_2$, has a strong, pungent odor similar to that ammonia. Like ammonia, it is a base. A 0.10 mol·L^{-1} solution has a pH of 11.86. Calculate the K_b for the ethylamine, and find K_a for its conjugate acid, $CH_3CH_2NH_3^+$.

3. Pivalic acid is a monoprotic weak acid. A 0.100 mol·L^{-1} solution of pivalic acid has a pH = 3.00. What is the pH of 0.100 mol·L^{-1} sodium pivalate at the same temperature?

4. (1) The weak monoprotic acid HA is 3.2% dissociated in 0.086 mol·L^{-1} solution. What is the acidity constant, K_a, of HA? (2) A certain solution of HA has a pH = 2.48. What is the concentration of the solution?

（刘　君）

第三章　沉淀溶解平衡

在难溶电解质的饱和溶液中，存在着未溶解的难溶电解质的固体与其溶解于水中并解离成自由移动的离子之间的平衡，该平衡属于一种多相平衡，称为沉淀溶解平衡。沉淀和溶解现象在自然界普遍存在。例如，自然界中钟乳石的形成、体内某些器官结石的形成等，医药生产中很多物质的制备与纯化都和沉淀溶解平衡有关，沉淀溶解平衡在医学、生命科学及工业生产等方面具有广泛的应用。本章主要介绍难溶电解质沉淀溶解平衡的规律及其应用。

第一节　溶度积和溶度积规则

一、溶度积

任何难溶的物质在水中总是或多或少地溶解，绝对不溶的物质是不存在的。按照溶解度的大小，电解质一般分为易溶电解质和难溶电解质两大类。通常把在 298.15K 时溶解度小于 $0.1g \cdot L^{-1}$ 的电解质称为难溶电解质。例如，AgCl、$CaCO_3$、PbS 等都属于难溶电解质。若溶解的部分全部解离，这类难溶电解质称为难溶强电解质。

在一定温度下，将难溶强电解质置于水中，在水分子作用下，难溶强电解质的表面在极性水分子作用下，会有少数分子或离子挣脱晶体的吸引，溶解于溶液中，此过程称为**溶解**（dissolution）。与此同时，溶液中的离子在无规则运动中相互碰撞、相互吸引结合，又会重新回到固体表面，此过程称为**沉淀**（precipitation）。当沉淀速率和溶解速率相等时，在沉淀与溶解之间便建立了动态平衡，称为**沉淀溶解平衡**（precipitation-dissolution equilibrium）。此时的溶液称为**饱和溶液**（saturated solution），虽然这两个相反的微观过程还在继续进行，但是宏观溶液中离子浓度变化的净结果为零，即离子浓度不再改变。难溶强电解质沉淀溶解平衡是固态难溶强电解质与溶液中自由运动的水合离子之间建立的多相平衡。例如，在一定温度下，在 AgCl 的水溶液中，AgCl 沉淀与溶液中的 Ag^+ 和 Cl^- 之间达到平衡时，可表示为

$$AgCl(s) \underset{沉淀}{\overset{溶解}{\rightleftharpoons}} Ag^+(aq) + Cl^-(aq)$$

平衡常数表达式为

$$K = \frac{[Ag^+][Cl^-]}{[AgCl(s)]}$$

移项可得

$$K[AgCl(s)] = [Ag^+][Cl^-]$$

由于[AgCl(s)]是常数，将其并入常数项 K，得

$$K_{sp} = [Ag^+][Cl^-] \tag{3-1}$$

K_{sp} 称为**溶度积常数**（solubility product constant），简称溶度积。

推广于任一难溶强电解质（A_aB_b），存在如下平衡式

$$A_aB_b(s) \rightleftharpoons aA^{n+}(aq) + bB^{m-}(aq)$$

$$K_{sp} = [A^{n+}]^a[B^{m-}]^b \tag{3-2}$$

式（3-2）表明：在一定温度下，难溶强电解质饱和溶液中的离子浓度幂的乘积为一常数，幂的数值等于平衡方程式中各物质的化学计量数。若考虑离子间的相互作用，溶度积应以离子活度幂的乘积表示，但由于难溶电解质本身的溶解度很小，因而离子强度很小，活度因子趋近于 1，可用浓度代替活

度。K_{sp} 可由实验测得，也可通过热力学或电化学数据计算得到。与其他平衡常数一样，K_{sp} 只与物质的本性和温度有关。一些难溶强电解质的溶度积常数列于附录三的附表 3-3 中。

二、溶度积和溶解度的关系

溶度积和**溶解度**（solubility）都可表示难溶强电解质在水中的溶解能力，它们既有区别又有联系。溶度积 K_{sp} 是沉淀溶解平衡的平衡常数；溶解度 S 是物质溶解形成饱和溶液时的浓度。溶解度通常是以“100g 水中所溶解物质的质量”表示。在讨论沉淀溶解平衡时，为了说明溶度积和溶解度之间的计量关系，溶解度也常用物质的量浓度来表示。

设难溶强电解质 A_aB_b 的溶解度为 S，沉淀溶解达平衡时

$$A_aB_b(s) \rightleftharpoons aA^{n+}(aq) + bB^{m-}(aq)$$

平衡浓度 /mol·L^{-1}　　　　aS　　　bS

$$K_{sp} = [A^{n+}]^a \cdot [B^{m-}]^b = (aS)^a \cdot (bS)^b = a^a \cdot b^b \cdot S^{(a+b)}$$

$$S = \sqrt[(a+b)]{\frac{K_{sp}}{a^a b^b}} \tag{3-3}$$

例 3-1　已知在 298.15K 时 1L 纯水能溶解 1.91×10^{-3}g 的 AgCl，求 AgCl 的 K_{sp}。

解　已知 $Mr(AgCl) = 143.4g \cdot mol^{-1}$，则 AgCl 的溶解度 S 为

$$S = \frac{1.91 \times 10^{-3} g \cdot L^{-1}}{143.4 g \cdot mol^{-1}} = 1.33 \times 10^{-5} mol \cdot L^{-1}$$

AgCl 达到沉淀溶解平衡时，由 AgCl 溶解产生的 Ag^+ 和 Cl^- 浓度相等，因此，在 AgCl 饱和溶液中，$[Ag^+] = [Cl^-] = 1.33 \times 10^{-5} mol \cdot L^{-1}$

$$K_{sp}(AgCl) = [Ag^+][Cl^-] = (1.33 \times 10^{-5})^2 = 1.77 \times 10^{-10}$$

例 3-2　Ag_2CrO_4 在 298.15K 时的 $S = 6.54 \times 10^{-5} mol \cdot L^{-1}$，计算其 K_{sp}。

解　在 Ag_2CrO_4 饱和溶液中，存在平衡

$$Ag_2CrO_4(s) \rightleftharpoons 2Ag^+(aq) + CrO_4^{2-}(aq)$$

由反应式可知，每生成 1mol CrO_4^{2-}，同时生成 2mol Ag^+，即

$$[Ag^+] = 2 \times 6.54 \times 10^{-5} mol \cdot L^{-1}, [CrO_4^{2-}] = 6.54 \times 10^{-5} mol \cdot L^{-1}$$

$$K_{sp}(Ag_2CrO_4) = [Ag^+]^2[CrO_4^{2-}] = (2 \times 6.54 \times 10^{-5})^2 \times (6.54 \times 10^{-5}) = 1.12 \times 10^{-12}$$

例 3-3　298.15K 时，$Mg(OH)_2$ 的 $K_{sp} = 5.61 \times 10^{-12}$，求该温度时 $Mg(OH)_2$ 的溶解度。

解

$$Mg(OH)_2(s) \rightleftharpoons Mg^{2+}(aq) + 2OH^-(aq)$$

设 $Mg(OH)_2$ 的溶解度为 S，在饱和溶液中 $[Mg^{2+}] = S$，$[OH^-] = 2S$，则有

$$K_{sp}[Mg(OH)_2] = [Mg^{2+}][OH^-]^2 = S(2S)^2 = 4S^3 = 5.61 \times 10^{-12}$$

$$S = \sqrt[3]{\frac{5.61 \times 10^{-12}}{4}} mol \cdot L^{-1} = 1.12 \times 10^{-4} mol \cdot L^{-1}$$

在一定温度下，同类型的难溶强电解质（指解离出的离子数相同），K_{sp} 愈大，S 愈大；对于不同类型的，必须进行计算才能比较溶度积和溶解度的相对大小。例 3-1 和例 3-2 中的 AgCl 与 Ag_2CrO_4，属不同类型难溶强电解质，前者的 K_{sp} 大，但其溶解度小，这是由于二者溶度积与溶解度的关系式不同所致。

问题与思考 3-1

25℃时，PbI_2 和 $CaCO_3$ 的 K_{sp} 非常接近，两者饱和溶液中 Pb^{2+} 和 Ca^{2+} 浓度是否也非常接近？为什么？

由于影响难溶强电解质溶解度的因素很多，因此，运用 K_{sp} 与 S 之间的相互关系来直接换算仅适

用于下列情况：

（1）离子强度很小，浓度可以代替活度的溶液。对于溶解度较大的难溶强电解质如 $CaSO_4$、$CaCrO_4$ 等，由于溶解后离子浓度和离子强度较大，直接换算将会产生较大误差。

（2）溶解后解离出的正、负离子在水溶液中不发生水解或副反应程度很小的物质。对于难溶的硫化物、碳酸盐、磷酸盐等，由于 S^{2-}、CO_3^{2-}、PO_4^{3-} 容易水解，也有一些阳离子如 Fe^{3+} 等也易水解，就不宜用上述方法换算。

（3）已溶解的部分能全部解离的物质。对于 Hg_2Cl_2、Hg_2I_2 等共价性较强的化合物，溶液中还存在溶解了的分子与水合离子之间的解离平衡，用上述方法换算也会产生较大误差。

三、溶度积规则

一定温度下，当难溶强电解质 A_aB_b 达到沉淀溶解平衡时，溶液中离子浓度幂的乘积为一常数，即 $[A^{n+}]^a \cdot [B^{m-}]^b = K_{sp}$。而任意条件下，难溶强电解质的溶液中离子浓度幂的乘积称为**离子积** * I_P（ion product）。I_P 表示为

$$I_p = c^a_{A^{n+}} c^b_{B^{m-}}$$

当 $I_P > K_{sp}$，说明 A_aB_b 溶液体系未达到沉淀溶解平衡，多出的自由离子会相互结合，以沉淀的形式析出，从而降低离子浓度，直到溶液中离子浓度幂的乘积等于 K_{sp}，即达到沉淀溶解平衡为止。当 $I_P < K_{sp}$，A_aB_b 溶液体系同样未达到沉淀溶解平衡，此时若体系中还存在 A_aB_b(s)，A_aB_b 会继续溶解，直到溶液中离子浓度幂的乘积等于 K_{sp}，达到沉淀溶解平衡为止。

从上述讨论中，可依据 I_P 与 K_{sp} 之间的关系判断某一给定的难溶强电解质溶液的沉淀与溶解状态：

（1）$I_P = K_{sp}$ 时，沉淀与溶解达动态平衡，既无沉淀析出又无沉淀溶解。

（2）$I_P < K_{sp}$ 时，为不饱和溶液，无沉淀析出。若加入难溶强电解质，则会继续溶解，直至溶液达到沉淀溶解平衡。

（3）$I_P > K_{sp}$ 时，溶液中将会有沉淀析出，直至 $I_P = K_{sp}$，达到沉淀溶解平衡。

上述结论称为溶度积规则，它反映了难溶强电解质溶解与沉淀平衡移动的规律，也是判断沉淀生成和溶解的依据。

在使用溶度积规则时，下列因素的影响可能会给实际情况带来一定的偏差：①人肉眼观察到沉淀的极限是大于 $1g \cdot L^{-1}$，实际能观察到有沉淀产生所需要的离子浓度往往比理论计算值稍高一些，因此，在 $I_P > K_{sp}$ 时不一定能观察到沉淀的生成。②当溶液有过饱和状态存在时，即使 $I_P > K_{sp}$，仍然可能观察不到沉淀的生成。③由于副反应的发生，如解离的离子发生水解、配合、缔合等作用，溶液中实际离子浓度小于计算值，从而使按照理论计算所需沉淀剂的浓度与被沉淀离子的浓度之积不能大于 K_{sp}。因此，使用溶度积规则时要考虑沉淀的具体情况。

第二节 沉淀溶解平衡的移动

沉淀溶解平衡是暂时的、有条件的，如果条件改变，沉淀溶解平衡就会发生移动。根据溶度积规则，改变条件可以促使溶液中的离子形成沉淀，或使沉淀溶解。

一、沉淀溶解平衡移动的影响因素

（一）同离子效应

在难溶强电解质的饱和溶液中，加入与该电解质含有相同离子的易溶强电解质时，使难溶强电解质的溶解度减小的现象，称为**同离子效应**（common ion effect），同离子效应可从化学平衡移动的观

* 也称为反应商 Q（reaction quotient）。

点予以解释。例如，在 Ag_2CrO_4 的饱和溶液中加入 Na_2CrO_4，使 CrO_4^{2-} 浓度增大，从而引起 Ag_2CrO_4 沉淀溶解平衡向着生成沉淀的方向移动，Ag_2CrO_4 的溶解度减小。

例 3-4 已知 $K_{sp}(Ag_2CrO_4)=1.12\times10^{-12}$，计算 Ag_2CrO_4：(1) 在 $0.10mol\cdot L^{-1}$ $AgNO_3$ 溶液中的溶解度；(2) 在 $0.10mol\cdot L^{-1}$ Na_2CrO_4 溶液中的溶解度。

解 (1) 达到平衡时，设 Ag_2CrO_4 的溶解度为 S，则

$$Ag_2CrO_4(s) \rightleftharpoons 2\,Ag^+(aq) \quad + \quad CrO_4^{2-}(aq)$$

平衡浓度 /$mol\cdot L^{-1}$ $\qquad 2S+0.10\approx0.10 \qquad S$

$$K_{sp}(Ag_2CrO_4)=[Ag^+]^2[CrO_4^{2-}]$$

$$S=[CrO_4^{2-}]=\frac{K_{sp}(Ag_2CrO_4)}{[Ag^+]^2}=\frac{1.12\times10^{-12}}{0.10^2}mol\cdot L^{-1}=1.12\times10^{-10}mol\cdot L^{-1}$$

即在 $0.10mol\cdot L^{-1}$ $AgNO_3$ 溶液中，Ag_2CrO_4 的溶解度为 $1.12\times10^{-10}mol\cdot L^{-1}$，比在纯水中 ($6.54\times10^{-5}mol\cdot L^{-1}$，见例 3-2) 小得多。

(2) 在含有 CrO_4^{2-} 的溶液中，沉淀溶解达到平衡时，设 Ag_2CrO_4 的溶解度为 S，则

$$Ag_2CrO_4(s) \rightleftharpoons 2Ag^+(aq)+CrO_4^{2-}(aq)$$

平衡浓度 /$mol\cdot L^{-1}$ $\qquad 2S \qquad 0.10+S\approx0.10$

$$K_{sp}(Ag_2CrO_4)=[Ag^+]^2[CrO_4^{2-}]=(2S)^2(0.10)=0.40S^2$$

$$S=\sqrt{\frac{K_{sp}}{0.40}}=\sqrt{\frac{1.12\times10^{-12}}{0.40}}mol\cdot L^{-1}=1.7\times10^{-6}mol\cdot L^{-1}$$

计算表明，Ag_2CrO_4 的溶解度比在纯水中降低了近 40 倍。

以上计算结果说明：在 Ag_2CrO_4 的沉淀平衡系统中，若加入与 Ag_2CrO_4 含有共同离子 Ag^+ 或 CrO_4^{2-} 的试剂，都会有更多的 Ag_2CrO_4 沉淀生成，致使 Ag_2CrO_4 溶解度降低。要使溶液中 Ag^+ 完全沉淀，通常利用同离子效应，加入适当过量的沉淀剂 CrO_4^{2-}，可使 Ag^+ 沉淀得更加完全。但是沉淀剂的用量不是愈多愈好，加入过多反而会使溶解度增大。例如，AgCl 沉淀可因与过量的 Cl^- 发生配位反应而溶解

$$AgCl(s)+Cl^-(aq)\longrightarrow[AgCl_2]^-(aq)$$

(二) 盐效应

在难溶强电解质的饱和溶液中，加入与难溶强电解质不含有相同离子的易溶强电解质时，难溶强电解质的溶解度略微增大的现象称为**盐效应**(salt effect)。例如，向 Ag_2CrO_4 的饱和溶液中加入 KNO_3 时，可促进固体 Ag_2CrO_4 的溶解。产生盐效应的原因是易溶性强电解质的加入，使溶液的离子强度增加，引起 Ag^+ 和 CrO_4^{2-} 活度降低，原来已达饱和的溶液变为不饱和，从而使难溶电解质的溶解度增大。

产生同离子效应的同时必然伴随着盐效应，由于一般同离子效应比盐效应要显著得多，当两种效应共存时，可忽略盐效应的影响。

二、沉淀的生成

(一) 沉淀的生成

根据溶度积规则，当溶液中 $I_P>K_{sp}$，将会有沉淀生成，这是产生沉淀的必要条件。

例 3-5 判断下列条件下是否有沉淀生成(可忽略体积的变化)。

(1) 将 $0.020mol\cdot L^{-1}$ $CaCl_2$ 溶液 10mL 与等体积同浓度的 $Na_2C_2O_4$ 溶液混合。

(2) 在 $1.0mol\cdot L^{-1}$ $CaCl_2$ 溶液中通入 CO_2 气体至饱和。

解 (1) 溶液等体积混合后，$c(Ca^{2+})=0.010mol\cdot L^{-1}$，$c(C_2O_4^{2-})=0.010mol\cdot L^{-1}$，此时

$$I_P(CaC_2O_4)=c(Ca^{2+})c(C_2O_4^{2-})=0.010\times0.010=1.0\times10^{-4}>K_{sp}(CaC_2O_4)=2.32\times10^{-9}$$

因此，溶液中有 CaC_2O_4 沉淀析出。

(2) 饱和 CO_2 水溶液中，$[CO_3^{2-}]=K_{a2}=4.7\times10^{-11}mol\cdot L^{-1}$

$$I_P(CaCO_3)=c(Ca^{2+})c(CO_3^{2-})=1.0\times4.7\times10^{-11}=4.7\times10^{-11}<K_{sp}(CaCO_3)=3.36\times10^{-9}$$

因此，不会析出 $CaCO_3$ 沉淀。

（二）分级沉淀

如果在溶液中有两种以上的离子可与同一试剂反应产生沉淀，首先析出的是 I_P 最先达到 K_{sp} 的化合物，这种按先后顺序沉淀的现象称为**分级沉淀**(fractional precipitation)。

利用分级沉淀可以进行离子间的相互分离。对于相同浓度的同种类型的难溶强电解质，总是溶度积小的先沉淀，并且两种沉淀的溶度积差别越大，分离效果越好。例如，在含有同浓度的 I^- 和 Cl^- 的溶液中，逐滴加入 $AgNO_3$ 溶液，最先看到淡黄色 AgI 沉淀，继续加入 $AgNO_3$ 溶液至合适的量，才生成白色 AgCl 沉淀，这是因为 AgI 的 K_{sp} 比 AgCl 的小得多，前者的 I_P 先达到 K_{sp} 而首先析出沉淀。对于不同类型的难溶电解质，则必须通过计算，根据溶解度大小，才能判断沉淀的先后顺序和分离效果。

例 3-6 在含有 $0.010mol\cdot L^{-1}$ Cl^- 和 $0.010mol\cdot L^{-1}$ I^- 溶液中，逐滴加入 $AgNO_3$ 溶液。请问：(1) AgCl 和 AgI 哪个先沉淀析出？(2) 当 AgCl 开始沉淀时，溶液中 I^- 浓度为多少？

解 (1) 根据溶度积规则，AgCl 开始沉淀，必须满足 $I_P>K_{sp}$，即 $c(Ag^+)$ 不能小于 $[Ag^+]$，由溶度积公式得

$$[Ag^+]=\frac{K_{sp}(AgCl)}{[Cl^-]}=\frac{1.77\times10^{-10}}{0.010}mol\cdot L^{-1}=1.77\times10^{-8}\ mol\cdot L^{-1}$$

AgCl 开始沉淀时，所需 Ag^+ 浓度必须大于 $1.77\times10^{-8}mol\cdot L^{-1}$。

同理，当 AgI 开始沉淀所需 Ag^+ 的浓度大于 $[Ag^+]$

$$[Ag^+]=\frac{K_{sp}(AgI)}{[I^-]}=\frac{8.52\times10^{-17}}{0.010}mol\cdot L^{-1}=8.52\times10^{-15}\ mol\cdot L^{-1}$$

即所需 Ag^+ 浓度必须大于 $8.52\times10^{-15}mol\cdot L^{-1}$。

计算结果表明，沉淀 I^- 所需的 Ag^+ 浓度比沉淀 Cl^- 所需的 Ag^+ 浓度小得多，所以 AgI 先沉淀析出。

(2) 当 $AgNO_3$ 溶液加入 Cl^- 和 I^- 的混合溶液时，首先析出的是 AgI，只有当 Ag^+ 浓度大于 $1.77\times10^{-8}mol\cdot L^{-1}$ 时，AgCl 才能开始沉淀，此时溶液中 I^- 浓度为

$$[I^-]=\frac{K_{sp}(AgI)}{[Ag^+]}=\frac{8.52\times10^{-17}}{1.77\times10^{-8}}mol\cdot L^{-1}=4.81\times10^{-9}\ mol\cdot L^{-1}$$

一般认为当溶液中某种离子的浓度小于 $1.0\times10^{-5}mol\cdot L^{-1}$ 时，该离子已经沉淀完全。由计算可知，AgCl 开始沉淀时，I^- 已经沉淀完全。

（三）沉淀的转化

在实际工作中，有时需要把一种难溶电解质转化为另一种难溶电解质。这种把一种沉淀转化为另一种沉淀的过程称为**沉淀的转化**(inversion of precipitate)。例如，锅炉中锅垢的主要成分是 $CaSO_4$，它的导热能力很小，也难溶于酸，不易清除。但可以利用足量的 Na_2CO_3 溶液处理，就可以使 $CaSO_4$ 全部转化为疏松的可溶于酸的 $CaCO_3$ 沉淀，这样很容易除去锅垢。其转化过程如下

$$CaSO_4(s)+CO_3^{2-}(aq)\rightleftharpoons CaCO_3(s)+SO_4^{2-}(aq)$$

上述沉淀转化反应之所以能够发生，是由于生成了比 $CaSO_4$ 更难溶的 $CaCO_3$ 沉淀。反应的平衡常数为

$$K=\frac{[SO_4^{2-}]}{[CO_3^{2-}]}=\frac{K_{sp}(CaSO_4)}{K_{sp}(CaCO_3)}=\frac{4.93\times10^{-5}}{3.36\times10^{-9}}=1.47\times10^{4}$$

转化反应的平衡常数很大，表示沉淀转化相当完全。由此可见，对同一类型的沉淀来说，将溶度积较大的沉淀转化为溶度积较小的沉淀是比较容易进行的。然而溶度积较小的沉淀能否转化为溶度

积较大的沉淀呢？例如，在进行 Ba^{2+} 的分离鉴定时，需将溶度积较小的 $BaSO_4$ 能转化为溶度积较大的 $BaCO_3$。转化反应为

$$BaSO_4(s)+CO_3^{2-}(aq) \rightleftharpoons BaCO_3(s)+SO_4^{2-}(aq)$$

$$K=\frac{[SO_4^{2-}]}{[CO_3^{2-}]}=\frac{K_{sp}(BaSO_4)}{K_{sp}(BaCO_3)}=\frac{1.08\times10^{-10}}{2.58\times10^{-9}}=\frac{1}{24}$$

只要保持溶液中 $c(CO_3^{2-})>24c(SO_4^{2-})$，就可将 $BaSO_4$ 转化为 $BaCO_3$。实验中，用饱和 Na_2CO_3 溶液处理 $BaSO_4$ 后，弃去上层清液，再加入饱和 Na_2CO_3 溶液，重复多次，就可将 $BaSO_4$ 转化为 $BaCO_3$。

如果转化反应平衡常数太小，实际条件就很难满足了。例如，用 NaCl 溶液将 AgI 转化为 AgCl 沉淀，实际上是无法达到的。对于不同类型的难溶强电解质，沉淀转化的方向是溶解度大的易转化为溶解度小的，需要通过计算出溶解度才能判断。例如，在 Ag_2CrO_4 沉淀中加入 KCl 溶液，Ag_2CrO_4 会转化为 AgCl 沉淀。虽然 $K_{sp}(Ag_2CrO_4)<K_{sp}(AgCl)$，但 Ag_2CrO_4 的溶解度大于 AgCl，因此，转化也可以进行。

三、沉淀的溶解

根据溶度积规则，要使沉淀溶解，至少要降低该难溶电解质饱和溶液中某一离子的浓度，使其 $I_P<K_{sp}$。使沉淀溶解的方法有以下几种。

（一）生成弱电解质使沉淀溶解

1. 金属氢氧化物沉淀的溶解　氢氧化物中的 OH^- 与酸反应生成难解离的水，故金属氢氧化物可以溶于酸或酸性盐溶液中。以 $Mg(OH)_2$ 为例，其反应如下

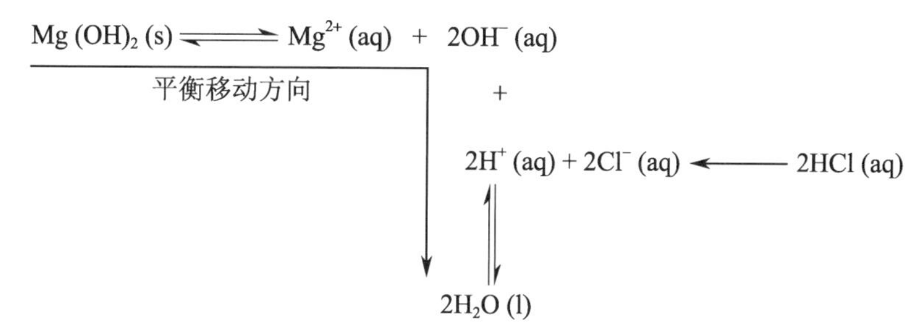

加入 HCl 后，生成弱电解质 H_2O，使 OH^- 浓度降低，此时，$I_P[Mg(OH)_2]<K_{sp}[Mg(OH)_2]$，沉淀溶解平衡被打破，平衡向右移动，以补充被消耗掉的 OH^-，导致 $Mg(OH)_2$ 沉淀溶解。$Mg(OH)_2$ 还可溶解在 NH_4Cl 溶液中，因为 NH_4^+ 也是酸，与 OH^- 生成 NH_3，从而降低 OH^- 浓度，导致 $I_P[Mg(OH)_2]<K_{sp}[Mg(OH)_2]$，使 $Mg(OH)_2$ 沉淀溶解。

2. 金属硫化物沉淀的溶解　在 ZnS 沉淀中加入 HCl，由于 H^+ 与 S^{2-} 结合生成 HS^-，再与 H^+ 结合生成 H_2S 气体，使 $I_P(ZnS)<K_{sp}(ZnS)$，沉淀溶解。

$$ZnS(s) \rightleftharpoons Zn^{2+}(aq) + S^{2-}(aq)$$

平衡移动方向

+

$$H^+(aq)+Cl^-(aq) \leftarrow HCl(aq)$$

$$HS^-(aq)+H^+(aq) \rightleftharpoons H_2S(g)$$

3. $PbSO_4$ 沉淀的溶解　在含有 $PbSO_4$ 沉淀的饱和溶液中加入 NH_4Ac，生成弱电解质 $Pb(Ac)_2$，使溶液中 Pb^{2+} 浓度降低，导致 $I_P(PbSO_4)<K_{sp}(PbSO_4)$，沉淀溶解。

$$PbSO_4(s) \rightleftharpoons SO_4^{2-}(aq) + Pb^{2+}(aq)$$

平衡移动方向

$$+$$

$$2Ac^-(aq) + 2NH_4^+(aq) \longleftarrow 2NH_4Ac(aq)$$

$$\rightleftharpoons$$

$$Pb(Ac)_2(aq)$$

（二）生成配合物使沉淀溶解

例如，AgCl不溶于酸也不溶于碱，但可溶于氨水

$$AgCl(s) \rightleftharpoons Ag^+(aq) + Cl^-(aq)$$

平衡移动方向

$$+$$

$$2NH_3(aq)$$

$$\rightleftharpoons$$

$$[Ag(NH_3)_2]^+(aq)$$

由于Ag^+与NH_3结合成难解离的$[Ag(NH_3)_2]^+$配离子，从而降低了Ag^+的浓度，使AgCl沉淀溶解。

（三）氧化还原反应使沉淀溶解

由于金属硫化物的K_{sp}值相差很大，故其溶解情况大不相同。像ZnS、PbS、FeS等K_{sp}值较大的金属硫化物能溶于HCl，而HgS、CuS等K_{sp}值很小的金属硫化物就不能溶于HCl。但可通过加入氧化剂，使某一离子发生氧化还原反应而降低其浓度，达到溶解的目的。例如，CuS（$K_{sp}=6.3\times10^{-36}$）可溶于HNO_3，反应如下

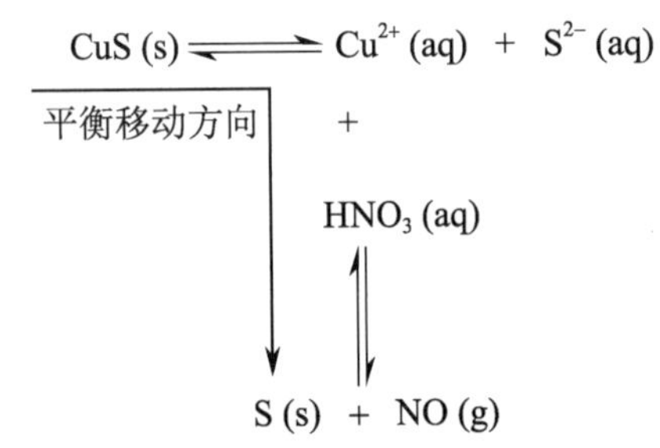

总反应式：$3CuS(s)+8HNO_3(aq) = 3Cu(NO_3)_2(aq)+3S(s)+2NO(g)+4H_2O(l)$

即S^{2-}被HNO_3氧化为单质硫，因而降低了S^{2-}的浓度，导致CuS沉淀的溶解。

问题与思考 3-2

解释下列现象：

（1）CaC_2O_4沉淀溶于HCl溶液，而不溶于HAc溶液。

（2）在$H_2C_2O_4$溶液中加入$CaCl_2$溶液，则产生CaC_2O_4沉淀，当滤去沉淀后，加氨水于滤液中，又产生CaC_2O_4沉淀。

第三节　沉淀溶解平衡的医学意义

生物体内的无机矿物称为**生物矿物**（biomineral），如骨骼、牙齿、蛋壳和多种结石等。生物体内无机矿物的形成过程称为**生物矿化**（biomineralization）。目前已知的生物矿物有60多种，多数是含有钙、

磷、碳、镁等元素的难溶电解质。这些生物矿物的组成与自然界岩石相同，但由于生物体内矿物的形成过程受控于复杂的生理过程，如胶原蛋白、非胶原蛋白、细胞等有机物以多种方式（基底、模板、信息传递与调控等）参与到生物矿化过程中，从而使生物矿物在微观上具有特殊的高级结构和组装方式，在宏观上往往表现出特殊的性质，如特殊的强度、韧性、表面光洁度和多样的表面纹理图案等。

生物矿化包括正常矿化和异常矿化，两类矿化的化学本质相似。正常矿化是在特定部位进行，并按规定的组成、结构和程度完成，形成各种正常的生物矿物；对人体来说，异常矿化也称为病理矿化。异常矿化是发生在不应该形成矿物的部位（异位矿化和结石）、矿化过度或不足，如龋齿、牙石、骨质疏松等。

生物矿化涉及沉淀的生成和转化原理，下面以骨骼的形成与龋齿的产生、尿结石的形成为例简要介绍沉淀溶解平衡在医学中的应用。

一、骨骼的形成与龋齿的产生

组成骨骼的主要成分是羟基磷灰石结晶，占骨骼重量的 40% 以上，其次是碳酸盐、柠檬酸盐，以及少量的氯化物和氟化物。人体在体温 37℃、pH 为 7.4 的生理条件下，Ca^{2+} 和 PO_4^{3-} 混合时，首先析出的是无定形磷酸钙，而后转变成磷酸八钙，最后变成更稳定的羟基磷灰石，其化学式为 $Ca_{10}(PO_4)_6(OH)_2$，也可用 $Ca_5(PO_4)_3(OH)$ 表示（缩写为 HAP）。骨骼的形成涉及沉淀的生成与转化的原理，当血钙浓度增加时，可促进骨骼的形成，反之，当血钙浓度降低时，羟基磷灰石溶解，可造成骨质疏松。

牙齿的化学组成与骨骼大致相同，牙齿的表层为牙釉质，主要由羟基磷灰石及氟磷灰石组成。其中羟基磷灰石所占比例超过 98%，结构非常严密，是人体中最硬的部分，对于牙齿咀嚼、磨碎食物具有重要意义。口腔最常见的疾病龋齿的产生与羟基磷灰石的溶解有关。用餐后，如果食物长期滞留在牙缝处腐烂，就会滋生细菌，从而产生有机酸类物质，这类酸性物质与牙釉质中的羟基磷灰石发生反应

$$Ca_{10}(PO_4)_6(OH)_2(s)+8\,H_2O^+(aq)==10Ca^{2+}(aq)+6HPO_4^{2-}(aq)+2H_2O(l)$$

羟基磷灰石溶解，时间一长就会产生龋齿。因此为了防止龋齿的产生，除注意口腔卫生外，饮用加入适量含 NaF 的水和适当地使用含氟牙膏也是降低龋病的措施之一。F^- 与牙釉质中羟基磷灰石的 OH^- 交换形成更难溶的氟磷灰石 $Ca_{10}(PO_4)_6F_2$（缩写为 FAP），能提高牙釉质的抗酸能力。其反应为

$$Ca_{10}(PO_4)_6(OH)_2(s)+2F^-(aq)==Ca_{10}(PO_4)_6F_2(s)+2OH^-(aq)$$

上述反应是通过沉淀溶解平衡的转移反应来实现的。已知 $K_{sp}(HAP)=6.8\times10^{-37}$，$K_{sp}(FAP)=1.0\times10^{-60}$，二者转化的平衡常数为

$$K=[OH^-]^2/[F^-]^2=K_{sp}(HAP)/K_{sp}(FAP)=(6.8\times10^{-37})/(1.0\times10^{-60})=6.8\times10^{23}$$

反应的平衡常数很大，说明转化反应很完全。这是由于 F^- 半径小，电负性大，F^- 取代 OH^- 之后，F-Ca 的结合力大于 O-Ca 的结合力，使稳定性增加。在 F^- 存在下，牙釉质表面形成了一薄层 FAP，从而阻止了酸对牙齿的溶解。因此，氟化物具有增加釉质的抗龋能力和促进釉质再矿化的作用。局部高浓度氟处理将生成 CaF_2，它在口腔环境中有一定的抗溶解性，并且在高酸度时释放 F^- 从而具有长期的防龋效应。菌斑的 pH 越高，越有利于再矿化过程。唾液的 pH 为 6.35～6.85，可使菌斑内的 pH 升高，因此唾液对再矿化也有促进作用。

二、尿结石的形成

尿是生物体液通过肾脏排泄出来的液体，含有人体代谢产生的有机物和无机物，如 Ca^{2+}、Mg^{2+}、CO_3^{2-}、$C_2O_4^{2-}$、PO_4^{3-}、NH_4^+ 等，这些离子互相之间有可能发生沉淀反应，如 Ca^{2+} 和 $C_2O_4^{2-}$ 形成 CaC_2O_4 沉淀，Ca^{2+} 和 PO_4^{3-} 形成 $Ca_3(PO_4)_2$ 沉淀，这些难溶物质就会构成尿结石。在人体内，尿形成的第一步是进入肾脏的血通过肾小球过滤，把蛋白质、细胞等大分子物质滤掉，出来的滤液就是原始尿，这些尿经过肾小管进入膀胱。血液通过肾小球前通常对 CaC_2O_4 是过饱和的，但由于血液中含有蛋白质等结晶抑制剂，CaC_2O_4 难以形成沉淀。经过肾小球过滤后，蛋白质等大分子物质被过滤，因此滤液在

肾小管内会形成 CaC_2O_4 结晶。不过这种 CaC_2O_4 小结石在肾小管中停留时间短，容易随尿液排出，不能形成大的结石堵塞通道。但有些人的尿中成石抑制物浓度太低，或肾功能不好，滤液流动速率太慢，在肾小管内停留时间较长，CaC_2O_4 等微晶黏附于尿中脱落细胞或细胞碎片表面，形成结石的核心，以此核心为基础，晶体不断地沉淀、生长和聚集，最终形成结石。因此，医学上常用加快排尿速率（即降低滤液停留时间）、加大尿量（减少 Ca^{2+}、$C_2O_4^{2-}$ 的浓度）等方式防治尿结石的生成。生活中多饮水，也是防治尿结石的一种方法。

钙与骨骼健康

钙是人体内含量较多的元素之一，对维持骨骼健康有重要的作用。正常成年人体内有 1000～1200g 的钙，约占人体重的 2%，其中 99% 以上的钙存在于骨骼中。骨骼由无机盐（又称骨盐）、有机基质和骨细胞等组成。骨盐增加骨的硬度，有机基质决定骨的形状及韧性，骨细胞在代谢中起主导作用。骨的主要成分为磷酸钙，约有 60% 以结晶的羟基磷灰石 $[Ca_{10}(PO_4)_6(OH)_2]$ 形式存在，其余为无定形磷酸钙。

骨骼是一种特殊的结缔组织，不仅是人体的重要支柱，也是人体中钙、磷的最大储存库。通过成骨与溶骨作用，不断与细胞外液进行钙、磷交换，对维持血钙和血磷平衡有重要作用。

骨的生长、修复或重建过程称为**成骨作用**（osteogenesis）。成骨过程中，成骨细胞先合成胶原和蛋白多糖等细胞间质成分，形成所谓“骨样质”。成骨细胞具有钙泵作用，可从周围组织间隙中浓集钙，局部 Ca^{2+} 和 HPO_4^{2-} 浓度升高，有利于钙盐沉积于骨样质中，此过程称为**钙化**（calcification）。正常血液中的钙化抑制剂如焦磷酸盐可被成骨细胞中的磷酸酶水解，从而降低其抑制作用，同时也提供了充足的无机磷，也有利于骨盐的沉积。骨骼的生成和钙化是一个复杂的生物化学过程，受多种因素的影响和调节，最新研究发现了多种与骨生成相关的蛋白质及细胞因子等。

骨在不断的新旧更替之中，原有旧骨的溶解和消失称为**骨的吸收**（bone resorption）或**溶骨作用**（osteolysis）。溶骨作用包括基质的水解和骨盐的溶解，后者又称为**脱钙**（decalcification）。溶骨作用与成骨作用一样，都是通过骨组织细胞的代谢活动完成的。破骨细胞通过糖原分解代谢产生大量乳酸、丙酮酸等酸性物质，这些酸性物质扩散至溶骨区，使局部酸性增加，促使羟基磷灰石从解聚的胶原中释放出来，多肽水解为氨基酸，羟基磷灰石部分转变为可溶性钙盐。之后，氨基酸、磷及 Ca^{2+} 从破骨细胞里释放至细胞外液，再进入血液，可参与血磷、血钙的组成。骨的有机质主要为胶原，溶骨作用增强时，血及尿中羟脯氨酸浓度升高。因此可将血及尿中羟脯氨酸的含量多少作为溶骨程度大小的参考指标。

正常成人每年骨的更新率 1%～4%，成骨与溶骨作用处于动态平衡。骨骼发育生长时期，成骨作用大于溶骨作用。而老年人的溶骨作用明显强于成骨作用，骨质减少而易发生**骨质疏松症**（osteoporosis）。此外，骨盐在骨骼中沉积或释放，直接影响血钙、血磷水平。正常状态下，骨中约有 1% 的钙元素与血中的 Ca^{2+} 进行交换维持平衡。因此，血钙浓度与骨代谢密切相关。

Summary

The solubility product constant, K_{sp}, is the equilibrium constant for a slightly soluble ionic compound called precipitation generally in aqueous solution.

$$A_aB_b(s) \rightleftharpoons aA^{n+}(aq) + bB^{m-}(aq)$$

$$K_{sp} = [A^{n+}]^a[B^{m-}]^b$$

The solubility, S, of the precipitation and its K_{sp} are related by the following equation.

$$S = \sqrt[(a+b)]{\frac{K_{sp}}{a^a b^b}}$$

Ion product, $I_P = c(A^{n+})^a \cdot c(B^{m-})^b$. There three cases in aqueous solution generally,

$I_P > K_{sp}$, precipitation will form

$I_P < K_{sp}$, no precipitation to form

$I_P = K_{sp}$, at precipitation-solubility equilibrium

Some metal cations can be separated by the selective precipitate. This is a important way in qualitative analysis, a procedure for identifying the ions present in a solution.

Common ion effect decreases the solubility of the precipitation. Salt effect slightly increases the solubility of the precipitation.

There are some procedures to dissolve a precipitation. The general procedure makes the ions in precipitation-solubility equilibrium to form weak electrolyte, gas, complex ion, another precipitation by adding acid, base, coordination reagent and so on. Sometimes, necessary redox reaction is used to dissolve the precipitation with very small K_{sp}.

学科发展与医学应用综述题

1. 龋齿是人类口腔最常见的疾病，在儿童中发病率可高达90%以上。牙齿的表面有一层釉质，能对牙齿起着重要的保护作用。但在酸性条件下，牙齿的保护层会被破坏。长期饮用含氟量低的水也是龋齿高发病率的主要原因。使用含氟牙膏可以有效防止龋齿。如何用沉淀溶解平衡知识解释龋齿的发生与预防作用？

2. 大约50%的肾结石是由尿液中的 Ca^{2+} 与 PO_4^{3-} 生成 $Ca_3(PO_4)_2$ 沉淀后形成的。对于肾结石患者，医生建议患者多饮水。试用溶度积原理阐述结石的成因，并提出预防的策略。

3. 在内服药生产中，除去产品中的杂质 SO_4^{2-} 时严禁使用钡盐，这是因为 Ba^{2+} 有剧毒，其对人的致死量为0.8g。但在医院患者进行肠胃造影时，医生却让患者大量服用 $BaSO_4$（钡餐），试分析原因。

习　题

1. 什么是难溶电解质的溶度积和离子积？两者有什么区别和联系？

2. 请解释 $BaSO_4$ 在生理盐水中的溶解度大于在纯水中的溶解度；而 AgCl 在生理盐水中的溶解度却小于在纯水中的溶解度。

3. 向2mL 0.10mol·L^{-1} $MgSO_4$ 溶液中加入数滴2mol·L^{-1} 氨水，有白色沉淀生成；再加入数滴1mol·L^{-1} NH_4Cl 溶液，沉淀消失。试解释之。

4. 在含有固体 AgCl 的饱和溶液中，加入下列物质，对 AgCl 的溶解度有什么影响？并解释之。

（1）盐酸；（2）$AgNO_3$；（3）KNO_3；（4）氨水

5. 将 H_2S 气体通入 $ZnSO_4$ 溶液中，ZnS 沉淀很不完全。但如果在 $ZnSO_4$ 溶液中先加入 NaAc，再通入 H_2S 气体，ZnS 几乎沉淀完全。试解释其原因。

6. 假设溶于水中的 $Mn(OH)_2$ 完全解离，$K_{sp}[Mn(OH)_2] = 2.06 \times 10^{-13}$。试计算：

（1）$Mn(OH)_2$ 在水中的溶解度（mol·L^{-1}）。

（2）$Mn(OH)_2$ 在0.10mol·L^{-1} NaOH 溶液中的溶解度（mol·L^{-1}）[假设 $Mn(OH)_2$ 在 NaOH 溶液中不发生其他变化]。

(3) $Mn(OH)_2$ 在 $0.20mol\cdot L^{-1}$ $MnCl_2$ 溶液中的溶解度($mol\cdot L^{-1}$)。

7. 在浓度均为 $0.010mol\cdot L^{-1}$ 的 KCl 和 K_2CrO_4 的混合溶液中，逐滴加入 $AgNO_3$ 溶液时，AgCl 和 Ag_2CrO_4 哪个先沉淀析出？当第二种离子刚开始沉淀时，溶液中的第一种离子浓度为多少？(忽略溶液体积的变化)[已知：$K_{sp}(AgCl)=1.77\times10^{-10}$、$K_{sp}(Ag_2CrO_4)=1.12\times10^{-12}$]

8. 大约有 50% 的肾结石由 $Ca_3(PO_4)_2$ 组成。人体每天的正常排尿量为 1.4L，其中约含有 0.10g 的 Ca^{2+}。为使尿中不形成 $Ca_3(PO_4)_2$ 沉淀，其中的 PO_4^{3-} 浓度不得高于多少？{已知 $K_{sp}[Ca_3(PO_4)_2]=2.07\times10^{-33}$}

9. 某溶液中含有 $0.10mol\cdot L^{-1}$ 的 Pb^{2+} 和 $0.10mol\cdot L^{-1}$ 的 Fe^{2+}，为了使 Pb^{2+} 形成 PbS 沉淀与 Fe^{2+} 分离，S^{2-} 浓度应控制在什么范围？能否利用分级沉淀的方法将两者分离？[已知 $K_{sp}(PbS)=8.0\times10^{-28}$、$K_{sp}(FeS)=6.3\times10^{-18}$]

10. 城市饮用的硬水中 Ca^{2+} 浓度为 $0.0020mol\cdot L^{-1}$，$K_{sp}(CaF_2)=3.45\times10^{-11}$。试计算：

(1) 若在这种水中加 NaF 氟化，在 CaF_2 固体未析出前，F^- 可能达到的最高浓度。

(2) 若饮用水中允许存在 F^- 浓度为 $1mg\cdot L^{-1}$。上述经氟化后的水中，F^- 浓度是否超标？

11. 某溶液中含有 $0.010mol\cdot L^{-1}$ 的 Fe^{3+} 和 $0.010mol\cdot L^{-1}$ 的 Mg^{2+}，已知 $Fe(OH)_3$ 和 $Mg(OH)_2$ 的 K_{sp} 分别为 2.79×10^{-39} 和 5.61×10^{-12}。计算用形成氢氧化物的方法分离两种离子的 pH 范围。

12. 将 500mL $c(MgCl_2)=0.20mol\cdot L^{-1}$ 和 500mL $c(NH_3\cdot H_2O)=0.20mol\cdot L^{-1}$ 混合。求：(1) 混合后溶液是否有沉淀生成？请通过计算说明。

(2) 若有沉淀，需要加入多少克 NH_4Cl，才能使溶液中无 $Mg(OH)_2$ 沉淀产生？(忽略加入 NH_4Cl 固体引起的体积变化){已知 $K_{sp}[Mg(OH)_2]=5.61\times10^{-12}$, $K_b(NH_3)=1.8\times10^{-5}$, $Mr(NH_4Cl)=53.5$}

Exercises

1. Which of the following compounds are more soluble in acidic solution than in pure water? Write a balanced net ionic equation for each dissolution reaction.

(a) AgBr (b) $CaCO_3$ (c) $Ni(OH)_2$ (d) $BaCO_3$

2. Calculate the molar solubility of $PbCrO_4$ ($K_{sp}=2.8\times10^{-13}$) in:

(a) Pure water (b) 1.0×10^{-3} $mol\cdot L^{-1}$ K_2CrO_4

3. Which has the greater molar solubility: AgCl with $K_{sp}=1.77\times10^{-10}$ or Ag_2CrO_4 with $K_{sp}=1.12\times10^{-12}$? Which has the greater solubility in grams per liter?

4. A saturated solution of an ionic salt MX exhibits an osmotic pressure of 75.4 mmHg at 25℃. Assuming that MX is completely dissociated in solution, what is the value of its K_{sp}?

5. Even though $Ca(OH)_2$ is an inexpensive base, its limited solubility restricts its use. What is the pH of a saturated solution of $Ca(OH)_2$? {$K_{sp}[Ca(OH)_2]=5.02\times10^{-6}$}

6. Ca^{2+}, which causes clotting, is removed from donated blood by precipitation with sodium oxalate ($Na_2C_2O_4$). CaC_2O_4 is a sparingly soluble salt ($K_{sp}=2.32\times10^{-9}$). If the desired $[Ca^{2+}]$ is less than 3.00×10^{-8} $mol\cdot L^{-1}$, what must be the minimum concentration of $Na_2C_2O_4$ in the blood sample?

7. Prior to having an X-ray exam of the upper gastrointestinal tract, a patient drinks an aqueous suspension of solid $BaSO_4$. (Scattering of X rays by barium greatly enhances the quality of the photograph.) Although Ba^{2+} is toxic, ingestion of $BaSO_4$ is safe because it is quite insoluble. If a saturated solution prepared by dissolving solid $BaSO_4$ in water has $[Ba^{2+}]=1.04\times10^{-5}$ $mol\cdot L^{-1}$, what is the value of K_{sp} for $BaSO_4$?

8. Clothing washed in water that has a manganese concentration exceeding 0.1 $mg\cdot L^{-1}$ (1.8×10^{-6} $mol\cdot L^{-1}$) may be stained by the manganese. A laundry wishes to add a base to precipitate manganese as the hydroxide, $Mn(OH)_2$ ($K_{sp}=2.06\times10^{-13}$). At what pH is $[Mn^{2+}]$ equal to 1.8×10^{-6} $mol\cdot L^{-1}$?

(赵全芹)

第四章 缓冲溶液

溶液的 pH 是影响化学反应的重要因素之一。许多反应，尤其是生物体内的化学反应，往往需要在一定 pH 条件下才能正常进行，如细菌培养、生物体内酶催化反应等。人的各种体液都具有一定的 pH，如人体血液 pH 的正常范围为 7.35～7.45，不受体内复杂的代谢过程影响而保持基本恒定。这说明，血液本身具有一定的调节 pH 的能力。在一定条件下能保持其 pH 基本不变的溶液称为缓冲溶液。研究缓冲溶液的组成、作用机制及其相关知识，在化学和生命科学中都具有重要意义。

第一节 缓冲溶液及缓冲机制

一、缓冲溶液及其缓冲机制

纯水、天然水资源、普通溶液等，都易受外界因素的影响而不能保持其 pH 相对恒定。实验表明，在 1.0L $0.10mol \cdot L^{-1}$ NaCl 溶液中，加入 0.010mol HCl 或 NaOH，NaCl 溶液的 pH 将改变 5 个单位，pH 发生了显著变化。但是，在 1.0L 含 HAc 和 NaAc 均为 0.10mol 的混合溶液中，分别加入 0.010mol HCl 或 NaOH，pH 仅从 4.75 下降到 4.66 或上升到 4.84，pH 的改变仅为 0.09。在上述 HAc 和 NaAc 混合溶液中加入一定量的水进行稀释，pH 改变幅度也很小。以上事实说明，由 HAc 和 NaAc 组成的溶液，在一定条件下能保持其 pH 基本不变。这类能够抵抗少量强酸、强碱，或适当稀释，保持 pH 基本不变的溶液称为**缓冲溶液**(buffer solution)。缓冲溶液对强酸、强碱或稀释的抵抗作用称为**缓冲作用**(buffer action)。

缓冲溶液为什么具有缓冲作用呢？现以 HAc-NaAc 组成的缓冲溶液为例，说明缓冲溶液的缓冲机制。

在 HAc-NaAc 混合溶液中，NaAc 是强电解质，在溶液中完全解离，以 Na^+ 和 Ac^- 的状态存在。HAc 是弱电解质，在水中解离度很小，并且与来自 NaAc 的 Ac^- 产生同离子效应，进一步抑制了 HAc 的解离，使 HAc 几乎完全以分子状态存在于溶液中。因此，$HAc\text{-}Ac^-$ 混合溶液中存在大量的 HAc 和 Ac^-，二者是共轭酸碱对，在水溶液中存在如下质子转移平衡

$$\underset{(大量)}{HAc(aq)} + H_2O(l) \rightleftharpoons H_3O^+(aq) + \underset{(大量)}{Ac^-(aq)} \qquad (4\text{-}1)$$

当加入少量强酸时，质子受体 Ac^- 与增加的 H_3O^+ 作用转化为 HAc

$$H_3O^+(aq) + Ac^-(aq) \longrightarrow HAc(aq) + H_2O(l)$$

式(4-1)的质子转移平衡左移，使溶液中 H_3O^+ 浓度无明显升高，溶液的 pH 基本保持不变。共轭碱 Ac^- 发挥了抵抗少量外来强酸的作用，故称其为抗酸成分。

当加入少量强碱时，缓冲溶液中的 H_3O^+ 与 OH^- 结合生成 H_2O

$$OH^-(aq) + H_3O^+(aq) \longrightarrow 2H_2O(l)$$

而溶液中的 HAc 将质子传递给 H_2O，以补充消耗掉的 H_3O^+，式(4-1)的质子转移平衡右移，因而 H_3O^+ 浓度不会明显降低，溶液的 pH 基本保持不变。共轭酸 HAc 发挥了抵抗少量外来强碱的作用，故称其为抗碱成分。

可见，缓冲作用是在有足量的抗酸成分和抗碱成分共存的体系中，通过共轭酸碱对的质子转移平衡移动来实现的。

问题与思考 4-1

HAc 溶液中同时存在未解离的 HAc 和解离产生的 Ac^-，HAc 溶液也具有缓冲作用吗？

二、缓冲溶液的组成

从缓冲作用原理可知，缓冲溶液一般由具有足够浓度及适当比例的弱酸及其共轭碱或弱碱及其共轭酸组成，其共轭碱和共轭酸分别是抗酸成分和抗碱成分。组成缓冲溶液的共轭酸碱对称为**缓冲系**（buffer system）或**缓冲对**（buffer pair）。一些常见的缓冲系列于表 4-1 中。

表 4-1 常见的缓冲系

缓冲系	抗碱成分	抗酸成分	质子转移平衡	pK_a（25℃）
HAc-NaAc	HAc	Ac^-	$HAc(aq)+H_2O(l) \rightleftharpoons Ac^-(aq)+H_3O^+(aq)$	4.756
H_2CO_3-$NaHCO_3$	H_2CO_3	HCO_3^-	$H_2CO_3(aq)+H_2O(l) \rightleftharpoons HCO_3^-(aq)+H_3O^+(aq)$	6.35
H_3PO_4-NaH_2PO_4	H_3PO_4	$H_2PO_4^-$	$H_3PO_4(aq)+H_2O(l) \rightleftharpoons H_2PO_4^-(aq)+H_3O^+(aq)$	2.16
Tris•HCl-Tris*	Tris•H^+	Tris	$Tris\cdot H^+(aq)+H_2O(l) \rightleftharpoons Tris(aq)+H_3O^+(aq)$	8.3**
$H_2C_8H_4O_4$- $KHC_8H_4O_4$***	$H_2C_8H_4O_4$	$HC_8H_4O_4^-$	$H_2C_8H_4O_4(aq)+H_2O(l) \rightleftharpoons HC_8H_4O_4^-(aq)+H_3O^+(aq)$	2.943
NH_4Cl-NH_3	NH_4^+	NH_3	$NH_4^+(aq)+H_2O(l) \rightleftharpoons NH_3(aq)+H_3O^+(aq)$	9.25
$CH_3NH_3^+Cl^-$-CH_3NH_2****	$CH_3NH_3^+$	CH_3NH_2	$CH_3NH_3^+(aq)+H_2O(l) \rightleftharpoons CH_3NH_2(aq)+H_3O^+(aq)$	10.66
NaH_2PO_4-Na_2HPO_4	$H_2PO_4^-$	HPO_4^{2-}	$H_2PO_4^-(aq)+H_2O(l) \rightleftharpoons HPO_4^{2-}(aq)+H_3O^+(aq)$	7.21
Na_2HPO_4-Na_3PO_4	HPO_4^{2-}	PO_4^{3-}	$HPO_4^{2-}(aq)+H_2O(l) \rightleftharpoons PO_4^{3-}(aq)+H_3O^+(aq)$	12.32

* 三（羟甲基）甲胺盐酸盐 - 三（羟甲基）甲胺；**8.3 为 20℃数据；*** 邻苯二甲酸 - 邻苯二甲酸氢钾；**** 盐酸甲胺 - 甲胺

第二节 缓冲溶液 pH 的计算

一、缓冲溶液 pH 的近似计算公式

弱酸（HB）及其共轭碱（B^-）组成的缓冲溶液中，质子转移平衡为

$$HB(aq)+H_2O(l) \rightleftharpoons H_3O^+(aq)+B^-(aq)$$

$$K_a=\frac{[H_3O^+][B^-]}{[HB]}$$

整理得

$$[H_3O^+]=K_a\times\frac{[HB]}{[B^-]}$$

等式两边取负对数，得

$$pH=pK_a+\lg\frac{[B^-]}{[HB]}=pK_a+\lg\frac{[共轭碱]}{[共轭酸]} \tag{4-2}$$

此式即计算缓冲溶液 pH 的 Henderson-Hasselbalch 方程式。式（4-2）中 pK_a 为共轭酸 HB 解离常数的

负对数，平衡浓度[B^-]与[HB]的比值称为**缓冲比**（buffer-component ratio）。

设上述缓冲溶液中 HB 的初始浓度为 c(HB)，B^- 的初始浓度为 $c(B^-)$，已解离的 HB 浓度为 c'(HB)，则 HB 和 B^- 的平衡浓度分别为

$$[HB]=c(HB)-c'(HB)$$

$$[B^-]=c(B^-)+c'(HB)$$

由于缓冲溶液中存在着 B^- 的同离子效应，使 HB 的解离度更小，c'(HB)可忽略，故[HB] ≈ c(HB)，[B^-]≈$c(B^-)$，式(4-2)又可表示为

$$pH=pK_a+\lg\frac{[B^-]}{[HB]}=pK_a+\lg\frac{c(B^-)}{c(HB)} \tag{4-3}$$

设缓冲溶液的体积为 V，有 $c(HB)=n(HB)/V$，$c(B^-)=n(B^-)/V$，所以

$$pH=pK_a+\lg\frac{n(B^-)/V}{n(HB)/V}=pK_a+\lg\frac{n(B^-)}{n(HB)} \tag{4-4}$$

若使用初始浓度相同、体积为 V(HB)的弱酸和体积为 $V(B^-)$ 的共轭碱混合配制缓冲溶液，由于 $c_{初始}(HB)=c_{初始}(B^-)$，而 $n(B^-)=c_{初始}(B^-)\times V(B^-)$，$n(HB)=c_{初始}(HB)\times V(HB)$，代入式(4-4)得

$$pH=pK_a+\lg\frac{c_{初始}(B^-)\times V(B^-)}{c_{初始}(HB)\times V(HB)}=pK_a+\lg\frac{V(B^-)}{V(HB)} \tag{4-5}$$

由式(4-2)～式(4-5)可知：

(1) 式(4-2)说明缓冲溶液的 pH 主要取决于弱酸的 pK_a，其次是缓冲比。pK_a 一定时，缓冲溶液的 pH 随缓冲比的改变而改变。当缓冲比等于1时，$pH=pK_a$。

(2) 弱酸的解离常数 K_a 与温度有关，因此，温度对缓冲溶液的 pH 有影响。但温度的影响比较复杂，在此不作深入讨论。

(3) 在一定范围内加水稀释时，缓冲溶液的缓冲比不变，由式(4-4)计算的 pH 也不变，即缓冲溶液具有一定的抗稀释能力。但稀释会引起离子强度改变，使 HB 和 B^- 的活度因子受到不同程度的影响，因此，缓冲溶液的 pH 也会随之有微小的改变。若过分稀释，不能维持缓冲系物质足够的浓度，缓冲溶液将丧失缓冲能力。

问题与思考 4-2

缓冲溶液在一定范围内浓缩时，是否还具有缓冲作用？

缓冲溶液 pH 随溶液稀释的改变，一般用稀释值表示。设缓冲溶液的浓度为 c，加入等体积水稀释，稀释后与稀释前的 pH 之差定义为稀释值，符号为 $\Delta pH_{1/2}$。

$$\Delta pH_{1/2}=(pH)_{c/2}-(pH)_c$$

对 $HA-A^-$ 型（如 $HAc-Ac^-$）、HA^--A^{2-} 型（如 $H_2PO_4^--HPO_4^{2-}$）缓冲系，$\Delta pH_{1/2}>0$；对 $HB-B^+$ 型（如 $NH_3-NH_4^+$）缓冲系，$\Delta pH_{1/2}<0$。稀释值的数据可查阅相关化学手册。

例 4-1　在 500mL 0.200mol·L^{-1} NH_3 溶液中，加入 4.78g NH_4Cl 固体，配制 1L 缓冲溶液，求此缓冲溶液的 pH。

解　查"附录三附表 3-2"，$NH_3\cdot H_2O$ 的 pK_b – 4.75，则 NH_4^+ 的 $pK_a=14.00-4.75=9.25$

$$c(NH_4Cl)=\frac{4.78g}{53.5g\cdot mol^{-1}\times 1L}=0.0893mol\cdot L^{-1}$$

$$c(NH_3)=0.200mol\cdot L^{-1}/2=0.100mol\cdot L^{-1}$$

代入式(4-3)得

$$pH=pK_a+\lg\frac{c(NH_3)}{c(NH_4^+)}=9.25+\lg\frac{0.100mol\cdot L^{-1}}{0.0893mol\cdot L^{-1}}=9.30$$

例 4-2 柠檬酸（H_3Cit）及其盐是一种供细菌培养的常用缓冲体系，用 0.100mol·L^{-1} NaH_2Cit 溶液与 0.050mol·L^{-1} NaOH 溶液等体积混合，求此缓冲溶液的 pH。

解 查“附录三附表 3-2”，H_3Cit 的 $pK_{a1}=3.13$、$pK_{a2}=4.76$、$pK_{a3}=6.40$。

过量 H_2Cit^- 与 OH^- 反应：$H_2Cit^-(aq)+OH^-(aq) \rightleftharpoons HCit^{2-}(aq)+H_2O(l)$，生成 $HCit^{2-}$，剩余的 H_2Cit^- 与 $HCit^{2-}$ 组成缓冲系

$$c(H_2Cit^-)=(0.100-0.050)\text{mol}\cdot L^{-1}/2=0.025\text{mol}\cdot L^{-1}$$

$$c(HCit^{2-})=0.050\text{mol}\cdot L^{-1}/2=0.025\text{mol}\cdot L^{-1}$$

$$pH=pK_{a2}+\lg\frac{c(HCit^{2-})}{c(H_2Cit^-)}=4.76+\lg\frac{0.025\text{mol}\cdot L^{-1}}{0.025\text{mol}\cdot L^{-1}}=4.76$$

二、缓冲溶液 pH 计算公式的校正

用式（4-2）、式（4-3）、式（4-4）或式（4-5）计算缓冲溶液的 pH 时，忽略了离子强度的影响，因而计算值与实测值相比有一定的误差。要使计算值准确，并尽量接近测定值，应以活度替代平衡浓度即在式（4-2）中引入活度因子加以校正

$$pH=pK_a+\lg\frac{a(B^-)}{a(HB)}=pK_a+\lg\frac{[B^-]\cdot\gamma(B^-)}{[HB]\cdot\gamma(HB)}$$

$$=\{pK_a+\lg\frac{\gamma(B^-)}{\gamma(HB)}\}+\lg\frac{[B^-]}{[HB]}=pK_a'+\lg\frac{[B^-]}{[HB]} \tag{4-6}$$

式（4-6）中，$\gamma(HB)$ 和 $\gamma(B^-)$ 分别为溶液中 HB 和 B^- 的活度因子，$\lg\frac{\gamma(B^-)}{\gamma(HB)}$为校正因数。活度因子与弱酸的电荷数和溶液的离子强度有关，故校正因数也与弱酸的电荷数和溶液的离子强度有关。

应用式（4-6）可计算出较为准确的 pH。在实际工作中，对 pH 要求精确时，即使用式（4-6）计算，还需在 pH 计的监控下，对所配缓冲溶液的 pH 加以校正。

第三节 缓冲容量和缓冲范围

一、缓冲容量

缓冲溶液的缓冲作用能力有一定的限度，当加入的强酸或强碱超过一定量时，缓冲溶液的 pH 将发生较大的变化，从而失去缓冲作用能力。1922 年，Slyke V 提出用**缓冲容量**（buffer capacity）β 作为衡量缓冲溶液缓冲能力大小的尺度。缓冲容量表示单位体积缓冲溶液的 pH 发生一定变化时，所能抵抗的外加一元强酸或一元强碱的物质的量，用微分式定义为

$$\beta \xlongequal{\text{def}} \frac{dn_{a(b)}}{V|dpH|} \tag{4-7}$$

式（4-7）中，V 是缓冲溶液的体积，$dn_{a(b)}$是缓冲溶液中加入的一元强酸（dn_a）或一元强碱（dn_b）的物质的量的微小量，|dpH| 为缓冲溶液 pH 的微小改变量的绝对值。β 为正值，单位是：浓度·pH^{-1}。由式（4-7）可知，在一定 $dn_{a(b)}$和 V 条件下，pH 改变值 |dpH| 愈小，β 愈大，缓冲溶液的缓冲能力愈强。

二、影响缓冲容量的因素

缓冲容量与哪些因素有关呢？通过对某些溶液的缓冲容量及其 pH 进行研究，得到缓冲容量随 pH 而变化的情况如图 4-1 所示。

以 $c_总$表示缓冲溶液的总浓度，$c_总$=[HB]+[B^-]。图 4-1 中的曲线（2）和（3）分别表示总浓度为 0.1mol·L^{-1} 和 0.2mol·L^{-1} 的 HAc-Ac^- 缓冲系的情况，从两曲线的对比可知，当缓冲比一定时，HAc-

Ac^-缓冲系的总浓度增大一倍，缓冲容量也增大一倍。这说明，总浓度$c_总$对缓冲容量β有影响。对于同一缓冲系，当pH一定，即缓冲比$\frac{[B^-]}{[HB]}$一定时，总浓度愈大，缓冲容量愈大。

根据Henderson-Hasselbalch方程式，缓冲溶液的pH随缓冲比的改变而变化，当缓冲比等于1时，$pH = pK_a$。从图4-1中曲线（2）、（3）、（4）、（5）中均可看出，当$pH = pK_a$，即缓冲比$\frac{[B^-]}{[HB]} = 1$，$[HB] = [B^-]$时，缓冲系的缓冲容量达到最大值；缓冲比$\frac{[B^-]}{[HB]}$愈偏离1，缓冲容量愈小。这说明，缓冲比对缓冲容量β有影响。对于同一缓冲系，当总浓度一定时，缓冲比$\frac{[B^-]}{[HB]}$愈接近1，缓冲容量愈大。

图4-1中的曲线（1）和（6）分别为强酸（HCl＋KCl）溶液和强碱（NaOH＋KCl）溶液的缓冲容量与pH的关系曲线，虽然这两种溶液不属于本章所讨论的由共轭酸碱对组成的缓冲溶液，但它们的缓冲能力很强。这是由于在其溶液中，$[H_3O^+]$或$[OH^-]$本来就很高，外加的少量强酸或强碱不会使溶液中H_3O^+或OH^-的浓度发生明显变化，且溶液由于增加了强电解质KCl而具有较大离子强度，亦可抑制H_3O^+或OH^-的活动能力。由于这类溶液的酸性或碱性太强，实际使用中应注意视具体情况而定。

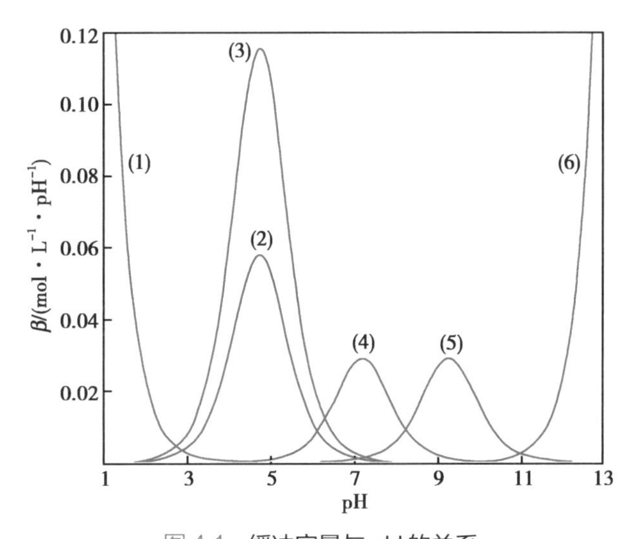

图4-1　缓冲容量与pH的关系

（1）HCl＋KCl　（2）$0.1mol·L^{-1}$ HAc＋NaOH　（3）$0.2mol·L^{-1}$ HAc＋NaOH

（4）$0.05mol·L^{-1}$ KH_2PO_4＋NaOH　（5）$0.05mol·L^{-1}$ H_3BO_3＋NaOH　（6）NaOH＋KCl

三、缓冲范围

缓冲比直接影响缓冲溶液的缓冲能力，当总浓度一定时，缓冲比等于1时，缓冲容量最大；缓冲比愈偏离1，缓冲容量愈小。一般认为，当缓冲比小于$\frac{1}{10}$或大于$\frac{10}{1}$时，缓冲溶液已基本丧失缓冲能力。因此，缓冲比处于$\frac{1}{10}$～$\frac{10}{1}$是保证缓冲溶液具有足够缓冲能力的变化区间。这一区间通过Henderson-Hasselbalch方程式可转化为缓冲溶液的pH允许范围，即pH为$pK_a - 1$～$pK_a + 1$。

通常把缓冲溶液的pH从$pK_a - 1$～$pK_a + 1$的取值范围定为缓冲作用的有效区间，称为缓冲溶液的有效**缓冲范围**（buffer range）。在图4-1中，曲线（2）、（3）、（4）、（5）呈倒钟形，当$pH = pK_a$，β达极大值，缓冲系有最大缓冲容量。当pH偏离pK_a，倒钟形曲线两翼降低；一般当pH超出$pK_a \pm 1$的范围，β值太小，缓冲溶液将失去缓冲能力。

第四节 缓冲溶液的配制

一、缓冲溶液的配制方法

缓冲溶液的配制原则和步骤如下：

1. 选择合适的缓冲系 选择缓冲系时应考虑两个因素：

（1）所配缓冲溶液的 pH 应在所选缓冲系的缓冲范围（$pK_a \pm 1$）之内，且尽量接近于共轭酸的 pK_a，以使缓冲溶液有较大的缓冲容量。例如，配制 pH 为 3.9 的缓冲溶液，可选择 $HCOOH\text{-}HCOO^-$ 缓冲系，因为 HCOOH 的 $pK_a = 3.74$，与 3.9 接近。

（2）所选缓冲系的物质必须对主反应无干扰，无沉淀、配合等副反应。对医用缓冲系，还应无毒、具有一定的热稳定性、对酶稳定、能透过生物膜、等渗等。例如，硼酸 - 硼酸盐缓冲系有毒，不能用于培养细菌或配制注射液、口服液等；碳酸 - 碳酸氢盐缓冲系则因碳酸容易分解，通常不采用。

2. 所配缓冲溶液的总浓度要适当 总浓度太低，缓冲容量过小；总浓度太高，则因离子强度太大或渗透压力过高而不适用。通常使总浓度在 0.05～0.2mol·L^{-1} 为宜。医用缓冲溶液还应加入与血浆相同的电解质以维持等渗。

3. 计算所需缓冲系的量 缓冲系确定之后，就可根据 Henderson-Hasselbalch 方程式计算所需共轭酸及其共轭碱的量或体积。为操作方便，常常使用相同浓度的弱酸及其共轭碱配制缓冲溶液。

在实际工作中还可利用酸碱反应形成缓冲系，即酸碱反应的产物与剩余的反应物组成缓冲溶液，如过量弱酸＋强碱或过量弱碱＋强酸

$$HAc(aq, 过量) + NaOH(aq) \longrightarrow NaAc(aq) + H_2O(l)$$

或

$$NaAc(aq, 过量) + HCl(aq) \longrightarrow NaCl(aq) + HAc(aq)$$

4. 校正 按照 Henderson-Hasselbalch 方程的计算值配制缓冲溶液时，由于未考虑离子强度的影响等，计算结果与实测值往往有差别。因此，对 pH 要求精确的实验，还需在 pH 计监控下，用加入强酸或强碱的方法，对所配缓冲溶液的 pH 加以校正。

例 4-3 如何配制 pH＝4.50 的缓冲溶液 1000mL？

解 （1）选择缓冲系：因 HAc 的 $pK_a = 4.756$，接近 pH＝4.50，选用 $HAc\text{-}Ac^-$ 缓冲系。

（2）确定总浓度：一般要求具备中等缓冲能力，选用 0.10mol·L^{-1} HAc-0.10mol·L^{-1} NaAc 缓冲系。设需 HAc 和 NaAc 溶液的体积分别为 $V(HAc)$ 和 $V(Ac^-)$，应用式（4-5）得

$$pH = pK_a + \lg\frac{V(Ac^-)}{V(HAc)}$$

$$4.50 = 4.756 + \lg\frac{V(Ac^-)}{1000mL - V(Ac^-)}$$

$$\frac{V(Ac^-)}{1000mL - V(Ac^-)} = 0.55$$

$$V(Ac^-) = 355mL$$

所需醋酸的体积为 $V(HAc) = 1000mL - 355mL = 645mL$

将 355mL 0.10mol·L^{-1} NaAc 溶液与 645mL 0.10mol·L^{-1} HAc 溶液混合，然后用 pH 计校准，就可配制 pH 为 4.50 的缓冲溶液。

例 4-4 pH 接近于 7.0 的磷酸盐缓冲溶液常用来培养酶。现采用 H_3PO_4 与 NaOH 溶液混合配制 pH＝6.90 的缓冲溶液，在 450mL 0.10mol·L^{-1} 的 H_3PO_4 溶液中，应加入多少毫升的 0.10mol·L^{-1} NaOH 溶液？已知 H_3PO_4 的 $pK_{a1} = 2.16$、$pK_{a2} = 7.21$、$pK_{a3} = 12.32$（忽略溶液加合引起的体积变化）。

解 根据配制原则，应选 $H_2PO_4^-\text{-}HPO_4^{2-}$ 缓冲系，质子转移反应分两步进行

（1）$H_3PO_4(aq) + NaOH(aq) = NaH_2PO_4(aq) + H_2O(l)$

将 H_3PO_4 完全中和生成 NaH_2PO_4，需 0.10mol·L^{-1} NaOH 450mL，并生成 NaH_2PO_4

$$450\text{mL}\times 0.10\text{mol}\cdot\text{L}^{-1}=45\text{mmol}$$

（2）$NaH_2PO_4(aq)+NaOH(aq)=Na_2HPO_4(aq)+H_2O(l)$

设中和部分 NaH_2PO_4 需 NaOH 溶液的体积 $V(NaOH)=x$ mL，则生成 Na_2HPO_4 $0.10x$ mmol，剩余 NaH_2PO_4 $(45-0.10x)$ mmol

$$\text{pH}=\text{p}K_{a2}+\lg\frac{n(\text{HPO}_4^{2-})}{n(\text{H}_2\text{PO}_4^-)}$$

$$6.90=7.21+\lg\frac{0.10\,x\text{mmol}}{(45-0.10x)\text{ mmol}}$$

$$\frac{0.10x}{45-0.10x}=0.49$$

$$x=148\text{mL}$$

共需 NaOH 溶液的体积为：450mL + 148mL = 598mL

问题与思考 4-3

采用 H_3PO_4 与 NaOH 溶液混合配制缓冲溶液，可得到哪几种缓冲系？如何得到？

实际工作中还可查阅有关手册，按配方直接配制常用缓冲溶液。例如，磷酸盐缓冲系可用表 4-2 所列配方配制。医学上常用的磷酸盐缓冲溶液（PBS），其主要成分是 Na_2HPO_4、KH_2PO_4、NaCl 和 KCl 等。配制时在其中加入适量 NaCl、KCl 可以起到调节渗透压力的作用。因其 pH 受温度和稀释的影响较小，是生物学和生物化学研究中使用最为广泛的缓冲溶液之一。

表 4-2 $H_2PO_4^-$ 和 HPO_4^{2-} 组成的缓冲溶液（25℃）*

pH	x/mL	β	pH	x/mL	β
5.80	3.6	—	7.00	29.1	0.031
5.90	4.6	0.010	7.10	32.1	0.028
6.00	5.6	0.011	7.20	34.7	0.025
6.10	6.8	0.012	7.30	37.0	0.022
6.20	8.1	0.015	7.40	39.1	0.020
6.30	9.7	0.017	7.50	41.1	0.018
6.40	11.6	0.021	7.60	42.8	0.015
6.50	13.9	0.024	7.70	44.2	0.012
6.60	16.4	0.027	7.80	45.3	0.010
6.70	19.3	0.030	7.90	46.1	0.007
6.80	22.4	0.033	8.00	46.7	—
6.90	25.9	0.033			

* x 表示所需 0.1mol·L^{-1} NaOH 溶液体积。配制方法为：在 50mL 0.1mol·L^{-1} KH_2PO_4 溶液中加入 x mL 0.1mol·L^{-1} NaOH 溶液，然后稀释至 100mL

在医学上广泛使用的 Tris-Tris·HCl 缓冲系则可用表 4-3 所列配方配制。

Tris 和 Tris·HCl 的化学式分别为 $(HOCH_2)_3CNH_2$ 和 $(HOCH_2)_3CNH_2\cdot HCl$。Tris 是弱碱，性质稳定，易溶于体液且不会使体液中的钙盐沉淀，对酶的活性几乎无影响。其共轭酸 Tris·HCl 的 $\text{p}K_a=8.30$，接近于生理 pH，因而广泛应用于生理、生化研究中。在其中加入 NaCl 是为了调节离子强度至 0.16，得到临床上的等渗溶液。

表 4-3 "Tris"和"Tris·HCl"组成的缓冲溶液

缓冲溶液组成 /($mol\cdot kg^{-1}$)			pH	
Tris	Tris·HCl	NaCl	25℃	37℃
0.02	0.02	0.14	8.220	7.904
0.05	0.05	0.11	8.225	7.908
0.006 667	0.02	0.14	7.745	7.428
0.016 67	0.05	0.11	7.745	7.427
0.05	0.05		8.173	7.851
0.016 67	0.05		7.699	7.382

此外，医学上常用的缓冲溶液还有有机酸缓冲溶液（如甲酸 - 甲酸盐、柠檬酸 - 柠檬酸钠）、硼酸盐缓冲溶液和氨基酸缓冲溶液（如甘氨酸 -HCl 缓冲溶液）等。

二、标准缓冲溶液

标准缓冲溶液常用于校正 pH 计。标准缓冲溶液性质稳定，有一定的缓冲容量和抗稀释能力。一些常用标准缓冲溶液的 pH 及温度系数列于表 4-4。

表 4-4 标准缓冲溶液

溶液	浓度 /($mol\cdot L^{-1}$)	pH(25℃)	温度系数 /($\Delta pH\cdot ℃^{-1}$)
$KHC_4H_4O_6$（酒石酸氢钾）	饱和，25℃	3.557	−0.001
$KHC_8H_4O_4$	0.05	4.008	+0.001
KH_2PO_4-Na_2HPO_4	0.025，0.025	6.865	−0.003
KH_2PO_4-Na_2HPO_4	0.008 695，0.030 43	7.413	−0.003
$Na_2B_4O_7\cdot 10H_2O$（硼砂）	0.01	9.180	−0.008

温度系数>0 时，表示缓冲溶液的 pH 随温度的升高而增大；温度系数<0 时，则表示缓冲溶液的 pH 随温度的升高而减小。

在表 4-4 中，酒石酸氢钾、邻苯二甲酸氢钾和硼砂标准缓冲溶液，都是由单一化合物配制而成的。这些化合物溶液之所以具有缓冲作用，一种情况是由于化合物溶于水，解离出大量两性离子所致。如酒石酸氢钾溶于水完全解离成 K^+ 和两性离子 $HC_4H_4O_6^-$，$HC_4H_4O_6^-$ 可接受质子生成共轭酸 $H_2C_4H_4O_6$，也可给出质子生成共轭碱 $C_4H_4O_6^-$，形成 $H_2C_4H_4O_6$-$HC_4H_4O_6^-$ 和 $HC_4H_4O_6^-$-$C_4H_4O_6^{2-}$ 两个缓冲系。由于 $H_2C_4H_4O_6$ 和 $HC_4H_4O_6^-$ 的 pK_a 分别为 2.98 和 4.34，比较接近，使两个缓冲系的缓冲范围重叠，增强了缓冲能力。邻苯二甲酸氢钾溶液与酒石酸氢钾溶液类似。另一种情况是溶液中化合物的组分就相当于一个缓冲对，如硼砂溶液中，1mol（$Na_2B_4O_7\cdot 10H_2O$）水解后相当于 2mol 的 HBO_2（偏硼酸）和 2mol $NaBO_2$（偏硼酸钠），使得硼砂溶液中存在同浓度的弱酸（HBO_2）和共轭碱（BO_2^-）。因此，用硼砂一种化合物就可以配制缓冲溶液。

第五节 血液中的缓冲系

人体内各种体液都保持在一定的 pH 范围，如成人胃液的 pH 为 0.9～1.5，尿液的 pH 为 4.8～7.5，相比之下，血液的 pH 范围最窄，为 7.35～7.45。血液能保持如此狭窄的 pH 范围，是因为血液中存在

多种缓冲系，以及与肾、肺共同协调作用的结果。血液中存在的缓冲系主要有：

血浆中：H_2CO_3-HCO_3^-、$H_2PO_4^-$-HPO_4^{2-}、H_nP-$H_{n-1}P^-$（H_nP 代表蛋白质）。

红细胞中：H_2b-Hb^-（H_2b 代表血红蛋白）、H_2bO_2-HbO_2^-（H_2bO_2 代表氧合血红蛋白）、H_2CO_3-HCO_3^-、$H_2PO_4^-$-HPO_4^{2-}。

以上缓冲系中，碳酸缓冲系的浓度最高，缓冲能力最强，在维持血液 pH 正常范围中发挥的作用最重要。

二氧化碳是人体正常新陈代谢过程中产生的酸性物质，溶于体液的二氧化碳以溶解态 CO_2(aq）形式存在，与血浆中的 HCO_3^- 组成 HCO_3^--CO_2(aq）缓冲系。正常人体中，[HCO_3^-]与[CO_2(aq)]分别为 24mmol·L^{-1} 及 1.2mmol·L^{-1}。在 37℃时，若血浆中离子强度为 0.16，CO_2(aq）经校正后的 $pK_{a1}'=6.10$，代入式(4-6)得

$$\begin{aligned}pH &= pK_{a1}' + \lg\frac{[HCO_3^-]}{[CO_2(aq)]} = 6.10 + \lg\frac{0.024\text{mol}\cdot L^{-1}}{0.0012\text{mol}\cdot L^{-1}}\\ &= 6.10 + \lg\frac{20}{1} = 7.40\end{aligned}$$

当血浆中 HCO_3^--CO_2(aq）缓冲系的缓冲比等于$\frac{20}{1}$时，血浆的正常 pH 为 7.40；若 pH 小于 7.35，就会发生**酸中毒**（acidosis）；若 pH 大于 7.45，则会发生**碱中毒**（alkalosis）；若血浆的 pH 小于 6.8 或大于 7.8，就会导致死亡。

问题与思考 4-4

血浆中碳酸缓冲系的缓冲比为$\frac{20}{1}$，已超出体外缓冲溶液的缓冲作用范围：$\frac{10}{1}$～$\frac{1}{10}$，为什么还可发挥缓冲作用？

来源于呼吸作用的二氧化碳溶于血浆生成碳酸，H_2CO_3 与其离解产生的 HCO_3^-，以及血浆中贮存的 HCO_3^- 达成平衡

$$CO_2(g) + H_2O(l) \rightleftharpoons H_2CO_3(aq) + H_2O(l) \rightleftharpoons H_3O^+(aq) + HCO_3^-(aq)$$

正常情况下，当体内酸性物质增加时，血浆中大量存在的抗酸成分 HCO_3^- 与 H_3O^+ 结合，上述平衡向左移动。增加的 CO_2 通过加快呼吸从肺部排出，减少的 HCO_3^- 则由肾减少对其排泄而得以补充，使[H_3O^+]不发生明显改变。HCO_3^- 是人体血浆中含量最多的抗酸成分，常将血浆中的 HCO_3^- 称为碱储。

体内碱性物质增加时，OH^- 将结合 H_3O^+ 生成 H_2O，上述平衡向右移动。大量存在的抗碱成分 H_2CO_3 解离，以补充被消耗的 H_3O^+。同时通过肺减缓 CO_2 的呼出，使减少的 H_2CO_3 得以补充。增加的 HCO_3^- 则通过肾加速对其排泄，以维持恒定的缓冲比。

虽然血浆中 HCO_3^--CO_2(aq）缓冲系的缓冲比为$\frac{20}{1}$，已超出体外缓冲溶液的有效缓冲比范围$\frac{10}{1}$～$\frac{1}{10}$，但碳酸缓冲系仍然是血液中的一个重要的缓冲系。这是因为人体是一个敞开系统，HCO_3^- 和 CO_2(aq）浓度的改变可通过肺的呼吸作用和肾的生理功能进行补充或调节，使得血浆中的 HCO_3^- 和 CO_2(aq）的浓度保持相对稳定，从而维持血液 pH 的恒定。

此外，血液中存在的其他缓冲系也有助于调控血液的 pH。例如，血液对体内代谢所产生的大量 CO_2 的转运，主要是靠红细胞中的血红蛋白和氧合血红蛋白缓冲系来实现的。

总之，由于血液中多种缓冲系的缓冲作用和肺、肾的调节作用，使正常人体血液的 pH 维持在 7.35～7.45 的狭小范围内。

酸中毒和碱中毒

在医学上，若血液 pH 小于 7.35 就会发生酸中毒。支气管炎、肺炎和肺气肿引起的换气不足等病理状况下，都会因血液中溶解态 CO_2 增加，即碳酸含量增加而引起呼吸性酸中毒。而摄食过多的酸性食物、低碳水化合物、高脂肪食物，以及糖尿病、腹泻等导致的代谢酸增加，则会引起代谢性酸中毒。呼吸作用是控制血液中 CO_2 分压、从而影响 pH 的重要手段，若呼吸停止 5 分钟，血液的 pH 可降低到 6.3。正常生理状况下，人体具有自身调节能力，可以通过呼吸作用来调节缓冲比，用加深、加快呼吸来排除多余的 CO_2，以使血液的酸度降低。其次是肾脏将 HCO_3^- 释放到血液中，以补充因 $[H_3O^+]$ 增加而被消耗的 HCO_3^-，并加速 H_3O^+ 的排泄，这种情况可产生酸性尿。由于血液的各种缓冲系统和机体的补偿调节作用，使血液的 pH 恢复到正常水平。但在较重的糖尿病、严重腹泻、脱水时，丧失的碳酸氢盐（HCO_3^-）过多，或因肾功能衰竭引起排泄的 H_3O^+ 减少，缓冲系统和机体的补偿功能都不能有效地阻止血液 pH 的降低。酸中毒较严重时，若延误治疗会引起昏迷，甚至死亡。

若血液 pH 大于 7.45 则会发生碱中毒。癔症、高热、气喘、换气过速等使 CO_2 过度呼出，会引起呼吸性碱中毒。而摄入过多的碱性物质，服用过量缓解胃灼热的解酸药或严重的呕吐等情况下，会引起血液碱性增加，可导致代谢性碱中毒。机体的补偿机制通过减慢呼吸或浅呼吸来降低肺部 CO_2 的排出量，并通过肾脏减少 HCO_3^- 的重吸收，这时尿中因 HCO_3^- 浓度增高，产生碱性尿。体内多种缓冲系统相互配合，可使 pH 恢复正常。若通过缓冲系统和补偿机制还不能阻止血液 pH 的升高，则引起碱中毒。碱中毒会引起肌肉痉挛、惊厥等严重后果。

Summary

A buffer solution is an aqueous solution that contains both components of an acid-base conjugate pair as major species, which scarcely changes its pH even when small quantities of foreign strong acid or base are added into it. The conjugate base, anti-acid component in buffer solution can neutralize the additional H_3O^+ ion from strong acid without changing its pH. Similarly, the conjugate acid, anti-base component in buffer solution can neutralize the additional OH^- ions from strong base without changing its pH. The pK_a of the conjugate acid and the buffer-component ratio determine the pH, and their relation is indicated by Henderson-Hasselbalch equation

$$pH = pK_a + \lg\frac{[B^-]}{[HB]} = pK_a + \lg\frac{c(B^-)}{c(HB)} = pK_a + \lg\frac{n(B^-)}{n(HB)}$$

The buffer capacity, β, can be used to represent the buffering ability of the solution. The larger the value of β is, the greater the ability of the buffer solution to resist changes in pH is. The buffer capacity depends on both the total concentration of the components and the buffer - component ratio. A buffer solution has the highest capacity when $[B^-]/[HB]=1$. An effective buffer range of pH is from pK_a-1 to pK_a+1.

Buffer solutions are widely used in many fields, especially in biomedical applications. Major steps for the preparation of a desired buffer solution are following. (1) choose the optimum buffer system, (2) determine the concentration of the components, (3) calculate the ratio of buffer components, and (4) adjust the final pH to the desired pH for the buffer solution.

There are many buffer pairs in human blood to maintain the pH in the narrow range from 7.35 to 7.45. Two important buffer pairs in blood are H_2CO_3-HCO_3^- and $H_2PO_4^-$-HPO_4^{2-}. The pH of blood is 7.40 when the concentration of HCO_3^- is 20 times that of H_2CO_3. Lungs and kidneys have the special function to maintain the blood in normal pH.

学科发展与医学应用综述题

1. 微生物的培养需要适宜的 pH 条件，但在生长过程中培养基的 pH 可能升高或下降，因此常使用缓冲溶液来维持培养基的 pH。若某细菌的最佳生长 pH 范围是 7.0～8.0，试根据所学知识选择合适的缓冲系，并写出配制该缓冲溶液的具体方法和步骤。

2. 除了血液中的缓冲系，缓冲溶液在医药学中有着广泛的应用，请举例进行论述。

习　题

1. 什么是缓冲溶液？试以血液中的 H_2CO_3-HCO_3^- 缓冲系为例，说明缓冲作用的原理及其在医学上的重要意义。

2. 什么是缓冲容量？影响缓冲容量的主要因素有哪些？总浓度均为 0.10mol·L^{-1} 的 HAc-NaAc 和 H_2CO_3-HCO_3^- 缓冲系的缓冲容量相同吗？

3. 下列化学物质组合中，哪些可用来配制缓冲溶液？

（1）$HCl+NH_3·H_2O$　（2）HCl＋Tris　（3）HCl＋NaOH

（4）$Na_2HPO_4+Na_3PO_4$　（5）H_3PO_4＋NaOH　（6）NaCl＋NaAc

4. 将 0.30mol·L^{-1} 吡啶（C_5H_5N，pK_b＝8.77）和 0.10mol·L^{-1} HCl 溶液等体积混合，混合液是否为缓冲溶液？求混合溶液的 pH。

5. 将 10.0g Na_2CO_3 和 10.0g $NaHCO_3$ 溶于水制备 250mL 缓冲溶液，求溶液的 pH。

6. 求 pH＝3.90，总浓度为 0.400mol·L^{-1} 的 HCOOH-HCOONa 缓冲溶液中，甲酸和甲酸钠的物质的量浓度（HCOOH 的 pK_a＝3.75）。

7. 向 100mL 某缓冲溶液中加入 0.20g NaOH 固体，所得缓冲溶液的 pH 为 5.60。已知原缓冲溶液共轭酸 HB 的 pK_a＝5.30，c(HB)＝0.25mol·L^{-1}，求原缓冲溶液的 pH。

8. 阿司匹林（乙酰水杨酸、以 HAsp 表示）以游离酸（未解离的）形式从胃中吸收，若病人服用解酸药，调整胃容物的 pH 为 2.95，然后口服阿司匹林 0.65g。假设阿司匹林立即溶解，且胃容物的 pH 不变，问病人可以从胃中立即吸收的阿司匹林为多少克？（乙酰水杨酸的 M_r＝180.2，pK_a＝3.48）

9. 将 0.10mol·L^{-1} HAc 溶液和 0.10mol·L^{-1} NaOH 溶液以 3∶1 的体积比混合，求此缓冲溶液的 pH。

10. 某生物化学实验中需用巴比妥缓冲溶液，巴比妥（$C_8H_{12}N_2O_3$）为二元有机酸（用 H_2Bar 表示，pK_{a1}＝7.43）。今称取巴比妥 18.4g，先加蒸馏水配成 100mL 溶液，在 pH 计监控下，加入 6.00mol·L^{-1} NaOH 溶液 4.17mL，并使溶液最后体积为 1000mL。求此缓冲溶液的 pH。（已知巴比妥的 M_r＝184）

11. 分别加 NaOH 溶液或 HCl 溶液于柠檬酸氢钠（缩写 Na_2HCit）溶液中。写出可能配制的缓冲溶液的抗酸成分、抗碱成分和各缓冲系的理论有效缓冲范围。如果上述三种溶液的物质的量浓度相同，它们以何种体积比混合，才能使所配制的缓冲溶液有最大缓冲容量？（已知 H_3Cit 的 pK_{a1}＝3.13、pK_{a2}＝4.76、pK_{a3}＝6.40）

12. 现有（1）0.10mol·L^{-1} NaOH 溶液，（2）0.10mol·L^{-1} NH_3 水溶液，（3）0.10mol·L^{-1} Na_2HPO_4 溶液各 50mL，欲配制 pH＝7.00 的溶液，问需分别加入 0.10mol·L^{-1} HCl 溶液多少毫升？配成的 3 种溶液有无缓冲作用？哪一种缓冲能力最好？

13. 用固体 NH_4Cl 和 1.00mol·L^{-1} NaOH 溶液来配制 1L 总浓度为 0.125mol·L^{-1}，pH＝9.00 的缓冲溶液，问需 NH_4Cl 多少克？需 1.00mol·L^{-1} NaOH 溶液的多少体积（mL）？

14. 用 0.020mol·L^{-1} H_3PO_4 溶液和 0.020mol·L^{-1} NaOH 溶液配制 100mL pH＝7.40 的生理缓冲溶液，求需 H_3PO_4 溶液和 NaOH 溶液的体积（mL）。

15. 今欲配制37℃时，近似pH为7.40的生理缓冲溶液，计算在Tris和Tris•HCl浓度均为0.050mol•L^{-1}的溶液100mL中，需加入0.050mol•L^{-1} HCl溶液的体积（mL）。在此溶液中需加入固体NaCl多少克，才能配成与血浆等渗的溶液？（已知Tris•HCl在37℃时的pK_a=8.08，忽略离子强度的影响）

16. 正常人体血浆中，[HCO_3^-]=24.0mmol•L^{-1}、[CO_2(aq)]=1.20mmol•L^{-1}。若某人因腹泻使血浆中[HCO_3^-]减少为原来的90%，试求此人血浆的pH，并判断是否会引起酸中毒。（已知H_2CO_3的pK_{a1}'=6.10）

Exercises

1. How do the anti-acid and anti-base components of a buffer work? Why are they typically a conjugate acid-base pair?

2. What is the relationship between buffer range and buffer-component ratio?

3. Choose specific acid-base conjugate pairs of suitable for prepare the following buffers (Use Table 4-1 for K_a of acid or K_b of base):

(a) pH ≈ 4.0; (b) pH ≈ 7.0; (c) [H_3O^+] ≈ 1.0×10^{-9} mol•L^{-1}.

4. Choose the factors that determine the capacity of a buffer from the following and explain your choices.

(a) Conjugate acid-base pair
(b) pH of the buffer
(c) Buffer range
(d) Concentration of buffer-component reservoirs
(e) Buffer-component ratio
(f) pK_a of the acid component

5. What mass of sodium acetate ($NaC_2H_3O_2 \cdot 3H_2O$, M_r = 136.1 g•mol^{-1}) and what volume of concentrated acetic acid (17.45 mol•L^{-1}) should be used to prepare 500 mL of a buffer solution at pH = 5.00 that is 0.150 mol•L^{-1} overall?

6. Normal arterial blood has an average pH of 7.40. Phosphate ions form one of the key buffering systems in the blood. Find the buffer-component ratio of a KH_2PO_4/Na_2HPO_4 solution at this pH. pK_{a2}' of H_3PO_4 = 6.80.

（章小丽）

第五章 胶 体

1861年，英国化学家 Graham T 发现某些物质扩散速率小，不能透过如羊皮纸一类的半透膜，溶剂蒸发后不结晶，而是形成无定形胶状物，他采用**胶体**（colloid）来描述这类物质。胶体在药物、食品、油漆、石油、催化、气象等领域应用广泛，并在医学上有重要意义。机体组织和细胞中的基础物质，如蛋白质、核酸、淀粉、糖原、纤维素等都可以形成胶体；血液、体液、细胞、软骨等都是典型的胶体系统；生物体的许多生理现象和病理变化也与其胶体性质密切相关。

第一节 分散系统及胶体分散系

一、分散系统及其分类

自然界的物质多以混合物形式存在。把研究对象作为系统，一种或数种物质分散在另一种物质中所形成的系统称为**分散系**（dispersed system）。例如，矿物分散在岩石中形成矿石，水滴分散在空气中形成云雾，聚苯乙烯分散在水中形成乳胶，溶质以分子、原子或离子的形式分散在溶剂中形成溶液等。被分散的物质称为**分散相**（dispersed phase），容纳分散相的连续介质称为**分散介质**（dispersed medium）。分散介质及分散相可以是气体、液体或固体，通常物质的量较少的为分散相，较多的则为分散介质。

分散系可以分为**均相分散系**（homogeneous dispersed system）和**非均相分散系**（heterogeneous dispersed system）两大类。**相**（phase）是指系统中物理和化学性质相同的组成部分。均相分散系只有一个相，真溶液是均相系统。非均相分散系的分散相和分散介质为不同的相，如云雾中的水滴和空气等。粗分散系是非均相系统，如泥浆等。

按照分散相粒子的大小，又可以把分散系分为真溶液、胶体分散系和粗分散系。真溶液的分散相粒子小于1nm，粗分散系的分散相粒子大于100nm*，介于两者之间的是胶体分散系。

二、胶体分散系的分类及特点

胶体分散系包括**溶胶**（sol）、**高分子溶液**（macromolecular solution）和**缔合胶体**（associated colloid）三类。胶体分散系的基本特征是分散相粒子扩散慢，不能透过半透膜，一般不能透过滤纸；分散相分散度高，表现出一些特殊的物理化学性质。胶体分散系的基本特征及与其他分散系的一般区别见表5-1。

表5-1 各分散系的特征

分散相粒子大小	分散系统类型	分散相粒子组成	一般性质	实例
<1nm	真溶液	小分子或离子	均相；热力学稳定；分散相粒子扩散快，能透过滤纸和半透膜，形成真溶液	NaCl、NaOH、葡萄糖等水溶液

* 也有定义为1000nm

续表

分散相粒子大小	分散系统类型		分散相粒子组成	一般性质	实例
1～100nm	胶体分散系	溶胶	胶粒（分子、离子或原子的聚集体）	非均相；热力学不稳定；分散相粒子扩散慢，能透过滤纸，不能透过半透膜	氢氧化铁、硫化砷、碘化银及金、银、硫等溶胶
		高分子溶液	高分子	均相；热力学稳定；分散相粒子扩散慢，能透过滤纸，不能透过半透膜，形成溶液	蛋白质、核酸等水溶液，橡胶的苯溶液
		缔合胶体	胶束	均相；热力学稳定；分散相粒子扩散慢，能透过滤纸，不能透过半透膜，形成胶束溶液	超过或达到临界浓度的十二烷基硫酸钠溶液
>100nm	粗分散系（乳状液、悬浮液）		粗粒子	非均相；热力学不稳定；分散相粒子不能透过滤纸和半透膜	乳汁、泥浆

溶胶是高度分散的多相分散系统。高度分散使得分散相表面积急剧增大。例如，边长为 1cm 立方体的表面积是 $6cm^2$，当将它分散为边长 1nm 的小立方体时，总面积变为 $6\times10^7cm^2$，增加了 1000 万倍。

分散相在介质中分散的程度称为**分散度**（degree of dispersion），分散度常用**比表面**（specific surface area）来表示。比表面定义为单位体积物质所具有的表面积

$$S_0=S/V \tag{5-1}$$

式（5-1）中，S_0 是物质的比表面，S 是物质的总表面积，V 是物质的体积。式（5-1）说明，胶体分散相粒子的总表面积随分散程度增大时，比表面也相应增大。

当物质形成高度分散系统时，因表面积大大增加，表面性质就十分突出。通常把相与相之间的接触面称为界面，有液 - 气、固 - 气、液 - 液、固 - 液等类型，习惯上把固相或液相与气相的界面称为表面。

任何两相的界面分子与其相内分子所处状况不相同，它们的能量也不同。例如，在液 - 气两相中（图 5-1），处于液体内部的 A 分子受到周围分子等同的引力，合力为零。但处于液体表层的 B 分子和 C 分子受力不均，合力指向液体内部。若要增大表面积，就必须克服液相内部分子的引力而做功，功以势能形式储存于表层分子。这种表层分子比内部分子多出的能量称为**表面能**（surface energy）。

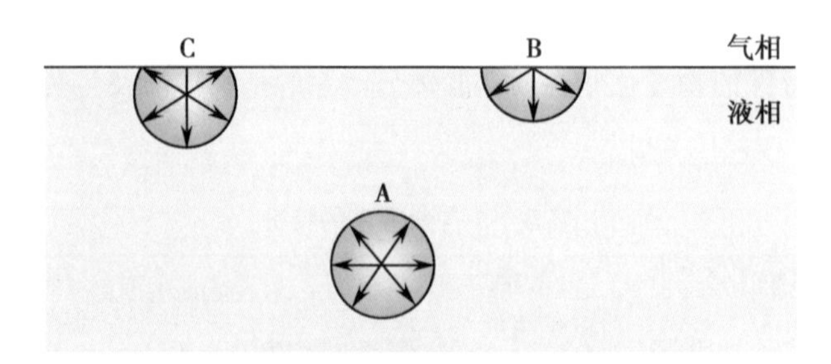

图 5-1 液体内部及表层分子受力情况示意图

液体表面有自动缩小表面积的趋势，小的液滴聚集变大，可以缩小表面积，降低表面能。这个结论对固体物质同样适用。高度分散的胶粒比表面大，因此表面能也大，它们有自动聚积成大颗粒而减少表面的趋势，称为聚结不稳定性，表明溶胶是热力学不稳定系统。

第二节 溶 胶

一、溶胶的基本性质

溶胶的胶粒是由数目巨大的原子（或分子、离子）构成的聚集体。直径为 1～100nm 的胶粒分散在分散介质中，形成热力学不稳定的分散系统。溶胶的基本特性是多相性、高度分散性和聚结不稳定性，其光学性质、动力学性质和电学性质都是由这些基本特性引起的。

（一）溶胶的光学性质

将溶胶置于暗室中，用一束聚焦的可见光光源照射溶胶，在与光束垂直的方向观察，可见一束光锥通过（图 5-2），这种现象称为 **Tyndall 效应**（Tyndall effect）。当胶粒直径小于入射光波长时，光环绕胶粒向各个方向散射，成为散射光或称乳光。真溶液的分散相粒子直径很小，对光的散射十分微弱，肉眼无法观察到。因而 Tyndall 效应是溶胶区别于真溶液的一个基本特征。

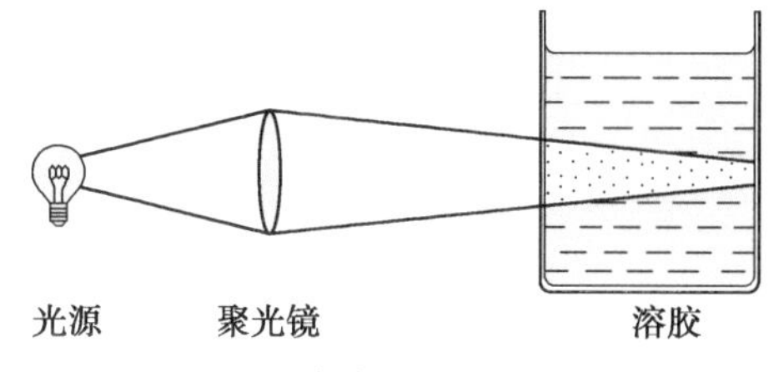

图 5-2 溶胶的 Tyndall 效应

1871 年，Rayleigh 研究了光的散射现象，得出如下结论：①散射光强度随单位体积内溶胶胶粒的增多而增大；②直径小于光波波长的胶粒，体积愈大，散射光愈强；③波长愈短的光被散射愈多，可见光中蓝紫色光易被散射，故无色溶胶的散射光呈蓝色，而透射光呈红色；④分散相与分散介质的折射率相差愈大，散射光也愈强。利用上述原理可以测定高分子化合物的相对分子质量及研究分子形状。

（二）溶胶的动力学性质

1. Brown 运动 将一束强光透过溶胶并用超显微镜观察，可以发现溶胶中的胶粒在介质中不停地作不规则运动，称为 **Brown 运动**（Brownian movement）。它是由于某一瞬间胶粒受到来自周围各方向介质分子碰撞的合力未被完全抵消而引起的。胶粒质量愈小，温度愈高，运动速度愈快，Brown 运动愈剧烈。运动着的胶粒不易下沉，因此溶胶具有动力学稳定性，Brown 运动是溶胶的一个稳定因素。

2. 扩散和沉降平衡 当溶胶中的胶粒存在浓度差时，胶粒将从浓度大的区域向浓度小的区域定向迁移，这种现象称为**扩散**（diffusion）。温度愈高，溶胶的黏度愈小，胶粒愈容易扩散。

在重力场中，粒子受重力的作用而要下沉，这一现象称为**沉降**（sedimentation）。如果分散相粒子大而重，分散相将很快沉降，因此泥浆等粗分散系不稳定。溶胶的胶粒较小，扩散和沉降两种作用同时存在。当沉降速度等于扩散速度时，系统处于平衡状态，此时胶粒的浓度从上到下逐渐增大，形成一个稳定的浓度梯度（图 5-3）。这种状态称为**沉降平衡**（sedimentation equilibrium）。

图 5-3 沉降平衡示意图

由于溶胶中胶粒很小，在重力场中沉降速度很慢，往往需要极长时间才能达到沉降平衡。瑞典物理学家 Svedberg T 首创了超速离心机，在比地球重力场大数十万倍的离心力场作用下，溶胶中的胶粒、高分子溶液中的高分子溶质等可以迅速达到沉降平衡。超速离心技术是生物医学中进行物质分离测定的必备手段。

问题与思考 5-1

溶胶的动力学性质在生物医学上有什么意义？

（三）溶胶的电学性质

在一U形管内注入有色溶胶，小心地在溶胶表面上注入无色电解质溶液，使溶胶与电解质溶液间保持清晰的界面，并使溶胶液面在同一水平高度。在电解质溶液中插入电极，接通直流电，一段时间后，可见U形管有色溶胶一侧的界面上升而另一侧界面下降（图5-4）。这说明胶体粒子带有相同符号的电荷。这种在电场作用下，带电胶粒在介质中的运动称为**电泳**（electrophoresis）。大多数金属硫化物、硅酸、金、银等溶胶向正极迁移，胶粒带负电，称为负溶胶；大多数金属氢氧化物溶胶向负极迁移，胶粒带正电，称为正溶胶。

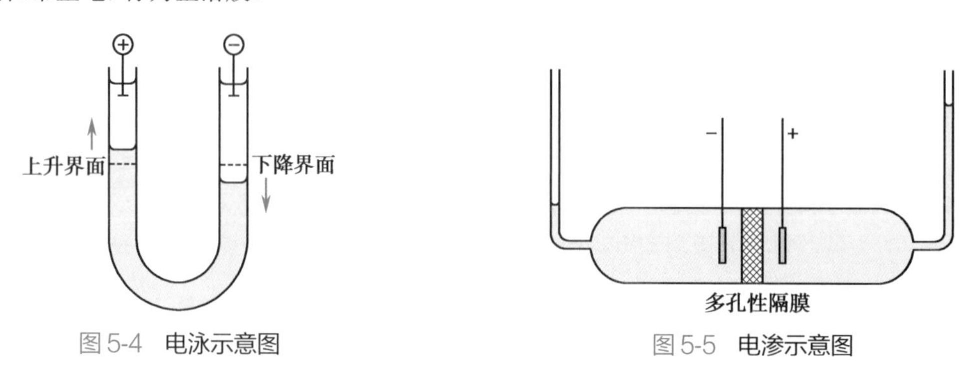

图5-4　电泳示意图　　图5-5　电渗示意图

若按图5-5的装置，把溶胶充满于多孔性隔膜（如活性炭、素烧磁片等）中，胶粒被吸附而固定。由于胶粒带电，整个溶胶系统又是电中性的，介质必然带与胶粒相反电荷。在外电场作用下，液体介质将通过多孔隔膜向与介质电荷相反的电极方向移动，很容易从电渗仪毛细管中液面的升降观察到液体介质的移动方向。这种在外电场作用下，分散介质的定向移动现象称为**电渗**（electroosmosis）。

电泳和电渗都是由于分散相和分散介质做相对运动时产生的电动现象，它不仅具有理论意义，也具有实际应用价值。电泳技术在氨基酸、多肽、蛋白质及核酸等物质的分离和鉴定方面有广泛的应用。

二、胶团结构及溶胶的稳定性

虽然溶胶是热力学不稳定系统，但事实上很多溶胶却能在相当长的时间内仍然是稳定的，这是由胶粒的动力学性质和电学性质决定的。而且电学性质对溶胶稳定性的影响尤为突出。

（一）胶粒带电的原因

固态胶核表面可因离解或选择性吸附某种离子而荷电。

1. 胶核界面的选择性吸附　胶粒中的胶核（原子、离子或分子的聚集体）有吸附其他物质而降低其界面能的趋势，胶核常选择性地吸附分散系统中与其组成类似的离子作为稳定剂，而使其界面带有一定电荷。

例如，将$FeCl_3$溶液缓慢滴加到沸水中，制备氢氧化铁溶胶。反应为

$$FeCl_3(aq)+3H_2O(l)\longrightarrow Fe(OH)_3(aq)+3HCl(aq)$$

溶液中多个$Fe(OH)_3$分子聚集成胶核，部分$Fe(OH)_3$与HCl发生如下反应

$$Fe(OH)_3(s)+HCl(aq)\longrightarrow FeOCl(aq)+2H_2O(l)$$

$$FeOCl(aq)\longrightarrow FeO^+(aq)+Cl^-(aq)$$

于是$Fe(OH)_3$胶核吸附溶胶中与其组成类似的FeO^+而带正电，而溶胶中电性相反的Cl^-则留在介质中。

又如，利用硝酸银和碘化钾制备碘化银溶胶的反应为

$$AgNO_3(aq)+KI(aq)\longrightarrow AgI(溶胶)+KNO_3(aq)$$

改变两种反应物的用量，可使制备的溶胶带有不同符号的电荷。当KI过量时，AgI胶核吸附过量的I^-而带负电荷；反之，当$AgNO_3$过量时，AgI胶核则吸附过量的Ag^+而带正电荷。

2. 胶核表面分子的离解 例如，硅胶的胶核是由许多 $xSiO_2.yH_2O$ 分子组成的，其表面的 H_2SiO_3 分子可以离解成 SiO_3^{2-} 和 H^+。

$$H_2SiO_3(溶胶) \rightleftharpoons HSiO_3^-(aq) + H^+(aq)$$

$$HSiO_3^-(aq) \rightleftharpoons SiO_3^{2-}(aq) + H^+(aq)$$

H^+ 扩散到介质中去，而 SiO_3^{2-} 则留在胶核表面，结果使胶粒带负电荷。

（二）胶粒的双电层结构

溶胶的结构比较复杂。固态胶核表面荷电后，以静电引力吸引介质中的电荷相反的离子，称为反离子。同时，反离子有因热运动而扩散到整个溶液中去的倾向。其结果是愈靠近胶核表面反离子愈多，离开胶核愈远，反离子愈少。

胶核表面因荷电而结合着大量水，且吸附的反离子也是水合离子，给胶粒周围覆盖了一层水合膜。当胶粒运动时，靠近胶核的水合膜层及处于膜层内的反离子也跟着一起运动。我们把这部分水合膜层（包括存在于胶核表面的离子和被束缚的反离子）称为吸附层；其余水合反离子呈扩散状态分布在吸附层周围，形成与吸附层荷电性质相反的扩散层。这种由吸附层和扩散层构成的电性相反的两层结构称为**扩散双电层**（diffused electric double layer）。胶核与吸附层合称胶粒，胶粒与扩散层合称为胶团。扩散层外的介质称为胶团间液。溶胶就是所有胶团和胶团间液构成的整体。例如，氢氧化铁溶胶的胶团结构式 $\{[Fe(OH)m \cdot nFeO^+ \cdot (n-x)Cl^-]\}^{x+} \cdot xCl^-$ 可以表示为

图 5-6 是 $Fe(OH)_3$ 溶胶的胶团结构示意图。当胶粒移动时，胶团从吸附层和扩散层间裂开。我们把吸附层与扩散层分开的界面称为滑动面。当向溶胶中加入一定量电解质，迫使一部分反离子由扩散层进入吸附层，扩散层会变薄。当电解质加入量较多时，进入吸附层的反离子也多，胶粒表面的电荷可以基本上被进入吸附层中的反离子中和，胶粒就不带电，易于发生聚沉。有时当加入电解质的量过多时，甚至可使胶粒电性改变，称为再带电现象。

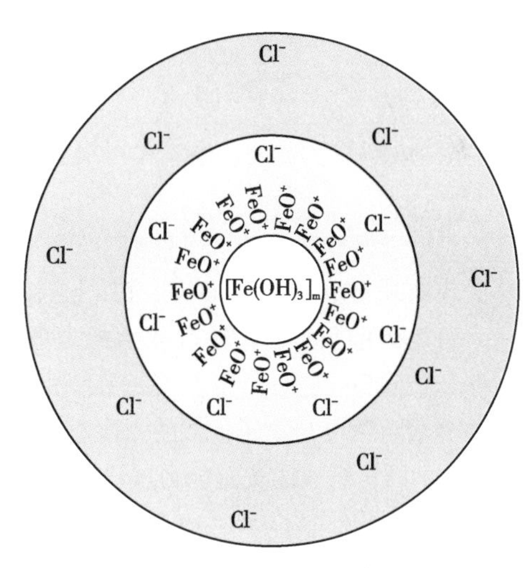

图 5-6 胶团结构示意图

（三）溶胶的稳定因素

溶胶之所以具有相对的稳定性，主要是由下述因素决定的。

1. 胶粒带电 带有相同电荷的胶粒间存在着静电排斥力，阻止胶粒互相接近，合并变大。但是，当胶粒的动能增大到能克服这种静电斥力时，胶粒间就会相互碰撞合并变大，进而出现聚沉。如加热溶胶可引起聚沉。通常溶胶胶粒的动能没有那么大，因此溶胶中的胶粒能相对稳定地存在。

2. 胶粒表面水合膜的保护作用 胶团的水合双电层膜犹如一层弹性膜，阻碍胶粒相互碰撞合并变大。因此溶胶的稳定性与胶粒的水合膜层厚度有密切关系。水合膜层愈厚，胶粒愈稳定。

3. 胶粒的动力学稳定性 高分散度的溶胶胶粒存在 Brown 运动，使其在重力场中不易沉降。

（四）溶胶的聚沉现象

当溶胶的稳定因素受到破坏，胶粒碰撞时会合并变大，从介质中析出而下沉，此现象称为**聚沉**（coagulation）。引起溶胶聚沉的因素很多，如加热、辐射、加入电解质等。其中最主要的是加入电解质所引起的聚沉。

1. 电解质的聚沉作用 电解质对溶胶的聚沉作用主要通过改变胶粒吸附层结构实现。随着电解质的增加，反离子较多地进入吸附层，胶粒表面所带电荷被反离子中和，吸附层随之变薄，导致溶胶的稳定性下降，最终导致聚沉。

溶胶对电解质很敏感。虽然在制备溶胶时极少量电解质的存在对溶胶有稳定作用，但只要

稍微过量，就会引起溶胶的聚沉。电解质聚沉能力的大小，常用**临界聚沉浓度**(critical coagulate concentration)表示。临界聚沉浓度就是使一定量溶胶在一定时间内发生聚沉所需电解质溶液的最小浓度，单位为 $mmol \cdot L^{-1}$。各种电解质的聚沉能力有差别，临界聚沉浓度愈小，聚沉能力愈强。表 5-2 是几种电解质对 3 种溶胶聚沉的临界聚沉浓度。

表 5-2 不同电解质对溶胶的临界聚沉浓度

As_2S_3(负溶胶)		AgI(负溶胶)		Al_2O_3(正溶胶)	
电解质	临界聚沉浓度/($mmol \cdot L^{-1}$)	电解质	临界聚沉浓度/($mmol \cdot L^{-1}$)	电解质	临界聚沉浓度/($mmol \cdot L^{-1}$)
LiCl	58	$LiNO_3$	165	NaCl	43.5
NaCl	51	$NaNO_3$	140	KCl	46
KCl	49.5	KNO_3	136	KNO_3	60
KNO_3	50	$RbNO_3$	126		
$CaCl_2$	0.65	$Ca(NO_3)_2$	2.40	K_2SO_4	0.30
$MgCl_2$	0.72	$Mg(NO_3)_2$	2.60	$K_2Cr_2O_7$	0.63
$MgSO_4$	0.81	$Pb(NO_3)_2$	2.43	$K_2C_2O_4$	0.69
$AlCl_3$	0.093	$Al(NO_3)_3$	0.067	$K_3[Fe(CN)_6]$	0.08
$\frac{1}{2}Al_2(SO_4)_3$	0.096	$La(NO_3)_3$	0.069		
$Al(NO_3)_3$	0.095	$Ce(NO_3)_3$	0.069		

电解质对溶胶的聚沉作用有如下规律：

(1) 反离子的价数愈高，聚沉能力愈强。一价、二价、三价反离子的临界聚沉浓度之比近似为

$$(1/1)^6:(1/2)^6:(1/3)^6=100:1.8:0.14$$

即临界聚沉浓度与离子价数的六次方成反比，这就是 Shulze-Hardy 规则。

(2) 同价离子的聚沉能力虽然接近，但也有不同。如用一价正离子聚沉负溶胶时，其聚沉能力次序为

$$H^+>Cs^+>Rb^+>NH_4^+>K^+>Na^+>Li^+$$

一价负离子聚沉正溶胶时，其聚沉能力次序为

$$F^->Cl^->Br^->I^->CNS^-$$

以上顺序称为**感胶离子序**(lyotropic series)。

(3) 一些有机物离子具有非常强的聚沉能力。特别是一些表面活性剂(如脂肪酸盐)和聚酰胺类化合物的离子，能有效地破坏溶胶使之聚沉，这可能是表面活性剂离子能被胶核强烈吸附的缘故。

2. 溶胶的相互聚沉 带相反电荷的溶胶有相互聚沉能力。当正、负溶胶按适当比例混合致使胶粒所带电荷恰被中和时，就可完全聚沉。两者比例不适当，则聚沉不完全，甚至不发生聚沉。例如，污水中的胶状悬浮物一般带负电，加入明矾后，明矾中的 Al^{3+} 可水解成 $Al(OH)_3$ 正溶胶使悬浮物发生聚沉，达到净水目的。

3. 高分子物质对溶胶的保护作用和敏化作用 在溶胶中加入高分子溶液，高分子物质吸附于胶粒的表面包围住了胶粒[图 5-7(a)]，使其对介质的亲和力加强，从而增加了溶胶的稳定性。但有时加入少量的高分子溶液，不但起不到保护作用，反而降低溶胶的稳定性，甚至发生聚沉，这种现象称作敏化作用。产生这种现象的原因可能是高分子物质数量少时，无法将胶体颗粒表面

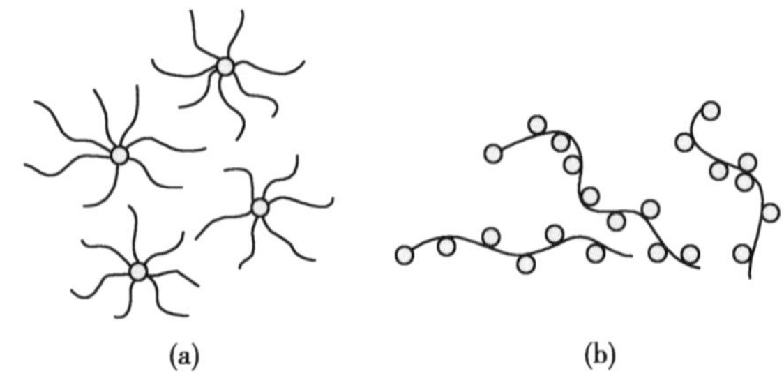

图 5-7 高分子物质对溶胶保护作用(a)和敏化作用(b)示意图

完全覆盖，胶粒附着在高分子物质上[图 5-7(b)]，附着得多了，质量变大而引起聚沉。

三、气溶胶

（一）气溶胶的形成

由极小的固体或液体粒子悬浮在气体介质中所形成的分散系统称为**气溶胶**（aerosol）。例如，烟、粉尘是固体粒子分散在空气中的气溶胶，雾是细小水滴分散在空气中的气溶胶。图 5-8 中所示是各种气溶胶的分散相粒子直径的大致范围。烟、雾的分散度较高（粒子直径 0.01～1nm），粉尘的分散度（粒子直径 1～1000nm）比烟和雾低，相对来说后者稳定性要差些。

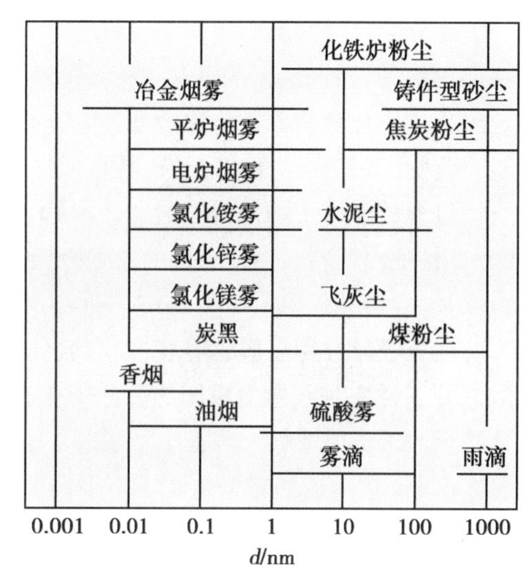

图 5-8 各种气溶胶的粒子直径的大致范围

（二）气溶胶与环境关系

空气污染是当今城市发展面临的难题之一，如英国在 1950 年左右开始频繁出现酸性雾霾及我国在近年出现的雾霾。在工农业生产中形成的粉尘，会长期飘浮在大气中，污染环境，危害人的身体健康。粉尘形成的气溶胶的动力学性质和电学性质与溶胶胶粒的性质类似。粉尘在大气中的稳定程度及被机体吸入的机会与分散相粒子的大小及荷电状态直接相关。带电尘粒易被机体滞留，一般粒径为 10μm 的粒子可进入鼻腔，但主要沉积在上呼吸道；而粒径在 2～10μm 的粒子主要沉积在支气管并可直接渗入到人体肺泡并沉积在肺泡壁上。粒径≤2.5μm 的**细颗粒物**（particulate matter，PM2.5）可达到肺部无纤毛区。由于细颗粒物比表面大，吸附性强，可携带重金属、硫酸盐、有机毒物、病毒等，对人体影响比大粒子更严重。长期吸入生产性粉尘而引起的心肺组织纤维化为主的全身性疾病称为尘肺，如一种结晶形二氧化硅粉尘可引起矽肺，是尘肺中病情发展最快，危害最为严重的一种。

鉴于细颗粒物对人体健康和环境有特殊的影响，人类开始把空气中细颗粒物含量作为重要的大气质量标准。世界卫生组织（WHO）推出指导值，PM2.5 年均值不超过 $10\mu g/m^3$，日均值不超过 $25\mu g/m^3$。

第三节 高分子溶液

高分子化合物的相对分子质量很大，通常为 10^4～10^6 相对原子质量单位。蛋白质、核酸、糖原等都是与生命有关的生物高分子，其他如天然橡胶、聚苯乙烯等高聚物和天然木质素等非高聚物等。高分子化合物的许多性质，如难溶解、有溶胀现象、溶液黏度大等，都与相对分子质量大这一特点有关。在合适的介质中高分子化合物能以分子状态自动分散形成均匀的溶液，分子的直径达胶粒大小，因此某些性质与溶胶类似，如扩散速率慢、不能透过半透膜等。可是，高分子溶液的本质是真溶液，因此与溶胶的性质又有不同。

一、高分子化合物的结构特点及其溶液的形成

高分子化合物一般具有碳链，碳链由一种或多种小的结构单位重复连接而成，每个结构单位称为链节，链节重复的次数称聚合度，以 n 表示。例如，天然橡胶由数千个异戊二烯单位（$-C_5H_8-$）连接而成，它的化学式可写成 $(C_5H_8)_n$。聚糖类高分子化合物，如纤维素、淀粉、糖原或高分子右旋糖酐，它们的分子由许多个葡萄糖单位（$-C_6H_{10}O_5-$）连接而成，其通式可写成 $(C_6H_{10}O_5)_n$。蛋白质的结构单位是氨基酸。高分子化合物是不同聚合度的同系物分子组成的混合物，它的聚合度和相对分

子质量指的都是平均值。

各种高分子化合物分子链的长度及链节的连接方式并不相同，因而形成线状或分枝状结构。不少高聚物常交联聚合成分枝状。

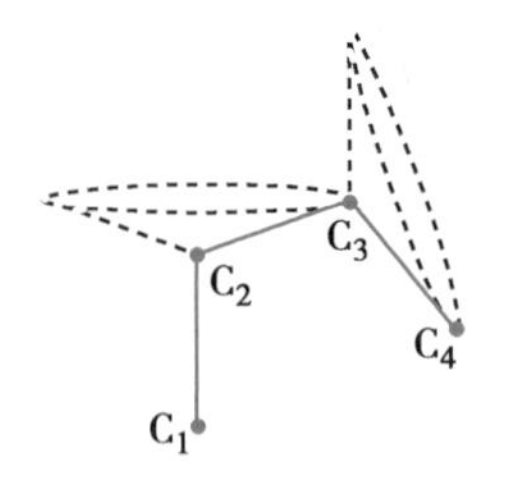

图 5-9　高分子化合物中碳链的内旋转

高分子化合物的分子链中有许多单键，每个单键都能绕相邻单键的键轴旋转，称为内旋转（图 5-9）。这种内旋转可导致高分子化合物碳链构象改变，高分子长链两端的距离也随之改变，我们称这样的分子链具有柔性（flexibility）。

只含碳氢原子的烃链一般比较**柔顺**，原因是高分子链内各原子间的相互作用力较小，不致阻碍 C－C 键的内旋转。当分子链上含有极性取代基时（如－Cl、－OH、－CN、－COOH 等），彼此间作用力增强，内旋转的阻力增大，分子链的柔性降低、刚性增加。

高分子化合物在形成溶液时，与低分子量溶质明显不同之处是要经过**溶胀**（swelling）的过程，即溶剂分子慢慢进入卷曲成团的高分子化合物分子链空隙中去，导致高分子化合物舒展开来，体积成倍甚至数十倍的增长。溶胀现象是高分子化合物溶解的前奏。高分子化合物在其亲和力强的溶剂中可先溶胀，最后达到完全溶解。不少高分子化合物与水分子有很强的亲和力，分子周围形成一层水合膜，这是高分子化合物溶液具有稳定性的主要原因。高分子化合物在良溶剂中能自发溶解，因此高分子溶液是稳定系统。

高分子溶液的溶解性取决于介质与高分子化合物间亲和力的强弱，亲和力强则高分子化合物在溶剂中表现得舒展松弛，反之团缩起来。

二、蛋白质溶液性质及其稳定性的破坏

蛋白质由约 20 种氨基酸组成，氨基酸以肽键连接，形成多肽链。多肽链上可离解基团的类型很多，既有质子给体，又有质子受体，数量也大。蛋白质分子所带电荷除由如酚羟基、胍基等提供外，主要是由羧基（－COOH）给出质子或由氨基（$-NH_2$）接受质子决定的。因此，蛋白质分子的特征是在每个分子链上有很多荷电基团、电荷密度大、对极性溶剂的亲和力强。

蛋白质等高分子化合物在水溶液中往往以离子形式存在，常称为**聚电解质**（polyelectrolyte）。在溶液中，蛋白质的电荷数量及电荷分布受溶液 pH 影响。使蛋白质所带正电荷与负电荷数量相等（净电荷为零）时溶液的 pH 称为该蛋白质的**等电点**（isoelectric point），以 pI 表示。若溶液 $pH>pI$，羧基给出质子多，蛋白质带负电形成$R\begin{matrix}\diagup COO^-\\ \diagdown NH_2\end{matrix}$。若 $pH<pI$，氨基接受质子多，蛋白质带正电形成$R\begin{matrix}\diagup COOH\\ \diagdown NH_3^+\end{matrix}$。若 pH＝pI，蛋白质处于等电状态，主要以两性离子$R\begin{matrix}\diagup COO^-\\ \diagdown NH_3^+\end{matrix}$存在。蛋白质在不同 pH 溶液中的平衡移动可用下式表示

$$\underset{pH>pI}{R\begin{matrix}\diagup COO^-\\ \diagdown NH_2\end{matrix}} \underset{OH^-}{\overset{H^+}{\rightleftharpoons}} R\begin{matrix}\diagup COO^-\\ \diagdown NH_3^+\end{matrix} \underset{OH^-}{\overset{H^+}{\rightleftharpoons}} \underset{pH<pI}{R\begin{matrix}\diagup COOH\\ \diagdown NH_3^+\end{matrix}}$$

$$\Updownarrow pI$$

$$\left(R\begin{matrix}\diagup COOH\\ \diagdown NH_2\end{matrix}\right)$$

例如，人血清白蛋白的等电点是 4.64，如果将其置于 pH 6.0 的缓冲溶液中，蛋白质以阴离子状态存在。如果溶液的 pH 为 4.0，蛋白质就以阳离子状态存在。调节溶液的 pH 至 4.64，蛋白质处于等电状态。处于等电点的蛋白质在外加电场中不发生泳动，也容易发生聚沉。各种蛋白质的氨基酸组成及空间构型不同，等电点也各不相同。

蛋白质溶液的其他性质，如溶解度、黏度、渗透压等，也都与蛋白质荷电状态及荷电数量密切相关。荷电基团间的静电引力和斥力、荷电量的高低等都影响蛋白质的水合程度及分子链的柔性，从

而引起蛋白质溶液一些性质的改变。处于等电点时，蛋白质对水的亲和力大大减小，水合程度降低，蛋白质分子链相互靠拢并聚结在一起，溶解度降低。当介质的pH偏离蛋白质等电点时，蛋白质分子链上的净荷电量增多，分子链舒展开来，水合程度也随之提高，因而蛋白质的溶解度也相应增大。

蛋白质和核酸是生物学上有重要意义的高分子化合物。不同蛋白质或核酸分子的大小及它们所带净电荷的多少不同，它们在电场中的泳动速度也不同，各种电泳技术如聚丙烯酰胺凝胶电泳（PAGE）、十二烷基硫酸钠 - 聚丙烯酰胺凝胶电泳（SDS-PAGE）和等电聚焦电泳（IEF）等已被广泛用于分离和鉴定生物高分子。

蛋白质的水合作用是蛋白质溶液稳定的主要因素。如果在蛋白质溶液中加入大量无机盐，如硫酸铵、硫酸钠等，由于无机离子强烈的水合作用，使蛋白质的水合程度大为降低，稳定因素受破坏而沉淀。这种因加入大量无机盐使蛋白质从溶液中沉淀析出的作用称为**盐析**（salting out）。盐析过程实质上是蛋白质的脱水过程。盐析以硫酸铵为最佳。硫酸铵溶解度大，25℃时的饱和溶液浓度可达4.1mol·L^{-1}，而且不同温度下饱和溶液浓度变化不大；硫酸铵又是很温和的试剂，即使浓度很高也不会引起蛋白质丧失生物活性。

在盐析中无机盐离子的价数不太重要，盐析能力主要与离子的种类有关，阴离子起主要作用。阴离子的盐析能力有如下的顺序：

$$SO_4^{2-}>C_6H_5O_7^{3-}>C_4H_4O_6^{2-}>CH_3COO^->Cl^->NO_3^->Br^->I^->CNS^-$$

阳离子的盐析能力顺序是：

$$NH_4^+>K^+>Na^+>Li^+$$

这种按离子盐析能力排列起来的顺序也称为感胶离子序。

除无机盐外，向蛋白质溶液中加入与水作用强烈的有机溶剂（如乙醇、甲醇、丙酮等）也能降低蛋白质的水合程度，蛋白质因脱水而沉淀。温度变化、pH变化等，也会破坏蛋白质溶液的稳定性。

三、高分子溶液的渗透压力和膜平衡

（一）高分子溶液的渗透压力

将一定浓度的高分子溶液与溶剂用半透膜隔开，可产生渗透现象。通常线型高分子溶液的渗透压力数值并不符合van't Hoff公式，浓度改变时渗透压力的增加比浓度的增加要大得多。产生这种现象的主要原因是呈卷曲状的高分子长链的空隙间包含和束缚着大量溶剂，随着浓度增大，单位体积内溶剂的有效分子数明显减小。另外，由于高分子的柔性，一个高分子可以在空间形成不同的结构域（即相当较小分子的结构单位），这些结构域具有相对独立性，可能使一个高分子产生相当于多个较小分子的渗透效应。因此高分子溶液在低浓度范围内不是理想溶液，其渗透压力π与溶液的质量浓度ρ_B（单位为g·L^{-1}）的关系近似地符合式（5-2）

$$\frac{\pi}{\rho_B}=RT\left(\frac{1}{M_r}+\frac{B\rho_B}{M_r}\right) \tag{5-2}$$

式（5-2）中，M_r为高分子化合物的相对分子质量。B是常数。通过测定溶液的渗透压力，以$\frac{\pi}{\rho_B}$对ρ_B作图得到一条直线（图5-10），外推至$\rho_B\rightarrow 0$时的截距为$\frac{RT}{M_r}$，即可计算出高分子化合物的相对分子质量。

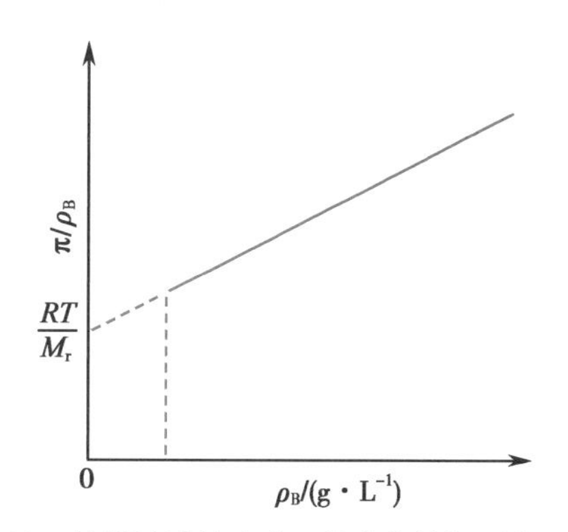

图5-10　外推法计算高分子化合物的相对分子质量

在生物体内，由蛋白质等高分子化合物引起的胶体渗透压力对维持血容量和血管内外水、电解质的相对平衡起着重要作用。

（二）膜平衡

用半透膜将蛋白质电解质溶液与小离子的电解质溶液隔开，小离子能透过半透膜而蛋白质离子不能透过，但受蛋白质电解质离子静电吸引力的影响，为保持溶液的电中性，平衡状态时小离子在膜两侧分布不均匀。这种现象称为**膜平衡**（membrane equilibrium），或 **Donnan 平衡**（Donnan equilibrium）。膜平衡有助于理解小离子在细胞内外的分布。

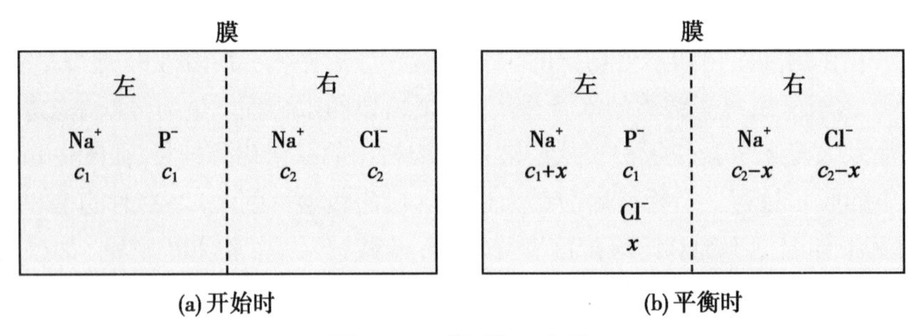

图 5-11 膜平衡示意图

如图 5-11 所示，用半透膜将蛋白质 NaP 溶液与 NaCl 溶液隔开，设膜左侧 Na^+、P^- 的初始浓度为 c_1，膜右侧 Na^+、Cl^- 的初始浓度为 c_2[图 5-11（a）]。小离子能透过半透膜而 P^- 不能，Cl^- 从膜右侧向膜左侧渗透。为了保持溶液的电中性，必须有相等数目的 Na^+ 同时进入膜左侧。设有 x mol•L^{-1} 的 Cl^- 和 x mol•L^{-1} 的 Na^+ 由膜右侧进入膜左侧，达平衡时各离子的浓度分布如图 5-11（b）所示。离子透过半透膜扩散的速率 v 与离子的浓度成正比

$$v=k\,c(Na^+)c(Cl^-)$$

平衡时，$v_{左}=v_{右}$，因此

$$[Na^+]_{左}\times[Cl^-]_{左}=[Na^+]_{右}\times[Cl^-]_{右} \tag{5-3}$$

式中，$[Na^+]_{左}$、$[Cl^-]_{左}$、$[Na^+]_{右}$、$[Cl^-]_{右}$为膜两侧各离子的平衡浓度。

平衡时膜两侧电解质离子浓度的乘积相等，这是建立 Donnan 平衡的条件。将平衡时各物质浓度代入式（5-3）得

$$(c_1+x)x=(c_2-x)^2$$

$$x=\frac{c_2^2}{c_1+2c_2} \text{ 或 } \frac{x}{c_2}=\frac{c_2}{c_1+2c_2} \tag{5-4}$$

式（5-4）表明，达 Donnan 平衡时，由于扩散改变的 Na^+、Cl^- 浓度 x，或其扩散分数$\frac{x}{c_2}$决定于 NaP 及 NaCl 的初始浓度。

当 $c_1>>c_2$ 时，$x\approx 0$，表明电解质的扩散几乎可以忽略。

当 $c_2>>c_1$ 时，$x\approx\frac{c_2}{2}$，表明接近一半的 NaCl 扩散到膜的另一侧，膜两侧 NaCl 浓度近似相等。

当 $c_2=c_1$ 时，$x\approx\frac{c_2}{3}$，表明约$\frac{1}{3}$的 NaCl 扩散到膜的另一侧。

膜平衡是生理上常见的一种现象。细胞膜对离子的透过性并不完全决定于膜孔的大小，膜内蛋白质的浓度对膜外离子的透入及膜两侧电解质离子的分布有一定的影响。例如，血红细胞膜可以让 Cl^- 自由透过，但胞内 Cl^- 浓度只有胞外血浆中 Cl^- 浓度的 70%，其原因之一是血红细胞内带负电荷的蛋白质阴离子浓度较高，产生 Donnan 效应。当然细胞膜不是一般的半透膜，它有复杂的结构和功能，影响细胞内外电解质离子分布的因素是多方面的，膜平衡仅是其中的原因之一。

问题与思考 5-2

将一蛋白质 NaP 的水溶液与纯水用半透膜隔开，NaP 的水溶液处于膜内，达到渗透平衡后，膜外水的 pH 有无变化，为什么？

四、凝胶

在温度下降或溶解度减小等条件下，不少高分子溶液的黏度会逐渐变大，最后失去流动性，形成具有网状结构的半固态物质，这个过程为**胶凝**（gelation），所形成的立体网状结构物质称为**凝胶**（gel）。例如，将琼脂、明胶、动物胶等物质溶解在热水中，静置冷却后即变成凝胶。

胶凝时，溶液中的线型高分子互相接近，并在很多结合点上交联起来形成网状骨架，分散介质包含在网状骨架内形成凝胶。凝胶中包含的分散介质的量可以很大，例如，固体琼脂的含水量仅约 0.2%，而琼脂凝胶的含水量可达 99.8%；又如凝结的血块中含有大量的水分。其他如人体的肌肉、组织等在某种意义上说均是凝胶。一方面它们具有一定强度的网状骨架，维持一定的形态；另一方面又可使代谢物质在其间进行物质的交换。

有的凝胶由一种或几种物质通过交联反应聚合而成。如葡聚糖凝胶、聚丙烯酰胺凝胶等，它们是分子生物学和生物化学研究中进行柱色谱或电泳时常用的人工交联聚合凝胶材料。

凝胶可分为刚性凝胶和弹性凝胶两大类。刚性凝胶粒子间的交联强，网状骨架坚固，若将其干燥，网孔中的分散介质可被驱出，而凝胶的体积和外形无明显变化，如硅胶、氢氧化铁凝胶等就属于此类。由柔性高分子化合物形成的凝胶一般是弹性凝胶，如明胶、琼脂、聚丙烯酰胺胶等，这类凝胶经干燥后，体积明显缩小而变得有弹性，但如将干凝胶再放到合适的分散介质中，它又会溶胀变大，甚至完全溶解。

凝胶的下面一些主要性质与它的网状结构密切相关。

1. 溶胀 把干燥的弹性凝胶放于合适的分散介质中，它会自动吸收分散介质而使其体积增大的现象称为溶胀。如果溶胀作用进行到一定的程度便停止，称为有限溶胀。有的凝胶在分散介质中的溶胀可一直进行下去，最终使凝胶的网状骨架完全消失而形成溶液，这种溶胀称为无限溶胀。

2. 结合水 凝胶溶胀时吸收水分，与凝胶结合得相当牢固的水分称结合水。结合水的介电常数和蒸气压低于纯水，凝固点和沸点也偏离正常值。

对凝胶中结合水的研究在生物学中很有意义，如植物的抗旱、抗寒能力可能和上述特征有关。人体肌肉组织中的结合水量随年龄的增加而减小，老年人肌肉组织中的结合水量就低于青壮年。

3. 脱液收缩 将弹性凝胶露置一段时间，一部分分散介质会自动从凝胶中分离出来，凝胶的体积也逐渐缩小，这种现象称为**脱液收缩**（syneresis）或离浆。脱液收缩可看成高分子溶液胶凝过程的继续，即组成网状骨架的高分子化合物间的连结点在继续发展增多，凝胶体积进一步缩小，最终把分散介质全挤出网状骨架。临床化验用的人血清就是从放置的血液凝块中慢慢分离出来的。

凝胶制品在医学上有广泛应用。如中成药“阿胶”是凝胶制剂；干硅胶是实验室常用的干燥剂。其他如人工半透膜、皮革等都是干凝胶。凝胶的网状结构有很好的柔性和活动度，在电场作用下，蛋白质等生物大分子可以泳动。基于这一特性，现已发展可广泛用于蛋白质分离的凝胶电泳和凝胶色谱分离方法。

第四节 表面活性剂和乳状液

一、表面活性剂

由于液体界面分子的受力情况与液体内部分子的受力情况不同，故存在一个指向液体内部的

合力，在恒温恒压下，沿着液体表面作用于单位长度表面上的这种作用力，称为**表面张力**（surface tension），用符号 σ 表示，单位为 $N \cdot m^{-1}$。因液体的表面存在一定的表面张力，溶液表面会吸附溶质，使液体表面张力发生变化。水表面张力随不同溶质加入所发生变化的规律大致有3种情况：① NaCl、NH_4Cl、Na_2SO_4、KNO_3 等无机盐，以及蔗糖、甘露醇等多羟基有机物溶于水，可使水的表面张力升高[图5-12（1）]；②醇、醛、羧酸、酯等绝大多数有机物进入水中，可使水的表面张力逐渐降低[图5-12（2）]；③肥皂及各种合成洗涤剂（含8个碳原子以上的直链有机酸的金属盐、硫酸盐或苯磺酸盐）进入水中可使水的表面张力在开始时急剧下降，随后大体保持不变[图5-12（3）]。能显著降低水的表面张力的物质称为**表面活性物质**（surface active substance）或**表面活性剂**（surfactant），那些使水的表面张力升高或略微降低的物质是非表面活性物质。

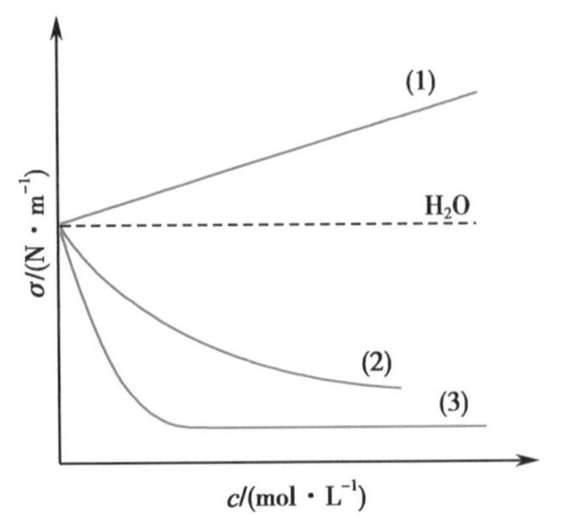

图5-12　不同溶质水溶液表面张力的变化

若溶液表面吸附的溶质能降低溶剂表面张力，则溶液表层将保留更多的溶质，其浓度大于内部的溶质浓度，这种吸附称为正吸附；反之，若能增高溶剂的表面张力，溶液表层则排斥溶质，使其尽量进入溶液内部，此时溶液表层溶质的浓度小于其内部浓度，这种吸附称为负吸附。表面活性物质在溶液中能形成正吸附，而表面惰性物质能在溶液中形成负吸附。

表面活性剂分子中一般都含有两类基团：一类是**疏水性**（hydrophobic）或**亲脂性**（lipophilic）非极性基团，它们是一些直链的或带有侧链的有机烃基；另一类为**亲水性**（hydrophilic）极性基团，如 $-OH$、$-COOH$、$-NH_2$、$-SH$ 及 $-SO_2OH$ 等。具有性质相反的两亲性基团是表面活性剂在化学结构上共同的特征（图5-13）。

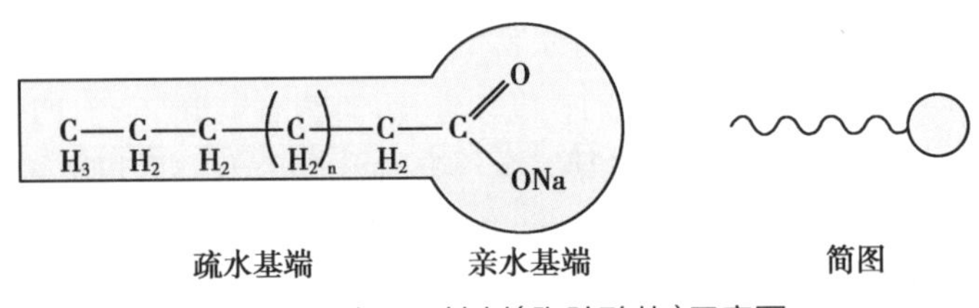

图5-13　表面活性剂（脂肪酸盐）示意图

以肥皂（脂肪酸钠盐）为例，当它溶入水中，亲水的羧基端进入水中，而亲脂的长碳氢链端则力图离开水相。若水中肥皂的量不大，它就主要集中在水的表面定向排列（图5-14）。可见，由于表面活性剂的两亲性，它就有集中在溶液表面，或集中在不相混溶两种液体的界面，或集中在液体和固体的接触界面的倾向，从而降低表面张力。

表面活性剂在生命科学中有重要的意义。如构成细胞膜的脂类（磷脂、糖脂等）及由胆囊分泌的胆汁酸盐都是表面活性物质。

目前在医药上使用的表面活性剂很多，按其分子在水中能否解离分为离子型和非离子型表面活性剂两大类。前者又由离子所带电荷分成阴离子、阳离子和两性离子表面活性剂。阴离子表面活性剂有阴离子亲水基，常见的有脂肪酸盐（肥皂类），它的脂肪酸烃链一般在 C_{11}～C_{17} 之间，通式为 RCOO-M，M 为碱金属、碱土金属及 NH_4^+；其他阴离子表面活性剂如十二烷基硫酸钠（$C_{12}H_{25}$-OSO_3Na）等。阳离子表面活性剂分子中有阳离子亲水基，在医药上较重要的是季铵盐型阳离子表面活性剂。如苯扎溴铵（俗称新洁尔灭）是常用的外用消毒杀菌的阳离子表面活性剂。两性离子表面活性剂分子既有阳离子亲水基也有阴离子亲水基，主要有氨基酸型（RNH_2CHCH_2COOH）和甜菜碱型[$RN^+H_2(CH_2)_2CH_2COO^-$]两类。阴离子表面活性剂的去污作用较好，如洗涤剂主要成分是阴离子表

笔记

面活性剂，阳离子表面活性剂则有较好的杀菌效果，而两性表面活性剂则兼顾了这两种作用。非离子型表面活性剂是以在水中不离解的羟基（—OH）或以醚键（—O—）结合为亲水基的表面活性剂。

二、缔合胶体

当向纯水中加入极少量表面活性剂，它被优先吸附在水相表面。当进入水中的表面活性剂达到一定量时，在分子表面膜形成的同时，表面活性剂也逐渐聚集起来，互相把疏水基靠在一起，形成亲水基朝向水而疏水基在内的，直径在胶体分散相粒子大小范围的缔合体，这种缔合体称为**胶束**（micelle）（图 5-14）。由于胶束的形成减小了疏水基与水的接触面积，从而使系统稳定。由胶束形成的溶液称为缔合胶体。

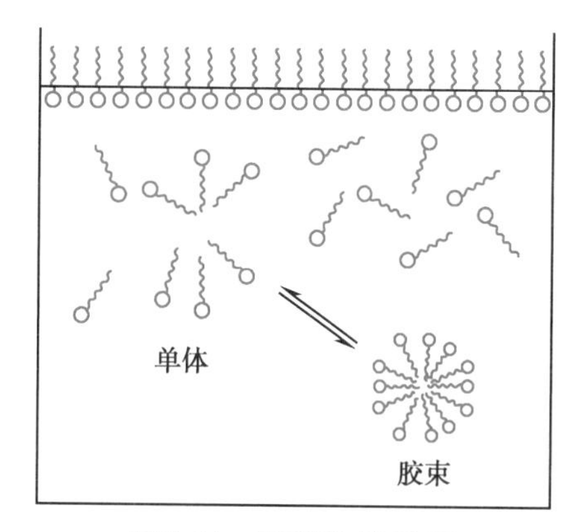

图 5-14 胶束形成示意图

开始形成胶束时表面活性剂的最低浓度称为**临界胶束浓度**（critical micelle concentration，CMC）。表面活性剂的临界胶束浓度的数值受温度、表面活性剂结构、用量、分子缔合程度、溶液的 pH 及电解质存在的影响。

在浓度接近 CMC 的缔合胶体中，胶束有相近的缔合数并呈球形结构。当表面活性剂浓度不断增大时，由于胶束的大小或缔合数增多，不再保持球形结构而成为圆柱形乃至板层形（图 5-15）。

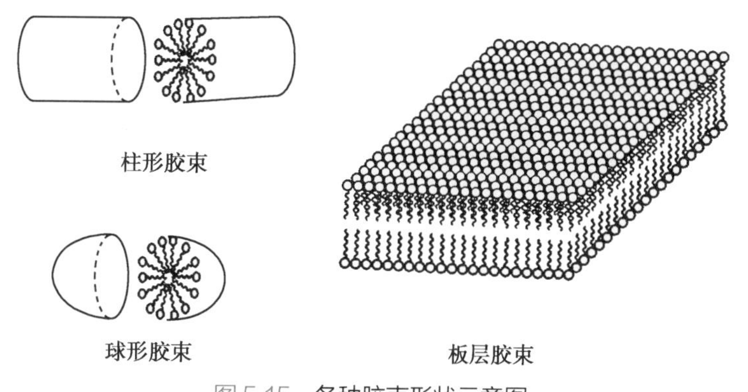

图 5-15 各种胶束形状示意图

表面活性剂可使不溶于水的动植物油脂或其他有机物裹在其中形成胶束，这种作用称为增溶。肥皂或合成洗涤剂用于洗涤服装上的油渍就是利用其增溶作用。表面活性剂的增溶作用在实验室及制药工业中有着广泛应用。

三、乳状液

乳状液（emulsion）是以液体为分散相分散在另一种不相溶的液体中所成的粗分散系。其中一个相是水，另一相统称为油（包括极性小的有机溶剂）。乳状液中的分散相颗粒较大，可在一般光学显微镜的视野中观察到。

乳状液属于不稳定系统。例如，将两种不相混溶的液体（油和水）加以剧烈振摇，油、水滴就互相分散，但静置一段时间后，两液体即分层，不能得到稳定的乳状液。这是因为液滴分散后，系统的界面能大为增高，热力学稳定性变小。当细小液滴相互碰撞时，会自动结合，使系统的能量降低。要想得到稳定的乳状液，就必须有使乳状液稳定的第 3 种物质存在，这种物质称**乳化剂**（emulsifying agent），乳化剂所起的作用称为乳化作用。常用的乳化剂是一些表面活性剂。食物中的油脂进入人体后要先乳化，使之成为极小的乳滴，才容易被肠壁吸收，此时胆汁酸盐是起乳化剂的作用。

乳状液中加入的表面活性剂，亲水基朝向水相，疏水基朝向油相，表面活性剂分子在两相界面上作定向排列，其结果不仅降低了相界面张力，而且还在细小液滴周围形成一层保护膜，使乳状液得以稳定。乳状液中的水相以“水”或“W”表示；油相以“油”或“O”表示。不论是“油”或“水”均可为分散相也可为分散介质，因此乳状液可分为“水包油”(O/W)和“油包水”(W/O)两种类型。乳状液的类型主要取决于乳化剂，如钠肥皂大大降低水的界面张力，水滴不易形成，故形成O/W型乳状液；而钙肥皂能溶于油而降低油的界面张力，故形成W/O型乳状液。图5-16是两种不同类型乳状液的示意图。

在医药卫生实践和日常生活中常遇到乳状液，如食用乳汁、药用的鱼肝油乳剂及临床上用的脂肪乳剂输液等都是各种形式的乳状液。为了加大用药剂量，注射用药剂通常是W/O型乳状液，在乳状液降解时药剂就缓慢地为肌体吸收。如Salk等发现乳化的流行性感冒疫苗治疗的病人所显示的抗体水平约为平常方法治疗的十倍，且能保持两年以上。

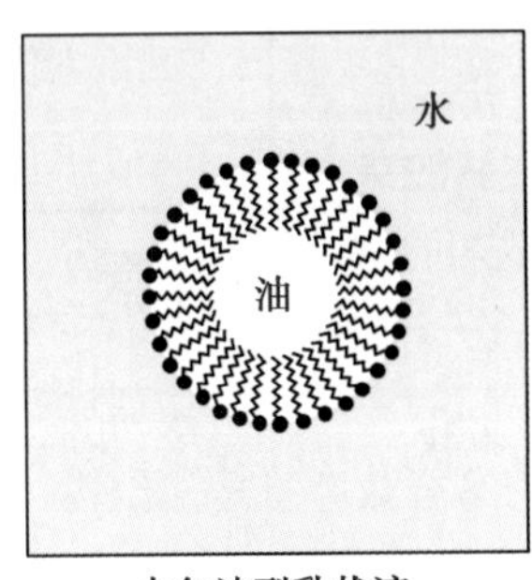

水包油型乳状液

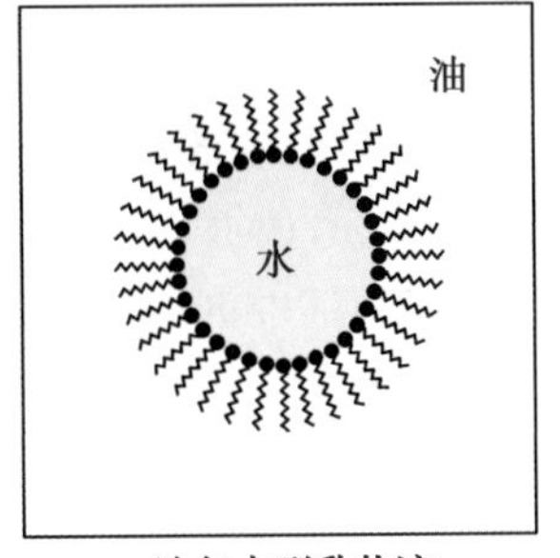

油包水型乳状液

图5-16 两种不同类型乳状液示意图

乳状液的类型可用染色法或稀释法来鉴别。染色法的原理是将少量只溶于油而不溶于水的染料加至乳状液中，轻轻振摇后，在显微镜下观察，如整个乳状液呈染料的颜色，此为W/O型乳状液，如若只见分散相液滴呈染料的颜色，则为O/W型乳状液。稀释法是根据乳状液易被分散介质稀释的道理来鉴别的，方法是将乳状液置于洁净的玻片上，然后滴加水，能与水均匀混的为O/W型乳状液，否则为W/O型乳状液。

问题与思考5-3

用适当的表面活性剂(如防水剂)处理亲水固体表面后，会产生什么现象？

胶体与医学

胶体化学的原理和方法在临床医学、生理学、药剂学、现代生物技术和生物医学工程等方面发挥着愈来愈重要的作用。

1. 尿结石矿化过程的抑制　动物和人的机体可看成是胶体、凝胶及高分子溶液组成的复杂分散系，如果构成机体的分散系一旦失去动态平衡，正常的生命活动就会受到干扰或破坏，产生病变。而应用胶体化学的原理和方法分析这些病变，采取相应措施使之恢复正常，就是临床医学的基本任务之一。例如，绝大多数正常人尿液中草酸钙、磷酸钙和尿酸呈过饱和状态，它们的含量虽然大于其溶度积，但因为体液中蛋白质等物质对这些盐类起了溶胶保护作用，所以仍然能稳定存在，不因聚沉而形成结石。但当发生某些疾病使体液中的蛋白质等大分子化合物减少，减弱了对这些盐类溶胶的保护作用时，则微溶性盐类就可能沉积而形成结石。人们找到了一种内源性的糖胺聚糖(GAGS)，可以阻止晶体生长和聚集，能抑制草酸钙石的形成。1984年以后，开始人工半合成GAGS及其类似物，用作为体内、体外草酸钙结石的抑制剂。

2. 控制释放给药与靶向给药 人们研制的"控制释放给药"及"靶向给药"体系，大多是用高分子材料和药物制成的特殊胶体分散体系。控制释放给药装置可以按预定的时间和程序有控制地将药物释放入血液循环或病灶区域，以使血药浓度维持在有效治疗范围内。采用的剂型和给药方式主要有微型胶囊、纳米粒子、渗透泵、透皮给药等。微型胶囊用合适的高分子材料包裹固体或液体药物制成微粒，直径一般介于5～400μm；纳米胶囊或纳米粒子直径在10～500nm。渗透泵是以渗透压为动力的药物控释装置。当泵内固体药物未溶完时，释药速度不变。因此可通过改变半透膜的渗透性和泵内药物的含量等方法控制释药速度和时间。透皮给药是利用药物在皮肤两侧浓度差，经扩散使药物透过皮肤进入局部靶组织或血液循环系统，从而发挥治疗作用的一种给药方式。

3. 基于量子点的生物医学探针技术 量子点（quantum dots，QDs），又名半导体纳米晶（semiconductor nanocrystals），是指由Ⅱ～Ⅵ族或Ⅲ～Ⅴ族元素原子组成的纳米颗粒。由于其中电子的运动在空间三个维度受限，因此常表现出光、电、磁学等方面的优异性质。荧光量子点具有荧光发射波长可调、量子产率高、光稳定性好、耐光漂白等独特性能，在生物探针制备、生物传感、太阳能电池、发光器件等领域有着广阔的应用前景，为活体示踪、成像、生物分子标记检测等提供了新契机。例如，利用生物素化的量子点对B型葡萄球菌肠毒素的检测灵敏度可达 $10ng \cdot mL^{-1}$，在灵敏度和特异性两方面都比传统方法有着很大的提高；基于量子点标记技术，可以在10万个正常细胞中检测出10个肿瘤细胞，对于肿瘤等重大疾病的早期诊断有着重要意义。目前常见的量子点主要包括CdSe、ZnSe、CaS、GaAs、MgTe等，其中CdX（X＝S、Se、Te）量子点由于具有优异的荧光特性而被广泛应用。

Summary

Colloids includes sols, macromolecular solutions and association colloids. Their mutual features are the diameter of disperse particles in the range of 1-100 nm, the slow diffusion rate, the permeation through the filter paper and the disability in passing semipermeable membranes.

The basic features of sols are heterogeneity, high dispersity, and coagulation instability. They feature in optical, kinetic and electric behaviors such as the Tyndall effect, Brownian motion, sedimentation equilibrium, electrophoresis, and electro-osmosis respectively. The colloidal particles in sols can be charged because of the preferential adsorption of resemble ions onto the surface of the colloidal nucleus or the dissociation of molecules on the surface. Charged colloidal particles adsorb opposite ions to form the electric double layer. Colloidal particle refers to the colloidal nucleus and the adsorption layer, while micelle refers to the colloidal particle and the diffusion layer. Key factors that stabilize the sols are the charged colloidal particles and the protection of hydration membranes. Colloids are sensitive to electrolytes. The amount of electrolyte needed for the coagulation is the critical coagulation concentration of the electrolyte. Coagulation also occurs when oppositely charged sols are mixed.

Aerosol, a colloidal dispersion system with gas as dispersion media, is important in preventive medicine.

Macromolecular solutions are stable and homogeneous colloidal systems. Differs from sols and ordinary solutions, the size of macromolecules is within 1-100 nm. The properties of a macromolecular solution depend on the macromolecule. The carbochain of polymer is connected with chain unit, while both the degree of polymerization and the relative molecular mass of polymer are average values. The hydration

membranes around macromolecules make the solution stable. The relative molecular mass can be obtained by osmotic pressure measurement with extrapolation. Polyelectrolyte solution such as a protein solution, is characterized by the isoelectric point, the Donnan equilibrium and salting out effect.

学科发展与医学应用综述题

1. 溶胶是由直径为 1～100nm 的分散相均匀分布在分散介质里的多相分散体系。溶胶广泛存在，并具有明显区别于真溶液的基本性质。试述溶胶基本性质及其在临床医学上的应用。

2. 环境空气中直径小于或等于 2.5μm 的颗粒物称为细颗粒物(PM2.5)。它能较长时间悬浮于空气中，对空气质量和能见度等有很大的影响，进而可能影响人体健康。试论述 PM2.5 的主要成因及可能的测定和消除方法。

习 题

1. 汞蒸气易引起中毒，若将液态汞(1)盛入烧杯中；(2)盛于烧杯中，其上覆盖一层水；(3)散落成直径为 2×10^{-4}cm 的汞滴，问哪一种引起的危害性最大？为什么？

2. 20℃及 100kPa 的压下力，把半径为 1.00mm 的水滴分散成半径为 1.00×10^{-3}mm 的小水滴。问需作多少焦耳的功？已知在20℃时水的 σ 值为 $0.728N\cdot m^{-1}$($1N=10^{-2}J\cdot cm^{-1}$)。

3. 何谓表面能和表面张力？两者有何关系？

4. 为什么说溶胶是不稳定体系，而实际上又常能相对稳定存在？

5. 为什么在长江、珠江等河流的入海处都有三角洲的形成？

6. 为什么溶胶会产生 Tyndall 效应？解释其本质原因。

7. 将 $0.02mol\cdot L^{-1}$ 的 KCl 溶液 12mL 和 $0.05mol\cdot L^{-1}$ 的 $AgNO_3$ 溶液 100mL 混合以制备 AgCl 溶胶，试写出此溶胶胶团式。

8. 将等体积的 $0.008mol\cdot L^{-1}$KI 和 $0.01mol\cdot L^{-1}$ $AgNO_3$ 混合制备 AgI 溶胶。现将 $MgSO_4$、$K_3[Fe(CN)_6]$及 $AlCl_3$ 等 3 种电解质的同浓度等体积溶液分别滴加入上述溶胶后，试写出 3 种电解质对溶胶聚沉能力的大小顺序。若将等体积的 $0.01mol\cdot L^{-1}$KI 和 $0.008mol\cdot L^{-1}$ $AgNO_3$ 混合制成 AgI 溶胶，试写出 3 种电解质对此溶胶聚沉能力的大小顺序。

9. 为制备 AgI 负溶胶，应向 25mL $0.016mol\cdot L^{-1}$ 的 KI 溶液中最多加入多少毫升 $0.005mol\cdot L^{-1}$ 的 $AgNO_3$ 溶液？

10. 有未知带何种电荷的溶胶 A 和 B 两种，A 中只需加入少量的 $BaCl_2$ 或多的 NaCl，就有同样的聚沉能力；B 种加入少量的 Na_2SO_4 或多量的 NaCl 也有同样的聚沉能力，问 A 和 B 两种溶胶，原带有何种电荷？

11. 溶胶与高分子溶液具有稳定性的原因是哪些？用什么方法可以分别破坏它们的稳定性？

12. 高分子溶液和小分子溶液有哪些相同点与不同点？

13. 蛋白质的电泳与溶液的 pH 有什么关系？某蛋白质的等电点为 6.5，如溶液的 pH 为 8.6 时，该蛋白质大离子的电泳方向如何？

14. 什么是凝胶？凝胶有哪些主要性质？产生胶凝作用的先决条件是什么？

15. 什么是表面活性剂？试从其结构特点说明它能降低溶剂表面张力的原因。

16. 什么是临界胶束浓度？在临界胶束浓度前后表面活性物质有什么不同表现？

17. 乳状液有哪些类型？它们的含义是什么？

Exercises

1. Indicate the fundamental difference between a colloidal dispersion and a true solution.

2. Explain the Tyndall effect and how it may be used to distinguish between a colloidal dispersion and a true solution.

3. Why do particles in a specific colloid remain dispersed?

4. Give the type of colloid (aerosol, foam, emulsion, sol, or gel) that each of the following represents.

(a) rain cloud　(b) milk of magnesia

(c) soapsuds　(d) silt in water

5. Aluminum hydroxide forms a positively charged sol. Which of the following ionic substances should be most effective in coagulating the sol?

(a) NaCl　(b) $CaCl_2$

(c) $Fe_2(SO_4)_3$　(d) K_3PO_4

（林　毅）

第六章　化学热力学基础

化学反应总是伴随着能量的变化，有的反应放热，有的吸热。有的反应还伴随着不同形式的能量转换，如光合作用、电化学反应等。另外，人们利用某个反应制备产物，如合成药物时总希望找到合理可行的路线，在此基础上通过改变反应的条件，如温度、压力、浓度等获得尽可能多的产品。以上两类问题可归结为：①化学反应过程的能量是怎样转移和转化的？②一个化学反应能不能发生？如果能发生，反应进行到什么程度？解决这两类问题的重要工具是热力学原理。

热力学（thermodynamics）是研究各种形式的能量（如热能、电能、化学能等）转换规律的科学。热力学的研究对象是大量质点构成的宏观系统，考虑的是物质宏观性质及各种宏观性质的关系，它不涉及物质的微观结构。热力学第一定律和第二定律是热力学的基础，两个定律不是逻辑推导的结果，而是大量实践经验的总结，它们的正确性在于至今还没有违背热力学第一定律和第二定律的事件发生，由这两个定律所推理或演绎的结论是可靠的、普适的。用热力学的原理和方法来研究化学问题就形成了**化学热力学**（chemical thermodynamics）。化学热力学研究的主要内容是化学反应的热效应、反应的方向及限度等问题。

第一节　热力学系统和状态函数

一、系统与环境

热力学根据研究的需要和方便，把一部分物体与其余部分划分开来作为研究的对象，被划作研究对象的一部分称为**系统**（system），是由大量微观粒子组成的。例如，一个保温瓶里装满 90℃的水，要研究水的温度如何随时间变化这个问题，水就是系统。系统以外与系统密切相关的部分是该系统的**环境**（surrounding）。如上例中保温瓶中水以外的部分（包括保温瓶壁）都属于环境。系统和环境的划分可以是实际存在的，也可以是根据需要人为划定的。系统和环境的范围一经划定，在研究过程中就不再改变。

根据系统和环境之间交换物质和能量的不同情形可以分为：

开放系统（opening system）：系统与环境之间既有物质的交换，又有能量的传递。如上例中保温瓶口是敞开的，保温瓶内的水就是一个开放系统。

封闭系统（closed system）：系统与环境之间只有能量的交换而没有物质的交换。例如，将水放在一个密闭的玻璃瓶中，这些水就构成了一个封闭系统。

隔离系统（isolated system）：也称孤立系统，系统与环境之间既没有物质的交换也没有能量的交换。例如，将水放在一个既不导热也不导电、不透光的形状固定的容器里，这意味着容器里水的温度永不改变（现实当然是不可能的），这些水就是隔离系统。很显然隔离系统是一种假设，世界上的一切事物都是相互联系、相互影响的，真实的系统都不可能与环境完全隔离，如果将环境也作为系统的一部分加以考察，则可以将此系统看作隔离系统。

问题与思考 6-1

从物质和能量交换的角度，分别考虑下列情形下的物质燃烧属于哪类系统？

（1）可燃性固体在充满氧气的密闭绝热氧弹中燃烧。

（2）汽油在密闭气缸中燃烧并推动活塞运动。

（3）氢气在空气中安静燃烧。

此外，根据系统的成分还可以分为单组分和多组分系统，化学反应都是多组分系统。

二、状态函数与过程

在物理学中为了研究物体的运动，我们需要位置、速度等物理量来描述粒子的状态，在热力学中，也同样需要很多物理量来确定一个系统。系统的**状态**（state）是系统所有的物理性质和化学性质的综合表现，这些性质都是宏观的物理量，如温度（T）、压力（p）、体积（V）、物质的量（n）、密度（ρ）、黏度（η）等。当系统的这些性质都具有确定的数值而且不随时间变化时，系统就处在一定的平衡状态，即**平衡态**（equilibrium state）。描述系统状态的这些物理量称为**状态函数**（state function）。前述 T、p、V、n、ρ、η 等都是状态函数，本章还将介绍一些新的状态函数。状态函数从性质上可分为几何的[如体积（V）]、力学的[如压力（p）]、热学的[如温度（T）]、化学的[如物质的量（n）]等几类。状态函数与系统的状态之间有一一对应的函数关系，例如，一定量的理想气体处在一定的平衡状态时，就有确定的 T、p、V 等数值。

在热力学状态函数中，温度具有特别重要的意义。从宏观上温度是表示系统冷热程度的物理量，微观上是度量系统内大量粒子无规则运动激烈程度的物理量。如果 A 系统的温度与 C 系统的温度相同，B 系统的温度与 C 系统相同，那么 A 系统的温度与 B 系统的温度也是相同的，这是判断不同物体温度高低的基本原理，称为热力学第零定律。根据此定律可以将系统（物质）C 作为标准测温物质，来判断其他物质如 A 或 B 是比 C 高还是低，即冷还是热。但这样做还不能确定温度的具体值。给出温度具体数值的方法称为**温标**（temperature scale）。气体、液体、固体都可以作为标准测温物质。选择与温度有显著的、且单值函数关系的物理量作为属性，如气体通常采用体积或压力，液体通常为体积，固体通常为电阻等。

有了测温的标准物质和测量属性，只能确定物体温度的相对高低，还需要规定标准点及相应值。通常广泛使用的是摄氏温标，以纪念瑞典科学家摄尔修斯（Celsius A），它是以水银为测温物质，以体积为测温属性，规定水的冰点为 0℃，水的沸点为 100℃，单位记作℃。在热力学中还经常使用理想气体温标，单位为 K，纪念科学家开尔文（Kelvin L）。理想气体温标与摄氏温标的关系是 T(K)$=t$(℃)$+273.15$。

状态函数可分为两类。一类具有**广度性质**（extensive property），量的大小与系统中物质的数量成正比。这类性质具有加和性。例如，50mL 纯水与 50mL 纯水相混合总体积为 100mL。具有广度性质的物理量还有物质的量（n）、质量（m）及后面将介绍的热力学能、焓、熵、自由能等。另一类具有**强度性质**（intensive property），量的大小与系统中物质数量的多少无关，没有加和性。例如，50℃的纯水与 50℃的纯水混合，水的温度仍为 50℃。具有强度性质的物理量还有压力（即物理学中的压强）、密度、浓度等。

两种广度性质的物理量相除后即成强度性质的物理量。例如，“摩尔体积”是体积除以物质的量，“密度”是质量除以体积，“摩尔体积”“密度”都是强度性质的状态函数。

应该指出，描述系统状态的状态函数不是各自独立的，它们之间往往有一定的联系，描述这种联系的函数表达式称为状态方程。描述一个系统所处的状态不必要把所有的状态函数都一一列出，只要确定几个状态函数的值，通过状态方程，其余的状态函数也就有了确定的值。例如，要描述一理想气体所处的状态，只要知道温度（T）、压力（p）、体积（V）就足够了，根据理想气体的状态方程 $pV=nRT$，此理想气体的物质的量（n）也就确定了，其中 R 为常数，其值是 $8.314J\cdot mol^{-1}\cdot K^{-1}$。通常选择系

统中易于相互独立测定的几个状态函数来描述系统的状态，如温度、体积等。

状态函数是单值函数。系统的状态一经确定，每个状态函数只有唯一确定的值。需要特别注意的是，状态函数一旦改变，系统的状态就发生了变化，状态函数的值可能会随之改变，其变化值只取决于系统的初始状态（始态）和终了状态（终态），与这种变化如何发生的中间环节无关。例如，50℃的水（始态）变为80℃的水（终态），其状态函数温度 T 的变化量 $\Delta T=T_{终态}-T_{始态}=80℃-50℃=30℃$。至于如何使水温升高30℃，是直接加热，或是通过机械搅拌，还是先降温后升温或先升温再降下来，甚至其他一些更为复杂的中间过程，ΔT 与它们都没有关系，总是30℃。从这个例子还可以看到，温度的变化数值与所选择的温标没有关系。

问题与思考 6-2

摩擦所做的功和产生的热是否为状态函数？

系统的状态随时间的变化称为热力学过程，简称**过程**（process），也可以说是系统由一个平衡态到另一个平衡态的经过。如气体的压缩与膨胀，液体的蒸发，化学反应等等都是热力学过程。经过这些过程后，系统的状态发生了变化，某些状态函数的数值也会发生改变。系统从始态变到终态所经历过程的具体步骤称为途径。过程分为以下几类：

等温过程（isothermal process）：系统变化的终态温度与始态温度相同的过程，此过程的中途温度可能改变也可能不变。人体内的生化反应基本上是在37℃下进行的，可以认为是等温过程。等温过程的系统温度往往与环境温度相同。

等压过程（isobar process）：系统变化时终态压力与始态压力相同的过程。许多化学反应在敞口烧杯、试管内进行，可以认为是在恒定大气压下发生的等压过程。等压过程的中途系统的压力可能变化，也可能不变化。

等容过程（isovolumic process）：系统变化时体积在始态和终态相同的热力学过程。如在密闭的刚性容器中发生的化学反应就是等容过程。

绝热过程（adiabatic process）：系统变化时与环境无热交换的过程。

循环过程（cyclic process）：系统经过一系列变化后又回到始态的过程。显然，状态函数经过循环过程其变化值为零。

如果以上过程都进行得足够慢，以致系统连续经过的每一个中间态都无限接近平衡态，称为准静态过程，这是一个理想化的过程，不能真实实现，但是非常有用，它可以不考虑过程的时间特征。

三、能量的转化

（一）热和功

在热力学中，系统和环境之间交换能量的方式有热和功两种。**热**（heat）是系统和环境之间由于温度不同而交换的能量形式，用符号 Q 表示，也称为热量。除了热以外系统和环境之间的其他能量交换形式称为**功**（work），用符号 W 表示，如膨胀功、电功等。

根据1970年IUPAC推荐，热力学规定：系统向环境放热，Q 为负值；系统从环境吸热，Q 为正值；系统对环境做功，功为负值；环境对系统做功（即系统从环境得功），功为正值。

应当注意的是，热和功都不是状态函数，它们不属于系统的性质，系统自身不含热和功，只存在于系统和环境的变化途径中，其大小与系统所经历的变化途径密切相关。例如，山顶上的石头沿着不同路径到达山脚下，所做的功和因摩擦所生的热都是不同的，不是该石头有多少热和多少功，而是石头在某一滚落的途径中产生多少热，做出多少功。下面将以理想气体的等温膨胀来进一步说明热和功与系统所经历的途径有关。

（二）体积功、可逆过程与最大功

如图 6-1 所示，在一个导热性能极好的气缸内充满一定量的理想气体，此为系统。环境温度为 T，由于环境极大，可以认为它失去或得到少量的热 Q 时，其温度基本不改变。气缸壁传热性能很好，可以认为系统和环境的温度一致，即发生的是等温过程。假设活塞（截面积为 A）与气缸壁之间无摩擦力，当理想气体做等温膨胀时，活塞反抗外压移动了 l 的距离。系统反抗外压 $p_{外}$对环境所做的功为

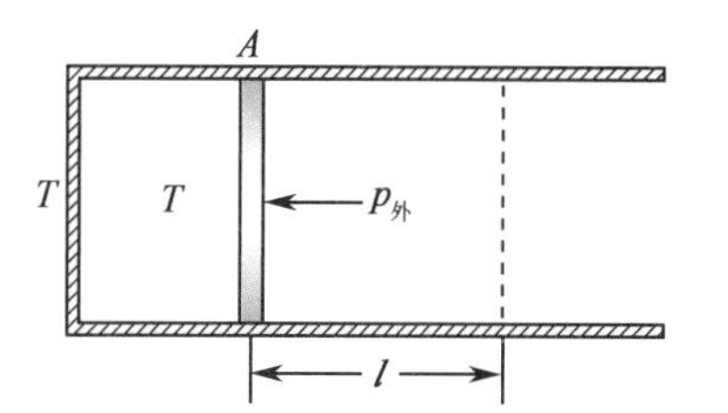

图 6-1　理想气体等温膨胀示意图

$$W=-F\times l=-(p_{外}\times A)\times l=-p_{外}\times(A\times l)=-p_{外}\Delta V \qquad (6\text{-}1)$$

式中，ΔV 为气体膨胀的体积，F 为活塞截面积承受的外力。热力学上把因系统体积变化而产生的与环境之间的能量交换称为**体积功**（volume work），其他形式的功，如电功、表面功等不涉及系统体积的改变，为非体积功。由于理想气体膨胀系统对环境做功，按照规定 W 为负值，所以式（6-1）等号右边加"－"号。

现假设理想气体的始态为 $p_{始}=405.2\text{kPa}$，$V_{始}=1.00\text{dm}^3$，$T_{始}=273.15\text{K}$，可以有不同的等温膨胀途径到达终态 $p_{终}=101.3\text{kPa}$，$V_{终}=4.00\text{dm}^3$，$T_{终}=273\text{K}$。

（1）当外压力从 405.2kPa 一次减小到 101.3kPa 时，因气体处于非平衡态（即 p、V、T 间的关系不符合理想气体状态方程），它将自动地迅速膨胀到终态。根据式（6-1）系统反抗恒定外压力对环境所做的功是

$$W_1=-p_{外}\Delta V=-101.3\times10^3\text{Pa}\times(4-1)\times10^{-3}\text{m}^3=-304\text{J}$$

（2）系统分两步膨胀到终态。第一步外压从 405.2kPa 一次减少到 202.6kPa，气体将自动地膨胀到中间的平衡态：$p_2=202.6\text{kPa}$，$V_2=2.00\text{dm}^3$，$T=273\text{K}$；第二步，再将外压从 202.6kPa 一次减小到 101.3kPa，气体将再次自动膨胀到终态。两步膨胀途径，系统对外做的总功为

$$\begin{aligned}W_2&=W_{\text{I}}+W_{\text{II}}\\&=-202.6\times10^3\text{Pa}\times(2-1)\times10^{-3}\text{m}^3-101.3\times10^3\text{Pa}\times(4-2)\times10^{-3}\text{m}^3=-405\text{J}\end{aligned}$$

比较（2）和（1）可知，两步膨胀系统所做的体积功比一步膨胀大，按照同样的办法可以将气体分成若干步骤一步一步地膨胀，计算结果表明膨胀步骤的次数愈多，系统对外所做的功就愈大，但不可能无限大。

（3）可逆膨胀。如果膨胀次数无穷多，那么每次外压仅仅比系统的压力小 $\text{d}p$，即准静态膨胀，这时系统将发生一步极微小的膨胀，体积的变化为 $\text{d}V$，所做的微小体积功记为 δW，则

$$\delta W=-p_{外}\text{d}V=-(p_{内}-\text{d}p)\text{d}V=-p_{内}\text{d}V$$

这种每一步微小膨胀过程中，系统总是无限接近于平衡态，因为若外压比系统压力大 $\text{d}p$，则气体将简单逆转为压缩，同时环境中不会留下任何变化的痕迹，因为 $\text{d}V$ 和 $\text{d}p$ 都是无穷小。上述理想气体经过无穷个步骤及无限长时间的膨胀达到终态，所做的功为

$$W_3=W_{\text{r}}=\int_{V_{始}}^{V_{终}}\delta W=-\int_{V_{始}}^{V_{终}}p_{内}\text{d}V=-\int_{V_{始}}^{V_{终}}\frac{nRT}{V}\text{d}V=-nRT\ln\frac{V_{终}}{V_{始}}$$

理想气体物质的量（n）可由理想气体状态方程求出

$$n=\frac{p_1V_1}{RT}=\frac{405.2\times10^3\text{Pa}\times1.00\times10^{-3}\text{m}^3}{8.314\text{J}\cdot\text{mol}^{-1}\cdot\text{K}^{-1}\times273\text{K}}=0.178\text{mol}$$

$$W_{\text{r}}=-0.178\text{mol}\times8.314\text{J}\cdot\text{mol}^{-1}\cdot\text{K}^{-1}\times273\text{K}\ln\frac{4.00\text{dm}^3}{1.00\text{dm}^3}=-560\text{J}$$

以上例子说明了功不是状态函数，它的大小与所经历的途径有关。在上面讨论的 3 种膨胀途径中，（1）和（2）代表的是自发的过程，而（3）代表的是一种**可逆过程**（reversible process），所做的功常用符号 W_{r} 表示（下标"r"表示"可逆"）。如果系统再沿同样的途径由终态回到始态，不仅系统状态复原，

环境状态也同时复原。可逆膨胀过程系统对外所做的功最大，其他过程系统对外做的功都比可逆过程小，也称为**不可逆过程**（irreversible process）。它们的值可用图 6-2 阴影面积的大小来表示。

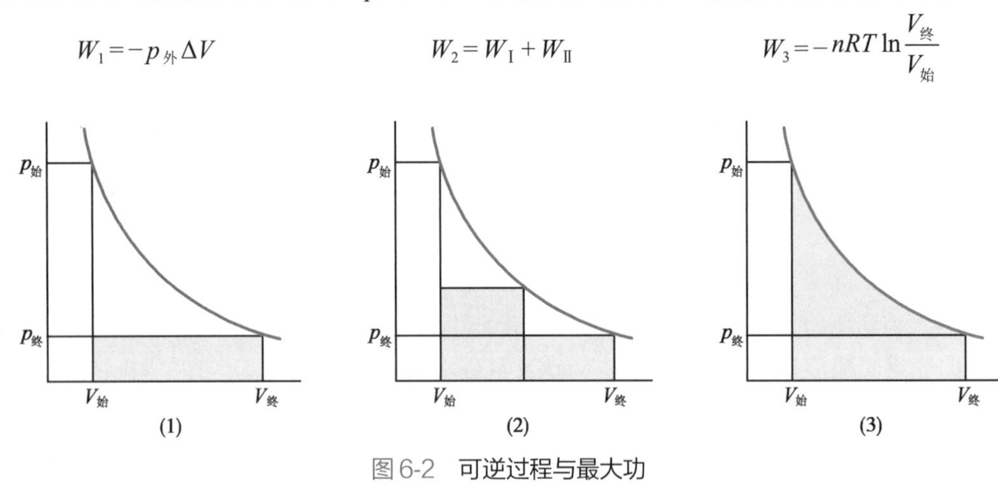

图 6-2　可逆过程与最大功

问题与思考 6-3

1. 在上面的例子里，如果气体在外压下发生压缩，分析可逆过程环境对气体所做的功，比较可逆与不可逆过程下系统和环境的复原情况。

2. 热力学“可逆”与中学化学提到的反应“可逆”含义是否相同？

区分可逆过程与不可逆过程的判据是系统和环境是否都能恢复到原来的状态，可逆过程是一个时间无限长、不可能实现的理想过程。实际过程只能无限接近它，如液体在沸点时蒸发，固体在熔点下的熔化，可以近似看作可逆过程。有能量耗散的过程，如热传导、物质扩散、爆炸、生命活动过程都是不可逆的。

第二节　能量守恒和化学反应热

一、热力学能和热力学第一定律

（一）热力学能

热力学能（thermodynamic energy）又称**内能**（internal energy），它是系统内部一切形式的能量总和，用符号“U”表示。它包括系统内部粒子的平动动能，粒子间吸引和排斥产生的势能，分子的振动能和转动能，原子内电子运动能、核能等，但不包括系统整体运动的动能和在外力场中的势能。由于微观粒子运动的复杂性，至今仍无法确定一个系统热力学能的绝对值。但可以肯定的是，处于一定状态的系统必定有一个确定不变的热力学能值，因此热力学能是状态函数。

（二）热力学第一定律

热力学第一定律（the first law of thermodynamics）也称作能量守恒与转化定律，是人类大量实践经验的总结。它可表述为“自然界的一切物质都具有能量，能量有各种不同形式，能够从一种形式转化为另一种形式，在转化中能量的总值不变”。封闭系统和环境之间交换能量的方式只有热和功，当系统发生了状态变化，不管经历的是可逆还是不可逆过程，若变化过程中从环境吸收的热量为 Q，环境对系统所做的功为 W，两种交换能量的形式在改变系统热力学能方面是等效的，按热力学第一定律，系统的热力学能变化为

$$\Delta U = Q + W \qquad (6\text{-}2)$$

式（6-2）就是热力学第一定律的数学表达式，它对封闭系统始终成立；对开放系统，显然热力学

能的变化还与环境之间交换物质的多少有关。W 可以是体积功，也可以是非体积功。在下面的讨论中，如不特别指明，W 将只表示体积功。热力学第一定律将功和热联系起来，其单位是 J（焦耳）。历史上，热的单位还用过卡（cal）或大卡（kcal），在食品、生物医学中此单位现仍然使用，它们之间的关系是 1cal＝4.184J，也称为热功当量，说明功和热在改变系统热力学能方面是等效的。

（三）热力学能的变化与等容反应热效应

热力学能是系统内部的能量总和，是系统自身的性质，只由系统的状态决定。虽然热力学能的绝对值无法知道，但它的改变量却是可以测定的。封闭系统没有非体积功存在时，如果发生的是等容过程，$\Delta V=0$，根据热力学第一定律，

$$\Delta U=Q_{\mathrm{v}}+W=Q_{\mathrm{v}}+p\Delta V$$

其中，下标“v”表示等容过程，Q_{v} 表示等容反应热。由于系统体积变化 $\Delta V=0$，所以有

$$\Delta U=Q_{\mathrm{v}} \tag{6-3}$$

式（6-3）将热力学能变化与等容热效应联系起来。许多化学反应可以设计在等容的条件下进行。例如，常用的弹式量热计（图 6-3），在一个不锈钢材质的恒容密闭钢弹内发生的化学反应，其等容反应热通过测定钢弹外水温的变化而得。

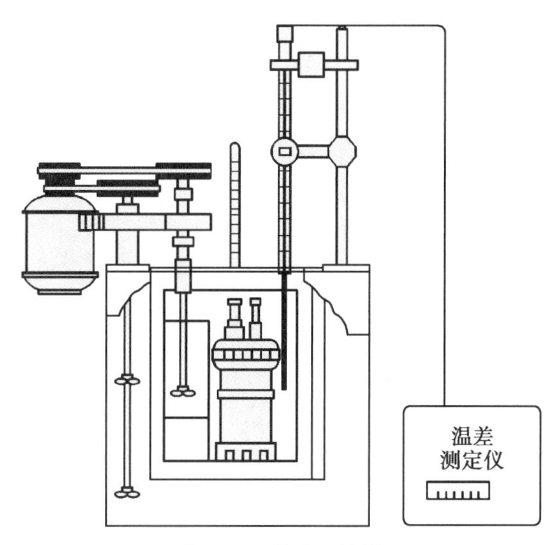

图6-3　弹式量热计

二、系统的焓变和等压反应热效应

（一）系统的焓

系统在等压、不做非体积功的条件下从始态 1 变化到终态 2，按热力学第一定律有

$$\Delta U=U_2-U_1=Q_{\mathrm{p}}+W$$

式中，Q_{p} 表示等压热效应，W 为体积功，U_1 和 U_2 分别表示系统始态和终态的热力学能。若系统抵抗外压作膨胀功，功为负值，即 $W=-p_{外}\Delta V$，上式就为

$$\Delta U=Q_{\mathrm{p}}-p_{外}\Delta V$$

即

$$U_2-U_1=Q_{\mathrm{p}}-p_{外}(V_2-V_1)$$

等压过程有 $p_1=p_{外}$，$p_2=p_{外}$，代入上式可得

$$Q_{\mathrm{p}}=(U_2-U_1)+p_{外}(V_2-V_1)=(U_2+p_2V_2)-(U_1+p_1V_1)$$

定义

$$H \overset{\mathrm{def}}{=\!=\!=} U+pV \tag{6-4}$$

则有

$$Q_{\mathrm{p}}=H_2-H_1$$

即

$$Q_p = \Delta H \tag{6-5}$$

这里引入了一个新的热力学函数 H，称为**焓**（enthalpy）。根据式（6-4），因 U、p 和 V 都是状态函数，它们的代数组合 H 也是状态函数，并且和热力学能一样具有能量的量纲，但它没有如热力学能、压力、体积那样直观的物理意义。引入这个新的状态函数是为了热力学研究的方便。

（二）等压反应热效应

根据焓的定义式，H 是系统的一个状态函数。由于不能确定系统热力学能 U 的绝对值，H 的绝对值也无法确定，但焓变 ΔH 却是可以测定的。从式（6-5）可知，封闭系统不做非体积功时的等压热效应 Q_p 等于焓变。因此，用一个保温杯式的量热计即可测定等压条件下的中和热、溶解热及其他溶液中反应的热效应。大多数化学反应都是在等压、不做非体积功的条件下进行的，因此化学反应的热效应常用 ΔH 来表示。

等容反应热 Q_v 和等压反应热 Q_p 都是化学反应的热效应，都表示当产物与反应物的温度相同时，化学反应过程中吸收或放出的热量。

对于一个气相反应 aA（g）+ bB（g）== dD（g）+ eE（g），设 A、B、D、E 均为理想气体，根据焓的定义式（6-4）有

$$\Delta H = \Delta U + \Delta(pV)$$

根据理想气体状态方程可得 $\Delta(pV) = \Delta(nRT) = RT\Delta n$，代入上式得

$$\Delta H = \Delta U + RT\Delta n$$

也可以写成

$$Q_p = Q_v + RT\Delta n \tag{6-6}$$

式（6-6）就是等容反应热和等压反应热之间的关系，$\Delta n = d + e - a - b$，为反应前后气体组分物质的量的改变。反应前后气体的物质的量没有变化（$\Delta n = 0$）的反应或者是反应物与产物都在溶液或固体中发生的反应，系统的体积变化极小，$\Delta V \approx 0$，可以认为 $Q_p \approx Q_v$。

三、反应进度、热化学方程式与标准状态

（一）反应进度

对于任意一个化学反应：

$$a\text{A} + b\text{B} = d\text{D} + e\text{E}$$

将此式看成方程式，移项后有

$$d\text{D} + e\text{E} - a\text{A} - b\text{B} = 0$$

或简写为

$$\Sigma_J \upsilon_J \text{J} = 0 \tag{6-7}$$

式（6-7）为国家标准中对任意反应的标准缩写式。式中 J 代表反应物或产物，υ_J 为反应式中相应物质 J 的**化学计量数**（stoichiometric number），Σ_J 表示对反应式中各物质求和。化学计量数 υ_J 可以是整数或简单分数，对于**反应物**（reactant），ν_J 为负值，即 $\nu_A = -a$，$\nu_B = -b$；对于**产物**（product），υ_J 为正值，即 $\upsilon_D = d$，$\upsilon_E = e$。

反应进度（extent of reaction）表示反应进行的程度，用符号 ξ 表示。对于上述的化学反应，设 $n_J(0)$ 和 $n_J(\xi)$ 分别为各物质在 0 时刻和 t 时刻的物质的量，反应进度可以表示为

$$\xi = \frac{n_A(\xi) - n_A(0)}{-a} = \frac{n_B(\xi) - n_B(0)}{-b} = \frac{n_D(\xi) - n_D(0)}{d} = \frac{n_E(\xi) - n_E(0)}{e}$$

即

$$\xi = \frac{n_J(\xi) - n_J(0)}{\nu_J} \tag{6-8}$$

ξ的单位为 mol。采用反应进度的意义在于，对指定的化学反应，无论是用反应物还是产物来表示，结果都是相同的数值。当ξ= 1mol 时为摩尔反应进度，是将化学反应看做一个整体单元，即 1mol，其反应热为摩尔反应热，用 $\Delta_r H_m$ 表示。

例 6-1　在I^-催化下，34g H_2O_2 经 20min 后分解了一半，其反应方程可写成如下两种形式：

(1) $H_2O_2(aq) \xlongequal{I^-} H_2O(l) + 1/2O_2(g)$

(2) $2H_2O_2(aq) \xlongequal{I^-} 2H_2O(l) + O_2(g)$

分别按(1)和(2)求算此反应的反应进度。

解　反应在 t=0min 和 t=20min 时不同物质的量为

t/min	$n(H_2O_2)$/mol	$n(H_2O)$/mol	$n(O_2)$/mol
0	1.00	0.00	0.00
20	0.50	0.50	0.25

按方程式(1)求ξ

$$\xi = \frac{\Delta n(H_2O_2)}{\nu(H_2O_2)} = \frac{0.50\text{mol} - 1.00\text{mol}}{-1} = 0.50\text{mol}$$

按产物 H_2O 和 O_2 来求

$$\xi = \frac{\Delta n(H_2O)}{\nu(H_2O)} = \frac{0.50\text{mol} - 0.00\text{mol}}{1} = 0.50\text{mol}$$

$$\xi = \frac{\Delta n(O_2)}{\nu(O_2)} = \frac{0.25\text{mol} - 0.00\text{mol}}{0.5} = 0.50\text{mol}$$

无论是采用反应物还是产物ξ的值都一样。

按方程式(2)求ξ

$$\xi = \frac{\Delta n(H_2O_2)}{\nu(H_2O_2)} = \frac{0.50\text{mol} - 1.0\text{mol}}{-2} = 0.25\text{mol}$$

按产物 H_2O 和 O_2 同样求得ξ=0.25mol。

从例 6-1 可以看出，反应进度与反应方程式的写法有关；但对于同一反应方程式，反应进度与选择哪种反应物或产物求算无关。ξ= 1mol，意味着按所写的反应方程式作为基本单元完成了 1mol 反应。求算反应进度ξ时必须写出具体的反应方程式。

（二）热化学方程式与标准状态

化学反应总是伴随着热量的传递，表示化学反应与热效应关系的方程式称为**热化学方程式**(thermochemical equation)。如

(1) $H_2(g) + \frac{1}{2}O_2(g) == H_2O(l)$　　$\Delta_r H^{\ominus}_{m,298.15} = -285.8\text{kJ}\cdot\text{mol}^{-1}$

(2) $2H_2(g) + O_2(g) == 2H_2O(l)$　　$\Delta_r H^{\ominus}_{m,298.15} = -571.6\text{kJ}\cdot\text{mol}^{-1}$

(3) $C(gra) + O_2(g) == CO_2(g)$　　$\Delta_r H^{\ominus}_{m,298.15} = -393.5\text{kJ}\cdot\text{mol}^{-1}$

对于热化学方程式中热效应符号$\Delta_r H^{\ominus}_{m,298.15}$的意义需作如下说明：

ΔH 表示等压反应热(或焓变)，规定为负值表示放热反应，为正值表示吸热反应。

下标“r”表示**反应**(reaction)，指明是化学反应的热效应。

下标“298.15”是指反应物和产物的温度为 298.15K，即 25℃。

上标“$\ominus$”表示反应热是在标准状态下的数值。

由于物质或反应系统所处的状态不同，它们自身的能量或在反应中发生的能量变化也不相同，例如，同样物质的量，在高压下的 $H_2(g)$ 与 $O_2(g)$ 反应生成高压下的 $H_2O(l)$ 放出的能量与低压下反应放出的能量不同。为了比较不同反应热效应的大小，需要规定共同的比较标准。

定义热力学**标准状态**（standard state）分别是：

气体：标准压力下的纯理想气体，即压力为 100kPa（$p^{\ominus}=100\text{kPa}$）。若为混合气体则是指各气体的分压为标准压力且均具有理想气体的性质。

纯液体（或纯固体）：标准压力下的纯液体（或纯固体）。

溶液：溶液的标准状态是指在标准压力下溶质浓度（严格应为活度）为 $1\text{mol}\cdot\text{L}^{-1}$ 或质量摩尔浓度为 $1\text{mol}\cdot\text{kg}^{-1}$ 且具有理想溶液性质的溶液，此状态可以是真实的，也可以不是真正存在；溶剂的标准状态则是指标准压力下的纯溶剂。对于生物系统的标准状态规定为温度 37℃，氢离子的浓度为 $1\times10^{-7}\text{mol}\cdot\text{L}^{-1}$。

标准状态规定中不包含温度，但 IUPAC 推荐 298.15K 为参考温度。手册和教科书中收录的热力学常数也大多数是 298.15K 条件下的数据。

在明确了标准状态的各种规定之后，要写出正确的热化学方程式，还需要注意如下几点：

（1）因反应热与方程式的写法有关，必须写出完整的化学反应计量方程式。

（2）要标明参与反应的各种物质的状态，用 g、l 和 s 分别表示气态、液态和固态，用 aq 表示**水溶液**（aqueous solution）。如固体有不同晶型，还要指明是什么晶型的固体。如碳有石墨（graphite）和金刚石（diamond）等晶型。

（3）要标明温度和压力。如反应在标准状态下进行，要标上“$\ominus$”。按习惯，如反应在 298.15K 下进行，可不标明温度。

四、Hess 定律和反应热的计算

一些化学反应的热效应可以通过实验测定，但许多反应的反应热直接通过实验测定很困难甚至不可能。1840 年俄国化学家 Hess 在大量实验的基础上总结了一条规律：一个化学反应不管是一步完成还是分几步完成，其反应热都是相同的，这就是 Hess 定律。在热力学理论成熟前这是热化学的一条经验规律，将热力学第一定律应用到研究化学反应热效应时，就很自然地得到这个定律了。因为 H 是状态函数，ΔH 只取决于系统的始态和终态，与中间过程无关。对于化学反应则 $\Delta_r H_m$ 只取决于反应物和产物的状态，与反应的实际步骤无关。任何一个化学反应在不做非体积功和等压（或等容）的条件下，不管此反应是一步完成还是分几步完成，其热效应 $\Delta_r H_m$ 都相同。Hess 定律是热化学计算的基础。可以将几个热化学方程式像代数方程式一样进行加减运算，间接求得一些难以测准或无法测量的反应热。

（一）由已知的热化学方程式计算反应热

有些反应的热效应实际上是无法通过实验测定的，如 $C(gra)+\frac{1}{2}O_2(g)=CO(g)$ 的反应，在氧化过程中总伴有 CO_2 的生成。利用 CO_2 的热化学数据，根据 Hess 定律可以求算出它的反应热。

例 6-2　已知在 298.15K 下，下列反应的标准摩尔焓变 $\Delta_r H_m^{\ominus}$

（1）$C(gra)+O_2(g)=CO_2(g)$　　　$\Delta_r H_{m,1}^{\ominus}=-393.5\text{kJ}\cdot\text{mol}^{-1}$

（2）$CO(g)+\frac{1}{2}O_2(g)=CO_2(g)$　　　$\Delta_r H_{m,2}^{\ominus}=-282.99\text{kJ}\cdot\text{mol}^{-1}$

求反应（3）$C(gra)+\frac{1}{2}O_2(g)=CO(g)$ 的 $\Delta_r H_{m,3}^{\ominus}$。

解　可以把 $C(gra)+O_2(g)$ 作为始态，把 $CO_2(g)$ 作为终态。反应可经步骤（1）一步完成，也可按步骤（3）和（2）两步完成。过程示意如下

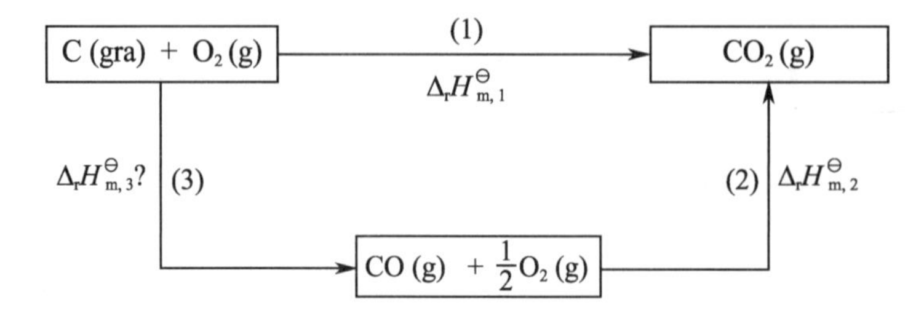

根据Hess定律

$$\Delta_r H_{m,1}^{\ominus} = \Delta_r H_{m,3}^{\ominus} + \Delta_r H_{m,2}^{\ominus}$$

$$\Delta_r H_{m,3}^{\ominus} = \Delta_r H_{m,1}^{\ominus} - \Delta_r H_{m,2}^{\ominus}$$

$$C(gra) + O_2(g) == CO_2(g) \qquad \Delta_r H_{m,1}^{\ominus} = -393.5\text{kJ}\cdot\text{mol}^{-1}$$

相减 $$CO(g) + \frac{1}{2}O_2(g) == CO_2(g) \qquad \Delta_r H_{m,2}^{\ominus} = -282.99\text{kJ}\cdot\text{mol}^{-1}$$

$$C(gra) + \frac{1}{2}O_2(g) == CO(g)$$

$$\Delta_r H_{m,3}^{\ominus} = -393.5\text{kJ}\cdot\text{mol}^{-1} + 282.99\text{kJ}\cdot\text{mol}^{-1} = -110.51\text{kJ}\cdot\text{mol}^{-1}$$

从例6-2可以看出：Hess定律可以看成是“热化学方程式的代数加减法”，并且“同类项”(即物质和它的状态均相同)可以合并、消去，移项后要改变相应物质的化学计量系数符号。若运算中反应式要乘以系数，则反应热$\Delta_r H_m^{\ominus}$也要乘以相应的系数。

例6-3　在金属冶炼中CO常常被用来使铁氧化物还原，从而得到金属铁。已知如下反应

(1) $Fe_2O_3(s) + 3CO(g) = 2Fe(s) + 3CO_2(g)$　　$\Delta_r H_{m,1}^{\ominus} = -26.7\text{kJ}\cdot\text{mol}^{-1}$

(2) $CO(g) + \frac{1}{2}O_2(g) = CO_2(g)$　　$\Delta_r H_{m,2}^{\ominus} = -282.99\text{kJ}\cdot\text{mol}^{-1}$

求：(3) $2Fe(s) + \frac{3}{2}O_2(g) = Fe_2O_3(s)$的$\Delta_r H_{m,3}^{\ominus}$。

解　考察各热化学方程式知：3×(2)−(1)即可得热化学方程式(3)，所以

$$\Delta_r H_{m,3}^{\ominus} = 3\times\Delta_r H_{m,2}^{\ominus} - \Delta_r H_{m,1}^{\ominus} = -822.3\text{kJ}\cdot\text{mol}^{-1}$$

（二）由标准摩尔生成焓计算反应热

设等压不做非体积功的任一反应为

$$aA + bB == dD + eE$$

热力学中规定：在指定温度T下，由稳定单质生成1mol物质B时的焓变称为物质B的**摩尔生成焓**(molar enthalpy of formation)，其符号为$\Delta_f H_m$，单位为$\text{kJ}\cdot\text{mol}^{-1}$。如果生成物质B的反应是在标准状态下进行，这时的生成焓称为物质B的**标准摩尔生成焓**(standard molar enthalpy of formation)，记为$\Delta_f H_m^{\ominus}$。按照标准摩尔生成焓的定义，热力学实际上规定了稳定单质的$\Delta_f H_m^{\ominus}$为零。应该注意的是碳的稳定单质指定是石墨而不是金刚石。虽然产物和反应物焓的绝对焓值无法确定，然而可以通过产物和反应物的摩尔生成焓求得反应的焓变。

例如，H_2O(l)的标准摩尔生成焓$\Delta_f H_m^{\ominus}(H_2O, l, 298.15K) = -285.8\text{kJ}\cdot\text{mol}^{-1}$是指下面生成反应的标准摩尔焓变

$$H_2(g, 298.15K, p) + \frac{1}{2}O_2(g, 298.15K, p) == H_2O(l, 298.15K, p)$$

$$\Delta_r H_m^{\ominus}(H_2O, l, 298.15K, p) = -285.8\text{kJ}\cdot\text{mol}^{-1}$$

注意，书写标准状态下由稳定单质形成物质B的反应式时，要使B的化学计量数$\nu_B = 1$，如上式中的H_2O的$\nu_{H_2O} = 1$。各种物质在298.15K下的$\Delta_f H_m^{\ominus}$值见附录四附表4-1。

根据摩尔生成焓数据，可以计算任意化学反应的反应热。设想两种途径，一种是从最稳定单质直接生成产物，另一种是由稳定单质先生成反应物，再由反应物到产物，过程示意如下

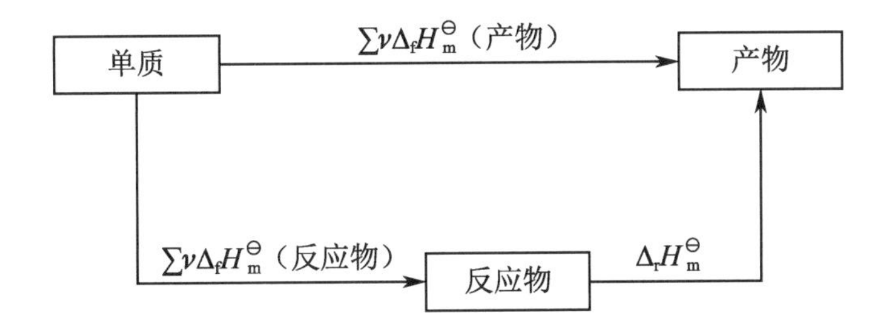

根据Hess定律，有

$$\sum \nu \Delta_f H_m^{\ominus}(产物)=\sum \nu \Delta_f H_m^{\ominus}(反应物)+\Delta_r H_m^{\ominus}$$

计算得到化学反应的反应热

$$\Delta_r H_m^{\ominus}=\sum \nu \Delta_f H_m^{\ominus}(产物)-\sum \nu \Delta_f H_m^{\ominus}(反应物) \tag{6-9}$$

式(6-9)中 ν 为相应物种的化学计量系数。根据式(6-9)可求在标准状态下各种化学反应的等压反应热。因为焓具有广度性质，式(6-9)中各个物质的 $\Delta_f H_m^{\ominus}$ 必须乘以反应式中相应物质的化学计量系数 ν，再加和计算。

例 6-4 利用298.15K时有关物质的 $\Delta_f H_m^{\ominus}$ 数据，求下列反应在298.15K的 $\Delta_r H_m^{\ominus}$

$$2NH_3(g)+CO_2(g)=CO(NH_2)_2(s)+H_2O(l)$$

解 查书末附录四附表4-1得到298.15K时

$\Delta_f H_m^{\ominus}(NH_3, g)=-45.9kJ\cdot mol^{-1}$，$\Delta_f H_m^{\ominus}(CO_2, g)=-393.5kJ\cdot mol^{-1}$

$\Delta_f H_m^{\ominus}(H_2O, l)=-285.8kJ\cdot mol^{-1}$，$\Delta_f H_m^{\ominus}\{CO(NH_2)_2, s\}=-333.1kJ\cdot mol^{-1}$

按式(6-9)有

$$\begin{aligned}\Delta_r H_m^{\ominus}&=\Delta_f H_m^{\ominus}\{CO(NH_2)_2, s\}+\Delta_f H_m^{\ominus}(H_2O, l)-2\times\Delta_f H_m^{\ominus}(NH_3, g)-\Delta_f H_m^{\ominus}(CO_2, g)\\&=-333.1kJ\cdot mol^{-1}+(-285.8kJ\cdot mol^{-1})-2\times(-45.9kJ\cdot mol^{-1})-(-393.5kJ\cdot mol^{-1})\\&=-133.6kJ\cdot mol^{-1}\end{aligned}$$

绝大多数化学反应并非在298.15K下进行，而一般从手册上查得的数据通常是298.15K。在温度范围不大、反应热受温度影响不大且要求不太精确时可以认为反应热是常数，即 $\Delta_r H_{m,T}^{\ominus}\approx\Delta_r H_{m,298.15K}^{\ominus}$。

（三）由标准摩尔燃烧焓计算反应热

大多数有机物很难从稳定单质直接生成，因此，其生成热不易由实验得到。但有机物很容易燃烧或氧化，燃烧产生的热量可采用图6-3的装置测定，因此还可以利用物质的燃烧热效应求化学反应热。

1 mol 标准状态下的某物质B完全燃烧（或完全氧化）生成标准状态的指定稳定产物时的反应热称为该物质B的**标准摩尔燃烧热**(standard molar enthalpy of combustion)，符号 $\Delta_c H_m^{\ominus}$，单位 $kJ\cdot mol^{-1}$。这里“完全燃烧”或“完全氧化”是指将化合物中的C、H、S、N及X（卤素）等元素分别氧化为 $CO_2(g)$、$H_2O(l)$、$SO_2(g)$、$N_2(g)$ 及 $HX(g)$。由于反应物已“完全燃烧”或“完全氧化”，上述这些指定的稳定产物意味着不能再燃烧，实际上规定这些产物的燃烧值为零。各种化合物的标准摩尔燃烧热 $\Delta_c H_m^{\ominus}$ 的数据见附录四附表4-2。

利用 $\Delta_c H_m$ 可以求化学反应的标准摩尔焓变 $\Delta_r H_m^{\ominus}$，$\Delta_r H_m^{\ominus}$ 与 $\Delta_c H_m^{\ominus}$ 关系如下

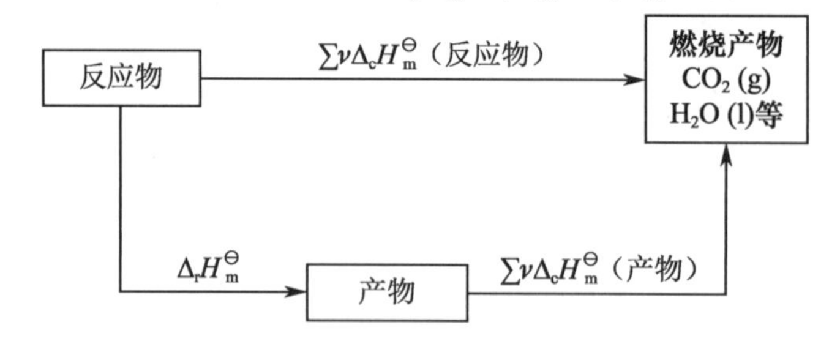

据Hess定律有

$$\sum \nu \Delta_c H_m^{\ominus}(反应物)=\Delta_r H_m^{\ominus}+\sum \nu \Delta_c H_m^{\ominus}(产物)$$

计算得到反应的标准摩尔焓变

$$\Delta_r H_m^{\ominus}=\sum \nu \Delta_c H_m^{\ominus}(反应物)-\sum \nu \Delta_c H_m^{\ominus}(产物) \tag{6-10}$$

注意式(6-10)完全不同于式(6-9)。同样在计算中还应注意 $\Delta_c H_m^{\ominus}$ 乘以反应式中相应物质的化学计量系数 ν。

例 6-5　已知在 298.15K，标准状态下乙醛加氢形成乙醇的反应为

$$CH_3CHO(l)+H_2(g)==CH_3CH_2OH(l)$$

此反应的反应热较难测定，试利用标准摩尔燃烧热计算其$\Delta_r H_m^\ominus$。

解　查附录四附表 4-2 得

$$\Delta_c H_m^\ominus(CH_3CHO,l)=-1166.9kJ\cdot mol^{-1},\ \Delta_c H_m^\ominus(CH_3CH_2OH,l)=-1366.8kJ\cdot mol^{-1}$$

按标准摩尔燃烧热的定义，有

$$\Delta_c H_m^\ominus(H_2,g)=\Delta_f H_m^\ominus(H_2O,l)=-285.8kJ\cdot mol^{-1}$$

$$\Delta_r H_m^\ominus=\Delta_c H_m^\ominus(CH_3CHO,l)+\Delta_c H_m^\ominus(H_2,g)-\Delta_c H_m^\ominus(CH_3CH_2OH,l)$$

$$=-1166.9kJ\cdot mol^{-1}+(-285.8kJ\cdot mol^{-1})-(-1366.8kJ\cdot mol^{-1})=-85.9kJ\cdot mol^{-1}$$

也可以由标准摩尔生成热来计算

查附录四附表 4-1　$\Delta_f H_m^\ominus(CH_3CHO,l)=-192.2kJ\cdot mol^{-1}$

$$\Delta_f H_m^\ominus(H_2,g)=0kJ\cdot mol^{-1},\ \Delta_f H_m^\ominus(CH_3CH_2OH,l)=-277.6kJ\cdot mol^{-1}$$

$$\Delta_f H_m^\ominus=\Delta_f H_m^\ominus(CH_3CH_2OH,l)-\Delta_f H_m^\ominus(H_2,g)-\Delta_f H_m^\ominus(CH_3CHO,l)$$

$$=-277.6kJ\cdot mol^{-1}-0kJ\cdot mol^{-1}+192.2kJ\cdot mol^{-1}=-85.4kJ\cdot mol^{-1}$$

可以认为采用$\Delta_c H_m^\ominus$和$\Delta_f H_m^\ominus$求得的反应热是一致的。

第三节　熵和 Gibbs 自由能

热力学第一定律解决了化学反应的热效应问题，即反应是放热还是吸热，反应热是多少。例如，在 298.15K，标准状态下，进度为 1mol 的反应 $C_2H_5OH(l)=CH_3CHO(l)+H_2(g)$ 需从环境吸热 85.9kJ。其逆反应 $CH_3CHO(l)+H_2(g)=C_2H_5OH(l)$ 将向环境放热 85.9kJ。但热力学第一定律并不能告诉我们可能自动发生的是哪个反应及反应达平衡的条件。这涉及一定条件下反应的方向和限度问题，需要用热力学第二定律来回答。

一、自发过程及其特征

（一）自发过程的特征

在一定条件下不需要任何外力推动就能自动发生的过程称为**自发过程**（spontaneous process）。自然界存在许多自发过程。日常生活中所知的水从高处自动流向低处、热从高温物体自动地向低温物体传递、电流自动从正极流向负极等现象，这些自发过程有共同的基本特征，归纳起来有：

（1）单向性，即自动地向一个方向进行，不会自动地逆向进行。如要逆向进行，环境需要对系统做功，例如，水可以从低处流向高处，但需要水泵做功。

（2）具有做功的能力。所有自发的过程都有做功的潜能。水由高处流向低处可以推动发动机作电功或推动水轮机做机械功；由高温热源向低温热源自发传递的热量可使热机运转做功；锌与硫酸铜的反应是自发进行的，它可以设计成电池做电功。过程的自发性愈大，做功的潜能也愈大。做功能力实际上是过程自发性程度的一种量度。

（3）具有一定的限度。任何自发过程进行到平衡状态时，宏观上就不再继续进行。这时此过程做功的本领也等于零。例如，一个氧化还原反应最后达到化学平衡时，所组装成的原电池也就不能产生电能，也不能做电功。

（二）自发的化学反应的推动力

许多化学反应都是自发进行的，室外的钢铁会生锈，锌（Zn）可从硫酸铜（$CuSO_4$）溶液中置换出铜（Cu），$AgNO_3$ 溶液与 NaCl 溶液混合迅速产生 AgCl 沉淀等，都是自发过程。如何判断一个化学反应是否能自发进行，对于化学研究及化工生产具有重要的意义。若一个反应根本不可能发生，就不

用花精力去研究它的作用机制、反应速率及寻找催化剂加速它的反应速率等问题。例如，19世纪末曾进行了许多次从石墨制造金刚石的实验，结果都以失败告终。后来经理论研究证明，在常温常压下，石墨不可能变成金刚石，只有当压力超过 1.5×10^{9} Pa 时，石墨才有可能变成金刚石。

早在19世纪70年代法国化学家 Berthelot PEM 和丹麦化学家 Thomson J 就提出过反应的热效应可作为化学反应自发进行的判据，并认为"只有放热反应才能自发进行"。这是因为系统处于高能态是不稳定的，通过化学反应，将一部分能量释放给环境，变成低能态的产物，系统变得更稳定。事实上，许多 $\Delta H<0$ 的放热反应都是自发反应。

但是有些 $\Delta H>0$ 的吸热过程也是自发的，例如，KNO_3 溶于水的过程是吸热的，但它是自发进行的。又如，碳酸钙 $CaCO_3$ 的分解反应

（1）$CaCO_3(s) == CaO(s) + CO_2(g)$

在840℃以上的温度也是自发进行的，可是它是吸热的，即 $\Delta H>0$。又如，常温常压下，下面的反应

（2）$CoCl_2\cdot6H_2O(s) + 6SOCl_2(l) == CoCl_2(s) + 6SO_2(g) + 12HCl(g)$

（3）$N_2O_4(g) == 2NO_2(g)$

都是自发进行的吸热反应。因此，热效应（或 ΔH）是推动化学反应自发进行的因素，但不是唯一的因素。考察上面所述的自发进行而又吸热的反应可以发现，固体 KNO_3 中 K^+ 和 NO_3^- 的排列是有序的，K^+ 和 NO_3^- 溶于水后，由固体排列的相对有序变为在水溶液中的相对无序。反应（1）和（2）产生了气体，反应（3）产物的气体分子数比反应物气体分子数增加了一倍，都使混乱度大大增加。这些反应都有一个共同的特征，即反应后系统的混乱度增大。由此可见，混乱度增大，系统由有序变无序，也是自发过程的重要推动力之一。

二、系统的熵

（一）熵和熵变

发生在隔离系统内的过程，由于没有物质和能量的交换，系统混乱度的变化将是判断过程是否自发的唯一因素。在热力学中用**熵**（entropy）这个物理量来表示系统的混乱度，其符号为 S，它是一个具有广度性质的状态函数，其变化值 ΔS 与过程无关。根据这个特点，如果计算实际过程的熵变，可以设计一个与实际过程具有相同始态和终态的等温可逆过程，测量或计算这个可逆过程的热效应 Q_r。等温可逆过程的熵变与可逆过程热效应的关系是

$$\Delta S=\frac{Q_r}{T} \tag{6-11}$$

式中，Q_r 是可逆过程系统吸收的热，T 为系统的温度。需要注意的是，实际过程都是不可逆过程，不可逆热效应是不能直接用于式（6-11）的。

根据式（6-11），系统吸热熵增加，系统放热则熵减少。温度对熵变的影响是，在相同热效应下，低温物体的熵变大，对高温物体的熵影响小。ΔS 与温度成反比，因为在低温时，系统混乱度小，即相对有序，吸收一定量的热将引起混乱度较大的变化。在高温时，系统混乱度本来就很大，吸收同样多的热只会使混乱度略为增加。

既然熵 S 与系统的混乱度有关*，而系统放热、温度越低熵就越小，可以推测当系统的温度接近绝对零度时，分子无规则的热运动几乎停止，熵就达到最小值。因此热力学规定，纯净物质的完整晶体（无任何缺陷和杂质），在绝对零度（0K）下质点的排列和取向都一致时熵值为零。这就是**热力学第三定律**（the third law of thermodynamics）。有了这个规定，通过式（6-11）就可以求得纯物质在其他温度下的熵，称为**规定熵**（conventional entropy）。注意这并不是熵的绝对值，是建立在 $T=0$K 时，$S=0$ 的

* Boltzmann 用统计热力学方法证明 S 和系统可能存在的微观状态数 Ω 的关系为：$S=k\ln\Omega$，k 是 Boltzmann 常数，Ω 又称热力学概率。

标准上而求出的。

在标准状态下1mol物质的规定熵称为**标准摩尔熵**（standard molar entropy），用$S_m^{\ominus}$表示，单位是$J \cdot K^{-1} \cdot mol^{-1}$。常用物质在298.15 K的$S_m^{\ominus}$见附录四的附表4-1。与标准摩尔生成焓$\Delta_f H_m^{\ominus}$不同的是，稳定单质的$S_m^{\ominus}$不为零，因为它们不是绝对零度的完整晶体。

需要指出的是，水溶液中离子的$S_m^{\ominus}$是建立在标准状态下水合H_3O^+的$S_m^{\ominus}=0J \cdot K^{-1} \cdot mol^{-1}$的基础上求得的相对值。

同一物质的标准摩尔熵$S_m^{\ominus}$值的规律是：①$S_m^{\ominus}$（气态）>$S_m^{\ominus}$（液态）>$S_m^{\ominus}$（固态）。②$S_m^{\ominus}$（高温）>$S_m^{\ominus}$（低温）。③气体物质有$S_m^{\ominus}$（低压）>$S_m^{\ominus}$（高压），压力对固态和液态物质的熵影响不大；不同物质的混合过程总有$\Delta S_{混合}>0$。

化学反应的标准摩尔熵变$\Delta_r S_m^{\ominus}$可由反应物和产物的标准摩尔熵$S_m^{\ominus}$计算：

$$\Delta_r S_m^{\ominus}=\sum \nu S_m^{\ominus}(产物)-\sum \nu S_m^{\ominus}(反应物) \tag{6-12}$$

计算时要注意乘以反应式中相应物质的化学计量系数ν。用附录四的附表4-1中$S_m^{\ominus}$的值及式(6-12)只能求得298.15K时的$\Delta_r S_m^{\ominus}$，当温度变化范围不大时，同样可以近似认为

$$\Delta_r S_m^{\ominus}(T) \approx \Delta_r S_m^{\ominus}(298.15K) \tag{6-13}$$

（二）熵增加原理

通过前面讨论可知，与自发过程密切相关的因素是能量和熵。系统总有降低能量来增加自身稳定性的倾向；同时又有混乱度增大使熵增加的趋势。根据式(6-11)，如果是绝热可逆过程，$Q=0$，所以$\Delta S=0$，即熵不变。如果经历的是绝热不可逆过程，可以证明系统的熵一定增加。隔离系统内发生的是绝热过程，在隔离系统内发生的任何自发过程熵总是增加的，直至平衡态时熵值最大，不再变化，熵变为零，这称为**熵增加原理**（principle of entropy increase），它是**热力学第二定律**（the second law of thermodynamics）的一种表述*，用数学式表达为

$$\Delta S_{隔离} \geqslant 0 \tag{6-14}$$

式中，$\Delta S_{隔离}$表示隔离系统的熵变。$\Delta S_{隔离}>0$表示自发过程，$\Delta S_{隔离}=0$表示系统达到平衡。隔离系统中不可能发生熵减小的过程。

实际上，真正的隔离系统并不存在，如果将与系统有物质或能量交换的那一部分环境也包括进去，构成一个新的系统，可以将这个新系统看成隔离系统，其熵变为

$$\Delta S_{孤}=\Delta S_{总}=\Delta S_{系统}+\Delta S_{环境} \tag{6-15}$$

即　$$\Delta S_{总}\begin{cases} >0 & 自发过程 \\ <0 & 非自发过程，其逆过程自发 \\ =0 & 平衡 \end{cases}$$

例6-6　1mol理想气体在等温下体积增加5倍，求系统的熵变：(1)设为等温可逆过程；(2)向真空自由膨胀（此过程的特征是系统与环境无热交换）。

解　(1)等温可逆过程，根据式(6-11)和式(6-3)

$$\Delta S_{系统}=\frac{Q_r}{T}=\frac{W_{max}}{T}=\frac{\int_{V_1}^{V_2} p dV}{T}=\frac{nRT\ln\frac{V_2}{V_1}}{T}=nR\ln\frac{5}{1}$$
$$=1mol \times 8.314J \cdot K^{-1} \cdot mol^{-1} \times 1.609=13.4J \cdot K^{-1}$$

(2)向真空膨胀是自发过程，但熵是状态函数，熵变与过程无关，因此该过程与可逆过程的熵变相等，$\Delta S_{系统}=13.4J \cdot K^{-1}$。

以上两过程的总熵变为

(1) $\Delta S_{环境}=-\frac{Q_r}{T}=-13.4J \cdot K^{-1}$

* 热力学第二定律有多种表述方法，各种表述是等效的。

$\Delta S_{总}=\Delta S_{系统}+\Delta S_{环境}=13.4J\cdot K^{-1}-13.4J\cdot K^{-1}=0J\cdot K^{-1}$，为可逆过程。

（2）气体向真空做自由膨胀，与环境没有热交换，$Q=0$，所以 $\Delta S_{环境}=0$

$\Delta S_{总}=\Delta S_{系统}+\Delta S_{环境}=13.4J\cdot K^{-1}+0J\cdot K^{-1}=13.4JK^{-1}>0$，为自发过程。

问题与思考 6-4

火力发电厂能将热转化为功，植物的光合作用能将水和二氧化碳转化为葡萄糖，是否违背熵增原理？

三、系统的 Gibbs 自由能

（一）Gibbs 自由能

通过上面的讨论，我们找到了隔离系统自发过程的判据 ΔS，但要将系统和环境的熵变都考虑进去，求出总熵变，应用起来很不方便。

在等温等压可逆的情况下，$Q_p=\Delta H$，环境的熵变

$$\Delta S_{环境}=\frac{Q_{r,p环境}}{T}=\frac{-Q_{r,p,系统}}{T}=-\frac{\Delta H_{系统}}{T} \tag{6-16}$$

式中，$Q_{r环境}$为在可逆过程，环境从系统吸收的热，由于是等压过程，所以 $Q_{r环境}=-\Delta H_{系统}$，因 H 是状态函数，ΔH 与过程无关，因此下标“r”不再标出。

将式（6-15）代入式（6-16）得

$$\Delta S_{系统}+\Delta S_{环境}=\Delta S_{系统}-\frac{\Delta H_{系统}}{T}\geqslant 0$$

由于都是系统的变化，省去下标“系统”，上式变为

$$\Delta H-T\Delta S\leqslant 0$$

等温，因此改写为

$$\Delta H-\Delta(TS)\leqslant 0$$

即

$$\Delta(H-TS)\leqslant 0$$

令

$$G\xlongequal{\text{def}}H-TS \tag{6-17}$$

则有

$$\Delta G\leqslant 0 \tag{6-18}$$

式（6-18）是封闭系统在等温等压及不做非体积功条件下自发过程的判据。

这里又引出一个新函数 G，称 **Gibbs 自由能**（Gibbs free energy），也称 Gibbs 能。如果 $\Delta G<0$，为自发过程；$\Delta G=0$，为平衡态或可逆过程。由于 $G=H-TS$，H，T 和 S 都是状态函数，所以 G 也是状态函数。像焓 H 一样，G 没有直观的物理意义，也无法测定它的绝对值，引入这个状态函数可以很方便地判断，在等温等压不做非体积功的条件下过程是否能自发进行，而不再需要考虑环境的因素。

根据 Gibbs 自由能的定义式（6-17），在等温、等压时，有

$$\Delta G=\Delta H-T\Delta S \tag{6-19}$$

式（6-19）是著名的 Gibbs-Helmhotsz 方程，简称 G-H 方程。此方程将影响过程自发性的能量因素 ΔH 及熵因素 ΔS 完美地统一起来了。从式（6-19）还可以看出，温度 T 对反应的自发性在某些情况下也是有影响的，现分别讨论如下：

（1）$\Delta H<0$，$\Delta S>0$，即放热、熵增加的反应，在任何温度下均有 $\Delta G<0$，即任何温度下反应都可能自发进行。

（2）$\Delta H>0$，$\Delta S<0$，即吸热、熵减小的过程，由于两个因素都对反应自发进行不利，在任何温度都

有 $\Delta G>0$，此类过程不可能自发进行。

（3）$\Delta H<0$，$\Delta S<0$，即放热、熵减小的反应，低温有利于反应自发进行。为了使 $\Delta G<0$，T 必须符合下面的关系式

$$T<\frac{\Delta H}{\Delta S}$$

（4）$\Delta H>0$，$\Delta S>0$，即吸热、熵增加的反应，高温有利于反应自发进行。要使 $\Delta G<0$，T 必须符合下式

$$T>\frac{\Delta H}{\Delta S}$$

可以看出，对情况（1）和（2）企图通过调节温度来改变反应自发性的方向是不可能的。对（3）或（4）的情况，才可能通过改变温度，来改变反应自发进行的方向，而 $\Delta G=0$ 时的温度，即为化学反应已到达平衡的温度，也称为转向温度。即

$$T_{\text{转向}}=\frac{\Delta H}{\Delta S} \tag{6-20}$$

（二）Gibbs 自由能变化与非体积功

在等温等压没有非体积功的情况下，可以用 ΔG 作判据来判断过程是否自发进行，即系统中的不可逆过程总是向着 Gibbs 能减少的方向进行，直到最小。

自发过程都具有做功的本领，所做的功除了体积功外可能还有非体积功。根据前面的讨论已知，与各种不可逆过程相比，系统经历可逆过程所做的功是最大的。可以证明在等温等压的可逆过程中，系统 Gibbs 能的变化等于最大非体积功，即

$$\Delta G=W_{\text{f, 最大}} \tag{6-21}$$

Gibbs 能的变化值可以通过设计一个等温等压的可逆过程，测定该过程的非体积功就可以求出，最常见的是测定等温等压可逆电池的电动势，详见第九章。

（三）用 Gibbs 自由能变化判断化学反应的方向

ΔG 作为自发过程的判据，式（6-18）同样可以应用在等温等压不做非体积功的化学反应上，反应的 Gibbs 自由能的变化应为

$$\Delta_r G=\sum \nu G(\text{产物})-\sum \nu G(\text{反应物})$$

由于无法确定 G 的绝对值，若要计算反应的 $\Delta_r G$，可采用类似计算反应热的方法，即规定：在标准状态下由最稳定单质生成 1mol 某物质的 Gibbs 自由能称为该物质的**标准摩尔生成 Gibbs 自由能**（standard molar Gibbs free energy of formation），符号为$\Delta_f G_m^{\ominus}$，单位为 $kJ\cdot mol^{-1}$。按照这个定义，热力学实际上已规定稳定单质的$\Delta_f G_m^{\ominus}=0$，这和物质的$\Delta_f H_m^{\ominus}$类似，常见物质的$\Delta_f G_m^{\ominus}$见本书附录四附表 4-1。

1. 标准状态下 Gibbs 自由能变的计算　本书附录四的附表 4-1 或其他手册中的$\Delta_f G_m^{\ominus}$数据一般是 298.15K 的值，此温度下化学反应的标准摩尔 Gibbs 自由能变$\Delta_r G_m^{\ominus}$

$$\Delta_r G_m^{\ominus}=\sum \nu\Delta_f G_m^{\ominus}(\text{产物})-\sum \nu\Delta_f G_m^{\ominus}(\text{反应物}) \tag{6-22}$$

注意 G 是具有广度性质的状态函数，在计算时要分别乘以各物质在反应方程式中相应的化学计量系数 ν。

如果要计算其他温度（T）下化学反应的$\Delta_r G_{m,T}^{\ominus}$，在温度范围不太大时可近似用 Gibbs 方程

$$\Delta_r G_{m,T}^{\ominus}\approx\Delta_r H_{m,298.15}^{\ominus}-T\Delta_r S_{m,298.15}^{\ominus} \tag{6-23}$$

与$\Delta_r H_m^{\ominus}$和$\Delta_r S_m^{\ominus}$不同，温度对$\Delta_r G_m^{\ominus}$有很大影响。与化学反应热一样，也可以用 Hess 定律，利用已知反应的 $\Delta_r G_m$ 值，求算未知反应的 $\Delta_r G_m$ 值。

例 6-7　葡萄糖 $C_6H_{12}O_6$（s）的氧化是人体获得能量的重要反应，试计算此反应在 37℃（310K）的 $\Delta_r H_m$、$\Delta_r S_m$ 和 $\Delta_r G_m$ 并判断反应能否自发进行。

$$C_6H_{12}O_6(s)+6O_2(g)==6CO_2(g)+6H_2O(l)$$

解 310 K 与 298.15 K 比较接近，可采用 298.15 K 的数据来判断

$$\Delta_r H_m \approx \sum \nu \Delta_f H_m^{\ominus}(\text{产物})-\sum \nu \Delta_f H_m^{\ominus}(\text{反应物})$$
$$=6\Delta_f H_m^{\ominus}(CO_2,g)+6\Delta_f H_m^{\ominus}(H_2O,l)-\Delta_f H_m^{\ominus}(C_6H_{12}O_6,s)-6\Delta_f H_m^{\ominus}(O_2,g)$$
$$=6\times(-393.5)kJ\cdot mol^{-1}+6\times(-285.8)kJ\cdot mol^{-1}-(-1273.3)kJ\cdot mol^{-1}-6\times 0kJ\cdot mol^{-1}$$
$$=-2802.5kJ\cdot mol^{-1}$$

$$\Delta_r S_m \approx \sum \nu S_m^{\ominus}(\text{产物})-\sum \nu S_m^{\ominus}(\text{反应物})$$
$$=6S_m^{\ominus}(CO_2,g)+6S_m^{\ominus}(H_2O,l)-S_m^{\ominus}(C_6H_{12}O_6,s)-6S_m^{\ominus}(O_2,g)$$
$$=6\times 213.8J\cdot K^{-1}\cdot mol^{-1}+6\times 70.0J\cdot K^{-1}\cdot mol^{-1}-212.1J\cdot K^{-1}\cdot mol^{-1}-6\times 205.2J\cdot K^{-1}\cdot mol^{-1}$$
$$=259.5J\cdot K^{-1}\cdot mol^{-1}$$

$$\Delta_r G_m=\Delta_r H_m-T\Delta_r S_m$$
$$=-2802.5kJ\cdot mol^{-1}-310K\times 259.5\times 10^{-3}kJ\cdot K^{-1}\cdot mol^{-1}=-2883kJ\cdot mol^{-1}$$

从 $\Delta_r H_m<0$ 及 $\Delta_r G_m<0$ 可以看出，这是一个放热反应，也是一个自发性很强的反应。在计算中应注意 $\Delta_r S_m(J\cdot K^{-1}\cdot mol^{-1})$ 和 $\Delta_r H_m(kJ\cdot mol^{-1})$ 单位不同。

例 6-8 反应：$NH_4Cl(s)==NH_3(g)+HCl(g)$

(1) 用两种方法求此反应在 298.15 K，标准状态下的 $\Delta_r G_m^{\ominus}$，并判断反应能否自发进行。

(2) 求标准状态下此反应自发进行的最低温度。

解 (1) 根据式(6-22)和(6-23)及附录四附表 4-1 中数据可有两种方法：

方法一：$\Delta_r G_m^{\ominus}=\Delta_f G_m^{\ominus}(NH_3,g)+\Delta_f G_m^{\ominus}(HCl,g)-\Delta_f G_m^{\ominus}(NH_4Cl,s)$
$$=-16.4kJ\cdot mol^{-1}-95.3kJ\cdot mol^{-1}+202.9kJ\cdot mol^{-1}=91.2kJ\cdot mol^{-1}$$

方法二：$\Delta_r H_m^{\ominus}=\Delta_f H_m^{\ominus}(NH_3,g)+\Delta_f H_m^{\ominus}(HCl,g)-\Delta_f H_m^{\ominus}(NH_4Cl,s)$
$$=-45.9kJ\cdot mol^{-1}-92.3kJ\cdot mol^{-1}+314.4kJ\cdot mol^{-1}=176.2kJ\cdot mol^{-1}$$

$$\Delta_r S_m^{\ominus}=S_m^{\ominus}(NH_3,g)+S_m^{\ominus}(HCl,g)-S_m^{\ominus}(NH_4Cl,s)$$
$$=192.8J\cdot K^{-1}\cdot mol^{-1}+186.9J\cdot K^{-1}\cdot mol^{-1}-94.6J\cdot K^{-1}\cdot mol^{-1}=285J\cdot K^{-1}\cdot mol^{-1}$$

$$\Delta_r G_m^{\ominus}=\Delta_r H_m^{\ominus}-T\Delta_r S_m^{\ominus}$$
$$=176.2kJ\cdot mol^{-1}-298.15K\times 285\times 10^{-3}k\,J\cdot K^{-1}\cdot mol^{-1}=91.2kJ\cdot mol^{-1}$$

可见，两种方法求得的 $\Delta_r G_m^{\ominus}$ 值是一致的，$\Delta_r G_m^{\ominus}>0$，因此，在 298.15K、标准状态下此反应不能自发进行，室温下 NH_4Cl 能稳定存在。

(2) 由于该反应的 $\Delta_r H_m^{\ominus}>0$，$\Delta_r S_m^{\ominus}>0$，升高温度有利于反应自发进行，据式(6-20)

$$T_{\text{转向}}=\frac{\Delta_r H_{m,T}^{\ominus}}{\Delta_r S_{m,T}^{\ominus}}\approx\frac{\Delta_r H_{m,298.15}^{\ominus}}{\Delta_r S_{m,298.15}^{\ominus}}=\frac{176.2\times 10^3 J\cdot mol^{-1}}{285J\cdot k^{-1}\cdot mol^{-1}}=618K$$

即温度大于 618 K(≈345℃)时，该反应能自发进行，因此，NH_4Cl 不应在高温下保存。

2. 非标准状态下 Gibbs 自由能变的计算 对于任意一反应：

$$aA+bB==dD+eE$$

在非标准状态下化学反应的摩尔 Gibbs 自由能变为

$$\Delta_r G_m=\Delta_r G_m^{\ominus}+RT\ln Q \tag{6-24}$$

式(6-24)称为化学反应等温式，其中 $\Delta_r G_m^{\ominus}$ 是此反应的标准状态下的摩尔 Gibbs 自由能变；R 是气体常数，T 是反应温度，Q 称为“反应商”，对溶液反应 Q 的表达式是

$$Q=\frac{(\frac{c_D}{c^{\ominus}})^d(\frac{c_E}{c^{\ominus}})^e}{(\frac{c_A}{c^{\ominus}})^a(\frac{c_B}{c^{\ominus}})^b} \tag{6-25}$$

式中，c_A、c_B 和 c_D、c_E 表示反应物和产物在某一时刻的浓度，单位为 $mol\cdot L^{-1}$，$c^{\ominus}=1mol\cdot L^{-1}$。

对气体反应 Q 的表达式是

$$Q=\frac{(\frac{p_D}{p^\ominus})^d(\frac{p_E}{p^\ominus})^e}{(\frac{p_A}{p^\ominus})^a(\frac{p_B}{p^\ominus})^b} \tag{6-26}$$

式中，p_A、p_B 和 p_D、p_E 分别表示反应物和产物的分压，单位为 kPa，$p^\ominus=100\text{kPa}$。因此反应商 Q 是量纲为 1 的量，计算时注意纯液体或纯固体不写进 Q 的表达式中。

例 6-9　方解石碳酸钙的分解反应如下式

$$CaCO_3(s)==CaO(s)+CO_2(g)$$

若使 CO_2 的分压为 0.010kPa，试计算此反应自发进行所需的最低温度。

解　查附录四附表 4-1 得到上述反应中各物质的热力学数据：

	$CaCO_3(s)$	$CaO(s)$	$CO_2(g)$
$\Delta_f H_m^\ominus/(kJ\cdot mol^{-1})$	−1207.6	−634.9	−393.5
$S_m^\ominus/(J\cdot K^{-1}\cdot mol^{-1})$	91.7	38.1	213.8

$$\Delta_r H_m^\ominus=\Delta_f H_m^\ominus(CaO,s)+\Delta_f H_m^\ominus(CO_2,g)-\Delta_f H_m^\ominus(CaCO_3,s)$$
$$=-634.9kJ\cdot mol^{-1}+(-393.5)kJ\cdot mol^{-1}-(-1207.6)kJ\cdot mol^{-1}=179.2kJ\cdot mol^{-1}$$

$$\Delta_r S_m^\ominus=S_m^\ominus(CaO,s)+S_m^\ominus(CO_2,g)-S_m^\ominus(CaCO_3,s)$$
$$=38.1J\cdot K^{-1}\cdot mol^{-1}+213.8J\cdot K^{-1}\cdot mol^{-1}-91.7J\cdot K^{-1}\cdot mol^{-1}=160.2J\cdot K^{-1}\cdot mol^{-1}$$

CO_2 的分压为 0.010kPa 时，此反应为非标准状态下的反应。设温度为 T 时 $CaCO_3(s)$ 开始自发分解，按式(6-24)有

$$\Delta_r G_{m,T}=(\Delta_r G_{m,T}^\ominus+RT\ln Q)<0$$

其中

$$\Delta_r G_{m,T}^\ominus=\Delta_r H_{m,T}^\ominus-T\Delta_r S_{m,T}^\ominus\approx\Delta_r H_{m,298.15}^\ominus-T\Delta_r S_{m,298.15}^\ominus$$
$$=178.5kJ\cdot mol^{-1}-T\times159\times10^{-3}kJ\cdot K^{-1}\cdot mol^{-1}$$

$$\Delta_r G_{m,T}=\Delta_r G_{m,T}^\ominus+8.314\times10^{-3}kJ\cdot mol^{-1}\cdot K^{-1}\times T\ln\frac{0.010kPa}{100kPa}<0$$

$$T>\frac{178.5kJ\cdot mol^{-1}}{0.235kJ\cdot mol^{-1}\cdot K^{-1}}=759K$$

当温度高于 759K(486℃)时，此反应自发进行。计算表明，当产物 $CO_2(g)$ 的分压降低时，更有利于 $CaCO_3(s)$ 的分解。

熵与生命

热力学第二定律也称熵增原理，即“孤立系统发生的任何自发过程系统的熵总是增加的”。这个定律貌似简单，却是宇宙间最为深奥和永恒的规律，因为与其他定理、定律不同，它不是一个守恒定律。在这个定律，克劳修斯提出了“熵”的概念，认为“熵”是系统的一种性质。以后玻耳兹曼将这种性质与系统的微观状态数，即宏观的混乱度联系起来。

按照熵增原理，孤立系统内发生的不可逆过程(即自发过程)总是向着熵增大的方向进行，熵是系统演化的“时间之矢”，据此克劳修斯提出了“宇宙的熵最终将趋于最大”，即宇宙“热寂说”。

现代宇宙学普遍认为宇宙也有一个演化过程，因此“热寂说”仍有争论。而生命过程则毫无例外地是向着熵增加的方向变化，每一个生命个体最终都将走向衰老、死亡，再被自然所降解，从有序到无序，这与熵增原理是一致的。

但个体的生命过程还存在发育、分化、成长的阶段，生物系统也是由简单到复杂、由低等向高等进化的，生物机体内部总是维持着高度的结构有序，体内的各种生化反应都定时、定位、定量地发生，受到严格的控制。如何解释生命中所存在的这些现象？它是不是与熵增原理相矛盾？

实际上生命系统是一个开放系统，其熵变可以分为两部分，熵产生与熵交换。熵产生是由于系统中不可逆过程引起的，总是为正值；而熵交换是系统与环境之间由于物质和能量的交换而引起的，可为正、负或零。两者之和决定了系统的总熵变。

1944年，著名科学家薛定谔在其名著《生命是什么》中提出系统避免趋于最大熵值的唯一办法是从环境中吸取负熵，生命是倚赖负熵而生的。实际上自然界并没有负熵的物质。熵是物质的一种属性，可将物质区分为高熵和低熵物质。生命的基本特征是新陈代谢，从熵的角度看新陈代谢实际上是生命体汲取低熵、排出高熵物质的过程。动物体摄取的多糖、蛋白质，其分子结构的排列是非常有规则的，是严格有序的低熵物质，而其排泄物（二氧化碳、尿、汗等）却是相对无序的，这样生命体就引进了负熵流。植物在生长发育的过程中离不开阳光，光不仅是一种能量形式，比起热是更有序的能量，也是一负熵流。当系统的总熵变<0，生命处在生长、发育的阶段，向着更加高级有序的结构迈进。当总熵变=0，生命体将维持在一个稳定、成熟的状态，而总熵变>0的标志则是疾病、衰老。疾病可以看作生命体短期和局部的熵增加，从而引起正常生理功能的失调和无序，治疗则是通过各种外部力量（药物、手术、饮食、保健等）干预机体，促进吸纳低熵、排出高熵。

仅用热力学熵来阐述生命的有序还远远不够。生命是远离平衡态的、开放的复杂系统。描述这种系统的比较成熟的理论是比利时的化学家普利高津在20世纪提出的“耗散结构”理论，该理论认为开放系统通过与环境交换物质和能量而处在远离平衡态的状态，在这种条件下系统内部微观的随机涨落可因非线形的作用机制而被放大成宏观的有序。为了维持这种有序系统要不断消耗能量，在一定条件下还可能出现新的临界点，向着更加复杂更加高级的方向演化。生命正是遵循这样的规律向前进化的。

生命现象与熵增原理并不矛盾。生命体内时刻存在的各种生理活动都是在有限的时空条件下发生，从热力学角度看都是不可逆的过程，使系统的熵增加；另一方面生命又具有抵御自身熵增加的能力，这是非自发的，需要的能量正是由引起熵增加的生理活动、生化反应所提供，但是作为大自然铁的法则，不可逆过程产生的热量不可能全部转变为有用功使熵减少，系统的总熵最终仍然无可避免地增大，“逝者如斯夫”，这正是与我们的人生感悟相一致的生命体验，从生到死，没有永生。

Summary

Thermodynamics is the study of energy between a system and its surrounding. The first law of thermodynamics states that the change in the internal energy of a system, ΔU, equals the sum of the heat absorbed by the system, Q, and the work done on the system, W, i.e.

$$\Delta U = Q + W$$

The internal energy (U), enthalpy (H), entropy (S) and Gibbs free energy (G) of a system are all state functions, but Q and W are not. The values of Q and W depend on how the change takes place.

The heat of reaction at constant volume, Q_v, is equal to ΔU, whereas the heat of reaction at constant pressure, Q_p, is equal to ΔH.

The potential energy change is one factor that influences spontaneity. Exothermic change with negative ΔH value tends to proceed spontaneously. The thermodynamic quantity associated with randomness is entropy (S). An increase in entropy favors a spontaneous change. Second law of thermodynamics states that the entropy of the universe (system pluses it's surrounding) increases whenever a spontaneous change occurs.

The Gibbs free energy change, ΔG, related to temperature, enthalpy and entropy is the criteria to judge the spontaneity of a change. A change is spontaneous only if the Gibbs free energy of the system decreases ($\Delta G < 0$). When ΔH and ΔS have same algebraic sign, the temperature becomes the critical factor in determining spontaneity.

Under the standard state ($p^{\ominus}=100\text{kPa}$, temperature is usually assigned to be 298.15 K), $\Delta_r H_m^{\ominus}$, $\Delta_r S_m^{\ominus}$ and $\Delta_r G_m^{\ominus}$ of a chemical reaction can been calculated on the basis of Hess law

$$\Delta_r H_m^{\ominus} = \sum \nu \Delta_f H_m^{\ominus}(\text{products}) - \sum \nu \Delta_f H_m^{\ominus}\text{reactants})$$

$$\Delta_r H_m^{\ominus} = \sum \nu \Delta_c H_m^{\ominus}(\text{reactants}) - \sum \nu \Delta_c H_m^{\ominus}(\text{products})$$

$$\Delta_r S_m^{\ominus} = \sum \nu S_m^{\ominus}(\text{products}) - \sum \nu S_m^{\ominus}(\text{reactants})$$

$$\Delta_r G_m^{\ominus} = \sum \nu \Delta_f G_m^{\ominus}(\text{products}) - \sum \nu \Delta_f G_m^{\ominus}(\text{reactants})$$

When the temperature is T rather than 298.15 K

$$\Delta_r H_{m,T}^{\ominus} \approx \Delta_r H_{m,298.15K}^{\ominus}$$

$$\Delta_r S_m^{\ominus}(T) \approx \Delta_r S_m^{\ominus}(298.15\text{K})$$

$$\Delta_r G_{m,T}^{\ominus} \approx \Delta_r H_{m,298.15}^{\ominus} - T\Delta_r S_{m,298.15}^{\ominus}$$

When a system reaches equilibrium, $\Delta G=0$and no useful work can be obtained from system. At any particular pressure, an equilibrium between two phases of a substance (*e.g.*, liquid-solid, or liquid-vapor) can only occur at one temperature. The entropy change can be computed as $\Delta S=\Delta H/T$. The temperature at which the equilibrium occurs can be calculated from $T=\Delta H/\Delta S$.

学科发展与应用综述题

生物的基本特征是新陈代谢，新陈代谢不仅是物质的转化过程，同时也是能量的转化过程。生命体内的许多生化反应、生理过程，如DNA的复制、RNA的转录、蛋白质的生物合成、肌肉细胞的收缩、光合作用等都需要能量才能进行。葡萄糖是生物体主要的能源，其代谢过程的第一步是必须要磷酸化

$$\text{葡萄糖} + H_3PO_4 \longrightarrow \text{葡萄糖-6-磷酸酯}$$

在37℃，pH=7.0时此反应的$\Delta_r G_m=13.4\text{kJ}\cdot\text{mol}^{-1}$，此反应不能自发进行。查阅文献，请回答为什么生物体还能够广泛利用葡萄糖分子作为主要的能量供体？

习　题

1. 状态函数的含义及其基本特征是什么？T、p、V、ΔU、ΔH、ΔG、S、G、Q_p、Q_v、Q、W、$W_{f,最大}$中哪些是状态函数？哪些属于广度性质？哪些属于强度性质？

2. 计算下列系统内能的变化：

（1）系统放出2.5kJ的热量，并且对环境做功500J。

（2）系统放出650J的热量，环境对系统做功350J。

3. 什么是热化学方程式？热力学中为什么要建立统一的标准状态？什么是热力学标准状态？

4. 已知反应

$$A+B=C+D \qquad \Delta_r H_{m,1}^{\ominus}=-40.0\text{kJ}\cdot\text{mol}^{-1}$$

$$C+D=E \qquad \Delta_r H_{m,2}^{\ominus}=60.0\text{kJ}\cdot\text{mol}^{-1}$$

求下列各反应的$\Delta_r H_m^{\ominus}$

（1）C+D==A+B

（2）2C+2D==2A+2B

（3）A+B==E

5．在一定温度下，4.0mol H_2(g)与2.0mol O_2(g)混合，经一定时间反应后，生成了0.6mol H_2O(g)，请按下列两个不同反应式计算反应进度ξ。

（1）$2H_2(g)+O_2(g)==2H_2O(g)$

（2）$H_2(g)+\frac{1}{2}O_2(g)==H_2O(g)$

6．试说明下列各符号的意义：$\Delta_r H^{\ominus}_{m,298.15}$、$\Delta_f H^{\ominus}_m(H_2O,g)$、$\Delta_C H^{\ominus}_m(H_2,g)$、$S^{\ominus}_{m,298.15}(H_2,g)$、$\Delta_r S^{\ominus}_{m,T}$、$\Delta_r G^{\ominus}_{m,T}$、$\Delta_f G^{\ominus}_m(CO_2,g)$。

7．已知下列反应的标准反应热

（1）$C_6H_6(l)+7\frac{1}{2}O_2(g)==6CO_2(g)+3H_2O(l)$　　$\Delta_r H^{\ominus}_{m,1}=-3267.6kJ\cdot mol^{-1}$

（2）$C(gra)+O_2(g)==CO_2(g)$　　$\Delta_r H^{\ominus}_{m,2}=-393.5kJ\cdot mol^{-1}$

（3）$H_2(g)+\frac{1}{2}O_2(g)==H_2O(l)$　　$\Delta_r H^{\ominus}_{m,3}=-285.8kJ\cdot mol^{-1}$

求反应$6C(gra)+3H_2(g)==C_6H_6(l)$的标准反应热$\Delta_r H^{\ominus}_m$。

8．肼N_2H_4(l)是火箭的燃料，N_2O_4作氧化剂，其燃烧反应的产物为N_2(g)和H_2O(l)，若$\Delta_f H^{\ominus}_m(N_2H_4,l)=50.63kJ\cdot mol^{-1}$，$\Delta_f H^{\ominus}_m(N_2O_4,g)=9.16kJ\cdot mol^{-1}$，写出燃烧反应，并计算此反应的反应热$\Delta_r H^{\ominus}_m$。

9．已知下列反应在298.15K，标准状态下：

（1）$Fe_2O_3(s)+3CO(g)\longrightarrow 2Fe(s)+3CO_2(g)$　$\Delta_r H^{\ominus}_{m1}=-24.8kJ\cdot mol^{-1}$，$\Delta_r G^{\ominus}_{m1}=-29.4kJ\cdot mol^{-1}$

（2）$3Fe_2O_3(s)+CO(g)\longrightarrow 2Fe_3O_4(s)+CO_2(g)$　$\Delta_r H^{\ominus}_{m2}=-47.2kJ\cdot mol^{-1}$，$\Delta_r G^{\ominus}_{m2}=-61.41kJ\cdot mol^{-1}$

（3）$Fe_3O_4(s)+CO(g)\longrightarrow 3FeO(s)+CO_2(g)$　$\Delta_r H^{\ominus}_{m3}=19.4kJ\cdot mol^{-1}$，$\Delta_r G^{\ominus}_{m3}=5.21kJ\cdot mol^{-1}$

试求（4）$FeO(s)+CO(g)\longrightarrow Fe(s)+CO_2(g)$的$\Delta_r H^{\ominus}_{m4}$、$\Delta_r G^{\ominus}_{m4}$和$\Delta_r S^{\ominus}_{m4}$。

10．甲醇的分解反应为

$$CH_3OH(l)\longrightarrow CH_4(g)+\frac{1}{2}O_2(g)$$

（1）在298.15K的标准状态下此反应能否自发进行？

（2）在标准状态下此反应的温度应高于多少才能自发进行？

11．试计算298.15K，标准状态下的反应：$H_2O(g)+CO(g)==H_2(g)+CO_2(g)$的$\Delta_r H^{\ominus}_m$、$\Delta_r G^{\ominus}_m$和$\Delta_r S^{\ominus}_m$，并计算298.15K时$H_2O$(g)的$S^{\ominus}_m$。

12．某病人平均每天需要6300kJ能量以维持生命。若每天只能吃250g牛奶（燃烧值为$3.0kJ\cdot g^{-1}$）和50g面包（燃烧值为$12kJ\cdot g^{-1}$），问每天还需给他输入多少升质量浓度为$50.0g\cdot L^{-1}$的葡萄糖（燃烧值为$15.6kJ\cdot g^{-1}$）溶液？

13．糖代谢的总反应为

$$C_{12}H_{22}O_{11}(s)+12O_2(g)=12CO_2(g)+11H_2O(l)$$

（1）查本书附录四附表4-1的热力学数据，求298.15K，标准状态下的$\Delta_r H^{\ominus}_m$、$\Delta_r G^{\ominus}_m$和$\Delta_r S^{\ominus}_m$。

（2）如果在体内只有30%的自由能变转化为非体积功，求在37℃下，1.00mol $C_{12}H_{22}O_{11}$(s)进行代谢时可以得到多少非体积功。

Exercises

1. State the first law of thermodynamics in words. What equation defines the change in the internal energy in terms of heat and work? Define the meaning of the symbols, including the significance of their positive or negative values.

2. In what way is Gibbs free energy related to equilibrium?

3. Phosgene, $COCl_2$, was used as a war gas during World War 1. It reacts with the moisture in the lungs to produce HCl, which causes the lungs to fill fluid, and CO_2. Write an equation of the reaction and compute $\Delta_r G_m^\ominus$. For $COCl_2(g)$, $\Delta_f G_m^\ominus(g) = -210kJ \cdot mol^{-1}$

4. Given the following,

$$4NO(g) \longrightarrow 2N_2O(g) + O_2(g) \qquad \Delta_r G_m^\ominus = -139.56kJ \cdot mol^{-1}$$

$$2NO(g) + O_2(g) \longrightarrow 2NO_2(g) \qquad \Delta_r G_m^\ominus = -69.70kJ \cdot mol^{-1}$$

calculate $\Delta_r G_m^\ominus$ for the reaction

$$2N_2O(g) + 3O_2(g) \longrightarrow 4NO_2(g)$$

5. Chloroform, formerly used as aneshetic and now belived to be a carcinogen (cancer - causing agent), has a heat of vaporizition $\Delta_r H_m^\ominus = 31.4kJ \cdot mol^{-1}$. The change, $CHCl_3(l) \longrightarrow CHCl_3(g)$, has $\Delta_r S_m^\ominus = 94.2J \cdot K^{-1} \cdot mol^{-1}$. At what temperature do we expect $CHCl_3$ to boil.

6. Triglyceride is one of typical fatty acids, its metabolic reaction is:

$$C_{57}H_{104}O_6(s) + 80O_2(g) == 57CO_2(g) + 52H_2O(l),\ \Delta_r H_m^\ominus = -3.35 \times 10^{-4} kJ \cdot mol^{-1}.$$

Calculate the $\Delta_f H_m^\ominus$ of Triglyceride.

7. Predict the sign of the entropy change for each of the following reactions

$$O_2(g)(100kPa, 298K) \longrightarrow O_2(g)(10kPa, 298K)$$

$$NH_4Cl(s) \longrightarrow NH_3(g) + HCl(g)$$

$$CO(g) + H_2O(g) \longrightarrow CO_2(g) + H_2(g)$$

（胡　新）

第七章 化学平衡

化学热力学从能量的角度解决了化学反应发生的可行性，但人们还需要知道反应会进行到什么程度，以及在特定的条件下，人们在利用某个反应制备产物时，反应物转变为产物的最大限度等问题。如工业上用氢气和氮气合成氨气，总希望借助化学热力学原理，找到合理可行的路线，并在此基础上通过控制反应物的浓度、压力、温度等条件，尽可能提高反应物的转化率。上述问题都涉及化学平衡。

第一节 化学反应限度与标准平衡常数

一、标准平衡常数

在封闭体系中进行的化学反应随时间延长，反应物的量逐渐减少，产物的量不断增多，直至到一定时刻反应物和产物的量都不再改变，宏观上反应系统的状态不再随时间改变，表明已达到化学反应的平衡状态，反应物已最大限度地转变为产物，这也是化学反应进行的限度。

在等温等压不做非体积功的条件下，当化学反应达到平衡时，反应系统 Gibbs 自由能变 $\Delta_r G_m = 0$，即

$$\Delta_r G_m^{\ominus} + RT \ln K^{\ominus} = 0$$

得

$$\Delta_r G_m^{\ominus} = -RT \ln K^{\ominus} \tag{7-1}$$

式（7-1）也称为化学反应的等温方程式，其中 $K^{\ominus}$ 称为**标准平衡常数**（standard equilibrium constant）。从式（7-1）可以看出，标准平衡常数 $K^{\ominus}$ 与反应温度有关，与反应体系中各组分的浓度或分压无关。$K^{\ominus}$ 值越大，则$\Delta_r G_m^{\ominus}$越小，化学反应正向自发进行的可能性越大。

对于一般化学反应 $a\text{A(aq)} + b\text{B(g)} \rightleftharpoons d\text{D(aq)} + e\text{E(g)}$，$K^{\ominus}$ 的表达式为

$$K^{\ominus} = \frac{([\text{D}]/c^{\ominus})^d (p_E/p^{\ominus})^e}{([\text{A}]/c^{\ominus})^a (p_B/p^{\ominus})^b} \tag{7-2}$$

式（7-2）中［A］和［D］分别表示反应物 A 和产物 D 的平衡浓度，p_B 和 p_E 分别表示气体反应物 B 和产物 E 的平衡分压，$c^{\ominus} = 1\text{mol}\cdot\text{L}^{-1}$，$p^{\ominus} = 100\text{kPa}$。$K^{\ominus}$ 的量纲为 1。

式（7-2）反映了平衡常数与化学反应限度之间的内在联系。化学反应的平衡常数越大，达到平衡时的产物就越多，反应物的转化率也就越高。利用反应物的平衡转化率就可以衡量化学反应在一定条件下的完成程度。

在书写标准平衡常数表达式时，应该注意以下几点：

（1）对于纯固体或纯液体的反应物或产物，不写入平衡表达式中，如

$$\text{CaCO}_3\text{(s)} \rightleftharpoons \text{CaO(s)} + \text{CO}_2\text{(g)}$$

$$K^{\ominus} = \frac{p(\text{CO}_2)}{p^{\ominus}}$$

固体 $CaCO_3$(s) 和 CaO(s) 不写入表达式。

（2）在稀溶液中进行的反应，若溶剂参与反应，由于溶剂的量很大，反应前后其浓度改变很小，

可以看成一个常数，故也不写入表达式中，如

$$HAc(aq)+H_2O(l) \rightleftharpoons H_3O^+(aq)+Ac^-(aq)$$

$$K^\ominus=\frac{\{[H_3O^+]/c^\ominus\}\{[Ac^-]/c^\ominus\}}{\{[HAc]/c^\ominus\}}$$

（3）标准平衡常数的表达式及数值与反应方程式的写法有关，如

$$N_2(g)+3H_2(g) \rightleftharpoons 2NH_3(g)$$

$$K_1^\ominus=\frac{\{p(NH_3)/p^\ominus\}^2}{\{p(N_2)/p^\ominus\}\{p(H_2)/p^\ominus\}^3}$$

若反应式写成

$$\frac{1}{2}N_2(g)+\frac{3}{2}H_2(g) \rightleftharpoons NH_3(g)$$

$$K_2^\ominus=\frac{p(NH_3)/p^\ominus}{\{p(N_2)/p^\ominus\}^{\frac{1}{2}}\{p(H_2)/p^\ominus\}^{\frac{3}{2}}}$$

$K_1^\ominus$和$K_2^\ominus$数值不同，它们之间的关系为$K_1^\ominus=(K_2^\ominus)^2$。由此可知，若反应方程式的配平系数改变 n 倍，反应的平衡常数将变成$(K^\ominus)^n$，平衡常数与反应方程式是一一对应的关系。这是因为$\Delta_r G_m^\ominus$是指在标准状态下，反应进度 ξ 等于 1mol 的自由能变，且反应进度与反应方程式的写法有关，故由式（7-1）得出的 $K^\ominus$ 与反应方程式的写法也有关。

（4）若正反应的标准平衡常数为$K_1^\ominus$，其对应逆反应的标准平衡常数为$K_2^\ominus$。根据式（7-1），正反应和逆反应的标准平衡常数互为倒数，即$K_1^\ominus=1/K_2^\ominus$。

（5）若将两个化学反应相加减，可以形成一个新的化学反应，称为**耦合反应**（coupling reaction）。所得新化学反应的标准平衡常数是原来两个化学反应标准平衡常数的乘积或商。例如：

$$C(s)+\frac{1}{2}O_2(g) \rightleftharpoons CO(g) \qquad K_1^\ominus$$

$$+\quad CO(g)+\frac{1}{2}O_2(g) \rightleftharpoons CO_2(g) \qquad K_2^\ominus$$

$$C(s)+O_2(g) \rightleftharpoons CO_2(g) \qquad K_3^\ominus=K_1^\ominus \cdot K_2^\ominus$$

例 7-1 由附录四附表 4-1 中的$\Delta_r G_m^\ominus$值计算 298.15K 时 AgI 的 K_{sp} 值。

解 AgI 的解离平衡及有关的热力学数据为：

$$AgI(s) \rightleftharpoons Ag^+(aq)+I^-(aq)$$

$\Delta_f G_m^\ominus/(kJ\cdot mol^{-1})$ −66.2 77.1 −51.6

$$\Delta_r G_m^\ominus=\Delta_f G_m^\ominus(Ag^+,aq)+\Delta_f G_m^\ominus(I^-,aq)-\Delta_f G_m^\ominus(AgI,s)$$

$$=77.1kJ\cdot mol^{-1}+(-51.6kJ\cdot mol^{-1})-(-66.2kJ\cdot mol^{-1})=91.7kJ\cdot mol^{-1}$$

由式（7-1）得

$$\ln K^\ominus=-\frac{91.7\times10^3 J\cdot mol^{-1}}{8.314 J\cdot K^{-1}\cdot mol^{-1}\times298.15K}=-36.99$$

$$K^\ominus=8.62\times10^{-17}$$

$$K_{sp}=K^\ominus=8.62\times10^{-17}$$

实验值为 8.52×10^{-17}。可见，热力学计算值与实验值相当接近。

例 7-2 292K 时，血红蛋白（Hb）与氧气反应 $Hb(aq)+O_2(g) \rightleftharpoons HbO_2(aq)$的标准平衡常数$K_1^\ominus=85.5$。若在 292K 时，空气中 $O_2(g)$的压力为 20kPa，O_2 在水中的溶解度为 $2.3\times10^{-4}mol\cdot L^{-1}$，试求反应 $Hb(aq)+O_2(aq) \rightleftharpoons HbO_2(aq)$的标准平衡常数$K_2^\ominus$和$\Delta_r G_m^\ominus$。

解 在 292K 时反应 $Hb(aq)+O_2(g) \rightleftharpoons HbO_2(aq)$的标准平衡常数

$$K_1^{\ominus}=\frac{\{[HbO_2]/c^{\ominus}\}}{\{[Hb]/c^{\ominus}\}\{p(O_2)/p^{\ominus}\}}=\frac{\{[HbO_2]/c^{\ominus}\}}{\{[Hb]/c^{\ominus}\}\{20/100\}}=85.5$$

可得$\frac{\{[HbO_2]/c^{\ominus}\}}{\{[Hb]/c^{\ominus}\}}=17.1$，代入 292K 时反应 $Hb(aq)+O_2(aq) \rightleftharpoons HbO_2(aq)$ 的标准平衡常数表达式

$$K_2^{\ominus}=\frac{\{[HbO_2]/c^{\ominus}\}}{\{[Hb]/c^{\ominus}\}\{[O_2]/c^{\ominus}\}}=\frac{17.1}{2.3\times10^{-4}}=7.435\times10^4$$

根据式(7-1)可知

$$\begin{aligned}\Delta_r G_m^{\ominus}&=-RT\ln K_2^{\ominus}=-8.314\text{J}\cdot\text{K}^{-1}\cdot\text{mol}^{-1}\times292\text{K}\times\ln(7.435\times10^4)\\&=-27.23\text{kJ}\cdot\text{mol}^{-1}\end{aligned}$$

二、用标准平衡常数判断自发反应方向

将式(7-1)代入式(6-24)得

$$\Delta_r G_m=-RT\ln K^{\ominus}+RT\ln Q=RT\ln\left(\frac{Q}{K^{\ominus}}\right) \qquad (7\text{-}3)$$

从式(7-3)可以看出，只要知道 Q 和 $K^{\ominus}$ 的数值或两者之比值，即可判断非标准状态下化学反应自发进行的方向，即

如果 $Q<K^{\ominus}$，则 $\Delta_r G_m<0$，正向反应自发。

如果 $Q>K^{\ominus}$，则 $\Delta_r G_m>0$，逆向反应自发。

如果 $Q=K^{\ominus}$，则 $\Delta_r G_m=0$，化学反应达到平衡。

因此，标准平衡常数 $K^{\ominus}$ 是衡量化学反应是否达到平衡的参照值。如 $Q\neq K^{\ominus}$，就表明反应系统处于非平衡态。Q 值与 $K^{\ominus}$ 相差越大，反应从正向或逆向自发进行的趋势就越大。

问题与思考 7-1

影响化学平衡常数和平衡转化率的因素分别有哪些？如何正确认识两者之间的关系？

第二节 实验平衡常数

绝大多数化学反应可以正向进行也可以逆向进行，即所谓**可逆反应**(reversible reaction)，这是化学平衡能够存在的内因。不同的是，有的反应正向自发进行的倾向大，有的反应逆向自发进行的趋势大，因此不同反应的平衡常数相差悬殊。虽然可逆反应的平衡常数可以通过热力学定义，但热力学数据归根结底是通过实验获得的，所以平衡常数也是间接通过实验获得的。而且，通过实验测定平衡常数也是获得一些热力学数据的重要方法。

对于任意可逆化学反应

$$a\text{A}+b\text{B} \rightleftharpoons d\text{D}+e\text{E}$$

若反应在溶液中进行，平衡时

$$K_c=\frac{[\text{D}]^d[\text{E}]^e}{[\text{A}]^a[\text{B}]^b} \qquad (7\text{-}4)$$

对于气体反应

$$a\text{A(g)}+b\text{B(g)} \rightleftharpoons d\text{D(g)}+e\text{E(g)}$$

达到平衡时，有

$$K_p = \frac{p_D^d p_E^e}{p_A^a p_B^b} \tag{7-5}$$

K_c 和 K_p 均为实验测得的平衡常数，故称为**实验平衡常数**（experimental equilibrium constant）或**经验平衡常数**（empirical equilibrium constant）。

实验平衡常数在教科书和文献中仍广泛应用。从式（7-4）和式（7-5）可知，当 $a+b=d+e$ 时，K_c 或 K_p 的量纲均为 1；若 $a+b \neq d+e$，K_c 或 K_p 都有单位，但一般不写出来。对于多相反应，平衡常数既不是 K_c，也不是 K_p，一般直接用 K 表示。同一反应的 K_c 和 K_p 具有确定的关系。书写这类反应实验平衡常数的规则与标准平衡常数相同。

第三节　化学平衡的移动

对于一个已经达到平衡的化学反应，如果外界条件发生变化，原来的平衡状态就会被破坏，可逆反应将在新的条件下再建立起新的平衡状态，反应体系中各物质的浓度或分压也会随之发生变化。这种由于反应条件的变化而使反应从一个平衡状态转变到另一个平衡状态的过程，称为**化学平衡的移动**（shift of chemical equilibrium）。

影响反应平衡移动的主要因素有浓度、压力、温度等。

一、浓度对化学平衡移动的影响

根据化学反应等温方程式

$$\Delta_r G_m = \Delta_r G_m^{\ominus} + RT\ln Q = -RT\ln K^{\ominus} + RT\ln Q = RT\ln(\frac{Q}{K^{\ominus}})$$

如果 $Q = K^{\ominus}$，即 $\Delta_r G_m = 0$，反应达到平衡状态。如果增加反应物的浓度或减少产物的浓度，将使 $Q<K^{\ominus}$，则 $\Delta_r G_m<0$，反应将正向自发进行，直至再次建立新的平衡，即 $Q=K^{\ominus}$。反之，如果增加产物的浓度或减小反应物的浓度，将使 $Q>K^{\ominus}$，即 $\Delta_r G_m>0$，反应将逆向自发进行，直至建立新的平衡。

例 7-3　已知反应 $CO_2(g) + H_2(g) \rightleftharpoons CO(g) + H_2O(g)$，在 690K 时的 $K^{\ominus}=0.10$。当 CO_2 和 H_2 的起始浓度分别为 0.50mol·L^{-1} 和 0.050mol·L^{-1}，平衡时 CO_2 的转化率是多少？若 CO_2 和 H_2 的起始浓度均为 0.50mol·L^{-1}，平衡时 CO_2 的转化率又是多少？

解　设反应达到平衡时[CO]和[H_2O]均为 x mol·L^{-1}

	$CO_2(g)$	+ $H_2(g)$ $\rightleftharpoons$	$CO(g)$	+ $H_2O(g)$
起始浓度/(mol·L^{-1})	0.50	0.050	0	0
平衡浓度/(mol·L^{-1})	$0.50-x$	$0.050-x$	x	x

$$K^{\ominus} = \frac{\{[CO]/c^{\ominus}\}\{[H_2O]/c^{\ominus}\}}{\{[CO_2]/c^{\ominus}\}\{[H_2]/c^{\ominus}\}} = \frac{x^2}{(0.50-x)(0.050-x)} = 0.10$$

解得　$x = 0.0304$

CO_2 的转化率为　$\frac{0.0304}{0.50} \times 100\% = 6.08\%$

同理，当 CO_2 和 H_2 的起始浓度均为 0.50mol·L^{-1} 时，设反应达到平衡时[CO]和[H_2O]均为 y mol·L^{-1}

$$K^{\ominus} = \frac{\{[CO]/c^{\ominus}\}\{[H_2O]/c^{\ominus}\}}{\{[CO_2]/c^{\ominus}\}\{[H_2]/c^{\ominus}\}} = \frac{y^2}{(0.50-y)(0.50-y)} = 0.10$$

解得　$y = 0.12$mol·L^{-1}

CO_2 的转化率为　$\frac{0.12}{0.50} \times 100\% = 24\%$

由上可知，当 CO_2 的起始浓度不变时，提高 H_2 的起始浓度，会提高 CO_2 的转化率。

问题与思考 7-2

实验室制取氯气一般用排饱和食盐水法收集气体，而不直接用排水法，试从平衡移动的原理加以解释。

二、压力对化学平衡移动的影响

压力有总压和分压之分，这里所指的压力是系统的总压，总压是系统内各分压之和。如果化学反应中没有气态物质参与，在压力变化不大时，由于固态和液态物质的体积变化较小，因此化学平衡几乎不受压力影响。对于有气体参与的反应，改变系统的总压对平衡可能会有影响，例如：

$$N_2(g)+3H_2(g) \rightleftharpoons 2NH_3(g)$$

平衡常数

$$K^{\ominus}=\frac{\{p(NH_3)/p^{\ominus}\}^2}{\{p(N_2)/p^{\ominus}\}\{p(H_2)/p^{\ominus}\}^3}$$

如果平衡总压增加一倍，各气体的分压也相应增加一倍，此时

$$Q=\frac{\{2p(NH_3)/p^{\ominus}\}^2}{\{2p(N_2)/p^{\ominus}\}\{2p(H_2)/p^{\ominus}\}^3}=\frac{1}{4}\frac{\{p(NH_3)/p^{\ominus}\}^2}{\{p(N_2)/p^{\ominus}\}\{p(H_2)/p^{\ominus}\}^3}=\frac{1}{4}K^{\ominus}$$

代入式(7-3)中有 $\Delta_rG_m<0$，反应将正向自发进行。

平衡后如果将总压减小一半，各气体的分压也减小一半，此时

$$Q=\frac{\left\{\frac{1}{2}p(NH_3)/p^{\ominus}\right\}^2}{\left\{\frac{1}{2}p(N_2)/p^{\ominus}\right\}\left\{\frac{1}{2}p(H_2)/p^{\ominus}\right\}^3}=4\frac{\{p(NH_3)/p^{\ominus}\}^2}{\{p(N_2)/p^{\ominus}\}\{p(H_2)/p^{\ominus}\}^3}=4K^{\ominus}$$

此时，$\Delta_rG_m>0$，反应将逆向自发进行。

总结起来，对一个已达到化学平衡的气体反应

$$aA(g)+bB(g) \rightleftharpoons dD(g)+eE(g)$$

当 $a+b=d+e$ 时，总压的改变不会使化学平衡发生移动；当 $a+b\neq d+e$ 时，增加总压，化学平衡向使气体分子总数减少的方向移动；减小总压，化学平衡向使气体分子总数增加的方向移动。

对于只改变 A、B、D、E 中某一物质分压的情形，与浓度对化学平衡移动的影响类似。

三、温度对化学平衡的影响

由前述可知，浓度和压力不改变反应的平衡常数，只改变反应商 Q。但是，温度却能改变反应的平衡常数，根据化学反应等温方程式

$$\Delta_rG_m^{\ominus}=-RT\ln K^{\ominus} \text{ 及 } \Delta_rG_m^{\ominus}=\Delta_rH_m^{\ominus}-T\Delta_rS_m^{\ominus}$$

有

$$RT\ln K^{\ominus}=-\Delta_rH_m^{\ominus}+T\Delta_rS_m^{\ominus}$$

得

$$\ln K^{\ominus}=-\frac{\Delta_rH_m^{\ominus}}{RT}+\frac{\Delta_rS_m^{\ominus}}{R} \tag{7-6}$$

温度对 $\Delta_rH_m^{\ominus}$ 和 $\Delta_rS_m^{\ominus}$ 的影响极小，可视为常数。设温度为 T_1 和 T_2 时，反应的标准平衡常数分别为 $K_1^{\ominus}$ 和 $K_2^{\ominus}$，且据式(7-6)有

(1) $\ln K_1^{\ominus}=-\dfrac{\Delta_rH_m^{\ominus}}{RT_1}+\dfrac{\Delta_rS_m^{\ominus}}{R}$

笔记

(2) $\ln K_2^\ominus = -\dfrac{\Delta_r H_m^\ominus}{RT_2} + \dfrac{\Delta_r S_m^\ominus}{R}$

(2) -(1)得

$$\ln \frac{K_2^\ominus}{K_1^\ominus} = \frac{\Delta_r H_m^\ominus}{R}\left(\frac{T_2 - T_1}{T_1 T_2}\right) \tag{7-7}$$

式(7-6)和式(7-7)都表示了标准平衡常数 $K^\ominus$ 与温度的关系。由式(7-6)可知，通过测定不同温度的 $K^\ominus$ 值，用 $\ln K^\ominus$ 对$\dfrac{1}{T}$作图，可知化学反应的$\Delta_r H_m^\ominus$和$\Delta_r S_m^\ominus$这两个重要的热力学参数。

另外，从式(7-7)还可以看出温度对化学平衡的影响，对于吸热反应，$\Delta_r H_m^\ominus > 0$，当升高温度时，即 $T_2 > T_1$，必然有$K_2^\ominus > K_1^\ominus$，即平衡将向吸热方向移动；对于放热反应，$\Delta_r H_m^\ominus < 0$，当升高温度，即 $T_2 > T_1$ 时，式(7-7)右端为负，则必有$K_2^\ominus < K_1^\ominus$，平衡向逆反应(吸热反应)方向移动。此外，$\Delta_r H_m^\ominus$绝对值越大，温度改变对化学平衡的影响就越大。

例 7-4 已知合成氨的反应为 $N_2(g) + 3H_2(g) \rightleftharpoons 2NH_3(g)$，根据附录四附表 4-1 中的热力学数据求：

(1) 298.15K 时此反应的标准平衡常数$K_1^\ominus$。

(2) 500℃时此反应的$K_2^\ominus$，并讨论温度对合成氨的影响。

解 (1) 查表得 298.15K 时$\Delta_f G_m^\ominus(NH_3, g) = -16.4kJ \cdot mol^{-1}$，则此合成氨反应在 298.15K 的$\Delta_r G_m^\ominus$为

$$\begin{aligned}\Delta_r G_m^\ominus &= 2\times\Delta_f G_m^\ominus(NH_3, g) - \Delta_f G_m^\ominus(N_2, g) - 3\times\Delta_f G_m^\ominus(H_2, g) \\ &= 2\times(-16.4kJ\cdot mol^{-1}) - 0 - 3\times 0 = -32.8kJ\cdot mol^{-1}\end{aligned}$$

由$\Delta_r G_m^\ominus = -RT\ln K_1^\ominus$可知

$$\ln K_1^\ominus = -\frac{\Delta_r G_m^\ominus}{RT} = \frac{32.8\times10^3 J\cdot mol^{-1}}{8.314J\cdot K^{-1}\cdot mol^{-1}\times 298.15K} = 13.23$$

$K_1^\ominus = 5.6\times10^5$，此为 298.15K 时的标准平衡常数。

(2) 查表得 298.15K 时的$\Delta_f H_m^\ominus(NH_3, g) = -45.9kJ\cdot mol^{-1}$，则 298.15K 时，此反应的$\Delta_r H_m^\ominus$为

$$\begin{aligned}\Delta_r H_m^\ominus &= 2\times\Delta_f H_m^\ominus(NH_3, g) - \Delta_f H_m^\ominus(N_2, g) - 3\times\Delta_f H_m^\ominus(H_2, g) \\ &= 2\times(-45.9)kJ\cdot mol^{-1} - 0 - 3\times 0 = -91.8kJ\cdot mol^{-1}\end{aligned}$$

设 500℃即 773.15K 时 $\Delta_r H_m^\ominus \approx -91.8kJ\cdot mol^{-1}$

若 773.15K 时此合成氨反应的标准平衡常数为$K_2^\ominus$，则根据

$$\ln \frac{K_2^\ominus}{K_1^\ominus} = \frac{\Delta_r H_m^\ominus}{R}\left(\frac{T_2 - T_1}{T_1 T_2}\right)$$

得

$$\ln\frac{K_2^\ominus}{5.6\times10^5} = \frac{-91.8\times10^3 J\cdot mol^{-1}}{8.314\ J\cdot mol^{-1}\cdot K^{-1}}\left(\frac{773.15K - 298.15K}{773.15K\times 298.15K}\right) = -22.75$$

$$K_2^\ominus = 7.4\times10^{-5}$$

500℃时反应的标准平衡常数为 7.4×10^{-5}。

由化学平衡移动的影响因素可知，达到化学平衡时，系统具有确定的浓度、压力或温度等参数。当外界条件变化时，化学平衡就会发生移动。对此，法国科学家 Le Chatelier 在 1888 年提出，一旦改变维持化学平衡的外部条件，平衡就会向减弱这种改变的方向移动，即 Le Chatelier 原理。

问题与思考 7-3

试根据化学平衡的原理解释：为什么人工呼吸能够抢救轻度 CO 中毒的患者？高压氧舱治疗严重煤气中毒患者的原理是什么？

人体生化平衡

在人体这个复杂有机体内，正常生命活动的维持必须依赖于有机体内部的各种生化平衡。人体内的生化平衡包括水平衡、电解质平衡、酸碱平衡、沉淀溶解平衡及血糖平衡等，它们对人体健康都有重要作用，任意一个平衡的破坏都将导致人体病变。

水是机体的重要组成成分和生命活动的必须物质，对促进人体物质代谢、调节体温、提供润滑作用都十分重要。正常人每天摄入和排出的水都处于动态平衡之中，水的来源主要有饮水、食物水及代谢水等，人体过多的水可通过消化道、皮肤、肺及肾等排出。当人体饮水不足或病变性消耗大量水分，会导致细胞外液减少而引起新陈代谢障碍，严重时会造成虚脱或生命危险，即临床上的脱水现象，需要依靠补充体液进行治疗。相反，如果水的摄入量超过人体排水能力，就会导致水在人体内积留，引起水中毒或水肿。

人体对无机电解质的摄入和排出也处于动态平衡状态，它对维持体液的渗透压力平衡和酸碱平衡均发挥重要的作用。如钠离子和钾离子的平衡对维持神经、肌肉、心肌细胞的静息电位等均发挥着重要的生理作用。

沉淀溶解平衡在人体内同样起着重要的作用。龋齿的形成是因为细菌和酶作用于口腔中的食物残渣产生有机酸，有机酸促使羟基磷酸钙的溶解，从而加速牙齿的腐蚀，所以经常刷牙可以保护牙齿。鉴于氟磷酸钙的溶解度比羟基磷酸钙更小、质地更坚固，故使用含氟牙膏有助于生成更稳定的氟磷酸钙覆盖在牙齿表面，抵抗 H_3O^+ 的侵袭。

糖在人体中具有极其重要的生理功能，是机体的主要能量来源。在正常情况下，机体内的胰岛素、胰高血糖素、肾上腺素、糖皮质激素及生长激素等共同组成一个糖代谢调节系统，维持血糖动态平衡，使血糖浓度处于 3.89～6.11mmol·L^{-1} 的生理范围内。当机体发生糖代谢紊乱时，糖的平衡就会被打破，出现高血糖症或低血糖症。

此外，正常机体的凝血、抗凝和纤溶系统之间也处于动态平衡，当血管破损引起出血时，凝血系统激活的同时，抗凝系统和纤溶系统也被激活，保证止血反应限制在损伤局部，进而保持了全身血液的流体状态。当各种凝血因子、抗凝因子和纤溶因子发生功能障碍时就会打破该平衡，引发出血或血栓。

Summary

A reversible reaction will reaches equilibrium when the forward reaction rate is equal to the reverse reaction rate.

$K^{\ominus}$ and K_c (or K_p) is the standard equilibrium constant gotten by thermodynamics and experimental equilibrium constant respectively. For a reaction,

$$aA(aq)+bB(g) \rightleftharpoons dD(aq)+eE(g)$$

$$K^{\ominus}=\frac{([D]/c^{\ominus})^d(p_E/p^{\ominus})^e}{([A]/c^{\ominus})^a(p_B/p^{\ominus})^b}$$

If the reaction takes place in the aqueous solution

$$K_c=\frac{[D]^d[E]^e}{[A]^a[B]^b}$$

If it is the gaseous reaction

$$K_p=\frac{p_D^d p_E^e}{p_A^a p_B^b}$$

笔记

The relationship between free energy change, $\Delta_r G_m$, and $K^\ominus$ is

$$\Delta_r G_m = \Delta_r G_m^\ominus + RT\ln Q = -RT\ln K^\ominus + RT\ln Q = RT\ln(\frac{Q}{K^\ominus})$$

Where, Q, is the reaction quotient for the reaction at any state. if $Q < K^\ominus$, the reaction is spontaneous.

The effect of temperature on the chemical equilibrium by the following equation

$$\ln\frac{K_2^\ominus}{K_1^\ominus} = \frac{\Delta_r H_m^\ominus}{R}(\frac{T_2 - T_1}{T_1 T_2})$$

The chemical equilibrium is dynamic, and it can shift if the concentration, temperature and pressure is changed, a new equilibrium would be reached again at least.

Le Chatelier's principle states that if an outside influence upsets a chemical equilibrium, the system undergoes a change in the direction that counteracts the disturbing influence and, if possible, returns the system to equilibrium.

学科发展与医学应用综述题

1. 克肯达尔效应(Kirkendall effect)是指在合金形成的过程中，两种扩散速率不同的金属在非平衡扩散过程中形成晶格缺陷，这些缺陷逐渐积累形成空隙，会影响合金的质量。近年来该效应被广泛用于合成空心纳米结构。一般是先合成出复合纳米结构，然后在高温等条件下通过不同离子之间的非平衡交换，最终形成中空结构或者 York-shell 结构纳米晶。在医药学应用中，将特殊药物载于中空纳米结构为药物缓释和可控释放提供了可能。

请查阅相关文献解释，在克肯达尔效应中，离子的非平衡扩散是如何形成晶格缺陷的？利用克肯达尔效应合成空心纳米结构的方法和类型有哪些？

2. 随着纳米技术和生物医学的不断发展，纳米载体是实现药物定向传输和靶向治疗的重要手段，其对临床的癌症诊断和治疗具有潜在的应用前景。针对纳米载体的体外释药性能研究，目前采用较多的方法是“透析袋模式”，即将荷药后的纳米载体分散于透析袋中，然后将整个透析袋封闭后置于一定体积的媒介中，恒温振荡，通过检测袋外媒介中药物的累积释放率评估载体的释药性能。在此过程中，透析袋内外药物的透析平衡对载体释药性能的评估起到关键作用。

请查阅相关文献，讨论透析袋的孔洞大小、袋外媒介体积和浓度、媒介的替换体积及振荡速度等影响透析平衡的因素对载体释药性能的评估各有哪些影响？

3. 生物钙化是指由生物体通过蛋白质、细胞、DNA 等生物大分子的调控生成无机矿物，属于一个复杂的生物平衡过程。在人体，成骨细胞和破骨细胞可以通过调控体内胶原、磷酸酶等物质促进钙化或脱钙。

请查阅相关资料，从化学平衡的角度讨论在日常生活中应如何促进儿童骨骼生成和防止老年骨质疏松？生物钙化技术如何应用于羟磷灰石等纳米生物材料的组装和合成？

习　题

1. 写出下列可逆反应的标准平衡常数表达式和实验平衡常数表达式

(1) $H_2(g) + \frac{1}{2}O_2(g) \rightleftharpoons H_2O(g)$

(2) $3C_2H_2(g) \rightleftharpoons C_6H_6(l)$

(3) $C_6H_{12}O_6(s) \rightleftharpoons 2C_2H_5OH(l) + 2CO_2(g)$

(4) $HCN(aq) \rightleftharpoons H^+(aq) + CN^-(aq)$

(5) $MnO_2(s)+4H^+(aq)+2Cl^-(aq) \rightleftharpoons Mn^{2+}(aq)+Cl_2(g)+2H_2O(l)$

2. 在823K，标准状态下，已知下列反应

(1) $CO_2(g)+H_2(g) \rightleftharpoons CO(g)+H_2O(g)$　　$K_1^{\ominus}=0.14$

(2) $CoO(s)+H_2(g) \rightleftharpoons Co(s)+H_2O(g)$　$K_2^{\ominus}=67$

试求823K，标准状态下反应(3)的$K_3^{\ominus}$

(3) $CoO(s)+CO(g) \rightleftharpoons Co(s)+CO_2(g)$

并求反应(2)和(3)的$\Delta_r G_{m,823}^{\ominus}$，比较CO(g)和$H_2$(g)对CoO(s)的还原能力谁更强些。

3. 反应$SO_2(g)+NO_2(g) \rightleftharpoons SO_3(g)+NO(g)$在700℃时$K_c=9.0$。若体系中4种物料初始浓度均为$3.0\times10^{-3}mol\cdot L^{-1}$，则平衡时[$SO_3$]为多少？

4. CO中毒是由于CO被吸入肺中发生了反应$CO(g)+HbO_2(aq) \rightleftharpoons O_2(g)+HbCO(aq)$，37℃时该反应的平衡常数$K=220$。有研究表明，HbCO浓度达到$HbO_2$浓度的2%时就可造成人的智力损伤。抽烟后测得吸入肺中的空气中，CO和O_2的浓度分别为$1\times10^{-6}mol\cdot L^{-1}$和$1\times10^{-2}mol\cdot L^{-1}$，计算说明抽烟会造成人的智力损伤吗？

5. 30℃时，将2.00mol PCl_5与1.00mol PCl_3混合，在总压200kPa时，反应$PCl_5(g) \rightleftharpoons PCl_3(g)+Cl_2(g)$达到平衡，平衡时$PCl_5$的转化率为0.91，计算该反应的标准平衡常数$K^{\ominus}$。

6. 反应$N_2O_4(g) \rightleftharpoons 2NO_2(g)$在25℃时的$K^{\ominus}=0.15$，若将$N_2O_4$样品放在一容器中，达到平衡时总压是60kPa，则$N_2O_4$的分解率是多少？$N_2O_4$的初始压力是多少？

7. 欲用MnO_2固体与HCl溶液反应制备Cl_2气体，已知该反应的方程式为

$$MnO_2(s)+4H^+(aq)+2Cl^-(aq) \rightleftharpoons Mn^{2+}(aq)+Cl_2(g)+2H_2O(l)$$

(1) 写出此反应的标准平衡常数$K^{\ominus}$的表达式。

(2) 根据附录四附表4-1中的热力学数据，求出298.15K标准状态下此反应的$\Delta_r G_{m,298.15}^{\ominus}$及$K^{\ominus}$值，并指出在该条件下此反应能否正向自发进行？

(3) 若HCl溶液浓度为$12.0mol\cdot L^{-1}$，其他物质处于标准状态，反应在298.15K时能否自发进行？

8. 已知下列反应

$$2SO_2(g)+O_2(g) \rightleftharpoons 2SO_3(g)$$

在800K时的$K^{\ominus}=910$，试求900K时此反应的$K^{\ominus}$。假设温度对此反应的$\Delta_r H_m^{\ominus}$的影响可以忽略。

9. 查阅下述反应的相关热力学数据，试求298.15K时AgCl的K_{sp}。($K_{sp}=K^{\ominus}$)

$$AgCl(s) \rightleftharpoons Ag^+(aq)+Cl^-(aq)$$

10. 用以下热力学函数计算Ag_2CO_3在298.15K和373.15K时的溶度积常数(假定$\Delta_r H_m^{\ominus}$及$\Delta_r S_m^{\ominus}$不随温度而变化)。

	$Ag_2CO_3(s) \rightleftharpoons$	$2Ag^+(aq)$	+	$CO_3^{2+}(aq)$
$\Delta_r G_m^{\ominus}/(kJ\cdot mol^{-1})$	−437.2	77.1		−527.8
$\Delta_r H_m^{\ominus}/(kJ\cdot mol^{-1})$	−505.8	105.6		−667.1
$S_m^{\ominus}/(J\cdot K^{-1}\cdot mol^{-1})$	167.4	72.7		−56.9

Exercises

1. Given the following,

(1) $4NO(g) \rightleftharpoons 2N_2O(g)+O_2(g)$　　$K^{\ominus}=3.54\times10^{-25}$

(2) $2NO(g)+O_2(g) \rightleftharpoons 2NO_2(g)$　　$K^{\ominus}=6.26\times10^{-13}$

Calculate $K^{\ominus}$ for the reaction at 298.15 K: (3) $2N_2O(g)+3O_2(g) \rightleftharpoons 4NO_2(g)$.

2. When the reaction of $C(gra)+O_2(g) \rightleftharpoons 2CO_2(g)$ reaches equilibrium at 298.15 K in a container with the capacity of 1 L, its $\Delta_r H_m^{\ominus}$ is -393.5 kJ·mol^{-1}, what's the impact on the equilibrium partial pressure of O_2 under the measures that are as follow: ① Increase the amount of graphite; ② Increase

the amount of CO_2; ③ Increase the amount of O_2; ④ Reduce the reaction temperature; ⑤ Adding catalyst.

3. For the reaction of $2NO_2(g) \rightleftharpoons N_2O_4(g)$, its $K^{\ominus}$ is 6.67 at 298.15 K, when the reaction reaches equilibrium, the partial pressure of NO_2 is 2.0×10^4 Pa, calculate the partial pressure of N_2O_4 and the total pressure of the equilibrium system.

4. A reaction that can convert coal to methane (the chief component of natural gas) is

$$C(s) + 2H_2(g) \rightleftharpoons CH_4(g)$$

for which $\Delta_r G_m^{\ominus} = -50.5\ \text{kJ} \cdot \text{mol}^{-1}$. What is the value of $K^{\ominus}$ for the reaction at 25℃? Does this value of $K^{\ominus}$ suggest that studying this reaction as a mean of methane production is worth pursuing?

5. A mixture containing 4.562×10^{-3} mol $H_2(g)$, 7.384×10^{-4} mol $I_2(g)$, and 1.355×10^{-2} mol HI (g) in a 1.0 L container at 425.4℃ is at equilibrium. If 1.000×10^{-3} mol $I_2(g)$ is added, what will be the concentration of $H_2(g)$, $I_2(g)$ and HI (g) after the system has again reached equilibrium?

（李祥子）

第八章　化学反应速率

一个化学反应实际能否发生，首先要看反应的可能性，化学热力学已经很好地解决了这个问题。例如，汽车尾气中的两种主要有害气体CO和NO之间有如下反应

$$CO(g)+NO(g) \longrightarrow CO_2(g)+\frac{1}{2}N_2(g)$$

该反应的$\Delta_r G_m^{\ominus}$约为$-334kJ \cdot mol^{-1}$，从热力学的角度看，常温下反应自发进行的趋势非常大。可实际上，汽车尾气对环境造成的污染并未因有这个化学反应而得到有效的解决。这表明，一方面热力学预示的非自发反应不能发生是毋庸置疑的；另一方面，热力学所预示的有自发可能性的反应，而实际上依然有很多并不发生的情况。实际上化学反应能真正意义发生，除了要具备热力学上的自发可能性以外，另一个重要条件就是反应还要具有一定的速率，否则，一个化学反应没有实际意义。上述反应就是因为其反应速率极慢而无法通过化学反应消除尾气，也就达不到减少空气污染的实际效果。

研究化学反应速率的科学称为**化学动力学**（chemical kinetics），它主要研究化学反应速率、影响反应速率的因素及化学反应的机制等问题。化学热力学解决化学反应的可能性；化学动力学则解决反应的现实性。

本章将重点介绍影响化学反应速率的主要因素及有关化学反应速率的基本理论。

第一节　化学反应速率及其表示方法

一、化学反应速率

化学**反应速率**（rate of reactions）用于衡量化学反应进程的快慢，以v表示。用反应进度表示的反应速率定义为单位体积内反应进度随时间的变化率，即

$$v \overset{\text{def}}{=\!=\!=} \frac{1}{V}\frac{d\xi}{dt} \tag{8-1}$$

式（8-1）中，ξ为化学反应的进度，V为反应体系的体积。

对任意一个化学反应

$$a\,A+b\,B \longrightarrow d\,D+e\,E$$

有

$$d\xi=\frac{dn_B}{\nu_B} \tag{8-2}$$

式（8-2）中，n_B为化学反应中任意一个参与反应的组分B物质的量，ν_B为B物质在反应式中的化学计量数，ξ的量纲为mol。代入式（8-1）得

$$v \overset{\text{def}}{=\!=\!=} \frac{1}{V}\frac{d\xi}{dt}=\frac{1}{V}\frac{dn_B}{\nu_B dt}=\frac{1}{\nu_B}\frac{dc_B}{dt} \tag{8-3}$$

式（8-3）中，c_B为B的物质的量浓度。该式是转换成用浓度的变化来表示的反应速率，也是通常表示速率的方式。反应速率具有[浓度]·[时间]$^{-1}$量纲，根据反应的快慢，时间量纲可取秒（s）、分钟（min）、小时（h）、天（d）、年（a）等单位。

化学反应速率是大于或等于零的值。式（8-3）中的c_B可以是反应物浓度，也可以是产物浓度。

例如，对上述化学反应，用反应物A的浓度表示该反应的速率为

$$v_A = -\frac{1}{a}\frac{dc(A)}{dt} \tag{8-4}$$

式(8-4)中，c(A)随反应时间的增加而减少，$\frac{dc(A)}{dt}$为负值，但化学计量数是$-a$，速率式中加负号，是以反应物浓度的变化表示的该反应物的消耗速率。

如果用产物D的浓度表示该反应的速率，则为

$$v_D = \frac{1}{d}\frac{dc(D)}{dt} \tag{8-5}$$

式(8-5)中，c(D)随反应时间的增加而增加，因此，以产物浓度的变化表示的是该产物的生成速率。

一个化学反应的速率可以用化学反应式中的任何一个组分来表示，用不同组分所表示的化学反应速率之间有如下关系

$$v = -\frac{1}{a}\cdot\frac{dc(A)}{dt} = -\frac{1}{b}\cdot\frac{dc(B)}{dt} = \frac{1}{d}\cdot\frac{dc(D)}{dt} = \frac{1}{e}\cdot\frac{dc(E)}{dt}$$

例如，反应

$$N_2(g) + 3H_2(g) \longrightarrow 2NH_3(g)$$

用N_2、H_2和NH_3分别表示的反应速率及它们之间的相互关系为

$$v = \frac{1}{\nu_B}\cdot\frac{dc_B}{dt} = -\frac{1}{1}\frac{dc(N_2)}{dt} = -\frac{1}{3}\frac{dc(H_2)}{dt} = \frac{1}{2}\frac{dc(NH_3)}{dt}$$

即

$$v = v(N_2) = \frac{1}{3}v(H_2) = \frac{1}{2}v(NH_3)$$

二、化学反应的平均速率和瞬时速率

化学反应的**平均速率**(average rate)表示在一段时间间隔内某物质浓度变化的平均值，用$\bar{v}$表示。例如，消毒剂H_2O_2溶液在室温下发生的分解反应为

$$H_2O_2(aq) \xrightarrow{I^-} H_2O(l) + \frac{1}{2}O_2(g)$$

只要测定不同时间O_2的量，就可以计算出各时间对应的H_2O_2浓度，从而得知H_2O_2的分解速率。初始浓度为$0.80mol\cdot L^{-1}$的H_2O_2溶液在分解过程中的不同浓度$c(H_2O_2)$见表8-1。若末时刻与初时刻的时间差为Δt，对应Δt的浓度差为$\Delta c(H_2O_2)$，则

$$\bar{v} = -\frac{\Delta c(H_2O_2)}{\Delta t}$$

这样，就可得到多组时间间隔为20分钟内该化学反应的平均速率。

表8-1　H_2O_2溶液分解的平均速率和瞬时速率(室温；时间间隔20min)

t/ min	0	20	40	60	80
$c(H_2O_2)/(mol\cdot L^{-1})$	0.80	0.40	0.20	0.10	0.050
$\bar{v}/(mol\cdot L^{-1}\cdot min^{-1})$		0.020	0.010	0.0050	0.0025
$v/(mol\cdot L^{-1}\cdot min^{-1})$		0.014	0.0075	0.0038	0.0019

由表8-1可以看出，H_2O_2在每一个20min内的分解速率并不相同，而且，由平均速率表示的反应速率也比较粗泛，无法得知化学反应在任意时刻的真实速率。

化学反应的**瞬时速率**(instantaneous rate)能确切地反映出化学反应在每一时刻的速率，它是时间间隔Δt趋近于零时平均速率的极限值。即

$$v=\lim_{\Delta t\to 0}\bar{v}=\lim_{\Delta t\to 0}\frac{-\Delta c(H_2O_2)}{\Delta t}=-\frac{dc(H_2O_2)}{dt}$$

通常所说的反应速率均指瞬时速率，用作图法可以求得。

将表 8-1 内的 H_2O_2 浓度 $c(H_2O_2)$ 对时间 t 作图，得图 8-1。图中 A、B、C、D 四个点分别表示 H_2O_2 分解过程中，在时间为第 20 分钟、第 40 分钟、第 60 分钟和第 80 分钟时的浓度，不难看出，瞬时速率实际上是反应进程中，某组分在某时刻其 c-t 曲线上切线的斜率。图 8-1 表示的 c-t 曲线是变斜率曲线，表明 H_2O_2 分解的瞬时速率在每一时刻都不相同，比较表 8-1 内的数据也会发现 H_2O_2 的瞬时速率与平均速率差别显著。

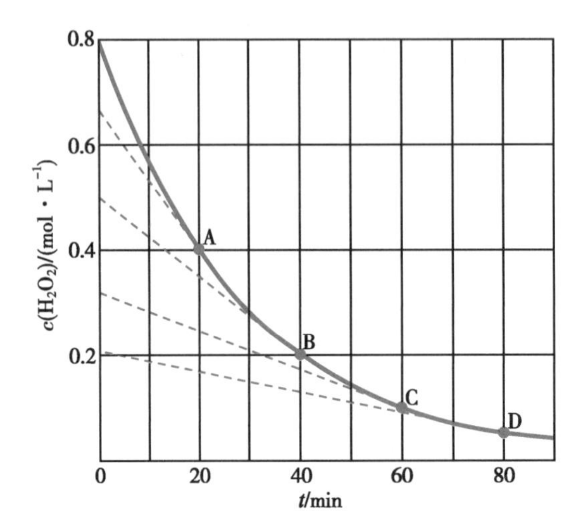

图 8-1　H_2O_2 分解的浓度 - 时间曲线

第二节　浓度对化学反应速率的影响

一、化学反应速率方程

（一）速率方程

影响化学反应速率的因素有很多，反应物浓度是影响反应速率的主要因素之一。表示反应物浓度与反应速率之间定量关系的数学式，称为化学反应**速率方程**（rate equation，rate law）。对一般化学反应

$$aA+bB\longrightarrow 产物$$

其速率方程为

$$v=k\,c^{\alpha}(A)\cdot c^{\beta}(B) \tag{8-6}$$

式（8-6）中，各浓度项的指数 α、β 由实验确定。

例 8-1　在 1073K 时，测定反应 $2NO(g)+2H_2(g)\longrightarrow N_2(g)+2H_2O(g)$ 生成 N_2 的速率，数据见表 8-2。试根据表 8-2 中数据确定该反应的速率方程。

表 8-2　NO 与 H_2 的反应速率（1073K）

实验序号	起始浓度 /（$mol\cdot L^{-1}$）		生成 N_2 的初始速率 /（$mol\cdot L^{-1}\cdot min^{-1}$）
	c（NO）	c（H_2）	
1	6.0×10^{-3}	1.0×10^{-3}	3.20×10^{-3}
2	6.0×10^{-3}	2.0×10^{-3}	6.38×10^{-3}
3	6.0×10^{-3}	3.0×10^{-3}	9.59×10^{-3}
4	1.0×10^{-3}	6.0×10^{-3}	0.49×10^{-3}
5	2.0×10^{-3}	6.0×10^{-3}	1.98×10^{-3}
6	3.0×10^{-3}	6.0×10^{-3}	4.42×10^{-3}

笔记

解　比较1～3号实验数据可知，若$c(NO)$保持不变，当2号和3号实验中$c(H_2)$分别增加到1号实验的2倍和3倍时，相应的反应速率也分别增加到2倍和3倍，可见反应速率与$c(H_2)$成正比。

同样，比较4～6号的实验数据也会发现，当$c(H_2)$保持不变而只改变$c(NO)$时，反应速率与$c^2(NO)$成正比。因此，该反应的速率方程应为

$$v=kc^2(NO)c(H_2)$$

实际上，当一个化学反应发生时，一般正、逆向反应同时都在进行，严格来说，研究反应速率也应将逆向反应速率考虑在内。然而，纳入逆向反应速率时，处理具体问题就比较复杂，而且，逆反应速率在反应开始时很慢，因此，通常忽略逆反应速率不仅使问题大大简化，与实际情况的符合度也很接近。上述例题中，就是忽略逆反应速率，把反应开始时的速率定为反应速率，并确定出反应的速率方程，此为初始速率法。

在确定一个化学反应的速率方程时，应注意如下几点：

1. 只能根据实验事实确定反应的速率方程，而不能从化学反应方程式直接写出速率方程。

2. 当反应物为纯固态、纯液态物质时，它们的浓度不写入速率方程式中。例如，反应

$$C(s)+O_2(g) \longrightarrow CO_2(g)$$

该反应的速率方程为$v=k\,c(O_2)$。O_2只在固体C的表面进行反应，而反应体系内固体物质的表面积基本是一个常数，反应速率与C(s)的浓度无关。

3. 若溶剂也参与反应，且反应物为稀溶液时，可认为溶剂的浓度是几乎不变的常数，故溶剂浓度也不写入速率方程式中。例如，稀的蔗糖溶液水解

$$\underset{\text{蔗糖}}{C_{12}H_{22}O_{11}}+H_2O \longrightarrow \underset{\text{葡萄糖}}{C_6H_{12}O_6}+\underset{\text{果糖}}{C_6H_{12}O_6}$$

速率方程为：$v=k'c(C_{12}H_{22}O_{11})c(H_2O)=kc(C_{12}H_{22}O_{11})$

（二）速率常数与反应级数

速率方程式中的系数k称为**速率常数**（rate constant），它与反应物浓度无关，只与反应的本性及反应温度有关，其值可通过实验测定。

在相同反应条件下，反应的速率常数值愈大，表示该反应的速率愈快。k在数值上等于各反应物浓度均为$1mol \cdot L^{-1}$时的反应速率，故速率常数又称为反应的比速率，这也是速率常数的物理意义。通常，速率方程式的一般式为

$$v=kc^n \tag{8-7}$$

式(8-7)中，k的量纲是$[浓度]^{1-n} \cdot [时间]^{-1}$，$n$称为总反应的**反应级数**（reaction order），为各反应物的反应级数之和，如依式(8-6)，则$n=\alpha+\beta$，其中α是反应物A的反应级数；β是反应物B的反应级数。

化学反应通常根据其速率方程按反应级数分类。如式(8-6)中，$(\alpha+\beta)=0$，为零级反应；$(\alpha+\beta)=1$，为一级反应；余类推。一般而言，反应级数均指总反应级数。反应级数可以是正整数，也可以是分数或负数。有的反应速率与反应物浓度之间甚至呈现复杂的函数关系*。

二、具有简单反应级数的反应速率及其特征

（一）一级反应

一级反应（first-order reaction）是反应速率与反应物浓度的一次方成正比的反应。速率方程为

$$v=-\frac{dc(A)}{dt}=kc(A)$$

反应开始时，$t=0$，反应物A的起始浓度为$c_0(A)$；当反应进行到t时刻，反应物A的浓度为

---

* 反应$H_2+Br_2 \longrightarrow 2HBr$的速率方程为：$v=\dfrac{kc(H_2)\ c(Br_2)}{[1+K'\dfrac{c(HBr)}{c(Br_2)}]}$

$c(\text{A})$。按上式将反应物浓度 $c(\text{A})$ 和相对应的反应时间 t 分别定积分

$$-\int_{c_0}^{c}\frac{\mathrm{d}c(\text{A})}{c(\text{A})}=\int_0^t k\mathrm{d}t$$

得

$$\ln c(\text{A})-\ln c_0(\text{A})=-kt \tag{8-8}$$

或

$$\lg c(\text{A})-\lg c_0(\text{A})=-\frac{kt}{2.303}$$

式(8-8)为一级反应的反应物浓度 $c(\text{A})$ 与反应时间 t 的关系式。

根据式(8-8)，以 $\ln c(\text{A})$ 对 t 作图，从直线的斜率可得速率常数 k，一级反应速率常数 k 的量纲为：[时间]$^{-1}$。

反应物浓度降到初始浓度一半所需要的时间称为该反应的**半衰期**(half-life)，用 $t_{1/2}$ 表示，此时，$c(\text{A})=\frac{c_0(\text{A})}{2}$。反应的半衰期也是衡量反应速率的重要参数。显然，半衰期愈长，反应速率愈慢。

将 $\frac{c_0(\text{A})}{2}$ 代入式(8-8)中，得到一级反应的半衰期

$$t_{1/2}=\frac{0.693}{k} \tag{8-9}$$

由式(8-9)可见，一级反应的半衰期是一个与反应物初始浓度无关的常数。

一级反应的实例很多，例如，放射性元素的蜕变反应、大多数的热分解反应、多数药物在体内的代谢过程、分子内部的重排反应及异构化反应等，都属于一级反应。

有些反应与低浓度蔗糖溶液的水解类似，本身是二级反应，但因蔗糖浓度较低，而 H_2O 既是另一反应物又是溶剂，在反应中其浓度的改变极微，故可视为常数，因而，反应实际上符合一级反应的特点，此类反应称为**准一级反应**(pseudo-first-order reaction)。

例 8-2 放射性物质的强度以 ci(居里)* 表示。已知 ^{60}Co 蜕变的半衰期 $t_{1/2}=5.26\text{a}$，放射性 ^{60}Co(医疗上用于医用直线加速器)所产生的 γ 射线可应用于治疗癌症。某医院购买一台 20ci 的钴源，请问在使用 10 年后还剩余多少？

解 放射性元素的衰变为一级反应，即

$$t_{1/2}=\frac{0.693}{k}$$

$$k=\frac{0.693}{t_{1/2}}=\frac{0.693}{5.26\text{a}}=0.132\text{a}^{-1}$$

将 ^{60}Co 的初浓度 20ci，$k=0.132\text{a}^{-1}$，代入式(8-8)得

$$\ln c(\text{Co})\text{ci}-\ln 20\text{ci}=-0.132\text{a}^{-1}\times 10\text{a}$$

$$c(\text{Co})=5.3\text{ci}$$

例 8-3 抗生素在人体内的代谢通常为一级反应。给人体注射 500mg 某抗生素后，分别在不同时间测定血液中该药物的浓度，得到如下数据：

用药后时间 t/h	1	3	5	7	9	11	13	15
血液中药物含量 ρ/(mg·L^{-1})	6.0	5.0	4.2	3.5	2.9	2.5	2.1	1.7
$\ln\rho$	1.79	1.61	1.44	1.25	1.06	0.92	0.74	0.53

试求：(1) 该抗生素在体内代谢的半衰期。

(2) 若此抗生素在血液中的最低有效浓度为 3.7mg·L^{-1}，多少小时后需要进行第二次注射？

* ci(居里)它表示单位时间内放射性物质的衰变次数，1ci 相当于每秒有 3.7×10^{10} 次衰变。

解　(1) 此抗生素在体内的代谢为一级反应，以 $\ln\rho$ 对 t 作图，得图 8-2。

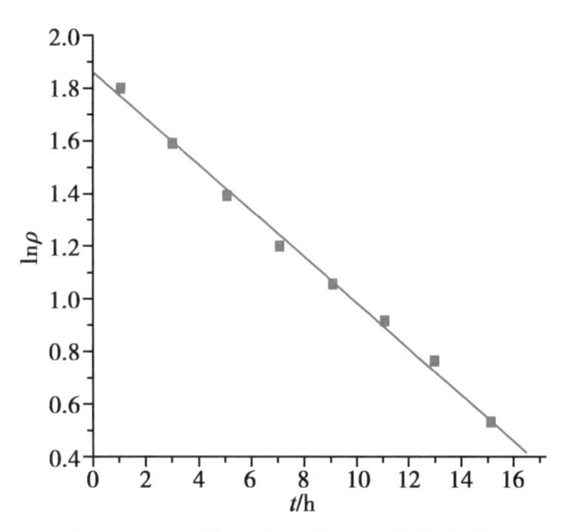

图 8-2　药物在血中的浓度变化曲线

可求得斜率 = −0.087，即 $k = 0.087\text{h}^{-1}$

该抗生素的半衰期为

$$t_{1/2} = 0.693/k = 0.693/0.087\text{h}^{-1} = 8.0\text{h}$$

(2) 根据图 8-2，$t = 0\text{h}$ 时，$\ln\rho_0 = 1.87$，将 ρ_0 及 $\rho = 3.7\text{mg}\cdot\text{L}^{-1}$ 一并代入式(8-8)，得出第一次与第二次注射的时间间隔为

$$t = \frac{(\ln\rho_0 - \ln\rho)}{k} = \frac{(1.87 - 1.31)}{0.087\text{h}^{-1}} = 6.4\text{h}$$

欲使血液中的药物浓度不低于 $3.7\text{mg}\cdot\text{L}^{-1}$，应在第一次注射 6.4 小时后进行第二次注射。临床上一般采取在 6 小时后注射第二次，每昼夜注射 4 次。

此外，根据实验数据求出回归方程，也可确定反应的速率常数 k 及进行第二次注射的时间。

(二) 二级反应

二级反应(second-order reaction) 是反应速率与反应物浓度的二次方成正比的反应。

二级反应通常有两种类型：

(1) $a\text{A} \longrightarrow$ 产物

(2) $a\text{A} + b\text{B} \longrightarrow$ 产物

在类型(2)中，若 A 和 B 的初始浓度相等，且在反应过程中始终按等计量进行反应，则等同于类型(1)。本章只讨论类型(1)，即

$$v = -\frac{\text{d}c(\text{A})}{\text{d}t} = kc^2(\text{A})$$

同样，将反应物浓度 $c(\text{A})$ 和相对应的反应时间 t 分别定积分

$$-\int_{c_0}^{c} \frac{\text{d}c(\text{A})}{c^2(\text{A})} = \int_0^t k\text{d}t$$

得

$$\frac{1}{c(\text{A})} - \frac{1}{c_0(\text{A})} = kt \qquad (8\text{-}10)$$

根据式(8-10)，以 $\frac{1}{c(\text{A})}$ 对 t 作图，直线的斜率即为速率常数 k；二级反应速率常数 k 的量纲为：[浓度]$^{-1}$•[时间]$^{-1}$，即 $\text{L}\cdot\text{mol}^{-1}$•[时间]$^{-1}$。

二级反应的半衰期为

$$t_{1/2} = \frac{1}{kc_0(\text{A})} \qquad (8\text{-}11)$$

由式（8-11）可见，二级反应的半衰期与反应物的初始浓度有关。

在溶液中进行的许多有机化学反应，如加成反应、水解反应、取代反应等，都属于二级反应。

例 8-4　乙酸乙酯在 298.15 K 时的皂化反应为二级反应

$$CH_3COOC_2H_5 + NaOH \longrightarrow CH_3COONa + C_2H_5OH$$

若 $CH_3COOC_2H_5$ 与 NaOH 的初始浓度均为 $0.0150mol \cdot L^{-1}$，求

（1）当反应进行 20 分钟后，测得 NaOH 的浓度减少了 $0.0066mol \cdot L^{-1}$，求反应的速率常数和半衰期各是多少？

（2）在第 20 分钟时反应的瞬时速率是多少？

解　（1）据题意，将各数值代入式（8-10），并整理得

$$k = \frac{1}{t}\left(\frac{1}{c(A)} - \frac{1}{c_0(A)}\right) = \frac{1}{20min} \times \left(\frac{1}{0.0150mol \cdot L^{-1} - 0.0066mol \cdot L^{-1}} - \frac{1}{0.0150mol \cdot L^{-1}}\right)$$

$$k = 2.62L \cdot mol^{-1} \cdot min^{-1}$$

$$t_{1/2} = \frac{1}{kc_0(A)} = \frac{1}{2.62L \cdot mol^{-1} \times min^{-1} \times 0.0150mol \cdot L^{-1}} = 25.5\,min$$

（2）在第 20 分钟时，$c(A) = (0.0150mol \cdot L^{-1} - 0.0066mol \cdot L^{-1}) = 0.0084mol \cdot L^{-1}$，因 $CH_3COOC_2H_5$ 与 NaOH 按等计量反应，且初始浓度相等，故

$$v = kc^2(A) = 2.62L \cdot mol^{-1} \cdot min^{-1} \times (0.0084mol \cdot L^{-1})^2 = 1.85 \times 10^{-4} mol \cdot L^{-1} \cdot min^{-1}$$

（三）零级反应

零级反应（zero-order reaction）是反应速率与反应物浓度的零次方成正比的反应，即

$$v = -\frac{dc(A)}{dt} = kc^0(A) = k$$

零级反应速率与反应物的浓度无关，即零级反应的速率为常数。将反应物浓度 $c(A)$ 和相对应的反应时间 t 分别定积分

$$-\int_0^c dc(A) = \int_0^t k dt$$

得

$$c_0(A) - c(A) = kt \qquad (8\text{-}12)$$

根据式（8-12），以 c 对 t 作图，直线的斜率即是速率常数的 $-k$；零级反应速率常数 k 的量纲为：[浓度]·[时间]$^{-1}$，即 $mol \cdot L^{-1} \cdot$[时间]$^{-1}$。

零级反应的半衰期为

$$t_{1/2} = \frac{c_0(A)}{2k} \qquad (8\text{-}13)$$

由式（8-13）可见，零级反应的半衰期与反应物的初始浓度有关。

最常见的零级反应是那些在固体表面发生的化学反应。例如，NH_3 在金属催化剂钨（W）的表面上进行分解反应时，先吸附在 W 表面的活性中心上，再分解，接着产物脱离 W 的表面，反应完成。由于 W 表面上的活性中心有限，因此反应速率实际上与活性中心的多寡有关，活性中心被 NH_3 占满后，即使增加 NH_3 的浓度，也不会对反应速率有影响，故表现出零级反应的特征。

有些半衰期短的药物在使用时需要频繁给药，若用特殊技术制成缓释药物，所添加的辅料能携带药物在体内缓慢地分时溶解，就能使药物在体内的释药速率在相当长的时间范围内相对恒定，保证长时间在体内维持有效的药物浓度，这也属于零级反应。例如，激素类药物制成无菌片剂植入肌肉或皮下，用生物不能降解的硅橡胶制成小棒的形状，腔内放置甾体激素并植入皮下，就能缓释药物 4～6 年，避免频繁给药。具有零级反应特征的缓控释制剂特别适合需长期服药的慢性病患者。

具有简单反应级数的几类反应的主要特征总结在表 8-3 中。

表 8-3　简单反应级数的反应速率主要特征

反应级数	一级反应	二级反应	零级反应
基本方程式	$\ln c_0(\text{A})-\ln c(\text{A})=kt$	$\dfrac{1}{c(\text{A})}-\dfrac{1}{c_0(\text{A})}=kt$	$c_0(\text{A})-c(\text{A})=kt$
直线关系	$\ln c(\text{A})$-t	$1/c(\text{A})$-t	$c(\text{A})$-t
斜率	$-k$	k	$-k$
半衰期($t_{1/2}$)	$\dfrac{0.693}{k}$	$\dfrac{1}{kc_0(\text{A})}$	$\dfrac{c_0(\text{A})}{2k}$
k的量纲	$[时间]^{-1}$	$\text{L}\cdot\text{mol}^{-1}\cdot[时间]^{-1}$	$\text{mol}\cdot\text{L}^{-1}\cdot[时间]^{-1}$

从表 8-3 可看出，由各级反应的半衰期可以求得相应的速率常数。但实际上，根据半衰期求出的速率常数通常只对一级反应比较准确。

第三节　化学反应速率理论简介

化学反应动力学主要研究和了解化学反应是如何发生，反应发生时速率大小，明确反应物转化为产物时，实际所经历的中间过程及每一个具体的反应步骤，并确定其反应机制等，较成熟的化学反应速率理论有反应的碰撞理论和过渡态理论。

一、碰撞理论与活化能

（一）有效碰撞和弹性碰撞

碰撞理论(collision theory)认为，反应物分子相互碰撞是发生化学反应的前提，当相互碰撞的反应物分子具有足够的动能，并且它们在空间具有合适的取向时，反应物分子内的化学键才能重组，从而完成反应物分子内化学键的削弱、断裂，以及产物分子内的化学键逐渐形成这一过程。

反应物的状态对反应速率的影响比较明显。气相反应中，反应物分子间的碰撞非常容易发生；而在溶液中进行的反应，为加快反应物分子间的碰撞，快速搅拌是加快反应速率的有效办法；当有固体参与反应时，气体或溶液中的反应物分子在固体的表面上与之接触而完成反应，把固体物质粉碎成很细的颗粒，能大大增加固体的面积，相应地也将使反应速率显著增加。

实验表明，在 20℃及 101.3kPa 时，1mol 的 N_2 和 1mol 的 O_2 间的碰撞达到约每秒 10^{27} 次，但只产生极微量的 NO。这意味着反应物分子之间的大部分碰撞并不能导致反应发生，只有很少数的碰撞才能使反应发生并得到产物。

在碰撞理论中，能发生反应的碰撞称为**有效碰撞**(effective collision)，而不发生反应的碰撞称为**弹性碰撞**(elastic collision)。

能发生有效碰撞的那些反应物分子必须具备两个条件：一是反应物分子要有足够的动能，这样它们才能克服分子之间的斥力而互相充分接近；二是碰撞时要有合适的方位，或称恰当的取向。如图 8-3 所示意的反应

$$\text{CO(g)}+\text{H}_2\text{O(g)}=\text{H}_2\text{(g)}+\text{CO}_2\text{(g)}$$

如果分子碰撞时方位不恰当，即使分子具有的能量再高，反应也不会发生，如图 8-3(a)所示；当有足够动能的 CO 与 H_2O 分子碰撞时，O、C、O 三个原子必须处于一条直线上，与将要形成的键角为 180° 的直线型 CO_2 分子恰好一致的那一刻，CO 与 H_2O 分子间发生的才是有效碰撞，才能发生化学反应并形成产物 CO_2 和 H_2，如图 8-3(b)所示。

（二）活化分子与活化能

反应物分子中具有较大动能并能够发生有效碰撞的分子称为**活化分子**(activated molecule)，它只是反应物分子总数中的一部分。活化分子具有的最低能量(E')与反应物分子的平均能量($\overline{E}$)之

差，称为化学反应的**活化能**（activation energy），用 E_a 表示。即

$$E_a = E' - \bar{E} \tag{8-14}$$

由图 8-4 可以看出，E_a 是大于零的物理量，是在一定温度范围内基本不随温度而变化的常数，其量纲为 $kJ \cdot mol^{-1}$。

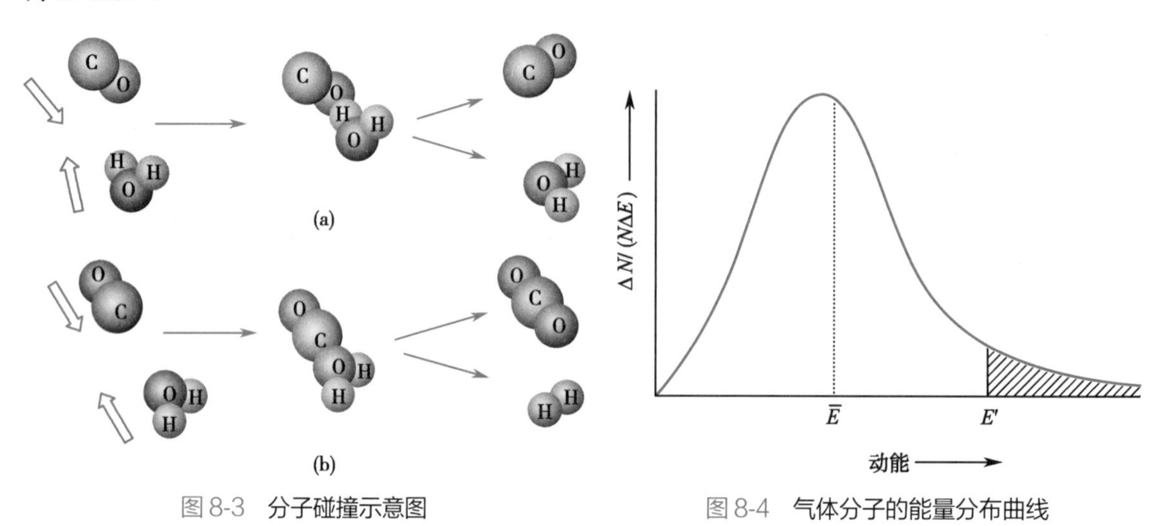

图 8-3　分子碰撞示意图
（a）弹性碰撞；（b）有效碰撞

图 8-4　气体分子的能量分布曲线

根据气体分子能量分布规律，可知反应的活化能及反应物中的活化分子数量占反应物分子总数量比率之间的关系。

在一定温度下，分子具有一定的平均动能。根据统计热力学分析可知，具有一定能量分子的数目不随时间而改变，如图 8-4 所示。假设分子的动能为 E，ΔE 为动能的能量间隔，N 为分子总数，ΔN 为具有动能 E 和 $E+\Delta E$ 区间的分子数。以动能为横坐标，以 $\frac{\Delta N}{N\Delta E}$ 为纵坐标作图，即得一定温度下气体分子能量的分布曲线。若在横坐标上取一定的能量间隔（ΔE），则 $\frac{\Delta N}{N\Delta E}$ 与 ΔE 之积为 $\frac{\Delta N}{N}$，就是动能在 E 和 $E+\Delta E$ 区间内的分子数占整个分子总数的比率。能量分布曲线下包括的总面积是分子分数的总和，其值等于 1。相应地，E' 右边阴影部分的面积与整个曲线下总面积之比，是反应物分子中活化分子数在总反应物分子数中所占的比率，即活化分子分数，用 f 表示。

统计热力学证明，分子的能量分布符合 Maxwell-Boltzmann 分布，活化分子分数 f 为

$$f = e^{-E_a/RT} \tag{8-15}$$

式（8-15）中，E_a 是活化能；R 是气体常数；T 是热力学温度，这 3 个因子的值都大于零。一定温度下，反应速率主要受活化能的影响。活化能愈小，则活化分子数愈多，反应就愈快。不同化学反应具有不同的活化能，这是各化学反应速率不同的内在原因。

化学反应的活化能多与化学键断裂所需的能量相近，为 $40 \sim 400kJ \cdot mol^{-1}$，一般反应的活化能在 $60 \sim 250kJ \cdot mol^{-1}$。活化能小于 $40kJ \cdot mol^{-1}$ 的反应速率通常极快；当活化能高于 $400kJ \cdot mol^{-1}$ 时，反应速率极慢。

对一般的化学反应，当增加反应物浓度时，反应速率就会加快。其实质就是增加了反应物分子中的活化分子数。

从以上讨论可知，碰撞理论比较直观地描述了反应物分子之间通过有效碰撞转化为产物的一般过程。

二、过渡态理论简介

笔记

碰撞理论仅简单地把分子当成没有内部结构的刚性球处理，而忽略了分子结构实际上具有复杂

的多样性。因此，对有些化学反应，碰撞理论常常不能给予合理的解释。**过渡态理论**（transition state theory）从反应过程中反应物分子势能变化的角度，对反应为何具有不同的速率作出了更为合理的解释。

（一）活化络合物

过渡态理论认为，反应物分子的形状和内部结构的变化，不是仅在碰撞的一瞬间才发生的，而是在彼此相互靠近时就已经开始。在化学反应过程中，反应物原有的化学键逐渐削弱、直至断裂；产物的新化学键逐渐形成、直至稳定，反应的过程中产生了一个被称为**活化络合物**（activated complex）的过渡态物质，简称过渡态。活化络合物很不稳定，可以进一步转化为产物，也可以分解成原来的反应物。

通常，在反应过程中活化络合物能与反应物较快地建立起平衡，而转化为产物的速率则较慢。因此，反应速率基本上是由活化络合物转化为产物的快慢来决定的。例如，N_2O 与 NO 反应，当具有较高动能的 N_2O 和 NO 分子相互靠近时，随着它们之间距离的缩短，分子的动能逐渐转变成分子内的势能，反应物分子内原有的化学键开始拉长、削弱，彼此再靠近时，即可形成过渡态的活化络合物，并进一步形成产物。

$$\underset{\text{反应物}}{N\equiv N-O + N=O} \xrightleftharpoons{\text{快}} \underset{\substack{\text{过渡态}\\ [\text{活化络合物}]}}{N\equiv N\cdots O\cdots N=O} \xrightarrow{\text{慢}} \underset{\text{产物}}{N\equiv N + O-N=O}$$

（二）活化能与反应热

活化络合物具有的能量比反应物分子和产物分子具有的能量都高，因而很不稳定，比反应物分子的平均能量高出的那部分，就是反应的活化能（E_a）。

若产物分子的平均能量比反应物分子的平均能量低，多余的能量将在反应过程中以热的形式放出，这样的反应为放热反应；反之，则是吸热反应。气相中的 N_2O 与 NO 发生的是放热反应，其等压反应过程的能量变化参看图 8-5。

由图 8-5 可知，活化能犹如一个反应的**能垒**（energy barrier），它是从反应物转化为产物过程中的能量障碍，反应物分子必须具有足够的能量才能越过这个能垒，形成活化络合物，进而转化为产物。

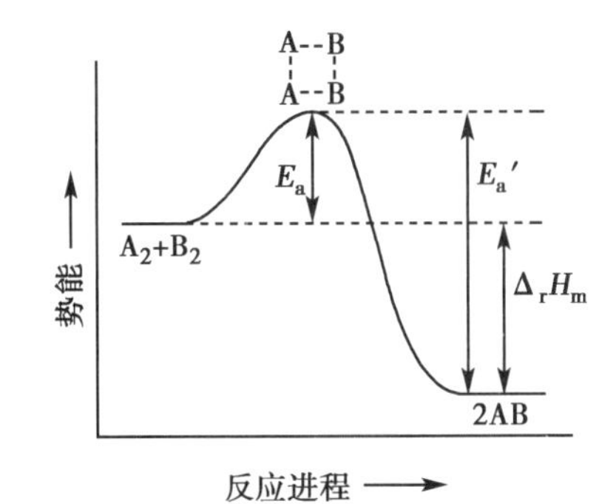

图 8-5 放热反应的势能曲线

图 8-5 中，产物势能低于反应物的势能，其差值就是该等压反应的反应热 Δ_rH_m。若考虑逆反应，反应物就是 N_2 和 NO_2，活化能为 E_a'（$>E_a$），N_2 和 NO_2 反应时，经过与正向反应相同的中间过渡态，并转化为 N_2O 和 NO，逆反应是吸热反应。

显然，逆反应吸收的热量同正反应释放的热量一样多，即等压反应热等于正向反应的活化能与逆向反应的活化能之差

$$\Delta_rH_m = E_a - E_a' \tag{8-16}$$

过渡态理论沿用碰撞理论中活化能的概念，进一步从反应的微观过程及反应过程中的能量这两个方面说明反应速率。实际上，活化络合物的“寿命”极短，用先进的激光技术才能确知它的存在并了解其结构。

问题与思考 8-1

如果一个化学反应中的反应物分子平均能量高于其产物分子的平均能量，反应是否不需要克服能垒——活化能就可以进行？为什么？

第四节 温度对化学反应速率的影响

一、温度与速率常数的关系——Arrhenius 方程

温度对反应速率的影响非常显著。1889 年，Arrhenius 提出了反应速率常数 k 与反应温度 T 的关系，即 Arrhenius 方程

$$k = Ae^{-E_a/RT} \tag{8-17}$$

或

$$\ln k = -\frac{E_a}{RT} + \ln A \tag{8-18}$$

式(8-17)中，A 称为指前因子，是几乎不随温度变化的常数，它与反应物的碰撞频率和碰撞时的分子方位取向有关，通常它的值较难测定。

从 Arrhenius 方程可得出下列推论：

(1) 对任意化学反应：$e^{-E_a/RT}$ 随 T 升高而增大。表明温度升高时，速率常数 k 增大，反应速率加快。

(2) 相同温度下比较不同的化学反应：E_a 越大的反应，$e^{-E_a/RT}$ 越小，其 k 也越小。即活化能越大的反应，其反应速率越慢。

(3) 温度的改变对不同反应的速率影响程度不同。由式(8-18)可知，$\ln k$ 与 $\frac{1}{T}$ 呈直线关系，斜率为 $-\frac{E_a}{R}$。故 E_a 愈大，直线斜率愈小。即当温度变化相同时，对 E_a 较大的反应，k 的变化也较大。表明改变相同的温度，对具有较大活化能反应的速率影响较大。

应该注意到，前所述及的化学反应速率均指单向反应的速率，而许多化学反应实际上是正向和逆向都能进行的可逆反应，受温度影响，正逆向同时加速，直到反应最终达到化学平衡。

问题与思考 8-2

一个已经达到化学平衡的可逆反应，会因为反应温度的改变而使平衡移动。如何从化学反应速率的角度理解化学平衡的这种移动？

由 Arrhenius 方程式求不同温度下的反应速率常数时，常用两点法消去指前因子 A。假设反应在温度 T_1 时的速率常数为 k_1，在温度 T_2 时的速率常数为 k_2，代入式(8-18)得

$$\ln k_2 = \frac{-E_a}{RT_2} + \ln A$$

$$\ln k_1 = \frac{-E_a}{RT_1} + \ln A$$

两式相减得

$$\ln\frac{k_2}{k_1} = \frac{E_a}{R}\left(\frac{T_2 - T_1}{T_1 T_2}\right) \tag{8-19}$$

式(8-19)常用于计算化学反应的活化能，以及求不同温度时反应的速率常数。

例 8-5 $CO(CH_2COOH)_2$ 在水溶液中的分解反应，20℃时 $k_{293} = 4.45 \times 10^{-4}s^{-1}$，30℃时 $k_{303} = 1.67 \times 10^{-3}s^{-1}$，试求该反应的活化能及在 40℃时反应的速率常数 k_{313}。

解 将 $T_1 = 293K$ 时，$k_{293} = 4.45 \times 10^{-4}s^{-1}$，$T_2 = 303K$ 时，$k_{303} = 1.67 \times 10^{-3}s^{-1}$，代入式(8-19)得

$$\ln\frac{1.67\times10^{-3}s^{-1}}{4.45\times10^{-4}s^{-1}} = \frac{E_a}{8.314J\cdot mol^{-1}\cdot K^{-1}}\left(\frac{303K - 293K}{293K\times303K}\right)$$

$$E_a = 97.6\text{kJ}\cdot\text{mol}^{-1}$$

再将 E_a 的值代入式(8-19)，由 k_{293} 或 k_{303} 的值求出 k_{313}。

$$\ln\frac{k_{313}}{1.67\times10^{-3}} = \frac{97.6\text{kJ}\cdot\text{mol}^{-1}}{8.314\text{J}\cdot\text{mol}^{-1}\cdot\text{K}^{-1}\times10^{-3}}\left(\frac{313\text{K}-303\text{K}}{303\text{K}\times313\text{K}}\right)$$

$$k_{313} = 5.67\times10^{-3}\text{s}^{-1}$$

二、温度对化学反应速率影响的原因

Arrhenius 方程体现了反应温度与反应速率常数的关系，实际上，温度是通过影响反应速率常数来影响反应速率的。

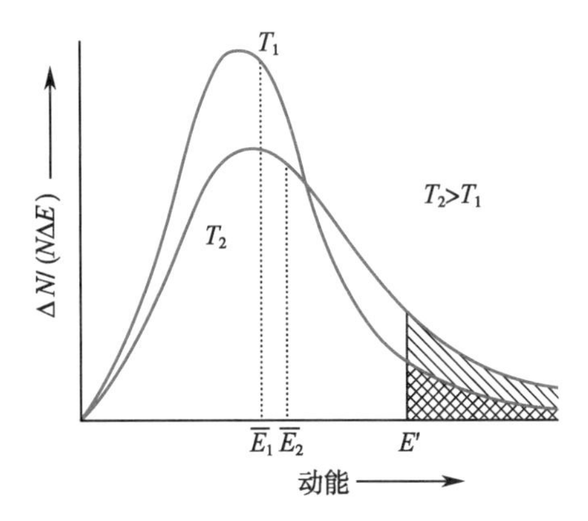

图 8-6　温度对分子能量分布的影响

图 8-6 表明了反应物分子的能量在不同温度下分布情况的变化。温度升高时，曲线明显右移、峰高降低，表明分子的平均动能增加，具有平均动能分子的分数下降；而图 8-6 中的阴影区域表示的活化分子的分数却显著增加，这将导致反应物分子间的有效碰撞增多。因此，当温度升高时，活化分子分数的大大增加是反应速率加快的重要原因。

其实，温度的升高与活化分子分数增加的程度之间有比较确定的关系。假设某反应的活化能为 $E_a = 100\text{kJ}\cdot\text{mol}^{-1}$，当反应温度由 298K 升至 308K 时，由式(8-15)可知

$$\frac{f_{308}}{f_{298}} = \frac{e^{-\frac{E_a}{8.314\times308}}}{e^{-\frac{E_a}{8.314\times298}}} = 3.7$$

表明活化分子分数增加到原来的 3.7 倍。由式(8-19)计算的反应速率也将相应增大 3.7 倍。此时反应物分子的平均动能仅增加 3%。可以看出，升高温度使分子平均动能的增加很少，却使活化分子增加较多。

问题与思考 8-3

在合成某药物时伴随有一个副反应，已知主反应的活化能高于副反应的活化能，若两反应的指前因子相差不大，合成药物时应如何控制温度来提高主反应的反应速率？

第五节　催化反应简介

一、催化剂及催化作用

根据国际纯粹与应用化学联合会(IUPAC)的建议，那些存在量较少但能显著改变反应速率，而其本身最后并无损耗的物质称为**催化剂**(catalyst)。催化剂的这种特殊作用称为**催化作用**(catalysis)。例如，常温常压下，H_2 和 O_2 很难发生反应，但有少许 Pt 粉存在时，它们就会立即反应生成 H_2O，而 Pt 的化学性质及本身的质量在反应前后都没有改变，Pt 粉就是 H_2 和 O_2 合成 H_2O 的催化剂。能使反应速率减慢的物质称为负催化剂、阻化剂或抑制剂等。

有些反应的某个产物就是这个反应的催化剂，也称自身催化剂，一旦有产物生成，就会使反应速率明显加快，这一现象称为自身催化。例如，$KMnO_4$ 在酸性溶液中与草酸 $H_2C_2O_4$ 反应

$$2KMnO_4 + 3H_2SO_4 + 5H_2C_2O_4 \longrightarrow 2MnSO_4 + K_2SO_4 + 8H_2O + 10CO_2$$

开始时，反应处于较慢的诱导期，一旦生成了 Mn^{2+} 后，反应就自动加速，Mn^{2+} 就是该反应的自身催化剂。

催化剂具有以下基本特点：

（1）催化作用是化学作用。催化剂参与化学反应，并在生成产物的同时再释放出来，因此在化学反应发生前后，其质量和化学组成不变，但某些物理性质可能会有变化。例如，MnO_2 在催化 $KClO_3$ 分解放出 O_2 反应后，虽仍为 MnO_2，但已由晶体变为粉末。

（2）参与反应的催化剂在短时间内能随着产物的不断生成而多次反复地再生，因此，少量催化剂就能对反应起显著的催化作用。

（3）在可逆反应中，催化剂能够同等程度地催化正、逆向化学反应速率。能够缩短反应达到化学平衡的时间，但不能使化学平衡发生移动，催化剂更不能改变化学反应的方向和反应的平衡常数。即不能改变反应的 $\Delta_r G_m$ 或 $\Delta_r G_m^{\ominus}$。

（4）催化剂有特殊的选择性，或称特异性。一种催化剂通常只能催化一种或少数几种反应，相同的反应物在不同催化剂的催化下还可以得到不同的产物。例如

$$CH_3CH_2OH \xrightarrow[200℃\text{-}250℃]{Cu} CH_3CHO + H_2O$$

$$CH_3CH_2OH \xrightarrow[250℃\text{-}300℃]{Al_2O_3} CH_2{=}CH_2 + H_2O$$

二、催化作用理论简介

化学反应动力学的相关研究表明，催化剂能加快反应速率，是因为它改变了反应途径，降低了反应的活化能。

如图 8-7 所示，化学反应 $A+B \longrightarrow AB$，在无催化剂时沿途径Ⅰ进行，活化能为 E_a；加入催化剂 C 后，沿途径Ⅱ分如下两步进行：

（1）$A+C \longrightarrow AC$

（2）$AC+B \longrightarrow AB+C$

途径Ⅱ中两个步骤的活化能分别为 E_{a1} 和 E_{a2}，均小于途径Ⅰ时的活化能 E_a。从图 8-7 还可看出，有催化剂时，正、逆向反应的活化能同等程度地降低。

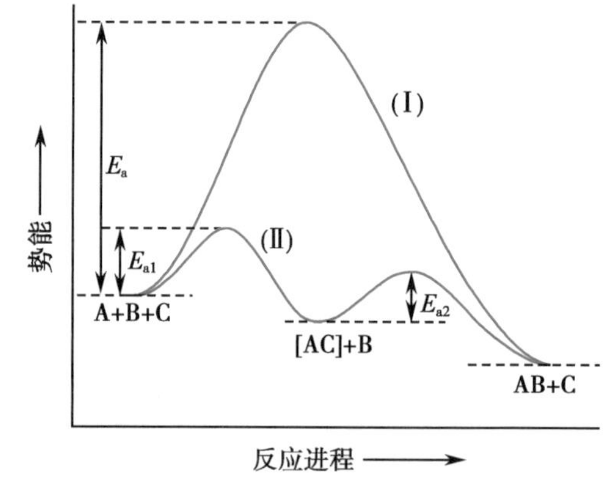

图 8-7 催化作用的能量图

催化反应改变反应机制的方式十分复杂，虽然已进行了大量的研究工作，但目前对许多反应的机制仍然不是非常清楚，已经明确其反应机制的，可概括分为均相催化和多相催化两类。

（一）均相催化理论——中间产物学说

催化剂与反应物形成均相体系的催化作用称为**均相催化**（homogeneous catalysis）。在液相或气相中进行的催化反应多属于均相催化反应。例如，I^- 催化 H_2O_2 溶液分解的反应

$$H_2O_2(aq) \xrightarrow{I^-} H_2O(l) + \frac{1}{2}O_2(g)$$

其具体过程为

（1）$H_2O_2(aq) + I^-(aq) \longrightarrow H_2O(aq) + IO^-(aq)$ E_{a1}

（2）$IO^-(aq) + H_2O_2(aq) \longrightarrow H_2O(l) + O_2(g) + I^-(aq)$ E_{a2}

IO^- 就是催化反应的中间产物。在无催化剂存在的情况下，反应的活化能约为 $75.3kJ\cdot mol^{-1}$；加入催化剂 I^- 后，反应的活化能降为 $56.6kJ\cdot mol^{-1}$。在这类催化反应中，因形成了含有催化剂的中间产物而改变了反应的途径，活化能降低了，最终使反应加快，这种理论称为中间产物学说。

酸、碱催化的反应是溶液体系中常见的均相催化反应，例如，蔗糖的水解反应、淀粉的水解反应等，H_3O^+ 或 OH^- 都可以作为这类反应的催化剂。酸、碱催化的特点在于，催化过程中 H^+ 发生了转移，因为 H^+ 是一个半径很小的正电荷，故其电场强度大，容易接近其他分子中电子云密度较高的部分，又不易受对方电子云的排斥，这个过程需要的活化能往往较小，因此，H^+ 易与反应物分子形成新的化学键（中间产物）而起到催化作用。有些反应既能被酸催化，也能被碱催化。例如，许多药物的稳定性与溶液的酸碱性有关，主要就是这个原因。

（二）多相催化理论——活化中心学说

自成一相的固相催化剂与反应物构成非均相体系的催化作用，称为**多相催化**（heterogeneous catalysis）。多相催化反应通常在催化剂表面进行，固态催化剂的特点在于其表面结构上的不规则性和化学价力的不饱和性。固相催化剂表面的超微结构凸凹不平，在棱角处及表面上不规则处的化学价力不饱和，因此，能吸附反应物并发生化学反应，这种比较稳定的、不易可逆的、选择性大的化学吸附，使反应物分子的化学键松弛，失去正常的稳定状态，从而转变为新物质，即产物。这个过程的活化能大大低于未催化时的活化能，因而反应速率会更快。催化剂表面那些易于发生化学吸附的部位称为**活性点**（active site），因此这种理论也称为活化中心学说。

由于不同催化剂活化中心的几何排布不同，其价力的不饱和程度也不同，因而，不同的固体催化剂对不同的化学反应呈现不同的催化活性，体现出催化剂特殊的选择性。例如，合成 NH_3 反应，用 Fe 作催化剂，首先气相中的反应物 N_2 分子被 Fe 的活化中心吸附，使 N_2 分子的化学键减弱、断裂、解离成 N 原子之后，气相中的 H_2 分子与 N 原子反应，生成 NH_3。此过程可简略表示为

$$N_2 + 2Fe \longrightarrow 2N \sim Fe$$

$$2N \sim Fe + 3H_2 \longrightarrow 2NH_3 + 2Fe$$

多相催化比均相催化复杂得多，多相催化机制的理论也很多，但均有其局限性，因此，有关催化的理论依然在不断地发展与完善中。

三、生物催化剂——酶

生物体内种类繁多的**酶**（enzyme）是生物赖以生存的一切生物化学反应的催化剂，对生物活动具有重大意义。生化反应几乎都是在特定的条件下进行的，例如，一定的 pH 和温度、有特定的酶作催化剂。

自然界绝大多数的酶都是蛋白质，仅有少数具有催化活性的 RNA——核酶，被酶催化的反应物称为**底物**（substrate）。酶催化反应的机制是酶（E）与底物（S）首先生成中间络合物（ES），继续反应生成产物（P），同时使酶再生。

$$E + S \rightleftharpoons ES \longrightarrow E + P$$

酶催化机制仍然是酶参与反应，改变反应途径，大大降低反应的活化能。许多酶催化的反应是可逆的。

作为特殊的催化剂，除了具有一般催化剂的特点外，酶还有以下特征：

（1）高度的特异性。一种酶只对某一种或某一类反应起催化作用。如糖苷酶能催化 *β*- 葡萄糖苷的水解，却对 *α*- 葡萄糖苷没有影响。即便是底物分子为对映异构体，酶也能识别，并选择性地进行催化。

（2）高度的催化活性。对于同一反应而言，酶的催化活性常比非酶催化高 $10^6 \sim 10^{10}$ 倍。例如，蛋白质的水解消化反应，在体外需用浓强酸或强碱，并煮沸相当长的时间才能完成；但食物中的蛋白质在酸碱性都不太强、温度仅为 37℃的人体内几小时就被消化掉，其原因就是消化液中有蛋白酶等催化的结果。

（3）酶通常在一定 pH 范围及一定温度范围内才具有催化活性。酶分子中具有许多能解离的基团，当溶液的 pH 改变时，将改变酶的荷电状态，并因此影响酶的活性。酶的活性常常在某一 pH 范

围内最大，称为酶的最适 pH，大多数酶的最适 pH 接近中性；另外，温度也会改变酶催化的反应速率，反应速率最大时的温度称为酶的最适温度，人体内大多数酶的最适温度在 37℃左右。

问题与思考 8-4

蔗糖水解可用 H_3O^+ 催化或转化酶催化，其活化能分别为 109kJ·mol^{-1} 和 48.1kJ·mol^{-1}。而无催化剂时反应的活化能为 1340kJ·mol^{-1}。如果仅考虑活化能及温度对反应速率的影响，在正常体温 37℃下，H_3O^+ 催化或转化酶催化的反应速率分别为无催化剂时速率的多少倍？无催化剂时，温度要达到多少摄氏度才能相当于在 37℃时有转化酶催化时的反应速率？通过这个实例你能得出什么结论？

第六节　化学反应机制简介

一、元反应

化学反应总方程式表示的是由反应物转化为产物及其各组分计量的关系式，反映不出该反应是经过怎样的途径，或者经过哪些具体步骤完成的。**反应机制**（reaction mechanism）在微观上阐明了一个化学反应在实际进行时经历了哪些具体步骤。

凡是反应物分子经直接碰撞，一步就能转化为产物的化学反应称为**元反应**（elementary reaction）。例如，下面的反应机制研究表明

$$CO(g)+H_2O(g) \longrightarrow CO_2(g)+H_2(g)$$

是元反应。

反应分子数（molecularity of reaction）表示元反应需要最少几个反应物分子微粒同时碰撞才能发生化学反应。常见的元反应有单分子反应、双分子反应和三分子反应。如环丙烷的开环反应为单分子反应

$$\text{(环丙烷：}CH_2\text{与}H_2C—CH_2\text{成环)} \longrightarrow CH_3CH=CH_2$$

$N_2O(g)$ 的分解为双分子反应

$$2N_2O(g) \longrightarrow 2N_2(g)+O_2(g)$$

而 H_2 与 I 的反应为三分子反应

$$H_2(g)+2I(g) \longrightarrow 2HI(g)$$

已知的三分子反应（气相中）不多，因为 3 个具有足够动能的分子要同时在恰当的取向上碰撞并发生反应的可能性很小。至今尚未发现三分子以上的反应。

一定温度下，元反应的反应速率与各反应物浓度的幂之积成正比。化学反应方程式中相应各反应物的计量数为各浓度的指数幂。例如，当 T>500K 时

$$NO_2(g)+CO(g) \longrightarrow NO(g)+CO_2(g)$$

的反应机制是元反应，其速率方程为

$$v=kc(NO_2)c(CO)$$

因此，当反应机制研究表明某一反应是元反应时，便可根据化学反应方程式直接写出该反应的速率方程，并明确知道反应速率与各反应物浓度之间的确切关系，以及反应的级数。

二、复合反应

只有一步元反应就能完成的化学反应也称为简单反应，但此类反应实际并不多见。大多数化学反应是经历了一系列的步骤才完成的，这类反应称为**复合反应**（complex reaction）。复合反应中每一

步骤都是一个元反应。例如

$$H_2(g)+I_2(g) \longrightarrow 2HI(g)$$

反应机制研究表明，反应经过两个步骤完成，即

(1) $I_2(g) \longrightarrow 2I(g)$　　快反应

(2) $H_2(g)+2I(g) \longrightarrow 2HI(g)$　　慢反应

对已确知反应机制的复合反应，需要根据反应的具体步骤确定或推导出它的速率方程。复合反应中的慢反应步骤限制了整个反应的速率，该慢反应步骤是总反应的**速率控制步骤**（rate-determining step）。

例如，当 $T<500K$ 时，前述反应 $NO_2(g)+CO(g) \longrightarrow NO(g)+CO_2(g)$ 分两步进行：

(1) $NO_2(g)+NO_2(g) \longrightarrow NO_3(g)+NO(g)$　　慢反应

(2) $NO_3(g)+CO(g) \longrightarrow NO_2(g)+CO_2(g)$　　快反应

此时，反应机制是复合反应，速率方程为

$$v=k\,c^2(NO_2)$$

由此看出，即使是同一个反应，在反应条件改变时，反应机制也可能会发生变化。

一般，对于任何一个还不明确其反应机制的化学反应

$$aA+bB \longrightarrow \text{产物}$$

只能将速率方程写为一般式

$$v=kc^{\alpha}(A)\cdot c^{\beta}(B)$$

其中，浓度的指数幂 α、β 要由实验确定，它们可能等于该反应式的计量系数，也可能不相等。

需要特别注意的是，即使通过实验确定的速率方程在形式上与化学反应式恰好对应一致，也不能表明该反应就一定是简单反应。例如，前面提到的 $H_2(g)$ 与 $I_2(g)$ 的反应，由实验得到的速率方程是 $v=kc(H_2)c(I_2)$，而反应机制研究表明它却是复合反应。其实，这个速率方程仅表明反应速率分别与 H_2 和 I_2 这两个反应物浓度之间的数量关系。

因此，速率方程不是判断反应是否为简单反应的充分必要条件。反应的确切机制必须通过反应机制研究的实验事实来确定，而不能由速率方程来确定。

实验观测过渡态——飞秒化学

过渡态的概念自 20 世纪 30 年代提出以后，已经为广大化学工作者熟知并且得到广泛应用。但是，在其后的 50 多年时间里，通过实验直接观测存在的过渡态却依然做不到。困难主要在于传统的实验手段无法达到观测过渡态所需要的时间分辨率，这就像用一个快门不够快的相机，无法清晰地拍摄一匹飞奔着的骏马。

对于一般的反应，旧键断裂到新键生成的全过程仅历时数百飞秒（1 飞秒 $=10^{-15}$ s），而过渡态在反应进程的坐标上只占很小一段，跨越过渡态的时间也就数十飞秒！可见，要想“拍摄”下分子碰撞反应的全过程乃至过渡态的形成、解体等细节，“相机快门”的速度必须要达到飞秒级。

脉冲宽度达到飞秒级的飞秒激光技术的出现，使得过渡态的观测第一次成为可能。而以飞秒作为时间尺度的超快化学反应过程的研究，也逐步成为一门新兴前沿学科——飞秒化学（femtochemistry）。

用飞秒的尺度来观测化学反应过程的细节，可以揭示出反应过程中存在的过渡态或中间体的实际情况，由以往推测化学反应机制，变为以真实的证据证明反应的确切机制。由于飞秒化学对于化学学科基础理论研究的意义重大，开创者 Zewail 获得 1999 年诺贝尔化学奖。

飞秒化学的实验方法也称为泵浦 - 探测（pump-probe）技术，这个技术是让两束飞秒激光通过一组反射镜改变两者的光程差，进而形成时间上的延迟，最小可达 3.3 飞秒。第一束泵浦光用来激发反应物分子，使之发生化学反应；第二束探测光则在一个延迟后用来探测产物或过渡态的形成，这个技术还可以不断改变延迟时间并同时记录信号强度，由信号强度对延迟时间的关系，即可获得反应的动力学信息，进而知道一个化学反应进行过程的具体细节。

飞秒化学是化学中一个重要的前沿领域，它为化学各个分支学科提供了更直接的研究手段和更深层次的理论基础。它可以用于测量过渡态的寿命、提供影响过渡态的手段、估计电子转移的速率、指明电子转移的途径、看清化学反应的图像，甚至控制化学反应。

Summary

1. Reaction rate, v, is in general defined as the change of reaction extent occurred with time in unit volume. That is

$$v=\frac{1}{\nu}\frac{d\xi}{dt}$$

Reaction rate indicates how the concentration of a reactant or product changes as the time varies. For a common reaction $a\mathrm{A}+b\mathrm{B} \longrightarrow d\mathrm{D}+e\mathrm{E}$

$$v=\frac{1}{\nu}\frac{d\xi}{dt}=-\frac{1}{a}\frac{dc(\mathrm{A})}{dt}=-\frac{1}{b}\frac{dc(\mathrm{B})}{dt}=\frac{1}{d}\frac{dc(\mathrm{D})}{dt}=\frac{1}{e}\frac{dc(\mathrm{E})}{dt}$$

2. The relationship between reaction rate and the concentration of reactants is called the rate law expressed by an equation,

$$v=k\,c(\mathrm{A})^{\alpha}\cdot c(\mathrm{B})^{\beta}$$

Rate constant, k, depends on the nature of the reaction and on the temperature mainly. The sum of the exponents, $(\alpha+\beta)$, is referred to the overall reaction order. The unit of k depends on the reaction order.

The half-life, $t_{1/2}$, is the time during which the amount of reactant or its concentration decreases to one-half of its initial value.

3. Collision theory and transition state theory about reaction rate are only applied to an elementary reaction. In collision theory, the activation energy for a reaction is the minimum energy above the average kinetic energy to be possessed by the reactant molecules that can lead to a chemical reaction to occur. On the other hand, in transition state theory, the difference between the energy of activated complex and the average energy of reactants is also activation energy for a reaction. Activation energy difference between forward and reverse reactions in a overall reaction is the enthalpy change, $\Delta_r H_m$, for a reaction.

4. Reaction rate will increase by raising the temperature according to Arrhenius equation, $k=Ae^{-Ea/RT}$. It indicates that the rate constant will increase as the temperature increases and the activation energy decreases.

5. Catalyst accelerates the reaction rate. It provides alternative reaction pathways by lowering the activation energy. A catalyst speeds up the reaction rate for both forward and reverse reaction in the same degree. So, it does not change the chemical equilibrium.

Enzymes possess efficient activity of catalysis with "lock-and-key" model to substrate. They are active within relative narrow temperature and pH range.

6. An elementary reaction directly converts the products in a single step. The complex reaction takes several steps to complete an overall reaction reaction. The rate-determining step determines the overall

reaction rate in a complex reaction.

The reaction order can be obtained from the stoichiometry directly for a balanced elementary reaction. But it has to be determined experimentally for any reaction that the reaction mechanism is not known.

学科发展与医学应用综述题

Teorell 作为药代动力学的创始者，自 1937 年提出房室药物动力学模型，直至 20 世纪 70 年代药物动力学成为独立学科，在我国有 30 多年的发展时间。药物动力学是动力学原理用于药物的交叉学科，致力于研究药物及其他外源性物质在体内动态行为的量变规律，研究药物吸收、分布、代谢和排泄时间规律。在治疗药物的浓度检测、给药剂量和间隔的建立、不同人群的用药区别、药物相互作用研究等方面意义重大，对药物研发、临床合理用药和药品质量控制有重大的理论和实用价值。

药代动力学就是药物在体内作用过程的速率论，采用数学方法定量地研究药物在体内的量变特征。例如，揭示随时间变化药物摄入，包括剂量、剂型、给药频率和方式等可调节因素和药物浓度之间的关系等。

临床药代动力学研究中，用各种测定技术对药物进行分析，如高效液相色谱法、气相色谱法、色谱 - 质谱法、分光光度法、荧光测定法、免疫测定法及放射性同位素法等。

药物在体内会停留数天、数周、数月甚至数年，药物作用强度随着药物用量的增加而增加，但只能达到一定限度或最大值，超过最大值，无论药物浓度多高，药物的作用强度也不会增加。例如，阿司匹林和吗啡都能减缓疼痛，阿司匹林只能缓解轻微的疼痛，即使给予极大剂量也不能缓解严重创伤和癌症所带来的剧烈疼痛，然而吗啡或其他阿片类镇痛却可以。

给药方案设计最精确的方法是按每个患者的药物动力学特征来计算给药剂量，患者一旦用药后，就可以测定服用初始计量后的血药水平，并推导药物动力学参数，甚至需要连续监测血药浓度，根据患者个体的药代动力学参数重新调整给药方案。

我们很难直接测定某些部位的药物，如大脑或心脏，当需要跟踪药物在体内随时间的变化情况时，可以从其他可行的部分如血浆、尿液、唾液、乳汁等来研究药物对的全身作用。

1. 检测体内药物浓度时为什么不用全血，而是测定血浆或血清中的药物浓度？

2. 临床药代动力学研究中主要关注哪些参数？每个参数的重要应用价值是什么？

3. 药代动力学研究中常用的测定手段有哪些？各有什么主要特点？

习 题

1. 理解下例各概念：

(1) 反应速率　(2) 瞬时速率　(3) 元反应　(4) 速率常数

(5) 反应级数　(6) 半衰期　(7) 有效碰撞　(8) 活化能

2. 反应速率常数 k 的物理意义是什么？它的值与什么因素有关？当时间单位为 h，浓度单位为 $mol \cdot L^{-1}$，对一级反应、二级反应和零级反应，速率常数的单位各是什么？

3. 化学反应的等压反应热 $\Delta_r H_m$ 与反应的活化能 E_a 之间有什么关系？

4. 在相同温度下有如下两个反应：

(1) $A + D \longrightarrow E \qquad E_{a1}$

(2) $G + J \longrightarrow L \qquad E_{a2}$

当 $E_{a2} > E_{a1}$ 时，改变温度对哪一个反应的速率影响大？请根据 Arrhenius 方程式说明原因。

5. 在 SO_2 氧化成 SO_3 反应的某一时刻，SO_2 的反应速率为 $13.60 mol \cdot L^{-1} \cdot h^{-1}$，试求这时 O_2 和 SO_3 的反应速率各是多少？

6. 多数农药的水解反应是一级反应，它们的水解速率是杀虫效果的重要参考指标。溴氰菊酯在20℃时的半衰期是23 d。试求在20℃时该农药的水解速率常数。

7. 试证明：当一级反应已完成99.9%时所需的反应时间约为其半衰期的10倍。

8. 气体A的分解反应为A(g)$\longrightarrow$产物，当A的浓度为$0.50mol\cdot L^{-1}$时，反应速率为$0.014mol\cdot L^{-1}\cdot s^{-1}$。如果该反应分别属于(1)零级反应、(2)一级反应、(3)二级反应，则反应速率常数各是多少？

9. 某化合物分解反应的活化能为$14.40kJ\cdot mol^{-1}$，已知在553K时，该分解反应的速率常数为$3.5\times10^{-2}min^{-1}$，若要此反应在12分钟内分解率达到90%，问应如何控制反应的温度？

10. 已知气态乙醛的热分解反应为二级反应，当乙醛的初始浓度为$0.005mol\cdot L^{-1}$，在500℃反应300秒后已有27.8%分解；510℃反应300秒后已有36.2%分解。求该反应的活化能及在400℃时反应的速率常数。

11. 某药物分解30%即失效，将其放置在3℃的冰箱内的保存期为2年。某人购回此药后，如果在25℃的室温下放置了两周。通过计算说明此药是否已经失效？已知该药的分解百分数与药物浓度无关，且分解活化能为$E_a=135.0kJ\cdot mol^{-1}$。

12. 经呼吸进入体内的O_2在血液中有如下反应：Hb(血红蛋白)$+O_2\rightarrow HbO_2$(氧合血红蛋白)。此反应对Hb和O_2均为一级反应，在肺部两者的正常浓度应不低于$8.0\times10^{-6}mol\cdot L^{-1}$和$1.6\times10^{-6}mol\cdot L^{-1}$，正常体温37℃下，该反应的速率常数$k=1.98\times10^{6}L\cdot mol^{-1}\cdot s^{-1}$，计算：

(1) 正常人肺部血液中O_2的消耗速率和HbO_2的生成速率各是多少？

(2) 若某位患者的HbO_2生成速率达到$1.3\times10^{-4}mol\cdot L^{-1}\cdot s^{-1}$，若通过输$O_2$欲使Hb浓度维持正常值，肺部$O_2$的浓度应为多少？

13. 青霉素G的分解为一级反应，实验测得有关数据如下：

T/K	310	316	327
k/h^{-1}	2.16×10^{-2}	4.05×10^{-2}	0.119

求反应的活化能和指数前因子A。

14. 在28℃时，鲜牛奶大约4小时变质，但在5℃的冰箱中可保持48小时。假定牛奶变质反应的速率与变质时间成反比，求牛奶变质反应的活化能。

15. 反应$2HI(g)\longrightarrow H_2(g)+I_2(g)$在无催化剂时，活化能为$184kJ\cdot mol^{-1}$；金(Au)或铂(Pt)催化时，活化能分别为$105kJ\cdot mol^{-1}$及$42kJ\cdot mol^{-1}$。估算25℃时，对此反应以Au或Pt催化时的反应速率分别是无催化剂时的多少倍？

16. 人体中，某种酶催化下反应的活化能是$50.0kJ\cdot mol^{-1}$，试估算此反应在患者发热至40℃时，将比正常体温37℃时加快多少倍(不考虑温度对酶活力的影响)？

Exercises

1. The major reason why the rate of most chemical reaction increase very rapidly as temperature rises is

(a) The fraction of the molecules with kinetic energy greater than the activation energy increases very rapidly as temperature increases.

(b) The average kinetic energy increases as temperature rises.

(c) The activation energy decreases as temperature increases.

(d) The more collisions take place with particles placed so that reaction can occur.

2. At 1000℃, cyclobutane (C_4H_8) decomposes in a first-order reaction, with the very high rate constant of 87 s^{-1}, to two molecules of ethylene (C_2H_4).

(a) If the initial C_4H_8 concentration is 2.00 $mol\cdot L^{-1}$, what is the concentration after 0.0010 s?

(b) What fraction of C_4H_8 has decomposed in this time?

3. Many gaseous reactions occur in a car engine and exhaust system. One of these is

$$NO_2(g)+CO(g) \longrightarrow NO(g)+CO_2(g)$$

Use the following data to determine the individual and overall reaction order:

Expt	c_{NO_2}/mol·L^{-1}	c_{CO}/mol·L^{-1}	v/mol·L^{-1}·s^{-1}
1	0.10	0.10	0.0050
2	0.40	0.10	0.080
3	0.10	0.20	0.0050

4. Researchers have created artificial red blood cells. These artificial red blood cells are cleared from circulation by a first-order reaction with a half-life of about 6 h. If it takes 1 h to get an accident victim, whose red blood cells have been replaced by the artificial red blood cells, to a hospital, what percentage of the artificial red blood cells will be left when the person reaches the hospital?

5. The following data are obtained at a given temperature for the initial rates from a reaction, $A+2D+E \longrightarrow 2M+G$

Expt	c_A/mol·L^{-1}	c_D/mol·L^{-1}	c_E/mol·L^{-1}	v_A/mol·L^{-1}·s^{-1}
1	1.60	1.60	1.00	v_1
2	0.80	1.60	1.00	$v_2=0.5\ v_1$
3	0.80	0.80	1.00	$v_3=0.125\ v_1$
4	1.60	1.60	0.50	$v_4=2\ v_1$
5	0.80	0.80	0.50	$v_5=?$

(a) What is the order of this reaction with respect to A, D and E?

(b) What is the value of v_5 in terms of v_1?

6. If a possible mechanism for the following gas phase reaction is

(1) $2NO \rightleftharpoons N_2O_2$ (fast, K_1)

(2) $N_2O_2+H_2 \longrightarrow H_2O+N_2O$ (slow, k_2)

(3) $N_2O+H_2 \longrightarrow N_2+H_2O$ (fast, k_3)

(a) Write the chemical reaction equation.

(b) Write the rate law for this reaction.

(傅 迎)

第九章 氧化还原反应与电极电位

氧化还原反应(oxidation-reduction reaction 或 redox reaction)是一类十分重要的化学反应，它广泛存在于化学反应和生命过程中。氧化还原反应中伴随的能量变化与人们的日常生活、工业生产及生命过程息息相关，如燃料的燃烧、电池的使用、电解电镀工业、金属的腐蚀和防腐、生物的光合作用、呼吸过程、新陈代谢、神经传导、生物电现象(心电、脑电、肌电)等。氧化还原反应及电化学是十分重要和活跃的研究领域，具有非常广泛的应用。

本章将介绍氧化还原反应的一般特征，重点讨论电极电位产生的原因、影响电极电位的因素和电极电位对氧化还原反应的影响，并简单介绍与此相关的电位法测定溶液的pH、电化学及生物传感器。

第一节 原电池与电极电位

一、氧化值

根据1970年国际纯粹与应用化学联合会(IUPAC)给出的定义，**氧化值**(又称为氧化数，oxidation number)是某元素一个原子的**表观荷电数**(apparent charge number)，这种荷电数是假设把每一个化学键中的成键电子指定给电负性较大的原子而求得。运用氧化值的概念，可以方便地描述氧化还原反应。

根据下列规则可以确定物质中元素原子的氧化值：

(1) 单质中原子的氧化值为零。如在白磷(P_4)中，P的氧化值为0。

(2) 单原子离子中原子的氧化值等于离子的电荷数。如Na^+中Na的氧化值为+1。

(3) 氧的氧化值在大多数化合物中为-2，但在过氧化物中为-1，如在H_2O_2、Na_2O_2中；在超氧化物中为$-\frac{1}{2}$，如在KO_2中。

(4) 氢的氧化值在大多数化合物中为+1，但在金属氢化物中为-1，如在NaH、CaH_2中。

(5) 卤族元素。氟的氧化值在所有化合物中均为-1，如在OF_2中。其他卤素原子的氧化值在二元化合物中为-1，但在卤族的二元化合物中，列在周期表中靠前的卤原子的氧化值为-1，如Cl在BrCl中；在含氧化合物中按氧化物决定，如ClO_2中Cl的氧化值为+4。

(6) 电中性的化合物中所有原子的氧化值之和为零。多原子离子中所有原子的氧化值之和等于离子的电荷数。

例9-1 求$Cr_2O_7^{2-}$中Cr的氧化值和Fe_3O_4中Fe的氧化值。

解 设$Cr_2O_7^{2-}$中Cr的氧化值为x，由于氧的氧化值为-2，有

$$2x+7\times(-2)=-2, x=+6$$

故Cr的氧化值为+6；

设Fe_3O_4中Fe的氧化值为x，由于氧的氧化值为-2，有

$$3x+4\times(-2)=0, x=+\frac{8}{3}$$

故Fe的氧化值为$+\frac{8}{3}$。

由例 9-1 可见，元素原子的氧化值可以是整数也可以是分数。

二、氧化还原半反应与原电池

（一）氧化还原反应

元素原子的氧化值发生变化的化学反应称为氧化还原反应。氧化还原反应中原子氧化值的变化反映了电子的得与失，包括电子的转移和电子的偏移。

例如，甲烷和氧的反应

$$CH_4(g)+2O_2(g) \longrightarrow CO_2(g)+2H_2O(g)$$

反应前，氧原子的氧化值为 0，反应后生成 CO_2 和 H_2O，氧化值降为 −2；CH_4 中碳原子的氧化值为 −4，反应后生成 CO_2，碳的氧化值升为 +4。形式上，碳原子失去 8 个电子，氧化值升高，发生了**氧化反应**（oxidation reaction）；而每个氧原子获得 2 个电子，氧化值降低，发生了**还原反应**（reduction reaction）。在该反应中，由于 CH_4、CO_2 和 H_2O 均为共价化合物，电子并不是完全失去或完全得到，只是发生了偏移，偏向电负性大的原子。

又如，锌和盐酸反应的离子方程式

$$Zn(s)+2H^+(aq) \longrightarrow Zn^{2+}(aq)+H_2(g)$$

反应中，Zn 失去了两个电子生成了 Zn^{2+}，锌的氧化值从 0 升到了 +2，Zn 被氧化，两个氢离子得到两个电子生成了 H_2，氢的氧化值从 +1 降到 0，氢离子被还原。

氧化还原反应中，失去电子的物质称为**还原剂**（reducing agent）；获得电子的物质称为**氧化剂**（oxidizing agent）。如 CH_4 和 O_2 的反应中，CH_4 是还原剂，它使 O_2 发生了还原反应；而 O_2 是氧化剂，它使 CH_4 发生了氧化反应。又如，Zn 和 HCl 的反应中，Zn 是还原剂，它使 H^+ 发生了还原反应；H^+ 是氧化剂，它使 Zn 发生了氧化反应。

从以上两个反应中可以得出：氧化还原反应中电子的得失既可以表现为电子的偏移，又可以表现为电子的转移，但都导致元素的氧化值发生变化。本章重点讨论在溶液中进行的有电子转移的氧化还原反应。

（二）氧化还原半反应和氧化还原电对

根据电子的得失关系，任何一个氧化还原反应都可以拆分成两个**氧化还原半反应**（redox half-reaction）。例如，氧化还原反应

$$Zn(s)+Cu^{2+}(aq) \longrightarrow Cu(s)+Zn^{2+}(aq)$$

Zn 失去电子生成 Zn^{2+} 的半反应是氧化反应

$$Zn(s)-2e^- \longrightarrow Zn^{2+}(aq)$$

Cu^{2+} 得到电子生成 Cu 的半反应是还原反应

$$Cu^{2+}(aq)+2e^- \longrightarrow Cu(s)$$

在氧化还原反应中，电子有得必有失，氧化反应和还原反应同时存在，且反应过程中得失电子的数目相等。

氧化还原半反应可用通式表示

$$\text{氧化型}+ne^- \rightleftharpoons \text{还原型} \tag{9-1a}$$

或

$$Ox+ne^- \rightleftharpoons Red \tag{9-1b}$$

式（9-1a）及（9-2b）中，n 为半反应中电子转移的数目。Ox 指某元素原子的氧化值相对较高的物质，称为**氧化型物质**（oxidized species），Red 则为该元素原子氧化值相对较低的物质，称为**还原型物质**（reduced species）。同一元素原子的氧化型物质及对应的还原型物质称为**氧化还原电对**（redox electric couple）。氧化还原电对通常写成：氧化型 / 还原型（Ox/Red），如 Cu^{2+}/Cu、Zn^{2+}/Zn。每个氧化

还原半反应中都含有一个氧化还原电对。

当溶液中的介质或其他物质参与半反应时，尽管它们在反应中未得失电子，但维持了反应中原子的种类和数目不变，故也应写入半反应中。如半反应

$$MnO_4^-(aq)+8H^+(aq)+5e^- \rightleftharpoons Mn^{2+}(aq)+4H_2O(l)$$

式中电子转移数为5，氧化型包括MnO_4^-和H^+，还原型为Mn^{2+}和H_2O。

（三）氧化还原反应方程式的配平

配平氧化还原反应方程式常用的有氧化值法和离子-电子法（或半反应法）。氧化值法在中学化学中已有介绍，下面介绍离子-电子法。

用离子-电子法配平氧化还原反应方程式首先要明确两个氧化还原半反应，再根据物料平衡与电荷平衡原则进行配平。

下面以反应$KMnO_4+HCl \longrightarrow MnCl_2+Cl_2+H_2O$为例说明离子-电子法配平氧化还原反应方程式的具体步骤。

（1）根据实验事实写出相应的离子方程式。

$$MnO_4^-(aq)+Cl^-(aq)+H^+(aq) \longrightarrow Mn^{2+}(aq)+Cl_2(g)+H_2O(l)$$

（2）根据氧化还原电对，将离子方程式拆分成氧化和还原两个半反应。

还原反应 $MnO_4^-(aq)+H^+(aq) \longrightarrow Mn^{2+}(aq)+H_2O(l)$

氧化反应 $Cl^-(aq) \longrightarrow Cl_2(g)$

（3）根据物料平衡，使半反应两边各原子的数目相等。如果O原子数目不等，可根据介质条件（酸性或中性或碱性）选择适当的介质如H^+和H_2O（或OH^-和H_2O）来配平。

还原反应 $MnO_4^-(aq)+8H^+(aq) \longrightarrow Mn^{2+}(aq)+4H_2O(l)$

氧化反应 $2Cl^-(aq) \longrightarrow Cl_2(g)$

（4）根据电荷平衡，在半反应的一边配以适当数量的电子，使半反应两边电荷总量相等。

还原反应 $MnO_4^-(aq)+8H^+(aq)+5e^- \longrightarrow Mn^{2+}(aq)+4H_2O(l)$ ①

氧化反应 $2Cl^-(aq)-2e^- \longrightarrow Cl_2(g)$ ②

（5）配平氧化还原方程式。找出配平的两个半反应中得失电子的最小公倍数，分别用其约数乘两个半反应，使氧化剂和还原剂得失电子数相等，最后将两式相加，合并成配平的离子反应方程式。

①×2 $2MnO_4^-(aq)+16H^+(aq)+10e^- \longrightarrow 2Mn^{2+}(aq)+8H_2O(l)$

\+ ②×5 $10Cl^-(aq)-10e^- \longrightarrow 5Cl_2(g)$

$$2MnO_4^-(aq)+16H^+(aq)+10Cl^-(aq) \longrightarrow 2Mn^{2+}(aq)+5Cl_2(g)+8H_2O(l)$$

问题与思考 9-1

对于FeS被氧化成Fe^{3+}和H_2SO_4这样的半反应，该如何完成？

（四）原电池

把锌片置于$CuSO_4$溶液中，一段时间后可以观察到$CuSO_4$溶液的蓝色渐渐变浅，而锌片上会沉积出一层棕红色的铜。这是一个自发进行的氧化还原反应。

$$Zn(s)+CuSO_4(aq) \longrightarrow Cu(s)+ZnSO_4(aq) \qquad \Delta_r G_m^\ominus=-212.6kJ\cdot mol^{-1}$$

反应中Zn和Cu^{2+}之间发生了电子转移。由于Zn与$CuSO_4$溶液直接接触，反应在Zn片和$CuSO_4$溶液的界面上进行，电子直接由Zn转移给Cu^{2+}，无法形成电流。反应过程中系统的自由能降低，但没有对外作电功，反应的化学能是以热能的形式释放出来的。

如果采用如图9-1所示的装置，Zn与$CuSO_4$不直接接触，而是按氧化还原半反应的方式拆分成两个氧化还原电对，使氧化反应和还原反应在不同容器中进行。一只烧杯盛有$ZnSO_4$溶液，在溶液

中插入 Zn 片，另一只烧杯盛有 $CuSO_4$ 溶液，在溶液中插入 Cu 片。将两种溶液用**盐桥**（salt bridge）* 连接起来，在 Cu 片和 Zn 片上通过导线串联一个检流计，连通后可以观察到检流计的指针偏转，说明有电流通过。这种将氧化还原反应的化学能转化成电能的装置称为**原电池**（primary cell），简称电池。原电池可以将自发进行的氧化还原反应所产生的化学能转变为电能，同时对外作电功。从理论上讲，任何一个氧化还原反应都可以设计成一个原电池。

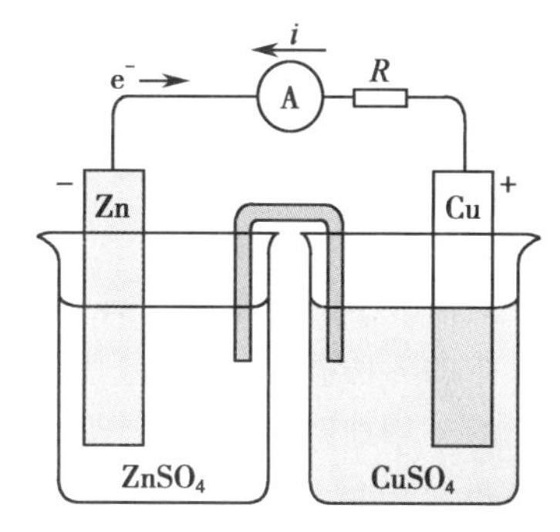

图 9-1　原电池结构示意图

在上述原电池中，$ZnSO_4$ 溶液和 Zn 片构成 Zn **半电池**（half-cell），$CuSO_4$ 溶液和 Cu 片构成 Cu 半电池。半电池中的电子导体称为**电极**（electrode）。根据检流计指针的偏转方向判断，电流从 Cu 电极流向 Zn 电极，电子从 Zn 电极流向 Cu 电极。Zn 电极输出电子，是原电池的**负极**（anode）；Cu 电极输入电子，是原电池的**正极**（cathode）。负极上失去电子，反应物发生氧化反应；正极上得到电子，反应物发生还原反应：

负极反应　$Zn(s) \longrightarrow Zn^{2+}(aq) + 2e^-$　（氧化反应）

正极反应　$Cu^{2+}(aq) + 2e^- \longrightarrow Cu(s)$　（还原反应）

由正极反应和负极反应所构成的总反应，称为**电池反应**（cell reaction）。

$$Zn(s) + Cu^{2+}(aq) \longrightarrow Cu(s) + Zn^{2+}(aq)$$

可以看出电池反应就是氧化还原反应。正负极之间的电子转移是经由导线（或负载）完成的，从而实现将氧化还原反应的化学能转化为电能。

原电池的组成可以用电池组成式（**电池符号**，cell diagram）表示。上述 Cu-Zn 原电池的电池组成式

$$(-)\quad Zn(s)|Zn^{2+}(c_1)||Cu^{2+}(c_2)|Cu(s)\quad (+)$$

书写电池组成式要注意以下几点：

（1）用双竖线"||"表示盐桥，将两个半电池分开，习惯上负极写在盐桥的左边，正极写在盐桥的右边，电极的极性在括号内用"＋""－"号标注。

（2）用单竖线"|"表示物质的界面，将不同相的物质分开；同一相中的不同物质用逗号"，"隔开。溶液中的溶质需在括号内标注浓度；气体物质需在括号内标注分压。当溶质浓度为 $1mol \cdot L^{-1}$ 或气体分压为 100kPa 时可不标注。

（3）电池中，电极板写在外边，固体、气体物质紧靠电极板，溶液紧靠盐桥，固态物质要标出相态。

三、电极电位的产生

用导线连接 Cu-Zn 原电池的两个电极后，就有电流产生，这说明两电极的电位（势能）不同，存在电位差。德国化学家 Nernst W H 提出的双电层理论，解释了金属 - 金属离子电极的电极电位的产生。如图 9-2 所示，当把金属电极板浸入其相应的盐溶液中时（图 9-2），存在两个相反的变化过程。一方面金属表面的原子由于本身的热运动及极性溶剂水分子的作用，进入溶液生成溶剂化离子，同时将电子留在金属表面；另一方面，溶液中的金属离子受电极板上电子的吸引，重新沉积于金属表面。当这两个相反过程的速率相等时，就建立如下动态平衡

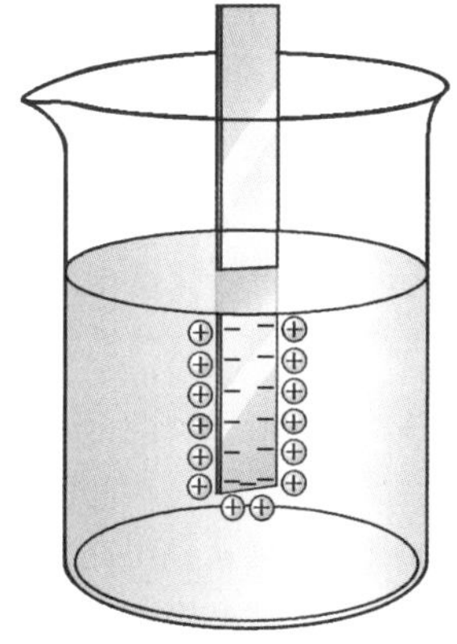
图 9-2　双电层示意图

$$M(s) \underset{析出}{\overset{溶解}{\rightleftharpoons}} M^{n+}(aq) + ne^- \tag{9-2}$$

* 盐桥一般是一个倒置的 U 形管，其内填充的琼脂凝胶将饱和的电解质溶液如 KCl、KNO_3 或 NH_4NO_3 固定其中，在电场中盐桥通过离子的迁移起导电作用。盐桥还能消除液接电位。

若金属溶解的趋势大于金属离子沉积的趋势，达到平衡时，金属极板表面上会带有过剩的负电荷，等量正电荷的金属离子分布在溶液中。受金属板上负电荷的静电吸引，溶液中的金属离子主要集中在金属极板与溶液接触的界面附近，金属表面过剩的电子和附近溶液中的金属离子便形成所谓双电层结构。双电层的厚度虽然很小（约 10^{-10}m 数量级），但其间存在电位差，这种电位差称为金属在此溶液中的**电位**（electric potential）或**电极电位**（electrode potential）。在一定的温度下，当电极及溶液中的各种电对物质处于平衡状态时，形成双电层的电位差具有确定的值。

不难理解，金属愈活泼，金属溶解趋势就愈大，平衡时金属表面负电荷愈多，该金属电极的电极电位就愈低；金属愈不活泼，金属溶解趋势就愈小，平衡时金属表面负电荷愈少，该金属电极的电极电位就愈高。

电极电位用符号 $\varphi_{Ox/Red}$ 表示，单位是伏特（V）。电极电位的大小除了与金属的本性有关外，还与温度、金属离子的浓度（或活度）有关。

四、标准电极电位

电极电位的绝对值还无法直接测定，实际工作中使用的是相对值，即以某一特定的电极为参照，其他任何电极的电极电位通过与这个参比电极组成原电池来确定。IUPAC 规定，以**标准氢电极**（standard hydrogen electrode，SHE）为通用参比电极。

（一）标准氢电极

图 9-3 是 SHE 的示意图。将铂电极插入含 H^+ 的溶液中，不断通入 H_2，使铂电极吸附的 H_2 达到饱和，并与溶液中的 H^+ 达到平衡，为了增强吸附 H_2 的能力并提高反应速率，金属铂片上要镀一层铂黑，其电极反应如下

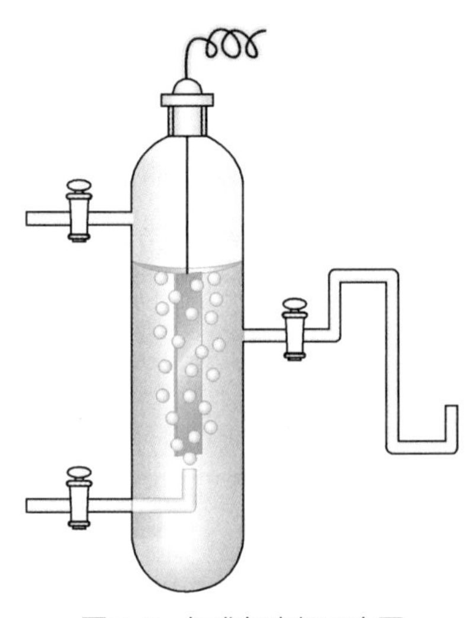

图 9-3 标准氢电极示意图

$$2H^+(aq)+2e^- \rightleftharpoons H_2(g)$$

在标准状态，即 H_2 分压为 100kPa，H^+ 浓度为 $1mol \cdot L^{-1}$（严格地说，活度为 1）时，在任何温度下

$$\varphi_{SHE}=0V^*$$

（二）电极电位的测定

电极电位的相对高低，可以通过实验来确定。方法是将待测电极和一个已知电极电位的电极组成原电池，原电池的**电动势**（electromotive force，emf）就是两个电极的电极电位之差，电池的电动势用 E 表示，单位是伏特（V）。

$$E=\varphi_{待测}-\varphi_{已知} \qquad (9\text{-}3)$$

测定该电池的电动势，就可计算待测电极的电极电位。如果其中一电极是标准氢电极，测定的电池电动势就等于待测电极的电极电位。

根据 IUPAC 建议，电极电位应是下述电池在电流强度趋近于零、电池反应极弱、电池中各物质浓度基本上维持恒定时的电池电动势，即

$$Pt(s)|H_2(100kPa)|H^+(a=1)||M^{n+}(a)|M(s) \qquad (9\text{-}4)$$

并规定电子从外电路由标准氢电极流向待测电极的电极电位为正号，而电子通过外电路由待测电极流向标准氢电极的电极电位为负号。

例如，Cu^{2+}/Cu 电极的电极电位测定方法如图 9-4 所示，以 Cu^{2+}/Cu 电极为正极，以 SHE 为负极，组成电池，其电池组成式为

---

* 根据标准氢电极的定义，在任何温度下活度都为 1 的氢离子溶液是无法制得的，所以，标准氢电极是个假想电极，不能实际制作。由于目前的测定精度下，电极电位最多可以精确到小数点后面 5 位。因此，为了和测定精度保持一致，φ_{SHE} 在一些理化数据手册中表示为“0.000 00 V”。

(−)　$Pt(s)|H_2(100kPa)|H^+(a=1)||Cu^{2+}(a)|Cu(s)$　(+)

测定的电池电动势即为 Cu^{2+}/Cu 电极的电极电位

$$E=\varphi(Cu^{2+}/Cu)-\varphi_{SHE}=\varphi(Cu^{2+}/Cu)$$

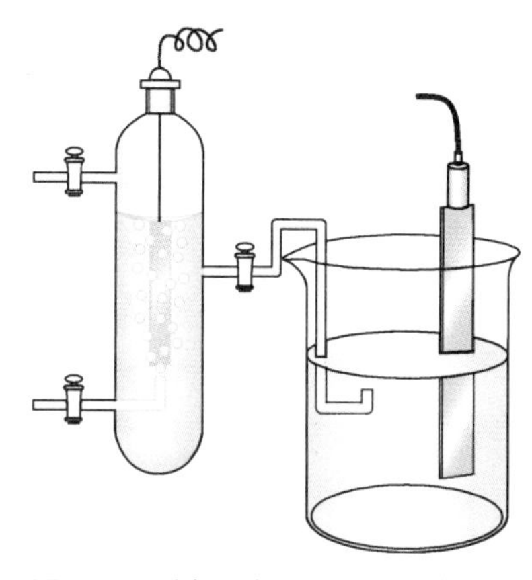

图 9-4　测定铜电极电位装置示意图

(三) 标准电极电位

电极电位的大小主要取决于氧化还原电对的本性，同时也与温度、浓度和压力等因素有关。在标准状态下测得的某个氧化还原电对所形成电极的电极电位就是该氧化还原电对的**标准电极电位**(standard electrode potential)，用 $\varphi^{\ominus}_{Ox/Red}$ 表示。电极的标准状态与热力学标准状态是一致的，即对于溶液，组成电极的各物质浓度均为 $1mol\cdot L^{-1}$(严格地说，活度为 1)；若有气体参加反应，则气体分压为 100kPa，反应温度未指定，IUPAC 推荐参考温度为 298.15K。

例如，Zn^{2+}/Zn 电极的标准电极电位的测定，以标准状态下的 Zn^{2+}/Zn 电极为负极，以 SHE 为正极，组成电池，其电池组成式为

(−)　$Zn(s)|Zn^{2+}(a=1)||H^+(a=1)|H_2(100kPa)|Pt(s)$　(+)

测定的电池电动势可得 Zn^{2+}/Zn 电极的标准电极电位

$$E=\varphi_{SHE}-\varphi^{\ominus}(Zn^{2+}/Zn)=-\varphi^{\ominus}(Zn^{2+}/Zn)$$

在此条件下测得电池的电动势为 0.7618V，则

$$\varphi^{\ominus}(Zn^{2+}/Zn)=-0.7618V$$

应该指出，标准电极电位的值并不是完全按照式(9-4)的方式组成电池，通过测定其电动势的方法得到的，有些是通过热力学数据计算得到的，有些是通过实验方法，如电池电动势外推法得到的。

将各种氧化还原电对的标准电极电位按一定的方式汇集，就构成标准电极电位表。编制成表的方式有多种，本书按电极电位从负到正(由低到高)的次序编制，部分常见氧化还原电对的标准电极电位见表 9-1，其他氧化还原电对的标准电极电位数据见附录五或相关物理化学手册。

表 9-1　一些常见的氧化还原半反应和标准电极电位(298.15K)

	半反应	$\varphi^{\ominus}$/V	
氧化剂的氧化能力增强 ↓	$Na^++e^- \rightleftharpoons Na$	−2.71	还原剂的还原能力增强 ↑
	$Zn^{2+}+2e^- \rightleftharpoons Zn$	−0.761 8	
	$Pb^{2+}+2e^- \rightleftharpoons Pb$	−0.126 2	
	$2H^++2e^- \rightleftharpoons H_2$	0	
	$AgCl+e^- \rightleftharpoons Ag+Cl^-$	0.222 33	
	$Cu^{2+}+2e^- \rightleftharpoons Cu$	0.341 9	
	$I_2+2e^- \rightleftharpoons 2I^-$	0.535 5	
	$O_2+2H^++2e^- \rightleftharpoons H_2O_2$	0.695	
	$Fe^{3+}+e^- \rightleftharpoons Fe^{2+}$	0.771	
	$Ag^++e^- \rightleftharpoons Ag$	0.799 6	
	$Br_2+2e^- \rightleftharpoons 2Br^-$	1.066	
	$Cl_2+2e^- \rightleftharpoons 2Cl^-$	1.358 27	
	$Cr_2O_7^{2-}+14H^++6e^- \rightleftharpoons 2Cr^{3+}+7H_2O$	1.36	
	$MnO_4^-+8H^++5e^- \rightleftharpoons Mn^{2+}+4H_2O$	1.507	

本表数据主要录自 Haynes WM. CRC Handbook of Chemistry and Physics. 97th ed. New York：CRC Press，2016

使用标准电极电位表时要注意：

(1) 标准电极电位是指在热力学标准状态下的电极电位，应在满足标准状态的条件下使用。由

于表 9-1 中的数据是在水溶液中求得的，因此不能用于非水溶液或高温下的固相反应。

（2）表 9-1 中半反应用 $Ox + ne^- \rightleftharpoons Red$ 表示，因此，电极电位又称为还原电位。标准电极电位是强度性质，与物质的量无关，如

$$Zn^{2+} + 2e^- \rightleftharpoons Zn \qquad \varphi^\ominus(Zn^{2+}/Zn) = -0.7618V$$

$$\frac{1}{2}Zn^{2+} + e^- \rightleftharpoons \frac{1}{2}Zn \qquad \varphi^\ominus(Zn^{2+}/Zn) = -0.7618V$$

（3）表 9-1 中的标准电极电位数据为 298.15K 下的，由于在一定温度范围内，电极电位随温度变化并不很大，其他温度下的电极电位也可参照使用此表。

（四）标准电极电位的应用

电极电位反映了氧化还原电对得失电子的趋向，根据标准电极电位的高低可判断在标准状态下物质的氧化还原能力的相对强弱。

（1）电极电位愈高，氧化还原电对中氧化型物质得电子的能力愈强，是较强的氧化剂；电极电位值愈低，氧化还原电对中还原型物质失电子的能力愈强，是较强的还原剂。在表 9-1 中，最强的氧化剂是 MnO_4^-，最强的还原剂是 Na。

（2）在氧化还原电对中，氧化型物质的氧化能力越强，与之共轭的还原型物质还原能力越弱。如 MnO_4^-/Mn^{2+} 和 $Cr_2O_7^{2-}/Cr^{3+}$ 相比，MnO_4^- 的氧化能力较 $Cr_2O_7^{2-}$ 强，而 Mn^{2+} 的还原能力较 Cr^{3+} 弱。

（3）较强氧化剂和较强还原剂作用，生成较弱的还原剂和较弱的氧化剂，这是一个自发过程。如

$$Cu(s) + 2Ag^+(aq) \rightleftharpoons 2Ag(s) + Cu^{2+}(aq)$$

$\varphi^\ominus(Ag^+/Ag)$ 为 0.7996V，$\varphi^\ominus(Cu^{2+}/Cu)$ 为 0.3419V，所以较强氧化剂 Ag^+ 与较强还原剂 Cu 发生反应，生成较弱的还原剂 Ag 与较弱的氧化剂 Cu^{2+}。反之，该反应的逆过程是非自发的。

（五）常用电极类型

常用电极可分为四种类型：

（1）金属 - 金属离子电极　以金属为电极板，插入含有该金属离子的溶液中构成的电极。如 Zn^{2+}/Zn 电极：

电极组成式　$Zn(s)|Zn^{2+}(c)$

电极反应　$Zn^{2+}(aq) + 2e^- \longrightarrow Zn(s)$

（2）气体电极　将气体通入含有相应离子溶液中，并用惰性导体（如石墨或金属铂）做电极板所构成的电极。如 Cl_2 电极：

电极组成式　$Pt(s)|Cl_2(p)|Cl^-(c)$

电极反应　$Cl_2(g) + 2e^- \longrightarrow 2Cl^-(aq)$

（3）金属 - 金属难溶盐 - 阴离子电极　在金属表面涂有该金属难溶盐的固体，然后浸入与该盐具有相同阴离子的溶液中所构成的电极。如 Ag-AgCl 电极，在 Ag 的表面涂有 AgCl，然后浸入有一定浓度的 Cl^- 溶液中。

电极组成式　$Ag(s)|AgCl(s)|Cl^-(c)$

电极反应　$AgCl(s) + e^- \longrightarrow Ag(s) + Cl^-(aq)$

（4）氧化还原电极　将惰性导体浸入含有同一种元素的两种不同氧化值状态的离子溶液中所构成的电极。如将 Pt 浸入含有 Fe^{2+}、Fe^{3+} 的溶液，构成 Fe^{3+}/Fe^{2+} 电极。

电极组成式　$Pt(s)|Fe^{2+}(c_1), Fe^{3+}(c_2)$

电极反应　$Fe^{3+}(aq) + e^- \longrightarrow Fe^{2+}(aq)$

例 9-2　高锰酸钾与浓盐酸作用制取氯气的反应如下

$$2KMnO_4(aq) + 16HCl(aq) \longrightarrow 2KCl(aq) + 2MnCl_2(aq) + 5Cl_2(g) + 8H_2O(l)$$

将此反应设计为原电池，写出正、负极的反应，电池反应，电极组成式与分类，电池组成式。

解　将反应方程式改写成离子反应方程式

$$2MnO_4^-(aq)+16H^+(aq)+10Cl^-(aq) \longrightarrow 2Mn^{2+}(aq)+5Cl_2(g)+8H_2O(l)$$

正极反应　$MnO_4^-(aq)+8H^+(aq)+5e^- \longrightarrow Mn^{2+}(aq)+4H_2O(l)$

负极反应　$2Cl^-(aq)-2e^- \longrightarrow Cl_2(g)$

在正负电极反应中均未有可作极板的金属导体，要选惰性导体如 Pt 作电极板，

正极组成式　$Pt(s)|MnO_4^-(c_1), Mn^{2+}(c_2), H^+(c_3)$

负极组成式　$Pt(s)|Cl_2(p)|Cl^-(c)$

电池反应　$2MnO_4^-(aq)+16H^+(aq)+10Cl^-(aq) \longrightarrow 2Mn^{2+}(aq)+5Cl_2(g)+8H_2O(l)$

电池组成式　(－)　$Pt(s)|Cl_2(p)|Cl^-(c)\|MnO_4^-(c_1), Mn^{2+}(c_2), H^+(c_3)|Pt(s)$　(＋)

问题与思考 9-2

同种离子的不同浓度的溶液，能否组成原电池？这种电池的电极反应是什么？

第二节　电池电动势与 Gibbs 自由能

电池电动势是原电池产生电流的推动力，也是电池反应的推动力。根据热力学原理，$\Delta_r G_m<0$，是等温、等压、不做非体积功的化学反应自发进行的推动力。因此，电池电动势和 Gibbs 自由能变之间必定存在某种内在联系。

一、电池电动势与化学反应 Gibbs 自由能变的关系

根据热力学推导，在等温、等压的可逆过程中系统 Gibbs 自由能的变化等于系统所能做的最大非体积功。原电池可近似作为可逆电池，即让电池通过的电流无限小，电池反应不以热的形式传递能量，电池内部始终趋近于平衡状态，电极上发生的化学反应及能量变化是可逆的。系统所做的非体积功全部为电功，系统对环境做功，功为负值。有

$$\Delta_r G = W_{电功,最大} \tag{9-5}$$

因为

$$W_{电功,最大} = -qE \quad 且 \quad q = nF$$

所以

$$W_{电功,最大} = -nFE$$

式中，n 是电池反应中所转移的电子的物质的量，单位为 mol；E 是原电池的电动势，单位为 V，F 为**法拉第常数**(Faraday constant)，$F=96\,485C\cdot mol^{-1}$。$W_{电功,最大}$的单位是 J。将 $W_{电功,最大}$代入式(9-5)，得

$$\Delta_r G = -nFE \tag{9-6a}$$

当反应进度为 1mol，且电池中各物质均处于标准状态时，式(9-6a)可表示为

$$\Delta_r G_m^{\ominus} = -nFE^{\ominus} \tag{9-6b}$$

此时，n 在数值上等于该氧化还原反应化学计量方程式中转移的电子数。式(9-6a)和式(9-6b)将 $\Delta_r G$ 与 E，$\Delta_r G_m^{\ominus}$与 $E^{\ominus}$ 联系起来。

二、用电池电动势判断氧化还原反应的自发性

任意一个氧化还原反应，都可用如下通式表示

$$Ox_1 + Red_2 \rightleftharpoons Red_1 + Ox_2$$

将这个反应放在原电池中，电对 Ox_1/Red_1 为原电池的正极，电对 Ox_2/Red_2 为原电池的负极。假定反应物质都在溶液中，使用 Pt 作电极板，其原电池为

(－)　$Pt(s)|Ox_2(c_1), Red_2(c_2)\|Ox_1(c_3), Red_1(c_4)|Pt(s)$　(＋)

原电池的电动势为

$$E=\varphi(Ox_1/Red_1)-\varphi(Ox_2/Red_2) \tag{9-7}$$

根据式(9-6a)，可得：

若$E>0$，$\Delta_rG_m<0$，反应正向自发进行。

若$E<0$，$\Delta_rG_m>0$，反应逆向自发进行。

若$E=0$，$\Delta_rG_m=0$，反应达到平衡。

如果氧化还原反应处于标准状态下，可依以上规则，用$E^\ominus$值直接判断反应的自发性。

由此可见，对于等温、等压、不做非体积功的氧化还原反应，其自发方向既可以利用Δ_rG_m作为判据，也可以利用电池电动势作为判据，其判断的结果是一致的。

根据热力学数据也可以计算电池反应的电动势。

例 9-3　根据标准电极电位，计算反应$Cr_2O_7^{2-}(aq)+6Fe^{2+}(aq)+14H^+(aq)\longrightarrow 2Cr^{3+}(aq)+6Fe^{3+}(aq)+7H_2O(l)$的$\Delta_rG_m^\ominus$，并判断反应在标准状态下是否自发进行。

解　首先将氧化还原反应拆成两个半反应：

正极反应　$Cr_2O_7^{2-}+14H^++6e^-\longrightarrow 2Cr^{3+}+7H_2O$　　查表得　$\varphi^\ominus=1.36V$

负极反应　$Fe^{3+}+e^-\longrightarrow Fe^{2+}$　　查表得　$\varphi^\ominus=0.771V$

则
$$E^\ominus=\varphi^\ominus(Cr_2O_7^{2-}/Cr^{3+})-\varphi^\ominus(Fe^{3+}/Fe^{2+})=1.36V-0.771V=0.589V$$

配平氧化还原方程式，得到反应中电子转移数$n=6$

$$\Delta_rG_m^\ominus=-nFE^\ominus=-6\times 96\,485C\cdot mol^{-1}\times 0.589V=-3.410\times 10^5J\cdot mol^{-1}=-341.0kJ\cdot mol^{-1}<0$$

故反应正向自发进行。

例 9-4　已知$Zn(s)+2H^+(aq)\longrightarrow Zn^{2+}(aq)+H_2(g)$的$\Delta_rH_m^\ominus=-153.9kJ\cdot mol^{-1}$，$\Delta_rS_m^\ominus=-23J\cdot K^{-1}\cdot mol^{-1}$，求298.15K时，电极反应$Zn^{2+}(aq)+2e^-\longrightarrow Zn(s)$的标准电极电位。

解　根据反应的$\Delta_rH_m^\ominus$和$\Delta_rS_m^\ominus$计算$\Delta_rG_m^\ominus$

$$\Delta_rG_m^\ominus=\Delta_rH_m^\ominus-T\Delta_rS_m^\ominus=-153.9kJ\cdot mol^{-1}-298.15K\times(-23.0/1000)kJ\cdot K^{-1}\cdot mol^{-1}$$
$$=-147.0kJ\cdot mol^{-1}$$

因为$\Delta_rG_m^\ominus=-nFE^\ominus$，且反应中电子转移数$n=2$

$$E^\ominus=-\Delta_rG_m^\ominus/(nF)=-(-147.0\times 10^3J\cdot mol^{-1})/(2\times 96\,485C\cdot mol^{-1})=0.7618V$$

由
$$E^\ominus=\varphi^\ominus(H^+/H_2)-\varphi^\ominus(Zn^{2+}/Zn)=0V-\varphi^\ominus(Zn^{2+}/Zn)=0.7618V$$

得
$$\varphi^\ominus(Zn^{2+}/Zn)=-E^\ominus=-0.7618V$$

三、电池标准电动势和平衡常数

化学反应进行的最大限度可以通过平衡常数表示，氧化还原反应的平衡常数可以根据原电池的标准电动势求算。根据式(9-6b)

$$\Delta_rG_m^\ominus=-nFE^\ominus$$

又

$$\Delta_rG_m^\ominus=-RT\ln K^\ominus$$

即得

$$RT\ln K^\ominus=nFE^\ominus$$

$$\lg K^\ominus=\frac{nFE^\ominus}{2.303RT} \tag{9-8}$$

式(9-8)是在任意温度下，平衡常数的计算公式。

根据式(9-8)可得出氧化还原反应的平衡常数有如下规律：

(1) 氧化还原反应的平衡常数与氧化剂和还原剂的本性有关，即与电池的标准电动势有关，而与反应体系中物质浓度(或分压)无关。

(2) $\lg K^\ominus$与n成正比，氧化还原反应的平衡常数$K^\ominus$与电子转移数(n)有关，即与反应方程式的

写法有关。尽管$E^{\ominus}$是强度性质，但n属广度性质。

（3）氧化还原反应的平衡常数与温度有关。将$T=298.15\text{K}$，$R=8.314\text{J}\cdot\text{K}^{-1}\cdot\text{mol}^{-1}$，$F=96\,485\text{C}\cdot\text{mol}^{-1}$代入，得

$$\lg K^{\ominus}=\frac{nE^{\ominus}}{0.059\,16\text{V}} \tag{9-9}$$

（4）一般认为，当$n=2$，$E^{\ominus}>0.2\text{V}$时，或$n=1$，$E^{\ominus}>0.4\text{V}$时，$K^{\ominus}>10^6$，此平衡常数已相当大，反应进行得比较完全。

例 9-5　求298.15K下，$Zn(s)+Cu^{2+}(aq) \rightleftharpoons Cu(s)+Zn^{2+}(aq)$反应的平衡常数。

解　将以上氧化还原反应设计成原电池：

正极反应　$Cu^{2+}+2e^- \longrightarrow Cu$，查表得　$\varphi^{\ominus}(Cu^{2+}/Cu)=0.3419\text{V}$

负极反应　$Zn \longrightarrow Zn^{2+}+2e^-$，查表得　$\varphi^{\ominus}(Zn^{2+}/Zn)=-0.7618\text{V}$

$$E^{\ominus}=\varphi^{\ominus}(Cu^{2+}/Cu)-\varphi^{\ominus}(Zn^{2+}/Zn)=0.3419\text{V}-(-0.7618\text{V})=1.1037\text{V}$$

由电池反应知$n=2$，

$$\lg K^{\ominus}=\frac{nE^{\ominus}}{0.059\,16\text{V}}=\frac{2\times1.1037\text{V}}{0.059\,16\text{V}}=37.3124$$

$$K^{\ominus}=2.053\times10^{37}$$

如果将一些非氧化还原的化学反应通过适当的方式设计成原电池，同样可以利用标准电动势计算这些反应的平衡常数。如酸碱解离平衡常数K_a或K_b、水的离子积常数K_w、溶度积常数K_{sp}、配合物稳定常数K_s（第十二章）等。

例 9-6　已知　$Ag^++e^- \longrightarrow Ag$　　$\varphi^{\ominus}=0.7996\text{V}$

$AgCl+e^- \longrightarrow Ag+Cl^-$　$\varphi^{\ominus}=0.222\,33\text{V}$

求AgCl在25℃下的pK_{sp}。

解　根据标准电极电位的高低，将以上两个电极组成原电池，可确定$Ag^++e^- \longrightarrow Ag$做正极，$AgCl+e^- \longrightarrow Ag+Cl^-$做负极，构成原电池的电池反应为

$$Ag^+(aq)+Cl^-(aq) \rightleftharpoons AgCl(s)$$

且$n=1$，显然该电池的总反应为AgCl在水溶液中溶解平衡的逆过程，电池反应的平衡常数即为AgCl的K_{sp}的倒数值。

因为在25℃时　$$\lg K^{\ominus}=\frac{nE^{\ominus}}{0.059\,16\text{V}}$$

所以

$$\lg K^{\ominus}=\frac{n\{\varphi^{\ominus}(Ag^+/Ag)-\varphi^{\ominus}(AgCl/Ag)\}}{0.059\,16\text{V}}=\frac{1\times(0.7996\text{V}-0.222\,33\text{V})}{0.059\,16\text{V}}=9.7578$$

$$pK_{sp}=-\lg K_{sp}=-\lg(1/K^{\ominus})=\lg K^{\ominus}$$

$$pK_{sp}=9.7578$$

$$K_{sp}=1.747\times10^{-10}$$

例 9-7　已知

$O_2(g)+4H^+(aq)+4e^- \longrightarrow 2H_2O(l)$　　$\varphi^{\ominus}=1.229\text{V}$

$O_2(g)+2H_2O(l)+4e^- \longrightarrow 4OH^-(aq)$　$\varphi^{\ominus}=0.401\text{V}$　求25℃下水的K_w。

解　根据标准电极电位的高低，将以上两个电极组成原电池，并确定O_2/H_2O做正极，O_2/OH^-做负极，构成原电池的电池反应为

$$4H^++4OH^- \rightleftharpoons 4H_2O \qquad n=4$$

两边同除以4得

$$H^++OH^- \rightleftharpoons H_2O \qquad n=1$$

不难看出，电池反应过程为水的解离平衡的逆过程，电池反应平衡常数 $K^{\ominus}=\frac{1}{K_W}$。

又因为

$$\lg K^{\ominus}=\frac{nE^{\ominus}}{0.05916\text{V}}=\frac{n\{\varphi^{\ominus}(O_2/H_2O)-\varphi^{\ominus}(O_2/OH^-)\}}{0.05916\text{V}}=\frac{1\times(1.229-0.401)\ \text{V}}{0.05916\text{V}}=13.996$$

所以

$$\lg K_w=\lg(\frac{1}{K^{\ominus}})=-\lg K^{\ominus}=-13.996$$

$$K_w=1.01\times10^{-14}$$

上述两例，电池反应式中元素原子的氧化值虽然没有变化，但在电极反应中存在电子得失，而且总反应中也存在电子转移，因此可以用氧化还原反应的标准电动势计算平衡常数。以电池反应 $Ag^+(aq)+Cl^-(aq)\longrightarrow AgCl(s)$为例，正极反应为 $Ag^+(aq)+e^-\longrightarrow Ag(s)$，负极反应为 $Ag(s)+Cl^-(aq)-e^-\longrightarrow AgCl(s)$，在两个半反应中都出现了 Ag，它是半反应中电子转移的受体（或供体），在构成电池总反应时抵消了。

第三节 电极电位的 Nernst 方程式及影响电极电位的因素

标准电极电位是在标准状态下测得的，它只能在标准状态下应用，而绝大多数氧化还原反应都是在非标准状态下进行的。非标准状态下的电极电位和电池电动势受哪些因素影响，它们的关系又如何呢？

一、电极电位的 Nernst 方程式

由热力学等温方程可知

$$\Delta_r G_m=\Delta_r G_m^{\ominus}+RT\ln Q$$

将式（9-6a）和式（9-6b）代入上式得

$$-nFE=-nFE^{\ominus}+RT\ln Q$$

两边同除以 $-nF$，得

$$E=E^{\ominus}-\frac{RT}{nF}\ln Q \tag{9-10a}$$

式（9-10a）中，$E^{\ominus}$ 为电池标准电动势，R 为气体常数（$8.314\text{J}\cdot\text{K}^{-1}\cdot\text{mol}^{-1}$），$F$ 为 Faraday 常数（$96\,485\text{C}\cdot\text{mol}^{-1}$），$T$ 为绝对温度，n 为电池反应中电子转移的数目，Q 为反应商。当 $T=298.15\text{K}$ 时，代入相关常数，式（9-10a）为

$$E=E^{\ominus}-\frac{0.05916\text{V}}{n}\lg Q \tag{9-10b}$$

对于任意一个已配平的氧化还原方程式

$$a\text{Ox}_1+b\text{Red}_2\rightleftharpoons d\text{Red}_1+e\text{Ox}_2$$

其反应商可表示为

$$Q=\frac{\{[\text{Red}_1]/c^{\ominus}\}^d\{[\text{Ox}_2]/c^{\ominus}\}^e}{\{[\text{Ox}_1]/c^{\ominus}\}^a\{[\text{Red}_2]/c^{\ominus}\}^b} \tag{9-11}$$

如果反应中有气体参与，则气体分压应写成（$p/p^{\ominus}$）。Q 的量纲为 1。

将式（9-11）代入式（9-10a）和式（9-10b）得

$$E=E^{\ominus}-\frac{RT}{nF}\ln\frac{\{[\text{Red}_1]/c^{\ominus}\}^d\{[\text{Ox}_2]/c^{\ominus}\}^e}{\{[\text{Ox}_1]/c^{\ominus}\}^a\{[\text{Red}_2]/c^{\ominus}\}^b} \tag{9-12a}$$

$$E = E^{\ominus} - \frac{0.059\,16\text{V}}{n}\lg\frac{\{[\text{Red}_1]/c^{\ominus}\}^d\{[\text{Ox}_2]/c^{\ominus}\}^e}{\{[\text{Ox}_1]/c^{\ominus}\}^a\{[\text{Red}_2]/c^{\ominus}\}^b} \tag{9-12b}$$

式(9-12a)和式(9-12b)都是电池电动势的**Nernst 方程**(Nernst equation)。

为书写方便，对于溶液，我们可将[Red]/$c^{\ominus}$的表示形式简写为c(Red)。

将$E=\varphi_+ - \varphi_-$和$E^{\ominus}=\varphi_+^{\ominus}-\varphi_-^{\ominus}$代入式(9-12a)

$$\varphi_+ - \varphi_- = (\varphi_+^{\ominus}-\varphi_-^{\ominus}) - \frac{RT}{nF}\ln\frac{c^d(\text{Red}_1)\,c^e(\text{Ox}_2)}{c^a(\text{Ox}_1)\,c^b(\text{Red}_2)}$$

$$= [\varphi_+^{\ominus} - \frac{RT}{nF}\ln\frac{c^d(\text{Red}_1)}{c^a(\text{Ox}_1)}] - [\varphi_-^{\ominus} - \frac{RT}{nF}\ln\frac{c^b(\text{Red}_2)}{c^e(\text{Ox}_2)}]$$

可得

$$\varphi_+ = \varphi_+^{\ominus} - \frac{RT}{nF}\ln\frac{c^d(\text{Red}_1)}{c^a(\text{Ox}_1)} = \varphi_+^{\ominus} + \frac{RT}{nF}\ln\frac{c^a(\text{Ox}_1)}{c^d(\text{Red}_1)}$$

$$\varphi_- = \varphi_-^{\ominus} - \frac{RT}{nF}\ln\frac{c^b(\text{Red}_2)}{c^e(\text{Ox}_2)} = \varphi_-^{\ominus} + \frac{RT}{nF}\ln\frac{c^e(\text{Ox}_2)}{c^b(\text{Red}_2)}$$

对于任意一个电极反应(半反应) $p\text{Ox} + ne^- \rightleftharpoons q\,\text{Red}$

其电极电位表达式的通式为

$$\varphi(\text{Ox/Red}) = \varphi^{\ominus}(\text{Ox}_2/\text{Red}_2) + \frac{RT}{nF}\ln\frac{c^p(\text{Ox})}{c^q(\text{Red})} \tag{9-13a}$$

这就是著名的电极电位 Nernst 方程式，它是电化学中最重要的公式之一。n表示电极反应中的电子转移数；c_{Ox}和c_{Red}分别代表电对中氧化型和还原型及相关介质的浓度，但纯液体、纯固体物质和溶剂不写入方程，若为气体则用其分压除以 100kPa 表示；p、q分别代表一个已配平的氧化还原半反应中氧化型和还原型各物质前的化学计量系数。

当T=298.15K，将相关常数代入式(9-13a)得

$$\varphi(\text{Ox/Red}) = \varphi^{\ominus}(\text{Ox}_2/\text{Red}_2) + \frac{0.059\,16\text{V}}{n}\lg\frac{c^p(\text{Ox})}{c^q(\text{Red})} \tag{9-13b}$$

根据配平的半反应可以方便地写出其电极电位的 Nernst 方程式。从式(9-13a)和式(9-13b)中可以看出：

(1) 电极电位不仅取决于电极的本性，还取决于反应时的温度和氧化型、还原型及相关介质的浓度(或分压)。

(2) 在温度一定的条件下，半反应中氧化型与还原型物质浓度发生变化，将导致电极电位的改变。对于同一个半反应，其氧化型物质浓度愈大，则φ(Ox/Red)值愈大；反之，还原型物质浓度愈大，则φ(Ox/Red)值愈小。

(3) 决定电极电位高低的主要因素是标准电极电位，浓度对电极电位的影响是通过氧化型与还原型物质浓度幂积比值的对数值并乘以 0.059 16V/n 起作用，一般情况下浓度对电极电位的影响并不太大，只有当氧化型或还原型物质浓度很大或很小时，或电极反应式中物质前的计量系数很大时才对电极电位产生显著的影响。

二、电极溶液中物质浓度对电极电位的影响

从电极电位的 Nernst 方程式可知，电极反应式中各物质的浓度发生变化可以对电极电位产生影响，下面将分别讨论溶液的酸度和沉淀、难解离物质的生成对电极电位的影响。

(一) 酸度对电极电位的影响

在许多电极反应中，介质中的H^+、OH^-和H_2O参加了反应，溶液 pH 的改变将导致电极电位的变化。

例 9-8　电极反应：

$$Cr_2O_7^{2-}(aq) + 14H^+(aq) + 6e^- \longrightarrow 2Cr^{3+}(aq) + 7H_2O(l) \qquad \varphi^{\ominus} = 1.36\text{V}$$

若 $Cr_2O_7^{2-}$ 和 Cr^{3+} 的浓度均为标准浓度 $1mol\cdot L^{-1}$，求 298.15K，pH＝6.00 时该电极的电极电位。

解　根据半反应 $Cr_2O_7^{2-}(aq)+14H^+(aq)+6e^- \longrightarrow 2Cr^{3+}(aq)+7H_2O(l)$，且 $n=6$

在 298.15K 下，按式(9-13b)计算电极电位

$$\varphi(Cr_2O_7^{2-}/Cr^{3+})=\varphi^{\ominus}(Cr_2O_7^{2-}/Cr^{3+})+\frac{0.059\,16V}{n}\lg\frac{c(Cr_2O_7^{2-})\,c^{14}(H^+)}{c^2(Cr^{3+})}$$

已知 $c(Cr_2O_7^{2-})=c(Cr^{3+})=1mol\cdot L^{-1}$，pH＝6，$c(H^+)=1.0\times10^{-6}mol\cdot L^{-1}$，$n=6$

所以　$$\varphi(Cr_2O_7^{2-}/Cr^{3+})=1.36V+\frac{0.059\,16V}{6}\lg\frac{(1.0\times10^{-6})^{14}}{1}=0.532V$$

由于 H^+ 在半反应中的计量系数很大（为 14），pH 的改变将导致电极电位的显著变化，电极电位从＋1.36V 降到＋0.532V，降低了 0.828V，它表明在此条件下，$Cr_2O_7^{2-}$ 的氧化性较标准状态下的氧化性明显降低。

（二）沉淀的生成对电极电位的影响

在氧化还原电对中，加入某种物质使氧化型或还原型物质生成沉淀将显著改变它们的浓度，使电极电位发生变化。

例 9-9　已知 $Ag^+(aq)+e^- \longrightarrow Ag(s)$　$\varphi^{\ominus}=0.7996V$，若在电极溶液中加入 NaCl，使其生成 AgCl 沉淀，并保持 Cl^- 浓度为 $1mol\cdot L^{-1}$，求 298.15K 时的电极电位。已知 AgCl 的 $K_{sp}(AgCl)=1.77\times10^{-10}$。

解　根据半反应　　$Ag^+(aq)+e^- \longrightarrow Ag(s)$

且 $n=1$，其电极电位 Nernst 方程为　$\varphi(Ag^+/Ag)=\varphi^{\ominus}(Ag^+/Ag)+\frac{0.059\,16V}{n}\lg\frac{c(Ag^+)}{1}$

加入 NaCl 后将建立如下平衡

$$Ag^+(aq)+Cl^-(aq) \rightleftharpoons AgCl(s)，且[Ag^+][Cl^-]=K_{sp}=1.77\times10^{-10}$$

则有　$$[Ag^+]=K_{sp}/[Cl^-]=1.77\times10^{-10}mol\cdot L^{-1}$$

$$\varphi(Ag^+/Ag)=0.7996V+0.059\,16V\times\lg\frac{1.77\times10^{-10}}{1}=0.7996V-0.577V=0.223V$$

显然由于有沉淀生成，使 Ag^+ 的浓度急剧降低，对 $\varphi(Ag^+/Ag)$ 造成了较大的影响。

实际上，在 Ag^+ 溶液中加入 Cl^-，原来氧化还原电对中的 Ag^+ 已转化为 AgCl 沉淀了，并组成了一个新电极，电极反应为：$AgCl(s)+e^- \longrightarrow Ag(s)+Cl^-(aq)$，由于平衡溶液中的 Cl^- 浓度为 $1mol\cdot L^{-1}$，这时 $\varphi(Ag^+/Ag)=\varphi^{\ominus}(AgCl/Ag)=0.223V$，并有

$$\varphi^{\ominus}(AgCl/Ag)=\varphi^{\ominus}(Ag^+/Ag)+0.059\,16V\times\lg K_{sp}(AgCl)$$

根据上述例题的思路，可推知其他金属 - 难溶盐 - 阴离子电极与对应的金属 - 金属离子电极的标准电极电位之间的定量关系。

（三）生成弱酸（或弱碱）对电极电位的影响

在氧化还原电对中，若氧化型或还原型物质生成弱酸（或弱碱）使其浓度降低，将导致电极电位发生变化。

例 9-10　已知：$\varphi^{\ominus}(Sn^{2+}/Sn)=-0.1375V$，将它与氢电极组成原电池：

$$(-)Sn(s)|Sn^{2+}(1mol\cdot L^{-1})||H^+(1mol\cdot L^{-1})|H_2(100kPa)|Pt(s)(+)$$

问：(1) 在标准状态下，$2H^+(aq)+Sn(s) \longrightarrow H_2(g)+Sn^{2+}(aq)$ 反应能发生吗？(2) 若在上述氢电极的溶液中加入 NaAc，并使平衡后溶液中 HAc 及 Ac^- 浓度均为标准浓度 $1mol\cdot L^{-1}$，H_2 为标准压力 100kPa，反应方向将发生变化吗？（已知 HAc 的 $K_a=1.75\times10^{-5}$）

解　(1) 正极发生还原反应　$2H^+(aq)+2e^- \longrightarrow H_2(g)$　$\varphi^{\ominus}(H^+/H_2)=0V$

负极发生氧化反应　$Sn^{2+}(aq)+2e^- \longrightarrow Sn(s)$　$\varphi^{\ominus}(Sn^{2+}/Sn)=-0.1375V$

电池反应为　$2H^+(aq)+Sn(s) \longrightarrow H_2(g)+Sn^{2+}(aq)$

$$E^{\ominus}=\varphi_+^{\ominus}-\varphi_-^{\ominus}=\varphi^{\ominus}(H^+/H_2)-\varphi^{\ominus}(Sn^{2+}/Sn)$$

$$= 0\text{V} - (-0.1375\text{V}) = 0.1375\text{V} > 0$$

由于电池的标准电动势大于零，该反应在标准状态下正向自发进行。

（2）加入 NaAc 后，氢电极溶液中存在下列平衡

$$\text{HAc} \rightleftharpoons \text{H}^+ + \text{Ac}^-$$

$$[\text{H}^+] = K_{\text{HAc}} \frac{[\text{HAc}]}{[\text{Ac}^-]}$$

达到平衡时，溶液中[HAc]及[Ac^-]均为标准浓度 $1\text{mol}\cdot\text{L}^{-1}$ 时，$K_{\text{HAc}} = 1.75 \times 10^{-5}$，则

$$[\text{H}^+] = 1.75 \times 10^{-5}\text{mol}\cdot\text{L}^{-1}$$

$$\varphi(\text{H}^+/\text{H}_2) = \varphi^{\ominus}(\text{H}^+/\text{H}_2) + \frac{0.05916\text{V}}{n} \lg \frac{[\text{H}^+]^2}{p(\text{H}_2)/p^{\ominus}}$$

$$= 0.0000\text{V} + \frac{0.05916\text{V}}{2} \lg \frac{(1.75\times10^{-5})^2}{100\text{kPa}/100\text{kPa}} = -0.281\text{V}$$

NaAc 加入后，H^+ 的浓度降低，导致电极电位降至 -0.281V。

$$E = \varphi_+ - \varphi_- = \varphi(\text{H}^+/\text{H}_2) - \varphi^{\ominus}(\text{Sn}^{2+}/\text{Sn}) = -0.281\text{V} - (-0.1375\text{V}) = -0.1435\text{V} < 0$$

由于电池电动势小于零，该反应逆向自发进行，电池的正负极也要改变。

另外，也可以直接用 Nernst 方程求算电池电动势。

$$E = \varphi(\text{H}^+/\text{H}_2) - \varphi(\text{Sn}^{2+}/\text{Sn})$$

$$E = [\varphi^{\ominus}(\text{H}^+/\text{H}_2) - \varphi^{\ominus}(\text{Sn}^{2+}/\text{Sn})] - \frac{0.05916\text{V}}{n} \lg \frac{c(\text{Sn}^{2+})(p(\text{H}_2)/p^{\ominus})}{c^2(\text{H}^+)}$$

$$E = [0\text{V} - (-0.1375\text{V})] - \frac{0.05916\text{V}}{2} \lg \frac{(100\text{kPa}/100\text{kPa})}{(1.75\times10^{-5})^2} = -0.1435\text{V}$$

从例 9-10 可以看出，氧化型或还原型物质浓度的变化都会导致电极电位的改变，甚至改变氧化还原反应的方向。但毋庸置疑，标准电池电动势是决定电池电动势的主要因素，而 $\frac{0.05916\text{V}}{n}\lg Q$ 的影响较小。对于非标准状态下的氧化还原反应，一般情况下，若 $E^{\ominus} > +0.3\text{V}$，反应将正向进行；若 $E^{\ominus} < -0.3\text{V}$，反应将逆向进行，在这两种情况下通过改变其浓度一般是无法改变反应方向的；但若 $-0.3\text{V} < E^{\ominus} < +0.3\text{V}$，则可通过调整浓度来改变反应方向。

与用 ΔG 判断反应能否自发进行一样，利用电极电位或电池电动势只能判断氧化还原反应能否发生，向何方向进行，但它不能解决反应的速率问题。

第四节　电位法测定溶液的 pH

由电极电位的 Nernst 方程式可知，电极电位与溶液中离子浓度（活度）存在定量关系，通过电极电位或电动势的测定，可以对物质进行定量分析，这就是电位分析法。

一、复合电极

单个电极的电位是无法直接测量的，但可以与另一个电极组成原电池，通过对原电池的电动势进行测定，以确定待测物质的含量。这种方法要求其中一个电极的电极电位是已知的，并且稳定。这种具有确定电极电位值并可作为参照标准的电极，称为**参比电极**（reference electrode）；另一个电极的电位与待测离子浓度（活度）有关，并且它们之间符合某种函数关系，这种电极称为**指示电极**（indicator electrode）。将参比电极与指示电极（M^{n+}/M）组装在一起就构成**复合电极**（combination electrode）。复合电极组成原电池：

$$(-)\text{M(s)}|\text{M}^{n+}(a)\|\text{参比电极}(+)$$

该电池的电动势：

$$E=\varphi_{参比}-\varphi(M^{n+}/M)$$

$$E=\varphi_{参比}-\{\varphi^{\ominus}(M^{n+}/M)+\frac{RT}{nF}\ln c(M^{n+})\}$$

$$E=\varphi_{参比}-\varphi^{\ominus}(M^{n+}/M)-\frac{RT}{nF}\ln(M^{n+})$$

式中，n、F、R 为常数，在一定温度下，$\varphi_{参比}$、$\varphi^{\ominus}(M^{n+}/M)$ 也是常数，只要测得电池电动势，即可求出待测离子 M^{n+} 的浓度（或活度）。这就是电位法测定物质含量的基本原理。

常用的参比电极是甘汞电极和氯化银电极。

1. 甘汞电极　甘汞电极（calomel electrode）结构如图 9-5 所示。它属于金属 - 金属难溶盐 - 阴离子电极。电极由两个玻璃套管组成，内管上部为汞，连接电极引线，中部为汞和氯化亚汞的糊状物，底部用棉球塞紧，外管盛有 KCl 溶液，下部支管端口塞有多孔素烧瓷。在测定中，盛有 KCl 溶液的外管还可起到盐桥的作用。

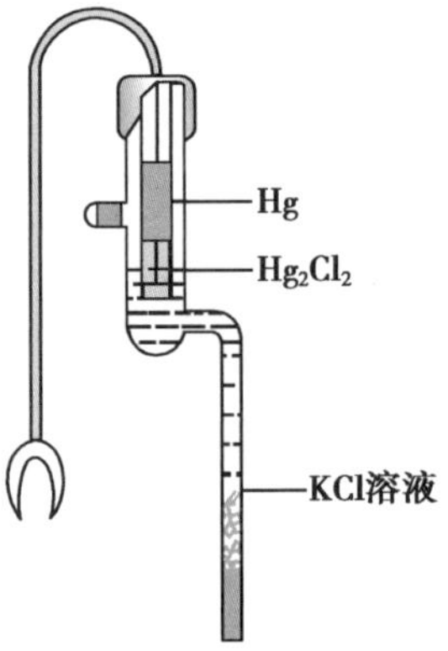

图 9-5　甘汞电极示意图

电极组成式　$Pt(s)|Hg_2Cl_2(s)|Hg(l)|Cl^-(c)$

电极反应　$Hg_2Cl_2(s)+2e^- \rightleftharpoons 2Hg(l)+2Cl^-(aq)$

电极电位表达式　$\varphi=\varphi^{\ominus}-\frac{RT}{2F}\ln c^2(Cl^-)$

298.15K 时　$\varphi=0.268\,08-0.059\,16V\times\lg c(Cl^-)$，

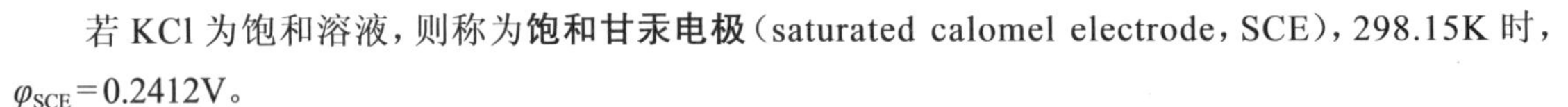

若 KCl 为饱和溶液，则称为**饱和甘汞电极**（saturated calomel electrode，SCE），298.15K 时，$\varphi_{SCE}=0.2412V$。

甘汞电极在给定温度下的电极电位值比较稳定，并且容易制备，使用方便，但其温度系数较大，即电极电位随温度变化较大。

2. 氯化银电极　氯化银电极属于金属 - 金属难溶盐 - 阴离子电极，电极结构比较简单。在盛有 KCl 溶液的玻璃管中插入一根镀有 AgCl 的银丝，玻璃管的下端用石棉丝封住，上端用导线引出。

电极组成式　$Ag(s)|AgCl(s)|Cl^-(c)$

电极反应　$AgCl(s)+e^- \rightleftharpoons Ag(s)+Cl^-(aq)$　　$n=1$

电极电位表达式　$\varphi=\varphi^{\ominus}-\frac{RT}{F}\ln c(Cl^-)$

298.15K 时，$\varphi=0.222\,33V-0.059\,16V\times\lg c(Cl^-)$。

298.15K 时，当 KCl 溶液分别为饱和溶液、$1mol\cdot L^{-1}$ 和 $0.1mol\cdot L^{-1}$ 时，φ 分别为 0.1971V、0.2223V 和 0.288V。此电极对温度变化不敏感，甚至可以在 80℃以上使用。

使用最广泛的 pH 指示电极为**玻璃电极**（glass electrode）。

玻璃电极的结构如图 9-6 所示。在玻璃管的下端接有半球形玻璃薄膜（约为 0.1 mm），膜内装有盐酸溶液，并用氯化银 - 银电极作内参比电极。玻璃膜的电阻很大，一般为 10～500MΩ，测定时只允许有微小的电流通过，因此，引出的导线需用金属网套管屏蔽，防止由静电干扰和漏电而引起实验误差。

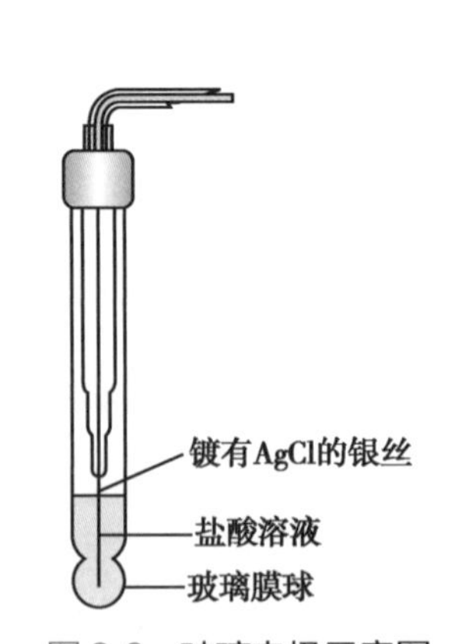

图 9-6　玻璃电极示意图

将玻璃电极插入待测溶液中，当玻璃膜内外两侧的氢离子浓度不等时，就会出现电位差，这种电位差称为膜电位。由于膜内盐酸的浓度固定，膜电位的数值就取决于膜外待测溶液的氢离子浓度（或活度），即 pH，这就是玻璃电极可用作 pH 指示电极的基本原理。

玻璃电极的电极电位与待测溶液的氢离子浓度也符合 Nernst 方程式

$$\varphi_{玻} = K_{玻} + \frac{RT}{F}\ln a(H^+) = K_{玻} - \frac{2.303RT}{F}pH$$

式中，$K_{玻}$理论上为常数，但实际上是一个未知数，原因是玻璃电极在生产过程中其表面存在一定的差异，不同的玻璃电极可能有不同的$K_{玻}$，即使是同一支玻璃电极在使用过程中$K_{玻}$也会缓慢发生变化，因此每次使用前都必须校正。

测定 pH 使用的复合电极通常由玻璃电极、氯化银 - 银电极或玻璃电极 - 甘汞电极组合而成（图 9-7）。其结构为：电极外套将玻璃电极和参比电极包裹并固定在一起，敏感的玻璃泡位于外套的保护栅内，参比电极的补充液由外套上端小孔加入。复合电极的优点在于使用方便，而且测定结果比较稳定。

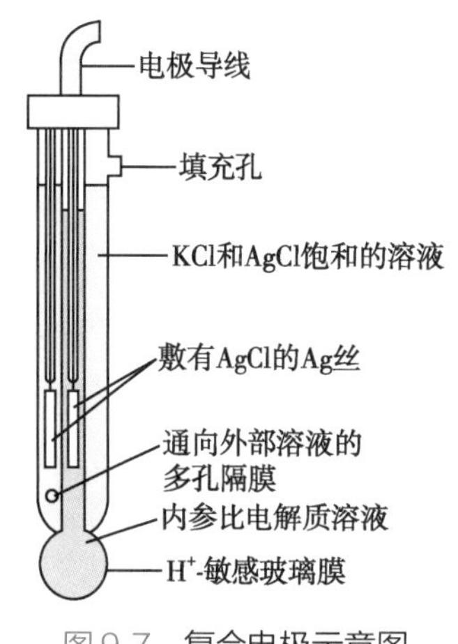

图 9-7　复合电极示意图

二、电位法测定溶液的 pH

测定溶液的 pH 时，通常用玻璃电极作 pH 指示电极，饱和甘汞电极作参比电极，组成原电池。

（－）　玻璃电极 | 待测 pH 溶液 | SCE　（＋）

电池电动势为

$$E = \varphi_{SCE} - \varphi_{玻} = \varphi_{SCE} - (K_{玻} - \frac{2.303RT}{F}pH)$$

在一定温度下，φ_{SCE}为常数，令$K_E = \varphi_{SCE} - K_{玻}$：

$$E = K_E + \frac{2.303RT}{F}pH \tag{9-14}$$

由于式（9-14）中有两个未知数K_E和 pH，需先将玻璃电极和饱和甘汞电极插入已知准确 pH（$pH = pH_s$）的标准缓冲溶液中进行测定，测得的电池电动势为E_s

$$E_s = K_E + \frac{2.303RT}{F}pH_s \tag{9-15}$$

将式（9-14）和式（9-15）合并，消去K_E，即可得到待测溶液的 pH

$$pH = pH_s + \frac{(E - E_s)F}{2.303RT} \tag{9-16}$$

式中，pH_s为标准缓冲溶液的 pH；E_s是标准缓冲溶液与电极组成的电池电动势；E为待测溶液与电极组成的电池电动势；T为测定时的温度；pH 为待测溶液的 pH。经 IUPAC 确定：式（9-16）为 **pH 操作定义**（operational definition of pH）。

pH 计（又称酸度计）就是借用上述原理来测定待测溶液 pH 的。在实际测量过程中，并不需要先分别测定E和E_s，再通过式（9-16）计算待测溶液的 pH。而是先将参比电极和指示电极插入有确定 pH 的标准缓冲溶液中组成原电池，测定此电池的电动势并转换成 pH，通过调整仪器的电阻参数使仪器的测量值与标准缓冲溶液的 pH 一致，这一过程称为 pH 校正（也称定位），再用待测溶液代替标准缓冲溶液在 pH 计上直接测量，仪表显示的 pH 即为待测溶液的 pH。

第五节　电化学和生物传感器

传感技术是现代信息技术的重要组成部分。**传感器**（sensor）是指能感受特定的检测对象，并按照一定的规律转换成可输出的电信号、光信号或其他信号的器件或装置。传感器的主要特征是集分离、鉴定为一体，可以实现集成化、自动化、器件化、微型化并实现在线或在体分析。

传感器通常由敏感（识别）元件、转换元件、信号处理单元及相应附件组成。尽管构成传感器的敏感元件、转换元件、信号处理单元及检测对象各不相同，但其基本结构是一致的，如图 9-8 所示。

被测物质（底物）和传感器中的敏感元件接触产生一定的响应信号，信号的强弱与被测物质的浓度或绝对量具有特定的定量关系，通过换能器将其显示、放大后送入信号处理单元进行分析处理。传感器的种类很多，其工作可以概括为“感”与“传”。“感”发生在敏感元件与被测物的界面上，是传感器中最重要的部分，它必须具有选择识别能力，能感受待测物质，并产生一定的响应信号。其响应机制随膜材质、膜表面特征和被传感对象的种类及性质的不同而不同。大致可分为表面吸附、界面电位和分子识别三类。

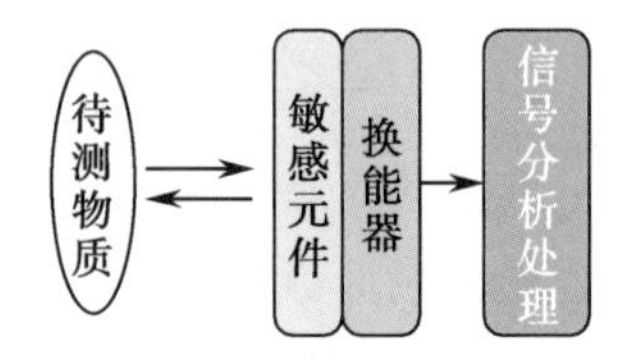

图 9-8　化学和生物传感器基本结构示意图

生物传感器是指用固定化的生物体成分，如酶、抗原、抗体、激素等，或生物体本身，如细胞、细胞器、组织等，作为敏感元件的传感器。电化学生物传感器则是指由生物材料作为敏感元件，以固体电极、离子选择性电极、气敏电极等作为转换元件，以电位或电流为特征检测信号的传感器。由于使用生物材料作为传感器的敏感元件，电化学生物传感器具有高度选择性，是快速、直接获取复杂体系组成信息的理想分析工具，并已在生物技术、食品工业、临床检测、医药工业、生物医学、环境分析等领域获得实际应用。

根据敏感生物材料的不同，电化学生物传感器分为酶电极传感器、微生物电极传感器、电化学免疫传感器、电化学 DNA 传感器等。

1. 酶电极传感器　通过适当的方法将酶修饰在电极表面，利用生化反应时引起的电极电位或电流的变化来检测生化反应中相关物质。目前，已有诸如葡萄糖氧化酶电极、L- 乳酸单氧化酶电极等商品电极。

2. 微生物电极传感器　将微生物（主要是细菌和酵母菌）作为敏感材料固定在电极表面构成微生物电极传感器。它是利用微生物体内的酶系来识别分子或是利用微生物体内的生化反应来检测相关物质。代表性的电极如在食品发酵过程中测定葡萄糖的佛鲁奥森假单胞菌电极，以及测定抗生素头孢菌素的 *Citrobacter freudii* 菌电极等商品电极。

3. 电化学免疫传感器　利用抗体对相应抗原具有识别和结合的功能，可制备电化学免疫传感器。目前已有诊断原发性肝癌的甲胎蛋白（AFP）电极、测定人血清蛋白（HSA）电极及血液中胰岛素电极等商品电极。

4. DNA 电化学传感器　DNA 电化学传感器是近二十年迅速发展起来的一种全新的生物传感器。其用途是检测基因及一些能与 DNA 发生特殊相互作用的物质。它是利用单链 DNA 或基因探针作为敏感元件固定在电极表面，加上识别杂交信息的杂交指示剂共同构成的检测特定基因的装置。其工作原理是利用固定在电极表面的特定序列的单链 DNA 与溶液中的同源序列的特异识别作用（分子杂交）形成双链 DNA，同时借助能够识别单链和双链 DNA 的杂交指示剂的响应信号的改变来达到检测基因的目的。这类传感器除用于基因检测外，还可用于 DNA 与外源分子间的相互作用研究，如抗癌药物筛选、抗癌药物作用机制研究等。

纳米微电极及其应用

纳米微电极是电化学研究中发展起来的一个新领域，有许多优良的特性，如高传质速率、小时间常数、高信噪比、高电流密度等。随着纳米材料，尤其是纳米线制备方法研究的进展，以及实验仪器性能的提高，近年来，纳米微电极已逐渐引起很多科学家的关注，并且在纳米生物传感器、单细胞分析、微量、痕量检测、电化学动力学研究、电催化反应电极材料等众多领域显示出了巨大的应用潜力。

纳米微电极的制作方法比较复杂，主要有：纳米压印起离法、等离子轰击法、刻蚀涂层法及模板法。

纳米微电极的应用主要体现在以下几个方面：

1. 纳米传感器　利用纳米微电极为基体制作纳米传感器，非常有利于实现传感器的微型化、集成化，便于进行在体连续监控、活体细胞检测、临床疾病诊断、药理研究等，可以为细胞工程、蛋白质工程、酶工程等研究提供新的工具和手段。中国科学院上海物理研究所研制出一种高灵敏、高特异性的电化学DNA纳米生物传感器。它能检测到约2万个DNA分子，检测灵敏度达10fmol·L^{-1}。

2. 修饰纳米微电极　对于不易发生氧化还原反应的物质，可以通过在纳米微电极表面修饰功能性物质制成修饰纳米微电极，并利用此电极对相关物质进行电化学方面的研究与分析。

3. 单细胞分析：细胞作为有机体结构与生命活动的最基本单位，其体积小（直径10～30μm）、组分复杂、欲测定的物质又是微量级乃至痕量级（10^{-20}～10^{-15}mol·L^{-1}）、细胞内生化反应发生的时间通常是ms级。而纳米微电极具有高选择性、高灵敏度、快速响应时间和超小体积的特点，适于对单个细胞中的组分进行分析，监测单细胞内物质的动态化学变化，还可以深入到细胞突触间隙或就单个囊泡进行研究。

4. 单分子检测　它是研究单分子行为的基础，并可借此得到细胞发生癌变的信息。

5. 成像探针　尖端直径达纳米级的电极可用于扫描电化学显微镜（SECM）及扫描隧道显微镜（STM）的探针，可使STM在含有多种电解质的溶液中成像。该电极具有不受对流影响的优点，在流动分析中具有很大的优势。

6. 电化学动力学参数的测定　由于一些快速反应的异相传输常数太大，用常规的方法不易测量，而纳米微电极的半径极小，传质速率极高，利用纳米电极可以用于超快速电子转移动力学的研究。

7. 伏安检测　当纳米阵列电极处于极限线性扩散情况时，信噪比要比常规电极高几个数量级，而信噪比的提高意味着检测限的降低。利用10～30nm的金纳米盘阵列电极对电活性物质的循环伏安检测限比常规电极低3个数量级。另外，纳米阵列电极与高效液相色谱（HPLC）和流动注射分析（FIA）等技术的结合在微量物质的检测上具有很大的优势。

8. 电催化反应的电极材料　纳米微阵列电极与常规电极相比，具有显著的表面效应，表面结合能增大，表面活性中心数目增多，因此，纳米微阵列电极相对块体电极具有较高的电催化活性。

尽管纳米微电极的应用非常广泛，由于纳米物质的特殊性质，在纳米微电极的研究中，有可能遇到难以用经典的电化学理论解释的现象，但它将为纳米电化学的基础研究和应用研究提供实验基础，并促进纳米电化学这一新的研究领域快速发展。另外，纳米阵列电极的潜在应用领域十分广阔，如活体检测、流动分析、电化学控制的给药系统等，这些都还有待人们的进一步研究。

Summary

Oxidation-reduction reaction (or redox reaction) is a kind of important chemical reaction in which the oxidation number of element changes. Each redox reaction consists of two half-reactions, one involving oxidation and the other reduction, which include a redox electric couple ($pOx + ne^- \rightleftharpoons qRed$). The half-reaction method (ion-electron method) is an important method for balancing redox reaction equations.

There are two electrodes or electric couples in a primary cell. Oxidation half-reaction occurs at the anode (negative electrode) and reduction half-reaction occurs at the cathode (positive electrode). The overall reaction in a primary cell is a redox reaction.

The relative value of an electrode potential can be determined by comparing with a standard hydrogen electrode(SHE, $\varphi^{\ominus}=0\,\text{V}$). The relative intensity of the oxidizing reagent or the reducing reagent can be determined by comparing with the standard electrode potential($\varphi^{\ominus}$). The higher the standard electrode potential is, the stronger the tendency of oxidizing state gaining electrons in redox electric couple; while the lower the standard electrode potential is, the stronger the tendency of reducing state losing electrons in redox electric couple.

The electrode potential depends on the temperature, concentration(or fraction pressure) of substances in redox electric couple, and the acidity of media. This quantitative relationship can be expressed by Nernst equation of electrode potential.

$$\varphi(\text{Ox/Red})=\varphi^{\ominus}(\text{Ox/Red})+\frac{RT}{nF}\ln\frac{c^{p}(\text{Ox})}{c^{q}(\text{Red})}$$

At 298.15K,

$$\varphi(\text{Ox / Red})=\varphi^{\ominus}(\text{Ox / Red})+\frac{0.059\,16\text{V}}{n}\lg\frac{c^{p}(\text{Ox})}{c^{q}(\text{Red})}$$

The electromotive force(emf) of a primary cell can be calculated from the electrode potential of two electrodes: $E=\varphi_{+}-\varphi_{-}$ or $E^{\ominus}=\varphi_{+}^{\ominus}-\varphi_{-}^{\ominus}$ (at standard state).

The spontaneity of a redox reaction can be determined by the value of E or $E^{\ominus}$, if E *or* $E^{\ominus}>0$, the reaction is spontaneous; if E or $E^{\ominus}=0$, the reaction is just at the equilibrium; if E or $E^{\ominus}<0$, the reverse reaction is spontaneous.

Equilibrium constants such as $K_{\text{a}}(K_{\text{b}})$, K_{w}, K_{sp}, and K_{s} can be calculated by the standard electrode potential($\varphi^{\ominus}$) or standard electromotive force($E^{\ominus}$) with the following equation:

$$\lg K^{\ominus}=\frac{nFE^{\ominus}}{2.303RT}\ \text{or}\ \lg K^{\ominus}=\frac{nE^{\ominus}}{0.059\,16\text{V}}\ (\text{at }298.15\text{K})$$

Saturated calomel electrode(SCE) and AgCl/Ag electrode are usually used as reference electrodes because of their stable electrode potentials. Glass electrode is an indicator electrode of H^{+} concentration in solution. Using reference electrode, glass electrode, and standard buffer solution, the pH of a solution can be determined. The operational definition of pH is given as:

$$\text{pH}=\text{pH}_{\text{s}}+\frac{(E-E_{\text{s}})F}{2.303RT}$$

学科发展与医学应用综述题

1. 组成蛋白质的20种氨基酸中有一种叫半胱氨酸，半胱氨酸中含有巯基(—SH)，巯基很容易被氧化。查找资料，讨论巯基氧化的产物及巯基氧化对蛋白质功能的影响。

2. 生物在有氧呼吸过程中，会产生一定量的活性氧自由基，活性氧自由基具有比氧气更高的氧化性，能够氧化生物脂质和生物大分子如蛋白质和核酸，引起蛋白质和核酸的损伤，这些损伤累积起来就引起了衰老，这就是衰老的自由基学说，是衰老的学说之一。根据这个学说的原理，讨论要延缓衰老，应该采取什么措施。

习 题

1. 指出下列化合物中划线元素的氧化值：$K_2\underline{Cr}O_4$、$Na_2\underline{S}_2O_3$、$Na_2\underline{S}O_3$、$\underline{Cl}O_2$、$\underline{N}_2O_5$、$Na\underline{H}$、$K_2\underline{O}_2$、$K_2\underline{Mn}O_4$。

2. 利用离子 - 电子法配平下列各反应方程式：

(1) $MnO_4^-(aq)+H_2O_2(aq)+H^+(aq) \longrightarrow Mn^{2+}(aq)+O_2(g)+H_2O(l)$

(2) $Cr_2O_7^{2-}(aq)+SO_3^{2-}(aq)+H^+(aq) \longrightarrow Cr^{3+}(aq)+SO_4^{2-}(aq)+H_2O(l)$

(3) $As_2S_3(s)+ClO_3^-(aq)+H_2O(l) \longrightarrow Cl^-(aq)+H_3AsO_4(sln)+SO_4^{2-}(aq)+H^+(aq)$

3. 已知 $\varphi^\ominus(Cl_2/Cl^-)=1.358V$，$\varphi^\ominus(H_2O_2/H_2O)=1.776V$，氯气和双氧水可以作为消毒剂的原理是什么？

4. 根据标准电极电位(强酸性介质中)，按下列要求排序：

(1) 按氧化剂的氧化能力增强排序：$Cr_2O_7^{2-}$、MnO_4^-、MnO_2、Cl_2、Fe^{3+}、Zn^{2+}。

(2) 按还原剂的还原能力增强排序：Cr^{3+}、Fe^{2+}、Cl^-、Li、H_2。

5. 根据标准电极电位，判断标态时下列反应的自发方向，并写出对应的电池组成式。

(1) $Zn(s)+Ag^+(aq) \rightleftharpoons Zn^{2+}(aq)+Ag(s)$

(2) $Cr^{3+}(aq)+Cl_2(g) \rightleftharpoons Cr_2O_7^{2-}(aq)+Cl^-(aq)$

(3) $Fe^{3+}(aq)+I_2(s) \rightleftharpoons IO_3^-(aq)+Fe^{2+}(aq)$

6. 根据标准电极电位，分别找出满足下列要求的物质(在标态下)：

(1) 能将 Co^{2+} 还原成 Co，但不能将 Zn^{2+} 还原成 Zn。

(2) 能将 Br^- 氧化成 Br_2，但不能将 Cl^- 氧化成 Cl_2。

7. 根据下列半反应，说明在标态下 H_2O_2 能否自发分解成 H_2O 和 O_2。

$$H_2O_2(aq)+2H^+(aq)+2e^- \rightleftharpoons 2H_2O(l) \qquad \varphi^\ominus=1.776V$$

$$O_2(g)+2H^+(aq)+2e^- \rightleftharpoons H_2O_2(aq) \qquad \varphi^\ominus=0.695V$$

8. 根据标准电极电位和电极电位 Nernst 方程式计算下列电极电位：

(1) $2H^+(0.10mol \cdot L^{-1})+2e^- \rightleftharpoons H_2(200kPa)$，

(2) $Cr_2O_7^{2-}(1.0mol \cdot L^{-1})+14H^+(0.0010mol \cdot L^{-1})+6e^- \rightleftharpoons 2Cr^{3+}(1.0mol \cdot L^{-1})+7H_2O$，

(3) $Br_2(l)+2e^- \rightleftharpoons 2Br^-(0.20mol \cdot L^{-1})$

9. 设溶液中 MnO_4^- 和 Mn^{2+} 的浓度相等(其他离子均处于标准状态)，问在下列酸度：(1) pH＝0.0，(2) pH＝5.5，MnO_4^- 能否氧化 I^- 和 Br^-。

10. 二氧化氯常作为消毒剂用于水的净化处理，

(1) 二氧化氯的生成反应为：$2NaClO_2(aq)+Cl_2(g)=2ClO_2(g)+2NaCl(aq)$，

已知：$ClO_2(g)+e^- \rightleftharpoons ClO_2^-(aq) \quad \varphi^\ominus=0.954V$

$Cl_2(g)+2e^- \rightleftharpoons 2Cl^-(aq) \quad \varphi^\ominus=1.358V$

计算该反应的 $E^\ominus$、$\Delta_r G_m^\ominus$ 和 $K^\ominus$。

(2) 二氧化氯的消毒作用在于：$ClO_2(g) \longrightarrow ClO_3^-(aq)+Cl^-(aq)$，请配平该反应式。

11. 已知：$Co^{3+}(aq)+3e^- \rightleftharpoons Co(s) \qquad \varphi^\ominus=1.26V$

$Co^{2+}(aq)+2e^- \rightleftharpoons Co(s) \qquad \varphi^\ominus=-0.28V$

求：(1) 当钴金属溶于 $1.0mol \cdot L^{-1}$ 硝酸时，反应生成的是 Co^{3+} 还是 Co^{2+}(假设在标准条件下)；(2) 如改变硝酸的浓度可以改变(1)中的结果吗？已知 $\varphi^\ominus(NO_3^-/NO)=0.96V$。

12. 实验测得下列电池在 298.15K 时，$E=0.420V$。求胃液的 pH(SCE 的电极电位为 0.2412V)。

$$(-)\quad Pt(s)|H_2(100KPa)|\text{胃液}|SCE\quad(+)$$

13. 在酸性介质中，随 pH 升高，下列氧化型物质中，哪些离子(物质)的氧化能力增强？哪些离子(物质)的氧化能力减弱？哪些离子(物质)的氧化能力不变？Hg_2^{2++}、$Cr_2O_7^{2-}$、MnO_4^-、Cl_2、Cu^{2+}、H_2O_2。

14. 求 298.15K，下列电池的电动势，并指出正、负极：

$$Cu(s)|Cu^{2+}(1.0\times10^{-4}mol \cdot L^{-1})||Cu^{2+}(1.0\times10^{-1}mol \cdot L^{-1})|Cu(s)$$

15. 已知 298.15K 下列原电池的电动势为 0.3884V：

$$(-)\quad Zn(s)|Zn^{2+}(x\ mol \cdot L^{-1})||Cd^{2+}(0.20mol \cdot L^{-1})|Cd(s)\quad(+)$$

则 Zn^{2+} 的浓度应该是多少？

16. 298.15K，$Hg_2SO_4(s)+2e^- \rightleftharpoons 2Hg(l)+SO_4^{2-}(aq)$　$\varphi^\ominus=0.6125V$

$$Hg_2^{2+}(aq)+2e^- \rightleftharpoons 2Hg(l) \qquad \varphi^\ominus=0.7973V$$

试求 Hg_2SO_4 的溶度积常数。

17. 已知 298.15K 下列电极的标准电极电位：

$$Hg_2Cl_2(s)+2e^- \rightleftharpoons 2Hg(l)+2Cl^-(aq) \qquad \varphi^\ominus=0.268\,08V$$

问当 KCl 的浓度为多大时，该电极的 $\varphi=0.327V$。

18. 在 298.15K，以玻璃电极为负极，以饱和甘汞电极为正极，用 pH 为 6.0 的标准缓冲溶液组成电池，测得电池电动势为 0.350V；然后用活度为 $0.01mol\cdot L^{-1}$ 某弱酸（HA）代替标准缓冲溶液组成电池，测得电池电动势为 0.231V。计算此弱酸溶液的 pH，并计算弱酸的解离常数 K_a。

Exercises

1. What is the value of the equilibrium constant at 25℃ for the reaction (refer to the table of standard electrode potential): $I_2(s)+2Br^-(aq) \longrightarrow 2I^-(aq)+Br_2(l)$?

2. What is $\Delta G^\ominus$ and $E^\ominus$ at 25℃ of a redox reaction for which n = 1 and equilibrium constant $K^\ominus=5\times10^3$?

3. Balance the following aqueous skeleton reactions and identify the oxidizing and reducing agents:

(1) $Fe(OH)_2(s)+MnO_4^-(aq) \longrightarrow MnO_2(s)+Fe(OH)_3(s)$　(basic)

(2) $Zn(s)+NO_3^-(aq) \longrightarrow Zn^{2+}(aq)+N_2(g)$　(acidic)

4. Write the cell notation for the voltaic cells that incorporate each of the following redox reactions:

(1) $Al(s)+Cr^{3+}(aq) \longrightarrow Cr(s)+Al^{3+}(aq)$

(2) $Cu^{2+}(aq)+SO_2(g)+2H_2O(l) \longrightarrow Cu(s)+SO_4^{2-}(aq)+4H^+(aq)$

5. A primary cell consists of SHE (as an anode) and a Cu^{2+}/Cu electrode. Calculate $c(Cu^{2+})$ when $E_{cell}=0.25V$.

6. A primary cell consists of Ni^{2+}/Ni and Co^{2+}/Co half cells with the following initial concentrations: $c(Ni^{2+})=0.8\ mol\cdot L^{-1}$; $c(Co^{2+})=0.2\ mol\cdot L^{-1}$. (If the volume of solution is the same)

(1) What is the initial E?

(2) What is E when $c(Co^{2+})$ reaches $0.4\ mol\cdot L^{-1}$?

(3) What is the equilibrium constant $K^\ominus$?

(4) What is the value of $c(Ni^{2+})/c(Co^{2+})$ when $E=0.025V$.

7. A concentration cell consists of two hydrogen electrodes. Electrode A has H_2 at 0.9 atm bubbling into $0.1\ mol\cdot L^{-1}$ HCl, Electrode B has H_2 at 0.5 atm bubbling into $2.0\ mol\cdot L^{-1}$ HCl. Which electrode is the anode? What is the E? What is the equilibrium constant $K^\ominus$?

8. In a test of a new reference electrode, a chemist constructs a primary cell consisting of a Zn^{2+}/Zn electrode and the hydrogen electrode under the following conditions:

$c(Zn^{2+})=0.01\ mol\cdot L^{-1}$; $c(H^+)=2.5\ mol\cdot L^{-1}$; $p(H_2)=0.3$ atm, Calculate the E at 25℃.

（高中洪）

第十章 原子结构和元素周期律

当今，生命科学的研究已经深入微观层次，微观粒子的物理量普遍具有量子化特征，对微观粒子运动规律的认识必须依靠现代量子力学。它阐明了电子等微观粒子的波粒二象性本质，用波函数描述原子内电子的运动状态，通过各种有关波函数的几何图形直观诠释了电子在核外空间的概率分布和能量高低，进一步揭示多电子原子的结构和元素性质周期性变化的规律。运用这些有关原子结构的基础知识，正确理解共价键与分子间力（第十一章）、配位化合物（第十二章）的结构理论，有助于深入了解体内生物分子的结构和药物的生物学效应。

第一节 量子力学基础及核外电子运动特性

氢原子核外只有一个电子，现代量子力学理论对原子结构的研究首先从氢原子开始，并在此基础上进一步研究多电子原子、离子等复杂体系的结构。

一、氢光谱和氢原子的 Bohr 模型

1909 年，英国物理学家 Rutherford E 和他的助手用一束带正电的高速 α 粒子流轰击一片很薄（厚度仅 10^{-7}～10^{-6}m）的金箔，根据实验结果，他于 1911 年提出了原子的**有核模型**（nuclear model），即原子的大部分质量和全部正电荷集中在一个非常小的区域（原子核）内，因此，原子内几乎是空的，原子核外尚有相等电量的负电荷（电子）。

为了解释电子在核外运动而不被吸进核里，Rutherford E 假定电子绕核运动速度极快，它所产生的离心力足以与核对电子的吸引力相抗衡。然而按照经典电磁理论，高速运行的核外电子会连续发射电磁波，原子的发射光谱应是连续光谱，但实际的原子光谱却是不连续的明线光谱。此外，电子高速运动时连续释放能量，使运动速度降低，必然导致绕核运动半径连续变小，最后电子仍会被核吸入，造成“原子塌陷”。可见运用经典物理学已不能解释微观粒子处于高速运动状态时的实验结果，必须建立新的甚至带有革命性的理论来适应这些研究领域的发展。

1900 年，德国科学家 Planck M 为了解释受热黑体发出辐射（光）的规律，假定黑体是由不同振动频率 v 的谐振子所组成，每个谐振子的能量 E 只能具有特定能量值，E 是一个最小能量单位（$E=hv$，称“能量子”）的整数倍：$E=nhv$，$n=1, 2, 3, \cdots$。式中，h 为普朗克常量（Planck constant），等于 6.626×10^{-34}J·s。在黑体吸收辐射或受热发出辐射时，吸收或释放的能量 E 都不是连续的，只能是 $hv, 2hv, 3hv, \cdots, nhv$ 中的一个，即能量是量子化的。Planck M 运用能量量子化的观念成功解释了黑体辐射实验结果，脱离经典物理学对微观领域研究的束缚，开创了用量子论处理微观粒子运动的新时代。

1905 年，爱因斯坦（Einstein A）采用并发展了 Planck M 的量子论观点，提出著名的“光子说”，成功解释了光电效应实验结果，证明光除了波动性以外还具有粒子性，迫使人们第一次不得不使用两种图像来描述同一客体：即光是一种电磁波，也同时是一束由光子组成的粒子流。它既有表征波动性的频率 v 和波长 λ，又有表征粒子性的能量 E 和动量 p，光的波动性和粒子性通过一个 h 值被定量联系起来：

$$\lambda=\frac{h}{p}=\frac{h}{mc}$$

这种粒子性和波动性的矛盾统一，使光在不同场合下呈现出不同的性质。在光的发射过程中，或在与实物相互作用时，光的粒子性表现得比较突出，因此有关原子光谱、光电效应、黑体辐射等现象就从粒子性的角度解释；而当光在空间传播时，就应从波动性的角度解释有关光的偏振、干涉和衍射等现象。但作为一束光整体，其粒子性和波动性是密切联系在一起的。

白光散射时，可以观察到可见光区的连续光谱，但是当氢原子被火焰、电弧或电火花灼热时，却发出一系列具有一定波长的不连续、明亮的**线状光谱**(line spectrum)。早在 1885 年 Balmer J 找到了氢原子可见光区四条谱线（图 10-1）波长的规律，后来其他科学家发现在紫外光区和红外光区的谱线也有类似关系。这些谱线的波长规律可用下面公式统一表达

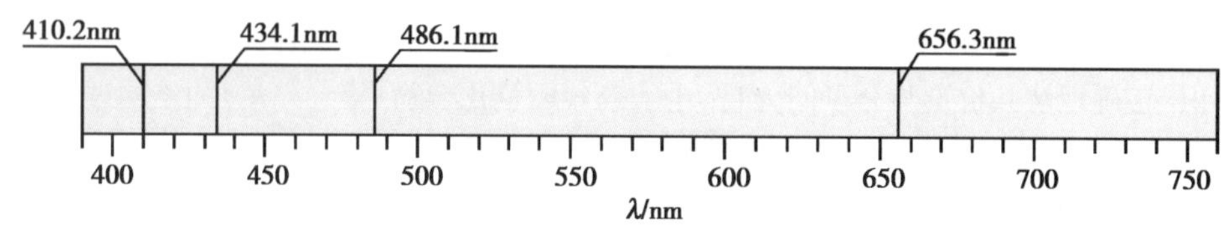

图 10-1 氢原子在可见光区的光谱线

$$\frac{1}{\lambda}=\tilde{R}_{\rm H}\left(\frac{1}{n_1^2}-\frac{1}{n_2^2}\right) \tag{10-1}$$

式中，λ 是波长，$\tilde{R}_{\rm H}=1.096\,776\times10^7\,{\rm m}^{-1}$，称为里德伯常量(Rydberg constant)($1{\rm m}^{-1}=1.986\,48\times10^{-25}{\rm J}$)；$n_1$、$n_2$ 为正整数，且 n_2 大于 n_1。

1913 年，丹麦科学家 Bohr N 综合了 Planck M 的量子论、Einstein A 的光子说和 Rutherford E 的原子有核模型，提出氢原子结构的三项基本假定：

1. 电子在原子核外作圆周运动　在一定的行星式轨道上绕核运动的电子具有确定的能量，不吸收也不辐射能量，处于“能量稳定”状态，简称**定态**(stationary state)。每个定态都对应有一个**能级**(energy level)。处在定态的原子不吸收也不辐射能量，因此原子不会“塌缩”。当原子处在最低能量状态时，称为原子的**基态**(ground state)，其他能量较高的状态都称为**激发态**(excited state)。

2. 定态时，电子的轨道运动角动量 L 必须等于 $h/2\pi$ 的整数倍

$$L=\frac{nh}{2\pi},\ n=1, 2, 3, 4, \cdots \tag{10-2}$$

称为 Bohr 的量子化规则，n 称为**量子数**(quantum number)。

3. 在通常情况下，原子可由一种定态（能级 E_1）**跃迁**(transition)到另一种定态（能级 E_2），在此过程中吸收或辐射一定频率的光子，频率 ν 可由式(10-3)决定

$$h\nu=|E_2-E_1| \tag{10-3}$$

此式称为 Bohr 的频率规则，当 $E_2>E_1$ 时，产生吸收光谱；$E_2<E_1$ 时，产生发射光谱。

根据以上假定，Bohr N 推出计算氢原子各定态的能量公式

$$E=-\frac{R_{\rm H}}{n^2},\ n=1, 2, 3, 4, \cdots \tag{10-4}$$

式(10-4)中，$R_{\rm H}$ 是常量，为 2.18×10^{-18}J（或 13.6eV）。当 $n=1$ 时，$E=-R_{\rm H}$，即为氢原子基态的能量，对应于 $n=2, 3, \cdots$ 诸定态的能量则分别为 $\frac{R_{\rm H}}{4}, \frac{R_{\rm H}}{9}, \cdots$，即为各激发态的能量。氢原子处在各定态时，其能量也是量子化的。图 10-2 给出了氢原子的部分能级。当电子在定态 n_1 和定态 n_2 间跃迁时，放出或吸收的辐射频率应满足如下关系

$$h\nu=\left|E_{n_2}-E_{n_1}\right|=R_{\rm H}\left(\frac{1}{n_1^2}-\frac{1}{n_2^2}\right)$$

或
$$\frac{1}{\lambda}=\frac{\nu}{c}=\frac{R_{\mathrm{H}}}{hc}\left(\frac{1}{n_1^2}-\frac{1}{n_2^2}\right) \quad (10\text{-}5)$$

式中，$\frac{R_{\mathrm{H}}}{hc}$为 $1.097\,37\times10^{7}\mathrm{m}^{-1}$，相当于氢光谱归纳式（10-1）中的$\tilde{R}_{\mathrm{H}}$，非常接近光谱实验的数值。

Bohr N 抓住了微观世界中物理量普遍存在的量子化特征，成功解释了氢原子光谱，开辟了用光谱数据研究原子能级的道路。但 Bohr N 沿用了经典的行星式的轨道概念，未能合理解释角动量量子化的条件，而且当时并未深刻了解电子的本性，所以用 Bohr 理论解释氢光谱的精细结构和多电子原子的光谱结构时遇到困难，故 Bohr 理论仍属于旧量子论。现代量子力学则从电子的本性及其运动规律入手，建立了描述氢原子核外电子运动状态的方法。

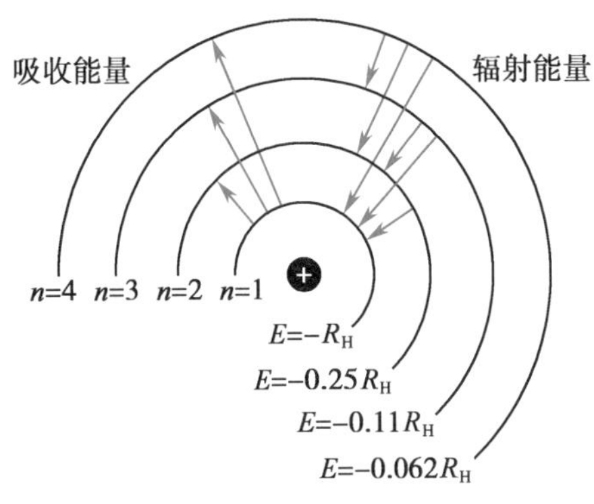

图 10-2　氢原子能级图

二、电子的波粒二象性

旧量子论的局限性促使人们对微观粒子的本性作进一步的认识。光具有**波粒二象性**（particle-wave duality），那么电子等微观粒子是否具有类似情况呢？

1923 年，年轻的法国物理学家 de Broglie L 在光的波粒二象性启发下，类比提出微观粒子（如电子、原子等）也具有波粒二象性，并导出电子等微观粒子具有波动性的 **de Broglie 关系式**（de Broglie relation）

$$\lambda=\frac{h}{p}=\frac{h}{mv} \quad (10\text{-}6)$$

式（10-6）中，p 为粒子的动量；m 为质量；v 为粒子的运动速度；λ 为实物粒子波的波长。微观粒子的波动性和粒子性通过普朗克常量 h 联系和统一起来。

1927 年，de Broglie 关系式终于分别被美国物理学家 Davisson C 和 Germer L 在镍单晶上电子束的投射及英国物理学家 Thomson GP 的电子衍射实验所证实。

那么电子的这种波动性究竟怎样和粒子性统一起来呢？这种波动性既不意味电子是一种电磁波，也不意味电子在运动过程中以一种振动的方式行进。为此，Born M 提出了较为合理的“统计解释”。以电子衍射为例，让一束强的电子流穿越晶体投射到照相底片上，可以得到电子的衍射图像[图 10-3（c）]。如果电子流很微弱，几乎让电子一个一个射出，如图 10-3（a）、图 10-3（b）所示。只要时间足够长，也可形成如图 10-3（c）所示的衍射图像。换言之，一个电子每次到达底片上的位置是随机的，不能预测，但重复多次后，电子在底片上的某个位置就显现出一定的规律。衍射图像上，亮斑强度大的地方，电子出现的概率大；反之，电子出现概率小的地方，亮斑强度就弱。因此，电子波是**概率波**（probability wave），空间任一点的波强度和电子在该点出现的概率成正比。

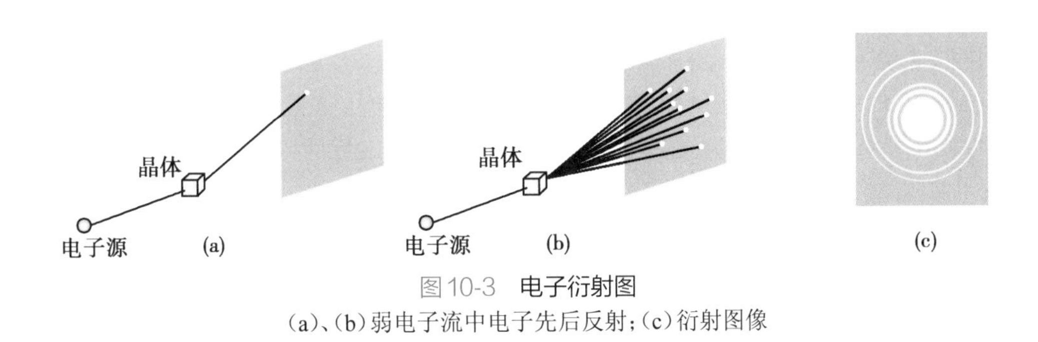

图 10-3　电子衍射图
（a）、（b）弱电子流中电子先后反射；（c）衍射图像

例 10-1 （1）电子在 1V 电压下的速度为 $5.9\times10^5\text{m}\cdot\text{s}^{-1}$，电子质量 $m=9.1\times10^{-31}\text{kg}$，$h$ 为 $6.626\times10^{-34}\text{J}\cdot\text{s}$，电子波的波长是多少？（2）质量 $1.0\times10^{-8}\text{kg}$ 的沙粒以 $1.0\times10^{-2}\text{m}\cdot\text{s}^{-1}$ 速度运动，波长是多少？

解 （1）$1\text{J}=1\text{kg}\cdot\text{m}^2\cdot\text{s}^{-2}$，$h=6.626\times10^{-34}\text{kg}\cdot\text{m}^2\cdot\text{s}^{-1}$；

根据 de Broglie 关系式：

$$\lambda=\frac{h}{mv}=\frac{6.626\times10^{-34}\text{kg}\cdot\text{m}^2\cdot\text{s}^{-1}}{9.1\times10^{-31}\text{kg}\times5.9\times10^5\text{m}\cdot\text{s}^{-1}}=12\times10^{-10}\text{m}=1200\text{pm}$$

（2）
$$\lambda=\frac{6.626\times10^{-34}\text{kg}\cdot\text{m}^2\cdot\text{s}^{-1}}{1.0\times10^{-8}\text{kg}\times1.0\times10^{-2}\text{m}\cdot\text{s}^{-1}}=6.6\times10^{-24}\text{m}$$

例 10-1 结果说明，物体质量越大，波长越小。宏观物体的波长小到难以察觉，仅表现粒子性。而微观粒子质量小，与其在原子（半径 10^{-10}m 数量级）内狭小的运动空间相比，其 de Broglie 波长不可忽略。那么核外电子的运动还存在轨迹吗？

三、不确定性原理

宏观物体，大到行星，小到尘埃，总有一个可测的运动轨迹存在，即在某一时刻，同时有确定的坐标和运动速度（或动量）。但微观粒子的运动兼具波动性，而这种波动又有统计性质，故可料想它不会同时具有确定的位置和动量。1927 年，德国物理学家 Heisenberg W 指出，具有波动性的粒子不能同时有确定的坐标和动量，当某个坐标被确定得越精确，则在这个方向上的动量（或速度）就越不确定，反之亦然。这就是著名的**不确定性原理**（uncertainty principle），又称“不确定关系”。

$$\Delta x\cdot\Delta p_x\geqslant\frac{h}{4\pi}\tag{10-7}$$

式中，Δx 为粒子在坐标 x 轴方向的位置误差；Δp_x 为动量在 x 轴方向的误差。普朗克常量 h 是一个常量，因此，Δx 越小，Δp_x 越大，反之亦然。不确定性原理是粒子波动性的必然结果。对于宏观物体，其质量和体积都非常大，它所可能引起坐标和动量的误差相对于物理量本身极小，以致在问题的讨论中常常可以被完全忽略，因此，宏观物体的运动仍服从经典力学规律。

例 10-2 电子在原子核附近运动的速度约为 $6\times10^6\text{m}\cdot\text{s}^{-1}$，原子的半径为 10^{-10}m 数量级。若速度误差为 ±1%，电子的位置误差 Δx 有多大？这个结果和原子半径相比，可说明什么问题？

解 $\Delta v=6\times10^6\text{m}\cdot\text{s}^{-1}\times0.01=6\times10^4\text{m}\cdot\text{s}^{-1}$，

根据不确定性原理，有

$$\Delta x\geqslant\frac{h}{4\pi m\Delta v}=\frac{6.626\times10^{-34}\text{kg}\cdot\text{m}^2\cdot\text{s}^{-1}}{4\pi\times9.1\times10^{-31}\text{kg}\times6\times10^4\text{m}\cdot\text{s}^{-1}}=1\times10^{-9}\text{m}$$

即原子中电子的位置误差是原子半径数量级的 10 倍，电子在原子中无精确的位置可言。既然不能同时确定核外电子的速度和空间位置（即运动轨迹），那么如何研究电子的运动呢？

第二节 氢原子结构的量子力学解释

既然电子波是概率波，那么就从概率的角度来研究电子的波动性。首先不得不考虑怎样来描述这种波动性。在经典物理学中，人们常采用函数式来描述波的运动状态。例如，用 t 时刻在 (x, y, z) 点的电场强度 $E(x, y, z, t)$ 或磁场强度 $H(x, y, z, t)$ 来描述电磁波。虽然微观粒子的波和经典的波有所不同，但凭其可以产生衍射现象及这种波所赋予的概率意义，也可以尝试用“波函数”这个概念描述微观粒子的波动性，以表示其运动状态。

一、波函数及三个量子数的物理意义

1926 年，奥地利物理学家 Schrödinger E 运用偏微分方法，建立了描述微观粒子运动的波动方程，

即**薛定谔方程**（Schrödinger equation）*。通过解 Schrödinger 方程可以得到一组合理的波函数（wave function，用希腊字母 ψ 表示），用以描述电子各种可能的运动状态。每一个波函数 ψ（方程的解）都有一个相应的 E（微粒在这一运动状态时的能量）与之对应，故都被称为定态。其中，能量最低的状态为基态，其余为激发态。运用量子力学处理得到的氢原子的能级具有量子化的特征，与 Bohr 模型推导结果完全相同。

虽然波函数仅是一个函数式，但波函数绝对值的平方却有明确的物理意义。类比于 $|E|^2$ 或 $|H|^2$ 代表 t 时刻在点 (x, y, z) 处电磁波的强度，$|\psi|^2$ 表示在原子核外空间某点 $P(x, y, z)$ 电子出现的**概率密度**（probability density），即在该点微单位体积内电子出现的概率。对于某一个确定的波函数，可以计算出在这种运动状态下，核外空间各点的 ψ 及 $|\psi|^2$ 值，那么电子在空间各点出现的概率密度的比值随之确定。由于电子在核外空间出现的概率为 100%，因此，可以获得电子在各点出现的概率，与该状态对应的能量也随之确定。可见，波函数并不仅仅是一个函数式，它隐含了电子在核外空间各点出现的概率分布。概率分布和能量是人们通过波函数了解有关电子绕核运动状态的最主要内容之一。

问题与思考 10-1

为什么氢原子的波函数确定了，与其对应的能量随之确定？

电子云（electron cloud）图可以直观、形象地显示电子的概率密度分布。图 10-4（a）是基态氢原子 $|\psi|^2$ 的立体图形，图 10-4（b）是它的剖面图。图 10-4 中黑色深浅度代表与 $|\psi|^2$ 值成正比，黑色深的地方表示电子在该处出现的概率密度大，浅的地方概率密度小。可见电子云图并非代表众多电子弥散在核外空间。

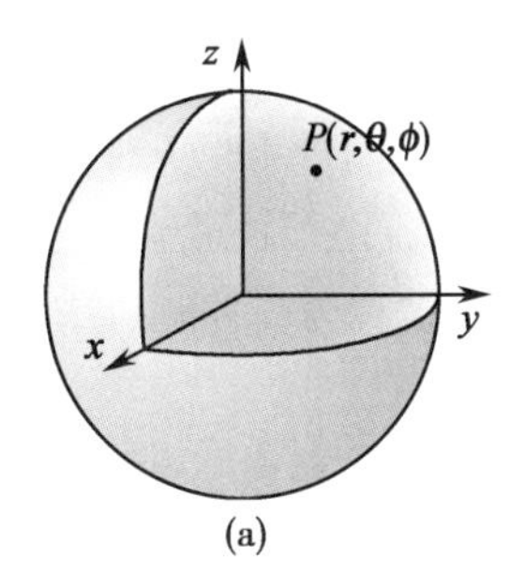

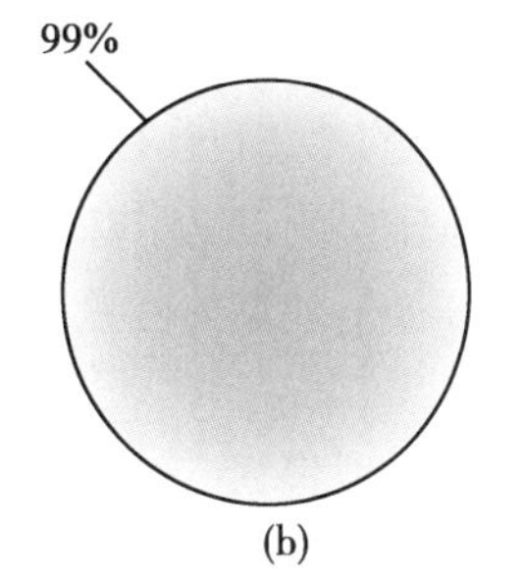

图 10-4　基态氢原子的电子云

（a）立体图；（b）剖面图

在量子力学中，描述电子运动状态的波函数 ψ 又常被称作**原子轨道**（atomic orbital）。它仅仅是波函数的形象代名词，绝无经典力学中的轨道含义。严格地说，原子轨道在空间无限扩展，电子云全空间分布。但有时以电子出现概率为 99%（有的取 95%）空间区域的界面来体现原子轨道的大小。

氢原子和类氢离子（如 He^+、Li^{2+} 等）除了核电荷数不一样外，都是只有一个电子的最简单体系，势能只是核对电子的吸引能，不存在电子间的相互排斥能，Schrödinger 方程可以精确求解。为方便求解，需将直角坐标转换为球坐标，则将原子轨道表示成 $\psi(r, \theta, \varphi)$。球坐标与直角坐标的关系如图 10-5 所示。

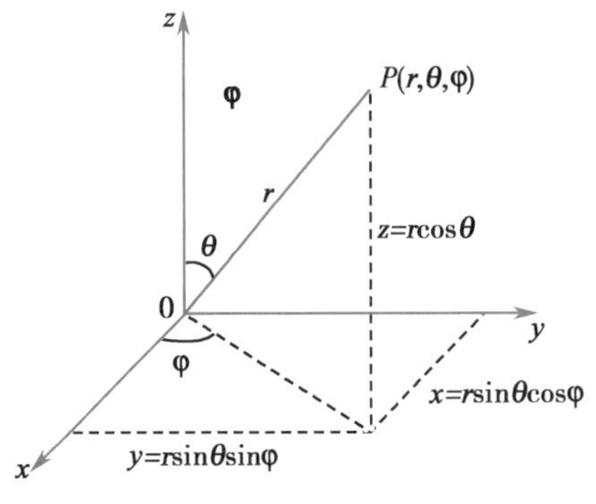

图 10-5　直角坐标转换成球坐标

* Schrödinger 方程是一个二阶偏微分方程：$\frac{\partial^2\psi}{\partial x^2}+\frac{\partial^2\psi}{\partial y^2}+\frac{\partial^2\psi}{\partial z^2}+\frac{8\pi^2 m}{h^2}(E-V)\psi=0$，式中，$m$ 是粒子的质量；E 是总能量；V 是势能；h 为普朗克常量。

为求得 Schrödinger 方程的合理解，必须设置一些参数并使其满足一定整数条件。这些参数用 n、l、m 表示，也称为量子数，它们是在求解过程中产生的，完全不同于 Bohr 理论中人为规定的量子数 n（参见式 10-2）。这正表明现代量子理论对单电子体系中电子绕核运动状态的解释更加科学合理。当 n、l 和 m 三个量子数的取值一定时，波函数 $\psi_{n,l,m}(r,\theta,\varphi)$ 才代表一种确定的运动状态。

量子数的取值限制和它们的物理意义如下：

1. 主量子数（principal quantum number） 用符号 n 表示，可以取任意正整数值，即 1，2，3，…。它决定原子轨道的能量高低，即 $E=-\frac{Z^2}{n^2}\times2.18\times10^{-18}\mathrm{J}$。式中，$Z$ 为核电荷数。n 越小，能量越低。$n=1$ 时，能量最低。由于 n 的取值只能是一些正整数，故各可能状态的能量只能是一些分立的值，即电子的能量是量子化的。

主量子数 n 还决定电子离核的平均距离，n 也称为**电子层**（electron shell）。n 越大，电子离核的平均距离越远。具有相同主量子数的轨道属于同一电子层。$n=1$，2，3，4，…的电子层符号分别表示为 K，L，M，N，…。

2. 轨道角动量量子数（orbital angular momentum quantum number） 用符号 l 表示。它决定原子轨道的形状，或轨道角动量、轨道磁矩的大小，取值受主量子数 n 的限制。l 取 0，1，2，3，…，$(n-1)$，共 n 个值，可给出 n 种不同形状的轨道，按光谱学习惯，用英文小写字母依次表示为 s，p，d，f，g，…。

在多电子原子中，由于存在电子间的静电排斥，原子轨道的能量还与角量子数 l 有关，故 l 又称为**电子亚层**（electron subshell 或 electron sublevel）。当 n 确定时，即在同一电子层中，l 越大，轨道能量越高。量子数（n、l）组合与能级相对应。如 $n=2$，$l=1$ 是指 2p 电子亚层或能级。但是在氢原子或类氢离子中，l 与原子轨道的能量无关。

3. 磁量子数（magnetic quantum number） 用 m 表示。它决定原子轨道的空间取向，或轨道角动量、轨道磁矩在外磁场方向（取 z 方向）分量的大小。m 的取值受 l 的限制，取 0，±1，±2，…，$\pm l$，共 $2l+1$ 个值。l 亚层共有 $2l+1$ 个不同空间伸展方向的原子轨道。例如，$l=1$ 时，m 可以取 0、±1，表示 p 轨道有 3 种空间取向，或该亚层有 3 个不同取向的 p 轨道。由于轨道能量与磁量子数无关，由量子数 n、l 决定，故这 3 个 p 轨道的能量相等，处于同一能级，被称为简并轨道或**等价轨道**（equivalent orbital）。

从以上讨论可知，只要根据一组量子数的组合，而不必通过波函数复杂的数学形式，就可以方便地了解原子轨道的特点及性质。3 个量子数 n、l、m 的组合规律见表 10-1。当 $n=1$ 时，l 和 m 只能取 0，说明 K 电子层只有一个能级，量子数组合只有（1，0，0），代表轨道 $\psi_{1,0,0}$ 或 ψ_{1s}，简称 1s 轨道。当 $n=2$ 时，l 可以取 0 和 1，所以 L 电子层有两个能级。当 $l=0$ 时，m 只能取 0，只有一个轨道 $\psi_{2,0,0}$ 或

表 10-1　量子数的组合和轨道数

主量子数 n	轨道角动量量子数 l	磁量子数 m	波函数 ψ	同一电子层的轨道数 n^2
1	0	0	ψ_{1s}	1
2	0	0	ψ_{2s}	4
	1	0	ψ_{2p_z}	
		±1	ψ_{2p_x}，ψ_{2p_y}	
3	0	0	ψ_{3s}	9
	1	0	ψ_{3p_z}	
		±1	ψ_{3p_x}，ψ_{3p_y}	
	2	0	$\psi_{3d_{z^2}}$	
		±1	$\psi_{3d_{xz}}$，$\psi_{3d_{yz}}$	
		±2	$\psi_{3d_{xy}}$，$\psi_{3d_{x^2-y^2}}$	

ψ_{2s}；而当 $l=1$ 时，m 可以取 0、±1，有 $\psi_{2,1,0}$、$\psi_{2,1,1}$、$\psi_{2,1,-1}$（或ψ_{2p_z}、ψ_{2p_x}、ψ_{2p_y} *）3 个轨道。L 电子层共有 4 个轨道。由此类推，每个电子层的轨道总数应为 n^2。

二、原子轨道和电子云的角度分布图

绘制原子轨道的图形对解释电子在原子核外空间的概率密度分布和能量高低有直观的效果，并有助于理解共价键的方向性和配位化合物的分子几何结构等实际图像问题。基于氢原子 Schrödinger 方程精确求解所得到的波函数 $\psi_{n,l,m}(r,\theta,\varphi)$ 是空间坐标 r、θ、φ 三个自变量的函数，要画出 ψ 和 r、θ、φ 关系的图像很困难。因此，可考虑从不同的视角对原子轨道和电子云作图。首先将 $\psi_{n,l,m}(r,\theta,\varphi)$ 进行变量分离，写成函数 $R_{n,l}(r)$ 和 $Y_{l,m}(\theta,\varphi)$ 的积

$$\psi_{n,l,m}(r,\theta,\varphi)=R_{n,l}(r)\cdot Y_{l,m}(\theta,\varphi) \tag{10-8}$$

式中，$R_{n,l}(r)$ 称为波函数的径向部分或**径向波函数**（radial wave function），它是空间某点离核距离 r 的函数，与 n 和 l 两个量子数有关。$Y_{l,m}(\theta,\varphi)$ 称为波函数的角度部分或**角度波函数**（angular wave function），它是方位角 θ 和 φ 的函数，与 l 和 m 两个量子数有关，体现原子轨道在核外空间的形状和取向。对这两个函数分别作图，可以从波函数的径向和角度两个方面观察电子的运动状态。表 10-2 列出了 K 层和 L 层氢原子轨道的径向波函数、角度波函数及对应的能量。

表 10-2　氢原子的一些波函数

轨道	$R_{n,l}(r)$*	$Y_{l,m}(\theta,\varphi)$	能量/J
1s	A_1e^{-Br}	$\sqrt{\frac{1}{4\pi}}$	-2.18×10^{-18}
2s	$A_2(2-Br)e^{-Br/2}$	$\sqrt{\frac{1}{4\pi}}$	$\frac{-2.18\times10^{-18}}{2^2}$
$2p_z$		$\sqrt{\frac{3}{4\pi}}\cos\theta$	
$2p_x$	$A_3re^{-Br/2}$	$\sqrt{\frac{3}{4\pi}}\sin\theta\cos\varphi$	$\frac{-2.18\times10^{-18}}{2^2}$
$2p_y$		$\sqrt{\frac{3}{4\pi}}\sin\theta\sin\varphi$	

* 径向波函数 $R_{n,l}(r)$ 中的 A_1、A_2、A_3、B 均为常数

在球形坐标内描绘角度分布时，首先要画一个三维直角坐标，将原子核放在原点。从原点向每一个方向(θ,φ)上引一直线，使其长度等于 $|Y|$ 值，然后连接各直线的端点，便成一个空间曲面，$Y_{p_z}>0$ 的图形部分标“+”号，$Y_{p_z}<0$ 的部分标“-”号，就得到原子轨道的角度分布图。它反映 $Y_{l,m}(\theta,\varphi)$ 值随方位角(θ,φ)改变而变化的情况，与电子离核的距离及与 r 的变化无关。根据 Y 函数的下标，只要 l、m 相同，即使 n 不同的轨道，其角度分布图形形状相同。原子轨道角度分布图中的“+”“-”号，可对应看成波动的位相，但不能理解为电荷符号。“+”“-”号的意义在分子结构中还体现为：当两个原子形成共价键时，发生轨道重叠，其提供轨道的波瓣同号，则发生波的加强性干涉，波的强度增加；异号，则发生波的相消性干涉，波的强度减弱。由于原子轨道具有一定的取向，因此在讨论共价键方向性（将在第十一章中讨论到）、分子的静态结构及其在化学反应中发生的共价键变化问题时，需考虑原子轨道的角度分布。

从原点向(θ,φ)方向上引直线时，若取直线长度等于 Y^2 值，这样的端点连成的曲面就成了电子云的角度分布图。因 $Y^2\geq0$，故电子云的角度分布图上没有“+”“-”号。

1. s 轨道和电子云的角度分布图　s 轨道的角度波函数是一个大于 0 的常数。各方向(θ,φ)上离核距离相等的点在空间连成一个球面，球面上各点 Y 值相等，图上标有“+”号。图 10-6(a) 所示为

* $\psi_{2,1,+1}$ 和 $\psi_{2,1,-1}$ 是复波函数，可以线性组合为实波函数 ψ_{2p_x}、ψ_{2p_y}，但不存在一一对应关系。

s 轨道剖面图，图 10-6(b)所示为其立体图形。电子云角度部分$Y_{l,m}^2(\theta,\varphi)$的图形也是球形，如图 10-6(c)所示，但图中没有“+”“-”号。

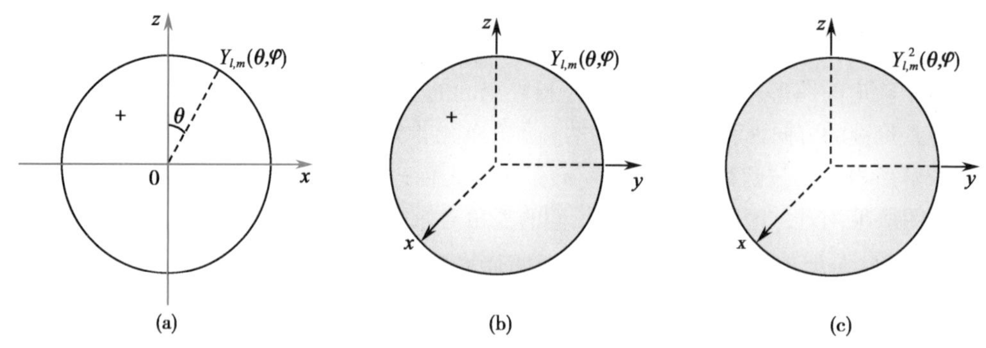

图10-6　s 轨道和电子云的角度分布图
(a)s 轨道剖面图；(b)s 轨道立体图；(c)s 电子云立体图

2. p 轨道和电子云的角度分布图　p 轨道的角度波函数与方位角有关。以 p_z 轨道为例，$Y_{p_z}=\sqrt{\dfrac{3}{4\pi}}\cos\theta$，$Y_{p_z}$ 值随 θ 变化如下：

θ	0°	30°	60°	90°	120°	150°	180°
$\cos\theta$	1	0.866	0.5	0	-0.5	-0.866	-1
Y_{p_z}	0.489	0.423	0.244	0	-0.244	-0.423	-0.489

将 Y_{p_z} 值随 θ 变化作图，得到一双**波瓣**(lobe)的图形，每一波瓣形成一个球体，图 10-7 为其剖面图。两波瓣沿 z 轴方向伸展。xy 平面上方的波瓣标“+”号，下方的波瓣标“-”号。两波瓣相对 xy 平面反对称。在 xy 平面上 Y 函数值为零，这个平面称为**节面**(nodal plane)。

p 轨道的轨道角动量量子数 $l=1$，磁量子数 m 可取 0，+1，-1 三个值，表明轨道在空间有 3 个伸展方向。$m=0$ 的 p_z 轨道沿 z 轴方向伸展。$m=\pm1$ 时，可组合得到 p_x 和 p_y 轨道，其角度分布图形状和 p_z 轨道的相同，但两轨道分别沿 x 轴和 y 轴方向伸展。图 10-8(a)是 3 个 p 轨道的角度分布图，图 10-8(b)是它们电子云的角度分布图。电子云图形比相应角度波函数的图形“瘦”。

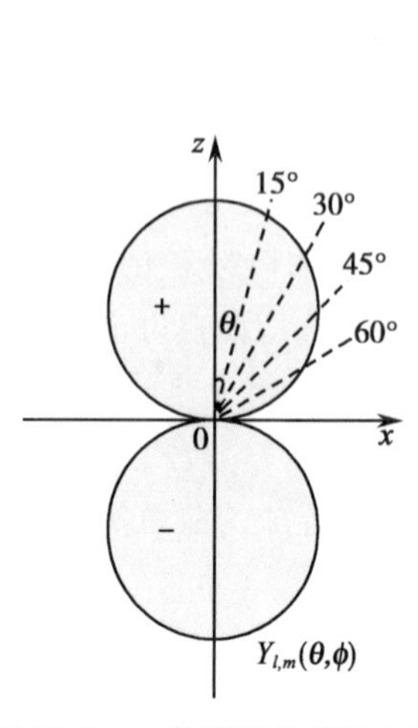

图10-7　p_z 轨道的角度分布图

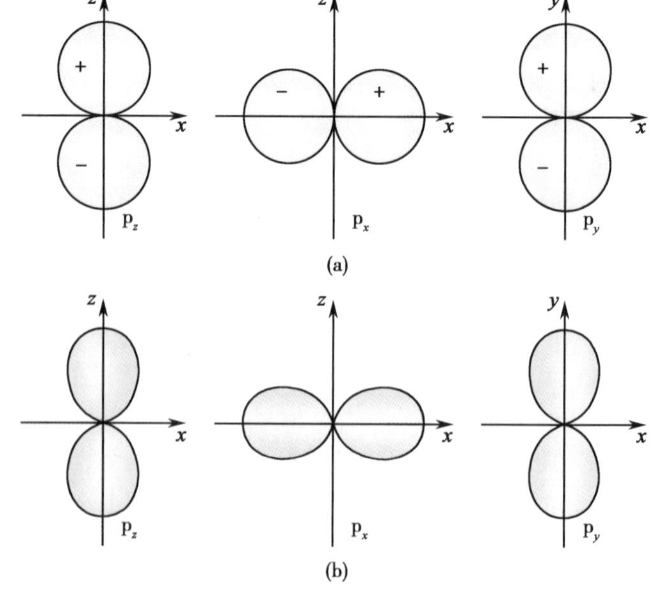

图10-8　p 轨道和电子云的角度分布图
(a)p 轨道；(b)p 电子云

3. d 轨道和电子云的角度分布图　d 轨道和电子云的角度分布分别如图 10-9（a）和图 10-9（b）所示。这些图形有 4 个橄榄形波瓣，各有两个节面。d_{xy}、d_{xz} 和 d_{yz} 的波瓣沿坐标轴夹角 45° 方向伸展，包含坐标轴的平面如 xz、yz、xy 面为其节面。$d_{x^2-y^2}$ 分别沿 x 轴和 y 轴方向伸展，在 x 轴方向上为正，y 轴方向上为负。在坐标轴夹角 45° 方向有其节面。d_{z^2} 的图形看起来很特殊，其形状犹如上下两个“气球”嵌在中间的一个“轮胎”之中，两个节面分别在 $\theta=54°44'$ 及 $\theta=125°16'$ 方向上。电子云图形相对较“瘦”且没有“+”“−”号。

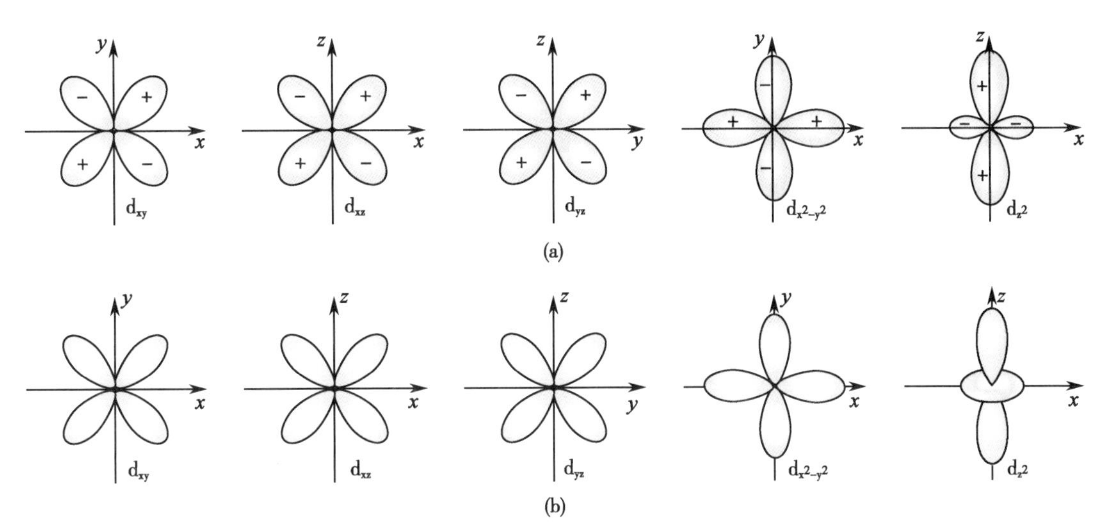

图 10-9　d 轨道和电子云的角度分布示意图

（a）d 轨道；（b）d 电子云

三、径向分布函数图

根据$Y_{l,m}^2(\theta,\varphi)$可以知道不同方向（$\theta,\varphi$）上电子出现的概率密度。要进一步了解离核不同距离处电子出现的可能性大小，还需利用径向波函数 $R_{n,l}(r)$。将$R_{n,l}^2(r)$与 r^2 之积定义为**径向分布函数**（radial distribution function）[$D(r)$]

$$D(r)=r^2R_{n,l}^2(r) \tag{10-9}$$

它代表电子在离核 r 处单位厚度球壳内出现的概率大小。在核外某一取向（θ,φ）上，离核 r 处 $D(r)$ 有极大值时，说明电子在该处单位厚度球壳内出现的概率极大。但该处$R_{n,l}^2(r)$值不一定极大。因此，径向分布函数真正反映了电子在核外空间出现的概率与离核距离 r 的关系。

问题与思考 10-2

为什么不能单独用$R_{n,l}^2(r)$来表示离核不同距离处电子出现的概率大小？

图 10-10 绘制了 K、L、M 层原子轨道的径向分布函数图，从中可以看出以下规律。

1. 在氢原子 1s 轨道的径向分布函数图中，$r=a_0$（$a_0=52.9$pm，称为 Bohr 半径）处出现一个峰，表明电子在该处单位厚度球壳内出现的概率极大，a_0 与运用 Bohr 理论计算得到 $n=1$ 层的轨道半径相吻合，但二者含义截然不同。根据现代量子力学观点，Bohr 半径不过是氢原子在 1s 状态下，电子出现概率最大处离核的距离。

2. 当 n、l 确定后，径向分布函数 $D(r)$ 应有（$n-l$）个峰。每一个峰表示离核 r 处，电子出现概率的一个极大值，主峰表示电子在该 r 处出现的概率最大。对于 l 相同的状态，当 n 越大时，主峰离核越远，可见现代量子力学还是肯定轨道有内外之分，但是它的次级峰可能出现在离核较近的空间，这

样就产生了各轨道间相互渗透、交叉的现象，而这恰是微观粒子波动性的表现。当 n 一定时，l 越小，则峰越多，而且它的第一个峰离核越近，或者说第一个峰钻得越深，这就是轨道钻穿现象。在多电子原子中，原子轨道的 n 和 l 都不相同时，情况较为复杂。例如，4s 的第一个峰甚至钻到比 3d 的主峰离核更近的距离之内。

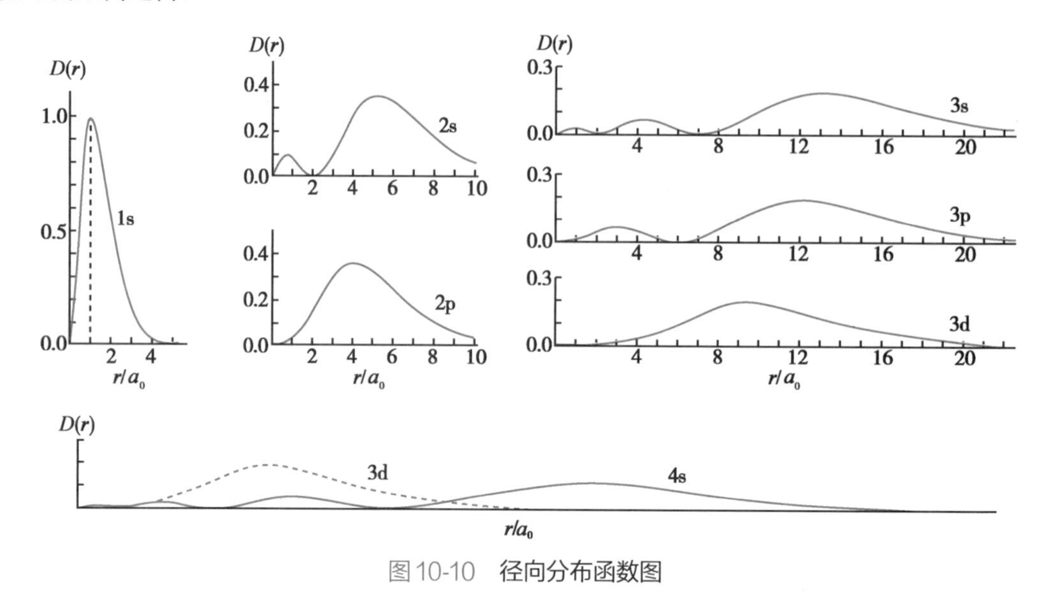

图 10-10　径向分布函数图

第三节　多电子原子的结构

在研究多电子原子的结构时，需要考虑电子间的排斥能，但由于电子的位置瞬息在变，给精确求解多电子原子的波动方程带来困难。因此，用轨道近似或单电子近似的方法，处理多电子原子中电子的轨道运动，即假定多电子原子中每个电子都是在原子核的静电场及其他电子的有效平均负电场中“独立地”运动着。这样，既考虑了电子间的排斥位能，又在形式上把这种排斥位能变成和其他电子的相对位置无关，轨道波函数也仅和一个电子的空间坐标有关。人们就定义这种单电子波函数 ψ_i 为多电子原子中的原子轨道，其对应的能量 E_i 称为轨道能。因此，多电子原子的能级是近似能级。

一、多电子原子的能级

设想原子中其他电子对某电子 i 的排斥作用，与这些电子的瞬时位置无关，而是相当于它们屏蔽住原子核，抵消了部分核电荷对电子 i 的吸引力，称为对电子 i 的**屏蔽作用**(screening effect)，常用**屏蔽常数**(screening constant) σ 表示被抵消掉的这部分核电荷。这样，能吸引电子 i 的核电荷在数值上等于核电荷数 Z 和屏蔽常数 σ 之差，称为**有效核电荷**(effective nuclear charge)，以 Z' 表示

$$Z'=Z-\sigma$$

以 Z' 代替 Z，近似计算电子 i 的能量 E

$$E=-\frac{Z'^2}{n^2}\times 2.18\times 10^{-18}\text{J} \qquad (10\text{-}10)$$

多电子原子中电子的能量与 n、Z、σ 有关。n 越小或 Z 越大，能量越低。而 σ 越大，电子受到的屏蔽作用越强，能量越高。在估算 σ 值时，参考以下原则：

1. 外层电子对内层电子的屏蔽作用可以不考虑，$\sigma=0$。

2. 1s 轨道两电子间，$\sigma=0.30$，其他主量子数相同的各亚层电子间，$\sigma=0.35$。

3. 当被屏蔽电子为 ns 或 np 电子时，次内层（$n-1$ 层）电子对它们的屏蔽常数为 0.85；小于次内层的电子，则 $\sigma=1.00$。

4. 当被屏蔽电子为 nd 或 nf 电子时，即使是其同层 s 和 p 电子，对它们的屏蔽常数也视为 1.00。

综上所述，屏蔽作用主要来自内层电子。当 l 相同，n 不同时，n 越大，电子层数越多，外层电子受到内层电子的屏蔽作用越强，核对电子的吸引越弱，轨道能级越高：

$$E_{1s} < E_{2s} < E_{3s} < \cdots$$
$$E_{2p} < E_{3p} < E_{4p} < \cdots$$
$$\cdots$$

前述径向分布函数 $D(r)$ 有 $(n-l)$ 个峰。当 n 相同，l 不同时，l 越小的轨道，峰越多（各轨道互相渗透），第 1 个峰离核越近，电子的钻穿能力越强，受到其他电子的屏蔽减弱，感受到的有效核电荷越大，能量越低。因此能级顺序是：

$$E_{ns}<E_{np}<E_{nd}<E_{nf}<\cdots$$

n、l 都不同时，如 3d 和 4s 轨道，有时 $E_{4s}<E_{3d}$，有时 $E_{3d}<E_{4s}$，正好发生在 $_{20}$Ca 和 $_{21}$Sc 交界处，其他 4d 和 5s 轨道等也有类似情况。即在这些地方出现了能级的“交错”（或称“倒置”）现象。可见在多电子原子中，轨道能量及其排序并非固定不变，它会因原子核电荷数或电子数目的不同而发生变化。

美国化学家 Pauling L 根据光谱数据给出了多电子原子的近似能级顺序：

$$E_{1s}<E_{2s}<E_{2p}<E_{3s}<E_{3p}<E_{4s}<E_{3d}<E_{4p}<\cdots$$

图 10-11 中下方的轨道能量低，上方的轨道能量高。用斜箭头穿引各原子轨道，由下而上得到轨道的近似能级顺序。

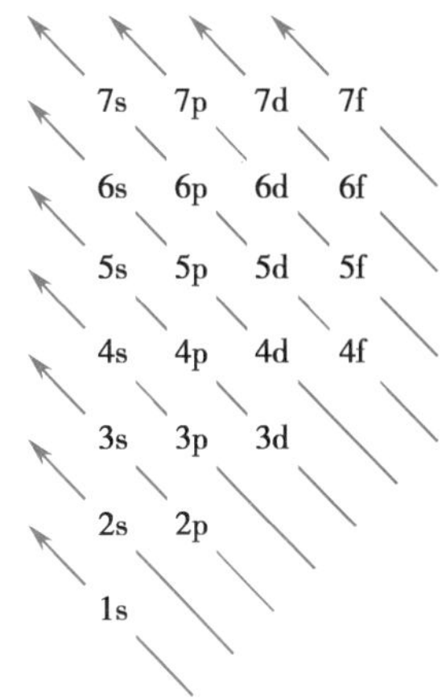

图 10-11　近似能级顺序

二、电子的自旋

1925 年，荷兰物理学家 Uhlenbeck G 和 Goudsmit S 提出电子具有不依赖于轨道运动的固有磁矩，将该磁场看成由电子固有运动的角动量形成，而这个固有角动量被形象地称为电子的“自旋”运动角动量。参照定义轨道角动量及其在外磁场方向分量的方式来处理“自旋”角动量。于是，就有**自旋角动量量子数**（spin angular momentum quantum number）s，它决定了自旋角动量、自旋磁矩在外磁场方向分量的大小。s 可以取$+\frac{1}{2}$和$-\frac{1}{2}$两个值，分别表示电子自旋的两种状态，自旋状态也可用符号“↑”和“↓”表示。两个电子自旋处于相同状态称为自旋平行，可用符号“↑↑”或“↓↓”表示；反之，称为自旋反平行，用符号“↑↓”或“↓↑”表示。需要注意的是，对电子的自旋不能简单理解成类似宏观物体（如地球）的自旋。引进电子的自旋假设后，可以解释氢原子光谱的精细结构，并将核外电子的运动理解成包含电子的绕核轨道运动和自旋运动两部分，电子的运动状态则应由 n、l、m、s 四个量子数确定。那么，电子的自旋状态会影响多电子原子的结构吗？

例 10-3　(1) $n=3$ 的原子轨道可有哪些轨道角动量量子数和磁量子数？该电子层有多少原子轨道？(2) Na 原子的最外层电子处于 3s 亚层，试用 n、l、m、s 四个量子数来描述它的运动状态。

解　(1) 当 $n=3$ 时，l 可取 0，1，2；

当 $l=0$ 时，$m=0$；$l=1$ 时，$m=-1$，0，+1；$l=2$ 时，$l=-2$，-1，0，+1，+2；共有 9 个原子轨道。

(2) 电子处于 3s 亚层，$n=3$、$l=0$、$m=0$，用 4 个量子数的组合 3，0，0，$+\frac{1}{2}$（或 3，0，0，$-\frac{1}{2}$）来表示其运动状态。

三、原子的电子组态

原子核外电子的排布方式，称为原子的**电子组态**（electronic configuration）。基态原子的核外电子排布遵守下面三条规律。

（一）泡利不相容原理

1925 年，奥地利物理学家 Pauli W 在总结大量实验事实后指出：在同一原子中不可能有 2 个电子具有 4 个完全相同的量子数，这条规则被称为**泡利不相容原理**（Pauli exclusion principle）。如果两个电子在同一个原子轨道中（具有相同的 n、l、m 值），那么自旋量子数 s 必不同，即具有不同的自旋状态。由于电子的自旋状态只有两种，因此，一个原子轨道最多只能容纳两个电子。例如，基态 $_{20}Ca$ 原子 4s 轨道上两个电子的运动状态，用量子数（n, l, m, s）可表示为 $(4, 0, 0, +\frac{1}{2})$ 和 $(4, 0, 0, -\frac{1}{2})$。一个电子层有 n^2 个原子轨道，那么其最多可以容纳 $2n^2$ 个电子。

> **问题与思考 10-3**
> 同一轨道上的两个电子为什么必须自旋反平行才能和谐共处？

（二）能量最低原理

在符合 Pauli 不相容原理的前提下，原子核外电子排布的方式应尽可能使体系总能量最低，这就是能量最低原理，又称**构造原理**（building-up principle 或 Aufbau principle）。依据图 10-11 近似能级顺序排布电子时，可以得到使整个原子能量最低的电子组态。例如，基态 $_3Li$ 原子在 1s 轨道占满两个电子后，第 3 个电子填充 2s 轨道，电子组态表示为 $1s^22s^1$。在 K、L、M 电子层填充了 18 个电子以后，其后的电子不是填充到 3d 轨道中，而是占据 4s 轨道，如基态 $_{19}K$ 原子的电子组态是 $1s^22s^22p^63s^23p^64s^1$。

> **问题与思考 10-4**
> 核外电子只要尽先占据低能量的轨道一定能使原子的总能量最低吗？

（三）洪德定则

洪德定则（Hund rule）指出："电子在能量相同的轨道（即简并轨道）上排布时，将尽可能分占不同的轨道，且自旋平行"。这是 Hund F 在 1925 年总结了大量光谱实验数据后提出的。实际上这种排布方式使两个电子不必硬挤在同一个轨道上，因而可以减小电子间的相互排斥能，也是为了使原子的能量最低。例如，基态 $_7N$ 原子的电子组态是 $1s^22s^22p^3$，3 个 2p 电子的运动状态是

$$2, 1, 0, +\frac{1}{2};\ 2, 1, 1, +\frac{1}{2};\ 2, 1, -1, +\frac{1}{2}$$

也可以用原子轨道方框图表示

	1s	2s	2p		
$_7N$	↑↓	↑↓	↑	↑	↑

基态 $_6C$ 原子的电子组态用方框图表示为

	1s	2s	2p		
$_6C$	↑↓	↑↓	↑	↑	

虽然 20 号以后元素基态原子的电子按近似能级顺序填充，但书写电子组态时要按电子层顺序排布。如基态 $_{21}Sc$ 原子的电子组态应写成 $1s^22s^22p^63s^23p^63d^14s^2$，而不是 $1s^22s^22p^63s^23p^64s^23d^1$。$_{21}Sc$ 原子电离时，先失去最外层的 1 个 4s 电子而不是 3d 电子，故 $_{21}Sc^+$ 的电子组态是 $1s^22s^22p^63s^23p^63d^14s^1$。

作为 Hund 定则特例的是：在 l 相同的简并轨道上，电子全充满（如 p^6、d^{10}、f^{14}）、半充满（如 p^3、d^5、f^7，此时自旋平行的电子最多）或全空（如 p^0、d^0、f^0）时，原子的能量最低、最稳定。因此，在第 4 周期中，基态 $_{24}Cr$ 原子的电子组态是 $1s^22s^22p^63s^23p^63d^54s^1$，而非 $1s^22s^22p^63s^23p^63d^44s^2$；基态 $_{29}Cu$ 原子的电

子组态是 $1s^22s^22p^63s^23p^63d^{10}4s^1$，而非 $1s^22s^22p^63s^23p^63d^94s^2$。

例 10-4　按电子排布的规律，写出 22 号元素钛的基态原子电子组态。

解　根据能量最低原理，从 1s 轨道开始填充钛的 22 个电子，1s 轨道填入 2 个电子，第 3、第 4 个电子填入 2s 轨道，2p 能级有 3 个轨道，填 6 个电子，然后将 3s、3p 轨道填满，共 18 个电子。在 3p 轨道后，根据近似能级顺序，后 4 个电子中应先填 2 个电子入 4s 轨道，剩下的 2 个电子填入 3d 轨道。基态钛原子的电子排布式为：$1s^22s^22p^63s^23p^63d^24s^2$。

原子内层中满足稀有气体电子层结构的部分称为**原子芯**（atomic core），在化学反应中一般不发生变化，该部分电子组态可用稀有气体的元素符号加方括号简化表示。例如，基态 $_{20}Ca$ 原子的电子组态 $1s^22s^22p^63s^23p^64s^2$，简化为[Ar]$4s^2$；基态 $_{26}Fe$ 原子的电子组态 $1s^22s^22p^63s^23p^63d^64s^2$，简化为[Ar]$3d^64s^2$。在这些例子中，原子芯以外的电子层结构易变化，进而引起元素氧化值的改变。因此，原子芯以外的这些电子常被称为**价电子**（valence electron），价电子所处的电子层为价电子层或价层（valence shell）。如基态 $_{47}Ag$ 原子，电子组态是[Kr]$4d^{10}5s^1$，其价层电子组态为 $4d^{10}5s^1$。可见电子组态的简化式能反映元素的价层电子结构。但对于最外层有 p 电子的原子，即使存在 $(n-1)d^{10}$ 或 $(n-2)f^{14}$ 电子结构，因其相当稳定，不属于价电子，故写价层电子组态时不包含 $(n-1)$d 或 $(n-2)$f 电子。如电子组态为[Ar]$3d^{10}4s^24p^2$ 的基态 $_{32}Ge$ 原子的价层电子组态为 $4s^24p^2$。

离子的电子组态仿照原子电子组态的方式书写。例如，Fe^{2+}、Fe^{3+} 的电子组态分别为[Ar]$3d^6$、[Ar]$3d^5$。

第四节　元素周期表与元素性质的周期性

元素周期表把各种元素的许多知识汇集在一起，呈现出元素性质变化的周期性。化学家根据元素大量光谱数据总结出来的原子电子组态，从微观角度揭示了元素性质周期性变化的规律，体现了元素周期表的本质。

一、原子的电子组态与元素周期表

（一）能级组和元素周期

由于能级交错的出现，原来按主量子数 n 的大小划分“能级组”的方式需要作进一步改进。我国化学家徐光宪建议把 $(n+0.7l)$ 值的整数部分相同的各能级合为一组，称为能级组，并按整数值称为某能级组。同一能级组内各能级之间能量差别较小，而不同能级组的原子轨道之间能量差别较大。1s 能级属于第 1 能级组。ns、np 能级，或再加上 $(n-1)$d、$(n-2)$f 能级可构成第 n 能级组。按 $(n+0.7l)$ 值由小到大作为电子填充次序与前述 Pauling L 的近似能级顺序相吻合。

每一个能级组对应元素周期表的一个**周期**（period）（表 10-3）。第 1 能级组只有 1s 能级，对应第 1 周期。其后，第 n 能级组从 ns 能级开始到 np 能级结束，对应第 n 周期。周期中原子的外层电子结构从 ns^1 开始到 ns^2np^6 结束，元素的数目与能级组最多能容纳的电子数目一致。例如，第 4 周期元素，原子的外层电子结构始于 $4s^1$ 而止于 $4s^24p^6$，但第 4 能级组中还有 3d 能级可以容纳 10 个电子，所以第 4 周期有 18 个元素。第 6、第 7 能级组出现 f 轨道，f 轨道可容纳 14 个电子，所以第 6、第 7 周期可达 32 个元素。各周期元素的数目按 2、8、8、18、18、32、32 的顺序增加，第 1 周期属超短周期，第 2、第 3 周期是短周期，其后为长周期。每个能级组能容最多电子数和对应周期所含元素的数目相同。

例 10-5　推测第 7 周期共有多少个元素？最后一个元素的原子序数是多少？

解　按表 10-3 第 7 能级组中各能级 $(n+0.7l)$ 值由小到大作为电子填充次序，第 7 周期从 7s 能级开始填充电子，然后依次是 5f、6d、7p 能级。7s、5f、6d、7p 能级分别有 1、7、5、3，共 16 个原子轨道，最多能填 32 个电子。故第 7 周期完成时共有 32 个元素。最后一个元素的原子序数 $Z=2+8+8+18+18+32+32=118$。

表 10-3 能级组与周期序列

能级	$n+0.7l$	能级组	能级组能容最多电子数	对应周期	每个周期所含元素数
1s	1.0	1	2	1	2
2s	2.0	2	8	2	8
2p	2.7				
3s	3.0	3	8	3	8
3p	3.7				
4s	4.0	4	18	4	18
3d	4.4				
4p	4.7				
5s	5.0	5	18	5	18
4d	5.4				
5p	5.7				
6s	6.0	6	32	6	32
4f	6.1				
5d	6.4				
6p	6.7				
7s	7.0	7	32	7	32
5f	7.1				
6d	7.4				
7p	7.7				

（二）价层电子组态与族

在元素周期表中，总体上将基态原子的价层电子组态相似的元素归为一列，称为**族**（group），主族、副族各 8 个。主族和副族元素的性质差异与价层电子组态密切相关。

1. 主族 最后一个电子填充在 s、p 轨道的元素属于主族，包括ⅠA～ⅧA 族，其中ⅧA 族又称 0 族。主族元素的内层轨道全充满，最外层电子组态从 ns^1、ns^2 到 $ns^2np^{1\sim6}$，同时最外层又是价层。最外层电子总数等于族数。H 和 He 比较特殊，只有一个电子层，电子组态分别为 $1s^1$ 和 $1s^2$，H 属于ⅠA 族，而 He 是稀有气体元素，属于 0 族。

2. 副族 最后一个电子填充在 d、f 轨道的元素属于副族，包括ⅠB～ⅧB 族。副族元素的电子结构特征一般是次外层 $(n-1)$d 或外数第 3 层 $(n-2)$f 轨道上有电子填充，$(n-2)$f、$(n-1)$d 和 ns 电子都是副族元素的价层电子。第 1、第 2、第 3 周期没有副族元素。第 4、第 5 周期，副族元素的 3d、4d 轨道分别被电子填充，各有 10 个元素；继ⅠA、ⅡA 族之后出现的副族是ⅢB～ⅦB 族，族数等于 $(n-1)$d 及 ns 轨道上电子数的总和；ⅧB 族有 3 列元素，其 $(n-1)$d 及 ns 轨道的电子数之和达到 8～10 个。最后出现的ⅠB、ⅡB 族元素，它们已经完成了 $(n-1)d^{10}$ 电子结构；ns 电子数是 1 和 2，等于族数。第 6、第 7 周期，ⅢB 族是镧系或锕系元素，它们各有 15 个元素，其电子结构特征是 $(n-2)$f 轨道被填充并最终被填满，$(n-1)$d 轨道上电子数大多为 1 或 0。ⅣB 族到ⅡB 族元素的 $(n-2)$f 轨道全充满，$(n-1)$d 和 ns 轨道的电子结构大体与第 4、第 5 周期相应副族元素的类似。

（三）元素分区

根据价层电子组态的特征，可将周期表中的元素分为 5 个区（图 10-12）。

1. s 区元素 价层电子组态是 ns^1 和 ns^2，包括ⅠA 和ⅡA 族。除 H 以外都是金属，在化学反应中容易失去 1 个和 2 个 s 电子变成 +1 或 +2 价离子。在化合物中它们没有可变的氧化值。H 在一般化合物中的氧化值是 +1，在金属氢化物中是 −1。

2. p 区元素 价层电子组态是 $ns^2np^{1\sim6}$（除 He 为 $1s^2$ 外），包括ⅢA～ⅧA 族，大部分是非金属元素。ⅧA 族是稀有气体。p 区元素多有可变的氧化值，是化学反应中最活跃的成分。

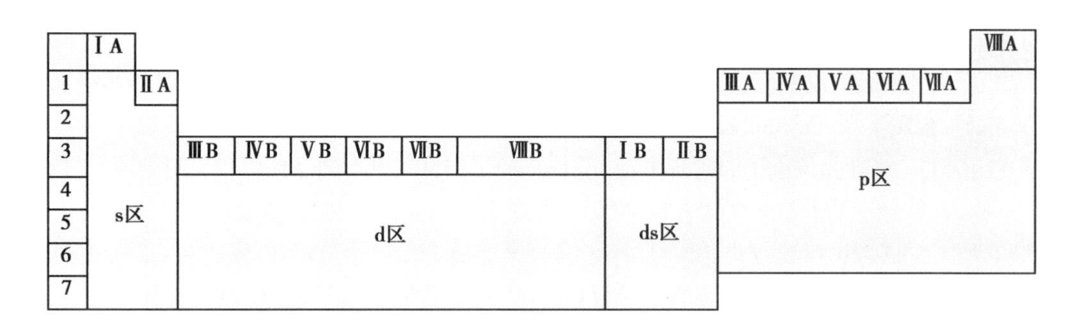

图10-12　周期表中元素的分区

3. d 区元素　价层电子组态是$(n-1)\mathrm{d}^{1\sim8}ns^2$或$(n-1)\mathrm{d}^9ns^1$或$(n-1)\mathrm{d}^{10}ns^0$，包括ⅢB～ⅧB族，都是金属元素，且在物理和化学性质方面表现出很多共性，每种元素都有多种氧化值，大都含有未充满的d轨道，易成为配位化合物中不可缺少的中心原子。

4. ds 区元素　价层电子组态为$(n-1)\mathrm{d}^{10}ns^{1\sim2}$，包括ⅠB和ⅡB族。不同于d区元素，ds区元素次外层$(n-1)$d轨道是充满的。它们都是金属，有可变氧化值。

5. f 区元素　价层电子组态一般为$(n-2)\mathrm{f}^{0\sim14}(n-1)\mathrm{d}^{0\sim2}ns^2$，包括镧系和锕系元素。它们的最外层电子数目、次外层电子数目大都相同，只有$(n-2)$f亚层电子数目不同，因此，镧系或锕系内各元素化学性质极为相似。它们都是金属，也有可变氧化值，常见氧化值为+3。

例 10-6　已知某元素的原子序数为25，试写出该元素基态原子的电子组态，并指出该元素在周期表中所属周期、族和区。

解　该元素的原子有25个电子，电子组态为$1s^22s^22p^63s^23p^63d^54s^2$，或写成$[Ar]3d^54s^2$。其中最外层电子的主量子数$n=4$，3d、4s能级的$(n+0.7l)$值分别为4.4、4.0，属第4能级组，因此该元素在第4周期。最外层s电子和次外层d电子总数为7，因此它属ⅦB族，是d区锰(Mn)元素。

（四）过渡元素和稀土元素

过渡元素(transition element)最初指ⅧB族元素，后来扩大到全部副族元素，分布在d、ds和f区。其中的镧系和锕系元素称为**内过渡元素**(inner transition element)，因为它们有电子填充在内层的$(n-2)$f轨道上。镧系元素及与之在化学性质上相近的钪(Sc)和钇(Y)共17个元素总称为**稀土元素**(rare earth element)。

除46号钯(Pd)以外，过渡元素原子的最外层有1～2个s电子，都是金属元素。此外，它们的$(n-1)$d轨道未充满或充满，$(n-2)$f轨道也未充满，所以在化合物中常有多种氧化值。它们的性质与主族元素有较大的差别。

原子的电子组态与元素在周期表中的位置关系密切。一般可以根据元素的原子序数，写出该原子基态的电子组态并推断它在周期表中的位置；或者根据元素在周期表中的位置，推知它的原子序数和电子组态，进而预测它的价态和性质。

元素性质的变化规律与原子结构的周期性递变有关。原子半径、元素电离能、电子亲合势和电负性等，都随原子中电子结构的变化而呈现周期性变化。

二、元素性质的周期性变化规律

（一）原子半径

由于原子核外电子分布以一定概率出现于整个空间，仅在离核无穷远处概率密度为零，所以没有一个清楚的界面，也就不存在严格意义上的精确半径。单个孤立原子无法测量它的半径。通常

所说的**原子半径**(atomic radius)实验测定值是根据晶体或气态分子中两个相邻原子核之间距离来确定。因此，同一种元素的原子可以有多种半径。如**共价半径**(covalent radius)、**范德瓦耳斯半径**(van der Waals radius)、**金属半径**(metallic radius)和**离子半径**(ionic radius)。当两个同种原子以共价键结合时，原子核间距离的一半即为该原子的共价半径；金属半径是指金属单质的晶体中相邻两个原子核间距离的一半。例如，钠元素处于钠蒸气状态时，它以双原子分子 Na_2 形式存在，就有一个共价半径；当它以固体状态存在时，它以密堆积方式互相接触，就有一个金属半径；当它以 Na^+ 形式和 Cl^- 形成 NaCl 晶体时，根据 Na^+ 和 Cl^- 的核间距和 Cl^- 的半径，可知 Na^+ 的离子半径。van der Waals 半径指两分子因 van der Waals 力接近到一定距离时，两相邻原子核间距的一半。四种半径中，共价半径和金属半径是原子处于键合状态的半径，比 van der Waals 半径要小得多。共价键还有单键、双键、三键之分，且相应的共价半径并不相等。例如，碳原子的共价半径就包括：r(单键)=77pm，r(双键)=67pm，r(三键)=60pm。

Cl 原子和 Na 原子 4 种半径的比较见表 10-4。

表 10-4　Cl 原子和 Na 原子 4 种半径的比较

原子	共价半径 /pm	金属半径 /pm	离子半径 /pm	van der Waals 半径 /pm
Cl	99		181	198
Na	157	186	99	231

原子半径的周期性变化规律与原子的有效核电荷和电子层数目密切相关。

同一周期的主族元素，随原子序数增加，新增电子填在最外层的 s 或 p 轨道上。相邻两元素，原子序数增加 1，即增加 1 个核电荷，最外层电子的屏蔽常数增加 0.30 或 0.35，有效核电荷至少增加 0.65，对外层电子的吸引力增加迅速，使原子半径明显逐次减小。

同一周期的过渡元素，随原子序数增加，新增电子大多填在价层的 $(n-1)$d 或 $(n-2)$f 轨道上，对应增加 1 个核电荷，外层电子的屏蔽常数增加 0.85 或 1.00，有效核电荷最多增加 0.15，对外层电子的吸引力增加较少，使原子半径随原子序数增大而减小的幅度变小。内过渡元素有效核电荷变化不大，原子半径几乎不变。

同周期中相邻两元素的原子半径减小的平均幅度是：

非过渡元素(～10pm)>过渡元素(～5pm)>内过渡元素(～1pm)

同一主族的元素，从上到下电子层数增多，最外层电子离核越来越远，且由于内层电子的屏蔽效应，有效核电荷增加缓慢，导致原子半径明显增大。

同一副族的元素，从上到下与主族元素一样随电子层数的增加而半径增大，但实际上第 5 与第 6 周期同族过渡元素的原子半径相近。这一现象导致这些元素在矿石中共生，难以分离。

(二)元素的电离能、电子亲合势和电负性

元素的**电离能**(ionization energy)用以衡量元素原子或离子失去电子的难易程度。通常用元素的第一电离能(I_1)来比较原子失去电子的倾向，它是气态的基态原子失去一个电子，变成气态的正一价离子所需要的最低能量。各元素原子的 I_1 也呈周期性变化。总体上，同一周期元素从左到右，原子半径减小、有效核电荷递增，使 I_1 逐渐增加。但也有例外，譬如，N 最外层 2p 轨道上 3 个电子正好半充满，根据洪德定则，半充满稳定，结果 N 的 I_1 反而比 O 的高，这种反常情况同样发生在 Be 和 B 之间。同一主族元素自上而下，电子层数增加，外层电子离核更远，而有效核电荷增加不多，故外层电子受核吸引力反而减小，使最外层电子的电离变得容易，I_1 逐渐减小。

气态的基态原子结合一个电子形成负一价气态离子所放出的能量，称为**电子亲合势**(electron affinity)，它反映元素结合电子的能力。电子亲合势的变化与元素周期相关。总的来说，卤族元素的原子结合电子放出能量较多，易与电子结合；金属元素原子结合电子放出能量较少甚至吸收能量，难与电子结合形成负离子。

元素的电离能和电子亲合势只从一个方面反映原子失电子或得电子的能力。实际上有的原子既

难失去又难得到电子，如 C、H 原子。所以单独用电离能或电子亲合势反映元素的金属、非金属活泼性有一定局限性，必须将元素化合时得、失电子的能力统一考虑。1932 年，Pauling L 综合考虑电离能和电子亲合势，首先提出了元素**电负性**（electronegativity）的概念，用符号 X 表示，并确定 F 的电负性最大为 $X_F=4$，再依次定出其他元素的电负性值。用这个相对的数值量度分子中原子对成键电子吸引能力的相对大小。电负性大者，原子在分子中吸引成键电子的能力强，反之就弱。

表 10-5　**元素电负性**

H 2.18																	He
Li 0.98	Be 1.57											B 2.04	C 2.55	N 3.04	O 3.44	F 3.98	Ne
Na 0.93	Mg 1.31											Al 1.61	Si 1.90	P 2.19	S 2.58	Cl 3.16	Ar
K 0.82	Ca 1.00	Sc 1.36	Ti 1.54	V 1.63	Cr 1.66	Mn 1.55	Fe 1.80	Co 1.88	Ni 1.91	Cu 1.90	Zn 1.65	Ga 1.81	Ge 2.01	As 2.18	Se 2.55	Br 2.96	Kr
Rb 0.82	Sr 0.95	Y 1.22	Zr 1.33	Nb 1.60	Mo 2.16	Tc 1.90	Ru 2.28	Ru 2.20	Pd 2.20	Ag 1.93	Cd 1.69	In 1.73	Sn 1.96	Sb 2.05	Te 2.10	I 2.66	Xe
Cs 0.79	Ba 0.89	La 1.10	Hf 1.30	Ta 1.50	W 2.36	Re 1.90	Os 2.20	Ir 2.20	Pt 2.28	Au 2.54	Hg 2.00	Tl 2.04	Pb 2.33	Bi 2.02	Po 2.00	At 2.20	

表 10-5 的数据表明，元素电负性是随原子序数变化而发生周期性变化的。同一周期主族元素从左至右电负性值逐渐增大；同一主族元素从上到下电负性值逐渐减小。副族元素的电负性没有明显的变化规律。电负性大的元素集中在周期表的右上角，如 F、O、Cl、N、Br、S、C 等非金属；电负性小的元素位于周期表的左下角，如 Cs、Rb、Ba 等碱金属、碱土金属。电负性等于 2 是判断金属、非金属的近似分界点。

元素的电负性应用广泛，除比较元素金属性和非金属性的相对强弱外，还可以帮助理解共价键的极性，解释或预测物质的某些物理性质和化学性质等。

第五节　元素和人体健康

一、人体必需元素及其生物效应简介

迄今已经登录和命名的元素有 118 种，其中 1～92 号元素存在于自然界，93～118 号为人工元素。目前在生命体内已检测出 81 种元素，总称为**生命元素**（biological element）。占人体质量 0.05% 以上的元素被称为**常量元素**（macroelement），有 11 种；含量低于 0.05% 的元素为**微量或痕量元素**（microelement or trace element）。人体中元素的含量与元素在环境中的丰度有一定关系。20 世纪 70 年代初，著名英国地球化学家 Hamilton E T 等就发现将人体血液与海水相比，元素的组成成分及各元素的丰度分布趋势有很多的相似性。按元素在人体正常生命活动中的作用还可将元素分为**必需元素**（essential element）和**非必需元素**（non-essential element）。必需元素包括 11 种常量元素（表 10-6）和 18 种微量元素（表 10-7）。常量元素集中在周期表中前 20 种元素之内，有钠、钾、钙、镁 4 种金属。多数必需微量元素居于周期表中第 4 周期。必需元素涉及生命组成及活动的各方面：

1. 构成人体组织的最主要成分　氢、氧、碳、氮、硫、磷是生物高分子蛋白质、核酸、糖、脂肪的主要构成元素，是生命活动的基础。钙、磷、镁是骨骼、牙齿的重要成分。

2. 参与组成某些具有特殊功能的物质　如铁是血红蛋白的组分，碘是甲状腺激素的必需成分，铬存在于葡萄糖耐量因子（GTF）中，钴是维生素 B_{12} 的中心原子，微量存在的锌、钼、锰、铜可作为酶的活性中心，有的可作为某些酶的激活剂或抑制剂。

表 10-6　**人体所含常量元素**

元素	含量*/mg	占体重比例 /%	在人体中的分布状况
O	45 000	64.3	水、有机化合物的组成成分
C	12 600	18	有机化合物的组成成分
H	7000	10	水、有机化合物的组成成分
N	2100	3	有机化合物的组成成分
Ca	1420	2	同上；骨骼、牙、肌肉、体液
P	700	1	同上；骨骼、牙、磷脂、磷蛋白
S	175	0.25	含硫氨基酸、头发、指甲、皮肤
K	245	0.35	细胞内液
Na	105	0.15	细胞外液、骨
Cl	105	0.15	脑脊液、胃肠道、细胞外液、骨
Mg	35	0.05	骨、牙、细胞内液、软组织

* 含量指 70kg 人体重量中的元素质量

表 10-7　**人体所含必需微量元素**

元素	含量*/mg	血浆浓度 /(μmol·L⁻¹)	主要部位	确证历史
Fe	2800～3500	10.75～30.45	红细胞、肝、骨髓	17 世纪
F	3000	0.63～0.79	骨骼、牙齿	1971 年
Zn	2700	12.24～21.42	肌肉、骨骼、皮肤	1934 年
Cu	90	11.02～23.6	肌肉、结缔组织	1928 年
V	25	0.2	脂肪组织	1971 年
Sn	20	0.28	脂肪、皮肤	1970 年
Se	15	1.39～1.9	肌肉（心肌）	1957 年
Mn	12～20	0.15～0.55	骨骼、肌肉	1931 年
I	12～24	0.32～0.63	甲状腺	1850 年
Ni	6～10	0.07	肾、皮肤	1974 年
Mo	11	0.04～0.31	肝	1953 年
Cr	2～7	0.17～1.06	肺、肾、胰	1959 年
Co	1.3～1.8	0.003	骨髓	1935 年
Br	<12			
As	<117		头发、皮肤	1975 年
Si	18 000		淋巴结、指甲	1972 年
B	<12		脑、肝、肾	1982 年
Sr	320	0.44	骨骼、牙齿	

* 含量指 70kg 人体重量中的元素质量

3. 维持体液的渗透压平衡和电解质平衡。

4. 保持机体的酸碱平衡。

5. 维持神经和肌肉的应激性。

应该注意，“必需”和“非必需”的界限是相对的。随着检测手段和诊断方法的进步与完善，今天认为是非必需的元素，明天可能会被发现是必需的。如砷，过去一直认为是有害元素，1975 年才认识到它的必需性。目前很多研究结果表明，铷（Z=37）与生命过程有关，并已经具备必需微量元素的基本条件。但要得到人们的公认，还需作进一步的研究。

人体必需微量元素的不同价态会对生物体产生不同的作用。Cr^{3+} 具有很强的配位能力，在生物

体内能与较弱的有机配体或无机配体结合而发挥生理作用。但 Cr^{6+}（主要以铬酸盐的形式存在）可渗入红细胞，在被还原成 Cr^{3+} 的过程中，抑制谷胱甘肽还原酶的活性，同时，使血红蛋白转化为高铁血红蛋白，导致红细胞携带氧的机能发生障碍，使血中氧含量减少，导致机体产生各种中毒症状。

此外，具有合适化合价的必需元素在体内也有一个最佳营养浓度，过量或不足都不利于人体健康，过量甚至有害，上述提到的 Cr^{3+} 在体内浓度过高时也会产生毒性。

元素的生物效应与其在周期表中的位置也有密切关系。总体上，s、p 区元素对生命体的作用，从上到下，从左到右，都是营养作用减弱，毒性增强。

例 10-7　碘是甲状腺素的必需成分，缺碘会出现甲状腺肿和克汀病（呆小病），造成智力低下，防治碘缺乏最简单最有效的方法是食用加碘盐。请指出碘在周期表中的位置。该族所有非金属元素的氢化物中哪一个还原性最强？

解　碘在周期表中的位置是第 5 周期，ⅦA 族，P 区。

ⅦA 族中的非金属元素为：F、Cl、Br、I，其对应氢化物为：HF、HCl、HBr、HI，其中 I 的电负性最小，I^- 最易失去电子，故 HI 还原性最强。

二、环境污染中对人体有害的元素

在对人体健康产生危害的**有毒或有害元素**（poisonous or harmful element）中，铅、镉、汞、铊等金属对环境的污染问题日益引起人们的重视。其毒性机制是抑制生物高分子活性必需基团的功能、取代生物高分子中的必需金属离子，或者改变生物高分子的活性构象，从而破坏人体免疫系统、产生神经毒性或者致癌。

1. 铅　1994 年第一次国际儿童铅中毒预防大会警告："工业区铅超标儿童占 85%！"我国有关部门也指出："我国城市儿童铅中毒流行率达 51.6%。"铅金属和铅化合物均有巨毒。它们主要危害造血系统、神经系统、伤害肾脏，对儿童智能产生不可逆的影响。铅污染是危害儿童健康的头号环境因素，其主要来源于使用含四乙基铅防爆剂汽油的汽车尾气，我国许多城市已禁止使用含铅汽油。多吃含 Fe 丰富的食品，使血中铁含量升高，增强铁和血红素的亲和作用，同时促使血红素与铅的解离，具有一定的排铅效果。

2. 汞　我国明代（1637 年）宋应星就记录了对汞中毒的预防。汞及其大部分化合物都有毒。有机汞的毒性大于无机汞。震惊世界的日本熊本县水俣镇 1956 年发生的水俣病，就是由甲基汞中毒引起。污染源是一家氮肥工厂，工厂废水中的有机汞造成鱼中毒，通过食物链造成人中毒。1971 年，甲基汞造成伊拉克 6530 人中毒，其中 459 人死亡。

3. 镉　第二次世界大战后，日本富山县神通川流域发生的骨通病是由镉造成的。患者 258 人，死亡 128 例，发病年龄 30～70 岁，几乎全是女性，以 47～54 岁绝经前后发病最多。患者全身关节、骨骼疼痛难忍。死者骨中镉的含量比正常人的高出 159 倍。污染源是上游一家锌冶炼厂，它的含镉废水污染了稻田，居民吃了"镉米"慢性中毒。治疗手段除排镉外，可服用维生素 D 和钙剂。

4. 铊　铊处于周期表中第 6 周期ⅢA 族。铊及其化合物均有毒。铊中毒的原因有医源性、食物性、职业性和环境性。头发、阴毛脱落是铊中毒的典型表现。有效排毒剂为普鲁士蓝。

量子力学

20 世纪早期，一批年轻物理学家和数学家，在研究小线度和高速粒子的运动规律时，突破牛顿力学的传统束缚，创立了崭新的量子力学。量子力学是研究微观粒子运动规律的物理学分支学科，与相对论一起构成现代物理学的理论基础。

1900 年，德国物理学家 Planck M 通过黑体辐射实验，提出能量量子化的概念，开创了在小线度领域中用量子论处理微观粒子运动的新时代。1918 年，Planck M 因"能量基本量子的发现对物理学的促进"获得了诺贝尔物理学奖。

1905 年，Einstein A 采用了 Planck M 的能量量子化观点，提出著名的"光子说"，成功解释光电效应实验结果，确立了光的波粒二象性，夯实了量子化假说。

1908 年，英国物理学家 Rutherford E 因研究元素衰变和放射性而获得诺贝尔化学奖。1911 年，他和助手根据 α 粒子轰击金箔实验结果提出了原子的有核模型。1913 年，丹麦科学家 Bohr N 在 Rutherford E 的原子有核模型基础上，创造性地运用 Planck M 的量子论和 Einstein A 的光子说，建立氢原子结构的理论，解释了氢原子的发射光谱。1922 年，Bohr N 因"研究原子结构和原子辐射"获得诺贝尔物理学奖。但是 Bohr 理论未能合理解释氢光谱的精细结构和多电子原子的结构。

1923 年，法国物理学家 de Broglie L 在光的波粒二象性启发下，大胆提出一定量的物质将有相应的物质波控制它的运动，正如辐射的光量子流有一个波伴随着、并控制它的运动一样。1927 年，de Broglie 关系式分别被美国物理学家 Davisson C J 和 Germer L H 在镍单晶上电子束的反射及英国物理学家 Thomson G P 的电子衍射实验所证实。1929 年 de Broglie L 因"发现电子的波动性"、1937 年 Davisson C J 和 Thomson G P 因"发现晶体对电子衍射实验"获得诺贝尔奖。Born M 对于微观粒子的波动性提出了较为合理的"统计解释"。1954 年，Born M 因"提出波函数的统计解释等量子力学基本研究"获得诺贝尔奖。既然实物微粒的运动兼具波动性，而这种波动性又有统计性质，1927 年，德国物理学家 Heisenberg W 提出著名的不确定性原理，指出微观粒子的运动不会同时具有确定的位置和动量，它是粒子波动性的必然结果。

微观粒子的波动性被发现后，德国的 Ruska E 于 1933 年制造了第一台电子显微镜并获 1986 年诺贝尔物理学奖。当年分享这一奖项的还有瑞士苏黎世 IBM 实验室的 Binning G 和 Rohrer H，他们在 1981 年发明了基于量子力学中隧道效应的扫描隧道显微镜。

1926 年，奥地利物理学家 Schrödinger E 运用微分方程为工具，建立了描述微观粒子运动的波动方程，即 Schrödinger 方程。在这期间，德国物理学家 Heisenberg W 和英国物理学家 Dirac PAM 等又用"矩阵"这个数学工具来研究微观粒子的运动，建立了"矩阵力学"。Schrödinger E 用数学变换方法证明矩阵力学和波动力学的研究结果是等价的。1932 年，Heisenberg W 因"创立量子力学"获得诺贝尔物理学奖。Schrödinger E 和 Dirac PAM 因"发现原子理论的有效新形式"共享 1933 年度的诺贝尔物理学奖。从此，一个集前人研究成果之大成，在理论上又较为严谨自治、实际应用又更为广泛的"波动力学大厦"就此建成。

1925 年，奥地利物理学家 Pauli W 指出：在同一原子中不可能有 2 个电子同时处于同一量子态，解释了原子中电子的壳层结构。为解释光谱线的精细结构等，Pauli W 建议对于原子中的电子轨道状态，除了已有的与经典力学量（能量、角动量及其分量）对应的 3 个量子数之外，应引进第 4 个量子数。1925 年，荷兰物理学家 Uhlenbeck G 和 Goudsmit S 通过实验提出电子具有不依赖于轨道运动的固有运动角动量和磁矩，它们在外磁场方向分量的大小由自旋角动量量子数决定。1945 年，Pauli W 因"发现 Pauli 不相容原理"获得诺贝尔奖。

量子力学的产生和发展标志着人类认识自然实现了从宏观世界向微观世界的重大飞跃。量子力学的理论、原理和方法，已经引起了物理学、化学、生物学、材料科学等各学科领域的深刻变化，乃至当今蓬勃发展的计算机科学、生命科学等，都离不开量子力学。量子化学和量子生物学正在深入发展，其研究结果将带来生命科学的深层次变革。

Summary

Bohr proposed a theory about atomic structure providing a quantitative prediction of line spectra. In his theory, an atom can exist for a long time without radiating in certain stationary states with discrete

energies. The frequency of radiation emitted or absorbed by an atom as a result of a transition between two energy levels (E_{n_1} and E_{n_2}) is determined by the frequency rule. The theory was finally accepted because of the experimental observations on hydrogen atom quantitatively.

Louis de Broglie found that a particle such as an electron, with momentum p should have associated with it a wave whose wavelength is given by $\lambda = h/p$. This is a consequence of the uncertainty principle of Heisenberg for the electrons in an atom.

The electron's wave function (ψ) obtained by Schrödinger through solving a wave equation is a mathematical description of the electron's wavelike motion in an atom. Each of these different possible waves is called an orbital that has a characteristic energy. The square of the wave function (ψ^2) gives the probability of finding the electron in some small element of volume at various places around the nucleus.

The wave functions to describe the orbitals are characterized by the values of principal quantum number (n), azimuthal quantum number or sublevel (l) and magnetic quantum number (m). n and l determine the size and shape of an orbital respectively, while m determines its orientation in space relative to the other orbitals. The energy levels in an atom are arranged roughly into main levels, as determined by n. For any given n, sublevel l that determines the energy of an orbital to a certain degree, may take the values of 0, 1, 2, ⋯, $n-1$. In hydrogen atom, the energy levels only depend on the n value. In addition to n, l, m, the spin angular momentum quantum number (s), which arises because the electron behaves as if it is spinning, has to be applied to specify electrons.

The distribution of charge in an orbital could be indicated in different ways. A radial distribution plot can show us how the electron occupies the space near the nucleus for a particular energy level. The angular distribution of the electron can be showed by polar plots of the square of angular wave function $Y_{l,m}(\theta, \varphi)$.

The electron configuration is the way which the electrons are distributed among the orbitals in an atom following the Pauli Exclusion principle which limits the number of electrons in any given orbital to two and Hund's rule. For the main-group elements, the electronic configuration of the outermost shell is responsible for chemical changes. For the transition elements, inner d electrons are also involved in chemical reactions. The elements of a group in the periodic table have similar chemical behavior because of their similar outer electron configurations.

Many properties such as the effective nuclear charge, atomic radius and electronegativity of the elements vary in more or less regularity. For the elements in main-group, the atomic radius which depends on the outer shell, effective nuclear charge obviously increases from up to down, while decreases gradually from left to right across a period.

学科发展与医学应用综述题

1. 肿瘤放射治疗是利用放射线治疗肿瘤的一种常规、局部治疗方法，容易对人体产生较大的副作用。质子和重离子技术是放疗中的一种，为什么该技术对人体健康组织的伤害极小？

2. 微量元素在人体中的含量虽然很低，却具有不可忽视的作用。各种微量元素在体内相互影响，存在着复杂的激动或拮抗关系。综述人体内微量元素的平衡对生命活动的重要意义。

习　题

1. 如何理解电子的波动性？电子波与电磁波有什么不同？

2. “1s电子是在球形轨道上运动”。这样的表达有何不妥？

3. 如果某电子的运动速度是 $7\times10^5 m\cdot s^{-1}$，那么该电子的 de Broglie 波长是多少？

4. 设子弹质量为 10 g，速度为 $1000 m\cdot s^{-1}$，试分别根据 de Broglie 关系式和不确定性原理，通过计算说明宏观物质主要表现为粒子性，它们的运动服从经典力学规律（设子弹速度的不确定量为 $\Delta v_x=10^{-3} m\cdot s^{-1}$）。

5. 为什么一个原子轨道只能容纳 2 个电子？

6. 写出下列各能级或轨道的名称：

（1）$n=2, l=1$　（2）$n=3, l=2$　（3）$n=5, l=3$

（4）$n=2, l=1, m=-1$　（5）$n=4, l=0, m=0$

7. 基态氮原子的价层电子排布是 $2s^22p^3$，试用 4 个量子数的组合表示各价层电子的运动状态。

8. 以下各“亚层”哪些可能存在？包含多少轨道？

（1）2s　（2）3f　（3）4p　（4）5d

9. 按所示格式填写下表（基态）：

原子序数	电子排布式	价层电子排布	周期	族
49				
	$1s^22s^22p^6$			
		$3d^54s^1$		
			6	ⅡB

10. 不参考周期表，试给出下列原子或离子的电子排布式和未成对电子数：

（1）第 4 周期第 7 个元素。

（2）第 4 周期的稀有气体元素。

（3）原子序数为 38 的元素的最稳定离子。

（4）4p 轨道半充满的主族元素。

11. 写出下列离子的电子排布式：Ag^+、Zn^{2+}、Fe^{3+}、Cu^+。

12. 某元素的原子核外有 24 个电子，它在周期表中属于哪一周期、哪一族、什么区？其前后相邻原子的原子半径与之大约相差多少？

13. 同一周期的主族元素，第一电离能 I_1 变化的总趋势是随着原子序数而逐渐增加，但为什么第 3 周期中 P 的 I_1 反而比 S 要高？

14. 将下列原子按电负性降低的次序排列，并解释理由：

As、F、S、Ca、Zn

15. 基态原子价层电子排布满足下列各条件的是哪一族或哪一个元素？

（1）具有 2 个 p 电子。

（2）有 2 个电子的量子数为 $n=4$ 和 $l=0$，有 6 个电子的量子数为 $n=3$ 和 $l=2$。

（3）3d 亚层全充满，4s 亚层只有一个电子。

16. 铁在人体内的运输和代谢需要铜的参与。在血浆中，铜以铜蓝蛋白形式存在，催化氧化 Fe^{2+} 成 Fe^{3+}，从而使铁被运送到骨髓。试用原子结构的基本理论解释为什么 Fe^{2+} 易被氧化成 Fe^{3+}？

17. 硒与健康关系密切，硒在体内的活性形式为含硒酶和含硒蛋白。缺硒会引起克山病、大骨节病、白内障等。根据硒在周期表中的位置，推测硒的最高价氧化物。

Exercises

1. An electron in a hydrogen atom in the level $n=5$ undergoes a transition to level $n=3$. What is the frequency of the emitted radiation?

2. What is the wavelength of a neutron traveling at a speed of $3.90\times10^3 m\cdot s^{-1}$? This neutron is

obtained from a nuclear pile.

3. How many subshells are there in the M shell? How many orbitals are there in the f subshell ?

4. Among the following electron configurations, which is reasonable according to the theories about atomic structure? Explain why the others are not expressed correctly.

(1) $1s^22s^12p^6$　(2) $1s^22s^22p^63s^13d^6$　(3) $1s^22s^22p^8$　(4) $1s^22s^12p^63s^23d^{10}$

5. Thallium has the ground-state electron configuration [Xe]$4f^{14}5d^{10}6s^26p^1$. Give the group and period of this element. Classify it as a main-group, a d-transition, or an f-transition element.

6. With the aid of the periodic table, rearrange the order of the following elements in increasing electronegativity:

(1) Sr, Cs, Ba　(2) Ca, Ge, Ga　(3) P, As, S

(钮因尧)

第十一章　共价键与分子间力

化学键(chemical bond)是分子内或晶体中相邻两原子或离子间强烈的相互作用力。包括离子键、共价键(含配位键)和金属键，键能为每摩尔几十到几百千焦。以共价键相结合的化合物占已知化合物的90%以上。分子和分子之间还存在各种作用力，总称为**分子间力**(intermolecular force)，其中范德瓦耳斯力(van der Waals force)和氢键是最常见的两类，其作用能比化学键小一两个数量级。物质的性质主要取决于它们的分子结构及分子间的作用力。

本章介绍共价键理论，分子的空间构型及分子间力。

第一节　现代价键理论

早期的共价键理论即八隅律(octet rule)，是在1916年由美国化学家Lewis G N提出：在形成共价键时，成键原子间倾向于通过获得、失去或共用若干对电子，以达到稳定稀有气体原子的价层电子层结构，分子中原子间通过共用电子对结合而成的化学键称为共价键。

Lewis的共价键理论第一次指出了原子间共用电子可以形成共价键，给出了许多共价分子或离子团的电子结构图。但该理论却无法解释以下几个问题：

1. 为什么两个带负电荷的电子不互相排斥反而互相配对？

2. 共价键为何具有方向性？

3. 某些共价分子中，围绕成键原子周围的电子数没有达到稀有气体原子的外层电子组态，但分子仍相当稳定等问题。例如，BF_3分子中B少于8电子；PCl_5分子中P多于8电子。

4. 某些分子或离子含有单电子，如NO、O_2分子，但也可以较稳定地存在。

1927年，德国化学家Heitler W和London F应用量子力学处理H_2分子结构，揭示了共价键的本质。Pauling L和Slater J C等在此基础上加以发展，建立了现代**价键理论**(valence bond theory，VB)，1932年，美国化学家Muiliken R S和德国化学家Hund F又提出了**分子轨道理论**(molecular orbital theory，MO)。本节介绍现代价键理论。

一、氢分子的形成

量子力学对氢分子系统的处理结果表明，氢分子的形成是两个氢原子1s轨道重叠的结果。只有两个氢原子的单电子自旋方向相反时，两个1s轨道才会有效重叠，形成共价键。如图11-1所示，当两个氢原子互相靠近时，如果电子自旋方向相反，原子轨道相互重叠，核间电子云密度增大，系统能量随之降低，当核间距r达到74pm(理论值87pm)时，系统能量最低，为$-436kJ \cdot mol^{-1}$，两个氢原子间借助两核间密集的电子云将两个带正电荷的核吸引在一起，形成了稳定的共价键，这种稳定的状态称为氢分子的**基态**(ground state)。两个氢原子如果继续互相靠近，核间排斥能增大，系统能量升高，分子不稳定。如果两个氢原子的单电子自旋方向相同且相互接近，核间电子云密度稀疏，几乎为零，此时核间排斥力起主要作用，两个氢原子不能成键，这种不稳定的状态称为氢分子的**排斥态**(repellent state)。

综上所述，共价键的本质是电性的。图11-2显示了基态氢分子和排斥态氢分子核间电子云的两种状态。

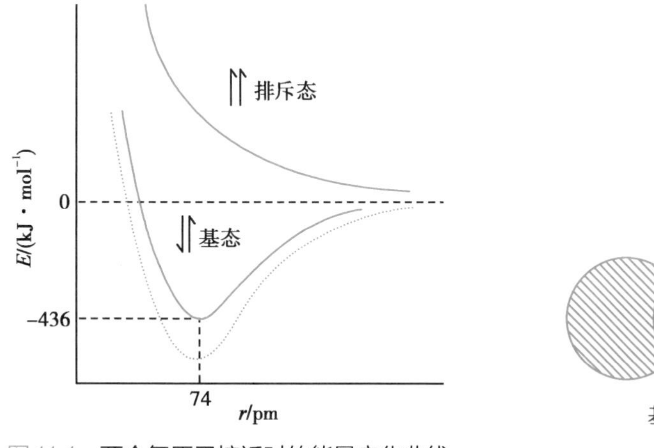

图 11-1　两个氢原子接近时的能量变化曲线

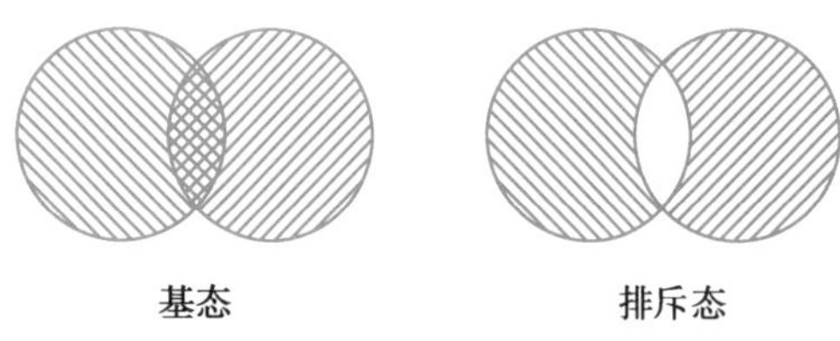

图 11-2　H_2 分子的两种状态

二、价键理论的要点

将 H_2 分子形成的研究结果推广到其他双原子分子和多原子分子，可归纳出现代价键理论的要点：

1. 两个原子接近时，只有自旋方向相反的单电子可以相互配对（两原子轨道有效重叠），使电子云密集于两核间，系统能量降低，形成稳定的共价键。

2. 原子中的单电子配对形成共价键后，就不能再与其他原子中的单电子配对，每个原子所能形成共价键的数目取决于该原子中的单电子数目。因此共价键具有饱和性。

3. 两成键原子轨道重叠愈多，核间电子云密度愈大，形成的共价键愈牢固，称为原子轨道最大重叠原理。据此，共价键形成时，将尽可能沿着原子轨道能最大程度重叠的方向进行。而在原子轨道中，除 s 轨道呈球形对称外，p、d 等轨道都有一定的空间取向，成键原子轨道只有沿一定的方向靠近才能达到最大程度的重叠，形成稳定的共价键，因此共价键具有方向性。例如，在形成 HCl 分子时，H 原子的 1s 轨道与 Cl 原子的 $3p_x$ 轨道是沿着 x 轴方向靠近，以实现它们之间的最大程度重叠，形成稳定的共价键[图 11-3（a）]。其他方向的重叠，如图 11-3（b）和图 11-3（c）所示，因原子轨道没有重叠或很少重叠，故不能成键。

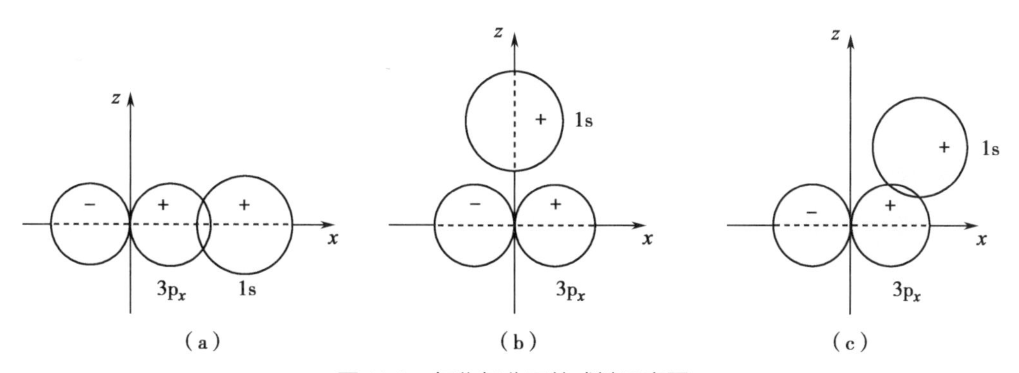

图 11-3　氯化氢分子的成键示意图

三、共价键的类型

（一）σ 键和 π 键

根据原子轨道最大重叠原理，成键原子轨道之间存在两种不同的重叠方式，从而形成两种类型的共价键——σ 键和 π 键。对于含有 s 单电子或 p 单电子的原子，它们可以通过 s－s、s－p_x、p_x－p_x、p_y－p_y、p_z－p_z 等轨道重叠形成共价键。若 x 轴设为键轴，为了达到成键原子轨道间的最大程度重叠，

其中 s—s、s—p_x 和 p_x—p_x 轨道沿着键轴方向以“头碰头”方式进行重叠，轨道的重叠部分沿键轴呈圆柱形对称分布，原子轨道以这种方式重叠形成的共价键称为 σ 键，σ 键可绕键轴旋转，如图 11-4（a）所示。两个互相平行的 p_z 与 p_z 或 p_y 与 p_y 轨道间，只能以“肩并肩”的方式进行重叠，轨道的重叠部分垂直于键轴，并对 *xy* 平面或 *xz* 平面呈镜面反对称分布（原子轨道在镜面两边波瓣相同但符号相反），原子轨道以这种重叠方式形成的共价键称为 π 键，π 键绕键轴旋转会发生断裂，如图 11-4（b）所示。例如，N 原子的电子组态为 $1s^22s^22p_x^12p_y^12p_z^1$，其中 3 个单电子分别占据 3 个互相垂直的 p 轨道。当两个 N 原子结合形成 N_2 分子时，各以 1 个 p_x 轨道沿键轴方向以“头碰头”的方式重叠形成 1 个 σ 键，余下的 2 个 $2p_y$ 和 2 个 $2p_z$ 轨道只能以“肩并肩”的方式进行重叠，形成 2 个 π 键，如图 11-5 所示。所以，N_2 分子中有 1 个 σ 键和 2 个 π 键，其分子结构式可用 N≡N 表示。

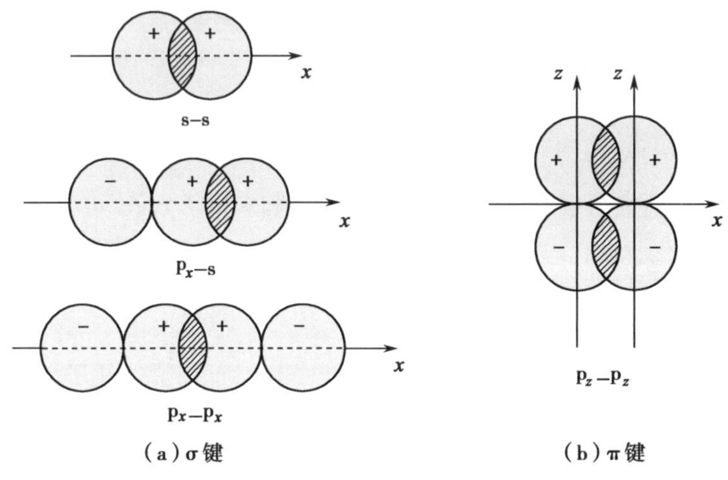

图 11-4 σ 键和 π 键

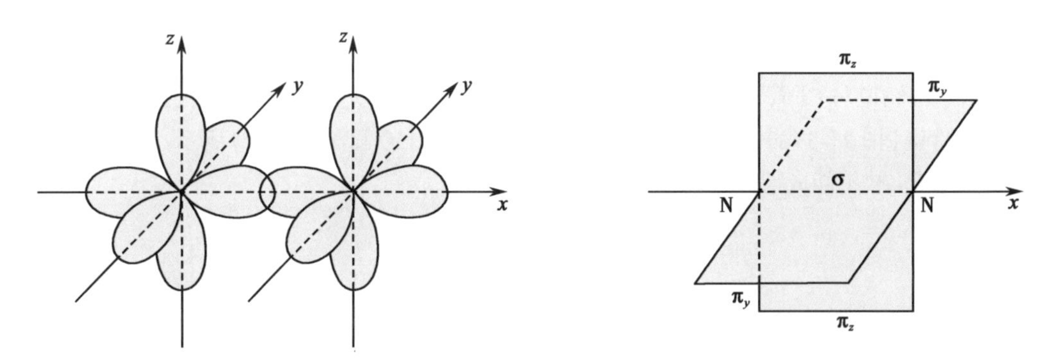

图 11-5 N_2 分子形成示意图

由于 σ 键的轨道重叠程度比 π 键的轨道重叠程度大，因而 σ 键比 π 键牢固。π 键较易断开，化学性质活泼。σ 键是构成分子的骨架，可单独存在于两原子间，而且以共价键结合的两原子间只能有 1 个 σ 键。而 π 键不能单独存在，只能与 σ 键共存于具有双键或三键的分子中。

（二）正常共价键和配位共价键

根据成键原子提供电子形成共用电子对方式的不同，共价键可分为正常共价键和配位共价键。如果共价键是由成键两原子各提供 1 个电子配对成键，称为**正常共价键**（normal covalent bond），如 H_2、O_2、HCl 等分子中的共价键。如果共价键的形成是由成键两原子中的一个原子单独提供电子对进入另一个原子的空轨道共用而成键，这种共价键称为**配位共价键**（coordinate covalent bond），简称**配位键**（coordination bond）。为区别于正常共价键，配位键用“→”表示，箭头从提供电子对的原子指向接受电子对的原子。例如，在 CO 分子中，O 原子除了以 2 个单的 2p 电子与 C 原子的 2 个单的 2p 电子形成 1 个 σ 键和 1 个 π 键外，还单独提供一对孤对电子进入 C 原子的 1 个 2p 空轨道共用，形成 1

个配位键，可表示为

$$C \leftleftarrows\!\!= O$$

由此可见，要形成配位键必须同时具备两个条件：一个成键原子的价电子层有孤对电子；另一个成键原子的价电子层有空轨道。

配位键的形成方式虽和正常共价键不同，但形成以后，两者并无区别。关于配位键理论将在第十二章配位化合物中作进一步介绍。

四、键参数

能表征化学键性质的物理量称为**键参数**（bond parameter）。共价键的键参数主要有键能、键长、键角及键的极性。

（一）键能

键能（bond energy）是从能量角度衡量共价键强弱的物理量。对于双原子分子，键能（E）就等于分子的**解离能**（dissociation energy，D）。在 100kPa 和 298.15K 下，将 1mol 理想气态分子 AB 解离为理想气态的 A、B 原子所需要的能量，称为 AB 的解离能，单位为 kJ•mol^{-1}。

例如，对于 H_2 分子

$$H_2(g) \longrightarrow 2H(g) \qquad E(H-H) = D(H-H) = 436kJ \cdot mol^{-1}$$

对于多原子分子，键能和解离能不同。例如，H_2O 分子中有两个等价的 O—H 键，一个 O—H 键的解离能为 502kJ•mol^{-1}，另一个 O—H 键的解离能为 423.7kJ•mol^{-1}，其 O—H 键的键能是两个 O—H 键的解离能的平均值

$$E(O-H) = 463kJ \cdot mol^{-1}$$

同一种共价键在不同的多原子分子中的键能虽有差别，但差别不大。我们可用不同分子中同一种共价键键能的平均值即平均键能作为该键的键能。一般键能愈大，键愈牢固。表 11-1 列出了一些双原子分子的键能和某些键的平均键能。

表 11-1 一些双原子分子的键能和某些键的平均键能 E（单位：kJ•mol^{-1}）

分子名称	键能	分子名称	键能	共价键	平均键能	共价键	平均键能
H_2	436	HF	565	C—H	413	N—H	391
F_2	165	HCl	431	C—F	460	N—N	159
Cl_2	247	HBr	366	C—Cl	335	N═N	418
Br_2	193	HI	299	C—Br	289	N≡N	946
I_2	151	NO	286	C—I	230	O—O	143
N_2	946	CO	1071	C—C	346	O═O	495
O_2	493			C═C	610	O—H	463
				C≡C	835		

（二）键长

分子中两成键原子的核间平衡距离称为**键长**（bond length）。光谱及衍射实验的结果表明，同一种键在不同分子中的键长几乎相等。因而可用其平均值即平均键长作为该键的键长。例如，C—C 单键的键长在金刚石中为 154.2pm；在乙烷中为 153.3pm；在丙烷中为 154pm；在环己烷中为 153pm。因此将 C—C 单键的键长定为 154pm。

两原子形成的同型共价键的键长愈短，键愈牢固。就相同的两原子形成的键而言，单键键长>双键键长>三键键长。例如，C═C 键长为 134pm；C≡C 键长为 120pm。

（三）键角

分子中同一原子形成的两个共价键之间的夹角称为**键角**（bond angle）。它是反映分子空间构型

的一个重要参数。如 H_2O 分子中的键角为 104°45′，表明 H_2O 分子为 V 形结构；CO_2 分子中的键角为 180°，表明 CO_2 分子为直线形结构。一般而言，根据分子中的键角和键长可确定分子的空间构型。

（四）键的极性

键的极性是由于成键原子的电负性不同而引起的。当成键原子的电负性相同时，核间的电子云密集区域在两核的中间位置，两个原子核所形成的正电荷重心和成键电子对的负电荷重心恰好重合，这样的共价键称为**非极性共价键**（nonpolar covalent bond）。如 H_2、O_2 分子中的共价键就是非极性共价键。当成键原子的电负性不同时，核间的电子云密集区域偏向电负性较大的原子一端，使之带部分负电荷，而电负性较小的原子一端则带部分正电荷，键的正电荷重心与负电荷重心不重合，这样的共价键称为**极性共价键**（polar covalent bond）。如 HCl 分子中的 H—Cl 键就是极性共价键。一般情况下，成键原子的电负性差值愈大，键的极性就愈大。当成键原子的电负性相差很大时，可以认为成键电子对完全转移到电负性大的原子上，这时原子转变为离子，形成离子键。因此，从键的极性看，可以认为离子键是最强的极性键，极性共价键是由离子键到非极性共价键之间的一种过渡情况，但没有 100% 的离子键存在，见表 11-2。

表 11-2　键型与成键原子电负性差值的关系

物质	NaCl	HF	HCl	HBr	HI	Cl_2
电负性差值	2.23	1.80	0.98	0.78	0.48	0
键型	离子键	极性共价键				非极性共价键

第二节　价层电子对互斥理论

价键理论成功地解释了共价键的形成、本质，以及方向性和饱和性，但不能预测分子的空间构型。1940 年，美国的 Sidgwick N V 等相继提出了**价层电子对互斥理论**（valence shell electron pair repulsion theory，VSEPR 法），该理论可以比较简便而准确地预测许多主族元素间形成的 AB_n 型分子或离子的空间构型。

VSEPR 法认为，一个共价分子或离子中，中心原子 A 与原子 B（配原子）相结合所形成分子的几何构型，主要取决于中心原子的价电子层中各电子对之间的相互排斥作用。这些电子对在中心原子周围应尽可能互相远离，以使彼此间的排斥能最小。中子原子价层电子有孤电子对存在时，相对于成键电子云，由于具有较大的电子云波瓣，电子对间的排斥力较大，影响了分子内成键原子间的键角，因而分子空间构型不同于无孤电子对的基本类型。

应用价层电子对互斥理论预测分子空间构型的步骤：

1. 确定中心原子中价层电子对数　中心原子的价层电子数和配原子所提供的共用电子数的总和除以 2，即为中心原子的价层电子对数。规定：①作为中心原子，卤素原子按提供 7 个电子计算，氧族元素的原子按提供 6 个电子计算，即提供的电子数等于其族数；②作为配原子，卤素原子和 H 原子提供 1 个电子，氧族元素的原子不提供电子；③对于复杂离子，在计算价层电子对数时，还应加上负离子的电荷数或减去正离子的电荷数；④计算电子对数时，若剩余 1 个电子，亦当作 1 对电子处理；⑤双键、三键等多重键作为 1 对电子看待。

2. 判断分子的空间构型　根据中心原子的价层电子对数，从表 11-3 中找出相应的价层电子对构型后，再根据价层电子对中的孤电子对的数目，确定分子的空间构型。需要注意的是，中心原子的价层电子对构型是指价层电子对在中心原子周围的空间排布方式，而分子的空间构型是指分子中的配位原子在空间的排布，不包括孤电子对。当孤电子对数为 0 时，二者一致；有孤电子对时，分子的空间构型将发生“畸变”。

表 11-3　理想的价层电子对构型和分子构型

A的电子对数	价层电子对构型	分子类型	成键电子对数	孤电子对数	分子构型	实例
2	直线	AB_2	2	0	直线	$HgCl_2$、CO_2
3	平面正三角形	AB_3	3	0	平面正三角形	BF_3、NO_3^-
		AB_2	2	1	V形	$PbCl_2$、SO_2
4	正四面体	AB_4	4	0	正四面体	SiF_4、SO_4^{2-}
		AB_3	3	1	三角锥	NH_3、H_3O^+
		AB_2	2	2	V形	H_2O，H_2S
5	三角双锥	AB_5	5	0	三角双锥	PCl_5、PF_5
		AB_4	4	1	变形四面体	SF_4、$TeCl_4$
		AB_3	3	2	T形	ClF_3
		AB_2	2	3	直线	I_3^-、XeF_2
6	正八面体	AB_6	6	0	正八面体	SF_6、AlF_6^{3-}
		AB_5	5	1	四方锥	BrF_5、SbF_5^{2-}
		AB_4	4	2	平面正方形	ICl_4^-、XeF_4

例 11-1　利用 VSEPR 法预测 H_2S 分子的空间构型。

解　S 是 H_2S 分子的中心原子，它有 6 个价电子，与 S 键合的 2 个 H 原子各提供 1 个电子，因此 S 原子价层电子对数为 $(6+2)/2=4$，其价层电子对构型为正四面体，因配原子数为 2，说明价层电子对中有 2 对孤对电子，所以 H_2S 分子的空间构型为 V 形。

例 11-2　利用 VSEPR 法预测 SO_4^{2-} 的空间构型。

解　SO_4^{2-} 的负电荷数为 2，中心原子 S 有 6 个价电子，O 原子不提供电子，因此 S 原子的价层电子对数为 $(6+2)/2=4$，其价层电子对构型为正四面体。因配原子数也为 4，说明价层电子对中无孤对电子，所以 SO_4^{2-} 的空间构型即为正四面体。

例 11-3　利用 VSEPR 法预测 HCHO 分子的空间构型。

解　$\mathrm{H{-}\overset{\displaystyle H}{\overset{|}{C}}{=}O}$ 分子中，C 为中心原子，1 个 C=O 双键看作 1 对成键电子，2 个 C−H 单键为 2 对成键电子，故中心原子 C 的价层电子对数为 3。在有多重键存在时，多重键同孤对电子相似，对成键电子对也有较大斥力，影响分子中的键角。HCHO 分子中，由于 C=O 为双键，所以，$\angle HCH < \angle HCO$，故分子的空间构型为平面三角形，而不是平面正三角形。

问题与思考 11-1

BF_3 和 ClF_3 构成原子均为 1∶3，二者的空间构型是否相同？为什么？

第三节　杂化轨道理论

杂化轨道理论（hybrid orbital theory）是 1931 年由 Pauling L 等在价键理论的基础上提出的，用于解释已知 CH_4 分子的空间构型为正四面体的实验事实。此理论在成键能力、分子的空间构型等方面补充和发展了现代价键理论。

一、杂化轨道理论的要点

1. 在成键过程中，由于原子间的相互影响，同一原子中几个能量相近的不同类型的价层原子

轨道（即波函数），可以进行线性组合，重新分配能量和确定空间方向，组成数目相等的新的原子轨道，这种轨道重新组合的过程称为**杂化**（hybridization），杂化后形成的新轨道称为**杂化轨道**（hybrid orbital）。

2. 杂化轨道的角度波函数在某个方向的值比杂化前大得多，更有利于原子轨道间最大程度地重叠，因而杂化轨道比原来轨道的成键能力强。

3. 杂化轨道之间力图在空间取最大夹角分布，使相互间的排斥能最小，以形成稳定的共价键。不同类型的杂化轨道之间的夹角不同，因此，杂化轨道理论可用于解释简单的多原子分子的空间构型。

需要说明的是：①原子轨道的杂化只发生在分子的形成过程中，是原子的价层轨道在原子核及键合原子轨道的共同作用下发生的；②在原子间形成共价键的过程中，产生杂化的中心原子并非先受激发产生电子跃迁，然后再进行轨道杂化，而是激发、杂化及轨道重叠同时进行，分步描述仅为便于理解。

二、轨道杂化类型及实例

（一）sp 型和 spd 型杂化

按参加杂化的原子轨道种类，轨道的杂化有 sp 型和 spd 型两种主要类型。

1. sp 型杂化　能量相近的 *n*s 轨道和 *n*p 轨道之间的杂化称为 sp 型杂化。按参加杂化的 s 轨道、p 轨道数目的不同，sp 型杂化又可分为 sp、sp^2、sp^3 三种类型。

（1）sp 杂化：由 1 个 *n*s 轨道和 1 个 *n*p 轨道组合成 2 个 sp 杂化轨道的过程称为 sp 杂化，所形成的轨道称为 sp 杂化轨道。每个 sp 杂化轨道均含有 1/2 的 s 轨道成分和 1/2 的 p 轨道成分。为使相互间的排斥能最小，轨道间的夹角为 180°。当 2 个 sp 杂化轨道与其他原子轨道重叠成键后就形成直线构型的分子。sp 杂化过程及 sp 杂化轨道的形状如图 11-6 所示。

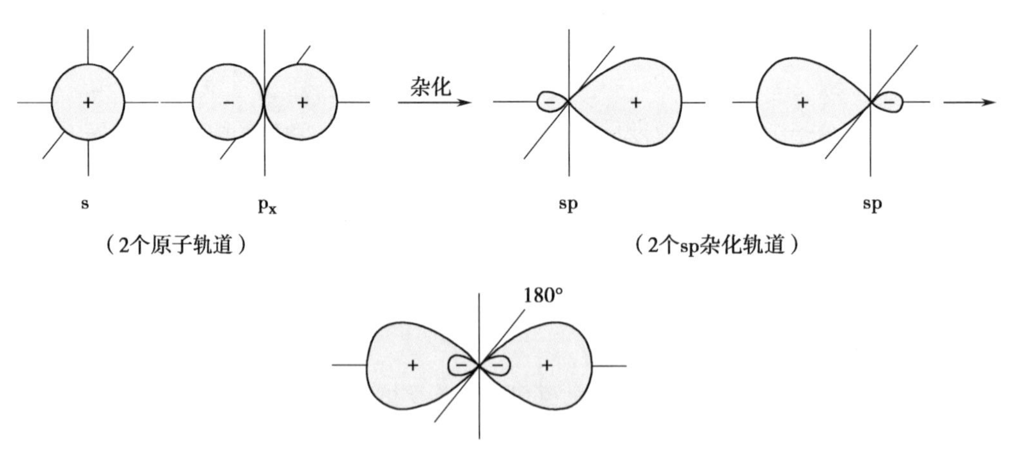

图 11-6　s 和 p 轨道组合成 sp 杂化轨道示意图

例 11-4　试用杂化轨道理论说明 $BeCl_2$ 含有 2 个完全等同的 Be－Cl 键、键角为 180°，分子空间构型为直线形。

解　Be 原子的价层电子组态为 $2s^2$。在形成 $BeCl_2$ 分子的过程中，Be 原子的 1 个 2s 电子激发到 2p 空轨道，其价层电子组态变为 $2s^12p^1$，这 2 个含有单电子的 2s 轨道和 2p 轨道进行 sp 杂化，形成了夹角为 180° 的 2 个能量相同的 sp 杂化轨道，当它们分别与 2 个 Cl 原子中含有单电子的 3p 轨道重叠时，就形成 2 个完全等同的 σ_{sp-p} 键，所以 $BeCl_2$ 分子的空间构型为直线形（图 11-7），其形成过程可表示为

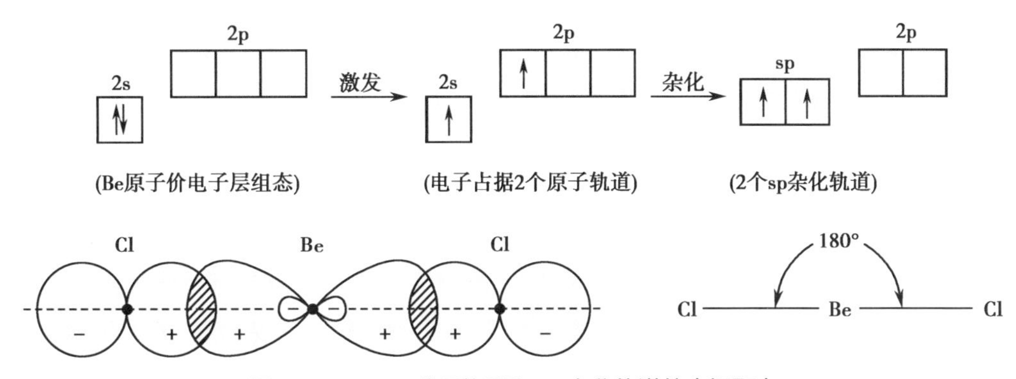

图 11-7　$BeCl_2$ 分子构型和 sp 杂化轨道的空间取向

（2）sp^2 杂化：由 1 个 *n*s 轨道与 2 个 *n*p 轨道组合成 3 个 sp^2 杂化轨道的过程称为 sp^2 杂化。每个 sp^2 杂化轨道含有 1/3 的 s 轨道成分和 2/3 的 p 轨道成分。为使轨道间的排斥能最小，3 个 sp^2 杂化轨道呈正三角形分布，夹角为 120°，如图 11-8（a）所示。当 3 个 sp^2 杂化轨道分别与其他 3 个相同原子的轨道重叠成键后，就形成正三角形构型的分子。

例 11-5　试用杂化轨道理论说明 BF_3 分子中有 3 个完全等同的 B—F 键，键角为 120°，分子的空间构型为正三角形。

解　BF_3 分子的中心原子是 B，其价层电子组态为 $2s^22p^1$。在形成 BF_3 分子的过程中，B 原子的 2s 轨道上的 1 个电子激发到 2p 空轨道，其价层电子组态变为 $2s^12p^2$，1 个 2s 轨道和 2 个 2p 轨道进行 sp^2 杂化，形成夹角均为 120° 的 3 个完全等同的 sp^2 杂化轨道，当它们各与 1 个 F 原子的含有单电子的 2p 轨道重叠时，就形成了 3 个 σ_{sp^2-p} 键。故 BF_3 分子的空间构型是正三角形［图 11-8（b）］，其形成过程可表示为

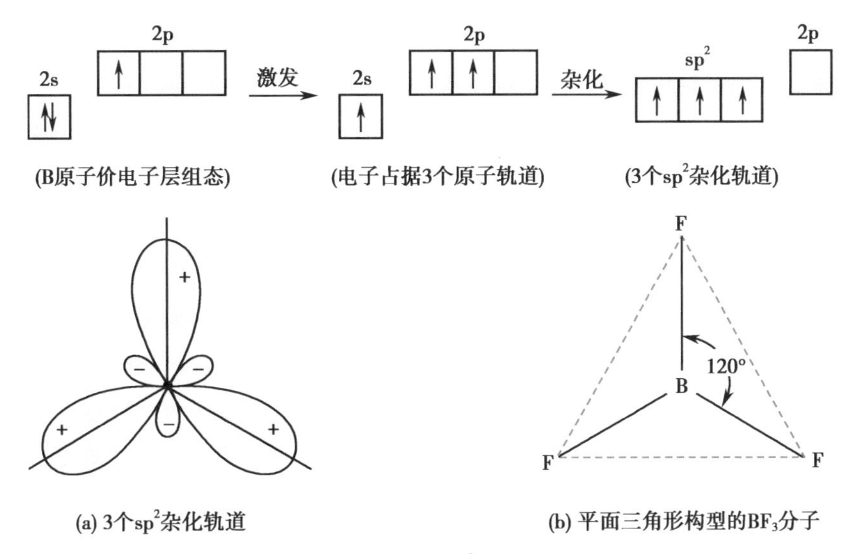

图 11-8　BF_3 分子构型和 sp^2 杂化轨道的空间取向

（3）sp^3 杂化：由 1 个 *n*s 轨道和 3 个 *n*p 轨道组合成 4 个 sp^3 杂化轨道的过程称为 sp^3 杂化。每个 sp^3 杂化轨道含有 1/4 的 s 轨道成分和 3/4 的 p 轨道成分。为使轨道间的排斥能最小，4 个分别指向正四面体顶角的 sp^3 杂化轨道间的夹角均为 109°28′［图 11-9（a）］。当它们分别与其他 4 个相同原子的轨道重叠成键后，就形成正四面体构型的分子。

例 11-6　实验测定表明，CH_4 分子的空间构型为正四面体，试用杂化轨道理论解释。

解　CH_4 分子的中心原子是 C，其价层电子组态为 $2s^22p^2$。在形成 CH_4 的过程中，2s 轨道上的 1 个电子激发到 2p 空轨道，其价层电子组态变为 $2s^12p^3$，1 个 2s 轨道和 3 个 2p 轨道进行杂化，形成 4

个完全等同，夹角为109°28′的sp^3杂化轨道，这4个sp^3杂化轨道分别与4个H原子的1s轨道重叠，形成4个σ_{sp^3-s} C—H键。故CH_4分子的空间构型为正四面体，如图11-9（b）所示。

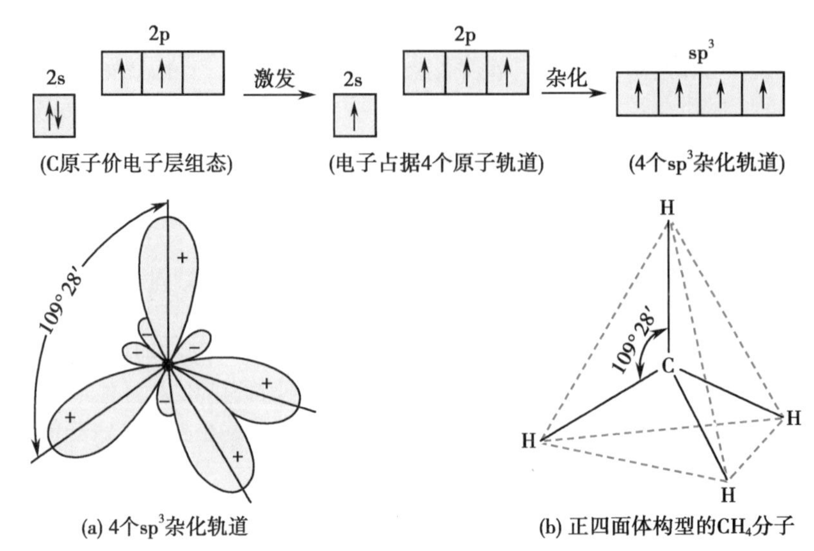

图11-9　CH_4分子构型和sp^3杂化轨道的空间取向

上述sp型的3种杂化可归纳于表11-4。

表11-4　sp型的3种杂化类型

杂化类型	sp	sp^2	sp^3
参与杂化的原子轨道	$1\times ns+1\times np$	$1\times ns+2\times np$	$1\times ns+3\times np$
杂化轨道数	$2\times sp$	$3\times sp^2$	$4\times sp^3$
杂化轨道间夹角	180°	120°	109°28′
空间构型	直线	平面正三角形	正四面体
实例	$BeCl_2$、C_2H_2	BF_3、BCl_3	CH_4、CCl_4

问题与思考11-2

有机分子的结构和空间构型常用杂化轨道理论予以解释，如C_2H_6、C_2H_4、C_2H_2三个分子中C的杂化形式是否相同，空间构型如何？C—C之间是否均有π键形成？

2. spd型杂化　能量相近的$(n-1)$d、ns、np轨道或ns、np、nd轨道组合成新的dsp或spd型杂化轨道的过程可统称为spd型杂化。这种类型的杂化比较复杂，它们通常存在于过渡元素形成的化合物中，此内容将在第十二章配位化合物中介绍。

（二）等性杂化和不等性杂化

能量相近的原子轨道杂化后，所形成的几个杂化轨道所含原来轨道成分的比例相等，能量完全相同时，这种杂化称为**等性杂化**（equivalent hybridization），否则称为**不等性杂化**（nonequivalent hybridization）。通常，若参与杂化的原子轨道都含有单电子或都是空轨道，其杂化是等性的。如上述的3种sp型杂化，即$BeCl_2$、BF_3和CH_4分子中的中心原子分别为sp、sp^2和sp^3等性杂化。若原子轨道杂化后所形成的新的杂化轨道中，既有含单电子的，也有已被孤电子对占据的，则这些杂化轨道能量是不完全相同的，此类杂化为不等性杂化。下面以NH_3分子和H_2O分子的形成为例予以说明。

例11-7　实验测知，NH_3分子中有3个N—H键，键角为107°18′，分子的空间构型为三角锥形，试解释之。

解　N原子是NH_3分子的中心原子，其价层电子组态为$2s^2 2p_x^1 2p_y^1 2p_z^1$。在形成$NH_3$分子的过程中，N原子的1个含有1对电子的2s轨道与3个含有单电子的2p轨道进行sp^3杂化，但在形成的4个sp^3杂化轨道中，其中1个sp^3杂化轨道是被1对孤电子对占据的，另外3个sp^3杂化轨道则各含有1个单电子，故N原子的sp^3杂化轨道是不等性杂化。当3个含有单电子的sp^3杂化轨道各与1个H原子的1s轨道重叠，就形成3个σ_{sp^3-s}键。由于N原子中有1对孤对电子不参与成键，其电子云较密集于N原子周围，它对成键电子对的排斥作用相对较大，使N—H键的夹角被压缩至107°（小于109°28′），因此，NH_3分子的空间构型呈三角锥形（图11-10）。

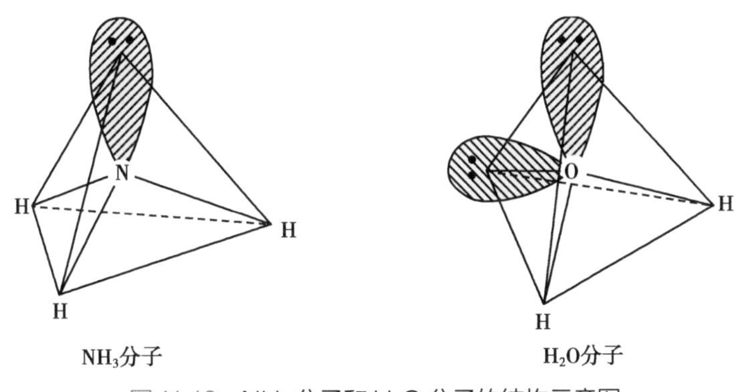

图11-10　NH_3分子和H_2O分子的结构示意图

例11-8　实验测得，H_2O分子中有2个O—H键，键角为104°45′，分子的空间构型为V形。试解释之。

解　中心原子O的价层电子组态为$2s^2 2p^4$。在形成H_2O分子的过程中，O原子的1个2s轨道与3个2p杂化形成4个sp^3杂化轨道，其中的2个sp^3杂化轨道各占有1对孤电子对，另2个则各占有1个单电子，所以此sp^3杂化为不等性杂化，其中含有单电子的2个sp^3杂化轨道各与1个H原子的1s轨道重叠，可形成2个σ_{sp^3-s}键，而余下的2个sp^3杂化轨道中的2对孤电子对，对O—H键产生较大的排斥作用，使O—H键夹角被压缩至104°45′（比NH_3分子的键角小），故H_2O分子空间构型呈V形（图11-10）。

（三）离域π键

π键有定域π键与离域π键之分。**定域键**（localized bond）属双中心键，而**离域键**（delocalized bond）属多中心键，离域π键上的电子可游动于π键上多个原子之间。不少有机与无机化合物中都含有离域π键，常称大π键（Π）。含有m个电子和n个原子的离域π键可用Π_n^m表示。

形成离域π键的原子以杂化轨道形成σ键，构成分子的基本骨架，它们都在同一平面上，每个原子可提供1个未参与杂化的，且相互平行、垂直于分子平面的p轨道两两互相重叠形成了离域π键。

例11-9　试分析O_3分子中的σ键和π键。

解　O_3分子的构型为V型，如图11-11所示。在O_3分子中，中心O原子以2个sp^2杂化轨道与另外2个O原子形成2个σ_{sp^2-p}键，第3个sp^2杂化轨道为孤电子对所占有。此外，中心O原子提供1个未参与杂化的p轨道，上面有一对电子，两端的O原子则各提供1个与其平行的p轨道，上面各有1个单电子，它们之间肩并肩互相重叠，形成垂直于分子平面的3中心4电子离域π键，用Π_3^4表示。

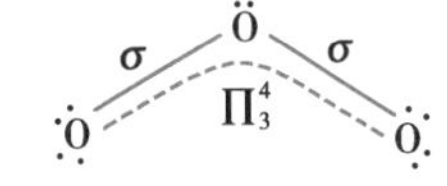

图11-11　O_3分子中的大π键

问题与思考11-3

苯分子中是否有离域π键的形成？离域π键形成后，与经典结构式相比，性质发生了哪些变化？

第四节 分子轨道理论简介

现代价键理论立足于成键原子间的轨道重叠，模型直观，易于理解，阐明了共价键的本质，尤其是它的杂化轨道理论成功地解释了共价分子的空间构型，因而得到了广泛的应用。但该理论认为分子中成键的共用电子对只在两个成键原子间的小区域内运动，没有把分子作为一个整体处理，故有局限性。例如，O 原子的电子组态为 $1s^22s^22p_x^22p_y^12p_z^1$，按现代价键理论，2 个 O 原子应以 1 个 σ 键和 1 个 π 键结合成 O_2 分子，因此 O_2 分子中的电子都是成对的，它应是抗磁性 * 物质。但是磁性测定表明，O_2 分子是顺磁性物质，它有 2 个未配对的单电子。另外，现代价键理论也不能解释分子中存在单电子键（如在 H_2^+ 中）和三电子键（如在 O_2 分子中）等问题。1932 年，美国化学家 Mulliken R S 和德国化学家 Hund F 提出一种新的共价键理论——分子轨道理论，即 MO 法。该理论立足于分子的整体性，能较好地说明多原子分子的结构，在现代共价键理论中占有很重要的地位。

一、分子轨道理论的要点

（一）理论要点

1. 原子在形成分子时，所有电子都有贡献，分子中的电子不再从属于某个原子，而是在整个分子空间范围内运动。在分子中电子的空间运动状态可用相应的分子轨道波函数 ψ（称为分子轨道）来描述。分子轨道和原子轨道的主要区别在于：在原子中，电子的运动只受 1 个原子核的作用，原子轨道是单核系统；而在分子中，电子则在所有原子核势场作用下运动，分子轨道是多核系统。

2. 分子轨道可以由分子中原子轨道波函数的**线性组合**（linear combination of atomic orbitals，LCAO）而得到。有几个原子轨道就可组合成几个分子轨道。其中原子轨道线性组合时，两个组合系数同号，波函数相加，核间电子概率密度增大，能量降低的，利于成键的称为**成键分子轨道**（bonding molecular orbital）；若原子轨道线性组合时，两个组合系数符号相反，则波函数相减，核间电子概率密度很小，能量较原子轨道高，不利于成键的称为**反键分子轨道**（antibonding molecular orbital）；若组合得到的分子轨道能量与组合前的原子轨道能量没有明显差别，所得分子轨道称为**非键轨道**（nonbonding orbital）。

3. 每个分子轨道都有其对应的能级及空间分布状态。分子轨道的空间分布状态有不同的对称性，根据分子轨道对称性的不同，可分为 σ 分子轨道和 π 分子轨道。电子填入这些轨道后，分别称为 σ 电子和 π 电子，所形成的共价键称为 σ 键、π 键（成键分子轨道）和 σ^* 键、π^* 键（反键分子轨道）。

4. 电子在分子轨道中的排布也遵守 Pauli 不相容原理、能量最低原理和 Hund 定则。具体排布时，应先知道分子轨道的能级顺序。目前这个顺序主要借助于分子光谱实验来确定。

5. 在分子轨道理论中，用**键级**（bond order）表示键的牢固程度。键级的定义是

$$键级=\frac{1}{2}(成键轨道的电子数-反键轨道的电子数)$$

键级也可以是分数。一般说来，键级愈高，键能愈大，键愈稳定；键级为零，则表明原子不可能结合成分子。

（二）原子轨道有效组成分子轨道的条件

为了有效地组合成分子轨道，要求成键的各原子轨道必须符合下述 3 个条件：

1. 对称性匹配原则 只有对称性相同的原子轨道才能组合成分子轨道。

判断对称性是否相同，可将两个原子轨道的角度分布图进行两种对称性操作，即旋转和反映操作，“旋转”是绕键轴（以 *x* 轴为键轴）旋转 180°，“反映”是包含键轴的某一个平面（*xy* 或者 *xz*）进行反映（即照镜子）。若操作以后它们的空间位置，波瓣形状及符号均未发生改变称为旋转或者反映操作对称，若有改变称为反对称。两个原子轨道“旋转”“反映”两种对称性操作均为对称或者反对称就称

* 物质的磁性，主要是由其中电子的自旋引起的。通常，在抗磁性物质中电子都已成对，在顺磁性物质中则含有单电子。

为两者“对称性匹配”，两者可组合成分子轨道，否则不能组合成分子轨道。

例如，图 11-12 的（a）～图 11-12（e），参加组合的原子轨道分别对于旋转和反映操作的对称性一致，它们是对称性匹配的，均可组合成分子轨道。其中图 11-12（a）和图 11-12（b）为相加重叠，组合成 σ 成键轨道，图 11-12（c）为相减重叠，组合成 σ^* 反键轨道；图 11-12（d）组合成 π 成键轨道，图 11-12（e）组合成 π^* 反键轨道。图 11-12（f）和图 11-12（g），参加组合的两个原子轨道对于 *xz* 平面，一个呈对称而另一个呈反对称，则二者对称性不匹配，不能组合成分子轨道。

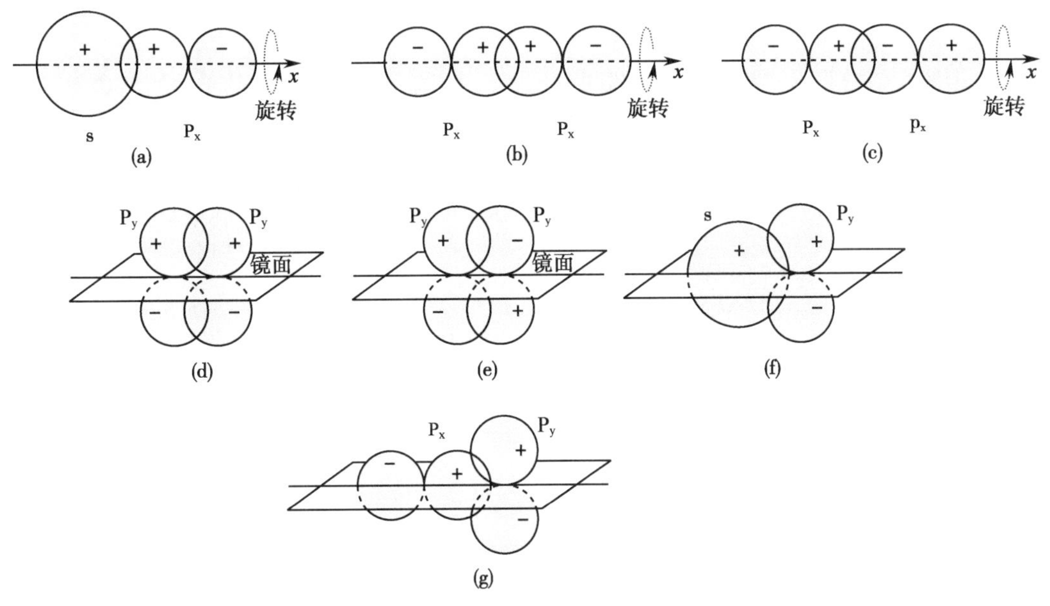

图 11-12　原子轨道对称性匹配示意图

图 11-13 是对称性匹配的两个原子轨道组合成分子轨道的示意图。

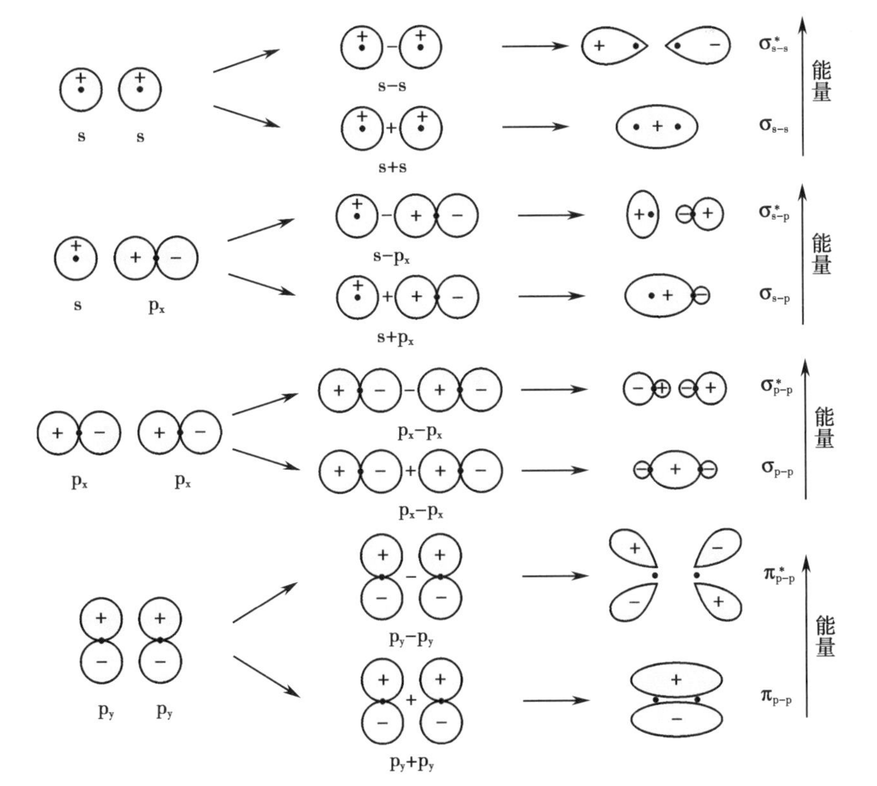

图 11-13　对称性匹配的两原子轨道组合成分子轨道示意图

2. 能量近似原则　在对称性匹配的前提下，只有能量相近的原子轨道才能有效地组合成分子轨道，而且能量愈相近愈好，这称为能量近似原则。

这个原则对于确定两种不同类型的原子轨道之间能否组成分子轨道尤为重要。例如，H 原子的 1s 轨道的能量为 $-1312kJ\cdot mol^{-1}$，F 原子的 1s、2s 和 2p 轨道的能量分别为 $-67181kJ\cdot mol^{-1}$、$-3870.8kJ\cdot mol^{-1}$ 和 $-1797.4kJ\cdot mol^{-1}$。当 H 原子和 F 原子形成 HF 分子时，从对称性匹配情况看，H 原子的 1s 轨道可以和 F 原子的 1s、2s 或 2p 轨道中的任何一个组合成分子轨道，但根据能量近似原则，H 原子的 1s 轨道只能和 F 原子的 2p 轨道组合才有效。因此，H 原子与 F 原子是通过 σ_{s-p_x} 单键结合成 HF 分子的。

3. 轨道最大重叠原则　对称性匹配的两个原子轨道进行线性组合时，其重叠程度愈大，则组合成的分子轨道的能量愈低，所形成的化学键愈牢固，这称为轨道最大重叠原则。

在上述 3 条原则中，对称性匹配原则是首要的，它决定原子轨道有无组合成分子轨道的可能性。能量近似原则和轨道最大重叠原则是在符合对称性匹配原则的前提下，决定分子轨道组合效率的问题。

二、分子轨道理论的应用

每个分子轨道都有相应的能量，把分子中各分子轨道按能级高低顺序排列起来，可得到分子轨道能级图。

（一）同核双原子分子的轨道能级图

现以第 2 周期元素形成的同核双原子分子为例予以说明。第 2 周期元素中，因它们各自的 2s、2p 轨道能量之差不同，所形成的同核双原子分子的分子轨道能级顺序有两种：一种是组成原子的 2s 和 2p 轨道的能量相差较大（$>1500kJ\cdot mol^{-1}$），在组合成分子轨道时，2s 和 2p 轨道的相互作用较弱，基本上是两原子的 s-s 和 p-p 轨道的线性组合，因此，由这些原子组成的同核双原子分子的分子轨道能级顺序为

$$\sigma_{1s}<\sigma_{1s}^*<\sigma_{2s}<\sigma_{2s}^*<\sigma_{2p_x}<\pi_{2p_y}=\pi_{2p_z}<\pi_{2p_y}^*=\pi_{2p_z}^*<\sigma_{2p_x}^*$$

图 11-14（a）即是此能级顺序的分子轨道能级图，O_2、F_2 分子的分子轨道能级排列符合此顺序。另一种是组成原子的 2s 和 2p 轨道的能量相差较小（$<1500kJ\cdot mol^{-1}$），在组合成分子轨道时，一个原子的 2s 轨道除了能和另一个原子的 2s 轨道发生重叠外，还可与其 2p 轨道重叠，其结果是使 σ_{2p_x} 分子轨道的能量超过 π_{2py} 和 π_{2pz} 分子轨道。由这些原子组成的同核双原子分子的分子轨道能级顺序为

$$\sigma_{1s}<\sigma_{1s}^*<\sigma_{2s}<\sigma_{2s}^*<\pi_{2p_y}=\pi_{2p_z}<\sigma_{2p_x}<\pi_{2p_y}^*=\pi_{2p_z}^*<\sigma_{2p_x}^*$$

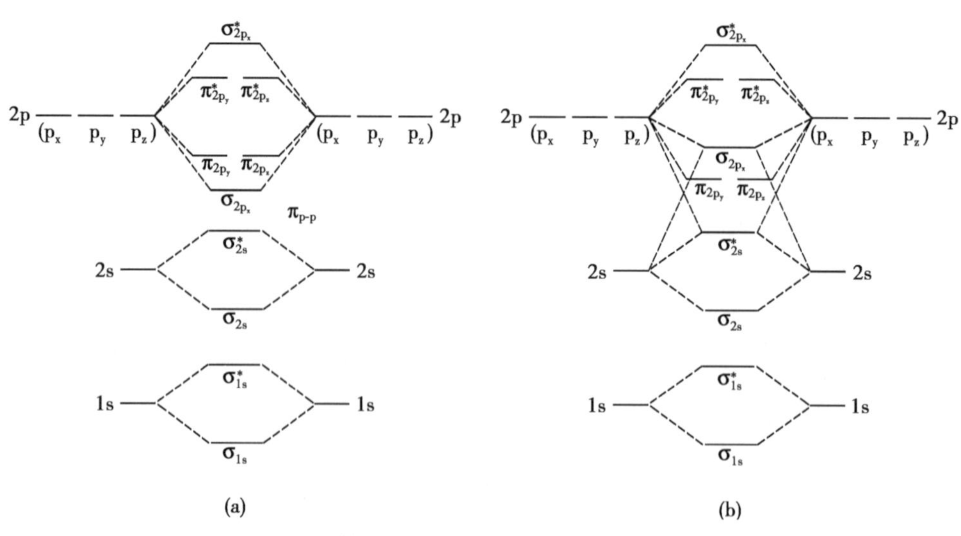

图 11-14　同核双原子分子的分子轨道的两种能级顺序

（a）$\pi_{2p}>\sigma_{2p}$（O_2，F_2）；（b）$\sigma_{2p}>\pi_{2p}$（Li_2，Be_2，B_2，C_2，N_2）

图 11-14(b)即是此能级顺序的分子轨道能级图。第 2 周期元素组成的同核双原子分子中，除 O_2、F_2 外，其余 Li_2、Be_2、B_2、C_2、N_2 等分子的分子轨道能级排列均符合此顺序。

例 11-10 试分析氢分子离子 H_2^+ 和 He_2 分子能否存在。

解 氢分子离子是由 1 个 H 原子和 1 个 H 原子核组成的。因为 H_2^+ 中只有 1 个 1s 电子，所以它的分子轨道式为$(\sigma_{1s})^1$。这表明 1 个 H 原子和 1 个 H^+ 是通过 1 个单电子 σ 键结合在一起的，其键级为 1/2。故 H_2^+ 可以存在，但不很稳定。

He 原子的电子组态为 $1s^2$。2 个 He 原子共有 4 个电子，若它们可以结合，则 He_2 分子的分子轨道式应为$(\sigma_{1s})^2(\sigma_{1s}^*)^2$，键级为零，这表明 He_2 分子不能存在。这里，成键分子轨道 σ_{1s} 和反键分子轨道σ_{1s}^*各填满 2 个电子，使成键轨道降低的能量与反键轨道升高的能量相互抵消，对成键没有贡献。

例 11-11 试用 MO 法说明 N_2 分子的结构。

解 N 原子的电子组态为 $1s^22s^22p^3$。N_2 分子中的 14 个电子按图 11-14(b)的能级顺序依次填入相应的分子轨道，因此，N_2 分子的分子轨道式为

$$N_2[(\sigma_{1s})^2(\sigma_{1s}^*)^2(\sigma_{2s})^2(\sigma_{2s}^*)^2(\pi_{2p_y})^2=(\pi_{2p_z})^2(\sigma_{2p_x})^2]$$

根据计算，原子内层轨道上的电子在形成分子时基本上处于原来的原子轨道上，可以认为它们未参与成键。因此，N_2 分子的分子轨道式也可写成：

$$N_2[KK(\sigma_{2s})^2(\sigma_{2s}^*)^2(\pi_{2p_y})^2=(\pi_{2p_z})^2(\sigma_{2p_x})^2]$$

式中每一 K 字表示 K 层原子轨道上的 2 个电子。

此分子轨道式中$(\sigma_{2s})^2$的成键作用与$(\sigma_{2s}^*)^2$的反键作用接近于相互抵消，对成键贡献相对较小；$(\sigma_{2p_x})^2$构成 1 个 σ 键；(π_{2p_y})、$(\pi_{2p_z})^2$ 各构成 1 个 π 键。所以 N_2 分子中有 1 个 σ 键和 2 个 π 键。由于电子都填入成键轨道，而且分子中 π 轨道的能量较低，使系统的能量大为降低，故 N_2 分子特别稳定。其键级为$(8-2)/2=3$。

例 11-12 O_2 分子为什么有顺磁性？其化学活泼性及键级如何？

解 O 原子的电子组态为 $1s^22s^22p^4$，O_2 分子中共有 16 个电子。与 N_2 分子不同，O_2 分子中的电子按图 11-14(a)所示的能级顺序依次填入相应的分子轨道，其中有 14 个电子填入 π_{2p} 及其以下的分子轨道中，剩下的 2 个电子，按洪德定则分别填入 2 个简并的 π_{2p}^* 轨道，且自旋平行。所以 O_2 分子的分子轨道式为

$$O_2[KK(\sigma_{2s})^2(\sigma_{2s}^*)^2(\sigma_{2P_x})^2(\pi_{2p_y})^2=(\pi_{2p_z})^2(\pi_{2p_y}^*)^1=(\pi_{2p_z}^*)^1]$$

其中$(\sigma_{2s})^2$和$(\sigma_{2s}^*)^2$对成键几乎没有贡献；$(\sigma_{2p_x})^2$构成 1 个 σ 键；$(\pi_{2p_y})^2$的成键作用与$(\pi_{2p_y}^*)^1$的反键作用不能完全抵消，构成 1 个三电子 π 键；$(\pi_{2p_z})^2$与$(\pi_{2p_z}^*)^1$构成另 1 个三电子 π 键。所以 O_2 分子中有 1 个 σ 键和 2 个三电子 π 键。因 2 个三电子 π 键中各有 1 个单电子，故 O_2 有顺磁性。

在每个三电子 π 键中，2 个电子在成键轨道，1 个电子在反键轨道，其键能相当于单电子 π 键的键能，因而三电子 π 键要比双电子 π 键弱得多。事实上，O_2 的键能只有 $495kJ\cdot mol^{-1}$，这比一般 π 键双键的键能低。正因为 O_2 分子中含有结合力弱的三电子 π 键，所以它的化学性质比较活泼，而且可以失去电子变成氧分子离子 O_2^+。O_2 分子的键级为$(8-4)/2=2$。

（二）异核双原子分子的轨道能级图

用分子轨道理论处理异核双原子分子时，所用原则和处理同核双原子分子一样，也应遵循对称性匹配原则、能量近似原则和轨道最大重叠原则。

对于第 2 周期元素的异核双原子分子或离子，可近似地用第 2 周期的同核双原子分子的方法去处理。因为影响分子轨道能级高低的主要因素是原子的核电荷，所以若两个组成原子的原子序数之和比 N 的原子序数的两倍（即 14）小或相等时，则此异核双原子分子或离子的分子轨道能级符合图 11-14(b)的能级顺序；若两个组成原子的原子序数之和比 N 原子序数的两倍大时，则此异核双原子分子或离子的分子轨道能级符合图 11-14(a)的能级顺序。

例 11-13 试比较NO分子和NO^+的稳定性。

解 因为N的原子序数与O的原子序数之和为15，故NO分子的分子轨道排布式为

$$NO[(\sigma_{1s})^2(\sigma_{1s}^*)^2(\sigma_{2s})^2(\sigma_{2s}^*)^2(\sigma_{2p_x})^2(\pi_{2p_y})^2=(\pi_{2p_z})^2(\pi_{2p_y}^*)^1]$$

其中，对成键有贡献的是：$(\sigma_{2p_x})^2$构成一个σ键；$(\pi_{2p_z})^2$构成一个π键；$(\pi_{2p_y})^2$和$(\pi_{2p_y}^*)^1$构成一个三电子π键。键级为(8－3)/2＝2.5。可以预料，NO分子失去1个电子成为NO^+后，$\pi_{2p_y}^*$轨道将是空的，则NO^+中有一个σ键和两个π键，键级为(8－2)/2＝3。故NO^+比NO更稳定。

例 11-14 试分析HF分子的形成。

解 HF是异核双原子分子。但因H和F不属于同一周期，因而不能采用上述两例的方法确定其分子轨道能级顺序。根据分子轨道理论提出的原子轨道线性组合三原则进行综合分析，可确定：H原子的1s轨道和F原子的$2p_x$轨道（这些轨道的能级数据在前面能量近似原则一段中已介绍）沿键轴（x轴）方向能最大程度重叠，有效地组成一个成键分子轨道3σ和一个反键分子轨道4σ（不同周期的异核双原子分子轨道通常用1σ，2σ，3σ，…1π，2π，…表示）。而F原子的其他原子轨道在形成HF分子的过程中，基本保持它们原来的原子轨道性质，对成键没有贡献，为非键轨道。HF分子的分子轨道能级和电子在其中的排布如图11-15所示。图11-15中的1σ、2σ和两个1π均为非键轨道。HF分子的键级为1，分子中有一个σ键。

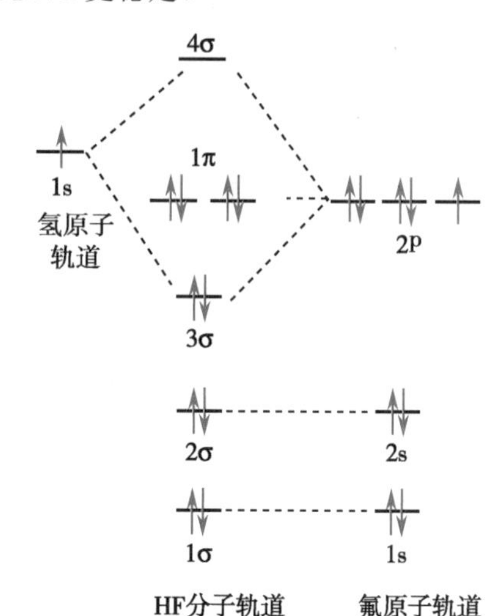

图11-15 HF分子轨道能级图

> **问题与思考 11-4**
>
> 自由基与人体健康密不可分，如可引起机体衰老、诱发癌症等。什么是自由基？自由基损伤机体的机制是什么？可采取哪些措施降低其对机体的损伤？

（三）自由基简介

化学上把含有单电子的分子（如NO）、原子（如H）、离子（如$\cdot O_2^-$）或原子团（如$\cdot OH^-$）称为**自由基**或**游离基**（free radical）。单电子具有成为成对电子的趋向，因此常易发生失去电子或得到电子的反应而显示出极活泼的化学性质。在生物体内既有产生自由基的体系，又有清除自由基的体系。自由基在体内生成过多可以引起疾病，但在适当的条件下自由基也可用于疾病的防治。

在机体内生化反应产生的与氧相关的自由基称为**活性氧自由基**（active oxygen free radical），如$\cdot O_2^-$、NO、H_2O_2、$\cdot OH^-$，它们是人体生理、病理及衰老等生物过程的活泼参与者。基态O_2分子中能量最高的2个电子分别填充在2个简并的反键轨道π^*上且自旋平行，它们自旋角动量量子数的代数和（总自旋角动量量子数）$S=\frac{1}{2}+\frac{1}{2}=1$，自旋多重度＝2$S$＋1＝3。因此将基态$O_2$分子称为**三线态氧**（triplet oxygen），通常用$^3O_2$表示。当$^3O_2$被激发时，2个π^*轨道上的自旋平行的单电子同时占据于1个π^*轨道上，电子自旋相反，$S=\frac{1}{2}+(-\frac{1}{2})=0$，自旋多重度＝2×0＋1＝1，即形成了**单线态氧**（singlet oxygen），用$^1O_2$表示。$^1O_2$分子π^*轨道上电子的排布为

	π_{2py}^*	π_{2pz}^*		π_{2py}^*	π_{2pz}^*
$^1O_2$	↑↓	——	或	——	↑↓

单线态氧的能量高于三线态氧，且高能量π^*轨道缺电子，有很强的氧化能力，能对各种类型的生物系统，如生物分子、病毒、细胞等发生作用，因而单线态氧是一种活性氧。因为生物体内存在一系列的生物催化剂（酶），所以在生物体内单线态氧比在纯化学系统中容易形成。如在白细胞内，$^3O_2$可经由

若干中间步骤形成 $^1O_2$，其间 $^3O_2$ 分子的 2 个 π^* 轨道上电子排布的变化可简略表示为

$$\underset{^3O_2}{\uparrow\ \ \uparrow} \xrightarrow{+e^-} \underset{\cdot O_2^-}{\uparrow\downarrow\ \ \uparrow} \xrightarrow{+e^-} \underset{O_2^{2-}}{\uparrow\downarrow\ \ \uparrow\downarrow} \xrightarrow{-2e^-} \underset{^1O_2}{\uparrow\downarrow\ \ —}$$

在此过程中产生了超氧离子$\cdot O_2^-$，在它的 π^* 轨道上有 1 个单电子，称为超氧阴离子自由基。在白细胞内形成的 $^1O_2$ 及其前体$\cdot O_2^-$ 都是杀伤细菌的活性氧，有利于疾病的防治。

自由基的存在可诱导产生对机体有利的反应，亦可导致对机体有害的反应。在人体内，$^3O_2$ 在一定条件下与生物分子发生反应的过程中，可形成$\cdot O_2^-$、H_2O_2 及$\cdot OH^-$（羟氧自由基）等活性氧自由基。当它们与一种没有单电子的分子起反应时，无论是得到还是失去 1 个电子，都会把与之反应的分子变成自由基，如此继续延伸下去，形成链式反应。例如

$$H_2O_2 + \cdot O_2^- \longrightarrow \cdot O_2^- + \cdot OH^- + \cdot OH^-$$

所产生的$\cdot OH^-$ 自由基与体内的生物分子 RH 发生下列反应

$$\cdot OH^- + RH \longrightarrow H_2O + R\cdot$$

生成的有机自由基 R•又可继续与其他物质反应，再产生新的自由基，所以$\cdot OH^-$ 造成的细胞损伤是比较严重的。自由基可通过这种方式传递，若细胞内的活性氧自由基过量，就会损伤细胞，引发各种疾病。

终止自由基传递的主要途径之一是**歧化**（disproportion），即两个相同的自由基相互传递电子，使其中之一得到 1 个电子被还原，另一个失去单电子被氧化。体内过量的自由基可通过机体内的超氧化物歧化酶（SOD）、过氧化氢酶（CAT）、谷胱甘肽过氧化物酶（GSH－Px）等来消除。如体内的 SOD 消除$\cdot O_2^-$ 的反应为

$$\cdot O_2^- + \cdot O_2^- + 2H \xrightarrow{SOD} O_2 + H_2O_2$$

而过氧化氢酶能消除 H_2O_2

$$2H_2O_2 \xrightarrow{CAT} O_2 + 2H_2O$$

机体内过量的自由基除了通过机体内的有关酶自我保护消除外，服用天然或人工合成的抗氧剂（亦称自由基抑制剂）也能消除自由基的影响，起到保护机体的作用。

第五节　分子间力

前面我们讨论了分子内部原子与原子之间强烈的作用力，即化学键。在一定条件下，由于分子间的距离不同，物质通常以气、液、固三种不同状态存在，而分子间的距离大小取决于分子间的相互作用力。分子间力有 Van der Waals 力和氢键。它的产生与分子的极性和极化密切相关。

一、分子的极性与分子的极化

（一）分子的极性

根据分子中正、负电荷重心是否重合，可将分子分为极性分子和非极性分子。正、负电荷重心相重合的分子是**非极性分子**（nonpolar molecule）；不重合的是**极性分子**（polar molecule）。

对于双原子分子，分子的极性与键的极性一致。即由非极性共价键构成的分子一定是非极性分子，如 H_2、Cl_2、O_2 等分子；由极性共价键构成的分子一定是极性分子，如 HCl、HF 等分子。

对于多原子分子，分子的极性与键的极性不一定一致。分子是否有极性，不仅取决于组成分子的元素的电负性，而且也与分子的空间构型有关。例如，CO_2、CH_4 分子中，虽然都是极性键，但前者是直线形，后者是正四面体形，分子的正负电荷重心重合，因此它们是非极性分子。而在 V 形的 H_2O 分子和三角锥形的 NH_3 分子中，分子的正负电荷重心不重合，它们是极性分子。

分子极性的大小用**电偶极矩**(electric dipole moment)量度。分子的电偶极矩简称偶极矩($\vec{\mu}$),它等于正、负电荷重心距离(d)和正电荷重心或负电荷重心上的电量(q)的乘积:

$$\vec{\mu} = q \cdot d$$

偶极矩的单位为 10^{-30}C•m。电偶极矩是一个矢量,化学上规定其方向是从正电荷重心指向负电荷重心。一些分子的电偶极矩测定值见表 11-5。电偶极矩为零的分子是非极性分子,电偶极矩愈大表示分子的极性愈强。

表 11-5　一些分子的电偶极矩$\vec{\mu}$ (单位: 10^{-30}C•m)

分子	$\vec{\mu}$	分子	$\vec{\mu}$	分子	$\vec{\mu}$
H_2	0	BF_3	0	CO	0.40
Cl_2	0	SO_2	5.33	HCl	3.43
CO_2	0	H_2O	6.16	HBr	2.63
CH_4	0	HCN	6.99	HI	1.27

(二) 分子的极化

无论分子有无极性,在外电场作用下,它们的正、负电荷重心都将发生变化。如图 11-16 所示,非极性分子的正、负电荷重心本来是重合的($\vec{\mu}=0$),但在外电场的作用下,发生相对位移,引起分子变形而产生偶极;极性分子的正、负电荷重心不重合,分子中始终存在一个正极和一个负极,故极性分子具有**永久偶极**(permanent dipole),但在外电场的作用下,分子的偶极按电场方向取向,同时使正、负电荷重心的距离增大,分子的极性因而增强。这种因外电场的作用,使分子变形产生偶极或增大偶极矩的现象称为分子的**极化**(polarizing)。由此而产生的偶极称为**诱导偶极**(induced dipole),其电偶极矩称为诱导电偶极矩,即图 11-16 中的 $\Delta\vec{\mu}$值。

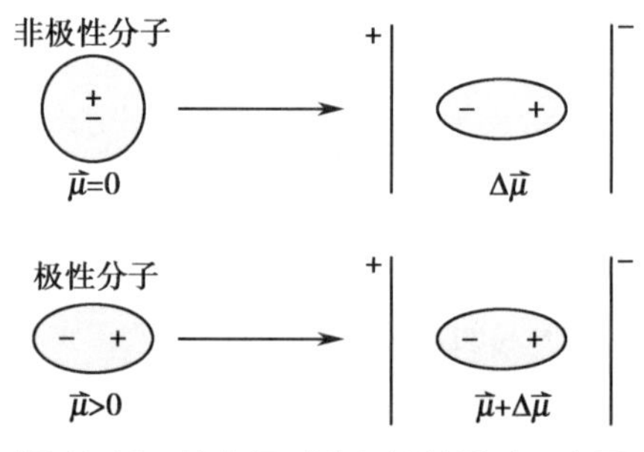

图 11-16　外电场对分子极性影响示意图

分子的极化不仅在外电场的作用下产生,分子间相互作用时也可发生,这正是分子间存在相互作用力的重要原因。

二、范德瓦耳斯力

分子间存在着一种只有化学键键能 1/100～1/10 的弱作用力,它最早由荷兰物理学家范德瓦耳斯(van der Waals)提出,故称范德瓦耳斯力。这种力对物质的物理性质如沸点、溶解度、表面张力等有重要影响。按作用力产生的原因和特性,这种力可分为取向力、诱导力和色散力三种。

(一) 取向力

取向力发生在极性分子之间。极性分子具有永久偶极,当两个极性分子接近时,因同极相斥,异极相吸,分子将发生相对转动,力图使分子间按异极相邻的状态排列(图 11-17)。极性分子的这种运动称为取向,由永久偶极的取向而产生的分子间吸引力称为**取向力**(orientation force)。

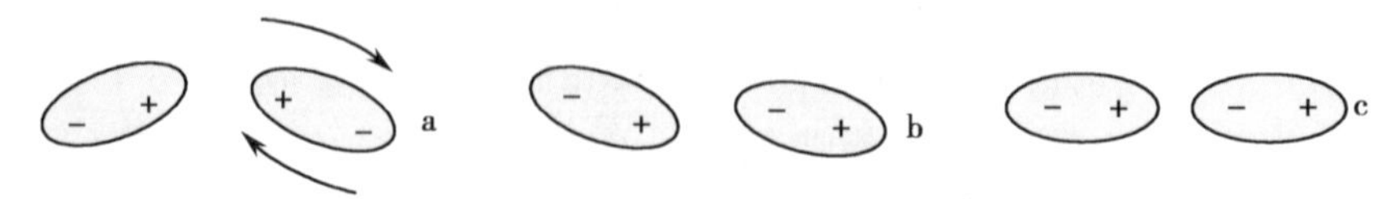

图 11-17　两个极性分子相互作用示意图

(二) 诱导力

诱导力发生在极性分子与非极性分子及极性分子之间。当极性分子与非极性分子接近时,因极

性分子的永久偶极相当于一个外电场，可使非极性分子极化而产生诱导偶极，于是诱导偶极与永久偶极相吸引，如图 11-18 所示。由极性分子的永久偶极与非极性分子所产生的诱导偶极之间的相互作用力称为**诱导力**(induction force)。当两个极性分子互相靠近时，在彼此的永久偶极的影响下，相互极化也可产生诱导偶极，因此对极性分子之间的作用来说，诱导力是一种附加的取向力。

图 11-18 极性分子和非极性分子相互作用示意图

(三) 色散力

非极性分子之间也存在相互作用力。由于分子内部的电子在不断地运动，原子核在不断地振动，使分子的正、负电荷重心不断发生瞬间相对位移，从而产生瞬间偶极。瞬间偶极又可诱使邻近的分子极化，因此非极性分子之间可靠瞬间偶极相互吸引(图 11-19)产生分子间作用力，由于从量子力学导出的这种力的理论公式与光的色散公式相似，因此把这种力称为**色散力**(dispersion force)。虽然瞬间偶极存在的时间很短，但是不断地重复发生，又不断地相互诱导和吸引，因此色散力始终存在。任何分子都有不断运动的电子和不停振动的原子核，都会不断产生瞬间偶极，所以色散力存在于各种分子之间，并且在 van der Waals 力中占有相当大的比重。色散力取决于分子的极化，而分子愈大，愈易极化变形，色散力愈大。

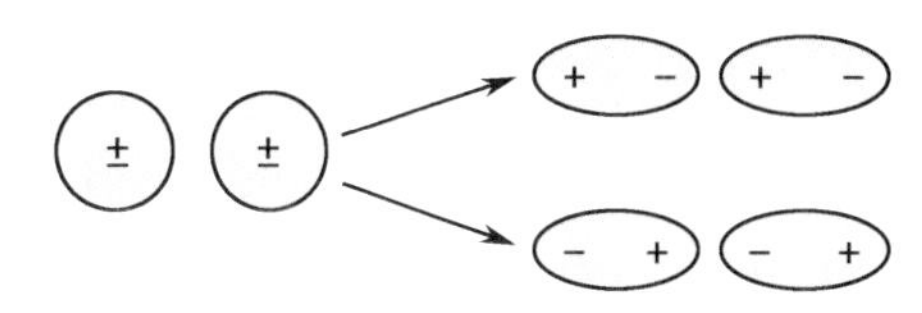

图 11-19 色散力产生示意图

综上所述，在非极性分子之间只有色散力；在极性分子和非极性分子之间，既有诱导力也有色散力；而在极性分子之间，取向力、诱导力和色散力都存在。表 11-6 列出了上述 3 种作用力引起的分子间作用能。

表 11-6 各种 van der Waals 力引起的分子间作用能(单位：$kJ \cdot mol^{-1}$)

分子	取向力	诱导力	色散力	总能量
Ar	0.000	0.000	8.49	8.49
CO	0.003	0.008	8.74	8.75
HI	0.025	0.113	25.86	26.00
HBr	0.686	0.502	21.92	23.11
HCl	3.305	1.004	16.82	21.13
NH_3	13.31	1.548	14.94	29.80
H_2O	36.38	1.929	8.996	47.31

van der Waals 力不属于化学键范畴，它有下列一些特点：它是静电引力，其作用能只有几到几十千焦每摩尔，比化学键小 1～2 个数量级；它的作用范围只有几十到几百皮米；它不具有方向性和饱和性；对于大多数分子，色散力是主要的，只有极性大的分子，取向力才比较显著，诱导力通常都很小。

物质的沸点、熔点等物理性质与分子间的作用力有关，一般说来 van der Waals 力小的物质，其沸点和熔点都较低。从表 11-6 可见，HCl、HBr、HI 的 van der Waals 力依次增大，故其沸点和熔点依次递增。

三、氢键

同族元素的氢化物的沸点和熔点一般随相对分子质量的增大而增高，但 HF 的沸点和熔点却比 HCl 的沸点和熔点高。这表明在 HF 分子之间除了存在 van der Waals 力外，还存在另一种作用力，这就是氢键。

当H原子与电负性很大、半径很小的原子X（如F、O、N等）以共价键结合成分子时，密集于两核间的电子云强烈地偏向于X原子，使H原子几乎变成裸露的质子而具有大的正电荷场强，因而这个H原子还能与另一个电负性大、半径小并在外层有孤对电子的Y原子（如F、O、N等）产生定向的吸引作用，形成X—H···Y结构，其中H原子与Y原子间的静电吸引作用（虚线所示）称为**氢键**（hydrogen bond）。X、Y可以是同种元素的原子，如O—H···O、F—H···F，也可以是不同元素的原子，如N—H···O。

氢键的强弱与X、Y原子的电负性及半径大小有关。X、Y原子的电负性愈大、半径愈小，形成的氢键愈强。Cl的电负性比N的电负性略大，但半径比N大，只能形成较弱的氢键。常见氢键的强弱顺序是

$$F—H\cdots F > O—H\cdots O > O—H\cdots N > N—H\cdots N > O—H\cdots Cl$$

氢键的键能一般在42kJ mol^{-1}以下，它比化学键弱得多，但比van der Waals力强。氢键与van der Waals力不同之处是氢键具有饱和性和方向性。所谓饱和性是指H原子形成1个共价键后，通常只能再形成1个氢键。这是因为H原子比X、Y原子小得多，当形成X—H···Y后，第2个Y原子再靠近H原子时，将会受到已形成氢键的Y原子电子云的强烈排斥。而氢键的方向性是指以H原子为中心的3个原子X—H···Y尽可能在一条直线上（图11-20），这样X原子与Y原子间的距离较远，X—H中的成键电子对与Y提供的孤电子对间斥力较小，形成的氢键稳定。

氢键不仅在分子间形成，如氟化氢、氨水（图11-20），也可以在同一分子内形成，如硝酸、邻硝基苯酚（图11-21）。分子内氢键虽不在一条直线上，但形成了较稳定的环状结构。

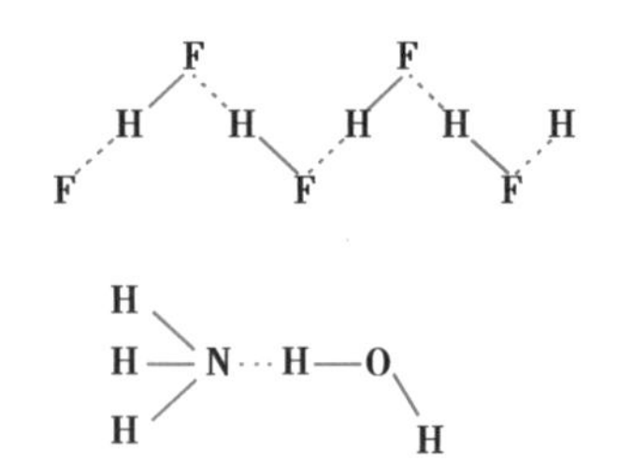

图11-20　氟化氢、氨水中的分子间氢键

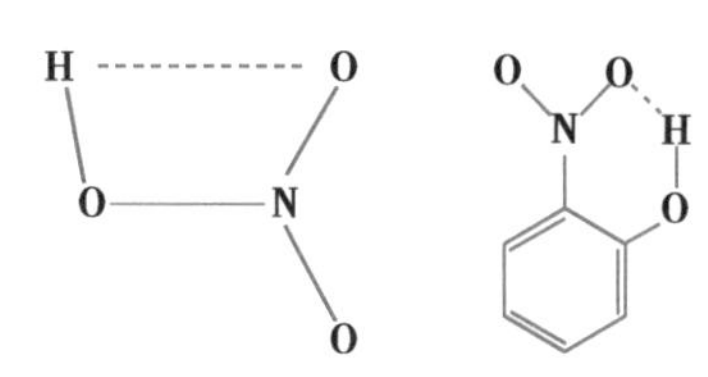

图11-21　硝酸、邻硝基苯酚中的分子内氢键

氢键存在于许多化合物中，它的形成对物质的性质有一定影响。因为破坏氢键需要能量，所以在同类化合物中能形成分子间氢键的物质，其沸点、熔点比不能形成分子间氢键的高。如ⅤA～ⅦA族元素的氢化物中，NH_3、H_2O和HF的沸点比同族其他相对原子质量较大元素的氢化物的沸点高，这种反常行为是由于它们各自的分子间形成了氢键。分子内形成氢键，一般使化合物的沸点和熔点降低。氢键的形成也会影响物质的溶解度，若溶质和溶剂间形成氢键，可使溶解度增大；若溶质分子内形成氢键，则在极性溶剂中溶解度小，而在非极性溶剂中溶解度增大。如邻硝基苯酚分子可形成分子内氢键，对硝基苯酚分子因硝基与羟基相距较远不能形成分子内氢键，但它能与水分子形成分子间氢键，所以邻硝基苯酚在水中的溶解度比对硝基苯酚的小。

问题与思考11-5

HCl、HBr、HI均为强酸，HF是HX中唯一的弱酸，为什么？

一些生物大分子物质如蛋白质、核酸中均有分子内氢键。DNA（脱氧核糖核酸）分子中，两条多核苷酸链靠碱基（C＝O···H—N和C＝N···H—N）之间形成氢键配对而相连，即腺嘌呤（A）与胸腺嘧啶（T）配对形成2个氢键，鸟嘌呤（G）与胞嘧啶（C）配对形成3个氢键。它们盘曲成双螺旋结构（图11-22）的各圈之间也是靠氢键维系而增强其稳定性，一旦氢键被破坏，分子的空间结构发生改变，生理功能就会丧失。

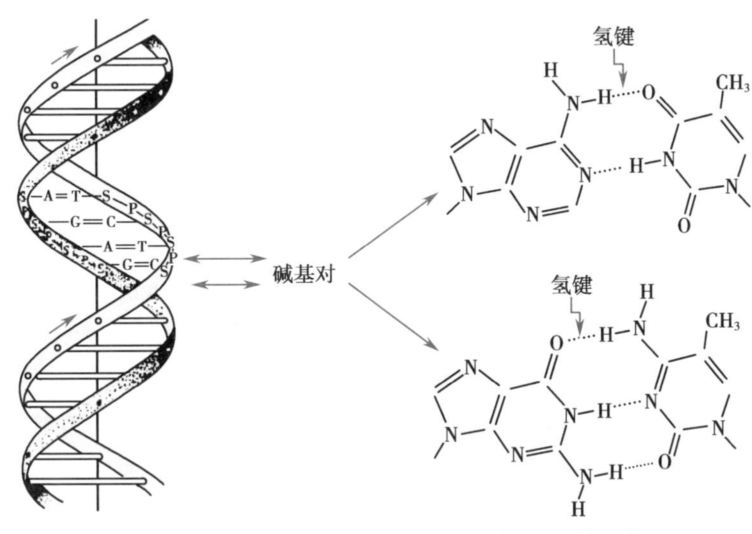

图11-22　DNA双螺旋结构及碱基配对形成氢键示意图

分子间的作用力除 van der Waals 力和氢键力外还有其他类型。随着化学结构研究的深入发展，近年来不断有新型分子间力报道。

例如，1987 年，Lehn J M、Cram D J 和 Pedersen C J 等三位科学家在超分子方面的开创性工作和杰出贡献共同分享了 1987 年诺贝尔化学奖。超分子体系是由两个或两个以上的分子通过多种分子间作用力高层次组装起来，具有一定结构和功能的实体或聚集体。这些弱相互作用主要包括 van der Waals 力、疏水亲脂作用力、氢键、离子键和 π—π 堆集力等。多数情况下，正是由于多种分子间弱相互作用的协同性、方向性和选择性，决定着分子识别、位点识别和分子间的高层次组装。

以分子与位点识别为基础，研究具有特定生物学功能的超分子体系，如冠醚、环糊精、杯芳烃、树枝状大分子等超分子实体，模拟酶和分子反应器，免疫的微体系——病毒、疫苗、新型基因传递体系，自组装仿生生物材料等，对揭示生命现象和过程的本质具有重要意义。

超越想象——氢键的成像

氢键是自然界中最重要的分子间相互作用形式之一，尽管其作用力弱于化学键，但它对物质性质的影响至关重要。例如，氢键作用使得水能够在常温下以液态存在，冰能够浮在水面上，雪花呈现六角形，DNA 具有双螺旋结构，蛋白质形成二级结构等。可以说，氢键是地球上生命得以延续的关键。1920 年，Hvggins M L 首次提出氢键的概念。之后，Latiwerhe W M 和 Rodebush W H 用氢键成功地解释了水的沸点反常现象。然而，近一个世纪以来，人们只能借助于 X 线衍射、拉曼光谱、中子衍射等技术间接分析氢键的存在，从未真正看到过氢键。

2013 年，国家纳米科学中心裘晓辉研究员、程志海副研究员与中国人民大学物理系季威副教授合作，利用针尖最尖端单个原子的电子云作为探针，通过量子力学 Pauli W 不相容原理所产生的非常局域的排斥力，使用非接触原子力显微镜(NC-AFM)，在世界上首次得到了 8—羟基喹啉分子间氢键的实空间图像。第一张氢键的实空间图像受到全世界广泛关注和热议，这是人类探索微观世界的又一个里程碑式的重大突破，也使生命科学中的氢键研究变得更为准确和直观。

生物体中，大量存在的氢键对 DNA、RNA 和蛋白质的结构稳定起着关键作用。与共价键相比，氢键键能较低，使得 DNA 链的解开和复制变得更容易。蛋白质是由一条或多条多肽链通过二硫键、氢键、疏水键等相互作用力结合而成，其中维持蛋白质二级结构的各种作用力中就包括分子内氢键，此类分子内氢键的形成和去除为我们更好地理解药物的活性构象并进行药物分子设计提供了全新视角。氢键的高清晰度照片将会帮助科学家更好地理解其本质，进而实现人工影响或控制水、DNA 和蛋白质的结构，生命体和我们生活的环境也可能因此而改变。

Summary

Valence Bond Theory(VB). Covalent bond is formed by pairing of two electrons from two bonded atoms respectively and they are opposite spins, and the atomic orbitals hold bonding electrons overlap in maximum extent as far as possible by Valence Bond Theory (VB).

Sigma bond (σ-bond) is formed by overlapping the orbitals "end-to-end". **pi bond** (π-bond) is formed by overlapping the orbitals "side-by-side". Generally, σ-bond is more stable than a π-bond. The basic molecular backbone is built by σ-bonds. The double bond consists of one σ-bond and one π-bond. The triple bond consists of one σ-bond and two π-bonds. **Coordinate bond** is formed when one species is the donor of electron lone pairs and other species has the outer orbitals without electron to accept the lone pairs. The nature of Coordinate bond is still the covalent bond.

Hybrid Orbital Theory. In many molecules the bonding is best described in terms of hybrid orbitals that result from the mixing or combining the atomic orbitals (s, p, d, *etc.*) of central atom in a molecule. In the mixing process, atomic orbitals number is equal before and after hybrid. In addition, the geometry of molecule depends on the character of hybridization. For example, two sp hybrid orbitals have their major lobes pointed in opposite directions, 180° apart; a set of three sp^2 hybrid orbitals has major lobes at 120° in a plane; and four sp^3 hybrid orbitals show tetrahedral geometry, having lobes at 109°28′.

Valence Shell Electron Pair Repulsion Model(VSEPR). For molecule AB_n, electron pair around the central atom A tend to be located as far as possible in the space. The valence shell electron pair is composed of electron pair for σ-bond and lone electron pair of atom A. The shapes of molecules depend on the positions occupied by surrounding atom B attached to the A atom by VSEPR model.

Molecular Orbital Theory(MO). In MO theory, electrons belong to the entire molecule. A set of molecular orbitals formed from a linear combination of atomic orbitals is called an LCAO-MO. Three rules (same symmetry, approximate energy and maximum extent of orbital overlapping) must be satisfied for effective combination. The electronic configuration in a molecule is obtained by feeding the appropriate number of electrons into these molecule orbitals and following the same rules to fill the electrons into atomic orbitals. The MO can be used to indicate the nature of bonds, magnetism and stability of the simple molecules.

Intermolecular forces (van der Waals forces and hydrogen bonds). Intermolecular forces are much weaker than bonding forces. They are orientation-forces, induced forces and dispersion forces. Orientation-forces are only in polar molecules. Induced forces exist between polar molecules and nonpolar molecules, also in polar molecules. Dispersion forces present in all molecules and it is the most significant among van der Waals forces.

Hydrogen bonding. Hydrogen bonding is an attractive interaction between two atoms that arises from a link of X—H···Y, where X and Y are highly electronegative elements such as O, N, or F, and Y possesses a lone pair of electrons. Hydrogen bond is much stronger than van der Waals forces.

Intermolecular forces affect the state of substance and some properties such as melting point, boiling point, solubility, diffusion, surface tension, *etc.*

学科发展与医学应用综述题

1. 许多药物分子可与其在体内的受体通过共价键、静电作用力(离子键)、氢键、van der Waals 力等作用方式形成“药物—受体”复合物。试列出上述各种作用方式的能量大小，并讨论不同作用方式对“药物—受体”复合物稳定性的影响。

2. 氢键广泛存在于双螺旋结构中的嘌呤和嘧啶之间，试画出下列甲基腺嘌呤和甲基胸腺嘧啶中可能的分子间氢键。

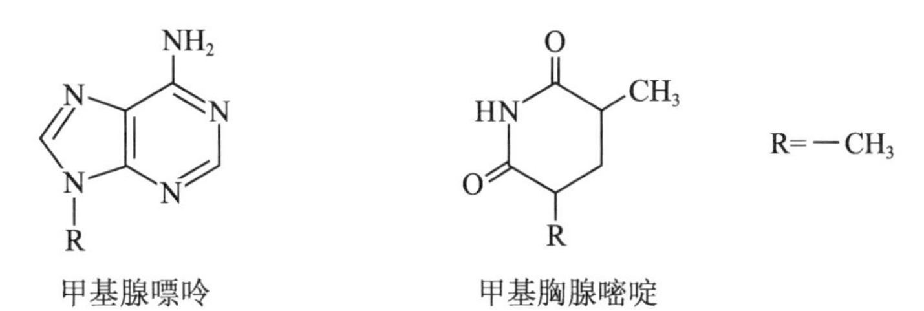

甲基腺嘌呤　　甲基胸腺嘧啶

习　题

1. 区别下列名词：

(1) σ键和π键　(2) 正常共价键和配位共价键

(3) 极性键和非极性键　(4) 定域π键和离域π键

(5) 等性杂化和不等性杂化　(6) 成键轨道和反键轨道

(7) 永久偶极和瞬间偶极　(8) van der Waals 力和氢键

2. 共价键为什么具有饱和性和方向性？

3. 判断下列分子或离子的空间构型，并指出其中心原子的价层电子对构型。

(1) CO_3^{2-}　(2) SO_2　(3) NH_4^+　(4) H_2S

(5) PCl_5　(6) SF_4　(7) SF_6　(8) BrF_5

4. 用杂化轨道理论说明乙烷 C_2H_6、乙烯 C_2H_4、乙炔 C_2H_2 分子的成键过程和各个键的类型。

5. BF_3 的空间构型为正三角形而 NF_3 却是三角锥形，试用杂化轨道理论予以说明。

6. 下列各变化中，中心原子的杂化类型及空间构型如何变化。

(1) $BF_3 \longrightarrow BF_4^-$　(2) $H_2O \longrightarrow H_3O^+$　(3) $NH_3 \longrightarrow NH_4^+$

7. 中心原子的价层电子对构型和分子的几何空间构型有什么区别？以 NH_3 分子为例予以说明。

8. 试用杂化轨道理论说明下列分子或离子的中心原子可能采取的杂化类型及分子或离子的空间构型。

(1) PH_3　(2) $HgCl_2$　(3) $SnCl_4$　(4) $SeBr_2$

9. 某化合物有严重的致癌性，其组成如下：H 2.1%，N 29.8%，O 68.1%，其摩尔质量约为 $50g\cdot mol^{-1}$。试回答下列问题：

(1) 写出该化合物的化学式。

(2) 如果 H 与 O 键合，画出其结构式。

(3) 指出 N 原子的杂化类型及分子中σ键和π键的类型。

10. 写出下列双原子分子或离子的分子轨道式，指出所含的化学键，计算键级并判断哪个最稳定？哪个最不稳定？哪个具顺磁性？哪个具抗磁性？

(1) B_2　(2) F_2　(3) F_2^+　(4) He_2^+

11. “老年斑”是脂褐素在人体皮肤表面沉积形成的，脂褐素的产生与超氧离子 O_2^- 有关。试用分子轨道理论说明 O_2^- 能否存在？和 O_2 比较，其稳定性和磁性如何？

12. 用 VB 法和 MO 法分别说明为什么 H_2 能稳定存在而 He_2 不能稳定存在？

13. 判断下列分子或离子中离域π键的类型。

(1) NO_2　(2) CO_2　(3) SO_3

(4) C_4H_6 (5) CO_3^{2-}

14. 什么是自由基？什么是活性氧自由基？

15. 预测下列分子的空间构型，指出电偶极矩是否为零并判断分子的极性。

(1) SiF_4 (2) NF_3 (3) BCl_3

(4) H_2S (5) $CHCl_3$

16. 下列每对分子中，哪个分子的极性较强？试简单说明原因。

(1) HCl 和 HI (2) H_2O 和 H_2S (3) NH_3 和 PH_3

(4) CH_4 和 SiH_4 (5) CH_4 和 $CHCl_3$ (6) BF_3 和 NF_3

17. 已知稀有气体的沸点如下，试说明沸点递变的规律和原因。

名称	He	Ne	Ar	Kr	Xe
沸点 /K	4.26	27.26	87.46	120.26	166.06

18. 将下列两组物质按沸点由低到高的顺序排列并说明理由。

(1) H_2 CO Ne HF (2) CI_4 CF_4 CBr_4 CCl_4

19. 常温下 F_2 和 Cl_2 为气体，Br_2 为液体，而 I_2 为固体，何故？

20. 乙醇(C_2H_5OH)和二甲醚(CH_3OCH_3)组成相同，但乙醇的沸点比二甲醚的沸点高，何故？

21. 判断下列各组分子间存在着哪种分子间作用力。

(1) 苯和四氯化碳 (2) 乙醇和水 (3) 苯和乙醇 (4) 液氨

22. 将下列每组分子间存在的氢键按照由强到弱的顺序排列。

(1) HF 与 HF (2) H_2O 与 H_2O (3) NH_3 与 NH_3

23. 某一对健康有很大影响的有机溶剂，分子式为 AB_4，A 属第 4 主族，B 属第 7 主族，A、B 的电负性值分别为 2.55 和 3.16。试回答下列问题：

(1) 已知 AB_4 的空间构型为正四面体，推测原子 A 与原子 B 成键时采取的轨道杂化类型。

(2) A—B 键的极性如何？AB_4 分子的极性如何？

(3) AB_4 在常温下为液体，该化合物分子间存在什么作用力？

(4) 若 AB_4 与 $SiCl_4$ 比较，哪一个的熔点、沸点较高？

Exercises

1. Determine the hybridization state of the central atom in each of the following molecules: (a) $HgCl_2$, (b) AlI_3, and (c) PF_3. Describe the hybridization process and determine the molecular geometry in each case.

2. Use the VSEPR model to predict the geometry of the following molecules and ions:

(a) AsH_3 (b) OF_2 (c) $AlCl_4^-$ (d) I_3^-

3. N_2^+ ion can be prepared by bombarding N_2 molecule with fast-moving electrons. Predict the following properties of N_2^+: (a) electron configuration, (b) bond order, (c) magnetic character, and (d) bond length relative to the bond length of N_2 (is it longer or shorter?)

4. Is π bond in NO_2^- localized or delocalized? How can you determine whether a molecule or ion will exhibit delocalized?

5. Which of the following can form hydrogen bonds with water? CH_4, F^-, HCOOH, Na^+.

（杨金香）

第十二章　配位化合物

配位化合物（coordination compound）简称配合物，是一类组成复杂、发展迅速、应用极为广泛的化合物。过去曾因其组成比普通化合物复杂而称为**络合物**（complex compound）。

配合物与生物体及医学的关系十分密切。随着人们对微量元素在生命活动中作用的深入研究，发现生物体中的许多必需微量元素都是以配合物的形式存在的，它们与生物体的生理活动有着密切联系。体内许多具有生物催化作用的高分子化合物——酶，也是金属配合物，它们在体内参与几乎所有的生命活动；用于治疗和预防疾病的一些药物，有的本身就是配合物，有的在体内形成配合物以发挥其作用；此外，在生化检验、环境监测及药物分析等领域，以配位反应为基础的分析方法也应用得极为广泛。

20 世纪 70 年代以来，在生物学和无机化学间相互交叉、渗透中发展起来的新兴的边缘学科——生物无机化学，其基本任务就是要在分子水平上研究体内金属元素与生物配体之间的相互作用，从而揭示人体内某些疾病的发病机制，制备出新的药物——金属配合物。生物无机化学是当代自然科学中最活跃，具有很多生长点的前沿学科之一，因此了解配合物的结构与性质对医学专业的学生来说是很有必要的。

第一节　配位化合物的基本概念

一、配位化合物

将白色 $CuSO_4$ 溶于水，然后逐滴加入 $6mol \cdot L^{-1}$ 的氨水，可产生如下的化学变化

$$CuSO_4(s，白色) + 4H_2O \longrightarrow [Cu(H_2O)_4]^{2+}(aq，天蓝色) + SO_4^{2-}(aq)$$

$$[Cu(H_2O)_4]^{2+}(aq，天蓝色) + 4NH_3(aq) \longrightarrow [Cu(NH_3)_4]^{2+}(aq，深蓝色) + 4H_2O(l)$$

向该溶液中继续加入少量 NaOH 溶液，却无淡蓝色 $Cu(OH)_2$ 沉淀生成，而加入少量 $BaCl_2$ 溶液时，则有白色 $BaSO_4$ 沉淀析出。这说明溶液中存在着 SO_4^{2-}，却几乎检查不出 Cu^{2+}。$[Cu(NH_3)_4]^{2+}$ 在水中的行为与弱电解质相似，只能极少量地解离出 Cu^{2+} 和 NH_3，绝大多数仍以复杂离子的形式 $[Cu(NH_3)_4]^{2+}$ 存在。

$[Cu(NH_3)_4]^{2+}$ 的稳定存在是由于在 Cu^{2+} 和 NH_3 之间具有配位键。我们把阳离子（或原子）与一定数目的阴离子（或中性分子）以配位键结合形成的不易解离的复杂离子（或分子）称为配离子（或配位分子）。含有配离子的化合物和配位分子统称为配合物。因此配合物可以是酸、碱、盐，如 $H_2[PtCl_6]$、$[Cu(NH_3)_4](OH)_2$、$[Cu(NH_3)_4]SO_4$ 等，也可以是电中性的配位分子，如 $[Ni(CO)_4]$ 等。

二、配合物的组成

大多数配合物由配离子与带有相反电荷的离子组成。以 $[Cu(NH_3)_4]SO_4$ 为例，其组成可表示为

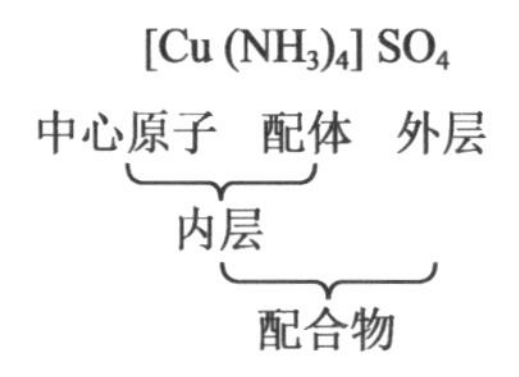

（一）内层和外层

配离子是配合物的特征部分，由中心原子（离子）和配体组成，称为配合物的**内层**（inner sphere）。通常把内层写在方括号之内，配合物中与配离子带相反电荷的离子称为配合物的**外层**（outer sphere）。配合物内层与外层之间以离子键结合，在水溶液中配合物易解离出外层离子，而配离子很难再解离。配离子与外层离子所带电荷的总量相等，符号相反。显然，配位分子只有内层，没有外层。

（二）中心原子

在配离子（或配位分子）中，接受孤对电子的阳离子或原子统称为**中心原子**（central atom）。中心原子位于配离子的中心位置，是配离子的核心部分，一般是金属离子，且大多为过渡元素，如$[Ag(NH_3)_2]^+$、$[Ni(CO)_4]$的Ag^+、Ni(0)。此外与它们相邻近的一些副族元素的原子和高氧化值的非金属元素的原子也是比较常见的中心原子，如$[SiF_6]^{2-}$中的和Si(Ⅳ)。

（三）配体和配位原子

在配合物中，与中心原子以配位键结合的阴离子或中性分子称为**配体**（ligand），如$[Ag(NH_3)_2]^+$、$[Ni(CO)_4]$和$[SiF_6]^{2-}$中的NH_3、CO和F^-都是配体。配体中直接向中心原子提供孤对电子形成配位键的原子称为**配位原子**（ligating atom），如NH_3中的N、CO中的C、F^-中的F等。配位原子的最外电子层都有孤对电子，常见的是电负性较大的非金属原子，如N、O、C、S、F、Cl、Br、I等。

按配体中配位原子的多少，可将配体分为**单齿配体**（monodentate ligand）和**多齿配体**（multidentate ligand）。只含有一个配位原子的配体称为单齿配体。如N（吡啶，简写为py）、NH_3、H_2O、CN^-、F^-、Cl^-等，其配位原子分别为N、N、O、C、F、Cl。含有两个或两个以上配位原子的配体称为多齿配体。如乙二胺$H_2NCH_2CH_2NH_2$（简写为en）、二亚乙基三胺$H_2NCH_2CH_2NHCH_2CH_2NH_2$（简写为DEN）和乙二胺四乙酸及其二钠盐（简写为EDTA，其酸根可用符号Y^{4-}表示；图12-1）。

它们分别为双齿配体、三齿配体和六齿配体。有少数配体虽有两个配位原子，由于两个配位原子靠得太近，只能选择其中一个与中心原子成键，故仍属单齿配体，这类配体称为两可配体或异性双基配体，如硝基NO_2^-中N是配位原子，而亚硝酸根ONO^-中O是配位原子，硫氰根SCN^-中S是配位原子、异硫氰根NCS^-中N是配位原子等。

（四）配位数

配离子（或配位分子）中直接与中心原子以配位键结合的配位原子的数目称为**配位数**（coordination number）。从本质上讲，配位数就是中心原子与配体形成的配位键数。如果配体均为单齿配体，则中心原子的配位数与配体数相等。例如，配离子$[Cu(NH_3)_4]^{2+}$中Cu^{2+}的配位数是4。如果配体中有多齿配体，则中心原子的配位数不等于配体数。例如，配离子$[Cu(en)_2]^{2+}$中的配体en是双齿配体，1个en分子中有2个N原子与Cu^{2+}形成配位键，因此Cu^{2+}的配位数是4而不是2，$[Co(en)_2(NH_3)Cl]^{2+}$中Co^{3+}的配位数是6而不是4。配合物中，中心原子的常见配位数是2、4和6。表12-1列出了某些金属离子常见的、较稳定的配位数。

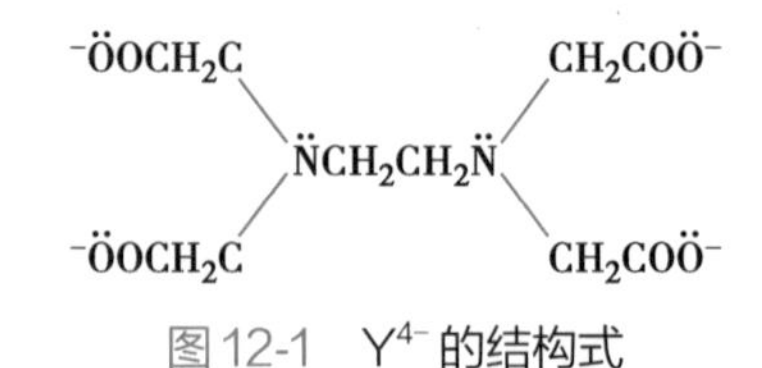

图12-1　Y^{4-}的结构式

表12-1　金属离子的配位数

配位数	金属离子	实例
2	Ag^+、Cu^+、Au^+	$[Ag(NH_3)_2]^+$、$[Cu(CN)_2]^-$
4	Cu^{2+}、Zn^{2+}、Cd^{2+}、Hg^{2+}、Al^{3+}、Sn^{2+}、Pb^{2+}、Co^{2+}、Ni^{2+}、Pt^{2+}、Fe^{3+}、Fe^{2+}	$[HgI_4]^{2-}$、$[Zn(CN)_4]^{2-}$、$[Pt(NH_3)_2Cl_2]$
6	Cr^{3+}、Al^{3+}、Pt^{4+}、Fe^{3+}、Fe^{2+}、Co^{3+}、Co^{2+}、Ni^{2+}、Pb^{4+}	$[Co(NH_3)_3(H_2O)Cl_2]$、$[Fe(CN)_6]^{3-}$、$[PtCl_6]^{2-}$、$[Ni(NH_3)_6]^{2+}$、$[Cr(NH_3)_4Cl_2]^+$

配位数的大小，主要取决于中心原子电子层结构、空间效应和静电作用3个因素。

第2周期元素原子的价层空轨道为2s、2p共4个轨道，最多只能容纳4对电子，它们最大配位数为4，如$[BeCl_4]^{2-}$、$[BF_4]^-$等，而第2周期以后的原子，价层空轨道为$(n-1)$d、ns、np或ns、np、nd，它们的配位数可超过4，如$[AlF_6]^{3-}$、$[SiF_6]^{2-}$等。

中心原子体积愈大，配体的体积愈小，则愈有利于生成配位数大的配离子，如F^-比Cl^-小，Al^{3+}与F^-可形成配位数为6的$[AlF_6]^{3-}$，而与Cl^-只能形成配位数为4的$[AlCl_4]^-$；中心原子B(Ⅲ)的半径比Al^{3+}小，所以B(Ⅲ)只能形成配位数为4的$[BF_4]^-$。

从静电作用考虑，中心原子的电荷愈高，愈有利于形成配位数大的配离子。如Pt^{2+}与Cl^-形成$[PtCl_4]^{2-}$，Pt^{4+}却可形成$[PtCl_6]^{2-}$。中心原子相同时，配体所带的电荷愈多，配体间的斥力就愈大，配位数相应变小。如Ni^{2+}与NH_3可形成配位数为6的$[Ni(NH_3)_6]^{2+}$，而与CN^-只能形成配位数为4的$[Ni(CN)_4]^{2-}$。

（五）配离子的电荷

配离子的电荷数等于中心原子和配体总电荷的代数和。例如，在$[Cu(NH_3)_4]^{2+}$中，NH_3是中性分子，所以配离子的电荷数就等于中心原子的电荷数，为+2。而在$[HgI_4]^{2-}$中，配离子的电荷数$=1\times(+2)+4\times(-1)=-2$。由于配合物是电中性的，因此，外层离子的电荷总数和配离子的电荷总数相等，而符号相反，所以由外层离子的电荷可以推断出配离子的电荷及中心原子的氧化值。

问题与思考12-1

配合物与复盐有何区别？

三、配合物的命名

配合物的命名与一般无机化合物的命名原则相同。

1. 配合物的命名是阴离子在前、阳离子在后，像一般无机化合物中的二元化合物、酸、碱、盐一样命名为“某化某”“某酸”“氢氧化某”和“某酸某”。

$[Fe(en)_3]Cl_3$	三氯化三（乙二胺）合铁(Ⅲ)
$[Ag(NH_3)_2]OH$	氢氧化二氨合银(Ⅰ)
$H_2[PtCl_6]$	六氯合铂(Ⅳ)酸
$[Cu(NH_3)_4]SO_4$	硫酸四氨合铜(Ⅱ)

2. 配离子及配位分子的命名是将配体名称列在中心原子之前，配体的数目用二、三、四等数字表示，复杂的配体名称写在圆括号中，以免混淆，不同配体之间以中圆点“•”分开，在最后一种配体名称之后缀以“合”字，中心原子后以加括号的罗马数字表示其氧化值。即：

配体数—配体名称—“合”—中心原子名称（氧化值）

$[Cu(NH_3)_4]^{2+}$　　四氨合铜(Ⅱ)离子

3. 配体命名顺序确定

(1) 配离子及配位分子中，同时有无机配体和有机配体，则无机配体在前，有机配体在后。

$[Co(NH_3)_2(en)_2]Cl_3$　　氯化二氨•二(乙二胺)合钴(Ⅲ)

(2) 同类无机配体或有机配体中，先命名阴离子，后为中性分子。

$[Co(ONO)(NH_3)_5]SO_4$　　硫酸亚硝酸根•五氨合钴(Ⅲ)

(3) 在同类配体中（同为阴离子或同为中性分子），按配位原子的元素符号的英文字母顺序先后命名配体。

$[Co(NH_3)_5(H_2O)]_2(SO_4)_3$　　硫酸五氨•水合钴(Ⅲ)

(4) 同类配体中，配位原子相同，配体所含原子数不同时，原子数少的排在前面。

$[Pt(NO_2)(NH_3)(NH_2OH)(py)]Cl$　　氯化硝基·氨·羟氨·吡啶合铂(Ⅱ)

(5) 在配位原子相同、所含原子的数目也相同的几个配体同时存在时，则按配体中与配位原子相连的原子的元素符号的英文字母顺序排列。

$[Pt(NH_2)(NO_2)(NH_3)_2]$　　氨基·硝基·二氨合铂(Ⅱ)

第二节　配合物的化学键理论

配合物的一些物理、化学性质取决于配合物的内层结构，特别是内层中配体与中心原子间的结合力。配合物的化学键理论，就是阐明这种结合力的本性，并用它解释配合物的某些性质，如配位数、几何构型、磁性等。本节重点介绍价键理论，并简单介绍晶体场理论。

一、配合物的价键理论

(一) 价键理论的基本要点

1931 年，美国化学家 Pauling L 把杂化轨道理论应用到配合物上，提出了配合物的价键理论。其基本要点如下：

1. 中心原子与配体中的配位原子之间以配位键结合，即配位原子提供孤对电子，填入中心原子的价电子层空轨道形成配位键。

配体为电子对给予体(Lewis 碱)，中心原子为电子对受体(Lewis 酸)，二者的结合物——配离子或配位分子是酸碱配合物。

2. 为了增强成键能力和形成结构匀称的配合物，中心原子的价层空轨道进行杂化，形成数目相等、能量相同、具有一定空间伸展方向的杂化轨道，中心原子的杂化轨道与配位原子的孤对电子轨道沿键轴方向重叠成键。

3. 配合物的空间构型，取决于中心原子所提供杂化轨道的数目和类型。表 12-2 为中心原子常见的杂化轨道类型和配合物的空间构型。

表 12-2　**中心原子的杂化轨道类型和配合物的空间构型**

配位数	杂化轨道	空间构型	实例
2	sp	直线	$[Ag(NH_3)_2]^+$、$[AgCl_2]^-$、$[Au(CN)_2]^-$
4	sp^3	四面体	$[Ni(CO)_4]$、$[Cd(CN)_4]^{2-}$、$[ZnCl_4]^{2-}$、$[Ni(NH_3)_4]^{2+}$
	dsp^2	平面四方形	$[Ni(CN)_4]^{2-}$、$[PtCl_4]^{2-}$、$[Pt(NH_3)_2Cl_2]$
6	sp^3d^2	八面体	$[FeF_6]^{3-}$、$[Fe(NCS)_6]^{3-}$、$[Co(NH_3)_6]^{2+}$、$[Ni(NH_3)_6]^{2+}$
	d^2sp^3	八面体	$[Fe(CN)_6]^{3-}$、$[Co(NH_3)_6]^{3+}$、$[Fe(CN)_6]^{4-}$、$[PtCl_6]^{2-}$

在很多情况下，目前还不能用价键理论来预测配合物的空间构型和中心原子杂化类型，往往是在取得了配合物的空间构型及磁性等实验数据后，再用价键理论来解释。

(二) 外轨配合物和内轨配合物

过渡元素作为中心原子时，其价电子空轨道往往包括次外层 $(n-1)$d 轨道，根据中心原子杂化时所提供的空轨道所属电子层的不同，配合物可分为两种类型。一种是中心原子全部用最外层价电子空轨道(ns、np、nd)进行杂化成键，所形成的配合物称为**外轨配合物**(outer-orbital coordination compound)，如中心原子采取 sp、sp^3、sp^3d^2 杂化轨道成键形成配位数为 2、4、6 的配合物都是外轨配合物；另一种是中心原子用次外层 d 轨道，即 $(n-1)$d 和最外层的 ns、np 轨道进行杂化成键，所形成的配合物称为**内轨配合物**(inner-orbital coordination compound)，中心原子采取 dsp^2 或 d^2sp^3 杂化轨道成键形成配位数为 4 或 6 的配合物都是内轨配合物。

（三）价键理论的应用

$[Fe(H_2O)_6]^{3+}$的形成：Fe^{3+}的电子组态为$3d^5$，当它与水分子形成$[Fe(H_2O)_6]^{3+}$时，外层1个4s轨道、3个4p轨道和2个4d轨道进行杂化，形成的6个能量相等的sp^3d^2杂化轨道，与6个H_2O分子中的O原子形成6个配位键，从而形成空间构型为正八面体的配离子$[Fe(H_2O)_6]^{3+}$。由于中心原子的杂化轨道全由最外层价电子空轨道杂化而成，内层3d轨道上的电子排布没有改变，故属外轨配离子。

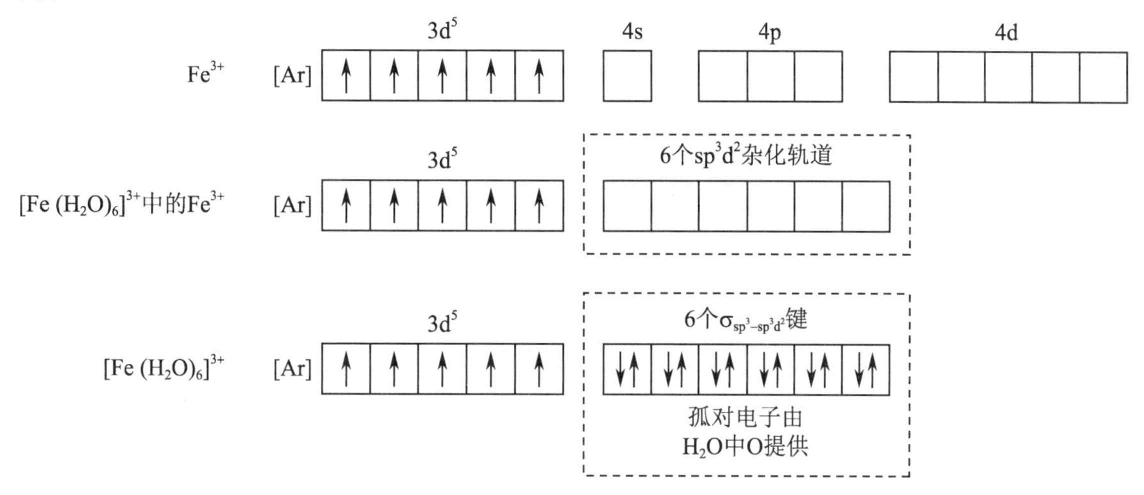

$[Fe(CN)_6]^{3-}$的形成：当Fe^{3+}与CN^-形成$[Fe(CN)_6]^{3-}$时，3d轨道上的电子发生重排，5个电子合并在3个3d轨道中，单电子由5个减少为1个，空出2个3d轨道，与1个4s轨道、3个4p轨道进行d^2sp^3杂化，然后与6个CN^-中的C形成6个配位键，从而形成空间构型为八面体的配离子$[Fe(CN)_6]^{3-}$。由于次外层的d轨道参与了杂化，故形成的配离子$[Fe(CN)_6]^{3-}$属内轨配离子。

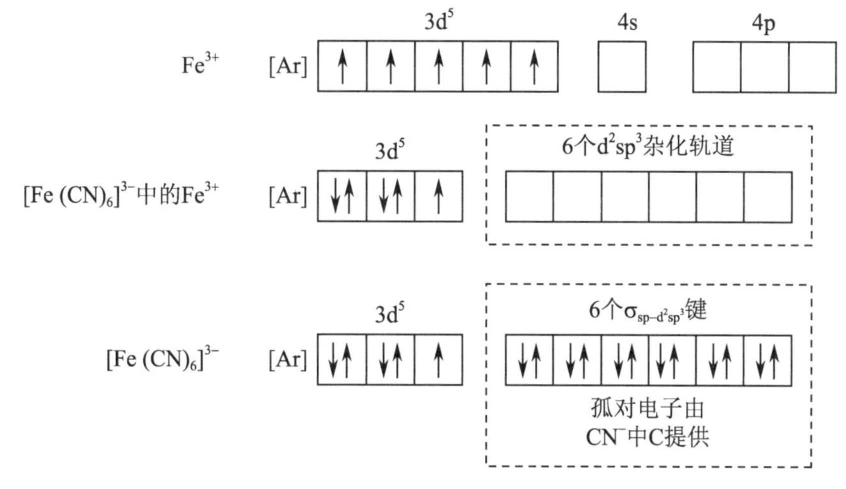

（四）配合物的磁矩

一般是通过测定配合物的磁矩（μ）来确定外轨配合物和内轨配合物。表12-3是根据近似公式$\mu \approx \sqrt{n(n+2)}\mu_B$算得的单电子数为1～5的磁矩理论值。式中$\mu_B$为**玻尔磁子**（Bohr magnetion），$\mu_B = 9.27 \times 10^{-24} A \cdot m^2$。

表12-3　**单电子数与磁矩μ的理论值**

n	0	1	2	3	4	5
μ/μ_B	0.00	1.73	2.83	3.87	4.90	5.92

一般情况下，配合物的单电子数就是中心原子的单电子数。因此，将测得配合物的磁矩与理论值对比，确定中心原子的单电子数n，由此即可判断配合物中成键轨道的杂化类型和配合物的空间构

型，区分出内轨配合物和外轨配合物。表 12-4 列出了几种配合物的磁矩实验值，据此可以判断配合物的类型。

表 12-4 几种配合物的单电子数与磁矩的实验值

配合物	中心原子的 d 电子	μ/μ_B	单电子数	配合物类型
$[Fe(H_2O)_6]SO_4$	6	4.91	4	外轨配合物
$K_3[FeF_6]$	5	5.45	5	外轨配合物
$Na_4[Mn(CN)_6]$	5	1.57	1	内轨配合物
$K_3[Fe(CN)_6]$	5	2.13	1	内轨配合物
$[Co(NH_3)_6]Cl_3$	6	0	0	内轨配合物

在什么情况下形成外轨配合物或内轨配合物，这取决于中心原子的电子层结构和配体的性质。

当中心原子的(n－1)d 轨道全充满(d^{10})时，没有可利用的空(n－1)d 轨道，只能形成外轨配合物，如$[Ag(CN)_2]^-$、$[Zn(CN)_4]^{2-}$、$[CdI_4]^{2-}$、$[Hg(CN)_4]^{2-}$等均为外轨配离子。

当中心原子的(n－1)d 轨道电子数不超过 3 个时，至少有 2 个(n－1)d 空轨道，所以总是形成内轨配合物。如 Cr^{3+} 和 Ti^{3+} 分别有 3 个和 1 个 d 电子，所形成的$[Cr(H_2O)_6]^{3+}$和$[Ti(H_2O)_6]^{3+}$均为内轨配离子。

具有 d^4～d^7 组态的中心原子，既可以形成内轨配合物又可以形成外轨配合物时，配体就成为决定配合物类型的主要因素。若配体中的配位原子的电负性较大(如卤素原子和氧原子等)，不易给出孤对电子，则倾向于占据中心原子的外层轨道形成外轨配合物。如 Fe^{3+} 分别与 F^- 和 H_2O 形成的配离子$[FeF_6]^{3-}$和$[Fe(H_2O)_6]^{3+}$都是外轨配离子。若配体中的配位原子的电负性较小)如 CN^- 中的 C 原子)，容易给出孤对电子，对中心原子的(n－1)d 电子影响较大，使中心原子 d 电子重排，空出(n－1)d 轨道形成内轨配合物。如 CN^- 与 Fe^{3+} 形成的$[Fe(CN)_6]^{3-}$是内轨配离子。由于(n－1)d 轨道比 nd 轨道能量低，同一中心原子的内轨配合物比外轨配合物稳定，如$[Fe(CN)_6]^{3-}$比$[Fe(H_2O)_6]^{3+}$稳定。

含有(n－1)d 空轨道的内轨配合物不稳定。如$[V(NH_3)_6]^{3+}$中的 V^{3+} 的价层电子组态为 $3d^2$，它用 2 个 3d 空轨道与 4s、4p 空轨道经 d^2sp^3 杂化形成 6 个 d^2sp^3 杂化轨道，分别与 6 个 NH_3 分子形成 6 个配位键后，尚有 1 个 3d 轨道空着，所以，形成的$[V(NH_3)_6]^{3+}$虽为内轨配离子，但稳定性差。

价键理论认为，不论外轨配合物还是内轨配合物，配体与中心原子间的价键本质上均属共价键。

价键理论的概念明确、模型具体、使用方便，能较好地说明配合物形成过程中，中心原子与配位原子间的价键性质和本质、空间构型、配位数和磁性，并能定性地说明一些配合物的稳定性，在配位化学的发展过程中起了很大的作用。但是，由于价键理论只孤立地看到配体与中心原子的成键，只讨论配合物的基态性质，忽略了成键时在配体电场影响下，中心原子 d 轨道的能级分裂，因而它不能解释配合物的颜色和吸收光谱，也无法定量地说明一些配合物的稳定性。这将由晶体场理论和其他配合物来解决。

问题与思考 12-2

已知一些金属铂配合物可作为活性抗癌试剂，如$[PtCl_4(NH_3)_2]$、$[PtCl_2(NH_3)_2]$和$[PtCl_2(en)]$，实验测得它们都是抗磁性物质。试根据价键理论说明中心原子的杂化类型，它们是内轨配合物还是外轨配合物？

二、晶体场理论

晶体场理论(crystal field theory，CFT)是 1929 年由 Bethe H 首先提出的，直到 20 世纪 50 年代被成功用于解释了金属配合物的吸收光谱后，才得到迅速发展。

（一）晶体场理论的基本要点

1. 中心原子与配体之间靠静电作用力相结合。中心原子是带正电的点电荷，配体（或配位原子）是带负电的点电荷。它们之间的作用是纯粹的静电吸引和排斥，并不形成共价键。

2. 中心原子在周围配体所形成的负电场的作用下，原来能量相同的5个简并d轨道能级发生了分裂。有些d轨道能量升高，有些则降低。

3. 由于d轨道能级发生分裂，中心原子d轨道上的电子重新排布，使系统的总能量降低，配合物更稳定。

下面以八面体构型的配合物为例予以介绍。

（二）在八面体配位场中中心原子d轨道能级分裂

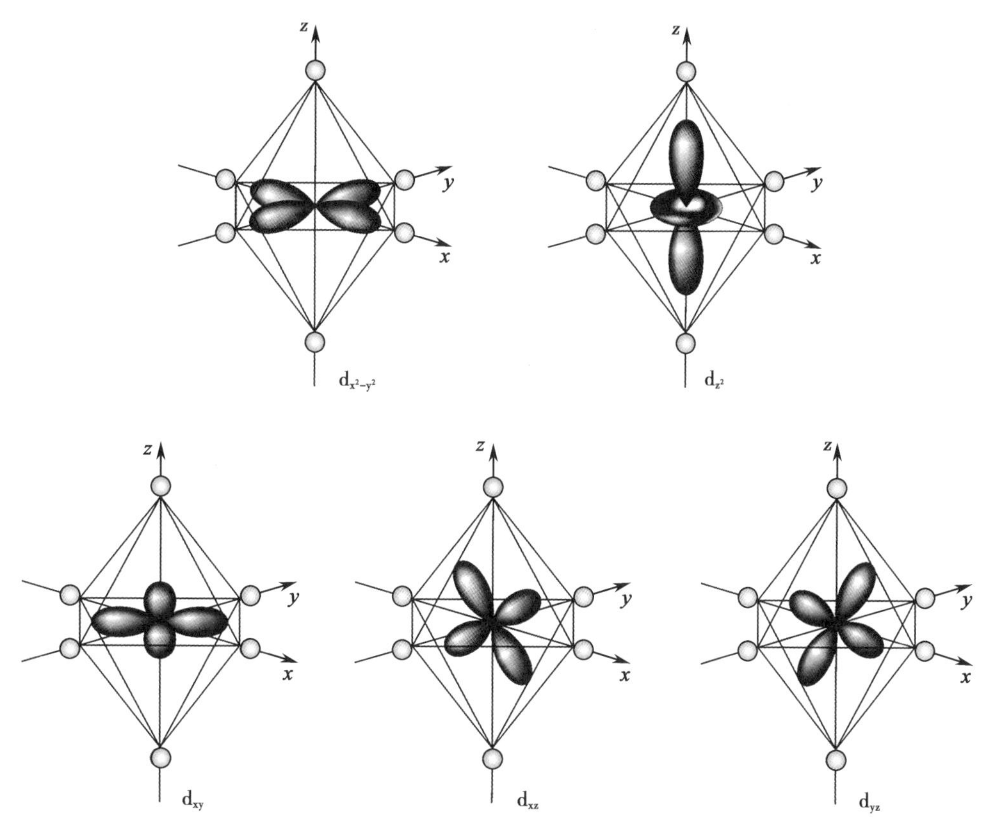

图12-2　正八面体配合物d轨道和配体的相对位置

配合物的中心原子的价电子层5个简并d轨道的空间取向不同，所以在具有不同对称性的配体静电场的作用下，将受到不同的影响。现假定6个配体的负电荷均匀分布在以中心原子为球心的球面上（即球形对称），5个d轨道上的电子所受负电场的斥力相同，能量虽都升高，但仍属同一能级。实际上6个配体分别沿着3个坐标轴正负两个方向（$\pm x$、$\pm y$、$\pm z$）接近中心原子，如图12-2所示，d_{z^2}和$d_{x^2-y^2}$轨道的电子云极大值方向正好与配体迎头相碰，因而受到较大的排斥，使这两个轨道的能量升高（与球形场相比），而其余3个d轨道d_{xy}、d_{yz}、d_{xz}的电子云极大值方向处于配体之间，受到排斥作用较小，能量虽也升高，但比球形场中的低些。结果，在正八面体配合物中，中心原子d轨道的能级分裂成两组：一组为高能量的d_{z^2}和$d_{x^2-y^2}$二重简并轨道，称为d_γ能级；一组为低能量的d_{xy}、d_{yz}和d_{xz}三重简并轨道，称为d_ε能级。如图12-3所示。图12-3中E_0为生成配合物前自由离子d轨道的能量，E_s为球形场中金属离子d轨道的能量。

（三）分裂能及其影响因素

在不同构型的配合物中，d轨道分裂的方式和程度都不相同。中心原子d轨道能级分裂后最高

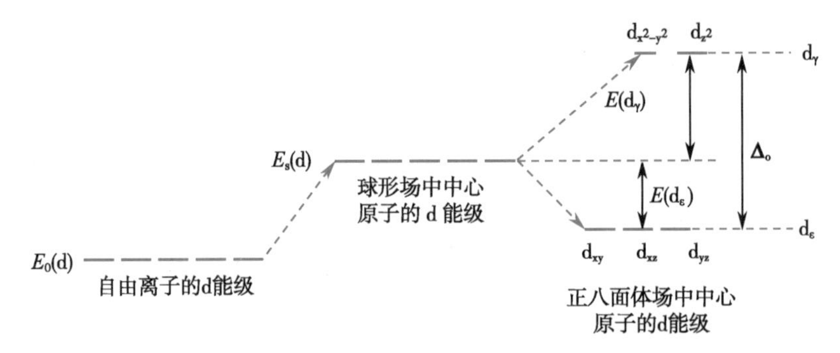

图 12-3 中心原子 d 轨道在正八面体场中的能级分裂

能级与最低能级之间的能量差称为**分裂能**（splitting energy，Δ）。八面体场的分裂能为 d_γ 与 d_ε 两能级之间的能量差，用符号 Δ_o 表示。

根据晶体场理论，可以计算出分裂后的 d_γ 和 d_ε 轨道的相对能量。在八面体配合物中，中心原子 5 个 d 轨道在球形负电场作用下能量均升高，升高后的平均能量 $E_s=0$ 作为计算相对能量的比较标准，在八面体场中 d 轨道分裂前后的总能量保持不变，即

$$2E(d_\gamma)+3E(d_\varepsilon)=5E_s=0$$

$$E(d_\gamma)-E(d_\varepsilon)=\Delta_o$$

解此联立方程得 $E(d_\gamma)=+0.6\Delta_o,\ E(d_\varepsilon)=-0.4\Delta_o$

即正八面体场中 d 轨道能级分裂的结果是：d_γ 能级中每个轨道的能量上升 $0.6\Delta_o$，而 d_ε 能级中每个轨道的能量下降 $0.4\Delta_o$。

对于相同构型的配合物来说，影响分裂能的因素，有配体的性质、中心原子的氧化值和中心原子的半径。

1. 配体的场强 对于给定的中心原子而言，分裂能的大小与配体的场强有关。场强愈大，分裂能就愈大。从正八面体配合物的光谱实验得出的配体场强由弱到强的顺序如下：

$$I^-<Br^-<Cl^-<SCN^-<F^-<S_2O_3^{2-}<OH^-\approx ONO^-<C_2O_4^{2-}<H_2O<NCS^-$$

$$\approx EDTA<NH_3<en<SO_3^{2-}<NO_2^-<CN^-<CO$$

这一顺序称**光谱化学序列**（spectrochemical series）。由光谱化学序列可看出，I^- 把 d 轨道能级分裂为 d_γ 与 d_ε 的本领最差（Δ 数值最小），而 CN^-、CO 最大。因此 I^- 为弱场配体，CN^-、CO 为强场配体，其他配体是强场还是弱场，常因中心原子不同而不同，一般说来位于 H_2O 以前的都是弱场配体，H_2O 和 CN^- 间的配体是强是弱，还要看中心原子，可结合配合物的磁矩来确定。上述光谱化学序列存在这样的规律：配位原子相同的列在一起，如 OH^-、$C_2O_4^{2-}$、H_2O 均为 O 作配位原子，又如 NH_3、en 均为 N 作配位原子。从光谱化学序列还可以粗略看出，按配位原子来说 Δ_o 的大小顺序为 I<Br<Cl<F<O<N<C。

2. 中心原子的氧化值 对于配体相同的配合物，分裂能取决于中心原子的氧化值。中心原子的氧化值愈高，则分裂能就愈大。这是因为中心原子的氧化值越高，中心原子所带的正电荷愈多，对配体的吸引力愈大，中心原子与配体之间的距离愈近，中心原子外层的 d 电子与配体之间的斥力愈大，所以分裂能也就愈大。如

$$[Co(H_2O)_6]^{2+}\quad \Delta_o=111.3kJ\cdot mol^{-1};\ [Co(H_2O)_6]^{3+}\quad \Delta_o=222.5kJ\cdot mol^{-1}$$

$$[Fe(H_2O)_6]^{2+}\quad \Delta_o=124.4kJ\cdot mol^{-1};\ [Fe(H_2O)_6]^{3+}\quad \Delta_o=163.9kJ\cdot mol^{-1}$$

3. 中心原子的半径 中心原子氧化值及配体相同的配合物，其分裂能随中心原子半径的增大而增大。半径愈大，d 轨道离核愈远，与配体之间的距离减小，受配体电场的排斥作用增强，因而分裂能增大。如

$3d^6$	$[Co(NH_3)_6]^{3+}$	$\Delta_o = 275.1kJ \cdot mol^{-1}$
$4d^6$	$[Rh(NH_3)_6]^{3+}$	$\Delta_o = 405.4kJ \cdot mol^{-1}$
$5d^6$	$[Ir(NH_3)_6]^{3+}$	$\Delta_o = 478.4kJ \cdot mol^{-1}$

配合物的几何构型也是影响分裂能大小的一个重要因素，构型不同则晶体场分裂能大小明显不同。

（四）八面体场中中心原子的 d 电子排布

在八面体配合物中，中心原子的 d 电子排布倾向于使系统的能量降低。

中心原子的 d 电子组态为 d^1～d^3 及 d^8～d^{10}，根据能量最低原理和洪德定则，无论是强场还是弱场配体，d 电子只有一种排布方式。

当轨道中已排布一个电子，另一个电子进入该轨道时，就需要提供能量以克服电子之间的排斥作用，这种能量称为**电子成对能**（electron pairing energy，P）。对于 d^4～d^7 组态的中心原子，当形成八面体型配合物时，d 电子可以有两种排布方式：一种排布方式是按能量最低原理，中心原子的 d 电子尽量排布在能量最低的 d 轨道上；另一种排布方式是按洪德定则，中心原子的 d 电子尽量分占不同的 d 轨道且自旋平行，这时能量最低。究竟采取何种排布方式，这取决于分裂能 Δ_o 和电子成对能 P 的相对大小。若中心原子与强场配体结合时，$\Delta_o>P$，电子尽可能排布在 d_ε 能级的各轨道上；若中心原子与弱场配体结合时，$\Delta_o<P$，电子将尽量分占 d_ε 和 d_γ 能级的各轨道。后者的单电子数多于前者。我们把中心原子 d 电子数目相同的配合物中单电子数多的配合物称为**高自旋配合物**，单电子数少的配合物称为**低自旋配合物**。在中心原子电子组态为 d^4～d^7 的配合物中，配体为强场者（如 NO_2^-、CN^- 和 CO 等）形成低自旋配合物，配体为弱场者（X^-、H_2O 等）形成高自旋配合物。表 12-5 列出了正八面体配合物中心原子 d 电子的排布情况。

表 12-5　正八面体配合物中 d 电子的排布

d 电子数	弱场（$\Delta_o<P$）				强场（$\Delta_o>P$）			
	d_ε	d_γ		单电子数	d_ε	d_γ		单电子数
1	↑			1	↑			1
2	↑ ↑			2	↑ ↑			2
3	↑ ↑ ↑			3	↑ ↑ ↑			3
4	↑ ↑ ↑	↑	高自旋	4	↑↓ ↑ ↑		低自旋	2
5	↑ ↑ ↑	↑ ↑		5	↑↓ ↑↓ ↑			1
6	↑↓ ↑ ↑	↑ ↑		4	↑↓ ↑↓ ↓			0
7	↑↓ ↑↓ ↑	↑ ↑		3	↑↓ ↑↓ ↑↓	↑		1
8	↑↓ ↑↓ ↑↓	↑ ↑		2	↑↓ ↑↓ ↑↓	↑ ↑		2
9	↑↓ ↑↓ ↑↓	↑↓ ↑		1	↑↓ ↑↓ ↑↓	↑↓ ↑		1
10	↑↓ ↑↓ ↑↓	↑↓ ↑↓		0	↑↓ ↑↓ ↑↓	↑↓ ↑↓		0

（五）晶体场稳定化能

d 电子排布在分裂后的 d 轨道（配体负电场中）的总能量与排布在未分裂时的 d 轨道（球形场中）上的总能量的差值，称为**晶体场稳定化能**（crystal field stabilization energy，CFSE）。CFSE 的绝对值愈大，表示系统能量降低得愈多，配合物愈稳定。

在晶体场理论中，配合物的稳定性，主要是因为中心原子与配体之间靠异性电荷吸引使配合物的总体能量降低而形成的。图 12-3 中的 E_s 没有反映出这个总体能量降低，仅反映 d 轨道能量升高，而晶体场稳定化能体现了形成配合物后系统能量比未分裂时系统能量下降的情况，配合物更趋稳定。

晶体场稳定化能与中心原子的 d 电子数目有关，也与配体所形成的晶体场的强弱有关，此外还与配合物的空间构型有关。正八面体配合物的晶体场稳定化能可按式（12-1）计算

$$\mathrm{CFSE} = xE(\mathrm{d}_\varepsilon) + yE(\mathrm{d}_\gamma) + (n_2 - n_1)P \tag{12-1}$$

式中，x、y 分别为 d_ε、d_γ 能级上的电子数，n_1 为球形场中中心原子 d 轨道上的电子对数，n_2 为配合物中 d 轨道上的电子对数。计算结果列于表 12-6。

表 12-6　八面体场 d^n 离子的 CFSE

d 电子数	弱场			强场		
	电子排布		CFSE	电子排布		CFSE
	d_ε	d_γ		d_ε	d_γ	
0	0	0	0	0	0	0
1	1	0	$-0.4\Delta_o$	1	0	$-0.4\Delta_o$
2	2	0	$-0.8\Delta_o$	2	0	$-0.8\Delta_o$
3	3	0	$-1.2\Delta_o$	3	0	$-1.2\Delta_o$
4	3	1	$-0.6\Delta_o$	4	0	$-1.6\Delta_o+P$
5	3	2	0	5	0	$-2.0\Delta_o+2P$
6	4	2	$-0.4\Delta_o$	6	0	$-2.4\Delta_o+2P$
7	5	2	$-0.8\Delta_o$	6	1	$-1.8\Delta_o+P$
8	6	2	$-1.2\Delta_o$	6	2	$-1.2\Delta_o$
9	6	3	$-0.6\Delta_o$	6	3	$-0.6\Delta_o$
10	6	4	0	6	4	0

例 12-1　分别计算 Co^{3+} 形成的强场和弱场正八面体配合物的 CFSE，并比较两种配合物的稳定性。

解　Co^{3+} 有 6 个 d 电子（$3d^6$），其电子排布情况分别为

球形场　　八面体弱场（$\Delta_o<P$）　　八面体强场（$\Delta_o>P$）

d_γ　　d_γ

d_ε　　d_ε

球形场：$E_s=0$

弱场：$\mathrm{CFESE}=4E(\mathrm{d}_\varepsilon)+2E(\mathrm{d}_\gamma)+(1-1)P$

$=4\times(-0.4\Delta_o)+2\times0.6\Delta_o=-0.4\Delta_o$

强场：$\mathrm{CFESE}=6E(\mathrm{d}_\varepsilon)+0E(\mathrm{d}_\gamma)+(3-1)P$

$=6\times(-0.4\Delta_o)+2P=-0.4\Delta_o-2.0\times(\Delta_o-P)<-0.4\Delta_o\,(\Delta_o>P)$

计算结果表明，Co^{3+} 与强场配体或弱场配体所形成的配合物的 CFSE 均小于零，强场时更低，故强场配体与 Co^{3+} 形成的配合物更稳定。

（六）d-d 跃迁和配合物的颜色

物质在日光、灯光等普通光源照射下呈现的颜色，是由物质对这些光源中某种波长的光的选择吸收引起的。物质若吸收可见光中的红色光，便呈现蓝绿色，若吸收蓝绿色的光便显红色，即物质呈现的颜色与该物质选择吸收光的颜色互为补色，参见第十四章图 14-1。

实验测定结果表明，很多配合物的分裂能 Δ 的大小与可见光所具有的能量相当。过渡金属离子在配体负电场的作用下发生能级分裂，在高能级处具有未充满的 d 轨道，处于低能级的 d 电子选择吸收了与分裂能相当的可见光的某一波长的光子后，从低能级 d 轨道跃迁到高能级 d 轨道，这种跃迁称

为 **d-d 跃迁**。从而使配合物呈现被吸收光的补色光的颜色。

例如$[Ti(H_2O)_6]^{3+}$配离子显红色（图 12-4），Ti^{3+}的电子组态为$3d^1$，在正八面体场中这个电子排布在能量较低的d_ε能级轨道上，当可见光照射$[Ti(H_2O)_6]^{3+}$时，处于d_ε能级轨道上的电子吸收了可见光中波长为 492.7nm（为蓝绿色光）的光子，跃迁到d_γ能级轨道上（图 12-5）。波长 492.7nm（相当于图 12-4 中吸收峰的波长）光子的能量为 242.8kJ•mol^{-1}，若用波数$\bar{\nu}$（$\bar{\nu}=1/\lambda$）表示，则为 20 300cm^{-1}（1cm^{-1} = 11.96J•mol^{-1}），恰好等于该配离子的分裂能Δ_o，这时可见光中蓝绿色的光被吸收，溶液呈红色。

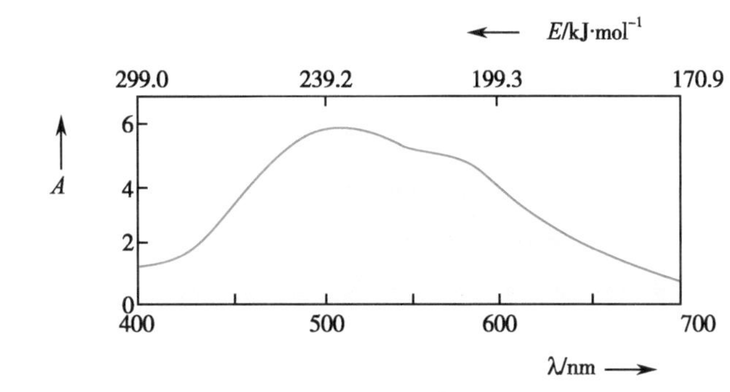

图 12-4 $[Ti(H_2O)_6]^{3+}$的吸收光谱

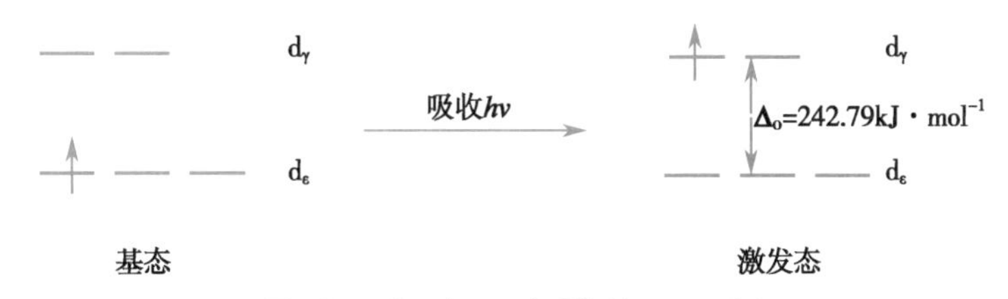

图 12-5 $[Ti(H_2O)_6]^{3+}$的 d-d 跃迁

分裂能的大小不同，配合物选择吸收可见光的波长就不同，配合物就呈现不同的颜色。配体的场强愈强，则分裂能愈大，d-d 跃迁时吸收的光子能量就愈大，即吸收光波长愈短。

电子组态为d^{10}的离子（例如Zn^{2+}、Ag^+等），因d_γ能级轨道上已充满电子，没有空位，它们的配合物不可能产生 d-d 跃迁，因而配合物没有颜色。

综上所述，配合物的颜色是由于中心原子的 d 电子进行 d-d 跃迁时选择地吸收一定波长的可见光而产生的。因此，配合物呈现颜色必须具备以下两个条件：

（1）中心原子的次外层 d 轨道未填满。

（2）分裂能必须在可见光所具有的能量范围内。

晶体场理论比较满意地解释了配合物的颜色、磁性等，但是不能合理解释配体在光谱化学序列中的次序，也不能解释 CO 分子不带电荷，却使中心原子 d 轨道能级分裂产生很大的分裂能，这是由于晶体场理论只考虑中心原子与配体之间的静电作用，着眼于配体对中心原子 d 轨道的影响，而忽略了中心原子 d 轨道与配体轨道之间的重叠，不考虑共价键的存在所致。

第三节 配 位 平 衡

中心原子与配体生成配离子的反应称为配位反应，而配离子解离出中心原子和配体的反应称为解离反应。在水溶液中存在着配位反应与解离反应之间的平衡称为配位平衡。配位平衡不同于一般平衡的特点是配位反应的趋势远大于配离子解离的趋势。化学平衡的一般原理完全适用于配位平衡。

一、配位平衡常数

在 $CuSO_4$ 溶液中加入过量氨水生成深蓝色的 $[Cu(NH_3)_4]^{2+}$，同时，极少部分 $[Cu(NH_3)_4]^{2+}$ 发生解离，最终配位反应与解离反应达到如下平衡

$$Cu^{2+}(aq)+4NH_3(aq) \rightleftharpoons [Cu(NH_3)_4]^{2+}(aq)$$

依据化学平衡原理，其平衡常数表达式为

$$K_s=\frac{[Cu(NH_3)_4^{2+}]}{[Cu^{2+}][NH_3]^4}$$

式中，$[Cu^{2+}]$、$[NH_3]$ 和 $[Cu(NH_3)_4^{2+}]$ 分别为 Cu^{2+}、NH_3 和 $[Cu(NH_3)_4]^{2+}$ 的平衡浓度。配位平衡的平衡常数用 K_s 表示，称为配合物的**稳定常数**(stability constant)，是配合物在水溶液中稳定程度的量度。对于配体个数相同的配离子，K_s 值愈大，表示形成配离子的倾向愈大，配离子就愈稳定。例如，298.15K 时，$[Ag(CN)_2]^-$ 和 $[Ag(NH_3)_2]^+$ 的 K_s 分别为 1.3×10^{21} 和 1.1×10^7，因此 $[Ag(CN)_2]^-$ 比 $[Ag(NH_3)_2]^+$ 稳定。配体个数不等的配离子之间，要通过 K_s 的表示式计算才能比较配离子的稳定性。一般配合物的 K_s 数值均很大，为方便起见，常用 $\lg K_s$ 表示。常见配离子的稳定常数见附录三的附表 3-4。

配离子的形成或解离是分步进行的。如同多元酸或碱，也可以用分步解离常数 K_{s1}，K_{s2}，…，K_{sn} 表示配离子的分步解离过程，其分步解离常数的乘积 β_n 称为累积稳定常数，最后一级累积稳定常数 β_n 与 K_s 相等。即

$$\beta_n=K_{s1}K_{s2}K_{s3}\cdots K_{sn}=K_s$$

问题与思考 12-3

判断下列配合物的 K_s 值哪个最小？哪个最大？

(1) $[Cr(NH_3)_6]^{3+}$　　(2) $[Cr(SCN)_6]^{3-}$　　(3) $[Cr(CN)_6]^{3-}$

二、配位平衡的移动

配位平衡与其他化学平衡一样，也是一种相对的、有条件的动态平衡。若改变平衡系统的条件，平衡就会发生移动，溶液的酸度变化、沉淀剂、氧化剂或还原剂及其他配体的存在，均有可能导致配位平衡的移动甚至转化(即被新的平衡所取代)。

(一) 溶液酸度的影响

根据酸碱质子理论，配离子中很多配体，如 F^-、CN^-、SCN^-、OH^-、NH_3 等都是碱，可接受质子，生成难解离的共轭弱酸。若配体的碱性较强，溶液中 H^+ 浓度又较大时，配体与质子结合，导致配离子解离。如

$$[Cu(NH_3)_4]^{2+}(aq) \rightleftharpoons Cu^{2+}(aq) + 4NH_3(aq)$$

$$+ \; 4H^+ \rightleftharpoons 4NH_4^+(aq)$$

平衡移动方向

即

$$[Cu(NH_3)_4]^{2+}(aq)+4H^+(aq) \rightleftharpoons Cu^{2+}(aq)+4NH_4^+(aq)$$

$$K=\frac{[Cu^{2+}][NH_4^+]^4}{[Cu(NH_3)_4^{2+}][H^+]^4}=\frac{1}{K_s\{[Cu(NH_3)_4]^{2+}\}K_a^4(NH_4^+)}=\frac{K_b^4(NH_3)}{K_s\{[Cu(NH_3)_4]^{2+}\}K_w^4}$$

$$=\frac{(1.8\times10^{-5})^4}{2.09\times10^{13}\times1.0\times10^{-14}}=5.0\times10^{23}$$

这种因溶液酸度增大而导致配离子解离的作用称为酸效应。溶液的酸度愈强，配离子愈不稳定。当溶液的酸度一定时，配体的碱性愈强，配离子愈不稳定。配离子这种抗酸的能力与 K_s 有关，K_s 值愈大，配离子抗酸能力愈强，如$[Ag(CN)_2]^-$的 $K_s(1.3\times10^{21})$大，抗酸能力较强，故$[Ag(CN)_2]^-$在酸性溶液中仍能稳定存在。

另外，配离子的中心原子大多是过渡金属离子，它在水溶液中往往发生水解，导致中心原子浓度降低，配位反应向解离方向移动。溶液的碱性愈强，愈有利于中心原子的水解反应进行。如

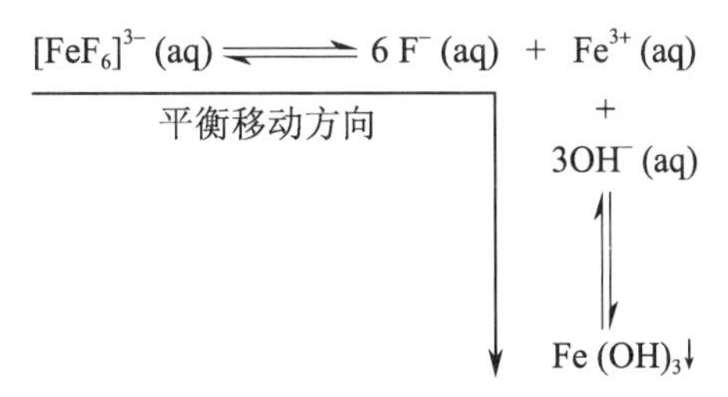

即
$$[FeF_6]^{3-}(aq)+3OH^-(aq)\rightleftharpoons 6F^-(aq)+Fe(OH)_3\downarrow$$

$$K=\frac{[F^-]^6}{[FeF_6^{3-}][OH^-]^3}=\frac{1}{K_s\{[FeF_6]^{3-}\}K_{sp}[Fe(OH)_3]}$$
$$=\frac{1}{1.0\times10^{16}\times2.79\times10^{-39}}=3.6\times10^{22}$$

这种因金属离子与溶液中的 OH^- 结合而导致配离子解离的作用称为水解作用。为使配离子稳定，从避免中心原子水解角度考虑，pH 愈低愈好；从配离子抗酸能力考虑，则 pH 愈高愈好。在一定酸度下，究竟是配位反应为主，还是水解反应为主，或者是 H^+ 与配体结合成弱酸的酸碱反应为主，这要由配离子的稳定性、配体碱性强弱和中心原子氢氧化物的溶解度等因素综合考虑，一般情况下，在保证不生成氢氧化物沉淀的前提下提高溶液 pH，以保证配离子的稳定性。

（二）沉淀平衡的影响

若在 AgCl 沉淀中加入大量氨水，可使白色 AgCl 沉淀溶解，生成无色透明的配离子$[Ag(NH_3)_2]^+$溶液。反之，若再向该溶液中加入 NaBr 溶液，立即出现淡黄色沉淀，反应如下

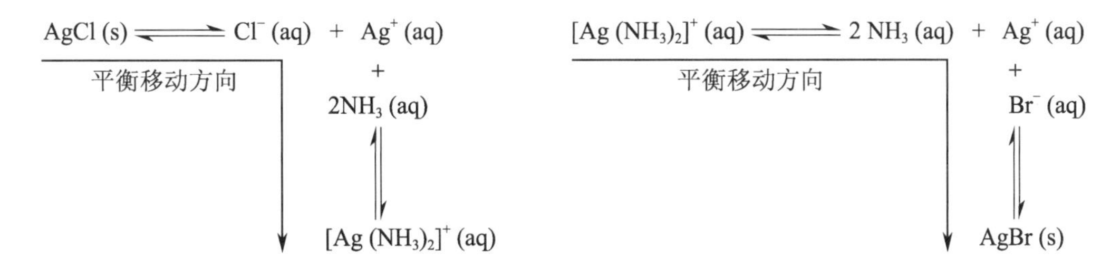

前者因加入配位剂 NH_3 而使沉淀平衡转化为配位平衡，后者因加入较强的沉淀剂而使配位平衡转化为沉淀平衡。配离子稳定性愈差，沉淀剂与中心原子形成沉淀的 K_{sp} 愈小，配位平衡就愈容易转化为沉淀平衡；配体的配位能力愈强，沉淀的 K_{sp} 愈大，就愈容易使沉淀平衡转化为配位平衡。上述例子中 AgBr 的 $K_{sp}(5.35\times10^{-13})$远小于 AgCl 的$(1.77\times10^{-10})$，故 Br^- 可使$[Ag(NH_3)_2]^+$的配位平衡破坏，而氨水只能使 AgCl 溶解为$[Ag(NH_3)_2]^+$，却不能使 AgBr 溶解。

例 12-2　计算 298.15K 时，AgCl 在 $6mol\cdot L^{-1}$ NH_3 溶液中的溶解度。在上述溶液中加入 NaBr 固体，使 Br^- 初始浓度为 $0.10mol\cdot L^{-1}$（忽略因加入 NaBr 所引起的体积变化），能否生成 AgBr 沉淀？

解　AgCl 溶于 NH_3 溶液中的反应为
$$AgCl(s)+2NH_3(aq)\rightleftharpoons[Ag(NH_3)_2]^+(aq)+Cl^-(aq)$$
反应的平衡常数为

$$K_1=\frac{[Ag(NH_3)_2^+][Cl^-]}{[NH_3]^2}=\frac{[Ag(NH_3)_2^+][Cl^-]}{[NH_3]^2}\cdot\frac{[Ag^+]}{[Ag^+]}$$
$$=K_s\{[Ag(NH_3)_2]^+\}\cdot K_{sp}(AgCl)$$
$$=1.1\times10^7\times1.77\times10^{-10}=1.95\times10^{-3}$$

设 AgCl 在 6.0mol·L^{-1} NH_3 溶液中的溶解度为 S mol·L^{-1}，由反应式可知：$[Ag(NH_3)_2^+]=[Cl^-]=$ S mol·L^{-1}，$[NH_3]=(6.0-2S)$ mol·L^{-1}，将平衡浓度代入平衡常数表达式中，得

$$K_1=\frac{(S\ \text{mol}\cdot L^{-1})^2}{(6.0\text{mol}\cdot L^{-1}-2S\ \text{mol}\cdot L^{-1})^2}=1.95\times10^{-3}$$

解得 $S=0.26$mol·L^{-1}，即 298.15K 时，AgCl 在 6.0mol·L^{-1} NH_3 溶液中的溶解度为 0.26mol·L^{-1}。

在上述溶液中，如有 AgBr 生成，生成 AgBr 沉淀的反应式为

$$[Ag(NH_3)_2]^+(aq)+Br^-(aq)\rightleftharpoons 2NH_3(aq)+AgBr(s)$$

反应的平衡常数为

$$K_2=\frac{[NH_3]^2}{[Br^-][Ag(NH_3)_2^+]}=\frac{1}{K_s\{[Ag(NH_3)_2]^+\}K_{sp}(AgBr)}$$
$$=\frac{1}{1.1\times10^7\times5.35\times10^{-13}}=1.7\times10^5$$

该反应的反应商为

$$Q=\frac{c^2(NH_3)}{c\{[Ag(NH_3)_2]^+\}\cdot c(Br^-)}=\frac{(6.0\text{mol}\cdot L^{-1}-0.26\text{mol}\cdot L^{-1}\times2)^2}{0.26\text{mol}\cdot L^{-1}\times0.10\text{mol}\cdot L^{-1}}=1155$$

由于 $Q<K_2$（即 $\Delta_rG_m<0$），$[Ag(NH_3)_2]^+$ 和 Br^- 反应向生成 AgBr 沉淀方向进行，因此有 AgBr 沉淀生成。

问题与思考 12-4

已知下列反应在水溶液中的 K_s 值：$Ni^{2+}+6NH_3\rightleftharpoons[Ni(NH_3)_6]^{2+}$，$K_{s,1}=1.1\times10^8$；$Ni^{2+}+3en\rightleftharpoons[Ni(en)_3]^{2+}$，$K_{s,2}=3.9\times10^{18}$。指出哪种物质作配体能更好地溶解 Ni(Ⅱ)的难溶物？

（三）与氧化还原平衡的关系

溶液中的氧化还原平衡可以影响配位平衡，使配位平衡移动，配离子解离。反之，配位平衡可以使氧化还原平衡改变方向，使原来不能发生的氧化还原反应在配体存在下得以进行，这一原理在金矿开采中有着实际应用。因为在金的提纯时要将金溶解水中以达到和其他矿物质分离的目的。但对于反应

$$4Au(s)+O_2(g)+2H_2O(l)\not\longrightarrow 4OH^-(aq)+4Au^+(aq)$$

$\varphi^\ominus(O_2/OH^-)=+0.401V<\varphi^\ominus(Au^+/Au)=+1.692V$，反应不能正向进行。而在 CN^- 存在下 O_2 将金矿的游离态存在的 Au 氧化为$[Au(CN)_2]^-$。然后在溶液中加入还原剂 Zn，即可得到 Au。反应方程式如下：

$$4Au(s)+8CN^-(aq)+O_2(g)+2H_2O(l)\rightleftharpoons 4[Au(CN)_2]^-(aq)+4OH^-(aq)$$

$\varphi^\ominus(O_2/OH^-)=+0.401V>\varphi^\ominus\{[Au(CN)_2]^-/Au\}=-0.574V$，此反应可以正向进行。

问题与思考 12-5

1. 判断下列 $\varphi^\ominus$ 值哪个最小？哪个最大？

(1) $\varphi^\ominus(Ag^+/Ag)$　(2) $\varphi^\ominus\{[Ag(NH_3)_2]+/Ag\}$

(3) $\varphi^\ominus\{[Ag(S_2O_3)_2]^{3-}/Ag\}$　(4) $\varphi^\ominus\{[Ag(CN)_2]^-/Ag\}$

2. 请证明电对$[Ag(S_2O_3)_2]^{3-}/Ag$、AgBr/Ag 等的标准电极电位实质上就是电对 Ag^+/Ag 的非标准状态电极电位。

（四）不同配位平衡间的转移

在配位平衡系统中，加入能与该中心原子形成另一种配离子的配位剂时，配离子能否转化，可根据两种配离子的 K_s 值相对大小来判断。

例 12-3　在 298.15K 时，反应

$$[Zn(NH_3)_4]^{2+}(aq)+4OH^-(aq) \rightleftharpoons [Zn(OH)_4]^{2-}(aq)+4NH_3(aq)$$

能否正向进行？在 $1mol\cdot L^{-1}$ NH_3 溶液中 $[Zn(NH_3)_4^{2+}]/[Zn(OH)_4^{2-}]$ 等于多少？在该溶液中 Zn^{2+} 主要以哪种配离子形式存在？

解　查附录三附表 3-3 得 298.15K 时，配离子 $[Zn(NH_3)_4]^{2+}$ 的稳定常数 K_s 为 2.88×10^9，配离子 $[Zn(OH)_4]^{2-}$ 的稳定常数 K_s' 为 3.16×10^{15}，反应

$$[Zn(NH_3)_4]^{2+}(aq)+4OH^-(aq) \rightleftharpoons [Zn(OH)_4]^{2-}(aq)+4NH_3(aq)$$

的平衡常数计算如下

$$K=\frac{[Zn(OH)_4^{2-}][NH_3]^4}{[Zn(NH_3)_4^{2+}][OH^-]^4}\cdot\frac{[Zn^{2+}]}{[Zn^{2+}]}=\frac{K_s'}{K_s}=\frac{3.16\times10^{15}}{2.88\times10^{9}}=1.10\times10^{6}$$

K 值很大，说明在水溶液中由 $[Zn(NH_3)_4]^{2+}$ 转化为 $[Zn(OH)_4]^{2-}$ 的反应是可以实现的。由此可见，配离子转化反应总是向生成 K_s 值大的配离子方向进行。

在 298.15K 时，对于 $1mol\cdot L^{-1}$ NH_3 溶液，由于 $c_bK_b>20K_w$，$c_b/K_b>500$，所以

$$[OH^-]=\sqrt{c_bK_b}=\sqrt{1\times1.8\times10^{-5}}\ mol\cdot L^{-1}$$

$$[NH_3]=\{1-[OH^-]\}mol\cdot L^{-1}\approx 1mol\cdot L^{-1}$$

$$\frac{[Zn(NH_3)_4^{2+}]}{[Zn(OH)_4^{2-}]}=\frac{[NH_3]^4K_s}{[OH^-]^4K_s'}$$

$$\approx\frac{(1mol\cdot L^{-1})^4\times2.88\times10^9}{(\sqrt{1.8\times10^{-5}}mol\cdot L^{-1})^4\times3.16\times10^{15}}$$

$$=2.84\times10^3$$

可见，在 $1mol\cdot L^{-1}$ NH_3 溶液中，反应

$$[Zn(NH_3)_4]^{2+}(aq)+4OH^-(aq) \rightleftharpoons [Zn(OH)_4]^{2-}(aq)+4NH_3(aq)$$

发生逆转，此时 Zn^{2+} 主要以配离子 $[Zn(NH_3)_4]^{2+}$ 形式存在。

在一般情况下，只需比较反应式两侧配离子的 K_s 值就可以判断反应进行的方向，但是溶液中两个配体浓度相差倍数较大时，也可以影响配位反应的方向。

第四节　螯　合　物

一、螯合效应

Cd^{2+} 可分别与甲胺（CH_3NH_2）、乙二胺生成配位数相同的配合物（图 12-6）。二者所不同的是，乙二胺为双齿配体，分子中 2 个 N 各提供一对孤对电子与 Cd^{2+} 形成配位键，犹如螃蟹以双螯钳住中心原子，形成环状结构，将中心原子嵌在中间。这种由中心原子与多齿配体形成的环状配合物称为**螯合物**（chelate）。由于生成螯合物而使配合物稳定性大大增加的作用称为**螯合效应**（chelating effect）。能与中心原子形成螯合物的多齿配体称为**螯合剂**（chelating agent）。

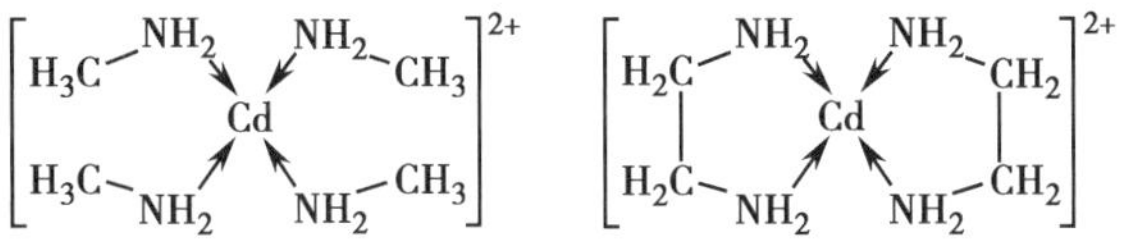

$K_s=3.55\times10^6$　　　　$K_s=1.66\times10^{10}$

图 12-6　$[Cd(CH_3NH_2)_4]^{2+}$ 和 $[Cd(en)_2]^{2+}$ 的结构

常见的螯合剂大多是有机化合物，特别是具有氨基 N 和羧基 O 的一类氨羧螯合剂使用得更广，如乙二胺四乙酸（EDTA）及其盐，它的负离子与金属离子可形成 5 个螯合环稳定性很高的螯合物（图 12-7）。有极少数螯合剂是无机化合物，如三聚磷酸钠与 Ca^{2+} 可形成螯合物，其结构如图 12-8 所示。

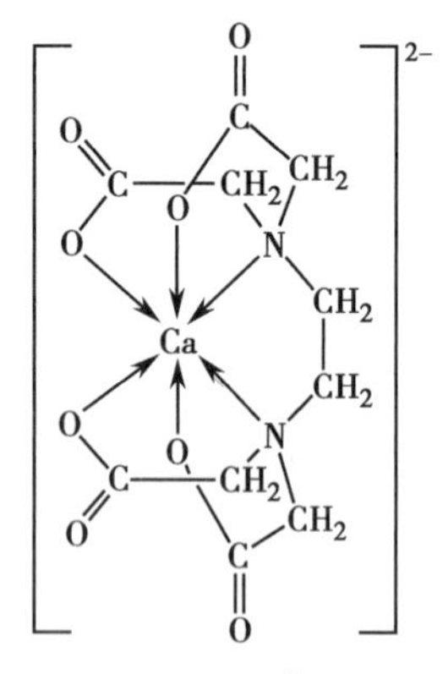

图 12-7　CaY^{2-} 的结构

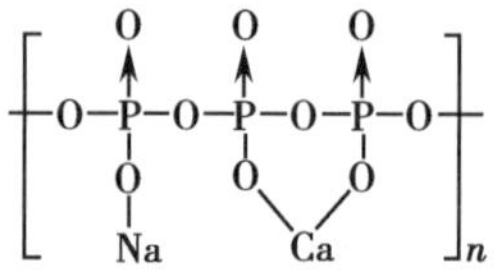

图 12-8　Ca^{2+} 与三聚磷酸钠形成的螯合物

Ca^{2+}、Mg^{2+} 都能与三聚磷酸钠形成稳定的螯合物，因此常把三聚磷酸钠加入锅炉水中，用以防止钙、镁形成难溶盐沉积在锅炉内壁上生成水垢。

螯合物的稳定性用热力学解释如下：

螯合物的稳定性可用螯合反应的平衡常数 $\lg K_s^{\ominus}$ 表示，$\lg K_s^{\ominus}$ 与热力学函数有如下关系

$$\Delta_r G_m^{\ominus} = -2.303RT \lg K_s^{\ominus} = \Delta_r H_m^{\ominus} - T\Delta_r S_m^{\ominus}$$

$\lg K_s^{\ominus}$ 由焓变 $\Delta_r H_m^{\ominus}$、熵变 $\Delta_r S_m^{\ominus}$ 确定，从表 12-7 可知，$[Cd(en)_2]^{2+}$ 与 $[Cd(NH_2CH_3)_4]^{2+}$ 相比，由于两者各生成 4 个 N → Cd 配键，$\Delta_r H_m^{\ominus}$ 基本相等，而 $[Cd(en)_2]^{2+}$ 的 $\Delta_r S_m^{\ominus}$ 值大，$\Delta_r G_m^{\ominus}$ 小，$\lg K_s^{\ominus}$ 大，因此，螯合物 $[Cd(en)_2]^{2+}$ 比普通配离子 $[Cd(NH_2CH_3)_4]^{2+}$ 稳定。

表 12-7　水溶液中几种配离子的热力学函数（298.15K）

配离子	$\Delta_r H_m^{\ominus}$/kJ·mol^{-1}	$T\Delta_r S_m^{\ominus}$/kJ·mol^{-1}	$\Delta_r G_m^{\ominus}$/kJ·mol^{-1}	$\lg K_s^{\ominus}$
$[Cd(NH_2CH_3)_4]^{2+}$	−57.30	−20.1	−37.2	6.52
$[Cd(en)_2]^{2+}$	−56.5	4.2	−60.7	10.6
$[Zn(NH_3)_2]^{2+}$	−28.0	0.42	−28.62	5.01
$[Zn(en)]^{2+}$	−27.0	7.53	−35.10	6.15

金属离子在水溶液中实际上是以水合离子形式存在的，以 $[Cd(H_2O)_4]^{2+}$ 为例，当 Cd 与 CH_3NH_2 形成非螯合配离子，每个配体 CH_3NH_2 只能取代出 1 个 H_2O

$$[Cd(H_2O)_4]^{2+}(aq) + 4CH_3NH_2(aq) \rightleftharpoons [Cd(NH_2CH_3)_4]^{2+}(aq) + 4H_2O$$

反应前后微粒数相等，$\Delta_r S_m^{\ominus}$ 改变不大。

而在与多齿配体乙二胺（en）形成螯合物时，1 个配体 en 可取代 2 个 H_2O

$$[Cd(H_2O)_4]^{2+}(aq) + 2en(aq) \rightleftharpoons [Cd(en)_2]^{2+}(aq) + 4H_2O$$

反应后溶液中微粒数增加，混乱度增大，则 $\Delta_r S_m^{\ominus}$ 增大。

螯合物稳定性较强的原因至今有两种说法：一种说法认为螯合反应熵变主要来自水合熵变。另一种说法认为是来源于配位概率的增加，当多齿配体与单齿配体比较时，显然前者概率更大。有的螯合反应的稳定性除与熵增加有关外，还与焓变有关。

二、影响螯合物稳定性的因素

下面从结构因素说明螯合物的稳定性。

（一）螯合环的大小

绝大多数螯合物中，以五元环和六元环的螯合物最稳定，这两种环的键角接近 108° 和 120°。如 Ca^{2+} 与 EDTA 同系物（$^{-}OOCCH_2)_2N(CH_2)_nN(CH_2COO^{-})_2$ 形成的螯合物的稳定常数随 *n* 值的增大而减小（表 12-8）。

表 12-8　Ca^{2+} 与 EDTA 同系物所形成螯合物的 $\lg K_s$

配体名称	*n*	成环情况	$\lg K_s$
乙二胺四乙酸根离子	2	5 个五元环	11.0
丙二胺四乙酸根离子	3	4 个五元环，1 个六元环	7.1
丁二胺四乙酸根离子	4	4 个五元环，1 个七元环	5.1
戊二胺四乙酸根离子	5	4 个五元环，1 个八元环	4.6

这是因为五元环的键角（108°）更接近于 C 的 sp^3 杂化轨道的夹角（109°28′），张力小，环稳定。一些具有共轭双键的配体可与中心原子形成稳定的六元环螯合物，如乙酰丙酮，因配体共轭双键上 C 为 sp^2 杂化，键角为 120°，与六元环的键角相符（图 12-9）。

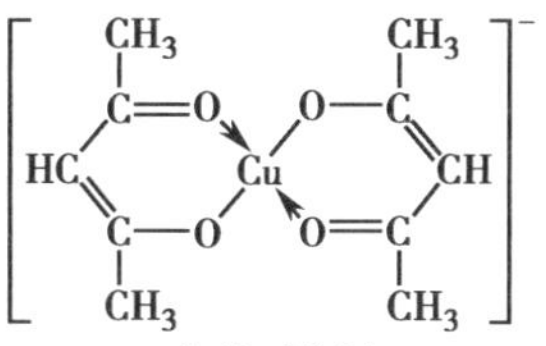

$\lg K_s$=15.44

图 12-9　二（乙酰丙酮）合铜（Ⅰ）

三元环和四元环张力大，不稳定。所以，螯合剂中相邻两个配位原子之间一般只能间隔 2～3 个其他原子，以形成稳定的五元环或六元环螯合物。

（二）螯合环的数目

多齿配体中某个配位原子与中心原子结合后，其余的配位原子与中心原子的距离减小，它们与中心原子结合的概率便增大。若其中有一个配位键被破坏，由于多齿配体中其他配位原子仍与中心原子键合着，使得被破坏的配位键较易恢复，所以螯合物特别稳定。

多齿配体中的配位原子愈多、配体可动用的配位原子就愈多，形成螯合环就愈多，同一种配体与中心原子所形成的配位键就愈多，配体脱离中心原子的机会就愈小，螯合物就愈稳定（图 12-10）。

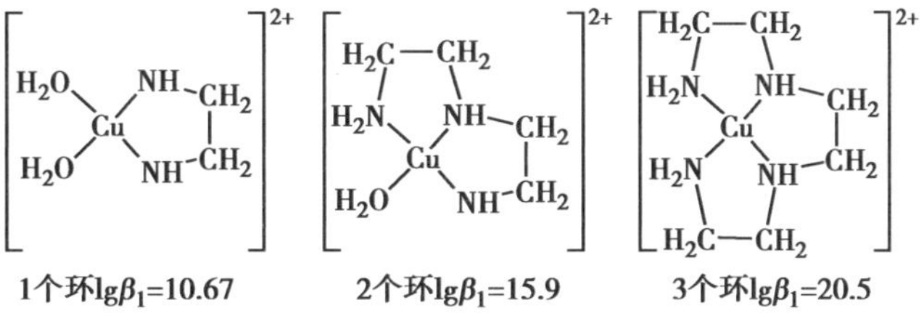

1个环 $\lg\beta_1$=10.67　　2个环 $\lg\beta_1$=15.9　　3个环 $\lg\beta_1$=20.5

图 12-10　螯合环数与螯合物稳定性的关系

人体必需的微量金属元素在体内主要以配合物的形式存在，并发挥着各自的作用。生物体中能与这些金属元素配位形成配合物的离子和分子称为生物配体。生物配体包括卟啉类化合物、蛋白质、肽、核酸、糖及糖蛋白、脂蛋白等大分子配体，也包括一些有机离子、无机离子（如氨基酸、核苷酸、有机酸酸根、Cl^-、HCO_3^-、HPO_4^{2-} 等）、某些维生素和激素等小分子配体。广义地说，O_2 分子、CO 分子等也是生物配体。不同配体所含的各种配位基团决定了对金属的配位能力和配位方式，从而决定了生物功能。生物配体所提供的配位原子一般是具有孤对电子的 N、O、S 等。表 12-9 是一些典型金属酶配合物及其在生物体内的功能。

铁是生物体内丰度最高的金属之一。在哺乳类动物中，铁大多以卟啉配合物或血红素的形式存在。例如，血红蛋白（Hb）、细胞色素 C、过氧化物酶、过氧化氢酶等。

表 12-9 **一些典型金属酶配合物**

金属	酶	功能	金属	酶	功能
Fe	铁氧还蛋白	光合作用	Mn	精氨酸酶	脲的形成
	琥珀酸脱氢酶	琥珀酸脱氢		丙酮酸羧化酶	丙酮酸代谢
Cu	细胞色素氧化酶	电子传递	Co	核苷酸还原酶	DNA 生物合成
	酪氨酸酶	皮肤色素形成		谷氨酸变位酶	氨基酸代谢
Zn	碳酸酐酶	CO_2 的水合	Mo	黄嘌呤氧化酶	嘌呤代谢
	羧酞酶	蛋白质水解		硝酸盐还原酶	硝酸盐代谢
	碱性磷酸脂酶	磷酸脂水解			

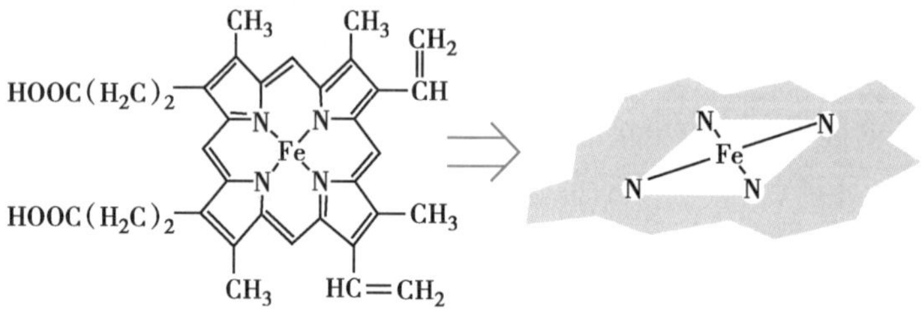

原卟啉Ⅸ结构式　　原卟啉Ⅸ简化图

图 12-11 原卟啉Ⅸ

在血红蛋白中，Fe^{2+} 与原卟啉Ⅸ（图 12-11）环内的 4 个吡咯 N 和环外组氨酸残基侧链上的 N 形成五配位的 Fe^{2+} 卟啉，其中 Fe^{2+} 不在原卟啉Ⅸ环平面内，而是位于平面之上约 75pm。磁性测量表明，血红蛋白中的 Fe^{2+}（$3d^6$）处于高自旋态。当血红蛋白与 O_2 结合形成氧合血红蛋白（HbO_2）之后，Fe^{2+} 与 O_2 形成一个强的配位键，将 Fe^{2+} 拉进卟啉环平面，此时 Fe^{2+} 为六配位。磁性测量表明氧合血红蛋白中的 Fe^{2+} 处于低自旋态。人体吸进的氧气在肺内与血红蛋白结合成氧合血红蛋白，氧合血红蛋白进入血液将氧气释放，这一过程在体内时刻不停地进行，满足了人体对氧气的需要，如图 12-12 所示。

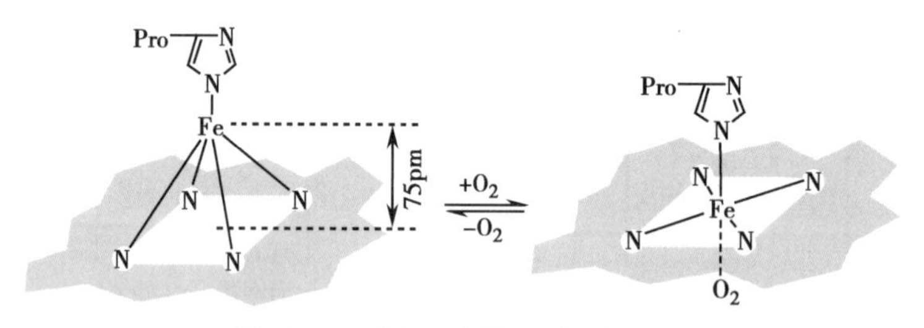

图 12-12 血红蛋白的可逆载氧作用

CO 能与 O_2 竞争血红素中 Fe^{2+} 的第六配位位置。CO 的结合能力约比 O_2 大 200 倍。CO 中毒时，大部分血红蛋白都以 CO 血红蛋白的形式存在，从而丧失载氧能力，使机体出现缺氧症。临床上用高压氧治疗 CO 中毒。高压氧疗法能使血浆中物理溶氧量显著上升，机体含氧量明显提高，因此不仅能迅速解除机体的缺氧状态，还可加速碳氧血红蛋白的离解，促进 CO 从体内清除。高压氧疗法对 CO 中毒疗效显著，对提高治愈率、降低死亡率和减少后遗症都有重要意义。

哺乳动物的毛细血管内循环着大量的 CO_2，必须尽快被转化与清除，在没有酶催化的情况下，CO_2 的水合速率仅为 $7.0\times10^{-4}s^{-1}$，不能满足机体需要。碳酸酐酶可使反应速率提高 10^9 倍，使生物体在代谢中产生的 CO_2 迅速转化为 HCO_3^- 而溶于血液之中，如图 12-13 所示。在肺部，碳酸酐酶又迅速催化 HCO_3^- 脱水，生成 CO_2 而呼出体外。碳酸酐酶的催化作用大大加速了生物体内 CO_2 的运送，是生理上十分重要的锌酶。

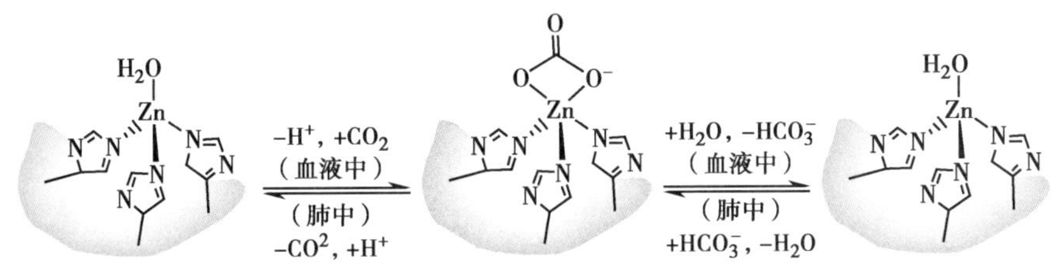

图12-13 碳酸酐酶在血液和肺内对 CO_2 和 HCO_3^- 的调节作用示意图

以上仅是生物体内配合物作用的两个具体实例，实际上配合物在体内维持机体的正常活动的作用是多种多样的，它们与体内的新陈代谢密切相关。

铂配合物的抗癌机制及研究进展

癌症是严重危害人类健康的一大顽疾。在过去的40余年里，**顺铂**(cisplatin)及它的同类物**卡铂**(carboplatin)和**草酸铂**(oxaliplatin)已被临床广泛用于治疗多种恶性肿瘤，被认为具有划时代的意义。尽管对其作用机制还不十分清楚，但随着分子生物学等学科发展，对其细胞与分子药理学，尤其是促凋亡的分子机制的研究取得了长足的进步。

一、铂配合物的抗癌机制

顺铂[*cis*-dichlorodiamineplatinum(Ⅱ)]，化学名顺式二氯二氨合铂(Ⅱ)，是第一代铂类抗癌药，其抗癌作用是美国密歇根州立大学生理学教授Roserlberg于1965年发现的。顺铂抗癌谱广、作用强、活性高，易与其他抗肿瘤药配伍。据统计，在我国以顺铂为主或有顺铂参与组方的化疗方案占所有化疗方案的70%～80%。顺铂作为第一个用于治疗癌症的无机物，给抗癌药物的研究带来了一次革命。

顺铂是一种中性的、正方形Pt(CN)配合物，含有两个Cl^-配体并处于顺位，活性与氯离子的浓度相关。在体液中，氯离子浓度约为100mmol·L^{-1}，顺铂的活性较低；进入细胞后，由于氯离子浓度大大降低(仅为几毫摩尔每升)，其活性增高，其氯化物配体由水分子所代替，水合物与细胞大分子的亲核性位点相结合，形成与蛋白质、DNA、RNA的加合物。顺铂配合物含有脂溶性载体配体NH_3，可顺利地通过细胞膜的脂质层进入癌细胞内。一系列实验和量子化学的研究表明，顺式-$[PtCl_2(NH_3)_2]$抑制DNA复制的机制，可能是它们进入癌细胞后与DNA双螺旋结构的一条链上或两条链之间的碱基相互作用，引起DNA交叉联结，却并不太大地改变DNA的结构和构象，DNA的双螺旋结构仍然保持着，DNA修复酶不能识别这种结构上的变化，从而抑制DNA的正常复制，亦即抑制了癌细胞DNA复制、转录的有丝分裂，迫使癌细胞凋亡而发挥出抗癌作用。

二、铂类抗肿瘤药物研究进展

随着人们对铂类药物的抗癌作用机制的不断了解和研究，铂族金属药物成为当前最活跃的抗癌药物研究和开发领域之一。

顺铂于1979年首次在美国上市，是第一代铂类抗肿瘤药物，目前已被收录入中国、美国、英国等国的药典。卡铂(顺-1,1-环丁烷二羧酸二氨基合铂)和奈达铂[顺式-乙醇酸·二氨合铂(Ⅱ)]为第二代铂类化合物。卡铂是由美国、英国于20世纪80年代合作开发，1986年在英国上市，其生化性质与顺铂相似。奈达铂由日本开发，于1995年在日本首次获准上市。奥沙利铂[草酸-(反式-1-1,2—环己烷二胺)合铂]为第三代铂类抗肿瘤药物。它最初于1996年在法国上市。中国国家食品药品监督管理局于2000年批准了该药在国内上市。由于奥沙利铂突出的疗效，美国食品药品监督管理局于2002年也正式批准了其在美国的临床应用。

铂配合物作为一类有效抑制癌症的药物，也存在着很多不足，人们仍在努力从分子水平上揭示致癌和抑癌的机制及构效关系。目前又相继研制出了舒铂、洛铂、环铂、双核、多核铂类配合物和四价铂类配合物等新的铂类配合物，并应用于临床试验。同时也开展了其他金属配合物抗癌药物的研制，目前比较成熟的抗癌药物还有钌配合物、钛配合物、锗配合物、茂类配合物、有机锡配合物和钯配合物。不断设计和研制新型结构的高效、广谱、低毒、作用持续时间长、靶向专一、具有逆转功能的金属抗癌化合物，根治癌症是化学和生命科学在新世纪的愿望和迫切任务。战胜癌症必将是人类文明史上21世纪这一章中闪亮的一页。

Summary

A coordination complex (ion) is the product of a Lewis acid-base reaction in which ligands combine a central metal atom (or ion) by coordination bonds.

Most of coordination compounds consist of complex ion and ions with opposite charges. This complex ion is called inner sphere. The ion with opposite charges is called outer sphere. Coordination compounds are neutral. The inner sphere and outer sphere are combined by ionic bond.

Central atom is an acceptor of electron pairs from ligands which is the donor of electron pairs in complex ion by valence bond theory (VBT). Before accepting the lone paires from ligands the vacant valence orbitals of central atom hybridize and form hybrid orbitals. The hybrid type decides the coordination numbers and geometry of coordination compound.

If the lone pairs are filled into the $(n-1)$d orbitals of central ion as well as some of n shell orbitals it is called inner-orbitals complex ion, but into the nd orbitals as well as some of n shell orbitals, outer-orbitals complex ion. In most of cases, hybrid type can be know by magnetic moment (μ) of a coordination compound as the following equation

$$\mu \approx \sqrt{n(n+2)}\mu_B$$

It is possible to determine the number of unpaired electrons, n, in a complex ion to know the paramagnetism of a coordination compound.

The splitting energy (Δ_o) is the energy difference between d_γ orbital and d_ε of split d orbitals in the octahedral field. The splitting energy of complexes is follows by crystal field theory (CFT)

$$\Delta_o = E(d_\gamma) - E(d_\varepsilon)$$
$$E(d_\gamma) = 0.6\Delta_o$$
$$E(d_\varepsilon) = -0.4\Delta_o$$

Crystal field stabilization energy (CFSE) is calculated after filling electrons in both d_ε and d_γ orbitals.

$$CFSE = xE(d_\varepsilon) + yE(d_\gamma) + (n_2 - n_1)P$$

学科发展与医学应用综述题

重金属如铅、汞等可引起蛋白结构发生不可逆的改变，从而影响组织细胞功能，导致细胞结构崩溃和功能丧失。目前重金属中毒的有效药物多为配合物。以铅为例简述配合物治疗重金属中毒的机制及进展。

习　题

1. 指出下述每组概念间的差异。

(1) 内层与外层；(2) 单齿配体与多齿配体；(3) d^2sp^3 杂化和 sp^3d^2 杂化；

(4) 内轨配合物和外轨配合物；(5) 强场配体和弱场配体；(6) 低自旋配合物和高自旋配合物。

2. 命名下列配合物，指出中心原子、配体、配位原子和配位数，写出 K_s 的表达式。

(1) $Na_3[Ag(S_2O_3)_2]$　　(2) $[Co(en)_3]_2(SO_4)_3$

(3) $H[Al(OH)_4]$　　(4) $Na_2[SiF_6]$

(5) $[Pt(NH_3)Cl_5]^-$　　(6) $[Pt(NH_3)_4(NO_2)Cl]$

(7) $[CoCl_2(NH_3)_3H_2O]Cl$　　(8) $NH_4[Cr(NCS)_4(NH_3)_2]$

3. 什么是螯合物？螯合物有何特点？它的稳定性与哪些因素有关？形成五元环和六元环的螯合物，要求配体应具备什么条件？

4. 指出下列说法正确与否。

(1) 配合物是由配离子和外层离子组成。(2) 配合物的中心原子都是金属元素。(3) 配体的数目就是中心原子的配位数。(4) 配离子的电荷数等于中心原子的电荷数。(5) 配体的场强愈强，中心原子在该配体的八面体场作用下，分裂能愈大。(6) 外轨配合物的磁矩一定比内轨配合物的磁矩大。(7) 同一中心原子的低自旋配合物比高自旋配合物稳定。

5. 已知 $[PdCl_4]^{2-}$ 为平面四方形结构，$[Cd(CN)_4]^{2-}$ 为四面体结构，根据价键理论分析它们的成键杂化轨道，并指出配离子是顺磁性($\mu \neq 0$)还是抗磁性($\mu = 0$)。

6. 根据实测磁矩，推断下列螯合物的空间构型，并指出是内轨还是外轨配合物。

(1) $[Co(en)_3]^{2+}$, $3.82\mu_B$; (2) $[Fe(C_2O_4)_3]^{3-}$, $5.75\mu_B$; (3) $[Co(en)_2Cl_2]Cl$, $0\mu_B$

7. 实验室制备出一种铁的八面体配合物，但不知铁的氧化值，借助磁天平测定出该配合物的磁矩为 $5.10\mu_B$。请根据此数据估计铁的氧化值，并说明该配合物是高自旋型还是低自旋型。

8. 试用配合物的价键理论和晶体场理论分别解释为什么在空气中低自旋的 $[Co(CN)_6]^{4-}$ 易氧化成低自旋的 $[Co(CN)_6]^{3-}$。

9. 已知下列配合物的分裂能 Δ_o 和中心离子的电子成对能 P，表示出各中心离子的 d 电子在 d_ε 能级和 d_γ 能级上的分布并估计它们的磁矩。指出这些配合物中何者为高自旋型，何者为低自旋型。

	$[Co(NH_3)_6]^{2+}$	$[Fe(H_2O)_6]^{2+}$	$[Co(NH_3)_6]^{3+}$
P/cm^{-1}	22 500	17 600	21 000
Δ_o/cm^{-1}	11 000	10 400	22 900

10. 已知 $[Mn(H_2O)_6]^{2+}$ 比 $[Cr(H_2O)_6]^{2+}$ 吸收可见光的波长要短些，指出哪一个的分裂能大些，并写出中心原子 d 电子在 d_ε 和 d_γ 能级的轨道上的排布情况。

11. 已知高自旋配离子 $[Fe(H_2O)_6]^{2+}$ 的 $\Delta_o = 124.38kJ \cdot mol^{-1}$，低自旋配离子 $[Fe(CN)_6]^{4-}$ 的 $\Delta_o = 394.68kJ \cdot mol^{-1}$，两者的电子成对能 P 均为 $179.40kJ \cdot mol^{-1}$，分别计算它们的晶体场稳定化能。

12. 计算下列配位反应的平衡常数，并预测其反应进行的方向，指出哪个反应正向进行得最完全：

(1) $[Hg(NH_3)_4]^{2+} + Y^{4-} \rightleftharpoons HgY^{2-} + 4NH_3$

(2) $[Cu(NH_3)_4]^{2+} + Zn^{2+} \rightleftharpoons [Zn(NH_3)_4]^{2+} + Cu^{2+}$

(3) $[Fe(C_2O_4)_3]^{3-} + 6CN^- \rightleftharpoons [Fe(CN)_6]^{3-} + 3C_2O_4^{2-}$

13. 通过计算解答下述问题：

(1) $0.10mol \cdot L^{-1}$ $CuSO_4$ 与 $0.10mol \cdot L^{-1}$ NaOH 等体积混合，有无 $Cu(OH)_2$ 沉淀生成？

(2) $0.10mol \cdot L^{-1}$ $[Cu(NH_3)_4]SO_4$ 与 $0.10mol \cdot L^{-1}$ NaOH 等体积混合，有无 $Cu(OH)_2$ 沉淀生成？

(3) 100mL $0.10mol \cdot L^{-1}$ $CuSO_4$ 与 50mL $0.10mol \cdot L^{-1}$ NaOH 和 50mL $0.10mol \cdot L^{-1}$ NH_3 混合，

有无 $Cu(OH)_2$ 沉淀生成？

14. 在 298.15K 时，$[Ni(NH_3)_6]^{2+}$ 溶液中，$c([Ni(NH_3)_6]^{2+})$ 为 $0.10mol\cdot L^{-1}$，$c(NH_3)$ 为 $1.0mol\cdot L^{-1}$，加入乙二胺(en)后，使开始时 $c(en)$ 为 $2.30mol\cdot L^{-1}$，计算平衡时溶液中 $[Ni(NH_3)_6]^{2+}$、NH_3、$[Ni(en)_3]^{2+}$ 和 en 的浓度。

15. 向 $0.10mol\cdot L^{-1}$ $AgNO_3$ 溶液 50mL 中加入质量分数为 18.3%（$\rho=0.929kg\cdot L^{-1}$）的氨水 30.0mL，然后用水稀释至 100mL，求：

(1) 溶液中 Ag^+、$[Ag(NH_3)_2]^+$、NH_3 的浓度。

(2) 加 $0.100mol\cdot L^{-1}$ KCl 溶液 10.0mL 时，是否有 AgCl 沉淀生成？通过计算指出，溶液中无 AgCl 沉淀生成时，NH_3 的最低平衡浓度应为多少？

16. 298.15K 时，将 35.0mL $0.250mol\cdot L^{-1}$ NaCN 与 30.0mL $0.100mol\cdot L^{-1}$ $AgNO_3$ 溶液混合，计算所得溶液中 Ag^+、CN^- 和 $[Ag(CN)_2]^-$ 的浓度。

17. 已知下列反应的平衡常数 $K^\ominus=4.786$，

$$Zn(OH)_2(s)+2OH^-(aq) \rightleftharpoons [Zn(OH)_4]^{2-}(aq)$$

结合有关数据计算 $\varphi^\ominus\{[Zn(OH)_4]^{2-}/Zn\}$ 的值。

18. 298.15 K 时，在含过量氨的 1L $0.05mol\cdot L^{-1}$ $AgNO_3$ 溶液中，加入固体 KCl，使 Cl^- 的浓度为 $9\times10^{-3}mol\cdot L^{-1}$（忽略因加入固体 KCl 而引起的体积变化），回答下列各问题：

(1) 298.15K 时，为了阻止 AgCl 沉淀生成，上述溶液中 NH_3 分子浓度至少应为多少摩尔每升？

(2) 298.15K 时，上述溶液中各成分的平衡浓度各为多少摩尔每升？

(3) 298.15K 时，上述溶液中 $\varphi\{[Ag(NH_3)_2]^+/Ag\}$ 为多少伏？

19. 已知 298.15K 时，若测知在 Ag^+/Ag 标准电极溶液中加入等体积的 $6mol\cdot L^{-1}$ $Na_2S_2O_3$ 溶液后，电极电位降低变为 $-0.505V$。

(1) 加入 $Na_2S_2O_3$ 溶液后，电极溶液中 $[Ag^+]$ 为多少？

(2) $K_s\{[Ag(S_2O_3)_2]^{3-}\}$ 为多少？

(3) 再往此电极溶液中加入固体 KCN，使其浓度为 $2mol\cdot L^{-1}$，电极溶液中各成分的浓度为多少？

20. 已知下列反应在 298.15K 时的平衡常数 $K^\ominus=1.66\times10^{-3}$，

$$Cu(OH)_2(s)+2OH^-(aq) \rightleftharpoons [Cu(OH)_4]^{2-}(aq)$$

结合有关数据，求 $[Cu(OH)_4]^{2-}$ 的稳定常数 K_s。欲在 1 L NaOH 溶液中溶解 0.1mol $Cu(OH)_2$，NaOH 溶液的浓度至少应为多少？

21. 已知 $\varphi^\ominus(Fe^{3+}/Fe^{2+})$，$[Fe(bipy)_3]^{3+}$ 的稳定常数为 $K_{s,2}$，$[Fe(bipy)_3]^{2+}$ 的稳定常数为 $K_{s,1}$。求 $\varphi^\ominus\{[Fe(bipy)_3]^{3+}/[Fe(bipy)_3]^{2+}\}$。

22. 已知 $[Fe(bipy)_3]^{2+}$ 的稳定常数 $K_{s,1}=2.818\times10^{17}$ 及下列电对的 $\varphi^\ominus$ 值：

$$[Fe(bipy)_3]^{3+}(aq)+e^- \rightarrow [Fe(bipy)_3]^{2+}(aq),\ \varphi^\ominus=0.96V$$

结合 $\varphi^\ominus(Fe^{3+}/Fe^{2+})$ 值，求 $[Fe(bipy)_3]^{3+}$ 的稳定常数 $K_{s,2}$。这两种配合物哪种较稳定？

23. (1) 在 298.15K 时，于 $0.10mol\cdot L^{-1}$ $[Ag(NH_3)_2]^+$ 1L 溶液中至少加入多少摩尔 $Na_2S_2O_3$（忽略体积变化），可以使 $[Ag(NH_3)_2]^+$ 完全转化为 $[Ag(S_2O_3)_2]^{3-}$（即 $[Ag(NH_3)_2^+]=10^{-5}mol\cdot L^{-1}$ 时）？(2) 此时溶液中 $[S_2O_3^{2-}]$、$[NH_3]$、$[Ag(S_2O_3)_2^{3-}]$ 各为多少？（为了计算方便，298.15K 时采用 $K_s\{[Ag(NH_3)_2]^+\}=1.1\times10^7$，$K_s\{[Ag(S_2O_3)_2]^{3-}\}=2.9\times10^{13}$ 计算）

Exercises

1. The compound $CoCl_3\cdot2H_2O\cdot4NH_3$ may be one of the hydrate isomers $[Co(NH_3)_4(H_2O)Cl_2]Cl\cdot H_2O$ or $[Co(NH_3)_4(H_2O)_2Cl]Cl_2$. A 0.10 $mol\cdot L^{-1}$ aqueous solution of the compound is found to have a freezing point of $-0.56℃$. Determine the correct formula of the compound. The freezing-point depression constant for water is 1.86 $K\cdot mol^{-1}\cdot kg^{-1}$, and for aqueous solution, molarity and molality can be taken as

approximately equal.

2. Given the K_s values of $[CuY]^{2-}$ and $[Cu(en)_2]^{2+}$ are 5×10^{18} and 1.0×10^{21} respectively, try to determine which of the two complexes is more stable.

3. Add 100 mL of 0.1000 mol•L^{-1} NaCl solution to 100 mL of 0.1000 mol•L^{-1} $AgNO_3$ containing excessive ammonia to produce no precipitate of AgCl. Calculate the concentration of ammonia (at least) in mixture solution.

4. Explain by calculation whether or not the precipitate AgI will form when $c([Ag(CN)_2]^-) = c(CN^-) = 0.1$ mol•L^{-1} in a solution and the solid KI is added to the solution to make $c(I^-)$ equal to 0.1 mol•L^{-1}.

5. Given the K_s values of $[Ag(NH_3)_2]^+$ and $[Ag(CN)_2]^-$ are 1.1×10^7 and 1.26×10^{21} respectively, try to determine the direction of the following reaction.

$$[Ag(CN)_2]^-(aq) + 2NH_3(aq) \rightleftharpoons [Ag(NH_3)_2]^+(aq) + 2CN^-(aq)$$

6. A Cu electrode is immersed in a solution that is 1.00 mol•L^{-1} NH_3 and 1.00 mol•L^{-1} in $[Cu(NH_3)_4]^{2+}$. If a standard hydrogen electrode is the cathode, E_{cell} is +0.052 V. what is the value obtained by this method for the formation constant, K_f, of $[Cu(NH_3)_4]^{2+}$?

7. The following concentration cell is constructed.

$$Ag|Ag^+\{0.1mol \cdot L^{-1}[Ag(CN)_2]^-, 0.1mol \cdot L^{-1}CN^{-1}\}||Ag^+(0.1mol \cdot L^{-1})|Ag$$

If K_s for $[Ag(CN)_2]^-$ is 1.26×10^{21}, what value you expect for E_{cell}?

（马 勇）

第十三章 滴定分析

分析化学(analytical chemistry)的主要任务是确定物质的化学组成、鉴定物质的结构及测定其组分含量。其分析方法可分为定性分析、定量分析、结构分析和形态分析。定量分析根据所采用的方法又可分为化学分析和仪器分析。化学分析是以物质的化学反应为基础的分析方法。仪器分析是借助于特殊仪器,并以物质的物理或物理及化学性质为基础的分析方法。

滴定分析(titrimetric analysis)又称**容量分析**(volumetric analysis),是定量分析中常用的化学分析方法之一。滴定分析法包括酸碱滴定法、氧化还原滴定法、配位滴定法和沉淀滴定法。该方法主要用于常量组分(试样含量>1%)的含量测定,它具有快速、简便及较高准确度(相对误差 < 0.2%)的特点,因而在各行业的应用相当广泛。当该方法依托现代滴定分析仪时,可延伸进行多达400多种的滴定分析,涉及石油化工、冶金、煤炭电力、食品、烟草、制药等的产品质量、分析检测及监督、检验部门的监控分析等多方面的应用。

第一节 分析结果的误差

一、误差产生的原因和分类

物理量的测量值不可能与真实值绝对一致,测量值只能随着人类对客观世界认识能力的发展和仪器精确度的提高而无限接近于真实值。由于对试样的分析通常涉及多个步骤和多种物理量的测定,加之受到费用、时间及环境等诸多因素的制约,因此测量或测定的结果总是存在着或多或少的不可靠性和不确定性,即总是存在着或大或小的实验误差,简称**误差**(error)。在定量分析中产生误差的原因很多,根据其性质和来源一般可分为**系统误差**(systematic error)和**偶然误差**(accidental error)。

(一)系统误差

系统误差是由某些固定因素造成的,在同一条件下重复测定时,其数值具有重复性,因而也称为可测误差。它的主要来源有以下几方面:

1. **方法误差** 由于分析方法不够完善而引起的误差。例如,滴定分析反应进行不完全或有干扰物质存在,或指示剂选择不当造成滴定终点与化学计量点相差较远等。

2. **仪器误差和试剂误差** 由于测定所用仪器不够准确而引起的误差称为仪器误差。例如,分析天平灵敏度欠佳、容量仪器刻度不准等。所用试剂或蒸馏水中含有微量杂质或干扰物质而引起的误差为试剂误差。

3. **操作误差** 由于分析操作人员的主观因素或习惯不同而引起的误差。如操作者读取数据偏高或偏低、辨别颜色敏感程度不同等原因而引起的误差。

(二)偶然误差

偶然误差是由难以预料的某些偶然因素所造成,它的数值的大小、正负都难以控制,所以又称不可测定误差。如分析测定过程中,温度、湿度、气压的微小变动及电压和仪器性能的微小改变等都会引起测定数据的波动,从而产生偶然误差。

二、分析结果的评价

（一）误差与准确度

准确度（accuracy）是指测定值（x）与真实值（T）符合的程度。准确度的高低用误差来衡量，误差是指测量值与真实值之差。误差越小，表示分析结果的准确度越高。

误差可分为绝对误差（E）和相对误差（E_r），分别表示为

$$E=x-T \tag{13-1}$$

$$E_r=\frac{E}{T}\times 100\% \tag{13-2}$$

相对误差反映出了误差在真实值中所占的分数，对于衡量测定结果的准确度更为合理。因此，通常用相对误差来表示分析结果的准确度。误差可有正误差和负误差，分别表示测定结果偏高和偏低于真实值。

例 13-1 用分析天平称取 Na_2CO_3 两份样品，其质量分别为 1.6380g 和 0.1638g，假如这两份 Na_2CO_3 样品的真实值分别为 1.6381g 和 0.1639g，试计算它们的绝对误差和相对误差。

解 两份样品的绝对误差分别为

$$E_1=1.6380\text{g}-1.6381\text{g}=-0.0001\text{g}$$
$$E_2=0.1638\text{g}-0.1639\text{g}=-0.0001\text{g}$$

相对误差分别为

$$E_{r1}=\frac{-0.0001\text{g}}{1.6381\text{g}}\times 100\%=-0.006\%$$

$$E_{r2}=\frac{-0.0001\text{g}}{0.1639\text{g}}\times 100\%=-0.06\%$$

从例 13-1 结果可知，两份 Na_2CO_3 样品称量质量的绝对误差相同，但称取试样的质量较大时，相对误差则较小，即测定的准确度较高。

（二）偏差与精密度

在实际工作中，由于分析试样含量的真实值是未知的，因而无法得知分析结果的准确度，为此常用**精密度**（precision）来判断分析结果的可靠性。精密度是指几次平行测定结果相互接近的程度，用**偏差**（deviation）来衡量测定结果重现性。某单次测定值（x）与多次测定值的算术平均值（$\bar{x}$）的差，称为绝对偏差（d），即

$$d=x-\bar{x} \tag{13-3}$$

可见，偏差愈小，则表明分析结果的精密度愈高，测定结果的重现性愈好。

在实际分析工作中，常用绝对平均偏差（$\bar{d}$）、相对平均偏差（d_r）和标准偏差（s）来表示分析结果的精密度。

$$\bar{d}=\frac{|d_1|+|d_2|+|d_3|+\cdots+|d_n|}{n} \tag{13-4}$$

$$d_r=\frac{\bar{d}}{\bar{x}}\times 100\% \tag{13-5}$$

$$s=\sqrt{\frac{d_1^2+d_2^2+d_3^2+\cdots+d_n^2}{n-1}} \tag{13-6}$$

式（13-6）中，$|d|$ 表示绝对偏差的绝对值，n 为测定次数。

滴定分析中，测定常量成分时，分析结果的相对平均偏差一般应小于 0.2%。

偏差与误差虽有性质相似之处，但我们只能说误差越小准确度越高，不能以偏差的大小判断准确度的高低。如某三人分别射击五发子弹后的结果如图 13-1 所示，靶心相当于真实值。图 13-1 中甲的结果离真实值相差很大，准确度和精密度都不高；乙的结果集中在同一区域，重现性很好即精密度

高，但偏离真实值较大，即准确度不高；而丙的结果准确度和精密度都高。这说明，精密度高并不一定意味着准确度高，但分析结果的高准确度，则一定要以高精密度为必备条件。

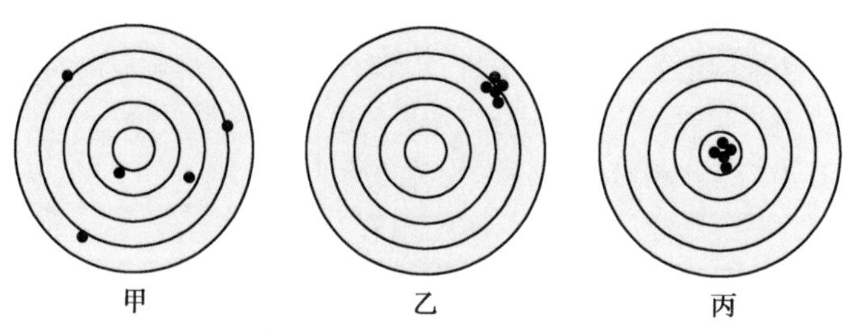

图13-1　**准确度与精密度**

必须指出，尽管误差和偏差含义不同，但由于任何物质含量的真实值实际上都是无法知道的，因此，用这种相对的真实值计算所得误差严格说来仍是偏差。所以在实际工作中，有时并不严格区分误差和偏差。

三、提高分析结果准确度的方法

所有能产生误差的因素都会影响结果的准确度，而精密度的大小仅仅是由偶然误差的大小所决定的。因此，如果精密度高而准确度不高时，通常是存在系统误差的缘故，可从这方面寻找原因加以消除。

（一）减小系统误差

系统误差是引起分析结果不准确的主要原因，常采用下述方法提高分析结果的准确度。

1. 仪器校准　由于仪器不精准而引起的系统误差，可通过校准仪器来消除或减小。在精确的分析中，分析天平、滴定管和移液管等仪器都必须进行校准，并采用校准值计算分析结果。

2. 分析方法的选择　不同的定量分析方法有不同的适用范围，因此选择分析方法必须恰当。滴定分析法准确度高，适合于质量分数 ω>1% 的常量分析，但是其灵敏度较低，对于 ω<1% 的微量组分相对误差较大，需要采用准确度虽稍差，但灵敏度高的仪器分析方法测定。另外，从分析方法本身考虑，由于分析方法不完善引起的方法误差是系统误差最重要的来源，应尽可能地找出原因，设法消除。如在滴定分析中选择更合适的指示剂，减小终点误差，加入某些试剂，消除干扰离子的影响等。

在分析过程中，必须控制各测定步骤的误差，使各步骤误差的总和不超过分析允许的误差要求。例如，使用万分之一分析天平称取试样时，其称量的绝对误差为 ±0.0001g。但用减量法称取试样时，需称量两次，其两次称量的最大误差可达 ±0.0002g。为使两次称量的相对误差不超过 0.1%，则称取试样的质量至少应为 0.0002g（绝对误差）/0.1%（相对误差）= 0.2g（准确至 ±0.0002g）。可见，为减小称量的相对误差，称取试样的质量不宜过小。如果需要具有相同摩尔数的不同物质，则摩尔质量较大的物质其所称取的质量大，对应的称量相对误差就小。又如，在滴定分析中，常量滴定管读数的绝对误差为 ±0.01mL，但要获取溶液的消耗体积需读数两次（初读和终读），其两次读数的误差可达 ±0.02mL，为使滴定管两次读数的相对误差小于 0.1%，则滴定消耗的体积量至少应为 20mL（准确至 ±0.01mL）。

3. 对照试验　将已知准确含量的标准试样与被测试样按照相同的方法和条件进行平行测定称为**对照试验**（check test）。将对照试验测得的含量值与已知的含量值相比较，可得分析误差。利用此误差，不仅可判断在试样的测定中有无系统误差及其大小，还可校正试样的测定值，从而使测定结果更接近真实值。

4. 空白试验　在不加试样的情况下，按照分析试样同样的条件、方法、步骤进行分析称为**空白试验**（blank test），所得结果称为空白值。从试样的分析结果中扣除空白值，就能得到更准确的分析

结果。空白试验可以消除或减小由试剂、蒸馏水带入的杂质及实验器皿引起的误差。空白值一般不应很大，否则应提纯试剂或改换器皿。

（二）减小偶然误差

偶然误差是随机的，不能通过校正的方法来减小或消除，但其正负误差概率均等，在消除系统误差的前提下，可以通过增加平行测定次数来抵消。对同一试样，通常要求平行测定3～5次，然后取其平均值，在获得较高精密度的基础上，获得较准确的分析结果。

需要说明的是，在测定过程中，由于分析人员的粗心大意或不按操作规程操作所产生的误差，属于过失误差。如加错试剂、读错刻度、计算错误等，遇到这类测定结果应坚决弃去。

第二节 有效数字

一、有效数字的概念

在表达实验结果时，所用的数据不仅应反映测量值的大小，而且应反映测量的准确程度。**有效数字**（significant figure）就是这种既能表达数值大小，又能表明测量值准确程度的数字表示方法，它包括测得的全部准确数字和一位可疑数字。可疑数字在末位，误差为±1。

有效数字中保留的一位可疑数字通常是根据测量仪器的最小分度值估计的，反映了仪器实际达到的精度。例如，滴定管读数为24.02mL，其中“24.0”是准确的，而末位的“2”是估计的，表明滴定管能精确到0.01mL，它可能有±0.01mL的误差，溶液的实际体积应为24.02mL±0.01mL范围内的某一数值。反过来，按照数字的精度也可选择合适的仪器，例如，要移取样品20.00mL，必须使用吸量管或滴定管；移取样品2.00mL，要求用刻度吸量管；而移取样品2.0mL，用量筒即可；而若取样品2mL，则可粗略估计。

在有效数字的表示中，0～9这10个数字，只有“0”作为定位时是非有效数字。例如，某溶液的体积，以“毫升”作单位时为20.50mL，若用“升”作单位时为0.020 50L，后者在在数字“2”之前的“0”只起定位作用，不是有效数字。0.020 50有四位有效数字。可见，在第一个非零数字前的“0”均为非有效数字，在非零数字中间和有小数点时末尾的“0”均为有效数字。

如果数值表示中没有小数点，如4200mL，这个4200就无法确定其有效数字位数。为了准确表述有效数字，需要使用**科学计数法**（scientific notation）。科学计数法用一位整数、若干位小数和10的幂次表示有效数字。如 4.2×10^3（两位有效数字）、4.20×10^3（三位有效数字）、4.200×10^3（四位有效数字）。

表示倍率、分率的数，不受有效数字位数限制。凡定义给定的值、国际协议的值等，不带有误差者，称为**准确值**（exact number），也不受有效数字位数限制。例如，碳酸钠若以 $\frac{1}{2}Na_2CO_3$ 为基本单元，摩尔质量 $Mr(\frac{1}{2}Na_2CO_3)=(106.0\div2)\,g\cdot mol^{-1}$，此处2是自然数，表示分率。又如，磅的定义 1b＝0.4535 923 7kg，光在真空中的速度 $c=299\,792\,458m\cdot s^{-1}$。另外，一般计算时也不考虑相对原子质量、平衡常数等常数的有效数字位数。

化学中常见的以对数表示的pH、pK及lg$c$等，其有效数字的位数，仅取决于小数部分的位数，因为整数部分只与其对应真数中10的方次有关。如pH＝10.20有两位有效数字，与表示成 $[H_3O^+]=6.3\times10^{-11}mol\cdot L^{-1}$ 一致。

二、有效数字的运算规则

1. 修约 在实际测量中，常常是多种测量仪器联用，并进行多次测量，当要对多个测量数据进行处理时，需要根据误差的传递规律，对测量数据多余的数字进行取舍，这一过程称为**修约**

(rounding)。

修约通常按“四舍六入五留双”规则进行处理。即当约去数为 4 时舍弃，为 6 时则进位；当约去数为 5 而后面无其他数字时，若保留数是偶数(包括 0)则舍去，是奇数则进位，使修约后的最后一位数字为偶数。

对原始数据只能做一次修约。例如，欲将 2.7495 修约为 2 位有效数字，不能先修约为 2.75 再修约为 2.8，而只能一次修约为 2.7。对于需要经过计算方能得出的结果应先计算后修约。

2. 加减运算　加减运算所得结果的有效数字位数以参加运算各数字中精度最低，即小数点后位数最少的数为准。

3. 乘除运算　乘除运算所得结果的有效数字位数以参加运算各数字中相对误差最大，即有效数字位数最少的数为准。

例 13-2　用置换法测定镁的相对原子量，测得一组数据为：$m_{Mg}=0.0352g$，$t=26.0℃$，$V_{H_2}=37.40mL$，$p=100.15kPa$，$p_{H_2O}=3.3629kPa$；请根据数据计算镁的相对原子量 A_r。

解：
$$A_{rMg}=\frac{m_{Mg}RT}{(p-p_{H_2O})V_{H_2}}$$

$$A_{rMg}=\frac{0.0352g\times8.314kPa\cdot L\cdot K^{-1}\cdot mol^{-1}\times(273.15+26.0)K}{(100.15kPa-3.3629kPa)\times37.40\times10^{-3}L}=24.2g\cdot mol^{-1}$$

使用计算器处理结果时，只对最后结果进行修约，不必对每一步的计算数字进行取舍。有些科学型计算器能预设有效数字位数。

问题与思考 13-1

为什么有效数字修约按“四舍六入五留双”规则进行处理，而不是“四舍五入”?

第三节　滴定分析原理

一、滴定分析的概述

(一) 滴定分析术语与特点

滴定分析法是将一种已知准确浓度的试剂溶液——**标准溶液**(standard solution)，用滴定管滴加到一定量被测物质——**试样**(sample)溶液中，当标准溶液与被测组分按化学反应方程式所表示的计量关系反应完全时，即反应达到了**化学计量点**(stoichiometric point)时，根据滴定所消耗的标准溶液(或滴定剂)的体积，计算出试样的含量。其中将标准溶液由滴定管滴加到被测物质溶液中的操作过程称为**滴定**(titration)。

由于许多化学反应在化学计量点时没有可观察的特征性变化，因而在滴定过程中常需借助于合适的**指示剂**(indicator)，使其在化学计量点或附近产生诸如颜色变化、生成沉淀等易观察的现象来确定滴定终点。在滴定中，指示剂颜色的改变点称为**滴定终点**(end point of titration)。若指示剂不是恰好在化学计量点时变色，则导致滴定终点常常与化学计量点不一致，由此而造成的分析误差称为滴定**误差**(titration error)。滴定误差是滴定分析误差的主要来源之一。滴定分析法的准确度，一方面取决于滴定反应的完全程度，另一方面也与指示剂的选择恰当与否有关。

滴定分析法的特点是快速、简便及具有较高的准确度。

(二) 滴定分析法对化学反应的基本要求

化学反应很多，但只有具备以下条件的化学反应才适合于滴定分析：

1. 滴定反应需按方程式的计量关系定量而且完全反应(要求达到 99.9% 以上)。

2. 滴定反应要迅速，或能借助加热或加催化剂等方法来提高反应速率。

3. 无副反应发生。如试样中共存的杂质必须不与标准溶液起作用，或具有适当的措施掩蔽干扰物质。

4. 必须有可靠简便的方法确定滴定终点。

（三）滴定分析法步骤

滴定分析通常包含三个步骤，即标准溶液的配制、标准溶液的标定和试样组分含量的测定。

二、滴定分析的分类

1. 按滴定方式分类

（1）直接滴定法：满足滴定反应的基本要求，能用标准溶液直接滴定被测物质溶液的方法。

（2）返滴定法：待测试样不符合滴定反应的基本要求，如反应较慢或反应物是固体或滴定没有合适的指示剂指示终点时，可先准确地加入过量的标准溶液，使其与试样反应完全，剩余的标准溶液再用另一种标准溶液滴定，从而测出试样的含量，这种滴定方式称为**返滴定法**（back titration）。例如，用 HCl 测定 $CaCO_3$ 时，因 $CaCO_3$ 的溶解度较小，不宜直接滴定。如果先加入一定量的过量的 HCl 标准溶液，并加热至 $CaCO_3$ 完全溶解和反应，然后用 NaOH 标准溶液滴定剩余的 HCl 溶液就可得到较好的结果。

（3）间接滴定法：有些不能与滴定剂直接反应的物质，可通过其他化学反应，以间接方式测定被测物质的含量称为间接滴定法。例如，Ca^{2+} 没有还原性，不能用 $KMnO_4$ 标准溶液直接滴定，若先将 Ca^{2+} 与 $C_2O_4^{2-}$ 反应，定量地沉淀为 CaC_2O_4，将沉淀过滤洗净后，溶于硫酸溶液中，再用 $KMnO_4$ 标准溶液滴定生成的 $H_2C_2O_4$，则可间接测定试样中 Ca^{2+} 的含量。

（4）置换滴定法：先用适当试剂与被测物质反应，再用标准溶液滴定其生成物，从而求出待测物质的含量称为置换滴定法。

2. 按化学反应类型分类 按所使用的化学反应类型不同，可将滴定分析分为酸碱滴定法、氧化还原滴定法、配位滴定法和沉淀滴定法 4 种。这 4 种滴定法我们将在本章中逐一介绍。

三、标准溶液的配制

标准溶液的配制方法可分为直接配制法和间接配制法两种。

1. 直接配制法 准确称取一定量的一级标准物质，溶解后转移至容量瓶中定容，可得已知准确浓度的标准溶液。能用于直接配制标准溶液的物质，称为**一级标准物质**（primary standard substance）（又称基准物质）。作为一级标准物质必须具备下列 5 项条件：

（1）组成与它的化学式完全相符，若含结晶水，如 $H_2C_2O_4 \cdot 2H_2O$，结晶水的含量应与其化学式相符。

（2）纯度很高（质量百分含量>99.9%，分析纯 *），所含杂质不影响滴定准确度。

（3）性质稳定，如不易吸收空气中的水分和 CO_2，也不易被空气所氧化等。

（4）参加滴定反应时，需按反应式定量且完全进行，没有副反应发生。

（5）最好有较大的摩尔质量，以减少称量时的相对误差。

2. 间接配制法 如果试剂不满足一级标准物质的条件，则用间接法配制，即先配成近似于所需浓度的溶液，然后用一级标准物质或另一种标准溶液来确定其准确浓度。这一操作过程称为**标定**（standardization）。

---

* 化学试剂的规格按质量高低，一般依次分为 4 个等级：

优级纯 Guarantee Reagent（G.R.）又称保证试剂，用绿色标签

分析纯 Analytical Reagent（A.R.）又称分析试剂，用红色标签

化学纯 Chemical Pure（C.P.），用蓝色标签

实验试剂 Laboratory Reagent（L.R.），用黄色标签

第四节 酸碱滴定法

酸碱滴定法是以质子转移反应为定量基础的滴定分析法。该方法通常可用于能直接或间接与酸碱发生定量反应的物质的含量测定。由于大多数酸碱滴定分析反应的过程无特征性变化，因而需在滴定过程中借助指示剂在特定 pH 范围内的颜色变化，来指示滴定终点的到达，为此我们需要知道滴定过程中溶液 pH 的变化情况和指示剂的变色范围，从而选择出合适的酸碱指示剂确定滴定终点。

一、酸碱指示剂

（一）酸碱指示剂的变色原理

能借助自身颜色变化来表示溶液酸碱性的物质称为**酸碱指示剂**（acid-base indicator）。酸碱指示剂一般为有机弱酸（如酚酞、石蕊等）或有机弱碱（如甲基橙、甲基红等），其共轭酸碱对因结构不同而呈现不同的颜色。如甲基橙在溶液中存在如下平衡

$$(CH_3)_2\overset{+}{N}{=}\langle\rangle{=}N{-}\underset{H}{N}{-}\langle\rangle{-}SO_3^- \rightleftharpoons (CH_3)_2N{-}\langle\rangle{-}N{=}N{-}\langle\rangle{-}SO_3^- + H^+$$

红色（醌式，酸式色）　　　　黄色（偶氮式，碱式色）

当溶液的酸度增加时，上述平衡向左移动，甲基橙由弱碱转变为其共轭酸，溶液显酸式色，即红色。反之，降低溶液的酸度，平衡向右移动，溶液呈碱式色，即黄色。

现以弱酸类指示剂 HIn 及其共轭碱 In^- 为例来说明酸碱指示剂的变色原理，它们所对应的颜色分别称为酸式色和碱式色。在溶液中 HIn 存在如下的解离平衡

$$HIn(aq) + H_2O(l) \rightleftharpoons H_3O^+(aq) + In^-(aq)$$

达平衡时，则得

$$K_{HIn} = \frac{[H_3O^+][In^-]}{[HIn]} \tag{13-7}$$

式（13-7）中，K_{HIn} 是酸碱指示剂的酸解离常数，简称指示剂酸常数。[HIn]和[In^-]分别为共轭酸及其共轭碱的平衡浓度。

将式（13-7）移项可得

$$[H_3O^+] = K_{HIn} \times \frac{[HIn]}{[In^-]}$$

两边各取负对数，得

$$pH = pK_{HIn} + \lg\frac{[In^-]}{[HIn]} \tag{13-8}$$

从式（13-8）可知，在一定温度下，pK_{HIn} 为一常数，指示剂溶液的颜色决定于共轭酸与共轭碱相对量所形成的混合色，即比值$\frac{[In^-]}{[HIn]}$。当溶液的 pH 改变时，$\frac{[In^-]}{[HIn]}$值随之改变，溶液的颜色也随之发生变化，这就是酸碱指示剂的变色原理。

（二）酸碱指示剂的变色范围和变色点

由于人肉眼对颜色的分辨能力有限，一般认为，当$\frac{[In^-]}{[HIn]} \geqslant 10$，即共轭碱的浓度比共轭酸的浓度大 10 倍以上，则酸式色被碱式色所掩盖，人眼只能察觉到 In^- 的颜色；反之，当$\frac{[In^-]}{[HIn]} \leqslant 0.1$，人眼只能看到 HIn 的颜色；当 $0.1 < \frac{[In^-]}{[HIn]} < 10$，人眼能看到的是酸式色与碱式色的混合色。当溶液的 pH

由 $pK_{HIn}-1$ 变化到 $pK_{HIn}+1$ 时，人眼可观察到指示剂在溶液中由酸式色变为碱式色。如甲基橙由红色→黄色。反之，当溶液的 pH 由 $pK_{HIn}+1$ 变化到 $pK_{HIn}-1$ 时，指示剂在溶液中由碱式色变为酸式色。因此，溶液的 $pH=pK_{HIn}\pm 1$ 称为指示剂的理论**变色范围**(color change interval)。指示剂的 pK_{HIn} 不同，则变色范围不同。当 $pH=pK_{HIn}$，即 $[In^-]=[HIn]$ 时，指示剂的颜色为等量的共轭酸、共轭碱的混合色，此时溶液的 pH 称为酸碱指示剂的**变色点**(color change point)。如甲基橙的变色点 $pH=pK_{HIn}=3.7$，理论变色范围为 pH = 2.7～4.7。

实际上，由于人眼的视觉对不同颜色的敏感程度不同，指示剂的变色范围不是由 pK_{HIn} 计算出来的，而是由人眼观察出来的，多数指示剂的实际变色范围都不足 2 个 pH 单位。如甲基橙的实际变色范围为 pH = 3.2～4.4。表 13-1 列出了几种常用酸碱指示剂的变色范围及其变色情况。

表 13-1　**常用酸碱指示剂**

指示剂	变色点 $pH=pK_{HIn}$	变色范围 pH	酸色	过渡色	碱色
百里酚蓝(第一次变色)	1.7	1.2～2.8	红色	橙色	黄色
甲基橙	3.7	3.2～4.4	红色	橙色	黄色
溴酚蓝	4.1	3.1～4.6	黄色	蓝紫	紫色
溴甲酚绿	4.9	3.8～5.4	黄色	绿色	蓝色
甲基红	5.0	4.8～6.0	红色	橙色	黄色
溴百里酚蓝	7.3	6.0～7.6	黄色	绿色	蓝色
中性红	7.4	6.8～8.0	红色	橙色	黄色
酚酞	9.1	8.2～10.0	无色	粉红	红色
百里酚蓝(第二次变色)	8.9	8.0～9.6	黄色	绿色	蓝色
百里酚酞	10.0	9.4～10.6	无色	淡蓝	蓝色

二、滴定曲线和指示剂的选择

在酸碱滴定中，必须选择适宜的指示剂，使滴定终点与计量点尽量吻合，以减少滴定误差。为此，应当了解滴定过程中溶液 pH 的变化情况，尤其是在计量点前后滴加少量酸或碱标准溶液所引起溶液 pH 的变化，显得尤为重要。

以滴定过程中所加入的酸或碱标准溶液的量为横坐标，以所得混合溶液的 pH 为纵坐标，所绘制的曲线称为**酸碱滴定曲线**(acid-base titration curve)。该滴定曲线为我们了解滴定过程溶液 pH 的变化及正确地选择指示剂所必需。下面分别讨论各种类型酸碱滴定曲线和指示剂的选择。

(一) 强酸和强碱的滴定

1. 滴定曲线　以 $0.1000mol\cdot L^{-1}$ NaOH 溶液滴定 20.00mL $0.1000mol\cdot L^{-1}$ HCl 溶液为例，说明滴定过程中溶液 pH 的变化情况。

(1) 滴定前，溶液的 $[H_3O^+]$ 等于 HCl 溶液的初始浓度，$[H_3O^+]=0.1000mol\cdot L^{-1}$，所以溶液的 pH = 1.00。

(2) 滴定开始至计量点前，溶液的酸度取决于剩余 HCl 溶液的浓度。当滴入 NaOH 溶液至 19.98mL(即滴定误差为 −0.1%)时，溶液的 $[H_3O^+]$ 为

$$[H_3O^+]=\frac{0.1000mol\cdot L^{-1}\times 0.02mL}{20.00mL+19.98mL}=5\times 10^{-5}mol\cdot L^{-1}$$

$$pH=4.30$$

(3) 计量点时，HCl 与 NaOH 恰好完全反应，溶液呈中性，pH = 7.00。

（4）计量点后，NaOH 过量，溶液的$[H_3O^+]$取决于过量的 NaOH 浓度。如滴入 NaOH 溶液 20.02mL（即滴定误差为+0.1%）时，溶液的$[OH^-]$为

$$[OH^-]=\frac{0.1000mol \cdot L^{-1} \times 0.02mL}{20.00mL+20.02mL}=5\times 10^{-5}mol \cdot L^{-1}$$

$$pOH=4.30$$

$$pH=14-4.3=9.70$$

按上述方法逐一计算出滴定过程不同阶段溶液的 pH，并把计算结果列于表 13-2。以 NaOH 加入量为横坐标，所得混合溶液的 pH 为纵坐标作图，即得强碱滴定强酸的滴定曲线，如图 13-2 所示。

表 13-2 0.1000mol·L^{-1} NaOH 溶液滴定 20.00mL 0.1000mol·L^{-1} HCl 溶液 pH 的变化

加入 NaOH/mL	剩余 HCl/mL	过量 NaOH/mL	pH
0.00	20.00		1.00
18.00	2.00		2.28
19.80	0.20		3.30
19.98	0.02	滴定误差：−0.1%	4.30
20.00	计量点		7.00
20.02	滴定误差：+0.1%	0.02	9.70
20.20		0.20	10.70
22.00		2.00	11.70
40.00		20.00	12.50

由表 13-2 和图 13-2 可知，在滴定过程的不同阶段，溶液 pH 的变化程度是不同的。

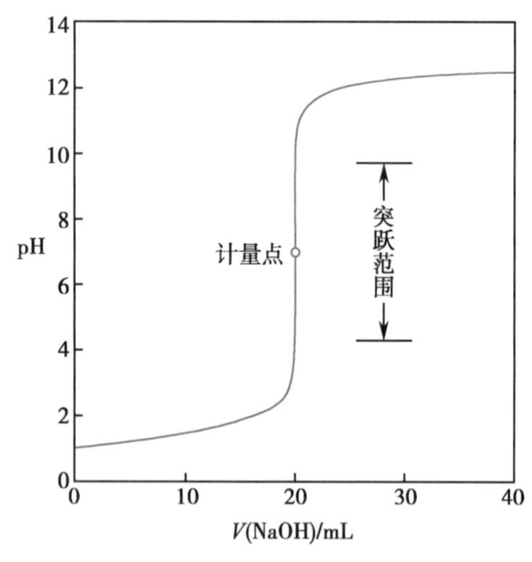

图 13-2 0.1000mol·L^{-1} NaOH 溶液滴定 0.1000mol·L^{-1} HCl 20.00mL 的滴定曲线

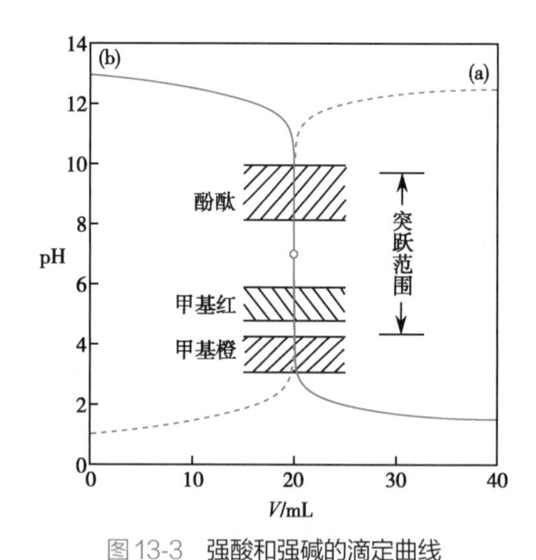

图 13-3 强酸和强碱的滴定曲线
（a）0.1000mol·L^{-1} NaOH 溶液滴定 0.1000mol·L^{-1} HCl 溶液 20.00mL；（b）0.1000mol·L^{-1} HCl 溶液滴定 0.1000mol·L^{-1} NaOH 溶液 20.00mL

（1）从滴定开始到加入 NaOH 溶液 19.98mL 时为止，溶液 pH 从 1.00 增大到 4.30，仅改变了 3.30 个 pH 单位，所以曲线前段较平坦。

（2）计量点时 pH=7.00，在其附近仅仅从剩余的 0.02mL（约半滴）HCl 溶液到过量的 0.02mL NaOH 溶液，即滴定误差为−0.1%～+0.1%，溶液的 pH 则从 4.30 突增到 9.70，pH 突变了 5.40 个单位，溶液由酸性变为了碱性，发生了质的变化。这种 pH 的急剧改变，称为滴定突跃，简称**突跃**（inflection point）。突跃所在的 pH 范围，称为滴定突跃范围，简称突跃范围。曲线中段近于垂直部分

即是滴定突跃范围（pH = 4.30～9.70），其中间点为 pH = 7.00。

（3）突跃后继续加入 NaOH 溶液，溶液 pH 的变化趋于缓慢，因此，曲线后段又变得较为平坦。

若用 $0.1000mol \cdot L^{-1}$ HCl 溶液滴定 $0.1000mol \cdot L^{-1}$ NaOH 溶液 20.00mL，则可得一条与上述滴定曲线的形状相同但位置对称相反的滴定曲线，如图 13-3（b）所示。

2. 指示剂的选择 由滴定曲线可知，指示剂所指示的滴定终点只要在滴定突跃范围内，即使滴定终点不等于计量点，所引起的滴定误差也小于 ±0.1%，符合滴定分析的误差要求。由此可得出**指示剂的选择原则：指示剂的变色范围部分或全部处于突跃范围内，都可以成为指示滴定终点的指示剂**。根据这一原则，上述强酸强碱滴定的 pH 突跃范围为 4.30～9.70，则可以选择甲基橙（pH = 3.2～4.4）、酚酞（pH = 8.2～10.0）、甲基红（pH = 4.8～6.0）等作为该滴定的终点指示剂（图 13-3）。

但在实际滴定中，指示剂的选择还应考虑人的视觉对颜色变化的敏感性。如酚酞由无色变为粉红色，甲基橙由黄色变为橙色容易辨别。即颜色由浅到深，人的视觉较敏感。因此，用强碱滴定强酸时，常选用酚酞作指示剂；而用强酸滴定强碱时，常选用甲基橙指示滴定终点。

3. 突跃范围与酸碱浓度的关系 突跃范围的宽窄，与滴定剂和试样的浓度有关。例如，分别用 $1.000mol \cdot L^{-1}$、$0.1000mol \cdot L^{-1}$、$0.010\,00mol \cdot L^{-1}$ NaOH 溶液，滴定相应浓度的 HCl 溶液，如图 13-4 所示。

所得突跃范围分别为 pH=3.30～10.70、pH=4.30～9.70 和 pH=5.30～8.70，由此可知，当酸碱浓度降低 10 倍时，突跃范围将减少 2 个 pH 单位。这说明，酸碱的浓度越稀，滴定突跃范围越小，指示剂的选择余地就越小。当酸和碱的浓度低于 $10^{-4}mol \cdot L^{-1}$ 时，已没有明显的突跃，无法用一般指示剂指示滴定终点，因此不能准确地进行常规滴定。反之，浓度越大，滴定突跃范围越大，越有利于指示剂的选择，但每滴滴定剂所含的物质的量较多，因此在化学计量点附近多加或少加半滴标准溶液，均会引起较大的误差。所以在滴定分析中，酸碱的浓度应在 0.1～$0.5mol \cdot L^{-1}$。

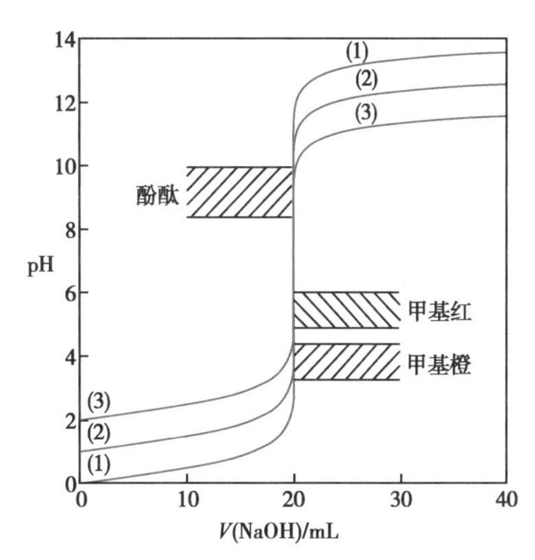

图 13-4 突跃范围与酸碱浓度的关系
用（1）$1.000mol \cdot L^{-1}$；（2）$0.1000mol \cdot L^{-1}$；（3）$0.010\,00mol \cdot L^{-1}$ NaOH 溶液滴定相应浓度的 HCl 溶液

（二）一元弱酸和一元弱碱的滴定

1. 滴定曲线 一元弱酸的滴定，以 $0.1000mol \cdot L^{-1}$ NaOH 溶液滴定 20.00mL $0.1000mol \cdot L^{-1}$ HAc 溶液为例，经计算，这类滴定过程中溶液 pH 的变化情况见表 13-3，对应绘制的滴定曲线如图 13-5 所示。

表 13-3 $0.1000mol \cdot L^{-1}$ NaOH 滴定 20.00mL $0.1000mol \cdot L^{-1}$ HAc 溶液的 pH

加入 NaOH/mL	溶液组成	$[H_3O^+]$计算公式	pH
0.00	HAc	$[H_3O^+]=\sqrt{K_a c}$	2.88
10.00	$HAc+Ac^-$	$[H_3O^+]=K_a \times \frac{[HAc]}{[Ac^-]}$	4.75
18.00	$HAc+Ac^-$		5.70
19.80	$HAc+Ac^-$		6.74
19.98	$HAc+Ac^-$		7.80
20.00	Ac^-	$[OH^-]=\sqrt{K_b c_b}=\sqrt{\frac{K_w}{K_a}c_{盐}}$	8.73
20.02	OH^-+Ac^-		9.70
20.20	OH^-+Ac^-	$[OH^-]=\frac{c_{NaOH}V_{NaOH}}{V_{总}}$	10.70
22.00	OH^-+Ac^-		11.68
40.00	OH^-+Ac^-		12.50

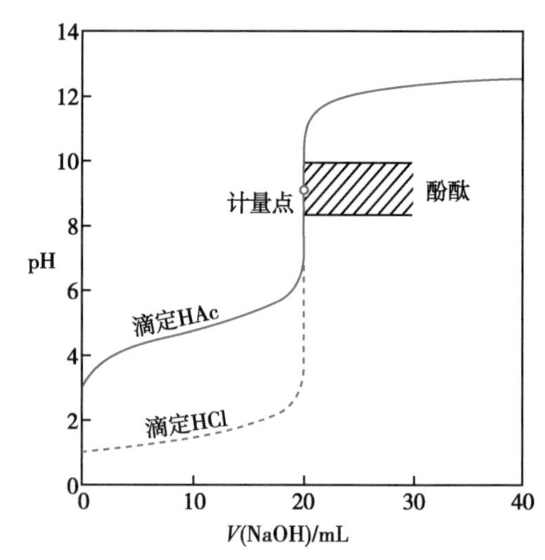

图 13-5　0.1000mol·L⁻¹ NaOH 溶液滴定 0.1000mol·L⁻¹ HAc 溶液 20.00mL

2. 滴定曲线的特点和指示剂的选择　比较图 13-5 和图 13-2，可以看出强碱滴定一元弱酸有以下特点：

（1）滴定曲线起点高，pH 起点是 2.88 而不是 1.00。因为 HAc 是弱酸，只有少量解离，因而 pH 较大。

（2）滴定开始至计量点前的曲线两端坡度较大，但其中部较平缓。原因是滴定刚开始时，生成的少量 NaAc 会对 HAc 产生同离子效应的作用，抑制了 HAc 的解离，NaOH 的滴入使溶液中的[H_3O^+]降低较迅速，于是出现坡度较大的曲线部分；但随着滴定的进行，NaAc 和 HAc 形成缓冲溶液，对滴入的 NaOH 具有一定的缓冲作用，因而出现了较平坦的曲线部分；继续滴定时，c(HAc)逐渐减少，缓冲能力逐渐减弱，使溶液 pH 的变化幅度又增大，从而又出现了坡度较大的曲线部分；接近计量点时，c(HAc)已很低。这时滴加 NaOH 溶液将引起溶液 pH 较大的改变，因此出现坡度更大的曲线部分，即已临近滴定突跃。

（3）计量点时溶液不呈中性。滴定达计量点时，HAc 与 NaOH 恰好完全反应，产物为 NaAc，而 Ac^- 是弱碱，pH 在 8.73 而不是 7.00。

（4）突跃范围较窄，仅在 pH 7.80～9.70，比相同浓度的强碱滴定强酸的突跃范围小得多。

根据滴定突跃范围，该滴定应选择在碱性区域内变色的指示剂，而酚酞的变色范围为 pH 8.2～10.0，为合适的指示剂。

3. 滴定突跃与酸碱强度的关系　在弱酸的滴定中，突跃范围的大小除与酸、碱溶液的浓度有关外，还与酸碱的强度有关。图 13-6 显示了用 0.1000mol·L⁻¹ NaOH 溶液滴定浓度均为 0.1000mol·L⁻¹ 的各种不同强度酸溶液的滴定曲线，可以看出，K_a 值愈小，突跃范围愈小。当弱酸的 c(A)=0.1000mol·L⁻¹，而 $K_a \leqslant 10^{-7}$ 时，其滴定突跃已不明显，用一般的指示剂已无法确定滴定终点。实验证明，只有当弱酸的 $c(A)K_a \geqslant 10^{-8}$ 时，才能用强碱准确滴定弱酸。

强酸滴定一元弱碱与强碱滴定一元弱酸的情况类似。如用 0.1000mol·L⁻¹ HCl 溶液滴定 20.00mL 的 0.1000mol·L⁻¹ $NH_3 \cdot H_2O$ 溶液，滴定曲线如图 13-7 所示。

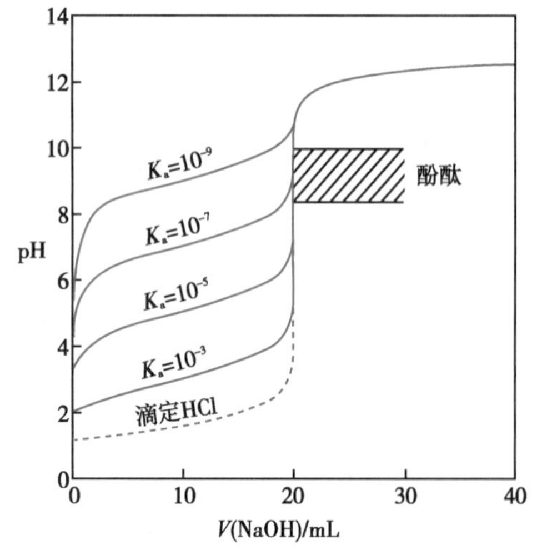

图 13-6　突跃范围与酸强度的关系

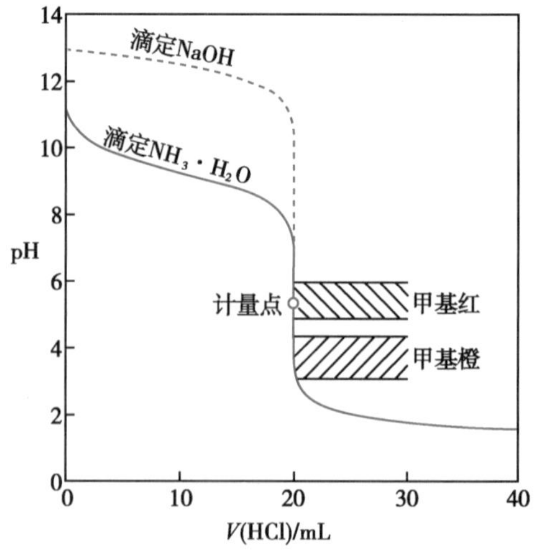

图 13-7　0.1000mol·L⁻¹ HCl 溶液滴定 0.1000mol·L⁻¹ $NH_3 \cdot H_2O$ 溶液 20.00mL 的滴定曲线

可以看出，强酸滴定一元弱碱的滴定曲线的形状与强碱滴定一元弱酸的形状处于对称相反的状态，滴定突跃的 pH 为 4.30～6.30，在酸性范围内，计量点的 pH 为 5.28，溶液呈弱酸性，应选择在酸性范围内变色的指示剂，如甲基橙、甲基红等。

强酸滴定弱碱的突跃范围的大小也与弱碱的强度及其浓度有关。所以用强酸直接滴定弱碱时，通常也以 $c(\mathrm{B})K_b \geqslant 10^{-8}$ 作为能否用强酸直接准确滴定弱碱的依据。

弱酸与弱碱相互滴定，由于反应不完全及无明显的滴定突跃，一般没有实用意义。因此，弱酸只能用强碱来滴定，弱碱只能用强酸来滴定。

（三）多元酸和多元碱的滴定

对于多元酸或多元碱的滴定，其中和反应是分级进行的。多元酸或多元碱的每一级能否被准确滴定（各步滴定是否有突跃），相邻两级间是否会产生干扰，应满足下列两个条件：

1. 各步反应必须满足 $c(\mathrm{A})K_{ai} \geqslant 10^{-8}$［或 $c(\mathrm{B})K_{bi} \geqslant 10^{-8}$］，以保证有明显的突跃。

2. 相邻两级的解离常数的比值要大于 10^4，即 $K_{ai}/K_{ai+1} > 10^4$（或 $K_{bi}/K_{bi+1} > 10^4$）才能进行分级滴定。否则会出现多元酸第一级解离的 H_3O^+ 还未滴定完全，第二级解离的 H_3O^+ 已开始与碱作用，对第一级的滴定产生干扰。

对于多元酸的滴定，以 0.1000mol·L^{-1} NaOH 溶液滴定 0.1000mol·L^{-1} H_3PO_4（$K_{a1}=6.9\times10^{-3}$、$K_{a2}=6.1\times10^{-8}$、$K_{a3}=4.8\times10^{-13}$）溶液为例，滴定曲线如图 13-8 所示，曲线上有两个滴定突跃而不是三个。因 H_3PO_4 的 $c(\mathrm{A})K_{a1} \geqslant 10^{-8}$，$K_{a1}/K_{a2}=1.13\times10^5>10^4$，在第一计量点时有一突跃，所以第一级解离的 H_3O^+ 能被强碱准确滴定。对于第二级的滴定反应，因 $c(\mathrm{A})K_{a2} \approx 10^{-8}$，且 $K_{a2}/K_{a3}=1.27\times10^5>10^4$，因此第二步计量点也有较明显的突跃；而第三级解离的 H_3O^+，因 $c(\mathrm{A})K_{a3} << 10^{-8}$，所以第三步反应没有滴定突跃，不可能被强碱准确滴定。

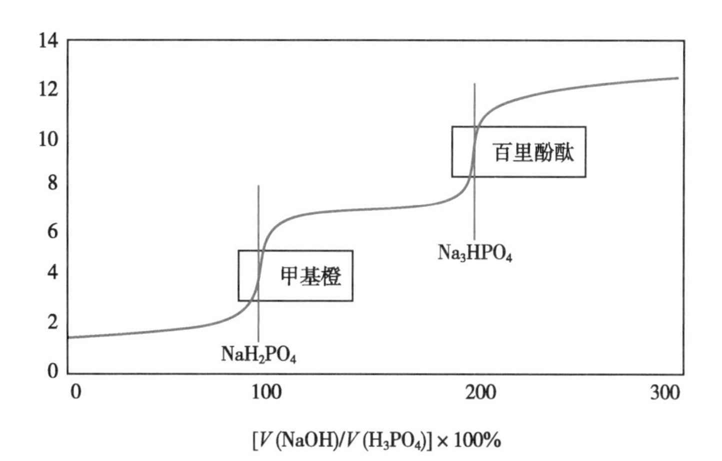

图 13-8　0.1000mol·L^{-1} NaOH 溶液滴定 0.1000mol·L^{-1} H_3PO_4 溶液的滴定曲线

第一计量点产物为两性物质 NaH_2PO_4，溶液的 pH 近似为

$$\mathrm{pH}=\frac{1}{2}(\mathrm{p}K_{a1}+\mathrm{p}K_{a2})=\frac{1}{2}\times(2.16+7.21)=4.68$$

可选用甲基红指示剂指示滴定终点。

第二计量点时，也是生成两性物质 Na_2HPO_4，溶液的 pH 近似为

$$\mathrm{pH}=\frac{1}{2}(\mathrm{p}K_{a2}+K_{a3})=\frac{1}{2}\times(7.21+12.32)=9.76$$

此步滴定可选用百里酚酞作终点指示剂。

对于多元碱的滴定，以 0.1000mol·L^{-1} HCl 溶液滴定 0.050 00mol·L^{-1} Na_2CO_3 溶液为例，其滴定曲线如图 13-9 所示，滴定曲线显示有两个突跃，第一计量点产物为两性物质 $NaHCO_3$，溶液的 pH 近似为 8.34，$c(\mathrm{B})K_{b1} \geqslant 10^{-8}$，但由于 $K_{b1}/K_{b2}=9.54\times10^3<10^4$，致使两步滴定间有一定的交叉，加之 HCO_3^- 的

缓冲作用，滴定突跃不太明显，所以终点误差较大。若用相同浓度的 $NaHCO_3$ 作参比溶液或采用变色点为 8.3 的甲酚红与百里酚蓝的混合指示剂指示终点，可提高滴定终点的准确度。

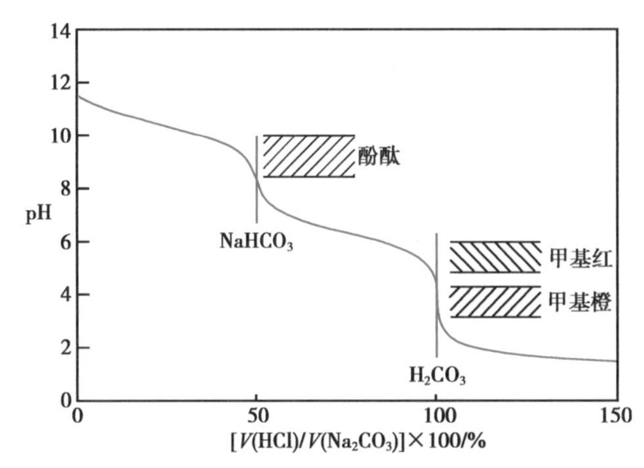

图13-9 用0.1000mol·L^{-1} HCl溶液滴定0.050 00mol·L^{-1} Na_2CO_3溶液的滴定曲线

第二计量点时，反应产物为 H_2CO_3，它在溶液中主要是以溶解状态的 CO_2 形式存在，常温下其饱和溶液的浓度为 0.040mol·L^{-1}，所以这时溶液的酸度为

$$[H_3O^+]=\sqrt{K_{a1}c(A)}=\sqrt{4.5\times10^{-7}\times0.040}=1.3\times10^{-4}mol\cdot L^{-1}$$

pH 为 3.87，$c(B)K_{b2}\approx10^{-8}$，可选用甲基橙作指示剂，终点较明显。但 CO_2 易形成过饱和溶液，使溶液的酸度稍增，终点提前。因此，滴定接近终点时，应剧烈摇动溶液，或加热煮沸使 CO_2 逸出，稍冷再继续滴定至终点。

三、酸碱标准溶液的配制与标定

（一）酸标准溶液的配制与标定

用来配制酸标准溶液的强酸有 HCl 溶液和 H_2SO_4 溶液，其中 HCl 溶液最常用。浓盐酸具有挥发性，所以不能直接配成准确浓度的标准溶液，而是先配成近似于所需浓度（一般为 0.1mol·L^{-1}）的溶液，然后用一级标准物质标定。

最常用于标定 HCl 溶液的一级标准物质是无水碳酸钠（Na_2CO_3）或硼砂（$Na_2B_4O_7\cdot10H_2O$）。碳酸钠易制得纯品、价廉，但有吸湿性，且会吸收 CO_2，所以用前必须在 270～300℃烘干约 1 小时，稍冷后置于干燥器中冷至室温备用。硼砂的化学组成含有结晶水，需保存在相对湿度为 60% 的恒湿器中。

Na_2CO_3 标定 HCl 溶液时，可选择甲基橙为指示剂。

硼砂标定 HCl 溶液时，其反应方程式为

$$Na_2B_4O_7(aq)+2HCl(aq)+5H_2O(l)==4H_3BO_3(aq)+2NaCl(aq)$$

计量点时，溶液的 pH 为 5.1，可选择甲基红为指示剂。

（二）碱标准溶液的配制与标定

用来配制碱标准溶液的物质有 NaOH 和 KOH，因 NaOH 价格较廉而更常用，但它有很强的吸湿性，且易吸收空气中的 CO_2，所以只能配成近似于所需浓度（约为 0.1mol·L^{-1}）的溶液，然后进行标定。

标定 NaOH 溶液常用的一级标准物质有结晶草酸（$H_2C_2O_4\cdot2H_2O$）或邻苯二甲酸氢钾（$KHC_8H_4O_4$）。后者稳定，摩尔质量较大，易制得纯品，所以是标定 NaOH 溶液理想的一级标准物质，其反应式为

$$KHC_8H_4O_4(aq)+NaOH(aq)==KNaC_8H_4O_4(aq)+H_2O(l)$$

在计量点时，溶液的 pH 约为 9.1，可选用酚酞作指示剂。

结晶草酸相当稳定，但摩尔质量较小。草酸是二元酸，且 K_{a1} 与 K_{a2} 比值小于 10^4，因此用它标定

NaOH 溶液时只有一个突跃，计量点时产物为 $Na_2C_2O_4$，溶液的 pH 约为 8.4，可选用酚酞指示滴定终点。

四、酸碱滴定法的应用实例

酸碱滴定法应用非常广泛。下面仅举几个应用实例，说明测定原理与实际应用。

（一）试样含氮量的测定

测定血浆蛋白质等有机含氮化合物的总含氮量，需加浓 H_2SO_4 和催化剂 $CuSO_4$ 于试样中，并加热消化分解试样，使试样中的氮转化成 NH_4^+，然后加入浓 NaOH 溶液将 NH_3 蒸馏出来，再测定含氮量。这一测定方法称为凯氏定氮法（Kjeldahl method），在生物化学和食品分析中常用。

在消化后的 $(NH_4)_2SO_4$ 和 NH_4Cl 等溶液中，均有弱酸 NH_4^+ 存在，但由于酸性太弱，不能用碱标准溶液直接滴定，所以采用蒸馏法测定这些物质中氨态氮的含量，即先在试样中加入过量的浓 NaOH 溶液，加热将 NH_3 蒸馏出来，并用硼酸（H_3BO_3）溶液吸收，使其转化为 $(NH_4)_2B_4O_7$，然后用 HCl 标准溶液滴定 $(NH_4)_2B_4O_7$，产物为 NH_4Cl 和 H_3BO_3，反应达计量点时，溶液的 pH 约为 5，宜用甲基红或溴甲酚绿与甲基红混合指示剂指示滴定终点。

其反应式为

$$2NH_3(g) + 4H_3BO_3(aq) == (NH_4)_2B_4O_7(aq) + 5H_2O(l)$$

$$(NH_4)_2B_4O_7(aq) + 2HCl(aq) + 5H_2O(l) == 2NH_4Cl(aq) + 4H_3BO_3(aq)$$

反应过程中 1mol 的 HCl 相当于 1mol 的 N，此法准确可靠，但较为费时。

（二）乙酰水杨酸（阿司匹林）含量的测定

乙酰水杨酸是一种常用的解热镇痛药，其分子中含有羧基，可用 NaOH 标准溶液直接滴定，以酚酞作指示剂测定其含量。滴定反应方程式为

$$C_6H_4(COOH)(OCOCH_3) + NaOH \longrightarrow C_6H_4(COONa)(OCOCH_3) + H_2O$$

因乙酰水杨酸分子中酯基（$-OCOH_3$）易发生水解，为防止乙酰水杨酸在滴定时发生水解而使测定结果偏高，滴定时要在乙醇溶液中进行，并且控制滴定温度在 10℃以下。

> **问题与思考 13-2**
>
> 用于极弱酸、极弱碱的滴定方式有非水滴定法、增大浓度法（如 NaAc 的测定）、强化法（如硼酸的测定）、电位滴定法（仪器分析）、间接滴定法，请查阅相关资料，分别简述其原理。

第五节 氧化还原滴定法

氧化还原滴定法（oxidation-reduction titration）是以氧化还原反应为基础的滴定分析方法。氧化还原滴定法应用非常广泛，不仅可用于直接测定具有氧化性或还原性的物质，还可用于间接测定一些能与氧化剂或还原剂发生定量反应的物质。但只有满足下列要求的氧化还原反应才可用于滴定分析：

（1）被测定的物质处于适合滴定的氧化态或还原态。

（2）滴定反应要定量而且进行完全（反应平衡常数 $K>10^6$）。

（3）反应有较快的速率，或能通过加热或加入催化剂提高反应速率。

（4）必须有适合的指示剂指示滴定终点。

根据所选用的标准溶液的不同，氧化还原滴定法可分为高锰酸钾法（potassium permanganate

method)、碘量法(iodimetry)、重铬酸钾法、铈量法、溴酸盐法等，本节仅简要介绍高锰酸钾法和碘量法。

一、高锰酸钾法

(一)基本原理

高锰酸钾法是以强氧化剂 $KMnO_4$ 为标准溶液的氧化还原滴定法。在强酸性溶液中，$KMnO_4$ 可被还原为 Mn^{2+}。其半反应为

$$MnO_4^-(aq)+8H_3O^+(aq)+5e^- == Mn^{2+}(aq)+12H_2O(l)\quad \varphi^{\ominus}=1.507V$$

但在弱酸性、中性或弱碱性溶液中，MnO_4^- 则被还原为褐色的 MnO_2 沉淀。因此利用高锰酸钾法进行滴定，宜在强酸性溶液中进行。通常所选用的酸性介质为 H_2SO_4，而不能选用 HNO_3 和 HCl 作为酸性介质，原因是 HNO_3 具有氧化性，HCl 会被 $KMnO_4$ 氧化，从而引起副反应的发生。H_2SO_4 的适宜浓度为 0.5～1.0mol·L^{-1}，如果酸度过高会引起 $KMnO_4$ 分解转化为 Mn^{2+} 及 O_2。

$KMnO_4$ 本身呈紫红色，只要 MnO_4^- 的浓度达到 2×10^{-6}mol·L^{-1} 就能显示其鲜明的颜色，其还原产物 Mn^{2+} 几乎无色，因此可利用 $KMnO_4$ 自身作为指示剂。当滴定至溶液呈微红色并在 30s 内不褪色，即达到滴定终点。由于空气中的还原性物质能与 $KMnO_4$ 反应，故滴定终点的微红色通常不能持久。

利用 $KMnO_4$ 溶液作滴定剂，在酸性溶液中，可直接测定还原性物质，如 Fe^{2+}、H_2O_2、$C_2O_4^{2-}$ 等；也可用返滴定法测定一些不能用 $KMnO_4$ 溶液直接滴定的氧化性物质，如 MnO_2 的含量；还可用间接法测定某些非氧化还原性物质，如测定 Ca^{2+} 的含量。

(二)高锰酸钾标准溶液的配制与标定

1. $KMnO_4$ 标准溶液的配制　$KMnO_4$ 试剂纯度不高，常含有少量 MnO_2、硫酸盐和硝酸盐等杂质，而且蒸馏水中常含少量有机杂质，能还原 $KMnO_4$，使溶液浓度发生变化。为获得稳定浓度的高锰酸钾溶液，常将配好的 $KMnO_4$ 溶液加热微沸 1h，使溶液中的杂质与 $KMnO_4$ 完全反应，再放置 2～3 天，并用烧结的玻璃砂芯漏斗过滤(过滤不能用滤纸，因其可还原 $KMnO_4$)，以除去 MnO_2。通常配制的 $KMnO_4$ 溶液浓度约为 0.02mol·L^{-1}，储存于棕色玻璃瓶中。

2. $KMnO_4$ 溶液的标定　标定 $KMnO_4$ 溶液常用的一级标准物质有 $Na_2C_2O_4$、$(NH_4)_2SO_4\cdot FeSO_4\cdot 6H_2O$、纯铁丝等，草酸钠无结晶水和吸湿性，最为常用。在 H_2SO_4 溶液中，$KMnO_4$ 与 $Na_2C_2O_4$ 的离子反应式为

$$2MnO_4^-(aq)+5C_2O_4^{2-}(aq)+16H^+(aq) == 2Mn^{2+}(aq)+10CO_2(g)+8H_2O(l)$$

该反应开始时速率较慢，可借助加热及自催化剂 Mn^{2+} 加速其反应。如滴定前从滴定管中定量放入少量 $KMnO_4$ 与 $Na_2C_2O_4$ 溶液一起加热至 40℃左右，当溶液红色消失及生成具有自催化作用的产物 Mn^{2+}(称为自动催化)，再进行滴定即可克服速率较慢的问题。需注意的是，加热温度不能高于 90℃，否则部分 $H_2C_2O_4$ 会发生分解。

(三)高锰酸钾法的应用实例

市售双氧水中 H_2O_2 含量的测定　H_2O_2 为还原性物质，在酸性溶液中，可用 $KMnO_4$ 标准溶液直接滴定。滴定离子反应方程式为

$$2MnO_4^-(aq)+5H_2O_2(aq)+6H^+(aq) == 2Mn^{2+}(aq)+5O_2(g)+8H_2O(l)$$

市售双氧水中 H_2O_2 含量通常为 30% 左右，需经稀释后方可滴定。H_2O_2 受热易分解，滴定应在室温下进行。

二、碘量法

(一)基本原理

碘量法是以 I_2 的氧化性和 I^- 的还原性为基础的滴定分析方法，其半反应为

$$I_2+2e^- == 2I^-\qquad \varphi^{\ominus}=0.5355V$$

I_2为中等强度的氧化剂，能与较强的还原剂作用；而I^-是中等强度的还原剂，能与许多氧化剂作用。

碘量法可分为**直接碘量法**（iodimetry）和**间接碘量法**（iodometry）。标准电极电位比$\varphi^{\ominus}(I_2/I^-)$低的还原性物质适用直接碘量法，即直接用$I_2$标准溶液滴定，如$S^{2-}$、$SO_3^{2-}$、$Sn^{2+}$、$S_2O_3^{2-}$等。标准电极电位比$\varphi^{\ominus}(I_2/I^-)$高的氧化性物质适用间接碘量法，即先使其与过量的$I^-$作用，使一部分$I^-$被定量地氧化成$I_2$，然后用$Na_2S_2O_3$标准溶液滴定所生成的$I_2$。利用这一方法可测定很多的氧化性物质，如$ClO_3^-$、$CrO_4^{2-}$、$MnO_4^-$、$MnO_2$、$Cu^{2+}$等。

碘量法中用淀粉作指示剂，淀粉可与I_2作用形成蓝色配合物，其灵敏度很高，但温度和pH都将对指示剂产生一定的影响。

（二）标准溶液的配制与标定

1. 碘标准溶液的配制与标定 碘有挥发性、腐蚀性和弱的水溶性，通常先配成近似浓度的碘溶液，并加入KI，使其形成I_3^-配离子以增加I_2的溶解度及降低碘的挥发性。配成的碘溶液，常用$Na_2S_2O_3$标准溶液标定，或用一级标准物质As_2O_3标定。

用$Na_2S_2O_3$标准溶液标定，反应如下

$$I_2(aq)+2Na_2S_2O_3(aq) == 2NaI(aq)+Na_2S_4O_6(aq)$$

2. 硫代硫酸钠标准溶液的配制与标定 硫代硫酸钠$Na_2S_2O_3\cdot 5H_2O$常含S、Na_2CO_3和Na_2SO_4等少量杂质，且易风化、潮解，其水溶液可被水中CO_2、O_2和微生物分解及氧化，因此需用新煮沸的冷蒸馏水配制溶液，并加少量的Na_2CO_3作稳定剂，保持pH在9～10，放置8～9天后再用碘标准溶液或一级标准物质标定。常用的一级标准物质为$K_2Cr_2O_7$。在酸性溶液中，$K_2Cr_2O_7$与KI作用生成I_2，反应如下，再用$Na_2S_2O_3$溶液滴定。

$$Cr_2O_7^{2-}(aq)+6I^-(aq)+14H^+(aq) == 2Cr^{3+}(aq)+3I_2(s)+7H_2O(l)$$

（三）碘量法的应用实例

1. 直接碘量法测定维生素C的含量 维生素C（$C_6H_8O_6$）即抗坏血酸（ascorbic acid），有较强的还原性，能被碘定量氧化成脱氢抗坏血酸（$C_6H_6O_6$），反应式为

```
┌───O────┐     H   OH              ┌───O────┐     H   OH
C─C═C─C─C─C─H  +  I2  ⇌  C─C─C─C─C─C─H  +  2HI
‖   |   |   |   |   |              ‖   ‖   ‖   |   |   |
O  OH  OH   H  OH   H              O   O   O   H  OH   H
```

滴定时需加入HAc保持溶液酸度，以减少维生素C受I_2以外的氧化剂作用的影响。

2. 用间接法测定次氯酸钠含量 次氯酸钠为一杀菌剂，在HCl溶液中转化为Cl_2，Cl_2能将I^-氧化成I_2，后者用$Na_2S_2O_3$标准溶液滴定，可测出NaClO的含量。

> **问题与思考13-3**
>
> 衡量环境水质污染度的重要指标之一——化学需氧量，又称化学耗氧量（chemical oxygen demand，COD）的测定，国标上的常用方法为重铬酸钾滴定法。重铬酸钾法是利用化学氧化剂——重铬酸钾将水中可还原性物质（如有机物、亚硝酸盐、亚铁盐、硫化物等）氧化分解，然后根据残留的氧化剂的量计算出氧的消耗量。COD的单位为ppm或$mg\cdot L^{-1}$，其值越小，说明水质污染程度越轻。你生活中的环境水样的COD是否正常？请查阅相关文献，设计出重铬酸钾法测定COD的具体方法，于实验室中测定验证。

第六节 配位滴定法

一、基本原理

配位滴定法（complexometric titrations）是以配位反应为定量基础的滴定分析法。它广泛应用于

金属离子含量的测定。其中最常用的方法是利用多齿配体与金属离子间的作用所进行的滴定分析方法，称为**螯合滴定法**（chelatometric titration）。常用的螯合剂是乙二胺四乙酸二钠盐（Na_2H_2Y），它与乙二胺四乙酸均简称为EDTA。EDTA几乎可与所有金属离子配位形成具有多个五元环稳定的、易溶于水的螯合物。金属离子与EDTA反应可用下式表示

$$M^{n+}(aq)+H_2Y^{2-}(aq)\rightleftharpoons MY^{n-4}(aq)+2H_3O^+(aq)$$

（一）影响EDTA滴定的因素

1. 酸度的影响　随着反应的进行，溶液的酸度会逐渐增加，而Y可与H_3O^+形成各级酸（EDTA为四元酸，H_4Y），所以溶液的酸度越强，配位平衡向左移动的趋势就越大，反应不能完全定量地进行，这种现象称为酸效应。但若酸度过低，金属离子（尤其过渡金属离子）易于发生水解而形成$M(OH)_n$沉淀。所以在EDTA滴定中，需利用缓冲溶液严格控制酸度。

2. 溶液中其他金属离子的影响　由于EDTA几乎可与所有的金属离子发生反应，当溶液中同时存在其他离子时，常常会相互干扰，影响测定结果的准确度，因此滴定前，可通过调节溶液pH或加入掩蔽剂等方式排除干扰。

3. 溶液中其他配体的影响　若溶液中存在能与待测金属离子M^{n+}发生反应的其他配体L，则会降低待测金属离子与EDTA的反应能力，这种现象称为配位效应。ML的稳定性越大，则配位效应的影响就越大，主反应进行得越不完全，因此在配位滴定中需考虑配位效应的影响。可通过调节溶液pH或其他方法控制配位效应的影响。

（二）金属指示剂

配位滴定终点可用金属指示剂（metallochromic indicator）指示。金属指示剂是一类能与金属离子形成有色配合物的水溶性有机染料。常用In表示。滴定终点的变色反应为

$$MIn^{n-m}(aq)+H_2Y^{2-}(aq)\rightleftharpoons MY^{n-4}(aq)+In^{-m}(aq)+2H_3O^+(aq)$$

它们必须具备下列条件：

1. 金属指示剂（In）与金属离子形成配合物（以MIn表示）前后的颜色必须明显不同。

2. MIn的稳定性要适当，既要有足够的稳定性[一般要求$K_s(MIn)>10^4$]，又要略低于MY的稳定性[要求$K_s(MY)/K_s(MIn)>10^2$]，否则，稳定性过低，易造成终点提前出现，稳定性过高，EDTA无法从MIn中夺取金属离子，不能使指示剂游离释放出来，因而无法出现终点颜色的变化。

常用的金属指示剂有铬黑T、钙红指示剂、二甲酚橙等。现以铬黑T为例，说明金属指示剂的变色原理。铬黑T为弱酸性偶氮染料，可用符号NaH_2In表示。它与金属离子可形成酒红色配合物，在水溶液中存在下列解离平衡

$$\underset{\substack{(紫红色)\\ pH<6.3}}{H_2In^-}\ \underset{}{\overset{pK_{a1}=6.3}{\rightleftharpoons}}\ \underset{\substack{(蓝色)\\ pH=6.3-11.6}}{HIn^{2-}}\ \overset{pK_{a2}=11.6}{\rightleftharpoons}\ \underset{\substack{(橙色)\\ pH>11.6}}{In^{3-}}$$

从上式可知，当pH<6.3时，铬黑T呈紫红色，与其酒红色的配合物无明显色差，所以用铬黑T作指示剂时最适宜的pH为9.0～10.5，一般用NH_3-NH_4Cl缓冲溶液控制溶液pH在10左右进行滴定。铬黑T可用作测定Zn^{2+}、Ca^{2+}、Mg^{2+}等离子的指示剂。如用EDTA滴定Mg^{2+}时，先加入少量铬黑T，使其与部分Mg^{2+}形成酒红色配合物$MgIn^-$，滴定开始至终点前，EDTA与溶液中游离的Mg^{2+}结合生成无色配合物MgY^{2-}，当游离的Mg^{2+}被EDTA结合完全时，继续滴入的EDTA则从$MgIn^-$中夺取Mg^{2+}，并把铬黑T释放出来，恢复其本身的蓝色，从而指示终点的到达。

二、标准溶液的配制与标定

EDTA标准溶液的配制，一般采用间接法进行配制，先用EDTA二钠盐配成近似浓度的溶液，然后用分析纯的Zn、ZnO、$ZnSO_4$、$CaCO_3$、$MgCO_3·7H_2O$等一级标准物质，以铬黑T为指示剂，在pH≈

10 的 NH_3-NH_4Cl 缓冲溶液中进行标定，EDTA 标准溶液常用的浓度为 0.01～0.05mol·L^{-1}。

三、配位滴定法的应用示例

用 EDTA 标准溶液可以直接滴定许多种金属离子，在医药分析中，广泛应用于 Ca^{2+}、Mg^{2+}、Al^{3+} 和 Bi^{3+} 等无机药物含量的测定。

1. 含钙药物中 Ca^{2+} 含量的测定　含 Ca^{2+} 的药物比较多，如 $CaCl_2$、乳酸钙和葡萄糖酸钙等，药典多采用 EDTA 测定其含量。测定葡萄糖酸钙时，准确称取一定量葡萄糖酸钙试样，加 NH_3-NH_4Cl 缓冲液调节 pH ≈ 10，以铬黑 T 为指示剂，用 EDTA 标准溶液滴定至溶液由红色变为蓝色，即为终点。

2. 水的总硬度测定　水的总硬度是指水中的 Ca^{2+} 和 Mg^{2+} 的总浓度（以 mmol·L^{-1} 表示）。测定时，加入 NH_3-NH_4Cl 缓冲溶液调节 pH ≈ 10，以铬黑 T 为指示剂，用 EDTA 标准溶液进行滴定，当溶液由红色变为蓝色时，即为终点。溶液中的配合物的稳定性顺序为：CaY^{2-}>MgY^{2-}>$MgIn^{-}$>$CaIn^{-}$。

第七节　沉淀滴定法

沉淀滴定法（precipitation titration）是以沉淀反应为定量基础的滴定分析法。目前主要应用于测定能与银生成难溶性银盐的 Cl^-、Br^-、I^-、SCN^- 等离子，以及测定经过处理能够定量释放出上述离子的有机物的含量及 Ag^+ 含量。例如，人体血清中 Cl^- 的测定、饮用水中 Cl^- 的监测及一些药物中卤素的测定就采用沉淀滴定法。因为这些测定是以难溶性银盐的反应为基础的分析方法，故又称为银量法。银量法依其所用的指示剂不同，又可分为不同的方法：

1. 以 $AgNO_3$ 为标准溶液、K_2CrO_4 为指示剂的银量法称为**莫尔法**（Mohr method）。以莫尔法滴定 Cl^- 时，因 25℃时二者的 K_{sp} 分别为 1.8×10^{-10} 和 1.1×10^{-12}，故 AgCl 比 Ag_2CrO_4 具有更小的溶解度。当滴定开始时，Ag^+ 与 Cl^- 首先生成 AgCl 沉淀，至化学计量点时，Cl^- 被定量沉淀完全，接着滴入的过量 Ag^+，立即与 CrO_4^{2-} 结合生成砖红色沉淀 Ag_2CrO_4，指示滴定终点的到达。

2. 以 $AgNO_3$ 为标准溶液、硫酸铁铵［$NH_4Fe(SO_4)_2$］为指示剂的银量法称为**福尔哈德法**（Volhard method）。福尔哈德法适用于在强酸性（0.3mol·L^{-1} 的 HNO_3）条件下测定，以避免指示剂中 Fe^{3+} 发生水解，以及避免能与 Ag^+ 生成沉淀的 PO_4^{3-}、CO_3^{2-}、S^{2-} 等离子对测定的干扰。福尔哈德法分为直接滴定法和返滴定法。

直接滴定法通常用于测定 Ag^+。在 HNO_3 介质中用 KSCN 或 NH_4SCN 标准溶液滴定 Ag^+，当 AgSCN 定量沉淀完全后，过量的 SCN^- 与指示剂中的 Fe^{3+} 形成红色配合物指示终点到达。

返滴定法用于测定卤素离子。在 HNO_3 酸化的含卤素离子的试样中，加入已知过量的 $AgNO_3$ 标准溶液，以 $NH_4Fe(SO_4)_2$ 为指示剂，用 NH_4SCN 标准溶液返滴定过量的 Ag^+，当 AgSCN 定量沉淀完全后，过量的 SCN^- 与指示剂中的 Fe^{3+} 形成红色配合物指示终点到达。

相同温度条件下，由于 K_{sp}(AgSCN) 小于 K_{sp}(AgCl)，因此在用返滴定法测定 Cl^- 时，应在返滴定前滤除沉淀或加入硝基苯等有机溶剂隔离沉淀，以防止 AgCl 转化为 AgSCN。测定 I^- 时，应先加入 $AgNO_3$ 标准溶液，使 AgI 沉淀完全后再加入 $NH_4Fe(SO_4)_2$ 指示剂，以避免 Fe^{3+} 与 I^- 的氧化还原副反应造成测定误差。

3. 以 $AgNO_3$ 为标准溶液、吸附指示剂确定终点的银量法称为**法扬斯法**（Fajans method）。吸附指示剂是一类有机染料，可分为两类：①有机弱酸类，在溶液中可解离出指示剂阴离子，如荧光黄及其衍生物；②有机弱碱类，可解离出指示剂阳离子。现以 $AgNO_3$ 标准溶液滴定 Cl^- 为例来说明法扬斯法滴定原理，此测定可采用荧光黄（HFIn）作指示剂，荧光黄在溶液中可解离出黄绿色的 FIn^-，在化学计量点前，溶液中 Cl^- 过量，AgCl 沉淀吸附 Cl^- 而带上负电荷，FIn^- 不被吸附，呈现出 FIn^- 的黄绿色。计量点后，溶液中有过剩的 Ag^+，此时 AgCl 沉淀吸附 Ag^+ 而带上正电荷，它强烈地吸附带负电荷的 FIn^-，荧光黄阴离子被吸附后，结构发生变化而使颜色转变为粉红色，指示终点到达。

滴定分析法在药品检验及环境监测中的应用

滴定分析法具有快速、简便及较高准确度的特点，因而在应用相当广泛。在药品检验及环境监测中，特别适合于常量物质的分析，如维生素C、阿司匹林等药物的含量测定。随着科技的进步，原来在水溶液中难于测定的物质也可在非水溶液中滴定。此外，离子选择性电极的发展，可以用仪器替代指示剂变色来监控滴定终点到达，如电位滴定、计算机辅助自动滴定等，扩大了可测定的物质种类，降低了检测人员的劳动强度，提高了测定的准确度。

Summary

The choice of laboratory device depends on the test requirements. All measurements contain some uncertainty which is expressed by the number of significant figures. So the answer calculated by data has as many significant figures as in the least certain measurement. Excess digits are rounded off in the final answer. Exact numbers have as many significant figures as the calculation requires.

Titration is a regular method to take a standard solution titrate unknown concentration of solution by the chemical reaction and exact calculation formula in order to test the concentration or moles of it.

Titration is classified into several groups according to the character of chemical reaction between standard solution and solution tested. They are acid-base titration, redox titration, chelatometric titration, precipitation titration and so on.

An indicator such as acid-base indicator, metallochromic indicators is used to properly show the end point of titration which coincides closely with the stoichiometric point of titration. A proper indicator gives so sharp end point as to reduce titration error and to obtain the more accurate results.

Back titration is a process by which the excess reagent is added to the sample solution before and then the rest of the reagent is determined by standard solution. So it is easy to know how much of the reagent reacting to the sample solution.

学科发展与医学应用综述题

医学上，对疾病的治疗常常需要药物的帮助，药物的质量直接关系到治疗的效果，因此，药品质量的检测是药品质量监督的最直接手段，请查阅文献回答：

1. 建立药品质量标准分析方法，需要考查什么因素？
2. 在药品质量标准分析中，为什么常常要用到空白试验和对照试验？

习 题

1. 下列数据，各包括几位有效数字？

(1) 2.0321　　(2) 0.0215　　(3) $pK_{HIn}=6.30$

(4) 0.01%　　(5) 1.0×10^{-5}

2. 分析天平的称量误差为 ±0.0001g，用差减法称取样品时，两次称量的最大误差可达 ±0.0002g，欲使称量的相对误差小于 0.1%，求至少应称取多少样品质量(g)？

3. 甲、乙两操作人员分析同一试样中的含铜量，其结果质量分数(ω)如下：

甲	0.3610	0.3612	0.3603
乙	0.3641	0.3642	0.3643

已知此试样中含铜量的质量分数的真实值为0.3606。试分析甲、乙两人的实验结果准确度及精密度情况。

4. 用邻苯二甲酸氢钾标定NaOH溶液的浓度，若在实验过程中发生下列过失的情况，试说明所测得的每种情况下NaOH溶液浓度是偏大还是偏小。

（1）滴定管中NaOH溶液的初读数应为1.00mL，误记为0.10mL。

（2）称量邻苯二甲酸氢钾的质量应为0.3518g，误记为0.3578g。

5. 某一弱碱型指示剂的$K_{In^-}=1.3\times10^{-5}$，此指示剂的理论变色范围是多少？

6. 称取分析纯Na_2CO_3 1.3350g，配成一级标准物质溶液250.0mL，用来标定近似浓度为0.1mol·L^{-1} HCl溶液，测得此一级标准物质溶液25.00mL恰好与HCl溶液24.50mL反应完全，求HCl溶液的准确浓度。

7. 标定浓度为0.1mol·L^{-1}的NaOH溶液，欲消耗25mL左右的NaOH溶液，应称取一级标准物质草酸（$H_2C_2O_4\cdot2H_2O$）的质量约为多少？能否将称量的相对误差控制在±0.05%范围？若改用邻苯二甲酸氢钾（$KHC_8H_4O_4$），结果又如何？

8. 化学计量点和滴定终点有何不同？在各类酸碱滴定中，计量点、滴定终点和中性点之间的关系如何？

9. 用NaOH溶液滴定某一元弱酸时，已知加入40.00mL NaOH溶液时达到化学计量点，而加入NaOH标准溶液16.00mL时，溶液的pH为6.20。求此弱酸的解离常数。

10. 下列各酸（假设浓度均为0.1000mol·L^{-1}体积为20.00mL），哪些能用0.1000mol·L^{-1} NaOH溶液直接滴定？哪些不能？如能直接滴定，应选用什么指示剂？各有几个滴定突跃？

（1）蚁酸（HCOOH）　$pK_a=3.75$

（2）琥珀酸（$H_2C_4H_4O_4$）　$pK_{a1}=4.16$; $pK_{a2}=5.61$

（3）顺丁烯二酸（$H_2C_4H_2O_4$）　$pK_{a1}=1.83$; $pK_{a2}=6.07$

（4）邻苯二甲酸（$H_2C_8H_4O_4$）　$pK_{a1}=2.943$; $pK_{a2}=5.5432$

（5）硼酸（H_3BO_3）　$pK_{a1}=9.27$

11. 已知柠檬酸[$H_3Cit(H_3OHC_6H_4O_6)$]的三级解离常数分别为$pK_{a1}=3.13$，$pK_{a2}=4.76$，$pK_{a3}=6.40$，浓度为0.1000mol·L^{-1}柠檬酸溶液，用0.1000mol·L^{-1} NaOH标准溶液滴定时，将有几个滴定突跃？应选用什么指示剂？

12. 某试样中含有Na_2CO_3、$NaHCO_3$和不与酸反应的杂质，称取该样品0.6839g溶于水，用0.2000mol·L^{-1}的HCl溶液滴定至酚酞的红色褪去，消耗HCl溶液23.10mL。加入甲基橙指示剂后，继续用HCl标准溶液滴定至由黄色变为橙色，又用去HCl溶液26.81mL。计算样品中两种主要成分的质量分数。

13. 准确称取粗铵盐1.000g，加过量NaOH溶液，将产生的氨经蒸馏吸收于50.00mL 0.2500mol·L^{-1} H_2SO_4溶液中。过量的酸用0.5000mol·L^{-1} NaOH溶液返滴定，用去NaOH溶液1.56mL。计算样品中氨的质量分数。

14. 某试样的质量为0.4750g，用浓H_2SO_4和催化剂消化后，加过量NaOH，将馏出的NH_3吸收于25.00mL HCl溶液中，剩余的HCl用0.078 93mol·L^{-1} NaOH溶液滴定，消耗NaOH溶液13.12mL，若HCl溶液25.00mL恰好与NaOH溶液15.83mL反应完全，试计算试样中氮的含量。

15. 称取0.4122g乙酰水杨酸（$C_9H_8O_4$）样品，加20mL乙醇溶解后，加2滴酚酞指示剂，在不超过10℃的温度下，用0.1032mol·L^{-1} NaOH标准溶液进行滴定。滴至终点时消耗21.08mL NaOH溶液，计算该样品中乙酰水杨酸的质量分数。

16. 准确量取过氧化氢试样溶液25.00mL，置于250mL容量瓶中，加水至刻度，混匀。准确吸出25.00mL，加H_2SO_4酸化，用0.027 32mol·L^{-1} $KMnO_4$标准溶液滴定，消耗35.86mL，计算试样溶液中过氧化氢的质量浓度。

17. 测定血液中 Ca^{2+} 含量时，常将其沉淀为 CaC_2O_4，再将沉淀溶解于硫酸，并用 $KMnO_4$ 标准溶液滴定。设取 5.00mL 血液，稀释至 50.00mL，再取稀释后的血液 10.00mL，经上述处理后用 0.002 00mol·L⁻¹ 的 $KMnO_4$ 标准溶液滴定至终点，消耗 $KMnO_4$ 溶液 1.15mL。求 100.0mL 血液中 Ca^{2+} 的质量(mg)。

18. 称取漂白粉样品 2.622g，加入水及过量的 KI，用适量硫酸酸化，析出的 I_2 立即用 0.1109mol·L⁻¹ $Na_2S_2O_3$ 标准溶液滴定，消耗了 35.58mL。请计算样品中有效成分 $Ca(OCl)_2$ 的质量分数。[$M_{Ca(OCl)_2}=143.0g\cdot mol^{-1}$]

19. 精密称取维生素 C($M_{C_6H_8O_6}=176.12g\cdot mol^{-1}$)试样 0.1988g，加新煮沸过的冷蒸馏水 100.0mL 和稀 HAc 10.0mL，加淀粉指示剂后，用 0.050 00mol·L⁻¹ I_2 的标准溶液滴定，达到终点时用去 22.14mL，求维生素 C 试样的质量分数。

20. 一定质量的 ZnO 与 20.00mL 0.1000mol·L⁻¹ HCl 溶液恰能完全作用，若滴定相同质量的 ZnO，需用 0.050 00mol·L⁻¹ 的 EDTA 标准溶液多少毫升？

21. 称取基准物质 $CaCO_3$ 0.2100g，用 HCl 溶液溶解后，配成 250.0mL 溶液，吸取 25.00mL，在 pH=10 的体系中，以铬黑 T 为指示剂，用 EDTA 标准溶液滴定，消耗 EDTA 标准溶液 20.15mL，求 EDTA 标准溶液的浓度。

22. 取 100.0mL 水样，用缓冲溶液调节溶液至 pH 为 10，以铬黑 T 为指示剂，用 0.010 48mol·L⁻¹ EDTA 标准溶液滴定至终点，共消耗 EDTA 标准溶液 14.20mL；另取 100.0mL 该水样，调节 pH 至 13，使 Mg^{2+} 形成 $Mg(OH)_2$ 沉淀，以紫脲酸胺为指示剂，用上述 EDTA 标准溶液滴定，消耗 EDTA 标准溶液 10.54mL，计算水中 Ca^{2+}、Mg^{2+} 的浓度各为多少？

23. 取医院放射科的含银废液 10.00mL，经 HNO_3 酸化后，以 $NH_4Fe(SO_4)_2$ 为指示剂，用 0.043 82mol·L⁻¹ NH_4SCN 标准溶液滴定，消耗 NH_4SCN 标准溶液 23.48mL，求废液中 Ag^+ 的含量(g·L⁻¹)。

Exercises

1. If you need to do the calculation of (29.837−29.24)/32.065, what would be the correct result of significant figure?

2. Two monoprotic acid, both 0.1000 mol·L⁻¹ in concentration, are titrated with 0.1000 mol·L⁻¹ NaOH. The pH at the stoichiometric point for HX is 8.8 and that for HY is 7.9:

(a) Which is the weaker acid?

(b) Which indicators in the following could be used to titrate each of these acids?

	Methyl orange	Methyl red	Bromthymol blue	Phenolphthalein
pH ranger for color change	3.2～4.4	4.8～6.0	6.0～7.6	8.2～10.0

3. A sample of 0.1276 g of an unknown monoprotic acid, HX, was dissolved in 25.00 mL of water and titrated with 0.0633 mol·L⁻¹ of NaOH solution. The volume of the base required to reach the stoichiometric point is 18.40 mL:

(a) What is the molar mass of the acid?

(b) After adding 10.00 mL of base in the titration, the pH was determined to be 5.87. What is the K_a for the unknown acid?

4. How many grams of $H_2C_2O_4\cdot 2H_2O$ are need to prepare 250.0 mL of a 0.1000 mol·L⁻¹ $C_2O_4^{2-}$ standard solution and 0.10 mol·L⁻¹ H_3O^+ standard solution?

5. A student titrated 25.00 mL of NaOH solution with standard sulfuric acid. It took 13.40 mL of 0.055 50 mol·L⁻¹ H_2SO_4 to neutralize the sodium hydroxide in the solution. What was the molarity of the

NaOH solution? The equation for the reaction is $2NaOH + H_2SO_4 = Na_2SO_4 + 2H_2O$.

6. A freshly prepared solution of sodium hydroxide was standardized with 0.1024 $mol \cdot L^{-1}$ H_2SO_4

(a) If 19.46 mL of the base was neutralized by 21.28 mL of the acid, what was the molarity of the base?

(b) How many grams of NaOH were in each liter of this solution?

7. A 0.5720 g sample of a mixture containing Na_2CO_3, $NaHCO_3$ and inert impurities is titrated with 0.1090 $mol \cdot L^{-1}$HCl, requiring 15.70 mL to reach the phenolphthalein end point and a total of 43.80 mL to reach the methyl orange end point. What is the percentage of each of Na_2CO_3 and $NaHCO_3$ in the mixture? $M(NaHCO_3) = 84.0$, $M(Na_2CO_3) = 106.0$.

（黄燕军）

第十四章　可见-紫外分光光度法

分光光度法（spectrophotometry）是基于物质的分子对光的选择性吸收而建立起来的分析方法，是应用分光光度计测量溶液在某一波长下的吸光度以确定溶液中被测物质含量的分析方法。根据所用光源波长的不同，分光光度法可分为：可见分光光度法（380～760nm）、紫外分光光度法（200～380nm）和红外分光光度法（780～3×10^5nm）。

分光光度法具有灵敏度高、准确度较好、仪器设备要求简单、操作简便、测定速度快等特点，被测物质的最低可测浓度可达 10^{-5}～10^{-6}mol·L^{-1}，测量的相对误差一般为 2%～5%。故特别适用于微量及痕量组分的测定。分光光度法是当前医药、卫生、环保、化工等部门常用的分析方法之一。本章主要介绍可见分光光度法，紫外分光光度法仅作简单的介绍。

第一节　物质的吸收光谱

一、物质对光的选择性吸收

当光照射到某物质或某溶液时，组成物质的分子、原子或离子与光子发生“碰撞”，由于分子、原子或离子的能级是量子化的、不连续的，只有光子的能量（$h\nu$）与被照射物质粒子的基态和激发态能量之差（ΔE）相等时，才能被吸收。光子的能量就转移到分子、原子或离子上，使这些粒子由最低能态（基态）跃迁到较高能态（激发态）

$$M(基态)+h\nu \longrightarrow M^*(激发态)$$

即物质对光的吸收。分子中电子发生跃迁需要的能量在 1.6×10^{-19}～3.2×10^{-18}J，其吸收光的波长范围大部分处于可见和紫外光区域。不同物质的基态和激发态的能量差不同，选择吸收光子的能量也不同，即吸收的波长不同。

单一波长的光称为单色光，由不同波长组成的光称为复色光。白光（如日光或白炽灯光等）是由不同波长组成的复色光，其波长范围为 400～760nm。物质颜色与吸收光颜色的互补关系见表 14-1。

表 14-1　物质颜色与吸收光颜色的关系

物质颜色	吸收光颜色	吸收波长范围 / nm
黄绿	紫	400～425
黄	深蓝	425～450
橙黄	蓝	450～480
橙	绿蓝	480～490
红	蓝绿	490～500
紫红	绿	500～530
紫	黄绿	530～560
深蓝	橙黄	560～600
绿蓝	橙	600～640
蓝绿	红	640～760

在可见光中，紫色光的波长最短、能量最大，红色光的波长最长、能量最小。实验证明，若将两种适当颜色的光按一定强度比例混合可以得到白光，则这两种有色光称为互补色光，如图14-1所示，处于一条直线的两种单色光都是互补色光。如蓝光与黄光互补，紫光与绿光互补等。

图14-1　互补色光示意图

溶液之所以呈现不同的颜色，是与它对光的选择吸收有关。当一束白光通过某一溶液时，若溶液对各种波长的光都不吸收，则溶液为无色透明；若溶液对各种波长的光全部吸收，则溶液呈黑色；若溶液选择吸收某些波长的光而其他波长的光透过溶液，则溶液呈现出透过光的颜色。溶液所呈现的颜色与它吸收的光的颜色互为补色，如高锰酸钾溶液强烈吸收了白光中的绿色光而呈现紫色；硫酸铜溶液强烈吸收了白光中的黄色光而呈现蓝色。因此，有色溶液的颜色实质上是它所选择吸收光的补色，吸收越多，则补色的颜色越深。比较溶液颜色的深度，实质上是比较溶液对光的吸收程度。

问题与思考14-1

吸收光谱有什么实际意义？如何绘制吸收光谱？

二、物质的吸收光谱

溶液对一定波长的光吸收程度，称为**吸光度**（absorbance，A）。任何一种溶液对不同波长的光的吸收程度是不同的。将不同波长的单色光依次通过某一固定浓度的有色溶液，测量吸光度，然后以波长λ为横坐标，吸光度A为纵坐标作图，这样得到的曲线称为**吸收光谱**（absorption spectrum）或**吸收曲线**（absorption curve）。吸收光谱描述了物质对不同波长的光的吸收能力。

图14-2为三（邻二氮菲）合铁（Ⅱ）配离子的吸收光谱。图14-2中的几条曲线分别代表不同质量浓度时的吸收光谱，它们的形状基本相同，其中在某一波长处吸收最大，把吸收光谱中产生最大吸收所对应的波长称为最大吸收波长，用λ_{max}表示。三（邻二氮菲）合铁（Ⅱ）配离子溶液的最大吸波长λ_{max}为508nm，说明溶液最容易吸收波长为508nm的光，故溶液呈现绿色光的互补色光——紫红色。

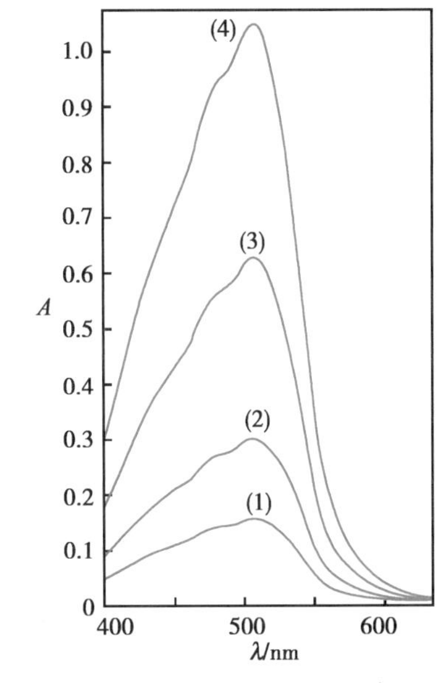

图14-2　三（邻二氮菲）合铁（Ⅱ）离子的吸收光谱图

不同的物质有不同的吸收光谱。根据吸收光谱的特征和最大吸收波长的位置，可以对物质进行初步的定性分析。不同浓度的同一物质在吸收峰附近的吸光度随浓度的增大而增大，因此，选取某一特定波长的光来测定物质的吸光度，根据吸光度的大小可以确定物质的含量。吸收光谱是分光光度分析中选择测定波长的重要依据，由于最大吸收波长显示物质在该波长对光的吸收能力最大，因此，分光光度分析中常选择最大吸收波长为测定波长，以保证具有较高的测定灵敏度。

第二节　分光光度法的基本原理

一、透光率和吸光度

当一束平行单色光照射到一均匀、非散射的有色溶液上时，光的一部分被吸收，一部分透过溶

液，一部分被器皿的表面反射，如图14-3所示。设入射光强度为I_0，吸收光强度为I_a，透射光强度为I_t，反射光强度为I_r，则

$$I_0 = I_a + I_t + I_r \quad (14\text{-}1)$$

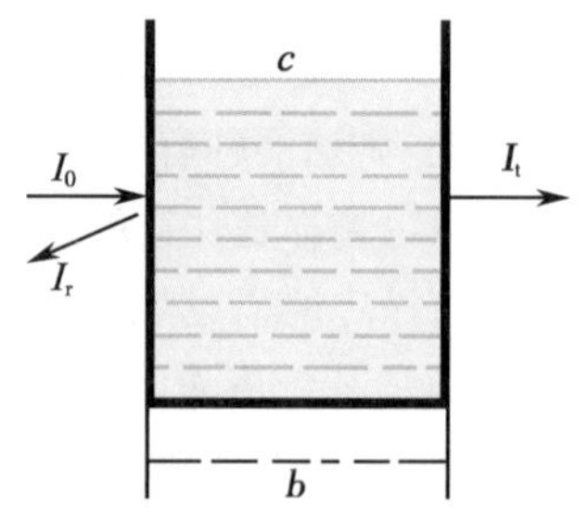

图14-3　光通过溶液的情况

在分光光度法中，通常将被测溶液和参比溶液分别置于两个同样材质和厚度相同的吸收池中，让强度为I_0的单色光分别通过两个吸收池，再测量透射光的强度，由于反射光强度基本相同，它的影响可以相互抵消，因此式(14-1)可简化为

$$I_0 = I_a + I_t \quad (14\text{-}2)$$

由式(14-2)可以看出，溶液透射光的强度I_t越大，则溶液对入射光的吸收强度I_a就越小。透射光的强度I_t与入射光强度I_0之比称为**透光率**(transmittance)，用T表示

$$T = \frac{I_t}{I_0} \quad (14\text{-}3)$$

透光率的负对数称为吸光度，用符号A表示。A愈大，溶液对光的吸收愈强。

$$A = -\lg T = \lg \frac{I_0}{I_t} \quad (14\text{-}4)$$

二、Lambert-Beer定律

问题与思考14-2

摩尔吸光系数ε在分光光度法中有什么意义？如何求出ε值？ε值受到哪些因素的影响？

溶液对光的吸收除与溶液本性有关外，还与入射光波长、溶液浓度、液层厚度及温度等因素有关。Lambert和Beer分别于1760年和1852年研究得出了吸光度与液层厚度和溶液浓度之间的定量关系。

Lambert的研究表明，当一适当波长的单色光通过一固定浓度的溶液时，其吸光度A与光通过的液层厚度成正比，这个关系称为Lambert定律，可表示为

$$A = k_1 b \quad (14\text{-}5)$$

式(14-5)中，b称光程长度，实为液层厚度；k_1为比例系数，Lambert定律对所有的均匀介质都是适用的。

Beer的研究表明，当一适当波长的单色光通过溶液时，若液层厚度一定，则吸光度A与溶液浓度成正比，这个关系称为Beer定律，可表示为

$$A = k_2 c \quad (14\text{-}6)$$

式(14-6)中，c为物质的量浓度(或质量浓度)，k_2为比例系数。

将式(14-5)和式(14-6)合并为

$$A = \varepsilon b c \quad (14\text{-}7)$$

式(14-7)中，b的单位为cm；c为物质的量浓度($mol \cdot L^{-1}$)；ε为**摩尔吸光系数**(molar absorptivity)，单位为$L \cdot mol^{-1} \cdot cm^{-1}$。

若用质量浓度ρ($g \cdot L^{-1}$)代替物质的量浓度c，则式(14-7)又可表示为

$$A = a b \rho \quad (14\text{-}8)$$

式(14-8)中，a为**质量吸光系数**(percentange absorptivity)，单位为$L \cdot g^{-1} \cdot cm^{-1}$。

式(14-7)和式(14-8)称为Lambert-Beer定律，它是均匀、非散射介质对光吸收的基本定律，是分光光度法进行定量分析的基础。式中的吸光系数ε和a与被测物质性质、入射光波长、溶剂及温度有关。

a和ε可通过下式相互换算

$$\varepsilon = aM_B \tag{14-9}$$

式(14-9)中，M_B 表示被测物质的摩尔质量。

医药学上还常用**比吸光系数**(specific extinction coefficient)来代替摩尔吸光系数。比吸光系数指100mL 溶液中含被测物质 1g，液层厚度 b 为 1cm 时的吸光度值，用$E_{1cm}^{1\%}$表示，它与 ε 和 a 的关系分别为

$$E_{1cm}^{1\%} = \frac{\varepsilon \times 10}{M_B} \tag{14-10}$$

$$a = 0.1E_{1cm}^{1\%} \tag{14-11}$$

由 Lambert-Beer 定律可知，吸光度 A 与溶液浓度 c 或液层厚度 b 之间为正比关系，而透光率 T 与溶液浓度 c 或液层厚度 b 之间为指数函数关系

$$-\lg T = \varepsilon bc$$

$$T = 10^{-\varepsilon bc} \tag{14-12}$$

应用 Lambert-Beer 定律时，需注意以下几点：

1. Lambert-Beer 定律仅适用于单色光。入射光的波长范围越宽，则测定结果越容易偏离 Lambert-Beer 定律。它不仅适用于可见分光光度法，也适用于紫外分光光度法。

2. 如果溶液中同时存在两种或两种以上对光有吸收的物质，在同一波长下只要共存物质不互相影响，即不因共存物的存在而改变本身的吸光系数，则吸光度等于各共存物吸光度总和，即

$$A = A_a + A_b + A_c + \cdots\cdots \tag{14-13}$$

式(14-13)中，A 为总吸光度，A_a、A_b、A_c……为溶液中共存物质各组分 a、b、c……等的吸光度。吸光度的这种加和性是分光光度法中分析测定混合物中各组分的基础。

3. 入射光波长不同时，吸光系数 ε(或 a)也不同。吸光系数越大，溶液对入射光的吸收就越强，测定的灵敏度就越高。

4. 分光光度法仅适用于微量组分的测定。溶液浓度太高，结果将偏离 Lambert-Beer 定律。

例 14-1 已知某化合物的相对分子质量为 251，将此化合物用乙醇作溶剂配成浓度为 0.150mmol·L^{-1} 的溶液，在 480nm 波长处用 2.00cm 吸收池测得透光率为 39.8%，求该化合物在上述条件下的摩尔吸光系数 ε 及质量吸光系数 a。

解 由 Lambert-Beer 定律可得 $\varepsilon = \dfrac{A}{cb} = \dfrac{-\lg T}{cb}$

已知 $c = 0.150 \times 10^{-3}$mol·L^{-1}，$b = 2.00$cm，$T = 0.398$ 代入

$$\varepsilon_{(480\text{nm})} = \frac{A}{cb} = \frac{-\lg 0.398}{1.50 \times 10^{-4}\text{mol} \cdot \text{L}^{-1} \times 2.00\text{cm}} = 1.33 \times 10^3 \text{L} \cdot \text{mol}^{-1} \cdot \text{cm}^{-1}$$

由式(14-9)得

$$a_{(480\text{nm})} = \varepsilon_{(480\text{nm})} \times \frac{1}{M_B} = \frac{1.33 \times 10^3 \text{L} \cdot \text{mol}^{-1} \cdot \text{cm}^{-1}}{251\text{g} \cdot \text{mol}^{-1}} = 5.30\text{L} \cdot \text{g}^{-1} \cdot \text{cm}^{-1}$$

例 14-2 测试酶与腺苷酸(AMP)体系的吸光度如下：

$$A_{(280\text{nm})} = 0.46,\ A_{(260\text{nm})} = 0.58$$

试计算每一组分的浓度。

已知：酶的 $\varepsilon_{(280\text{nm})} = 2.96 \times 10^4$L·mol^{-1}·cm^{-1} $\varepsilon_{(260\text{nm})} = 1.52 \times 10^4$L·mol^{-1}·cm^{-1}

AMP 的 $\varepsilon_{(280\text{nm})} = 2.4 \times 10^3$L·mol^{-1}·cm^{-1} $\varepsilon_{(260\text{nm})} = 1.5 \times 10^4$L·mol^{-1}·cm^{-1}

吸收池厚度为 1.00cm。

解 设酶和 AMP 的浓度分别为 y 和 z，因吸收光的加和性

λ 为 260nm $0.58 = 1.52 \times 10^4\text{L} \cdot \text{mol}^{-1} \cdot \text{cm}^{-1} \times 1.00\text{cm} \cdot y + 1.5 \times 10^4\text{L} \cdot \text{mol}^{-1} \cdot \text{cm}^{-1} \times 1.00\text{cm} \cdot z$

λ 为 280nm $0.46 = 2.96 \times 10^4\text{L} \cdot \text{mol}^{-1} \cdot \text{cm}^{-1} \times 1.00\text{cm} \cdot y + 2.4 \times 10^3\text{L} \cdot \text{mol}^{-1} \cdot \text{cm}^{-1} \times 1.00\text{cm} \cdot z$

解方程得　　$y=1.4\times10^{-5}\text{mol}\cdot\text{L}^{-1}$　$z=2.5\times10^{-5}\text{mol}\cdot\text{L}^{-1}$

即酶的浓度为 $1.4\times10^{-5}\text{mol}\cdot\text{L}^{-1}$，AMP 的浓度为 $2.5\times10^{-5}\text{mol}\cdot\text{L}^{-1}$。

第三节　提高测量灵敏度和准确度的方法

一、分光光度法的误差

根据 Beer 定律，标准曲线应该是一条直线。但在实际工作中，特别是有色溶液浓度较高时，经常出现标准曲线发生弯曲的现象，这种现象称为偏离 Beer 定律。若偏离较严重，应用此标准曲线进行测定会引起较大的误差。偏离 Beer 定律的原因很多，归纳起来主要由仪器、溶液本身和主观因素引起。

> **问题与思考 14-3**
> 为了提高测量结果准确度，应该从哪些方面选择或控制实验条件？

（一）仪器测定误差

仪器测定误差是由光电管的灵敏性差、光电流测量不准、光源不稳定及读数不准等因素引起的。它使所测透光率 T 与真实值相差 ΔT，从而引起浓度误差 Δc。由 Beer 定律可推导得出浓度的相对误差与溶液透光率的关系式为

$$\frac{\Delta c}{c}=\frac{0.434\Delta T}{T\lg T} \tag{14-14}$$

分光光度计的透光率测量误差 ΔT 一般为 $\pm0.02\sim\pm0.01$。若 $\Delta T=0.01$，则将不同的 T 值代入式（14-14），可得到相应的浓度相对误差$\frac{\Delta c}{c}$。以 $T\times100$ 为横坐标，$\frac{\Delta c}{c}$为纵坐标作图，得如图 14-4 所示的曲线。

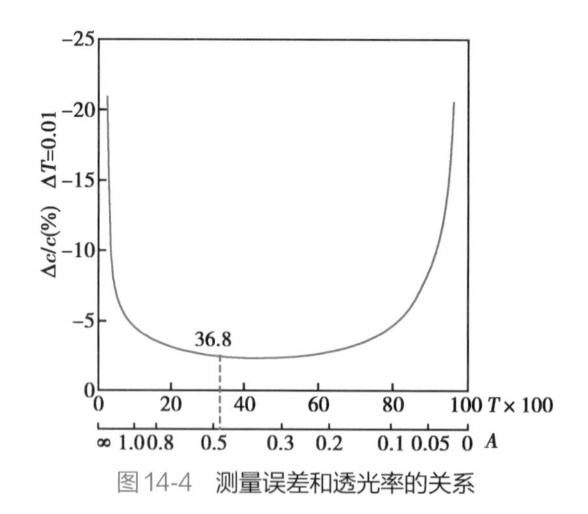

图 14-4　测量误差和透光率的关系

由图 14-4 可见，溶液透光率很大或很小时，所产生的浓度相对误差都较大，只有在中间一段（A 为 0.2～0.7）时，所产生的浓度相对误差较小，溶液透光率为 36.8%（$A=0.434$）时所产生的浓度相对误差最小。测定时，可调整溶液浓度或液层厚度，使透光率控制在 20%～65%，即吸光度在 0.2～0.7，以获取较准确的测定结果。

（二）溶液偏离 Beer 定律引起的误差

溶液偏离 Beer 定律时，A-c 曲线的线性较差，常出现弯曲。产生这种情况的主要原因有化学方面和光学方面的因素。

1. **化学因素**　溶液中吸光物质不稳定，因浓度改变而发生解离、缔合、溶剂化等现象致使溶液的吸光度改变。

2. **光学因素**　Beer 定律仅适用于单色光，而实际上经分光光度计的单色器得到的是一个狭小波长范围的复色光，由于物质对各波长的光的吸收能力不同，便可引起溶液对 Beer 定律的偏离，吸光系数差值愈大，偏离愈多，如图 14-5 所示。

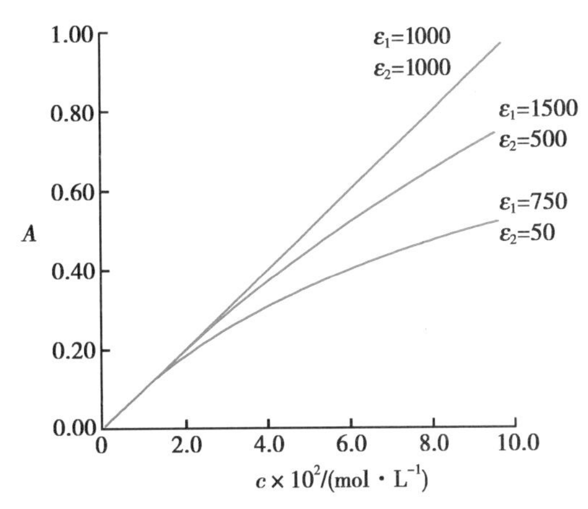

图 14-5　两种不同吸光系数的混合光对 Beer 定律的偏离

（三）主观误差

由于操作不当引起的误差称为主观误差。对标准溶液和试样溶液的处理没有按相同的条件和步骤进行，如显色剂用量、放置时间、反应温度等不同引起的误差。为尽可能减少这类误差，应严格按操作步骤仔细进行操作。

二、提高测量灵敏度和准确度的方法

（一）选择适当的显色剂

许多物质本身无色或颜色不明显，不能直接用可见分光光度法进行测定。测定时，首先要将试样中的待测组分通过化学反应转变为有色物质，这类化学反应称为显色反应。显色反应中所加入的试剂称为显色剂，通常应用最多的显色反应是形成稳定的、具有特征颜色的螯合反应，应用最多的显色剂是有机显色剂。

在分析时，应选择适当的显色反应，通常应考虑以下因素：

1. 灵敏度高　显色剂能与待测试样生成 ε 较大的有色物质，一般 ε 值应达到 10^4～10^5。

2. 选择性好　显色剂仅与一个组分或少数几个组分发生显色反应。在实际分析应用中，常选择仅与被测组分显色而不与其他物质显色的反应。显色剂的颜色应与显色反应产物的颜色有较大的差异，以避免显色剂本身对测定产生干扰。

3. 显色剂在测定波长处无明显吸收。

4. 反应生成的有色化合物组成恒定。

（二）选择合适的测定条件

为获得较高的灵敏度和准确度，除选择和控制适当的显色条件外，还必须选择和控制适当的吸光度测定条件。

1. **入射光波长的选择**　入射光波长应根据吸收光谱选择。溶液中无干扰物质存在时，通常选择波长为 λ_{max} 的光作入射光，因在该波长处溶液的吸光系数最大，测定的灵敏度最高。如图 14-6 所示，在 λ_{max} 附近的波长范围内，曲线较为平坦，吸光系数变化小，对 Beer 定律的偏离程度比较小，选用波长为 λ_{max} 的“单色光”a 时，吸光度与浓度成直线关系。若选用“单色光”b 时，在吸收光谱的陡峭部分的吸光系数变化大，对 Beer 定律的偏离程度就比较大，造成较大的负偏差。吸光度与浓度 c 不成线性关系。

2. **显色剂的用量**　常用的显色反应是配位显色反应。从化学平衡的角度考虑，为了保证待测组分尽可能完全地转化成有色化合物，一般加入过量的显色剂。但显色剂的用量并不是越多越好，对于有些显色反应，显色剂用量太大会引起副反应，有的甚至可能改变化合物的组成，使溶液颜色发生变化，对测定不利。显色剂用量是通过实验确定的，固定被测组分浓度和其他反应条件，改变显色剂用量测定相应的吸光度，测定并绘制吸光度与显色剂用量的曲线，如图 14-7 所示。显色剂用量在 a～b 的吸光度为一恒定值，可在此范围内确定显色剂的合适用量。

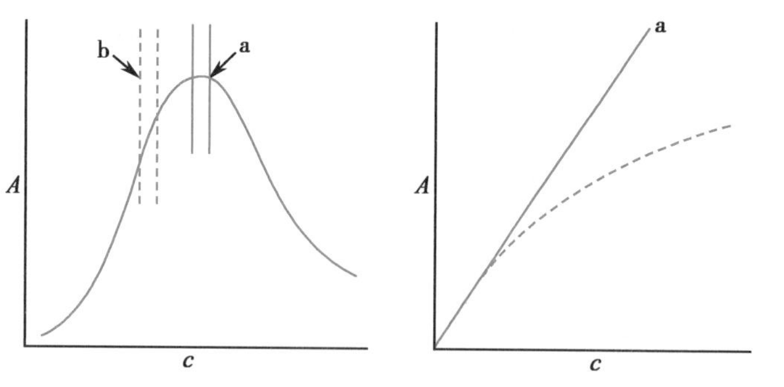

图 14-6　入射光的选择与 Beer 定律的关系

图 14-7　吸光度与显色剂用量的关系

3. 溶液的酸度　显色剂多为有机弱酸（以 HL 表示），酸度的改变会影响显色剂的平衡浓度，在配位反应中产生酸效应，进而直接影响显色反应进行的程度。

$$HL \rightleftharpoons H^+ + L^-$$

$$M^{n+} + nL^- \rightleftharpoons ML_n（有色物）$$

上式中 M^{n+} 为被测物离子。酸度愈低，愈有利于显色反应的进行，使有色物浓度增大，但有时酸度过低会导致金属氢氧化物沉淀的形成。如磺基水杨酸的阴离子 Sal^{2-} 与 Fe^{3+} 在不同酸度条件下，可形成配合比为 1∶1、1∶2、1∶3 的三种不同颜色的配合物。

pH	配合物	颜色
1.8～2.5	$[Fe(Sal)]^+$	紫红
4～8	$[Fe(Sal)_2]^-$	橙色
8～11	$[Fe(Sal)_3]^{3-}$	黄色
>12	$Fe(OH)_3\downarrow$	

显色反应的适宜酸度也是通过实验确定。首先固定溶液中待测组分和显色剂的浓度，然后改变溶液的 pH，测定溶液体系的吸光度，作吸光度 *A*-pH 曲线，根据吸光度 *A*-pH 曲线确定最适宜的 pH 范围。

4. 显色温度　显色反应一般在室温下进行，有时为了加速反应，需要加热。但有些有色化合物在温度较高时易分解，因此，对不同的显色反应应通过实验作吸光度 *A*-*T* 曲线，从曲线上找出适宜的显色反应温度。

5. 显色时间　显色反应的速率有快有慢，溶液颜色达到稳定所需的时间有长有短；另外，某些有色化合物在空气中易氧化分解或发生光化学反应。因此，必须通过实验作一定温度（显色温度 *t*）下的吸光度 *A*-*t* 曲线，找出适宜的显色反应时间。

（三）空白溶液的选择

在测定溶液吸光度时，为了消除溶剂或其他物质对入射光的吸收，以及光在溶液中的散射和吸收池界面对光的反射等与被测物吸收无关因素的影响，必须采用空白溶液（又称参比溶液）作对照。常用的空白溶液有下列 3 种。

1. 溶剂空白　当显色剂及制备试液的其他试剂均无色，且溶液中除被测物外无其他有色物质干扰时，可用溶剂作空白溶液，这种空白溶液称为溶剂空白。

2. 试剂空白　若显色剂有色，试样溶液在测定条件下无吸收或吸收很小时，可用试剂空白进行校正。所谓试剂空白，系按显色反应相同的条件加入各种试剂和溶剂（不加试样溶液）后所得溶液，相当于标准曲线法中浓度为“0”的标准溶液。

3. 试样空白　当试样基体有色（如试样溶液中混有其他有色离子），但显色剂无色，且不与试样中被测成分以外的其他成分显色时，可用试样空白校正。所谓试样空白，系不加显色剂但按显色反应相同条件进行操作的试样溶液。

（四）共存离子的干扰及其消除

分光光度分析中，往往有其他一些共存离子，它们或者有颜色，或是与显色剂反应形成有色物质

干扰测定。常用的消除方法有：

1. 控制显色反应的酸度，使显色剂仅与被测物质起反应，利用控制酸度的方法提高反应的选择性。

2. 加入掩蔽剂，使其与干扰离子生成更稳定的无色配合物，而与被测物质和显色剂不发生反应。

3. 分离干扰离子，在测定前预先通过离子交换、沉淀分离或溶剂萃取等方法来消除干扰。

第四节　可见分光光度法

一、分光光度计

分光光度法是借助**分光光度计**（spectrophotometer）测定溶液对某一单色光的吸收程度从而测定该溶液浓度的定量分析方法。分光光度计的基本部件及相互间的关系用方框图表示如下：

1. 光源（light source）　可见分光光度计一般采用钨灯作光源。钨灯可发出 320～3200nm 的连续光谱，波长覆盖较宽，最适宜的波长范围为 360～1000nm。

2. 单色器（monochromator）　单色器是由棱镜或光栅等色散元件及狭缝和准直镜等组成，其作用是将光源发出的连续光谱分解成按波长顺序排列的单色光。

目前的分光光度计大多使用光栅作为色散元件，特点是工作波段范围宽，适用性强，对各种波长色散率几乎一致。

3. 吸收池（absorption cell）　用于盛放溶液的容器称为吸收池。可见分光光度计中的吸收池用光学玻璃制成。在测定中同时配套使用的吸收池应相互匹配，即有相同的厚度和相同的透光性。一般有液层厚度为 0.5cm、1cm、2cm 等的吸收池供选用，常使用厚度为 1cm 的吸收池。

4. 检测器（detector）　检测器的功能是将入射光透过被测溶液以后所剩的光强度转换成电讯号。常用的光电转换元件为光电管和光电倍增管。光电管是用一个阳极和一个对光敏感材料制成的阴极所组成的真空二极管，当光照射到阴极时，表面金属发射电子，流向电势较高的阳极而产生电流。光愈强，阴极表面发射的电子愈多，产生的光电流也愈大。光电倍增管比光电管更灵敏，而且本身有放大作用，现在的分光光度计多采用光电倍增管作检测器。

5. 指示器（indicator）　指示器一般有微安电表、记录器、数字显示和打印等装置，可以与计算机相连，操作条件和吸收光谱及各项数据均能在屏幕上显示，并对数据作处理、记录，使测定更方便和准确。

二、定量分析方法

分光光度法常用的定量分析方法有标准曲线法和标准比较法。

（一）标准曲线法

标准曲线法是分光光度法中最为常用的方法。其方法是：取标准品配成一系列已知浓度的标准溶液，在选定波长处（通常为 λ_{max}），用同样厚度的吸收池分别测定其吸光度，以吸光度为纵坐标，标准溶液浓度为横坐标作图，得一通过坐标原点的直线——**标准曲线**（standard curve），又称工作曲线。然后将试样按标准溶液配制的相同条件配制成待测溶液，置于吸收池中，在相同测定条件下，测量其吸光度，根据吸光度即可在标准曲线上获得其对应的含量。该方法对于经常性批量测定十分方便，采用此法时，应注意使标准溶液与被测溶液在相同条件下进行测量，且溶液的浓度应在标准曲线的线性范围内。图 14-8 所示为维生素 B_{12} 溶液测定的标准曲线。

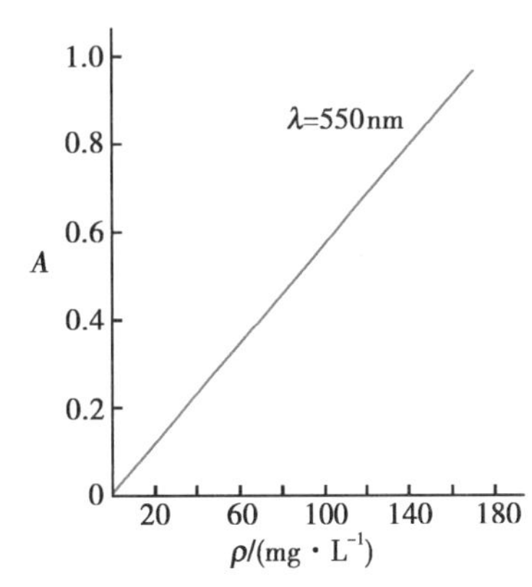

图 14-8　维生素 B_{12} 的标准曲线

（二）标准比较法

先配制一个与被测溶液浓度相近的标准溶液（其浓度用 c_s 表示），在 λ_{max} 处测出吸光度 A_s，在相同条件下测出试样溶液的吸光度 A_x，则试样溶液浓度 c_x 可按下式求得

$$c_x = \frac{A_x}{A_s} \times c_s \tag{14-15}$$

此方法适用于非经常性的分析工作。标准比较法简单方便，但标准溶液与被测试样的浓度必须相近，否则误差较大。

（三）在临床检验中的应用

1. 血清铁的测定 铁是人体必需的微量元素之一，贫血、失血、营养缺乏、感染等疾病血清铁降低；肝脏疾病、造血不良等疾病血清铁增加。在酸性条件下与转铁蛋白结合的铁被离解为铁离子，加入还原剂抗坏血酸或盐酸羟胺使 Fe^{3+} 还原为 Fe^{2+}，Fe^{2+} 与亚铁嗪反应形成深紫色配合物，在波长 578nm 处有吸收峰，其吸光度与血清铁浓度成正比例，可求得血清铁的含量。

2. 血清白蛋白含量测定 在体液中人血清白蛋白可以运输脂肪酸、胆色素、氨基酸、类固醇激素等，同时维持血液正常的渗透压。在临床上可用于治疗休克与烧伤，补充因手术、意外事故或大出血所致的血液丢失，也可以作为血浆增溶剂。血清白蛋白在 pH 4.2 的缓冲溶液中带正电荷，与带负电荷染料溴甲酚绿结合形成蓝绿色配合物，在波长 630nm 处有吸收峰，其吸光度与白蛋白浓度成正比，与同样处理的白蛋白标准溶液比较可求得血清中白蛋白含量。

第五节 紫外分光光度法简介

可见分光光度法测定对象为有色溶液或能与显色剂作用而生成有色物质的溶液，测定的波长范围为 380～760nm。而许多物质在可见光区无明显吸收，而在近紫外区（200～380nm）却有特征吸收，对这些物质可采用紫外光作光源的分光光度法进行测定。一般能作紫外分光光度法测定的仪器，也能作可见分光光度法测定，它的精密度要比单纯的可见分光光度计高，不仅可作定量测定，还可作物质的定性分析、纯度鉴定、某些物理化学常数的测定及与其他分析方法配合，用以推断有机化合物的分子结构。

一、紫外分光光度计的类型

紫外分光光度计的型号很多，按光学系统可分为单波长分光光度计和双波长分光光度计，单波长分光光度计又可分为单光束分光光度计和双光束分光光度计两类。

（一）单波长单光束分光光度计

单波长单光束分光光度计，是用钨灯和氢灯作光源，从光源到检测器只有一束单色光，用光栅作色散元件，波长范围一般在 200～800nm，此类仪器结构较简单，价格低廉、操作方便。光学系统如图 14-9 所示。

光源有氢灯和钨灯各 1 只，可按需要转换。钨灯适用于可见分光光度法测定，氢灯可用于 200～400nm 波长范围的紫外分光光度法测定。光源发出的光经聚光镜，通过狭缝至反射镜，反射到准直镜，经光栅色散后再至准直镜，聚焦至出光狭缝，经聚光镜后通过吸收池，透射光进入蓝敏光电管（200～625nm）或红敏光电管（625～1000nm）。被测液的透光率和吸光度可直接读出。

紫外光不能透过玻璃，故在紫外分光光度计中透镜、氢灯和光电管及吸收池等均需用紫外光易透过的石英制造。

（二）单波长双光束分光光度计

双光束的光路原理是从单色器发出的单色光，用一个旋转的扇面镜将它分成交替的两束单色光，分别通过参比池和样品池后用一个同步的扇面镜将两束透过光交替地照射到光电倍增管，使光

电倍增管产生一个交变的脉冲信号，经过比较放大后，由显示器显示出透光率、吸光度、浓度，或进行波长扫描，记录吸收光谱。

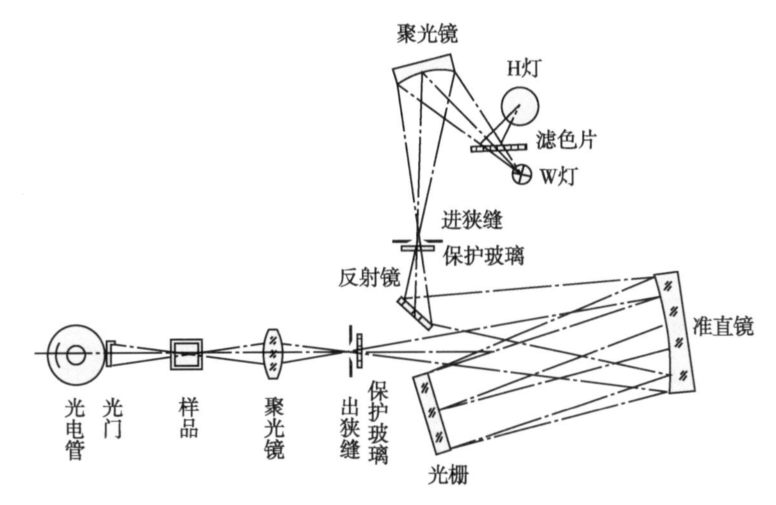

图14-9　单光束分光光度计的光学系统示意图

（三）双波长分光光度计

双波长分光光度计的光路原理是从同一光源发出的光分成两束，分别经过两个单色器后，产生波长不同（λ_1 和 λ_2）的两束光交替照射同一样品池，最后得到试液对不同波长的吸光度差值（$\Delta A=A_2-A_1$）。由于不需要参比池，故可以减免由于吸收池不匹配，参比溶液与试样溶液折射率和散射作用的不同引起的误差，具有存在背景干扰或共存组分吸收干扰的情况下，可对被测组分进行定量测定的优点。

二、紫外分光光度法的应用

（一）定性鉴别

多数化合物都有其特征光谱，如吸收峰的位置、形状、数目、强度和相应的吸光系数等。将样品的吸收光谱与标准品的吸收光谱或文献所载的图形进行比较，若两者完全相同，则可能为同一种化合物。如两者有明显差别，肯定不是同一种物质。通常可比较 λ_{max}、$\varepsilon(\lambda_{max})$ 或 $a(\lambda_{max})$，以及吸光度比值等进行鉴别。

1. 比较 λ_{max}、$\varepsilon(\lambda_{max})$ 或 $a(\lambda_{max})$　由于分子主要官能团相同的两种物质可产生相类似的吸收光谱，如醋酸可的松与醋酸泼尼松有几乎完全相同的 λ_{max}，在无水乙醇中均为（238 ±1）nm，因此单凭 λ_{max} 无法鉴别，可进一步比较吸光系数，醋酸可的松的 a（238nm）= 39.0L·g^{-1}·cm^{-1}，而醋酸泼尼松的 a（238nm）= 38.5L·g^{-1}·cm^{-1}。以此可区别。

2. 比较吸光度（或吸光系数的比值）　当物质的紫外光谱有 2 个以上吸收峰时，可根据不同吸收峰处的吸光度比值作鉴别。如《中华人民共和国药典》（2015 年版）规定维生素 B_{12} 在 278 nm、361 nm 及 550nm 波长处有 3 个吸收峰，其吸光度比值应为

$$\frac{A_{361}}{A_{278}}=1.70\sim1.88 \qquad \frac{A_{361}}{A_{550}}=3.15\sim3.45$$

（二）定量测定

在近紫外区，光的吸收仍符合 Lambert-Beer 定律，其定量测定方法与可见分光光度法相同，可见-紫外分光光度计比一般的可见分光光度计精密度更高，常用比较法进行定量测定，也可按文献所载的质量吸光系数或摩尔吸光系数进行直接测定，也可以通过测定分解产物的吸光度间接测定药物的含量。例如，利血生是广泛应用于防治各种原因引起的白细胞减少、再生障碍性贫血、癌症患者放

疗和化疗后理想的促进白细胞增生的药物。利血生在强碱性介质中的分解产物 α- 甲酰基 - 苯乙酸乙酯在 300nm 处有最大吸收，通过测定分解产物的吸光度可以间接测定利血生的含量。

例 14-3　已知维生素 B_{12} 的 $a(361\text{nm})=20.7\text{L}\cdot\text{g}^{-1}\cdot\text{cm}^{-1}$。精密称取样品 30.0mg，加水溶解后稀释至 1000mL，在波长 361nm 处用 1.00cm 吸收池测得样品的吸光度为 0.618，计算样品溶液中维生素 B_{12} 的质量分数。

解　所测样品溶液中维生素 B_{12} 的质量浓度

$$\rho_{测}=\frac{A}{ab}=\frac{0.618}{20.7\text{L}\cdot\text{g}^{-1}\cdot\text{cm}^{-1}\times1.00\text{cm}}$$

所配制样品溶液的质量浓度 $\rho_{样}$ 为 $30.0\text{mg}\cdot\text{L}^{-1}$，即 $0.0300\text{g}\cdot\text{L}^{-1}$，故其质量分数为

$$\omega(\text{VB}_{12})=\frac{\rho_{测}}{\rho_{样}}=\frac{0.618}{20.7\text{L}\cdot\text{g}^{-1}\cdot\text{cm}^{-1}\times1.00\text{cm}\times0.0300\text{g}\cdot\text{L}^{-1}}=0.997$$

（三）有机化合物的结构分析

紫外光谱是由物质分子中生色基团和助色基团引起的，它不能反映整个物质分子的特征，但对分析化合物中的共轭结构和芳环结构是有价值的。根据紫外吸收峰的强弱、数目可预测化合物中可能存在的取代基的位置、种类和数目等。如化合物在 200～800nm 范围内无吸收，则不含直链共轭体系或环状共轭体系；在 210～250nm 有吸收，可能含有两个共轭单位；250～300nm 有弱吸收表示羰基存在等。又如水合氯醛（由三氯乙醛溶于水而得）的结构可推测如下：

将三氯乙醛溶于己烷，测定吸收光谱，发现最大吸收波长为 290nm，摩尔吸光系数 $\varepsilon(290\text{nm})=33\text{L}\cdot\text{mol}^{-1}\cdot\text{cm}^{-1}$，这与羰基在 250～300nm 处有弱吸收特征相符，说明三氯乙醛在己烷中的结构仍为 CCl_3CHO。但三氯乙醛的水溶液（水合氯醛）在 290nm 处无吸收，由此可推测水中的三氯乙醛已无羰基，而是将水分子加到羰基上，形成了水合氯醛的新结构。即

$$CCl_3C(OH)_2H$$

利用紫外吸收光谱还可以推测异构体的结构。例如，松香酸（Ⅰ）和左旋松香酸（Ⅱ）其 λ_{max} 分别为 238nm 和 273nm，相应的 ε 值分别为 $15\,100\text{L}\cdot\text{mol}^{-1}\cdot\text{cm}^{-1}$ 和 $7100\text{L}\cdot\text{mol}^{-1}\cdot\text{cm}^{-1}$。

H_3C　COOH　　　　　H_3C　COOH

（Ⅰ）　　　　　（Ⅱ）

分光光度法在测定自由基的应用

自由基是引起人类衰老和许多疾病的重要因素，如癌症、多发性硬化症、帕金森病、免疫系统疾病等。人体内活性最强的自由基是羟氧自由基（$\cdot OH^-$），其消除率是反映药物抗氧作用的重要指标。由于羟氧自由基（$\cdot OH^-$）的反应活性大、寿命短、存在浓度低，因此在有关羟氧自由基（$\cdot OH^-$）的研究中，其分析测试方法就显得特别重要。分光光度法测定羟氧自由基是利用 $\cdot OH^-$ 容易攻击芳环化合物而产生羟基化合物的特点，在体系中加入一些探针性物质，利用生成物的量，即体系反应颜色的变化来间接测定 $\cdot OH^-$ 的含量。

二甲基亚砜法　二甲基亚砜在芬顿反应（Fenton reaction）中作为羟氧自由基探针，使 $\cdot OH^-$ 转化为甲基亚磺酸，甲基亚磺酸能以稳定的状态存在。由于被测溶液在反应前的甲基亚磺酸含量为零，故生成的甲基亚磺酸与羟氧自由基含量有一定的关系。

茜素紫法 $Co^{2+}+H_2O_2$反应生成羟氧自由基，茜素紫与•OH^-发生氧化还原反应后，可以使茜素紫颜色淡化甚至褪去，吸光度值逐渐减小。加入清除剂后，吸光度值下降的速率变小，利用这一特性可间接测定•OH^-清除剂的清除作用。

水杨酸法 水杨酸和羟氧自由基反应产物是2，3-二羟基苯甲酸和2，5-二羟基苯甲酸，2，3-二羟基苯甲酸的生成量与•OH^-反应的自由基的量成1∶1的关系，从而达到间接测定自由基的目的。

Summary

Spectrophotometry is a frequently used qualitative and quantitative analytical method based on the light absorption properties of a given substance and light absorption law. When a beam of light with energy, $h\nu$, passes through a solution, substance in solution will absorb the light because the energy difference between the ground and an excited state of substance is just equal to the energy of light. This energy gap varies in discrete substances with their varied electronic structures. Thus, a specific substance absorbs a specific wavelength of light, which is referred to its light selectivity to light. If wavelength of absorbed light is in visible region (380-780 nm), substance displays its complementary color.

Lambert-Beer law is the foundation of a spectrophotometric method of analysis. $A=\varepsilon bc$, where c is molar concentration of the substance and ε is the extinction coefficient. Or $A=ab\rho$, where ρ is mass concentration, a and ε are related by equation $\varepsilon=aM_B$, M_B is molar mass.

There are two main kinds of spectrophotometers. Visible absorption spectrophotometer utilizes visible light source such as a tungsten lamp, while ultraviolet (UV) absorption spectrophotometer uses light source at wavelength 200-380 nm, commonly from a halogen lamp. There are many ways to quantitatively determine the concentration of a solution. Calibration curve, standard comparison, extinction coefficient comparison and differential absorption methods are commonly encountered.

To increase the sensitivity and precision of a measurement, it is important to take the following aspects into account:

1. To select a suitable wavelength (usually at λ_{max}).
2. To ensure the absorbance to be within the range of 0.2～0.7.
3. To select a proper chromogenic reagent.
4. To control proper test conditions.

学科发展与医学应用综述题

铜是人体必需的微量元素之一，是许多酶的重要组成成分，在中枢神经系统中具有重要作用，铜可以和蛋白质结合形成铜蛋白，具有保护细胞的功能。试通过查阅文献用分光光度法建立血清铜的测定方法。

习　题

1. 与化学分析法相比，分光光度法的主要特点是什么？

2. 什么是质量吸光系数？什么是摩尔吸光系数？两者关系如何？分光光度法测定中为什么要选用波长为λ_{max}的单色光作入射光？

3. 什么是吸收光谱？什么是标准曲线？各有什么实际应用？

4. 分光光度计主要由哪些部件组成？各部件的功能如何？

5. 某符合 Lambert-Beer 定律的溶液，当浓度为 c_1 时，透光率为 T_1，当浓度为 $0.5c_1$、$2c_1$ 时，在液层不变的情况下，其透光率分别为多少？何者最大？

6. 用邻二氮菲测定铁时，已知每毫升试液中含 Fe^{2+} 0.500μg，用 2.00cm 吸收池于 508nm 波长处测得吸光度为 0.198，计算三（邻二氮菲）合铁（Ⅱ）配合物的 ε(508nm)。

7. 有一浓度为 $2.0\times10^{-4}mol\cdot L^{-1}$ 的有色溶液，当 $b_1=3cm$ 时测得 $A_1=0.120$。将其加入等体积水稀释后改用 $b_2=5cm$ 的吸收池在相同 λ 测定，测得 $A_2=0.200$，问此时是否服从 Lambert-Beer 定律？

8. 强心药托巴丁胺（$M_r=270$）在 260nm 波长处有最大吸收，摩尔吸光系数 $\varepsilon(260nm)=703\ L\cdot mol^{-1}\cdot cm^{-1}$，取该片剂 1 片，溶于水稀释成 2.00L，静置后取上清液用 1.00cm 吸收池于 260nm 波长处测得吸光度为 0.687，计算这药片中含托巴丁胺多少克？

9. 某化合物，其相对分子质量 $M_r=125$，摩尔吸光系数 $\varepsilon=2.5\times10^5L\cdot mol^{-1}\cdot cm^{-1}$，今欲准确配制该化合物溶液 1L，使其在稀释 200 倍后，于 1.00cm 吸收池中测得的吸光度 $A=0.600$，问应称取该化合物多少克？

10. 若将某波长的单色光通过液层厚度为 1.0cm 的某溶液，则透射光的强度仅为入射光强度的 1/2。当该溶液液层厚度为 2.0cm 时，其透光率 T 和吸光度 A 各为多少？

11. 人体血液的容量可用下法测定：将 1.00mL 伊凡氏蓝注入静脉，经 10min 循环混匀后采血样。将血样离心分离，血浆占全血 53%。在 1.0cm 吸收池中测得血浆吸光度为 0.380。另取 1.00mL 伊凡氏蓝，在容量瓶中稀释至 1.0L。取 10.0mL 在容量瓶中稀释至 50.0mL，在相同条件下测得吸光度为 0.200。若伊凡氏蓝染料全分布于血浆中，求人体中血液的容量（L）。

12. 已知维生素 $E_{1cm}^{1\%}(245nm)=560$，称取含维生素 C 的样品 0.0500g 溶于 100mL 的 $5.00\times10^{-3}mol\cdot L^{-1}$ 硫酸溶液中，再准确量取此溶液 2.00mL 稀释至 100.0mL，取此溶液于 1.00cm 吸收池中，在 λ_{max} 245nm 处测得 A 值为 0.551，求样品中维生素 C 的质量分数。

Exercises

1. $4.12\times10^{-5}\ mol\cdot L^{-1}$ solution of the complex $Fe(Ophen)_3^{2+}$ has a measured absorbance of 0.48 at 508 nm in a sample cell with path length 1.00 cm. Calculate the molar absorptivity, then the absorptivity in units of milligrams of Fe per liter. (0.04 $mmol\cdot L^{-1}$ solution of the complex is also 0.04 $mmol\cdot L^{-1}$ in iron, and the gram atomic weight of Fe is 55.85).

2. If monochromatic light passes through a solution of length 1 cm. The ratio I_t/I_0 is 0.25. Calculate the changes in transmittance and absorbance for the solution of a thickness of 2 cm.

3. A solution containing 1.00 mg iron (as the thiocyanate complex) in 100 mL was observed to transmit 70.0% of the incident light compared to an appropriate blank. (1) What is the absorbance of the solution at this wavelength? (2) What fraction of light would be transmitted by a solution of iron four times as concentrated?

（尚京川）

第十五章　常用现代仪器分析简介

仪器分析（instrumental analysis）是以物质的物理或物理化学性质及其在分析过程中所产生的分析信号与物质的内在联系为基础，对待测物质进行定性、定量及结构分析和动态分析的一类分析方法。这类方法需借助于比较复杂或特殊的仪器进行，分析仪器一般由信号发生器、检测器（传感器）、信号处理器（放大器）及输出装置等几部分组成。仪器分析具有灵敏、简便、快速且易于实现自动化等特点，因其方法众多、发展迅速、适应范围广泛，已成为现代分析化学的重要组成部分。

仪器分析在生命科学、临床化学、生物医学等学科研究中的应用越来越广泛，这对于揭示生命起源、生命过程、疾病及遗传奥秘等方面具有重要意义。目前，仪器分析在药物成分含量、药物作用机制、药物代谢与分解、药物动力学、疾病诊断及滥用药物等的研究中成为必不可少的分析手段。

根据分析方法的主要特征和作用，仪器分析可分为：光学分析法（分光光度法、原子吸收法、核磁共振波谱法、拉曼光谱法等）、电化学分析法（电位法、电导法、溶出伏安法、极谱法、库仑法等）、色谱分析法（气相色谱法、液相色谱法、离子色谱法、超临界流体色谱法、薄层色谱法、毛细管电泳法等）及其他仪器分析方法（质谱法、热分析法、放射化学分析法等）等几大类。本章仅简述几种最常用和最典型的仪器分析法的原理、特点及其在生物医学中的应用。

第一节　原子吸收光谱法

原子吸收光谱法（atomic absorption spectroscopy，AAS）是基于待测元素的基态原子对其特征谱线的吸收作用进行定量分析的一种方法，又称原子吸收分光光度法，简称原子吸收法。

原子吸收光谱分析方法在20世纪70年代得到了快速发展，元素的分析范围已达70多种，不仅可以测定金属元素含量，也可以采用间接方法测定某些非金属元素含量。该方法灵敏度高、选择性好，且准确、快速，因此在许多领域得到了广泛应用。

一、基本原理

（一）原子吸收光谱的产生

通常状态下，原子处于能量最低的基态。当有辐射通过原子蒸气，且辐射的能量恰好与该原子的电子由基态跃迁到能量较高的激发态（通常为第一激发态）所需要的能量相同时，该原子将从辐射中吸收能量，产生共振吸收，电子由基态跃迁到激发态，产生原子吸收光谱。

各种元素的原子结构不同，电子从基态跃迁至第一激发态时，吸收的能量也不同。原子吸收光谱的波长（λ）或频率（v）由产生跃迁的两能级的能量差（ΔE）决定

$$\Delta E = hv = h\frac{c}{\lambda} \tag{15-1}$$

式（15-1）中，h 是 Planck 常量，为 6.626×10^{-34}J•s，c 是光速。

原子吸收光谱是不连续的线状光谱，通常位于紫外、可见和近红外光区。

（二）原子吸收光谱的测量

当光源辐射出含有与待测元素特征频率相同的光（强度为 I_0）通过试样蒸气时，被蒸气中待测元

素基态原子所吸收，辐射光强度减弱。其透过光的强度 I_v 与原子蒸气厚度（L）符合 Lambert-Beer 定律

$$I_v = I_0 e^{-K_v cL} \tag{15-2}$$

$$A = -\lg T = \lg \frac{I_0}{I_v} = 0.4342 K_v cL \tag{15-3}$$

式（15-3）中，K_v 为基态原子对频率为 v 的光的吸收系数，c 为基态原子的浓度，L 为吸收层厚度（原子蒸气厚度），A 为吸光度。

当原子蒸气的厚度和入射光波长固定时

$$A = Kc \tag{15-4}$$

由式（15-4）可知，通过测定吸光度就可以求出待测元素的含量，此式只适用于低浓度试样的测定。

二、原子吸收光谱仪

原子吸收光谱仪，又称原子吸收分光光度计，主要由光源、原子化器、单色器、检测系统等部分构成，其装置如图 15-1 所示。

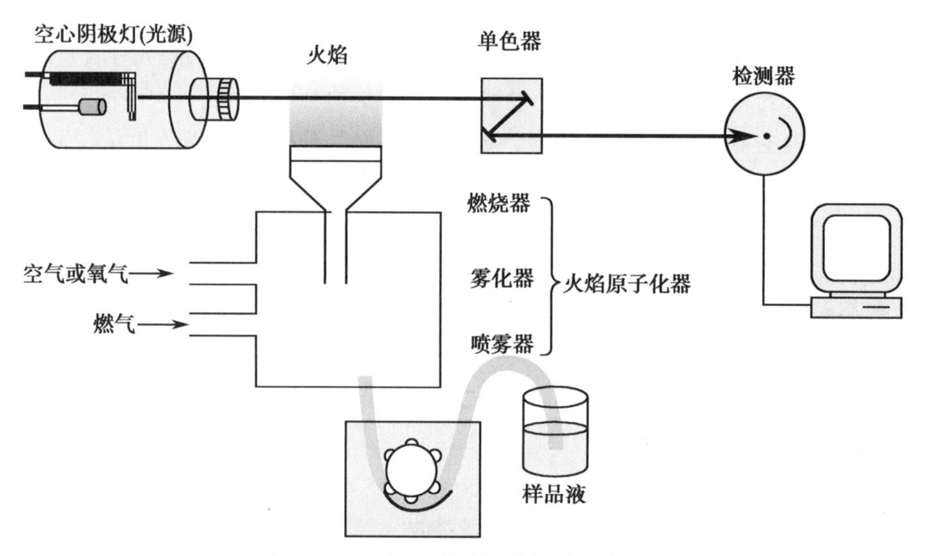

图 15-1　原子吸收光谱仪组成示意图

问题与思考 15-1

原子吸收分光光度计与紫外 - 可见分光光度计在结构上有何异同？目前，原子吸收分光光度计有哪些常见的类型？

三、实验方法

（一）定量分析方法

1. 标准曲线法（standard curve method）　配制一系列不同浓度的待测元素的标准溶液，用试剂的空白溶液作参比，在选定的条件下分别测定其吸光度值 A。以 A 为纵坐标，浓度 c 为横坐标，绘制标准曲线。在相同条件下测定待测样品的吸光度，从标准曲线上求出待测元素的含量。

2. 标准加入法（standard addition method）　当试样基体复杂，无法配制与其组成相匹配的标准溶液时，应采用标准加入法。分别取等量试样溶液 4～5 份，除第 1 份外，其余各份均按比例准确加入不同含量待测元素的标准溶液并稀释至相同体积，在相同条件下依次测定吸光度 A，作浓度 c 与吸光度 A 的曲线。如果曲线不通过原点，说明试样中含有待测元素，并且其外延线与横坐标相交

处到原点的距离，即为试样中待测元素的浓度 c_x。

例 15-1　用标准加入法测定血清中锂的含量。锂标准溶液配制：称取 1.5988g 光谱纯硫酸锂（$Li_2SO_4 \cdot H_2O$），溶解后移入 500mL 容量瓶中，稀释至刻度，摇匀。取 4 份 0.100mL 血清试样分别加入锂标准溶液 0.0μL、10.0μL、20.0μL、30.0μL，然后用蒸馏水分别定容至 5.00mL。锂原子吸收波长为 670.8nm，用锂元素的空心阴极灯，灯电流 5mA，狭缝宽 0.5nm，空气 - 乙炔贫燃火焰测得的吸光度依次为 0.201、0.414、0.622、0.835。计算此血清中锂的含量。[已知：$M(Li_2SO_4 \cdot H_2O)=127.9g \cdot mol^{-1}$]

解　（1）锂标准溶液浓度 $c_s=\dfrac{1.5988g}{127.9g \cdot mol^{-1} \times 0.500L} \times 2=0.050\,00mol \cdot L^{-1}$

（2）当加入 10.0μL 锂标准溶液到 5.00mL 待测试样中（其中含有 0.100mL 的血清试样），加入锂的浓度为

$$c_{s1}=\frac{0.050\,00mol \cdot L^{-1} \times 10.0 \times 10^{-6}L}{5.00 \times 10^{-3}L}=1.00 \times 10^{-4}mol \cdot L^{-1}$$

同理，可分别计算出加入 20.0μL 和 30.0μL 锂标准溶液到 5.00mL 待测试样中，加入锂的浓度为 $2.00 \times 10^{-4}mol \cdot L^{-1}$ 和 $3.00 \times 10^{-4}mol \cdot L^{-1}$。

（3）利用实验获得的数据，绘出标准加入法测定血清中锂含量的标准曲线（图 15-2）。外延曲线与横坐标轴相交，交点至原点的距离为锂的浓度 $c_x=1.00 \times 10^{-4}mol \cdot L^{-1}$。

（4）血清中锂的含量 $=\dfrac{1.00 \times 10^{-4}mol \cdot L^{-1} \times 5.00mL}{0.100mL}=5.00 \times 10^{-3}mol \cdot L^{-1}$

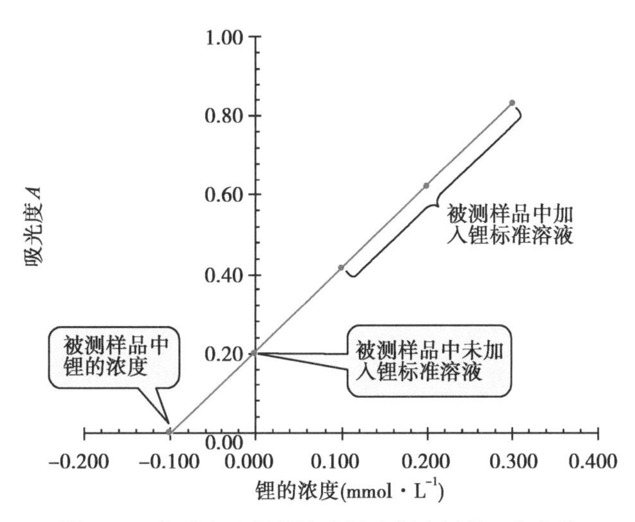

图 15-2　标准加入法测定血清中锂含量的工作曲线

（二）灵敏度和检出限

1. 灵敏度（sensitivity，*S*）　原子吸收分光光度法的灵敏度定义为标准曲线的斜率，它表示当待测元素浓度 c 或质量 m 改变一个单位时吸光度 A 的变化量。其表达式为

$$S=\frac{\delta A}{\delta c} \quad 或 \quad S=\frac{\delta A}{\delta m} \qquad (15\text{-}5)$$

2. 检出限（detection limit，*D*）　检出限指能被仪器检出的最小量。一般定义为 3 倍于噪声的标准偏差 σ 所对应的待测元素浓度 c（或质量 m）。其表达式为

$$D_c=\frac{c}{A} \times 3\sigma \quad 或 \quad D_m=\frac{m}{A} \times 3\sigma \qquad (15\text{-}6)$$

式（15-6）中，A 为待测试样的平均吸光度，σ 为空白溶液吸光度的标准偏差值（至少由连续测定 10 次的吸光度值求出）。

灵敏度和检出限是衡量测定分析方法和仪器性能的重要指标。

（三）测定条件的选择

原子吸收光谱分析的灵敏度与准确度，在很大程度上取决于测定条件的最优化选择。主要有：①灯电流的选择；②吸收线的选择；③狭缝宽度的选择；④原子化条件的选择；⑤进样量的选择等。

（四）干扰及其消除

原子吸收光谱分析中，常见的干扰有物理干扰、化学干扰、电离干扰和光谱干扰等。①物理干扰是由于试液的黏度、表面张力、相对密度等物理性质变化时而引起的原子吸收强度下降的现象，一般可采取稀释法和标准加入法来消除。②化学干扰是指与待测元素共存的其他元素发生了化学反应生成了稳定的化合物而影响了火焰中基态原子数目的现象，采用合适的火焰类型，加入释放剂、缓冲剂或保护剂可消除。③电离干扰是指待测元素在高温火焰中发生电离使参与吸收的基态原子数目减少从而造成吸光度下降的现象，通常加入消电离剂（易电离元素）来抑制待测元素的电离。④光谱干扰是指原子光谱对吸收线的干扰，包括谱线干扰和背景干扰两种。谱线干扰可采用减小狭缝宽度或另选待测元素的其他吸收线等方法来消除其干扰。背景干扰可用邻近非共振线、连续光源、塞曼效应等方法来校正背景。

四、原子吸收光谱法的应用

原子吸收光谱法具有灵敏度高、选择性好、检出限低、干扰少、操作简单快速等优点，在诸多领域都有广泛应用，尤其是环境监测、医学卫生和食品分析方面，扮演着十分重要的角色。

（一）在环境监测中的应用

原子吸收光谱法在环境监测方面获得了相当广泛的应用，可用于水环境中重金属（如锌、铜、铅、镉、铬等）的检测、大气环境质量分析和土壤中固体物的分析。例如，利用原子吸收光谱法对地表水的金属元素进行检测，并对其现状及发展趋势进行评价；对生产和生活设施所排废水中的重金属进行监督性监测等，这些都是常规环境监测必不可少的。

（二）在医学卫生方面的应用

临床上常用原子吸收光谱法检验血和体液中的多种微量元素（铜、锌、铁、铅等），还可以进行毛发分析、生物脏器和组织分析、药物分析。

（三）在食品分析中的应用

食品中存在的金属元素来源于天然存在的元素及加工过程中外来的污染元素，这些元素均可用原子吸收光谱法进行测定。能够利用原子吸收光谱法测定的食品种类很多，如谷物、奶制品、蛋类、肉类、鱼类、蔬菜水果、坚果及饮料等。例如，用原子吸收光谱法测定大米中的铜，玉米粉中的钴，大米、茶叶和蒜头中的硒，微量进样测定松花蛋中的铅等。

第二节　分子荧光分析法

有些物质吸收光子能量而被激发，在返回基态时，能重新发射出相同或比吸收波长更长的光，从而以光辐射的形式释放能量，这种现象称为光致发光。常见的有荧光和磷光两种。根据产生荧光物质的粒子不同，荧光可分为原子荧光和分子荧光。根据物质的分子吸收光能后发射出荧光光谱的特征和强度，对物质进行定性或定量的分析方法称为**分子荧光分析法**（molecule fluorescence analysis）。产生荧光的激发光波长范围比较广，可从 X 光到红外光区。本节仅介绍激发光为紫外 - 可见光的分子荧光分析法。

荧光分析法的主要优点是测定的灵敏度高和选择性好，与一般的可见 - 紫外分光光度法相比，灵敏度要高 3～4 个数量级。尽管天然荧光物质的数量不多，但是，荧光衍生化试剂的使用大大扩大了荧光分析的应用范围，因此，荧光分析法已成为重要的痕量分析手段，在医药、临床分析、食品及环境检测中均有着广泛的应用。

一、基本原理

（一）分子荧光的产生

大多数分子含有偶数个电子，在基态时，电子成对地填充在能量最低的各轨道中，且自旋反平行，此时该分子就处在**单重态**（singlet state），用符号 *S* 表示；当分子吸收能量后，电子被激发跃迁到能量较高的轨道上，通常不发生自旋方向的改变，则分子处于激发单重态；若在跃迁过程中还伴随着电子自旋方向的改变，则该分子处在激发**三重态**（triplet state），用符号 *T* 表示。如图 15-3 所示，图中 S_0、S_1 和 S_2 分别表示分子的基态、第一和第二电子激发单重态；T_1 表示第一电子激发三重态，$V=0$，1，2，3，…表示基态和激发态的各个振动能级。

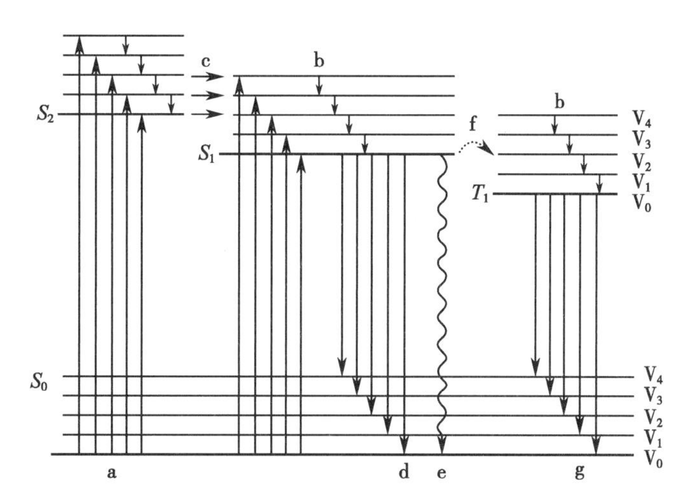

a. 吸收　b. 振动弛豫　c. 内转换　d. 荧光　e. 外转换　f. 系间跨越　g. 磷光

图 15-3　荧光与磷光产生示意图

分子受到光照，从基态跃迁到某一激发态 S_1 或 S_2 上的某个振动能级，处于激发态的分子不稳定，可以通过辐射跃迁和无辐射跃迁等多种去活化过程释放能量从而返回基态。常见的辐射跃迁有荧光和磷光等形式，无辐射跃迁有振动弛豫、系间跨越、内部能量转换（内转换）及外部能量转换（外转换）等。荧光是从第一电子激发单重态（S_1）的最低振动能级（V_0）返回基态（S_0）的各振动能级时所释放的辐射能。

（二）荧光的激发光谱和发射光谱

任何荧光物质都具有两个特征光谱，即荧光**激发光谱**（excitation spectrum）和**发射光谱**（emission spectrum），它们是荧光分析中定性与定量的基础。

固定荧光波长，连续改变激发光波长，测定不同激发波长下的荧光强度的变化，以荧光强度（*F*）对激发光波长（λ_{ex}）作图，即可得到激发光谱。激发光谱实质上就是荧光物质的吸收光谱。一般选择能产生最强荧光强度的激发光波长为测定波长。

固定激发光波长和强度，连续改变荧光物质发射光的波长并测定不同发射光波长下所发射的荧光强度，以荧光强度（*F*）对荧光波长（λ_{em}）作图，即可得到发射光谱，又称荧光光谱。一般选择最强荧光波长为测定波长。

（三）荧光光谱的特征

1. 斯托克斯位移（Stokes shift）　斯托克斯位移指与激发光谱相比，荧光光谱的最大发射波长总是出现在更长处。

2. 荧光发射光谱的形状与激发波长无关　用不同波长的激发光激发荧光分子可以观察到形状相同的荧光发射光谱。

3. 镜像对称规则 镜像对称规则指荧光激发光谱与发射光谱呈镜像对称关系。如果把某种荧光物质的发射光谱和它的激发光谱相比较，就会发现这种“镜像对称”关系。

（四）荧光效率及其影响因素

1. 荧光效率（fluorescence efficiency） 荧光效率又称**荧光量子产率**（fluorescence quantum yield），指的是激发态分子发射荧光的光子数与基态分子吸收激发光的光子数之比，用 Φ_F 表示

$$\Phi_F=\frac{\text{发射荧光的光子数}}{\text{吸收激发光的光子数}} \tag{15-7}$$

无辐射跃迁概率越小，荧光效率则越高，荧光发射强度就会越大，因此用于荧光分析的物质必须具有较大的荧光效率。

2. 荧光与分子结构的关系 物质的分子结构与荧光的产生及荧光强度的大小紧密相关，根据物质的分子结构可判断物质的荧光特性。分子产生荧光必须同时具备两个条件：①具有强的紫外 - 可见吸收；②具有较高的荧光效率。

强荧光物质往往具有如下特征：①长共轭结构：具有大的共轭 π 键结构的分子才能发射较强的荧光，大多数含芳香环、杂环的化合物能发出荧光。②分子的刚性：在同样长的共轭分子中，分子的刚性和共平面性越大，荧光效率越高。③取代基：给电子取代基能增加分子的 π 电子共轭程度，使荧光加强；而吸电子取代基则减弱分子的 π 电子共轭程度，降低荧光强度。

3. 环境因素对荧光的影响 分子所处的外界环境，如温度、溶剂、pH、荧光猝灭剂（能引起荧光强度降低的物质）等都会影响荧光效率，甚至影响分子结构及立体构象，从而影响荧光光谱的形状和强度。

问题与思考 15-2

何谓荧光效率？具有哪些分子结构的物质有较高的荧光效率？

二、荧光定量分析方法

（一）荧光强度与荧光物质浓度的关系

溶液的荧光强度与该溶液中荧光物质吸收光能的程度（即吸光度）及物质的荧光效率有关。溶液中的荧光物质被入射光（光强度 I_0）照射激发后，可以在溶液的各个方向观察荧光强度（F），但由于激发光有部分透过（光强度 I_t），且这部分透过的光会影响对荧光的测定，因此，在透射光的方向上观测荧光是不适宜的，一般是在与激发光源垂直的方向上测量荧光强度，如图 15-4 所示。

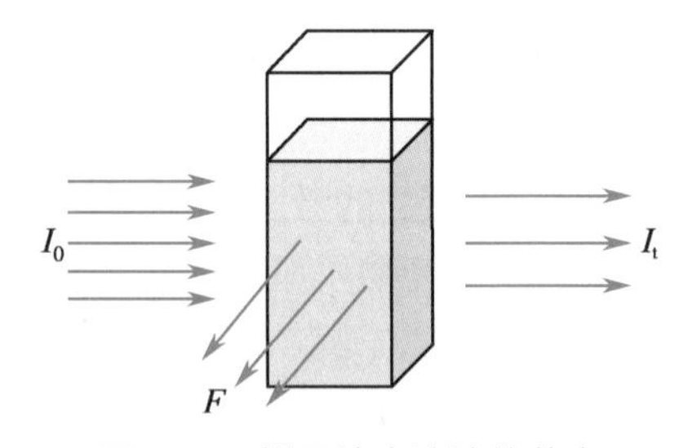

图 15-4 样品池内溶液的荧光

设溶液中荧光物质的浓度为 c，液层厚度为 L，荧光强度 F 正比于被荧光物质吸收的光强度，即

$$F=K'(I_0-I_t) \tag{15-8}$$

式（15-8）中，K' 为常数，其值取决于荧光效率。

根据 Lambert-Beer 定律可得

$$F=2.303K'I_0\varepsilon cL \tag{15-9}$$

光强度在光源稳定、波长一定时为常数，L 对于已知样品池来说也为定值，因此，式（15-9）可简化为

$$F=Kc \tag{15-10}$$

式（15-10）只适用于 $\varepsilon cL \leqslant 0.05$ 的稀溶液，即在较稀的溶液中，在一定温度下，当激发光的波长、强度和液层厚度都恒定时，其荧光强度与溶液中荧光物质浓度成线性关系，这是荧光定量分析的基础。

（二）定量分析方法

1. 标准曲线法　以测得的荧光强度 F 为纵坐标，以标准溶液的浓度 c 为横坐标，绘制标准曲线。在绘制标准曲线时，常采用系列标准溶液中的某一溶液作为基准，将空白溶液的荧光强度读数调至 0，将该标准溶液的荧光强度读数调至 100% 或 50%，然后测定各个标准溶液的荧光强度。在实际工作中，当仪器调零后，先测定空白溶液的荧光强度，然后测定标准溶液的荧光强度，用后者减去前者，就是标准溶液本身的荧光强度。再绘制标准曲线。

2. 比例法（proportional method）　如果荧光物质的标准曲线通过原点，就可选择在其线性范围内，用比例法进行测定。取已知量的纯荧光物质作为对照品，配成浓度 c_s 在线性范围内的标准溶液，测其荧光强度 F_s。然后在相同条件下，测定试样溶液的荧光强度 F_x。若空白溶液的荧光强度为 F_0 时，则必须从 F_s 和 F_x 值中扣除，按比例法可求出试样中荧光物质的浓度 c_x

$$\frac{F_s - F_0}{F_x - F_0} = \frac{c_s}{c_x} \tag{15-11}$$

从式（15-11）可得

$$c_x = \frac{F_x - F_0}{F_s - F_0} c_s \tag{15-12}$$

例 15-2　用荧光法测定复方炔诺酮片中炔雌醇（一种合成雌激素）的含量，取供试品 20 片，研细后溶于无水乙醇中并稀释至 250.0mL，过滤，取滤液 5.00mL，稀释至 10.00mL，在激发波长 285nm 和发射波长 307nm 处测定荧光强度为 61。如果炔雌醇标准品的乙醇标准溶液浓度为 1.4μg•mL^{-1}，在相同测定条件下荧光强度为 65，计算每片药中炔雌醇的含量。

解　据比例法计算公式　$c_x = \dfrac{F_x \times c_s}{F_s}$

将已知数据代入　$c_x = \dfrac{61 \times 1.4\mu g \cdot mL^{-1}}{65} = 1.3\mu g \cdot mL^{-1}$

$$每片药中炔雌醇的含量 = \frac{1.3\mu g \cdot mL^{-1} \times 10.00mL \times 250.0mL}{20 \times 5.00mL} = 32\mu g$$

三、荧光分光光度计

用于测量荧光的仪器很多，主要有**荧光光度计**（fluoremeter）和**荧光分光光度计**（spectrofluorometer）两种类型。荧光仪器一般包含 4 个主要部分：激发光源、单色器、样品池和检测器。其结构如图 15-5 所示。由激发光源发出的光经激发单色器分光后，得到需要波长的光，照射到含荧光物质的样品池上产生荧光，与光源方向垂直的荧光经发射单色器滤去激发光产生的反射光、溶剂的散射光和溶液中的杂质荧光，然后由检测器将符合条件的荧光变成电信号，并经信号放大系统后记录。

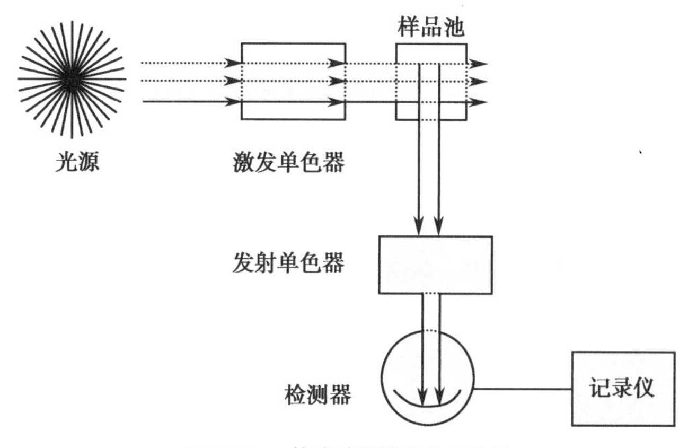

图 15-5　荧光光谱仪基本部件

四、荧光分析法的应用

荧光分析法具有灵敏度高、选择性强、用样量少和方法简单、提供较多的物理参数等优点，广泛用于医药、临床分析、食品及环境检测领域中无机化合物和有机化合物的测定。

（一）无机化合物的荧光分析

无机化合物除了钠盐、铀盐等少数例外，一般不产生荧光，所以无机化合物的荧光分析主要是利用待测离子与有机试剂（荧光试剂）反应形成具有荧光特性的配合物来测定。测定无机化合物常用的荧光试剂有：8-羟基喹啉（测定 Al^{3+} 和 Ga^{3+}）、2，3-二氨基萘（测定 Se^{4+}）、黄酮醇（测定 Sn^{4+}）、二苯乙醇酮（测定 Zn^{2+}）等。目前，利用荧光分析法可以测定 Ca、Mg、Zn、Al、Cd、Co、B、Si、F 等 70 多种元素，还可以测定如氮化物、氰化物、硫化物、过氧化物等。

（二）有机化合物的荧光分析

目前，利用荧光法可以测定的有机化合物有数百种之多。芳香族及具有芳香结构的有机化合物在紫外光照射下大多能产生荧光，因此，荧光分析法可以直接用于这类有机物的测定。为了提高测定方法的灵敏度和选择性，常将弱荧光物质与某些荧光试剂作用，以得到强荧光产物，从而大大增加了荧光分析在有机测定方面的应用。能用荧光分析法测定的有机物一般有：多环胺类、萘酚类、嘌呤类、多环芳烃类、具有芳环或芳杂环结构的氨基酸类及蛋白质等，药物中的生物碱类、甾体类、抗生素类、维生素类等。如在药物分析中的青霉素、四环素、金霉素、土霉素等可以用荧光法测定。在食品分析中维生素 B_2（又叫核黄素，V_{B2}）、黄曲霉毒素 B_1、苯并[a]芘等也可以用荧光法测定。在生物检测方面，由于 DNA 自身的荧光分子产率很低而不能直接检测，但以某些荧光分子作为探针，可通过探针标记分子的荧光变化来研究 DNA。在基因检测方面，目前也已逐步采用荧光染料作为标记物来取代同位素标记物。

第三节　色　谱　法

一、色谱法概述

色谱法（chromatography）是 1906 年由俄国植物学家 Tsweet 在研究植物色素时首先提出来的。Tsweet 把干燥的碳酸钙颗粒填充在竖立的玻璃管内，从顶端将植物叶片的萃取物倒入玻璃管中，再用石油醚自上而下淋洗，结果在玻璃管的不同部位形成了不同颜色的色带，因而命名为色谱。直立的玻璃管被称为**色谱柱**（packed column），碳酸钙颗粒被称为**固定相**（stationary phase），石油醚被称为**流动相**（mobile phase）或**洗脱液**（eluant）。随着色谱技术的不断发展，色谱法也大量用于无色物质的分离，但色谱法的名称仍在沿用。

色谱法是将混合物中各组分先进行分离，而后逐个分析，因此是分析复杂混合物最有力的手段。经过一个世纪的发展，色谱技术和色谱仪更趋完善，目前这门分离分析技术正朝着智能化、联用技术和多维色谱法的方向快速发展，广泛应用于生命科学、环境科学、材料科学及其他许多前沿研究领域。

色谱法种类很多，可以从不同角度进行分类：

1. 根据流动相的状态分类　流动相可以为气体、液体或超临界流体，故色谱法可相应称为**气相色谱法**（gas chromatography，GC）、**液相色谱法**（liquid chromatography，LC）和**超临界流体色谱法**（supercritical fluid chromatography，SFC）。

2. 按照操作形式分类　可以分为柱色谱法、平面色谱法和毛细管色谱法等。

3. 按色谱过程的分离原理分类　可分为吸附色谱法、分配色谱法、离子交换色谱法、凝胶色谱法及生物亲和色谱法等。

二、色谱分离的基本原理

（一）色谱分离过程

色谱分离是利用不同组分在固定相和流动相中的分配系数的差别来达到分离的目的。图 15-6 表示 A、B 两组分的分离过程。当把含有两组分的样品加到色谱柱的顶端后，样品组分被吸附到固定相（吸附剂）上。之后，随着流动相不断流入色谱柱，被吸附在吸附剂上的组分又溶解于流动相中，这个过程称为解吸。解吸出的组分在随流动相向前移行的过程中，遇到新的吸附剂，又再次被吸附。如此，在色谱柱上反复多次地发生吸附 - 解吸的分配过程（可达 10^3～10^6 次）。当样品经过具有一定柱长的色谱柱后其结果就是吸附能力弱的组分先从色谱柱中流出，吸附能力强的组分后流出色谱柱，从而使 A、B 两组分得到分离。

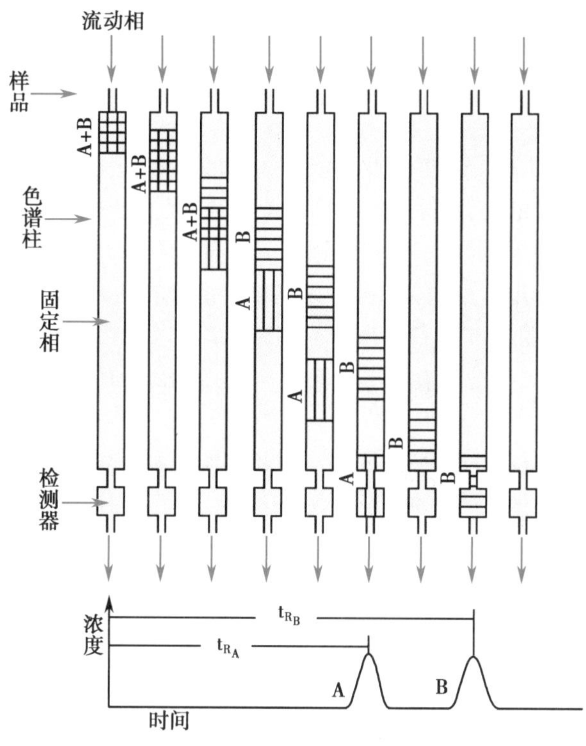

图 15-6　色谱分离过程示意图

（二）色谱图及基本术语

描述检测器的响应信号对时间或流动相流出体积关系的曲线称为**色谱图**（chromatography），又称色谱流出曲线（图 15-7）。结合图 15-7，来说明有关色谱图的基本术语。

1. 基线（base line）　基线指在一定实验操作条件下，仅有流动相通过检测器系统时的流出曲线，如图 15-7 中的 *OD* 线。稳定的基线是一条平行于横轴的直线。

2. 峰面积与峰高　**峰面积**（peak area，*A*）指色谱峰曲线与基线所包围的面积，如图 15-7 中的 *ACD* 内的面积；**峰高**（peak height，*h*）是指色谱峰顶点到基线的垂直距离，如图 15-7 中的 *BA* 线。

3. 区域宽度（zone width）　区域宽度是色谱流出曲线的重要参数之一，通常有 3 种表示方法。

（1）**半峰宽**（peak width at half height，$W_{1/2}$）：半峰宽指峰高一半处的峰宽。如图 15-7 中 *GH* 间的距离。

（2）**峰宽**（peak width，*W*）：峰宽又称峰底宽，通过色谱峰两侧的拐点分别作峰的切线与峰底的基线相交，在基线上的截距称为峰宽，或称基线宽度。如图 15-7 中 *IJ* 之间的距离。

（3）**标准差**（standard deviation，*σ*）：0.607 倍峰高处色谱峰宽的一半，即图 15-7 中 *EF* 间的距离。

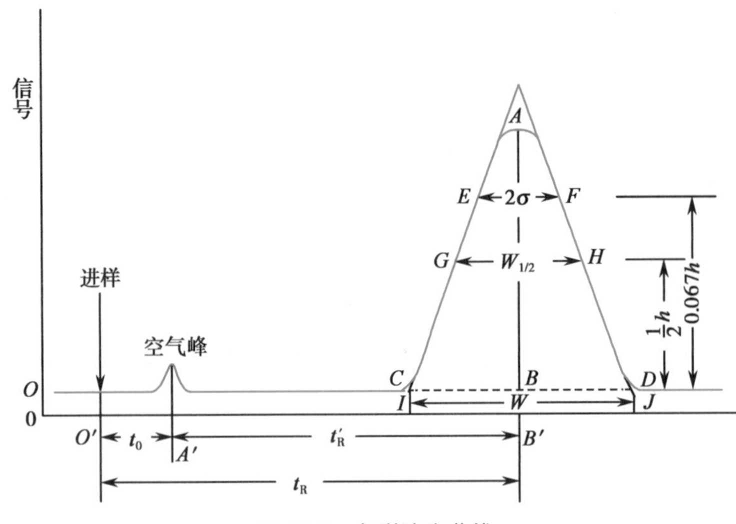

图15-7　色谱流出曲线

半峰宽、峰宽与标准差的关系分别为：$W=4\sigma$；$W_{1/2}=2.354\sigma$。

4. 保留值（retention value）　保留值又称保留参数，是反映样品中各组分在色谱柱中停留状态的参数，是主要的色谱定性参数。通常用时间（min）或体积（cm^3）表示。

（1）**保留时间**（retention time，t_R）：从进样开始到某个组分的色谱峰最大值出现时所需要的时间，称为该组分的保留时间。如图15-7中$O'B'$所对应的时间。

（2）**死时间**（dead time，t_0）：指不被固定相保留（吸附或溶解）的组分的保留时间。如图15-7中$O'A'$所对应的流出时间。

（3）**调整保留时间**（adjusted retention time，t_R'）：指某组分被固定相滞留的时间（$A'B'$所对应的流出时间）。调整保留时间与保留时间和死时间有如下关系

$$t'_R=t_R-t_0 \tag{15-13}$$

另外，还有保留体积、死体积、调整保留体积等，表示的意义与时间无大的差别，只是以流动相的流出体积作图所得。

5. 分离度（resolution，R）　分离度又称分辨率，它表示了相邻的色谱峰的实际分离程度。分离度是相邻两组分色谱峰保留时间（$t_{R_2}-t_{R_1}$）之差与两色谱峰宽（W_1、W_2）的平均值之比

$$R=\frac{(t_{R_2}-t_{R_1})}{\frac{1}{2}(W_1+W_2)}=\frac{2\Delta t_R}{W_1+W_2} \tag{15-14}$$

R越大，表示两个峰分开的程度越大。一般，当$R=1.5$时，两组分的分离程度达99.7%。在定量分析时，常把$R=1.5$作为相邻两峰完全分离的标志。

（三）塔板理论

1941年Martin和Synge提出了**塔板理论**（plate theory），它是把色谱柱比作一个分馏塔，设想其中有许多塔板，在每一个塔板的间隔内，样品混合物在两相中很快达到分配平衡，经过多次分配平衡后达到混合物的分离，塔板数越多分离效果就越好。因而，理论塔板数（n）和**理论塔板高度**（height equivalent to a theoretical plate，H）就成为衡量**柱效**（column efficiency）的指标。

在一定柱长（L）中，塔板的数目可表示为

$$n=\frac{L}{H} \tag{15-15}$$

利用色谱图上所得保留时间和峰宽或半峰宽数据，可求算理论塔板数n

$$n=16\left(\frac{t_R}{W}\right)^2 \tag{15-16}$$

或

$$n = 5.54\left(\frac{t_R}{W_{1/2}}\right)^2 \qquad (15\text{-}17)$$

W 或 $W_{1/2}$ 越小，n 越大，H 越小，柱效越高，分离的效果越好。当采用塔板数评价色谱柱的柱效时，必须指明组分、固定相、流动相及操作条件等。

三、色谱仪

（一）气相色谱仪

气相色谱仪的种类和型号较多，但其基本结构主要由气路系统、进样系统、分离系统、检测系统及记录系统五部分组成。

常用的气相色谱仪的分析流程如图 15-8 所示。

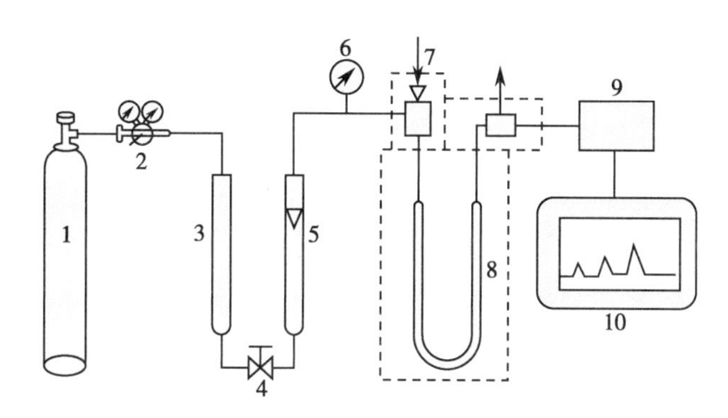

图 15-8　典型的气相色谱仪示意图

1. 载气瓶；2. 减压阀；3. 净化干燥器；4. 针型阀；5. 转子流量计；
6. 压力表；7. 进样阀；8. 色谱柱；9. 检测器；10. 数据记录装置

气相色谱仪具有仪器造价相对低、易于操作、分析效率高和分析速度快的突出优势而被广泛使用。它适用于挥发性好易于气化物质的分析，如中草药中的挥发油、有机酸及酯等植物成分的分析。对于一些沸点高的药物可以通过衍生化反应转化成沸点低的衍生物，然后再用气相色谱进行分析。

（二）高效液相色谱仪

高效液相色谱仪主要由高压输液系统（贮液器、高压泵等）、进样系统、分离系统（色谱柱、柱温箱等）、检测系统和数据处理系统五部分组成。另外，还可根据某些需求配备一些辅助装置，如梯度洗脱、自动进样、脱气装置等（图 15-9）。

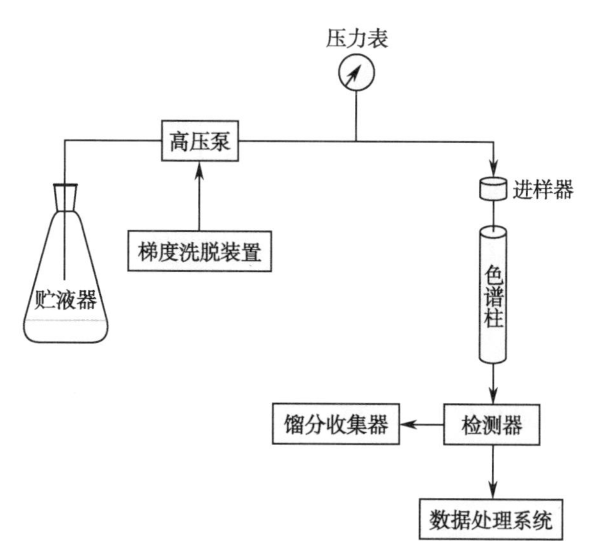

图 15-9　高效液相色谱示意图

高效液相色谱法的主要优点是可以对那些不易气化的成分进行分析，可以对生物大分子，如蛋白质、肽类、核酸、糖类进行分离提纯和测定，所以应用范围广。

（三）色谱仪的工作流程

液相色谱仪的高压泵（图 15-9）或气相色谱仪的载气瓶（图 15-8）将流动相经过进样器送入色谱柱，然后从检测器流出。待分离样品由进样器注入，随流动相一起进入色谱柱中进行分离，被分离后的各组分依次进入检测器，检测器（如紫外检测器、荧光检测器和电化学检测器等）将被分离的各组分浓度信号转变为易于测量的电信号，进而由数据处理系统将数据采集并记录下来，得到色谱图。

四、色谱定性与定量分析

（一）定性分析

色谱定性分析的方法有多种，其基本依据是利用保留时间定性。当色谱分析条件（如柱内填料、柱长、柱温、柱径、柱压、流速和检测电流等）固定的情况下，某一组分在某一色谱柱滞留的时间是一固定值，通过比较已知物和未知物的保留时间是否相同，可以确定未知物可能是何种物质。

（二）定量分析

在一定的色谱分离条件下，进入检测器的待测组分 i 的质量 m_i（或浓度）与检测器的响应信号（峰面积 A_i 或峰高 h_i）成正比。以峰面积为例

$$m_i = f_i \times A_i \tag{15-18}$$

式（15-18）中，f_i 为待测组分 i 的定量校正因子，这是色谱定量的基础。

现代色谱技术通常是用自动积分程序对待测组分的峰面积进行积分，然后用峰面积定量。

常用的定量方法有外标法和内标法。

1. 外标法（external standard method）　外标法也称为标准曲线法。用待测组分的标准品配制一系列标准溶液进行色谱分析，在严格一致的条件下，由所测定的峰面积对应浓度作图，得到标准曲线，由标准曲线确定待测组分的含量。

外标法不需要测定校正因子，准确性较高，但操作条件变化对结果准确性影响较大，对进样量的准确性控制要求较高，适用于大批量试样的快速分析。

2. 内标法（internal standard method）　内标法是选择一种纯物质作为内标物，将已知量的内标物加入到准确称取的试样中，混合均匀再进行分析，根据待测组分和内标物的质量及在色谱图上相应的峰面积和相对校正因子，计算待测组分的含量，计算公式如下

$$\omega_i(\%) = \frac{m_i}{m} = \frac{f_i \times A_i}{f_s \times A_s} \times \frac{m_s}{m} \times 100 \tag{15-19}$$

式（15-19）中，ω_i 为试样中待测组分 i 的百分含量；m 和 m_s 分别为试样和内标物的质量；m_i 为质量 m 的试样中所含组分 i 的质量；A_i 和 A_s 分别为试样和内标物的峰面积；f_i 和 f_s 分别为待测组分 i 和内标物 s 的校正因子。

当校正因子未知时，可采用“内标对比法”（已知浓度试样对照法），它是内标法的一种应用。在待测组分 i 的已知浓度的标准品溶液和同体积的样品溶液中，分别加入相同量的内标物，配成对照品溶液和供试液，分别进样，由式（15-20）计算样品溶液中待测组分的浓度

$$(c_i)_{样品} = \frac{(A_i / A_s)_{样品}}{(A_i / A_s)_{对照}} \times (c_i)_{对照} \tag{15-20}$$

内标物需满足以下要求：①纯度较高且不是试样中存在的组分；②与待测组分性质比较接近；③不与试样发生化学反应；④出峰位置应位于待测组分附近，且对待测组分无影响。

五、色谱分析的应用

（一）在药学中的应用

色谱法在药物分析中的应用很广泛，包括药物含量的测定、中药有效成分的研究、复方制剂的分

析和药物代谢研究等。如苯丙胺类运动兴奋剂药物、中药挥发油的分析等常用气相色谱法，磺胺类药物、水溶性维生素、抗生素的测定等常用高效液相色谱法。

（二）在医学中的应用

在临床检验、卫生监督和毒理学研究中，都需要测定血液、尿液或其他组织中的有害物质及其代谢产物的浓度。如血中脂肪酸、氨基酸甲酯、尿中草酸盐浓度的测定、尿液中氯丙醇痕量代谢产物β-氯乳酸的检测等常用气相色谱法，血中苯丙酮和胆红素的测定常用高效液相色谱法。

（三）水和农产品中污染物的分析

农产品中农药残留（有机磷、有机氯、氨基甲酸酯类、拟除虫菊酯类等）的测定、工业废水中苯及其同系物的测定等主要应用气相色谱法；而水中酚类化合物、食品中的苏丹红的测定主要应用高效液相色谱法。

（四）色谱技术的联用

随着生命科学的发展，色谱和毛细管电泳技术在蛋白质组学、代谢组学等各种组学研究中的应用越来越广泛。包括毛细管电泳、微芯片在内的整个色谱科学正在向高效分离、高通量分析、高灵敏度检测、多维分离分析的方向发展。为了弥补色谱法定性功能较差的弱点，科学家发展了色谱和其他仪器的联用技术，如气相色谱与质谱联用、液相色谱与质谱联用，这些联用技术的应用已相当广泛。此外，液相色谱与电喷雾质谱的联用技术近年来已趋于成熟，它将对生物大分子的分离和鉴定发挥极大的作用，因此色谱仪和其他各种仪器的联合使用将成为分析化学的重要领域。

仪器分析技术在代谢组学研究中的应用

代谢组学（metabolomics 或 metabonomics）是近几年兴起的一门新兴学科。它是研究生物体系受到外部刺激后，其体内所有低分子代谢物质动态变化的科学。代谢组学是效仿基因组学和蛋白质组学的研究思想，对生物体内所有代谢物进行定量分析，并寻找代谢物与生理、病理变化的相对关系的研究方式。其研究对象大都是相对分子质量1000以内的小分子物质。基因组学和蛋白质组学分别从基因和蛋白质层面探寻生命的活动规律，而细胞内许多生命活动是发生在代谢物层面的，如细胞信号释放、能量传递、细胞间通信等都是受代谢物调控的。而代谢组学是研究细胞内某一时刻所有低分子代谢物动态变化的。基因与蛋白质的表达紧密相连，而代谢物则更多地反映了细胞所处的环境，这又与细胞的营养状态、药物和环境污染物的作用及其他外界因素的影响密切相关。

代谢组学的研究离不开先进的分析检测技术，因此现代分析仪器联用技术，结合模式识别和专家系统等计算分析方法成为代谢组学研究的基本方法。

1999年，Nicholson首次提出了以核磁共振（NMR）分析为主的代谢组学研究模式，利用高效液相色谱（HPLC）、液相色谱 - 质谱（LC-MS）、气相色谱 - 质谱（GC-MS）及核磁共振等高通量、高灵敏度与高精确度的现代分析技术，通过对细胞和组织提取物、生物体液（包括血浆、血清、尿液、组织液等）的内源性代谢浓度进行检测，结合有效的模式识别等化学信息学技术，分析生物体在不同状态下的代谢指纹图谱的差异，获得相应生物标志物群，从而揭示生物体在特定时间、环境下的整体功能，了解基体生命活动的代谢过程。

迄今为止，该技术已经在药物毒理和机制研究、疾病诊断和动物模型、基因功能的阐明等领域得到了广泛应用，在中药成分的安全性评估、药物代谢分析、毒性基因组学、药理代谢组学等方面取得了新的进展。

Summary

Briefly, atomic absorption is due to the transitions between atomic energy levels. The process that an

electron absorbing radiation energy migrates from the ground state to the excited states is called an atomic spectral transition. Atomic absorption spectroscopy is inherently a single-element method and an atomic adsorption spectrometer consists of four major parts that are the light source, atomizer, monochromator, and transducer/detector. Atomic absorption to radiation is measured by gas atoms when samples are atomized using thermal energy. Atomic absorption spectrometry has the advantages of high sensitivity, good selectivity, low detection limit and less interference. It is widely used in many fields such as environmental monitoring, medical hygiene and food analysis.

Fluorescence spectrometry is a type of electromagnetic spectroscopy that analyzes fluorescence from a sample. A light source for the appropriate energy region is required in the process of fluorescence spectrometry, usually ultraviolet light and visible light. An ultraviolet light excites the electrons in the molecules, and then luminescence that comes from the sample is measured. The output measurement can be described simply by $F=Kc$, where c is the concentration of sample and K is the proportionality constant related to wavelength, intensity and thickness of the excitation light. Fluorescence intensity of exciting from sample is proportional to the concentration of sample. Fluorescence analysis is widely used in the fields of medicine analysis, clinical diagnosis, food security and environmental monitor, and so on.

Chromatography is a powerful separation technique that is used to isolate and identify analysis for a mixture. Chromatographic separation utilizes the selective partitioning of components between a stationary phase that is immobilized within a column, and a mobile phase that passes through the column with the sample. The effectiveness of a separation is described by the resolution between the chromatographic bands for two components. Column efficiency is defined in terms of the number as well as the height of a theoretical plate. Analytical chromatography normally operates with the smaller amounts of a sample and seeks to measure the relative proportions of analysis in a mixture. A combination of chromatography and other analytical instruments such as mass spectrometry will further identify and quantify analysis well. Gas chromatography (GC) is useful to analysis volatile samples such as volatile oil in Chinese herbal medicine. High performance liquid chromatography (HPLC) is used to measure the components that are not easily vaporized even to separate and purify biological macromolecules such as proteins, peptides, nucleic acids and sugars.

学科发展与医学应用综述题

目前，抗生素、激素滥用已经成为不争的事实，在禽类、水产等养殖过程中，不少养殖户为降低牲畜感染发病率、提高养殖利益，习惯在饲料中添加各类抗生素、激素或瘦肉精，导致环境和牲畜中抗生素残留，如含有抗生素的水和残留抗生素的肉类和蔬菜等，而这些抗生素可通过生态循环的方式进入人体，在人体内积累，对人体健康产生危害。

请通过查阅资料，试述环境抗生素污染对人体健康的危害，综述用 HPLC 法检测牛奶中的抗生素、雌激素或瘦肉精的方法。

习　题

1. 原子吸收光谱法的原理是什么？

2. 镉在体内可蓄积造成镉中毒。肾皮质中的镉含量若达到 50μg·g^{-1} 将有可能导致肾功能紊乱。假设 0.2566g 肾皮质样品经预处理后得到待测样品溶液 10.00mL，用标准加入法测定待测样品溶液中镉的浓度，在各待测样品溶液中加入镉标准溶液后，用水稀释至 5.00mL，用原子吸收分光光度计测得其吸光度如下表，求此肾皮质中的镉含量。

笔记

序号	待测样品溶液体积 /mL	加入镉（$10\mu g\cdot mL^{-1}$）标准溶液体积 /mL	吸光度
1	2.00	0.00	0.042
2	2.00	0.10	0.080
3	2.00	0.20	0.116
4	2.00	0.40	0.190

3. 用原子吸收光谱法测定试液中的 Pb，准确移取 50.0mL 同样试液两份，用铅空心阴极灯在波长 283.3nm 处，测得一份试液的吸光度为 0.325。在另一份试液中加入浓度为 $50.0mg\cdot L^{-1}$ 铅标准溶液 300μl，测得吸光度为 0.670。计算试液中铅的浓度为多少？

4. 荧光光谱法的灵敏度一般要比吸收光谱法的灵敏度高，试解释其原因。

5. 通过下列方法能否改变荧光量子效率，并说明原因。

(1) 升高温度；(2) 降低荧光体的浓度；(3) 提高溶剂的黏度。

6. 为什么在高浓度条件下分子荧光校准曲线会变成非线性？

7. 解热镇痛药片阿司匹林中的成分为乙酰水杨酸（$C_9H_8O_4$），它可以水解成为水杨酸根离子（$C_7H_5O_2^-$），通过荧光法分析具有荧光的水杨酸根离子测定乙酰水杨酸的浓度。准确称取 0.0774g 水杨酸（$C_7H_6O_2$），蒸馏水溶解并转移到 1L 容量瓶稀释到刻度。分别用移液管移取：0mL、2.00mL、4.00mL、6.00mL、8.00mL 和 10.00mL 上述标准溶液于 100mL 容量瓶中，加入 2.00mL 的 $4mol\cdot L^{-1}$ NaOH，用蒸馏水稀释到刻度。然后在激发波长 310nm 和发射波长 400nm 下测定系列校准标准溶液的荧光强度，数据列于下表。

加入标准溶液体积 /mL	荧光强度 F	加入标准溶液体积 /mL	荧光强度 F
0.00	0.00	6.00	9.18
2.00	3.02	8.00	12.13
4.00	5.98	10.00	14.96

取几片阿司匹林捣碎研磨成细粉末，精确称取 0.1013g 粉末，蒸馏水溶解并转移到 1L 容量瓶稀释到刻度，过滤掉不溶物质并用移液管移取 10.00mL 到 100mL 容量瓶中，加入 2.00mL 的 $4mol\cdot L^{-1}$ NaOH，稀释至刻度。然后在同样实验条件下测定待测溶液的荧光强度为 8.69。阿司匹林药片中乙酰水杨酸的质量百分比浓度（% *w/w*）为多少？

8. 色谱分析中常用的定量方法有哪几种？对于样品前处理有损失时更倾向于用哪种方法？

9. 色谱分析常用的定性方法是什么？

10. 请比较气相色谱和高效液相色谱分析方法及应用范围。

Exercises

1. Figure shows the results of the preliminary data taken while developing a fluorometric assay for the amino acid glycine. The glycine reacts with a reagent, fluorescamine, which forms a fluorescent product with amines. The three scans show are (a) the relative intensity of emission as the excitation wavelength was scanned- an excitation spectrum at a fixed-emission wavelength; (b) the emission spectrum found at a fixed-excitation wavelength; and (c) a plot of the relative fluorescence intensity with both excitation and emission wavelengths fixed but varying the pH. Assume the spectral bandshape does not change with pH. To optimize the assay's sensitivity to glycine, at what wavelengths should the excitation and emission monchromators be set, and what should the pH of the solution be?

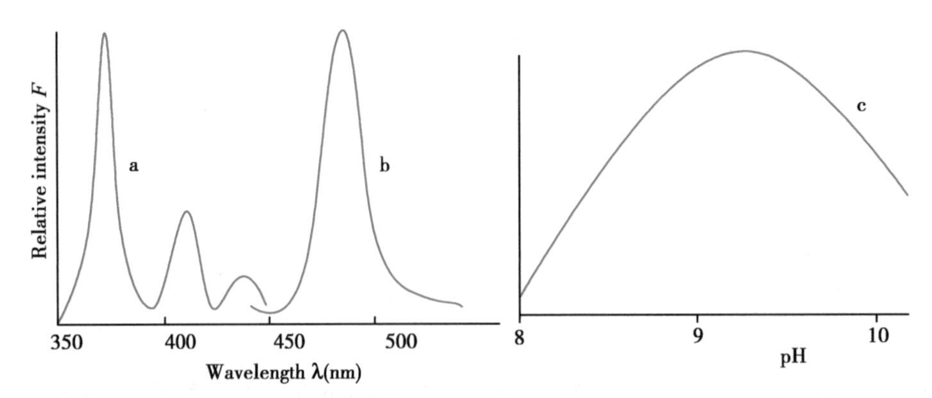

2. A solution of 5.00×10^{-5} mol•L^{-1} 1, 3-dihydroxynaphthelene in 2 mol•L^{-1} NaOH has a fluorescence intensity of 4.85 at a wavelength of 459 nm.What is the concentration of 1, 3-dihydroxynaphthelene in a solution with a fluorescence intensity of 3.74 under identical conditions?

3. The following data were obtained for three compounds separated on a 20 m capillary column.

compound	t_R/min	W/min
A	8.04	0.15
B	8.26	0.15
C	8.43	0.16

(1) Calculate the number of theoretical plates for each compound and the average number of theoretical plates for the column.

(2) Calculate the average height of a theoretical plate.

(3) Calculation the resolution for each pair of adjacent compounds.

（籍雪平）

第十六章　核化学及其应用简介

核化学(nuclear chemistry)是研究原子核的反应、性质、结构、分离、鉴定及其在化学中应用的一门学科，是用化学与物理相结合的方法研究原子核的性质、结构、核转变的规律。放射化学和核物理学是核化学技术研究的两大分支学科，在内容上既有区别却又紧密联系，其研究成果已广泛应用于各个领域。我们比较关注的是放射化学与核医学在医药卫生、环境与健康领域的研究与应用。

放射化学(radiochemistry)主要研究放射性核素的制备、分离、纯化、鉴定和它们在极低浓度时的化学状态、核转变产物的性质和行为，带有放射性同位素物质的化学反应，以及放射性核素在各学科领域中的应用等。

核医学(nuclear medicine)是采用核技术来诊断、治疗和研究疾病的一门新兴学科。它是核技术、电子技术、计算机技术、化学、物理和生物学等现代科学技术与医学相结合的产物。主要研究同位素、由加速器产生的射线束及放射性同位素产生的核辐射在医学上的应用。

第一节　核化学的基本概念

一、发展过程及应用

翻开核化学的发展史，核化学的研究总是在发展和应用中交替前行。1895 年，Rontgen W C 发现 X 线；1898 年，Curie I J 夫妇对钋和镭进行分离和鉴定；1903 年，Rutherford E 和 Soddy F 确定出每种物质的放射性按指数关系而衰变的规律；1910 年，Soddy F 和 Fajans K 同时发现放射性元素位移规律，提出同位素的概念；1912 年，Hevesy G C 等用 20 种化学方法试图从铅中分离镭 D(即铅 210)的实验失败，但继而提出以镭 D 为指示铅而创立了放射性示踪原子法，放射化学开始得到发展。1919 年，Rutherford E 等发现由天然放射性核素发射的 α 粒子引起的原子核反应；1934 年，Curie I J 夫妇制备出第一个人工放射性核素——磷 -30，发明了人工放射性核素，这是人类首次利用外加影响引起原子核的变化而产生放射性；1938 年，Hahn 等发现原子核裂变加速了核能利用进程。

我国核化学研究开始于 1934 年，1950 年开展了铀的提取纯化研究。1955 年，北京建成研究用重水反应堆和回旋加速器，同年 8 月制备出放射性核素 ^{25}Na、^{32}P、^{60}Co 等。1964 年 10 月 16 日，我国自主研制的第一颗原子弹爆炸成功，第二年 6 月氢弹试爆成功，标志着我国的核技术达到了较高水平。到 20 世纪末，我国的核化学主要研究方向为：①放射性核素的制备和应用，放射性物质的分离、分析及应用；②放射性核素及其标记化合物的辐射源的制备及其应用；③核燃料的生产和回收，放射性废物的处理及其综合利用。

二、核子、核素和同质异能素

组成原子核的基本粒子，如质子和中子都被称为**核子**(nucleon)。具有确定质子数 Z、中子数 N 并处于一定能量状态的原子核称为**核素**(nuclide)，符号表示为 $^{A}_{Z}X$，其中 X 是元素符号，A 为质量数，Z 是质子数。例如，天然存在的铀元素由 3 种核素组成，它们的 Z 都是 92，而质量数 A 分别为 234、235 和 238，符号分别为 $^{234}_{92}U$、$^{235}_{92}U$ 和 $^{238}_{92}U$，它们互称为同位素，其化学性质相同而核性质不同。同质异能素是指质子数和质量数相同但能量状态不同的核素，如 $^{60}_{27}Co$ 和 $^{60m}_{27}Co$ 为同质异能素，其中后者表示处于较高的激发态。

三、放射性元素和放射系

不稳定原子核自发发射出 α、β 和 γ 射线的现象被称为放射性，在周期表中自原子序数 84 的钋(Po)及之后的元素均具有放射性。它们可分为“天然放射性”和“人工放射性”两种。

放射性元素亦称“放射元素”，是由放射性同位素所组成的元素。有天然放射性元素（如铀、钍等）和人工放射性元素（如钷、锝等）之分。自然界存在的放射性核素大多具有多代母子体衰变过程。它们经过多代子体衰变最后生成稳定的核素，这一过程中发生的一系列核反应被称为**放射系**(radioactive series)。自然界存在铀系、钍系和锕系三大天然放射系。核医学技术就是利用非天然同位素（包括放射性同位素和稳定性同位素）及核射线进行生物医学研究与疾病的诊断和治疗。

四、质量亏损与核的结合能

质量亏损(mass defect)是指原子核的质量小于它所含有的各核子独立存在时的总质量，这两者的差额称为质量亏损，用 Δm 表示。当核子相互结合成原子核时要放出结合能，根据爱因斯坦的质能关系式($\Delta E = mc^2$)，质量减少了 Δm，其能量应该相应地减少。减少的能量就是核的结合能(nuclear binding energy)，用符号 E_B 表示。它的数值愈大，原子核就愈稳定。一个质子的质量为 1.007 276u，一个中子的质量为 1.008 665u；核素$^{59}_{27}$Co的质量亏损为

$$E_B = 27 \times 1.007\,276\,u + 32 \times 1.008\,665\,u - 58.933\,u = 0.540\,732\,u$$

核素$^{11}_{5}B$的质量亏损为

$$E_B = 5 \times 1.007\,276\,u + 6 \times 1.008\,665\,u - 10.811\,u = 0.277\,37\,u$$

第二节 放射性衰变和核化学方程式

一、放射性衰变

放射性衰变(radioactive decay)是放射性核素自发放射出 α 粒子（即氦核）或 β 粒子（即电子）或 γ 光子，而转变成另一种核素的现象。在这个过程中，原来的核素（母体）或者变为另一种核素（子体），或者进入另一种能量状态。

1. α 衰变 产生 α 粒子($^4_2$He)。

$$^{226}_{88}\text{Ra} \longrightarrow {}^{222}_{86}\text{Rn} + {}^4_2\text{He}$$

可用通式表示为

$$^A_Z X \longrightarrow {}^{A-4}_{Z-2}Y + {}^4_2\text{He}$$

式中，箭头左侧为母核，右侧分别为子核和 α 粒子。

α 衰变的位移定则：核电荷数减少 2，子核在元素周期表中的位置左移 2 格。

2. β 衰变 产生 β 粒子（电子$^{0}_{-1}$e）。

$$^{210}_{83}\text{Bi} \longrightarrow {}^{210}_{84}\text{Po} + {}^{0}_{-1}\text{e}$$

可用通式表示为

$$^A_Z X \longrightarrow Y + {}^{0}_{-1}\text{e}$$

β 衰变的位移定则：子核在元素周期表中的位置右移 1 格。

3. γ 衰变 核从高能态向低能态跃迁放出 γ 光子的过程。

例如： $^{60m}_{27}\text{Co} \longrightarrow {}^{60}_{27}\text{Co} + \gamma$

可以写作： $X \longrightarrow Y^m \longrightarrow Y + \gamma$

式中，X 为母核，Y^m 代表子核激发态，Y 是子核基态。

4. 嬗变 嬗变指原子核受中子、质子、α 粒子、重粒子（如原子核$^{12}_{6}$C）等轰击而形成新原子核的

人工核反应。

5. 正电子衰变　由于核内中子缺乏，致使核放射出正电子的衰变，也称 β^+ 衰变。

衰变时原子核中一个质子转变为中子，发射一个**正电子**（positron）和一个**中微子**（neutrino，υ）。正电子是电子的反粒子，与电子有相同的质量。β^+ 衰变时母核和子核的质量数不变，但子核的核电荷数减少一个单位。

正电子衰变的核素均为人工放射性核素，在原子中，所释放出的正电子会与邻近物质的电子结合而互毁，在二者湮灭的同时，失去电子质量，转变成方向相反而能量相同的两个γ射线。

二、核化学方程式

核化学方程式用于表示核变化过程。其书写方法有别于化学反应方程式。

在方程式中必须明确指出其质子、中子及电子数和质量数。例如，质子 ${}^{1}_{1}H$；中子 ${}^{1}_{0}n$；电子 ${}^{0}_{-1}\beta$（或 ${}^{0}_{-1}e$）；α粒子：${}^{4}_{2}He$（或 ${}^{4}_{2}\alpha$）。

书写时还必须遵守的原则：①方程式两端的质量数之和相等；②方程式两端的质子数之和相等。

例 16-1　写出下列核化学反应方程：

（1）中子轰击 ${}^{6}_{3}Li$ 产生 ${}^{3}_{1}H$。

（2）α粒子轰击 ${}^{239}_{92}U$ 产生 ${}^{239}_{94}Pu$。

解　（1）${}^{6}_{3}Li + {}^{1}_{0}n \longrightarrow {}^{3}_{1}H + {}^{4}_{2}He$

（2）${}^{239}_{92}U + {}^{4}_{2}\alpha \longrightarrow {}^{239}_{94}Pu + 2\,{}^{1}_{0}n$

例 16-2　配平下列核化学反应方程：

（1）${}^{122}_{53}I \longrightarrow {}^{122}_{54}Xe + ?$

（2）${}^{59}_{26}Fe \longrightarrow {}^{0}_{-1}e + ?$

解　（1）${}^{122}_{53}I \longrightarrow {}^{122}_{54}Xe + {}^{0}_{-1}e$

（2）${}^{59}_{26}Fe \longrightarrow {}^{0}_{-1}e + {}^{59}_{27}Co$

三、半衰期和放射性活度

1. 半衰期（half-life）　放射性核素的衰变速率用半衰期表示，符号为 $t_{1/2}$，即任意量的放射性核素衰减一半所需时间。衰变反应半衰期的一个重要特征是它不受外界条件（温度、压力等）的影响，也不受化合状态的影响。每种核素都有其特征的半衰期，短至 10^{-6}s，长至 10^{15}a。通常，半衰期越短，其射线的能量越大，造成的伤害越严重。

2. 放射性活度（radioactivity）　放射性活度指通过实验观察到的放射性物质的衰变速率。由于它表示出放射源在单位时间内发生衰变的核数，因此也被表述为放射性强度。

放射性活度的 SI 单位为 Bq（贝可），1Bq 相当于每秒发生 1 次衰变。以前习惯用单位 Ci（居里），1Ci 相当于每秒发生 3.7×10^{10} 次衰变（1g 镭 -226 的衰变速率）。

$$1Ci = 3.7 \times 10^{10} Bq$$

比活度：指样品中某核素的放射性活度与样品总质量之比，单位为 $Bq \cdot g^{-1}$ 或 $mCi \cdot g^{-1}$ 等。

四、放射性碳 -14 测定年代法

自然界中碳的放射性同位素碳 -14 在有机物所含碳素中占一定比例。当大气氮被宇宙的高能量粒子冲击就会产生碳 -14 同位素

$${}^{14}_{7}N + {}^{1}_{0}n \longrightarrow {}^{14}_{6}C + {}^{1}_{1}H。$$

由于 CO_2 与植物的光合作用，碳 -14 同位素进入了生物圈。在碳循环过程中，${}^{14}C$ 因为β衰变丢失，${}^{14}_{6}C \longrightarrow {}^{14}_{7}N + {}^{0}_{-1}e$，$t_{1/2} = 5730a$，大气层中新的同位素的物质不断补充直到达到动态平衡，通过 ${}^{14}C$ 和 ${}^{12}C$ 的比率在鲜活物质中保持持续平衡。但是当一个植物或者动物死亡后，不但不能再从外界摄

取含碳化合物，而且每隔（5730 ±40）年减少为原有量的一半。因此，测定遗迹、遗物中的碳 -14 浓度可推算出该生物的死亡年代。这种方法可以实测长达数万年的试样，是一个很有价值的工具。

第三节　放射性核素示踪技术简介——PET-CT

放射性核素示踪技术是通过观察或测定放射性同位素示踪原子的行为或强度来研究物质的运动和变化规律的技术，是核医学诊断与实验研究的方法学基础。**PET-CT** 是核技术应用于医学领域，为人类健康所作出的重要贡献的成功典范。**PET-CT 是英文** positron emission tomography 和 computational tomography 的缩写，全称为正电子发射计算机断层成像。其功能为：由 CT 提供病灶的精确解剖定位，而 PET 提供病灶详尽的功能与代谢等分子信息，一次显像获得全身各方位的断层图像，从而了解全身整体状况，达到早期发现病灶和诊断疾病的目的。

一、放射性核素示踪技术基本原理

放射性核素示踪技术的基本原理主要基于以下两个方面：

1. 相同性　即放射性核素及其标记化合物和相应的非标记化合物具有相同的化学及生物学性质。

2. 可测量性　即放射性核素能发射出各种不同的射线，可被放射性探测仪器测定或被感光材料所记录。

PET-CT 是将从回旋加速器得到的发射正电子的放射性核素 ^{11}C、^{13}N、^{15}O 和 ^{18}F 等（它们多是人体组成的基本元素），标记到能够参与人体组织血流或代谢过程的机体代谢底物或类似物上，如糖、氨基酸、脂肪、核酸、配基或抗体等（这些示踪剂即为携带生物信息的分子），给受检者静脉注射标记化合物后，让受检者在 PET-CT 的有效视野范围内进行显像。带有正电子的放射性药物发射出的正电子在体内移动大约 1mm 后和负电子结合发生湮灭反应，正、负电子消失并同时产生两个能量相等，方向相反的 γ 光子，被 PET 探头内两个相对应的探测器分别探测，探测结果可以显示体内药物的分布状况，从而获得某一正常组织或病灶在某一时刻的血流灌注、糖 / 氨基酸 / 核酸 / 氧代谢或受体的分布及其活性状况等功能信息，揭示机体因各种内部或环境因素导致的体内（在分子水平上）生物活动的失常（这种失常可能是响应过度，也可能是低下），并以解剖影像的形式及相应的生理参数显示。

二、PET-CT 成像过程

1. 由回旋加速器产生各种正电子核种。
2. 由放射化学实验室合成各种所需的正电子放射药物。
3. 将放射药物注入人体，并于 PET 造影仪下扫描。
4. 将所搜集资料重组成影像并加以分析。

三、PET-CT 的特点

1. 灵敏度高，定位、定量准确。PET-CT 是唯一能提供活体生化和生理定量诊断信息的医学影像；采用放射性核素示踪技术使其灵敏度可达到 10^{-18}～10^{-14}g 水平，这意味着可以从 10^{-15} 个非放射性原子查出一个放射性原子。可检出 0.6cm 大小的病灶，图像清晰。对某些病灶的显示和检出率明显优于 CT、核磁共振成像（MRI）。

2. γ 射线在体内的衰减因素可完全去除，因此可以准确地测量局部同位素分布量。由于不需要使用铅制的准直仪，可大幅提高 PET 侦测 γ 射线的效率和系统解像力。PET-CT 一次显像能同时获得 PET 与 CT 两者的全身各方向的断层图像，便于病灶的准确定性和精确定位，便于一目了然地了解全身的整体状况，这对肿瘤等全身性疾病的诊断、分级分期、治疗方案的制订、肿瘤原发病灶的寻

找、转移和复发的诊断尤为有利。对放射治疗中生物靶区的定位及适形调强放疗计划的实施更具重要价值。

3. 由于人体器官的化学成分中的元素如碳、氧、氮等均可由正电子放射性同位素 ^{11}C、^{13}N 和 ^{15}O 取代，而器官中主要化学成分的氢，又可由 ^{18}F 取代，故 PET 可用于显示器官的代谢状况，其研究范围将无可限量。目前临床常用的 PET-CT 诊疗显像剂为 2- 氟 -2- 脱氧 -D- 葡萄糖（^{18}F-FDG），这种药物类似于葡萄糖，可在人体内参与代谢。^{18}F-FDG 具有一定的放射性，因此 PET-CT 诊疗会产生微量的辐射。该药物的辐射剂量非常小，且半衰期非常短，很快便会代谢掉，并且随尿液排出体外，完全在人体的承受范围之内，因此，不会对人体造成伤害。

问题与思考 16-1

与 MRI 和 CT 相比，PET-CT 有哪些优势？

四、用于临床诊疗的放射性核素

不同半衰期的放射性同位素被广泛用于临床诊断和治疗药物中，表 16-1 列出的是目前临床用于诊疗的一些放射性核素。

表 16-1　**用于临床诊疗的放射性核素**

辐射源	半衰期	释放射线	临床应用
铬 -51	28d	γ 射线	脾和胃肠道功能异常的诊断
钴 -60	5a	β 射线	癌症的治疗
碘 -123	12h	γ 射线	甲状腺的诊断
碘 -131	8d	β 射线和 γ 射线	甲状腺的诊断和治疗
铁 -59	45d	β 射线和 γ 射线	骨骼和贫血的诊断和治疗
氪 -81	2×10^5a	γ 射线	肺和气管功能异常的诊断
锝 -99	6h	γ 射线	心、脑、肝、肾功能异常的诊断
铊 -201	7h	γ 射线	冠状动脉功能的探查
磷 -32	14.3d	β 射线	治疗真性红细胞增多症、控制癌性腹水
锶 -90	28.8d	β 射线	血管瘤
铯 -137	30a	γ 射线	用于校对医治癌症的放射治疗设备
铱 -192	74.2d	γ 射线	用于无损探伤检测

第四节　核反应和核辐射

核反应按其本质来说是质的变化，它和一般化学反应有所不同。化学反应只是原子或离子的重新排列组合，而原子核不变。因此，在化学反应里，一种原子不能变成另一种原子。核反应是原子核间质点的转移，致使一种原子转化为他种原子，原子发生了质变。

1. 核反应　核反应是指粒子（如中子、光子、π 介子等）或原子核与原子核之间的相互作用引起的各种变化。核反应通常分为四类：衰变、粒子轰击、裂变和聚变。第一类为自发的核转变，而后三类为人工核反应（即用人工方法进行的非自发核反应）。

2. 核裂变和核聚变　核裂变就是一个大质量的原子核（像铀和钍）分裂成两个比较小的原子核，核聚变则是小质量的两个原子核合成一个比较大的原子核，在这两个变化过程中都会释放出巨大的能量，被称为原子核能，俗称原子能。核聚变释放的能量更大。核电站和原子弹是核裂变能的两大

应用，而太阳可以释放出巨大的能量是发生核聚变的结果。

3. 核反应的特点

（1）连锁反应：例如，U-235 和中子的核反应，只要有一个中子轰击 U-235，就会放出 3 个中子，3 个中子再去轰击 U-235 就会生成 9 个中子，这样连续下去，在几微秒的时间里，就使反应进行得非常剧烈而放出巨大的能量，具有这种特点的反应，称为连锁反应。原子弹的爆炸能够如此剧烈，就是由于发生了连锁反应。

（2）伴随核辐射：在 U-235 与中子的核反应中，如果反应不密封的话，产生的中子会以光速射向周围环境，形成辐射。

（3）高效、清洁、无污染：核聚变能利用的燃料是氘和氚，氘在海水中大量存在，每升海水中所含的氘完全聚变所释放的聚变能相当于 300L 汽油燃料的能量。同时它具备高效、清洁、无污染的优点，因此核聚变能是人类解决能源的一种重要途径。

4. 核辐射和辐射防护

（1）核辐射通常被称为放射性。核辐射是原子核从一种结构或一种能量状态转变为另一种结构或另一种能量状态过程中所释放出来的微观粒子流，以光速运动的微小粒子都能产生辐射。核辐射分为天然辐射和人工辐射两类，天然辐射主要有 3 种来源：宇宙射线、陆地辐射源和体内放射性物质。人工辐射源包括放射性诊断和放射性治疗辐射源如 X 线、MRI、放射性药物、放射性废物、核武器爆炸落下的灰尘及核反应堆和加速器产生的照射等。

（2）生存环境中辐射是无处不在的，按照辐射作用于物质时所产生的效应不同，可将辐射分为致电离辐射与非致电离辐射两类。致电离辐射包括宇宙射线、X 线和来自放射性物质的辐射。非致电离辐射包括紫外线、热辐射、无线电波和微波。两种辐射的危害不同，其防护措施也有所区别。

1）致电离辐射的防护：人类接受的辐射有两个途径，分别是内照射和外照射。α、β、γ 三种射线由于其性质不同，其穿透物质的能力与电离能力也不同，它们对人体造成危害的方式不同。α 粒子只有进入人体内部才会造成损伤，这就是内照射；γ 射线主要从人体外对人体造成损伤，这就是外照射；β 射线既造成内照射，又造成外照射。α 射线是氦核，只要用一张纸就能挡住，但吸入体内危害大；β 射线是电子流，照射皮肤后烧伤明显。这两种射线由于穿透力小，影响距离比较近，只要辐射源不进入体内，影响不会太大；γ 射线和 X 线的穿透力很强，能穿透人体和建筑物，危害距离远。

2）非致电离辐射的防护：电磁波是很常见的辐射，对人体的影响主要由功率（与场强有关）和频率决定。如果按照频率从低到高（波长从长到短）次序排列，电磁波可以分为：长波、中波、短波、超短波、微波、远红外线、红外线、可见光、紫外线、X 线、γ 射线和宇宙射线。以可见光为界，频率低于（波长长于）可见光的电磁波对人体产生的主要是热效应，均属于非致电离辐射。频率高于可见光的射线（如紫外线）对人体主要产生化学效应，需加以防护。而 X 线、γ 射线和宇宙射线频率高、能量大属于致电离辐射。

（3）日常生活环境中的放射性及其防护：提及放射性污染，人们往往只会联想到核电站爆炸引起泄漏产生的放射性物质造成的危害，或者医院的 X 线治疗所产生的放射性造成的影响及损害，而未考虑生活中还会有放射性污染源。实际上，生活中的放射性物质能通过多种途径进入人体，造成对机体的慢性损害。装修居室用的花岗岩及其他板石材料含有一定量的氡，因此多数家庭居室中存在放射性气体氡，如果与烟气混合，将有诱发肺癌的风险。

另外，燃煤中常含有少量的放射性物质。研究分析表明，许多煤炭烟气中含有 U、Th、Ra、^{210}Po 和 ^{210}Pb。大多数情况下，尽管这些物质含量稀少，但如长期聚集，其放射性物质亦会随空气及烘烤的食物进入人体，造成机体的慢性损害。平时生活使用燃煤时，要注意通风排气，警惕煤烟通过呼吸进入人体内。禁止食用煤炭直接烘烤食物，尤其是茶叶、烟叶、肉类和饼干等。如果必须使用煤炭烘烤食物时也要注意屏蔽，不要让食物与煤烟直接接触。

问题与思考 16-2

我们生活的环境中有哪些辐射，应当采用什么样的防护措施？

同步辐射光源

真空中接近光速运动的具有相对论效应的带电粒子在二极磁场作用下偏转时，会沿着偏转轨道切线方向发射连续谱的电磁波。这种电磁波于 1947 年首次在电子同步加速器上被观测到，并命名为同步辐射，后来又称为同步辐射光，产生和利用同步辐射光的科学装置为同步辐射光源。同步辐射光源已经历了三代的发展，它的主体是一台电子储存环。我国上海建有一台电子储存环，电子束能量为 3.5GeV（35 亿电子伏特）的同步辐射装置（Shanghai Synchrotron Radiation Facility，SSRF），是一台世界先进的中能第三代同步辐射光源。

同步辐射光源为许多生物医学领域前沿学科的探索提供了可能。生物学家依托同步辐射光，能获得生物大分子的三维结构，进而研究其结构与功能之间的关系。而通过对病毒外壳蛋白、癌症基因及其表达物等病原三维结构的详细了解，有望设计出能与该病原特异结合的药物小分子，以阻断病原对细胞的感染或抑制其致病的功能。

通过同步辐射 X 线显微成像和断层扫描成像技术能够直接获取活细胞结构图像。基于同步辐射光源强度高、能量可选的 X 线，发展起来的“双色减影心血管造影”新技术，可以为心血管病的早期诊断提供安全、快速、高清晰的诊断方法。利用其横向相干性好的特性，还可发展 X 线相位反衬成像技术，能够清晰地拍摄出吸收反衬很弱的软组织如血管、神经等的照片，有望发展出不需要造影剂的“心血管造影术”。

利用同步辐射光源的高亮度、窄脉冲，以及在时间分辨上的优势，将可以实现在分子水平上直接观察生命现象和物质运动过程。对于生命科学来说，静态地了解生物大分子或生物体的结构只是第一层次的研究，生物大分子或生物体结构变化的实时观察则是更高层次的研究。同步辐射光源为这一类动态过程的研究开启了大门，未来人们有可能像看电影那样直接观察生物大分子之间相互作用的精细过程，生命科学的研究将进入一个崭新的天地。

Summary

Nuclear chemistry means a subject of researching nucleus'（stability and radioactive）reaction，nature，structure，separation，identification and application. Nuclear chemistry used combination method of physical and chemical to research the principle of nuclear properties，nuclear structure and nuclear transformation. Research findings have been applied in many areas.

Radiochemistry is mainly researched radionuclide preparation，separation，purification，identification，chemical state in extremely low concentrations as well as nuclear transformation nature and behavior of products. Additionally，radiochemistry is also researched some substances in chemical reaction and some radioactive isotope chemical reactions.

Nuclear medicine is a new subject，which is used nuclear technology to diagnose therapy and research some diseases. Nuclear medicine is combination product among nuclear technology，electronic technique，computer technology，chemistry，physics，biology and other modern sciences with medicine. Nuclear medicine is mainly studied isotope，the ray beam as acceleration and radioactive isotope produced by nuclear radiation in medical application such as PET-CT instrument in clinical diagnosis.

学科发展与医学应用综述题

目前有学者利用硼-10的裂变反应开发了一种非常新颖，且具有应用前景的治疗脑肿瘤的方法。首先，病人摄入一种含硼化合物，该化合物可被肿瘤细胞选择性吸收，然后用低能中子束照射肿瘤。大多数的中子可穿过正常的细胞没有影响，但当它们轰击肿瘤组织吸收的硼-10原子时，原子吸收中子形成一个不稳定的硼-11原子，然后一分为二形成氦原子和一个锂原子。这些产物以很高的速度相互碰撞，对肿瘤细胞产生非常严重破坏。氦和锂原子的作用范围在5～8mm，而肿瘤细胞的直径约为10mm。因为正常细胞不大量吸收这种含硼化合物，该方法可损伤大部分肿瘤细胞，不会对正常细胞造成相当大的损伤。

问题：

（1）写出该核化学反应的方程式。

（2）研究人员应在哪些方面做深入的研究工作，用于避免正常组织受到损伤？

习 题

1. 什么是同位素、同质异能素、核素？
2. 放射性衰变的类型主要有哪几种？
3. 写出下列转变过程的核平衡方程式

   （1）Bi-210经β衰变；（2）Th-232衰变成Ra-228；

   （3）Y-84放出一个正电子；（4）Ti-44俘获一个电子。
4. 简述PET-CT的工作原理及检测过程中用到的药剂。
5. 区分致电离辐射和非致电离辐射，并查阅资料提出防护方案。

Exercises

1. Write equations for the following nuclear reactions:

   (1) bombardment of $^{6}_{3}Li$ with neutrons to produce $^{3}_{1}H$.

   (2) bombardment of $^{238}_{92}U$ with neutrons to produce $^{239}_{94}Pu$.

   (3) bombardment of $^{14}_{7}N$ with neutrons to produce $^{14}_{6}C$.

   (4) the reaction of two deuterium nuclei to produce a nucleus of $^{3}_{2}He$.

2. The half-life of cobalt-60 is 5.3 a. How much of a 1.000 mg sample of cobalt-60 is left after a 15.9 a period?

（陈朝军）

附　录

附录一　我国的法定计量单位

附表 1-1　SI 基本单位

量的名称	单位名称	单位符号
长度	米	m
质量	千克	kg
时间	秒	s
电流	安[培]	A
热力学温度	开[尔文]	K
物质的量	摩[尔]	mol
发光强度	坎[德拉]	cd

注：1. 圆括号中的名称，是它前面的名称的同义词，下同

2. 无方括号的量的名称与单位名称均为全称。方括号中的字，在不引起混淆、误解的情况下，可以省略。去掉方括号中的字即为其名称的简称，下同

3. 本标准所称的符号，除特殊指明外，均指我国法定计量单位中所规定的符号及国际符号，下同

4. 人民生活和贸易中，质量习惯上称为重量

附表 1-2　包括 SI 辅助单位在内的具有专门名称的 SI 导出单位

量的名称	SI 导出单位		
	名称	符号	用 SI 基本单位和 SI 导出单位表示
[平面]角	弧度	rad	$1rad=1m \cdot m^{-1}=1$
立体角	球面度	sr	$1sr=1m^2 \cdot m^{-2}=1$
频率	赫[兹]	Hz	$1Hz=1s^{-1}$
力，重力	牛[顿]	N	$1N=1kg \cdot m \cdot s^{-2}$
压力，压强，应力	帕[斯卡]	Pa	$1Pa=1N \cdot m^{-2}$
能[量]，功，热量	焦[耳]	J	$1J=1N \cdot m$
功率，辐[射能]通量	瓦[特]	W	$1W=1J \cdot s^{-1}$
电荷[量]	库[仑]	C	$1C=1A \cdot s$
电压，电动势，电位	伏[特]	V	$1V=1W \cdot A^{-1}$
电容	法[拉]	F	$1F=1C \cdot V^{-1}$
电阻	欧[姆]	Ω	$1\Omega=1V \cdot A^{-1}$
电导	西[门子]	S	$1S=1\Omega^{-1}$
磁通[量]	韦[伯]	Wb	$1Wb=1V \cdot s$
磁通[量]密度	特[斯拉]	T	$1T=1Wb \cdot m^{-2}$
电感	亨[利]	H	$1H=1Wb \cdot A^{-1}$
摄氏温度	摄氏度	℃	1℃=273K
光通量	流[明]	lm	$1lm=1cd \cdot sr$
[光]照度	勒[克斯]	lx	$1lx=1lm \cdot m^{-2}$
[放射性]活度	贝可[勒尔]	Bq	$1Bq=1s^{-1}$
吸收剂量 比授[予]能 比释功能	戈[瑞]	Gy	$1Gy=1J \cdot kg^{-1}$
剂量当量	希[沃特]	Sv	$1Sv=1J \cdot kg^{-1}$

附表 1-3　SI 词头

因数	词头名称		符号
	英文	中文	
10^{24}	yotta	尧[它]	Y
10^{21}	zetta	泽[它]	Z
10^{18}	exa	艾[克萨]	E
10^{15}	peta	拍[它]	P
10^{12}	tera	太[拉]	T
10^{9}	giga	吉[咖]	G
10^{6}	mega	兆	M
10^{3}	kilo	千	k
10^{2}	hecto	百	h
10^{1}	deca	十	da
10^{-1}	deci	分	d
10^{-2}	centi	厘	c
10^{-3}	milli	毫	m
10^{-6}	micro	微	μ
10^{-9}	nano	纳[诺]	n
10^{-12}	pico	皮[可]	p
10^{-15}	femto	飞[姆托]	f
10^{-18}	atto	阿[托]	a
10^{-21}	zepto	仄[普托]	z
10^{-24}	yocto	幺[科托]	y

附表 1-4　可与国际单位制单位并用的我国法定计量单位

量的名称	单位名称	单位符号	与 SI 单位的关系
时间	分	min	1min = 60s
	[小]时	h	1h = 60min = 3 600s
	日,(天)	d	1d = 24h = 86 400s
[平面]角	度	°	1° = (π/ 180) rad
	[角]分	′	1′ = (1/ 60)° = (π/ 10 800) rad
	[角]秒	″	1″ = (1/ 60)′ = (π/ 648 000) rad
体积	升	l, L	$1L = 1dm^3$
质量	吨	t	$1t = 10^3kg$
	原子质量单位	u	$1u \approx 1.660\,540 \times 10^{-27}kg$
旋转速度	转每分	r/min	$1r \cdot min^{-1} = (1/60) s$
长度	海里	n mile	1n mile = 1 852m (只用于航程)
速度	节	kn	$1kn = 1n\ mile \cdot h^{-1} = (1\,852/ 3\,600) m \cdot s^{-1}$(只用于航行)
能	电子伏	eV	$1eV \approx 1.602\,177 \times 10^{-19}J$
级差	分贝	dB	
线密度	特[克斯]	tex	$1tex = 10^{-6}kg \cdot m^{-1}$
面积	公顷	hm^2	$1hm^2 = 10^4m^2$

注：1. 平面角单位度、分、秒的符号在组合单位中采用(°)、(′)、(″)的形式。例如，不用°/s 而用(°)/s

2. 升的两个符号属同等地位，可任意选用

3. 公顷的国际通用符号为 ha

附录二　一些物理和化学的基本常数

量的名称	符号	数值	单位	备注
电磁波在真空中的速度	c，c_0	299 792 458	$m \cdot s^{-1}$	准确值
真空导磁率	μ_0	$4\pi \times 10^{-7}$ $1.256\,637\,061\,4\cdots \times 10^{-6}$	$N \cdot A^{-2}$	准确值
真空介电常数 $\varepsilon_0 = \frac{1}{\mu_0 c_0^2}$	ε_0	$10^7/(4\pi \times 299\,792\,458^2)$ $8.854\,187\,871\cdots \times 10^{-12}$	$F \cdot m^{-1}$	准确值
引力常量 $F = \frac{Gm_1m_2}{r^2}$	G	$(6.674\,08 \pm 0.000\,31) \times 10^{-11}$	$m^3 \cdot kg^{-1} \cdot s^{-2}$	
普朗克常量 $\hbar = \frac{h}{2\pi}$	h $\hbar$	$(6.626\,070\,040 \pm 0.000\,000\,081) \times 10^{-34}$ $(1.054\,571\,800 \pm 0.000\,000\,013) \times 10^{-34}$	$J \cdot s$ $J \cdot s$	
元电荷	e	$(1.602\,176\,620\,8 \pm 0.000\,000\,009\,8) \times 10^{-19}$	C	
电子[静]质量	m_e	$(9.109\,383\,56 \pm 0.000\,000\,11) \times 10^{-31}$ $(5.485\,799\,090\,70 \pm 0.000\,000\,000\,16) \times 10^{-4}$	kg u	
质子[静]质量	m_p	$(1.672\,621\,898 \pm 0.000\,000\,021) \times 10^{-27}$ $(1.007\,276\,466\,879 \pm 0.000\,000\,000\,091)$	kg u	
精细结构常数 $\alpha = \frac{e^2}{4\pi\varepsilon_0 hc}$	α	$(7.297\,352\,566\,4 \pm 0.000\,000\,001\,7) \times 10^{-3}$	1	
里德伯常量 $R_\infty = \frac{e^2}{8\pi\varepsilon_0 a_0 hc}$	R_∞	$(1.097\,373\,156\,850\,8 \pm 0.000\,000\,000\,006\,5) \times 10^7$	m^{-1}	
阿伏伽德罗常数 $L = \frac{N}{n}$	L， N_A	$(6.022\,140\,857 \pm 0.000\,000\,074) \times 10^{23}$	mol^{-1}	
法拉第常数 $F = Le$	F	$(9.648\,533\,289 \pm 0.000\,000\,059) \times 10^4$	$C \cdot mol^{-1}$	
摩尔气体常数 $pV_m = RT$	R	$(8.314\,459\,8 \pm 0.000\,004\,8)$	$J \cdot mol^{-1} \cdot K^{-1}$	
玻耳兹曼常数$k = \frac{R}{T}$	k	$(1.380\,648\,52 \pm 0.000\,000\,79) \times 10^{-23}$	$J \cdot K^{-1}$	
斯忒藩-玻耳兹曼常量 $\sigma = \frac{2\pi^5 k^4}{15h^3c^2}$	σ	$(5.670\,367 \pm 0.000\,013) \times 10^{-8}$	$W \cdot m^{-2} \cdot K^{-4}$	
质子质量常量	m_u	$(1.660\,539\,040 \pm 0.000\,000\,020) \times 10^{-27}$	kg	原子质量单位 1u＝$(1.660\,539\,040 \pm 0.000\,000\,020) \times 10^{-27}$kg

资料来源：Haynes W M. CRC Handbook of Chemistry and Physics. 97th ed. New York：CRC Press，2016

附录三　平衡常数表

附表 3-1　水的离子积常数

温度/℃	pK_W	温度/℃	pK_W	温度/℃	pK_W
0	14.947	35	13.680	70	12.799
5	14.734	40	13.535	75	12.696
10	14.534	45	13.396	80	12.598
15	14.344	50	13.265	85	12.505
20	14.165	55	13.140	90	12.417
25	13.995	60	13.020	95	12.332
30	13.833	65	12.907	100	12.252

资料来源：Haynes W M. CRC Handbook of Chemistry and Physics. 97th ed. New York：CRC Press，2016

附表 3-2　弱电解质在水中的解离常数

化合物	化学式	温度/℃	分步	K_a(或K_b)	pK_a(或pK_b)
砷酸	H_3AsO_4	25	1	5.5×10^{-3}	2.26
			2	1.7×10^{-7}	6.76
			3	5.1×10^{-12}	11.29
亚砷酸	H_2AsO_3	25	—	5.1×10^{-10}	9.29
硼酸	HBO_3	20	1	5.4×10^{-10}	9.27
			2		>14
碳酸	H_2CO_3	25	1	4.5×10^{-7}	6.35
			2	4.7×10^{-11}	10.33
铬酸	H_2CrO_4	25	1	1.8×10^{-1}	0.74
			2	3.2×10^{-7}	6.49
氢氟酸	HF	25	—	6.3×10^{-4}	3.20
氢氰酸	HCN	25	—	6.2×10^{-10}	9.21
氢硫酸	H_2S	25	1	8.9×10^{-8}	7.05
			2	1.0×10^{-19}	19
过氧化氢	H_2O_2	25	—	2.4×10^{-12}	11.62
次溴酸	HBrO	25	—	2.0×10^{-9}	8.55
次氯酸	HClO	25	—	3.9×10^{-8}	7.40
次碘酸	HIO	25	—	3×10^{-11}	10.5
碘酸	HIO_3	25	—	1.6×10^{-1}	0.78
亚硝酸	HNO_2	25	—	5.6×10^{-4}	3.25

续表

化合物	化学式	温度/℃	分步	K_a(或K_b)	pK_a(或pK_b)
高碘酸	HIO_4	25	—	2.3×10^{-2}	1.64
磷酸	H_3PO_4	25	1	6.9×10^{-3}	2.16
		25	2	6.1×10^{-8}	7.21
		25	3	4.8×10^{-13}	12.32
正硅酸	H_4SiO_4	30	1	1.2×10^{-10}	9.9
			2	1.6×10^{-12}	11.8
			3	1×10^{-12}	12
			4	1×10^{-12}	12
硫酸	H_2SO_4	25	2	1.0×10^{-2}	1.99
亚硫酸	H_2SO_3	25	1	1.4×10^{-2}	1.85
			2	6×10^{-8}	7.2
氨水	NH_3	25	—	1.8×10^{-5}	4.75
氢氧化钙	Ca^{2+}	25	2	4×10^{-2}	1.4
氢氧化铝	Al^{3+}	25	—	1×10^{-9}	9.0
氢氧化银	Ag^{+}	25	—	1.0×10^{-2}	2.00
氢氧化锌	Zn^{2+}	25	—	7.9×10^{-7}	6.10
甲酸	HCOOH	25	1	1.8×10^{-4}	3.75
乙(醋)酸	CH_3COOH	25	1	1.75×10^{-5}	4.756
丙酸	C_2H_5COOH	25	1	1.3×10^{-5}	4.87
一氯乙酸	$CH_2ClCOOH$	25	1	1.4×10^{-3}	2.85
草酸	$C_2H_2O_4$	25	1	5.6×10^{-2}	1.25
			2	1.5×10^{-4}	3.81
柠檬酸	$C_6H_8O_7$	25	1	7.4×10^{-4}	3.13
			2	1.7×10^{-5}	4.76
			3	4.0×10^{-7}	6.40
巴比土酸	$C_4H_4N_2O_3$	25	1	9.8×10^{-5}	4.01
甲胺盐酸盐	$CH_3NH_2 \cdot HCl$	25	1	2.2×10^{-11}	10.66
二甲胺盐酸盐	$(CH_3)_2NH \cdot HCl$	25	1	1.9×10^{-11}	10.73
乳酸	$C_3H_6O_3$	25	1	1.4×10^{-4}	3.86
乙胺盐酸盐	$C_2H_5NH_2 \cdot HCl$	20	1	2.2×10^{-11}	10.66
苯甲酸	C_6H_5COOH	25	1	6.25×10^{-5}	4.204
苯酚	C_6H_5OH	25	1	1.0×10^{-10}	9.99
邻苯二甲酸	$C_8H_6O_4$	25	1	1.14×10^{-3}	2.943
			2	3.70×10^{-6}	5.432
Tris	$C_4H_{11}NO_3$	20	1	0.5×10^{-8}	8.3
氨基乙酸盐酸盐	$H_2NCH_2COOH \cdot 2HCl$	25	1	4.5×10^{-3}	2.35
			2	1.6×10^{-10}	9.78

资料来源：Haynes W M. CRC Handbook of Chemistry and Physics. 97th ed. New York：CRC Press，2016

附表 3-3　**一些难溶化合物的溶度积常数(25℃)**

化合物	K_{sp}	化合物	K_{sp}	化合物	K_{sp}
AgAc	1.94×10^{-3}	$CdCO_3$	1.0×10^{-12}	$LiCO_3$	8.15×10^{-4}
AgBr	5.35×10^{-13}	CdF_2	6.44×10^{-3}	$MgCO_3$	6.82×10^{-6}
$AgBrO_3$	5.38×10^{-5}	$Cd(IO_3)_2$	2.5×10^{-8}	MgF_2	5.16×10^{-11}
AgCN	5.97×10^{-17}	$Cd(OH)_2$	7.2×10^{-15}	$Mg(OH)_2$	5.61×10^{-12}
AgCl	1.77×10^{-10}	CdS	8.0×10^{-27}	$Mg_3(PO_4)_2$	1.04×10^{-24}
AgI	8.52×10^{-17}	$Cd_3(PO_4)_2$	2.53×10^{-33}	$MnCO_3$	2.24×10^{-11}
$AgIO_3$	3.17×10^{-8}	$Co_3(PO_4)_2$	2.05×10^{-35}	$Mn(IO_3)_2$	4.37×10^{-7}
AgSCN	1.03×10^{-12}	CuBr	6.27×10^{-9}	$Mn(OH)_2$	2.06×10^{-13}
Ag_2CO_3	8.46×10^{-12}	CuC_2O_4	4.43×10^{-10}	MnS	2.5×10^{-13}
$Ag_2C_2O_4$	5.40×10^{-12}	CuCl	1.72×10^{-7}	$NiCO_3$	1.42×10^{-7}
Ag_2CrO_4	1.12×10^{-12}	CuI	1.27×10^{-12}	$Ni(IO_3)_2$	4.71×10^{-5}
Ag_2S	6.3×10^{-50}	CuS	6.3×10^{-36}	$Ni(OH)_2$	5.48×10^{-16}
Ag_2SO_3	1.50×10^{-14}	CuSCN	1.77×10^{-13}	α-NiS	3.2×10^{-19}
Ag_2SO_4	1.20×10^{-5}	Cu_2S	2.5×10^{-48}	$Ni_3(PO_4)_2$	4.74×10^{-32}
Ag_3AsO_4	1.03×10^{-22}	$Cu_3(PO_4)_2$	1.40×10^{-37}	$PbCO_3$	7.40×10^{-14}
Ag_3PO_4	8.89×10^{-17}	$FeCO_3$	3.13×10^{-11}	$PbCl_2$	1.70×10^{-5}
$Al(OH)_3$	1.1×10^{-33}	FeF_2	2.36×10^{-6}	PbF_2	3.3×10^{-8}
$AlPO_4$	9.84×10^{-21}	$Fe(OH)_2$	4.87×10^{-17}	PbI_2	9.8×10^{-9}
$BaCO_3$	2.58×10^{-9}	$Fe(OH)_3$	2.79×10^{-39}	$PbSO_4$	2.53×10^{-8}
$BaCrO_4$	1.17×10^{-10}	FeS	6.3×10^{-18}	PbS	8×10^{-28}
BaF_2	1.84×10^{-7}	HgI_2	2.9×10^{-29}	$Pb(OH)_2$	1.43×10^{-20}
$Ba(IO_3)_2$	4.01×10^{-9}	HgS	4×10^{-53}	$Sn(OH)_2$	5.45×10^{-27}
$BaSO_4$	1.08×10^{-10}	Hg_2Br_2	6.40×10^{-23}	SnS	1.0×10^{-25}
$BiAsO_4$	4.43×10^{-10}	Hg_2CO_3	3.6×10^{-17}	$SrCO_3$	5.60×10^{-10}
CaC_2O_4	2.32×10^{-9}	$Hg_2C_2O_4$	1.75×10^{-13}	SrF_2	4.33×10^{-9}
$CaCO_3$	3.36×10^{-9}	Hg_2Cl_2	1.43×10^{-18}	$Sr(IO_3)_2$	1.14×10^{-7}
CaF_2	3.45×10^{-11}	Hg_2F_2	3.10×10^{-6}	$SrSO_4$	3.44×10^{-7}
$Ca(IO_3)_2$	6.47×10^{-6}	Hg_2I_2	5.2×10^{-29}	$ZnCO_3$	1.46×10^{-10}
$Ca(OH)_2$	5.02×10^{-6}	Hg_2SO_4	6.5×10^{-7}	ZnF_2	3.04×10^{-2}
$CaSO_4$	4.93×10^{-5}	$KClO_4$	1.05×10^{-2}	$Zn(OH)_2$	3×10^{-17}
$Ca_3(PO_4)_2$	2.07×10^{-33}	$K_2[PtCl_6]$	7.48×10^{-6}	α-ZnS	1.6×10^{-24}

资料来源：Haynes WM. CRC Handbook of Chemistry and Physics. 97th ed. New York：CRC Press，2016

注：硫化物的 K_{sp} 录自 Lange's Handbook of Chemistry. 16th ed. 2005：1.331-1.342

附表 3-4 **金属配合物的稳定常数**

配体及金属离子	$lg\beta_1$	$lg\beta_2$	$lg\beta_3$	$lg\beta_4$	$lg\beta_5$	$lg\beta_6$
氨（NH_3）						
Co^{2+}	2.11	3.74	4.79	5.55	5.73	5.11
Co^{3+}	6.7	14.0	20.1	25.7	30.8	35.2
Cu^{2+}	4.31	7.98	11.02	13.32	12.86	
Hg^{2+}	8.8	17.5	18.5	19.28		
Ni^{2+}	2.80	5.04	6.77	7.96	8.71	8.74
Ag^{+}	3.24	7.05				
Zn^{2+}	2.37	4.81	7.31	9.46		
Cd^{2+}	2.65	4.75	6.19	7.12	6.80	5.14
氯离子（Cl^-）						
Sb^{3+}	2.26	3.49	4.18	4.72		
Bi^{3+}	2.44	4.7	5.0	5.6		
Cu^{+}		5.5	5.7			
Pt^{2+}		11.5	14.5	16.0		
Hg^{2+}	6.74	13.22	14.07	15.07		
Au^{3+}		9.8				
Ag^{+}	3.04	5.04				
氰离子（CN^-）						
Au^{+}		38.3				
Cd^{2+}	5.48	10.60	15.23	18.78		
Cu^{+}		24.0	28.59	30.30		
Fe^{2+}						35
Fe^{3+}						42
Hg^{2+}				41.4		
Ni^{2+}				31.3		
Ag^{+}		21.1	21.7	20.6		
Zn^{2+}				16.7		
氟离子（F^-）						
Al^{3+}	6.10	11.15	15.00	17.75	19.37	19.84
Fe^{3+}	5.28	9.30	12.06			
碘离子（I^-）						
Bi^{3+}	3.63			14.95	16.80	18.80
Hg^{2+}	12.87	23.82	27.60	29.83		
Ag^{+}	6.58	11.74	13.68			

续表

配体及金属离子	$\lg\beta_1$	$\lg\beta_2$	$\lg\beta_3$	$\lg\beta_4$	$\lg\beta_5$	$\lg\beta_6$
硫氰酸根（SCN^-）						
Fe^{3+}	2.95	3.36				
Hg^{2+}		17.47		21.23		
Au^+		23		42		
Ag^+		7.57	9.08	10.08		
硫代硫酸根（$S_2O_3^{2-}$）						
Ag^+	8.82	13.46				
Hg^{2+}		29.44	31.90	33.24		
Cu^+	10.27	12.22	13.84			
醋酸根（CH_3COO^-）						
Fe^{3+}	3.2					
Hg^{2+}		8.43				
Pb^{2+}	2.52	4.0	6.4	8.5		
枸橼酸根（按 L^{3-} 配体）						
Al^{3+}	20.0					
Co^{2+}	12.5					
Cd^{2+}	11.3					
Cu^{2+}	14.2					
Fe^{2+}	15.5					
Fe^{3+}	25.0					
Ni^{2+}	14.3					
Zn^{2+}	11.4					
乙二胺（$H_2NCH_2CH_2NH_2$）						
Co^{2+}	5.91	10.64	13.94			
Cu^{2+}	10.67	20.00	21.0			
Zn^{2+}	5.77	10.83	14.11			
Ni^{2+}	7.52	13.84	18.33			
草酸根（$C_2O_4^{2-}$）						
Cu^{2+}	6.16	8.5				
Fe^{2+}	2.9	4.52	5.22			
Fe^{3+}	9.4	16.2	20.2			
Hg^{2+}		6.98				
Zn^{2+}	4.89	7.60	8.15			
Ni^{2+}	5.3	7.64	～8.5			

资料来源：Lange's Handbook of Chemistry. 16th ed. 2005：1.358-1.379

附录四　一些物质的基本热力学数据

附表 4-1　298.15K 的标准摩尔生成焓、标准摩尔生成自由能和标准摩尔熵的数据

物质	$\Delta_f H_m^\ominus$/kJ·mol^{-1}	$\Delta_f G_m^\ominus$/kJ·mol^{-1}	$S_m^\ominus$/J·K^{-1}·mol^{-1}
Ag(s)	0	0	42.6
Ag^+(aq)	105.6	77.1	72.7
$AgNO_3$(s)	−124.4	−33.4	140.9
AgCl(s)	−127.0	−109.8	96.3
AgBr(s)	−100.4	−96.9	107.1
AgI(s)	−61.8	−66.2	115.5
Ba(s)	0	0	62.5
Ba^{2+}(aq)	−537.6	−560.8	9.6
$BaCl_2$(s)	−855.0	−806.7	123.7
$BaSO_4$(s)	−1473.2	−1362.2	132.2
Br_2(g)	30.9	3.1	245.5
Br_2(l)	0	0	152.2
C(dia)	1.9	2.9	2.4
C(gra)	0	0	5.7
CO(g)	−110.5	−137.2	197.7
CO_2(g)	−393.5	−394.4	213.8
Ca(s)	0	0	41.6
Ca^{2+}(aq)	−542.8	−553.6	−53.1
$CaCl_2$(s)	−795.4	−748.8	108.4
$CaCO_3$(calcite)	−1207.6	−1129.1	91.7
$CaCO_3$(aragonite)	−1207.8	−1128.2	88.0
CaO(s)	−634.9	−603.3	38.1
$Ca(OH)_2$(s)	−985.2	−897.5	83.4
Cl_2(g)	0	0	223.1
Cl^-(aq)	−167.2	−131.2	56.5
Cu(s)	0	0	33.2
Cu^{2+}(aq)	64.8	65.5	−99.6
F_2(g)	0	0	202.8
F^-(aq)	−332.6	−278.8	−13.8
Fe(s)	0	0	27.3
Fe^{2+}(aq)	−89.1	−78.9	−137.7
Fe^{3+}(aq)	−48.5	−4.7	−315.9
FeO(s)	−272.0	−251	61
Fe_3O_4(s)	−1118.4	−1015.4	146.4
Fe_2O_3(s)	−824.2	−742.2	87.4
H_2(g)	0	0	130.7
H^+(aq)	0	0	0
HCl(g)	−92.3	−95.3	186.9
HF(g)	−273.3	−275.4	173.8
HBr(g)	−36.3	−53.4	198.70
HI(g)	26.5	1.7	206.6
H_2O(g)	−241.8	−228.6	188.8
H_2O(l)	−285.8	−237.1	70.0
H_2S(g)	−20.6	−33.4	205.8
I_2(g)	62.4	19.3	260.7
I_2(s)	0	0	116.1
I^-(aq)	−55.2	−51.6	111.3
K(s)	0	0	64.7

续表

物质	$\Delta_f H_m^{\ominus}$/kJ·mol^{-1}	$\Delta_f G_m^{\ominus}$/kJ·mol^{-1}	$S_m^{\ominus}$/J·K^{-1}·mol^{-1}
K^+(aq)	−252.4	−283.3	102.5
KI(s)	−327.9	−324.9	106.3
KCl(s)	−436.5	−408.5	82.6
Mg(s)	0	0	32.7
Mg^{2+}(aq)	−466.9	−454.8	−138.1
MgO(s)	−601.6	−569.3	27.0
MnO_2(s)	−520.0	−465.1	53.1
Mn^{2+}(aq)	−220.8	−228.1	−73.6
N_2(g)	0	0	191.6
NH_3(g)	−45.9	−16.4	192.8
NH_4Cl(s)	−314.4	−202.9	94.6
NO(g)	91.3	87.6	210.8
NO_2(g)	33.2	51.3	240.1
Na(s)	0	0	51.3
Na^+(aq)	−240.1	−261.9	59.0
NaCl(s)	−411.2	−384.1	72.1
O_2(g)	0	0	205.2
OH^-(aq)	−230.0	−157.2	−10.8
SO_2(g)	−296.8	−300.1	248.2
SO_3(g)	−395.7	−371.1	256.8
Zn(s)	0	0	41.6
Zn^{2+}(aq)	−153.9	−147.1	−112.1
ZnO(s)	−350.5	−320.5	43.7
CH_4(g)	−74.6	−50.5	186.3
C_2H_2(g)	227.4	209.9	200.9
C_2H_4(g)	52.4	68.4	219.3
C_2H_6(g, benzene)	−84.0	−32.0	229.2
C_6H_6(g, benzene)	82.9	129.7	269.2
C_6H_6(l)	49.1	124.5	173.4
CH_3OH(g)	−201.0	−162.3	239.9
CH_3OH(l)	−239.2	−166.6	126.8
HCHO(g)	−108.6	−102.5	218.8
HCOOH(l)	−425.0	−361.4	129.0
C_2H_5OH(g)	−234.8	−167.9	281.6
C_2H_5OH(l)	−277.6	−174.8	160.7
CH_3CHO(l)	−192.2	−127.6	160.2
CH_3COOH(l)	−484.3	−389.9	159.8
H_2NCONH_2(s)	−333.1	−196.8	104.6
$C_6H_{12}O_6$(s)(葡萄糖)	−1273.3	−910.4	212.1
$C_{12}H_{22}O_{11}$(s)(蔗糖)	−2226.1	−1544.7	360.2

资料来源：Haynes W M. CRC Handbook of Chemistry and Physics. 97th ed. New York：CRC Press，2016

附表 4-2　一些有机化合物的标准摩尔燃烧热

化合物	$\Delta_c H_m^{\ominus}$/kJ·mol^{-1}	化合物	$\Delta_c H_m^{\ominus}$/kJ·mol^{-1}
CH_4(g)	−890.8	HCHO(g)	−570.7
C_2H_2(g)	−1 301.1	CH_3CHO(l)	−1 166.9
C_2H_4(g)	−1 411.2	CH_3COCH_3(l)	−1 789.9
C_2H_6(g)	−1 560.7	HCOOH(l)	−254.6
C_3H_8(g)	−2 219.2	CH_3COOH(l)	−874.2
C_5H_{12}(l)	−3 509.0	$C_{17}H_{35}COOH$(s)(硬脂酸)	−11 281
C_6H_6(l)	−3 267.6	$C_6H_{12}O_6$(s)(葡萄糖)	−2 803.0
CH_3OH	−726.1	$C_{12}H_{22}O_{11}$(s)(蔗糖)	−5 640.9
C_2H_5OH	−1 366.8	$CO(NH_2)_2$(s)(尿素)	−632.7

资料来源：Haynes W M. CRC Handbook of Chemistry and Physics. 97th ed. New York：CRC Press，2016

附录五　一些还原半反应的标准电极电位 $\varphi^{\ominus}$(298.15K)

半反应	$\varphi^{\ominus}$/V	半反应	$\varphi^{\ominus}$/V
$Sr^{+}+e^{-}\rightleftharpoons Sr$	−4.10	$Sn^{4+}+2e^{-}\rightleftharpoons Sn^{2+}$	0.151
$Li^{+}+e^{-}\rightleftharpoons Li$	−3.040 1	$Cu^{2+}+e^{-}\rightleftharpoons Cu^{+}$	0.153
$Ca(OH)_2+2e^{-}\rightleftharpoons Ca+2OH^{-}$	−3.02	$Fe_2O_3+4H^{+}+2e^{-}\rightleftharpoons 2FeOH^{+}+H_2O$	0.16
$K^{+}+e^{-}\rightleftharpoons K$	−2.931	$SO_4^{2-}+4H^{+}+2e^{-}\rightleftharpoons H_2SO_3+H_2O$	0.172
$Ba^{2+}+2e^{-}\rightleftharpoons Ba$	−2.912	$AgCl+e^{-}\rightleftharpoons Ag+Cl^{-}$	0.222 33
$Ca^{2+}+2e^{-}\rightleftharpoons Ca$	−2.868	$As_2O_3+6H^{+}+6e^{-}\rightleftharpoons 2As+3H_2O$	0.234
$Na^{+}+e^{-}\rightleftharpoons Na$	−2.71	$HasO_2+3H^{+}+3e^{-}\rightleftharpoons As+2H_2O$	0.248
$Mg^{2+}+2e^{-}\rightleftharpoons Mg$	−2.372	$Hg_2Cl_2+2e^{-}\rightleftharpoons 2Hg+2Cl^{-}$	0.268 08
$Mg(OH)_2+2e^{-}\rightleftharpoons Mg+2OH^{-}$	−2.690	$Cu^{2+}+2e^{-}\rightleftharpoons Cu$	0.3419
$Al(OH)_3+3e^{-}\rightleftharpoons Al+3OH^{-}$	−2.31	$Ag_2O+H_2O+2e^{-}\rightleftharpoons 2Ag+2OH^{-}$	0.342
$Be^{2+}+2e^{-}\rightleftharpoons Be$	−1.847	$[Fe(CN)_6]^{3-}+e^{-}\rightleftharpoons [Fe(CN)_6]^{4-}$	0.358
$Al^{3+}+3e^{-}\rightleftharpoons Al$	−1.662	$[Ag(NH_3)_2]^{+}+e^{-}\rightleftharpoons Ag+2NH_3$	0.373
$Mn(OH)_2+2e^{-}\rightleftharpoons Mn+2OH^{-}$	−1.56	$O_2+2H_2O+4e^{-}\rightleftharpoons 4OH^{-}$	0.401
$ZnO+H_2O+2e^{-}\rightleftharpoons Zn+2OH^{-}$	−1.260	$H_2SO_3+4H^{+}+4e^{-}\rightleftharpoons S+3H_2O$	0.449
$H_2BO_3^{-}+5H_2O+8e^{-}\rightleftharpoons BH_4^{-}+8OH^{-}$	−1.24	$IO^{-}+H_2O+2e^{-}\rightleftharpoons I^{-}+2OH^{-}$	0.485
$Mn^{2+}+2e^{-}\rightleftharpoons Mn$	−1.185	$Cu^{+}+e^{-}\rightleftharpoons Cu$	0.521
$2SO_3^{2-}+2H_2O+2e^{-}\rightleftharpoons S_2O_4^{2-}+4OH^{-}$	−1.12	$I_2+2e^{-}\rightleftharpoons 2I^{-}$	0.5355
$PO_4^{3-}+2H_2O+2e^{-}\rightleftharpoons HPO_3^{2-}+3OH^{-}$	−1.05	$I_3^{-}+2e^{-}\rightleftharpoons 3I^{-}$	0.536
$SO_4^{2-}+H_2O+2e^{-}\rightleftharpoons SO_3^{2-}+2OH^{-}$	−0.93	$AgBrO_3+e^{-}\rightleftharpoons Ag+BrO_3^{-}$	0.546
$2H_2O+2e^{-}\rightleftharpoons H_2+2OH^{-}$	−0.827 7	$MnO_4^{-}+e^{-}\rightleftharpoons MnO_4^{2-}$	0.558
$Zn^{2+}+2e^{-}\rightleftharpoons Zn$	−0.761 8	$AsO_4^{3-}+2H^{+}+2e^{-}\rightleftharpoons AsO_3^{2-}+H_2O$	0.559
$Cr^{3+}+3e^{-}\rightleftharpoons Cr$	−0.744	$H_3AsO_4+2H^{+}+2e^{-}\rightleftharpoons HAsO_2+2H_2O$	0.560
$AsO_4^{3-}+2H_2O+2e^{-}\rightleftharpoons AsO_2^{-}+4OH^{-}$	−0.71	$MnO_4^{-}+2H_2O+3e^{-}\rightleftharpoons MnO_2+4OH^{-}$	0.595
$AsO_2^{-}+2H_2O+3e^{-}\rightleftharpoons As+4OH^{-}$	−0.68	$Hg_2SO_4+2e^{-}\rightleftharpoons 2Hg+SO_4^{2-}$	0.6125
$SbO_2^{-}+2H_2O+3e^{-}\rightleftharpoons Sb+4OH^{-}$	−0.66	$O_2+2H^{+}+2e^{-}\rightleftharpoons H_2O_2$	0.695
$SbO_3^{-}+H_2O+2e^{-}\rightleftharpoons SbO_2^{-}+2OH^{-}$	−0.59	$[PtCl_4]^{2-}+2e^{-}\rightleftharpoons Pt+4Cl^{-}$	0.755
$Fe(OH)_3+e^{-}\rightleftharpoons Fe(OH)_2+OH^{-}$	−0.56	$BrO^{-}+H_2O+2e^{-}\rightleftharpoons Br^{-}+2OH^{-}$	0.761
$2CO_2+2H^{+}+2e^{-}\rightleftharpoons H_2C_2O_4$	−0.49	$Fe^{3+}+e^{-}\rightleftharpoons Fe^{2+}$	0.771
$B(OH)_3+7H^{+}+8e^{-}\rightleftharpoons BH_4^{-}+3H_2O$	−0.481	$Hg_2^{2+}+2e^{-}\rightleftharpoons 2Hg$	0.797 3
$S+2e^{-}\rightleftharpoons S^{2-}$	−0.476 27	$Ag^{+}+e^{-}\rightleftharpoons Ag$	0.799 6

续表

半反应	$\varphi^{\ominus}$/V	半反应	$\varphi^{\ominus}$/V
$Fe^{2+}+2e^- \rightleftharpoons Fe$	−0.447	$ClO^-+H_2O+2e^- \rightleftharpoons Cl^-+2OH^-$	0.81
$Cr^{3+}+e^- \rightleftharpoons Cr^{2+}$	−0.407	$Hg^{2+}+2e^- \rightleftharpoons Hg$	0.851
$Cd^{2+}+2e^- \rightleftharpoons Cd$	−0.403 0	$2Hg^{2+}+2e^- \rightleftharpoons Hg_2^{2+}$	0.920
$PbSO_4+2e^- \rightleftharpoons Pb+SO_4^{2-}$	−0.3588	$NO_3^-+3H^++2e^- \rightleftharpoons HNO_2+H_2O$	0.934
$Tl^++e^- \rightleftharpoons Tl$	−0.336	$Pd^{2+}+2e^- \rightleftharpoons Pd$	0.951
$[Ag(CN)_2]^-+e^- \rightleftharpoons Ag+2CN^-$	−0.31	$Br_2(l)+2e^- \rightleftharpoons 2Br^-$	1.066
$Co^{2+}+2e^- \rightleftharpoons Co$	−0.28	$Br_2(aq)+2e^- \rightleftharpoons 2Br^-$	1.087 3
$H_3PO_4+2H^++2e^- \rightleftharpoons H_3PO_3+H_2O$	−0.276	$2IO_3^-+12H^++10e^- \rightleftharpoons I_2+6H_2O$	1.195
$PbCl_2+2e^- \rightleftharpoons Pb+2Cl^-$	−0.267 5	$ClO_3^-+3H^++2e^- \rightleftharpoons HClO_2+H_2O$	1.214
$Ni^{2+}+2e^- \rightleftharpoons Ni$	−0.257	$MnO_2+4H^++2e^- \rightleftharpoons Mn^{2+}+2H_2O$	1.224
$V^{3+}+e^- \rightleftharpoons V^{2+}$	−0.255	$O_2+4H^++4e^- \rightleftharpoons 2H_2O$	1.229
$CdSO_4+2e^- \rightleftharpoons Cd+SO_4^{2-}$	−0.246	$Cr_2O_7^{2-}+14H^++6e^- \rightleftharpoons 2Cr^{3+}+7H_2O$	1.36
$Cu(OH)_2+2e^- \rightleftharpoons Cu+2OH^-$	−0.222	$Tl^{3+}+2e^- \rightleftharpoons Tl^+$	1.252
$CO_2+2H^++2e^- \rightleftharpoons HCOOH$	−0.199	$2HNO_2+4H^++4e^- \rightleftharpoons N_2O+3H_2O$	1.297
$AgI+e^- \rightleftharpoons Ag+I^-$	−0.152 24	$HBrO+H^++2e^- \rightleftharpoons Br^-+H_2O$	1.331
$O_2+2H_2O+2e^- \rightleftharpoons H_2O_2+2OH^-$	−0.146	$HCrO_4^-+7H^++3e^- \rightleftharpoons Cr^{3+}+4H_2O$	1.350
$Sn^{2+}+2e^- \rightleftharpoons Sn$	−0.1375	$Cl_2(g)+2e^- \rightleftharpoons 2Cl^-$	1.358 27
$CrO_4^{2-}+4H_2O+3e^- \rightleftharpoons Cr(OH)_3+5OH^-$	−0.13	$ClO_4^-+8H^++8e^- \rightleftharpoons Cl^-+4H_2O$	1.389
$Pb^{2+}+2e^- \rightleftharpoons Pb$	−0.126 2	$HClO+H^++2e^- \rightleftharpoons Cl^-+H_2O$	1.482
$O_2+H_2O+2e^- \rightleftharpoons HO_2^-+OH^-$	−0.076	$MnO_4^-+8H^++5e^- \rightleftharpoons Mn^{2+}+4H_2O$	1.507
$Fe^{3+}+3e^- \rightleftharpoons Fe$	−0.037	$MnO_4^-+4H^++3e^- \rightleftharpoons MnO_2+2H_2O$	1.679
$Ag_2S+2H^++2e^- \rightleftharpoons 2Ag+H_2S$	−0.0366	$Au^++e^- \rightleftharpoons Au$	1.692
$2H^++2e^- \rightleftharpoons H_2$	0.000 00	$Ce^{4+}+e^- \rightleftharpoons Ce^{3+}$	1.72
$Pd(OH)_2+2e^- \rightleftharpoons Pd+2OH^-$	0.07	$H_2O_2+2H^++2e^- \rightleftharpoons 2H_2O$	1.776
$AgBr+e^- \rightleftharpoons Ag+Br^-$	0.071 33	$Co^{3+}+e^- \rightleftharpoons Co^{2+}$	1.92
$S_4O_6^{2-}+2e^- \rightleftharpoons 2S_2O_3^{2-}$	0.08	$S_2O_8^{2-}+2e^- \rightleftharpoons 2SO_4^{2-}$	2.010
$[Co(NH_3)_6]^{3+}+e^- \rightleftharpoons [Co(NH_3)_6]^{2+}$	0.108	$F_2+2e^- \rightleftharpoons 2F^-$	2.866
$S+2H^++2e^- \rightleftharpoons H_2S(aq)$	0.142		

资料来源：Haynes W M. CRC Handbook of Chemistry and Physics. 97th ed. New York：CRC Press，2016

附录六　希腊字母表

大写	小写	名称	读音	大写	小写	名称	读音
Α	α	alpha	['ælfə]	Ν	ν	nu	[nju:]
Β	β	beta	['bi:tə;'beitə]	Ξ	ξ	xi	[ksai;zai;gzai]
Γ	γ	gamma	['gæmə]	Ο	ο	omicron	[ou'maikrən]
Δ	δ	delta	['deltə]	Π	π	pi	[pai]
Ε	ε	epsilon	[ep'sailnən;'epsilnən]	Ρ	ρ	rho	[rou]
Ζ	ζ	zeta	['zi:tə]	Σ	σ, s	sigma	['sigmə]
Η	η	eta	['i:tə;'eitə]	Τ	τ	tau	[tɔ:]
Θ	θ	theta	['θi:tə]	Υ	υ	upsilon	[ju:p'sailən;u:psilən]
Ι	ι	iota	[ai'outə]	Φ	φ, φ	phi	[fai]
Κ	κ	kappa	['kæpə]	Χ	χ	chi	[kai]
Λ	λ	lambda	['læmdə]	Ψ	ψ	psi	[psai]
Μ	μ	mu	[mju:]	Ω	ω	omega	['oumigə]

附录七 化学相关网站

1. 化学数据库

   美国国家标准与技术研究院（NIST）的物性数据库 http://webbook.nist.gov/chemistry

   Cambridgesoft 公司的网站化学数据库 http://chemfinder.cambridgesoft.com

   万方数据库 http://db.sti.ac.cn

   科学数据库 http://www.sdb.ac.cn/

2. 化学化工资源导航系统

   重要化学化工资源导航 ChIN 网页 http://www.cjinweb.com.cn

   英国利物浦大学 Links for Chemists http://www.liv.ac.uk/Chemistry/Links

   北京大学化学信息中心 http://cheminfo.pku.edu.cn/

3. 网上化学课程

   美国得克萨斯大学网上课程 http://www.utexas.edu/world/lecture

   美国加州大学洛杉矶分校虚拟图书馆 http://www.chem.ucla.edu/chempointers.htmL

   中国网上科学馆 http://www.inetsm.com.cn

   美国弗吉尼亚技术大学化学超媒体项目 http://www.chem.vt.edu./chem-ed

4. 联机检索

   德国专业信息中心（FIZ） http://www.fiz-karsruhe.de

   美国化学会的化学文摘（CAS）http://info.cas.org/ONLINE/online.htmL

   日本科技信息中心（JISCST） http://www.jicst.go.jp/

5. 专利数据库

   美国专利商标局（USPTO）http://www.uspto.gov/patft/

   欧洲专利局（EPO）http://ep.espacenet.com

   中国知识产权网 http://www.cnipr.com

6. 信息资源

   中国医药信息网 http://www.cpi.ac.cn/

   中国期刊网 http://chinajournal.net.cn/

   北京科普之窗 http://www.bjkp.gov.cn

部分习题参考答案

第一章

习题

1. 0.85L

2. $c(K^+)=5.1mmol\cdot L^{-1}$, $c(Cl^-)=103mmol\cdot L^{-1}$

3. $p=2.33kPa$

4. (1) 乙溶液的蒸气压力高。(2) 乙溶液浓度变浓，甲溶液浓度变稀。因为浓度不同的溶液置于同一密闭容器中，由于 b_B 不同，p 不同，蒸发与凝结速度不同。乙溶液蒸气压力高，溶剂蒸发速度大于甲溶液蒸发速度，因此，溶液乙中溶剂可以转移到甲溶液。(3) $x=3.22g$

5. 相对分子质量为 28.1，$T_f=-1.85℃$

6. $C_{10}H_{14}N_2$

7. (3) > (1) = (2) > (4)

8. $M_r=343$

9. (4) > (2) > (3) > (1)

10. (1) 正确，氯化钠溶液的渗透浓度应为 $140mmol\cdot L^{-1}$

11. 相对分子质量为 6.92×10^4

12. $280mmol\cdot L^{-1}$，$\Pi=722kPa$

Exercises

1. NaCl: $T_f=-9.89℃$, $T_b=102.72℃$; Urea: $T_f=-7.16℃$, $T_b=101.97℃$

2. $M_B=118g\cdot mol^{-1}$

3. The molar mass is $127g\cdot mol^{-1}$, the molecular formula $C_{10}H_8$

4. $T_f=-7.79℃$

5. $M(Hb)=6.51\times10^4g\cdot mol^{-1}$

6. $\Pi=763kPa$

第二章

习题

1. OH^- H_2O HCO_3^- CO_3^{2-} NH_3 $NH_2CH_2COO^-$ HS^- S^{2-}

2. H_3O^+ NH_4^+ $H_2PO_4^-$ NH_3 $[Al(H_2O)_6]^{3+}$ HCO_3^- $NH_3^+CH_2COOH$

3. (1) 各离子浓度由大到小为：$[H_3O^+]\approx[H_2PO_4^-]>[HPO_4^{2-}]>[OH^-]>[PO_4^{3-}]$。$H_3O^+$ 浓度并不是 PO_4^{3-} 浓度的 3 倍。(2) $NaHCO_3$ 水溶液呈弱碱性。NaH_2PO_4 水溶液呈弱酸性

4. (1) 反应正向进行；(2) 反应正向进行；(3) 反应逆向进行；(4) 反应逆向进行

5. $[H_3O^+]_{成人}/[H_3O^+]_{婴儿}=4000$

6. $[HS^-]\approx[H_3O^+]=9.4\times10^{-5}mol\cdot L^{-1}$; $[S^{2-}]\approx K_{a2}=1.0\times10^{-19}mol\cdot L^{-1}$

7. pH = 10.04

8. $[OH^-]=[HN_3]=2.3\times10^{-6}mol\cdot L^{-1}$; $[N_3^-]=[Na^+]=0.010mol\cdot L^{-1}$; $[H_3O^+]=4.3\times10^{-9}mol\cdot L^{-1}$

9. $pH = 2.11$; $[C_7H_5O_3^-] \approx [H_3O^+] = 7.8 \times 10^{-3} mol \cdot L^{-1}$; $[C_7H_4O_3^{2-}] = 3.6 \times 10^{-14} mol \cdot L^{-1}$

10. (1) $pH = 9.76$; (2) $pH = 4.68$

11. 乙酸在液氨中的酸性比在水中的酸性更强

12. $c(HC_3H_5O_3) = 0.091 mol \cdot L^{-1}$

13. (1) 应该加入 NaAc; (2) $pH = 5.70$; (3) $pH = 13.95$

14. $pH = 10.04$

15. (1) $pH = 5.28$; (2) $pH = 7.01$; (3) $pH = 8.34$

16. (1) $pH = 7.21$; (2) $pH = 10.32$

17. (1) $pH = 7.21$; (2) $\Pi = 644kPa$; (3) 溶液的渗透浓度为 $0.35 mol \cdot L^{-1}$，为高渗溶液

Exercises

1. $pH = 2.94$

2. $K_b = 5.2 \times 10^{-4}$; $K_a = 1.9 \times 10^{-11}$

3. $pH = 9.00$

4. (1) $K_a(HA) = 8.8 \times 10^{-5}$; (2) $[HA] = 0.12 mol \cdot L^{-1}$

第三章

习题

2. $BaSO_4$ 在生理盐水中发生盐效应而使其溶解度增大；而 AgCl 在生理盐水中主要发生同离子效应而使其溶解度减小

4. (1) 降低，但加入盐酸量过大时反而增大 AgCl 的溶解度；(2) 降低；(3) 稍有增加；(4) 大大增加

6. (1) $3.7 \times 10^{-5} mol \cdot L^{-1}$; (2) $2.1 \times 10^{-11} mol \cdot L^{-1}$; (3) $5.1 \times 10^{-7} mol \cdot L^{-1}$

7. AgCl 先沉淀析出；当 Ag_2CrO_4 开始沉淀时，溶液中 Cl^- 浓度为 $1.67 \times 10^{-5} mol \cdot L^{-1}$

8. $5.9 \times 10^{-13} mol \cdot L^{-1}$

9. $8.0 \times 10^{-27} mol \cdot L^{-1} \sim 6.3 \times 10^{-17} mol \cdot L^{-1}$；利用分级沉淀的方法可以将 Pb^{2+} 和 Fe^{2+} 完全分离

10. (1) $1.3 \times 10^{-4} mol \cdot L^{-1}$; (2) F^- 浓度超标

11. pH 范围为 2.82～9.37

12. (1) 有沉淀生成；(2) 需加入 12.8g NH_4Cl

Exercises

1. (b), (c), and (d) are more soluble in acidic solution

2. (a) $S = 5.3 \times 10^{-7} mol \cdot L^{-1}$; (b) $S = 2.8 \times 10^{-10} mol \cdot L^{-1}$

3. Ag_2CrO_4 has both the higher molar and gram solubility

4. $K_{sp} = 4.00 \times 10^{-6}$

5. $pH = 12.33$

6. $c(Na_2C_2O_4) = 0.0773 mol \cdot L^{-1}$

7. $K_{sp} = 1.08 \times 10^{-10}$

8. $pH = 10.53$

第四章

习题

3. (1); (2); (4); (5)

4. 是缓冲溶液，$pH = 5.53$

5. $pH = 10.23$

6. $c(HCOO^-)=0.234mol\cdot L^{-1}$; $c(HCOOH)=0.166mol\cdot L^{-1}$

7. pH=5.45

8. 0.50g

9. pH=4.45

10. pH=6.95

11.

溶液组成	缓冲系	抗酸成分	抗碱成分	有效缓冲范围	$\beta_{最大}$时体积比
$Na_2HCit+HCl$	$H_2Cit^--HCit^{2-}$	$HCit^{2-}$	H_2Cit^-	3.76～5.76	2∶1
$Na_2HCit+HCl$	$H_3Cit-H_2Cit^-$	H_2Cit^-	H_3Cit	2.13～4.13	2∶3
$Na_2HCit+NaOH$	$HCit^{2-}-Cit^{3-}$	Cit^{3-}	$HCit^{2-}$	5.40～7.40	2∶1

12. (1)需 HCl 溶液 50mL;(2)需 HCl 溶液 49.7mL;(3)需 HCl 溶液 31mL。第一种混合溶液无缓冲作用;第二种 $pH<pK_a-1$,无缓冲能力;第三种缓冲作用较强

13. 需 NH_4Cl 6.69g,NaOH 溶液 45mL

14. 需 H_3PO_4 溶液 38.4mL,NaOH 溶液 61.6mL

15. $V(HCl)=65.4mL$;需加入 NaCl 0.92g

16. pH=7.36,不会引起酸中毒

Exercises

3. (a) $HAc-Ac^-$; (b) $H_2PO_4^--HPO_4^{2-}$; (c) $NH_4^+-NH_3$

4. Choose (d) and (e)

5. Mass of sodium acetate=6.53g; $V(CH_3COOH)=1.55mL$

6. The buffer-component ratio is about 4.00

第五章

习题

1. 第(3)种情况引起汞中毒的危险性最大。原因略

2. $9.13\times10^{-4}J$

7. $[(AgCl)_m\cdot nAg^+\cdot(n-x)NO_3^-]^{x+}\cdot xNO_3^-$

8. $K_3[Fe(CN)_6]>MgSO_4>A1C1_3$; $AlCl_3>MgSO_4>K_3[Fe(CN)_6]$

9. 80mL

10. 原 A 溶胶带负电荷,B 溶胶带正电荷

13. 略;向正极移动

Exercises

1. Omitted

2. Omitted

3. Omitted

4. (a) aerosol; (b) sol; (c) foam; (d) sol

5. (d) K_3PO_4

第六章

习题

2. (1) $\Delta U=-3.0kJ$; (2) $\Delta U=-300J$

4. (1) $\Delta_r H_m^\ominus=40.0kJ\cdot mol^{-1}$; (2) $\Delta_r H_m^\ominus=80.0kJ\cdot mol^{-1}$; (3) $\Delta_r H_m^\ominus=20.0kJ\cdot mol^{-1}$

5. (1) $\xi=0.30\text{mol}$; (2) $\xi=0.60\text{mol}$

7. $\Delta_r H_m^\ominus=49.2\text{kJ}\cdot\text{mol}^{-1}$

8. $\Delta_r H_m^\ominus=-1254\text{kJ}\cdot\text{mol}^{-1}$

9. $\Delta_r H_{m4}^\ominus=-11.0\text{kJ}\cdot\text{mol}^{-1}$; $\Delta_r G_{m4}^\ominus=-6.20\text{kJ}\cdot\text{mol}^{-1}$; $\Delta_r S_{m4}^\ominus=-16.1\text{J}\cdot\text{K}^{-1}\cdot\text{mol}^{-1}$

10. (1) $\Delta_r G_m^\ominus=116.3\text{kJ}\cdot\text{mol}^{-1}>0$，298.15K 的标准状态下反应不能自发进行；(2) $T\geqslant1015.42\text{K}$（742.37℃）

11. $\Delta_r H_m^\ominus=-41.2\text{kJ}\cdot\text{mol}^{-1}$; $\Delta_r G_m^\ominus=-28.6\text{kJ}\cdot\text{mol}^{-1}$; $\Delta_r S_m^\ominus=-42.26\text{J}\cdot\text{K}^{-1}\cdot\text{mol}^{-1}$; $S_m^\ominus(H_2O, g)=189.1\text{J}\cdot\text{K}^{-1}\cdot\text{mol}^{-1}$

12. $V=6.31\text{L}$

13. (1) $\Delta_r H_m^\ominus=-5640\text{kJ}\cdot\text{mol}^{-1}$; $\Delta_r S_m^\ominus=513\text{J}\cdot\text{K}^{-1}\cdot\text{mol}^{-1}$; $\Delta_r G_m^\ominus=-5793\text{kJ}\cdot\text{mol}^{-1}$; (2) $\Delta_r G_m=-51.97\text{kJ}\cdot\text{mol}^{-1}$

Exercises

1. Omitted

2. Omitted

3. $\Delta_r G_m^\ominus=-137.9\text{kJ}\cdot\text{mol}^{-1}$

4. $\Delta_r G_m^\ominus=0.16\text{kJ}\cdot\text{mol}^{-1}$

5. $T=333\text{K}$

6. $\Delta_f H_m^\ominus(C_{57}H_{104}O_6)=-3.79\times10^3\text{kJ}\cdot\text{mol}^{-1}$

7. (a) $\Delta S>0$; (b) $\Delta S<0$; (c) For no change take place in the number of moles of gas, the entropy change cannot be predicted

第七章

习题

2. $K_3^\ominus=K_2^\ominus/K_1^\ominus=4.79\times10^2$；反应(2)的 $\Delta_r G_{m,823}^\ominus=-28.77\text{kJ}\cdot\text{mol}^{-1}$，反应(3)的 $\Delta_r G_{m,823}^\ominus=-42.23\text{kJ}\cdot\text{mol}^{-1}$，所以 CO(g) 对 CoO(s) 的还原能力大于 H_2(g) 对 CoO(s) 的还原能力

3. $[SO_3]=4.5\times10^{-3}\text{mol}\cdot\text{L}^{-1}$

4. 经计算，反应商 $[HbCO]/[HbO_2]=2.2\%$，大于智力损伤的最低值 2%，故抽烟会造成人的智力损伤

5. $K^\ominus=11.83$

6. N_2O_4 的分解率为 24.2%；N_2O_4 的初始压力为 48.3kPa

7. (1) $K^\ominus=\dfrac{\{[Mn^{2+}]/c^\ominus\}\{[p(Cl_2)/p^\ominus\}}{\{[H^+]/c^\ominus\}^4\{[Cl^-]/c^\ominus\}^2}$；(2) $\Delta_r G_m^\ominus=25.2\text{kJ}\cdot\text{mol}^{-1}>0$，在 298K 时的标态下不能自发进行；(3) $\Delta_r G_m^\ominus=-11.76\text{kJ}\cdot\text{mol}^{-1}<0$，此时上面的反应能正向自发进行

8. $K^\ominus=33.42$

9. 1.74×10^{-10}

10. $K_{sp}(Ag_2CO_3, 298.15\text{K})=1.38\times10^{-13}$，$K_{sp}(Ag_2CO_3, 373.15\text{K})=7.93\times10^{-12}$

Exercises

1. $K^\ominus=1.11$

2. (1) No change; (2) Increase; (3) Increase; (4) Decrease; (5) No change

3. $p(N_2O_4)=2.668\times10^4\text{Pa}$; $p(\text{total})=p(NO_2)+p(N_2O_4)=2.0\times10^4\text{Pa}+2.668\times10^4\text{Pa}\approx4.668\times10^4\text{Pa}$

4. $K^\ominus=7.04\times10^8$; According to the result, this reaction as a mean of methane production is worth pursuing

5. $[H_2]=3.877\times10^{-3}\text{mol}\cdot\text{L}^{-1}$, $[I_2]=1.053\times10^{-3}\text{mol}\cdot\text{L}^{-1}$, $[HI]=1.492\times10^{-3}\text{mol}\cdot\text{L}^{-1}$

第八章

习题

2. h^{-1}; $\text{L}\cdot\text{mol}^{-1}\cdot\text{h}^{-1}$mo; $\text{mol}\cdot\text{L}^{-1}\cdot\text{h}^{-1}$

3. $\Delta_r H_m = E_a - E_a'$
4. (2)
5. $v(O_2) = 6.8mol \cdot L^{-1} \cdot h^{-1}$; $v(SO_3) = 13.60mol \cdot L^{-1} \cdot h^{-1}$
6. $3.01 \times 10^{-2} d^{-1}$
8. (1) $0.014mol \cdot L^{-1} \cdot s^{-1}$; (2) $0.028s^{-1}$; (3) $0.056L \cdot mol^{-1} \cdot s^{-1}$
9. 1202K
11. 分解 40.9%，已失效
12. (1) $2.53 \times 10^{-6} mol \cdot L^{-1} \cdot s^{-1}$; (2) $8.21 \times 10^{-4} mol \cdot L^{-1}$
13. $85.5kJ \cdot mol^{-1}$，$A = 5.25 \times 10^{12}$
14. $75.0kJ \cdot mol^{-1}$
15. 7.0×10^{13} 倍和 7.8×10^{24} 倍
16. 1.2 倍

Exercises

1. (a)
2. $1.83mol \cdot L^{-1}$; 0.085
3. Reaction is zero order in CO, second order in NO_2 and second order overall respectively
4. The artificial red blood cells will be left 89.3%
5. (a) First-order for A. second-order for B and the order of −1 for E

(b) $v_5 = \frac{1}{4} v_1$

6. (a) $2NO + 2H_2 \rightleftharpoons N_2 + 2H_2O$; (b) $v = k_2 c(N_2O_2) c(H_2) = K_1 k_2 c^2(NO) c(H_2)$

第九章

习题

1. +6，+2，+4，+4，+5，−1，−1，+6
2. (1) $2MnO_4^-(aq) + 5H_2O_2(aq) + 6H^+(aq) \longrightarrow 2Mn^{2+}(aq) + 5O_2(g) + 8H_2O(l)$

   (2) $Cr_2O_7^{2-}(aq) + 3SO_3^{2-}(aq) + 8H^+(aq) \longrightarrow 2Cr^{3+}(aq) + 3SO_4^{2-}(aq) + 4H_2O(l)$

   (3) $3As_2S_3(s) + 14ClO_3^-(aq) + 18H_2O(l) \longrightarrow 14Cl^-(aq) + 6H_3AsO_4(sln) + 9SO_4^{2-}(aq) + 18H^+(aq)$
3. 提示：$\varphi^\ominus(Cl_2/Cl^-) = 1.358V$，$\varphi^\ominus(H_2O_2/H_2O) = 1.776V$
4. (1) 氧化剂能力增强顺序：Zn^{2+}，Fe^{3+}，MnO_2，$Cr_2O_7^{2-}$，Cl_2，MnO_4^-

   (2) 还原剂能力增强顺序：Cl^-，Cr^{3+}，Fe^{2+}，H_2，Li
5. (1) (−) Zn(s) | Zn^{2+}(aq) ‖ Ag^+(aq) | Ag(s) (+)

   (2) (−) Pt(s) | Cr^{3+}(aq)，$Cr_2O_7^{2-}$(aq)，H^+(aq) ‖ Cl^-(aq) | Cl_2(g) | Pt(s) (+)

   (3) (−) Pt(s) | Fe^{2+}(aq)，Fe^{3+}(aq) ‖ IO_3^-(aq)，H^+(aq) | I_2(s) | Pt(s) (+)
6. (1) 铁粉；(2) MnO_2
7. H_2O_2 能自发分解成 H_2O 和 O_2
8. (1) −0.068V；(2) 0.946V；(3) 1.1287V
9. (1) MnO_4^- 能氧化 I^- 和 Br^-；(2) $\varphi(MnO_4^-/Mn^{2+}) = 0.986V$，此时 MnO_4^- 只能氧化 I^-，不能氧化 Br^-
10. (1) $E^\ominus = 0.404V$，$\Delta G^\ominus = 77.960kJ \cdot mol^{-1}$，$K^\ominus = 4.5 \times 10^{13}$

    (2) $6ClO_2(g) + 3H_2O \longrightarrow 5ClO_3^-(aq) + Cl^-(aq) + 6H^+(aq)$
11. (1) 生成 Co^{2+}；(2) 改变硝酸的浓度也改变不了 (1) 中的结论
12. pH = 3.02
13. pH 升高，Hg_2^{2+}、Cl_2、Cu^{2+} 氧化能力不变，$Cr_2O_7^{2-}$、MnO_4^-、H_2O_2 氧化能力减弱

14. 0.0888V，右边为正极，左边为负极

15. 0.021mol•L^{-1}

16. 5.6×10^{-7}

17. $[Cl^-] = 0.100$mol•L^{-1}

18. pH = 4.0，$K_a = 1.0 \times 10^{-6}$

Exercises

1. 1.15×10^{-18}

2. −21 100J•mol^{-1}，0.219V

3. (1) $3Fe(OH)_2(s) + MnO_4^-(aq) + 2H_2O(l) \longrightarrow MnO_2(s) + 3Fe(OH)_3(s) + OH^-(aq)$，$MnO_4^-(aq)$ is the oxidizing agent

(2) $5Zn(s) + 2NO_3^-(aq) + 12H^+(aq) \longrightarrow 5Zn^{2+}(aq) + N_2(g) + 6H_2O$，$NO_3^-(aq)$ is the oxidizing agent

4. (1) (−) $Al(s) | Al^{3+}(c_1) \| Cr^{3+}(c_2) | Cr(s)$ (+)

(2) (−) $Pt(s) | SO_2(g) | SO_4^{2-}(c_1), H^+(c_2) \| Cu^{2+}(c_3) | Cu(s)$ (+)

5. 7.8×10^{-4}mol•L^{-1}

6. (1) 0.040V；(2) 0.028V；(3) 6.0；(4) 1.17

7. Electrode A is the anode，1

8. 0.860V

第十章

习题

3. 1nm

4. 由 de Broglie 关系式得：$\lambda = 6.6 \times 10^{-35}$m，de Broglie 波长如此之小，可以完全忽略子弹的波动行为；由不确定性原理得：$\Delta x \geqslant 5.3 \times 10^{-30}$m，这样小的位置误差完全可以忽略不计，子弹可以精确地沿着弹道轨迹飞行

6. (1) 2p 能级；(2) 3d 能级；(3) 5f 能级；(4) $2p_x$ 或 $2p_y$ 轨道；(5) 4s 轨道

7. $2, 0, 0, +\frac{1}{2}; 2, 0, 0, -\frac{1}{2}; 2, 1, -1, +\frac{1}{2}; 2, 1, 0, +\frac{1}{2}; 2, 1, 1, +\frac{1}{2}.$

8. (1) 2s 亚层只有 1 个轨道；(2) 3f 亚层不存在，因为 $n = 3$ 的电子层中 l 只能小于 3；(3) 4p 亚层有 3 个轨道；(4) 5d 亚层有 5 个轨道

9.

原子序数	电子排布式	价层电子排布	周期	族
	$[Kr]4d^{10}5s^25p^1$	$5s^25p^1$	5	ⅢA
10		$2s^22p^6$	2	0
24	$[Ar]3d^54s^1$		4	ⅥB
80	$[Xe]4f^{14}5d^{10}6s^2$	$5d^{10}6s^2$		

10. (1) $[Ar]3d^54s^2$，5 个未成对电子；(2) $[Ar]3d^{10}4s^24p^6$，没有未成对电子；(3) 原子的电子排布式为 $[Kr]5s^2$，+2 价离子的电子排布式为 $[Kr]5s^0$，离子没有未成对电子；(4) $[Ar]3d^{10}4s^24p^3$，3 个未成对电子

11. Ag^+：$[Kr]4d^{10}$；Zn^{2+}：$[Ar]3d^{10}$；Fe^{3+}：$[Ar]3d^5$；Cu^+：$[Ar]3d^{10}$

12. 该元素基态原子的核外电子排布式为 $[Ar]3d^54s^1$，它在周期表中属于 4 周期、ⅥB 族、d 区。由于是 d 区过渡元素，其前后相邻原子的原子半径约以 5pm 的幅度递减

13. 同周期元素自左至右原子半径减小、有效核电荷递增，使得最外层电子的电离需要更高的能量。但 P 最外层 3p 轨道上 3 个电子正好半充满，根据洪德定则的补充规定，半充满稳定，结果 P 的 I_1 反而比 S 的 I_1 要高

14. 这5个元素在周期表中的位置如下

周期 \ 族	ⅡA	ⅡB	ⅤA	ⅥA	ⅦA
2					F
3				S	
4	Ca	Zn	As		

由于周期表中，从左到右元素电负性递增，从上到下元素电负性递减，故各原子按电负性降低次序的排列是：F、S、As、Zn、Ca

15. (1)基态原子价层电子排布是ns^2np^2，ⅣA族元素；(2)基态原子价层电子排布是$3d^64s^2$，4周期Ⅷ族的Fe元素；(3)基态原子价层电子排布是$3d^{10}4s^1$，4周期ⅠB族的Cu元素

16. Fe^{3+}的电子组态为[Ar]$3d^5$，3d轨道正好半充满，根据洪德定则的补充规定，半充满稳定；Fe^{2+}的电子组态为[Ar]$3d^6$，失去一个电子后，电子组态为[Ar]$3d^5$，反而稳定，所以Fe^{2+}易被氧化成Fe^{3+}

17. 硒(Se)在周期表中的位置是第4周期、ⅥA族、p区，价层电子组态为$4s^24p^4$，最多可以失去6个电子；氧化物中O元素的氧化值一般为−2，故硒的最高价氧化物为SeO_3

Exercises

1. The frequency of radiation emitted is $2.34\times10^{14}\ s^{-1}$

2. The mass of the neutron, $m_n=1.67\times10^{-27}$ kg, therefore the wavelength of a neutron traveling at a speed of $3.90\times10^3\ m\cdot s^{-1}$ is 0.102 nm, obtained by using de Broglie relation

3. For M shell, $n=3$, so where there are 3 subshells. As $l=3$ stands for f subshell, the number of orbitals is $2l+1=7$

4. All the electron configurations are possible except that one in answer(3), which allows 8 electrons being filled in three 2p orbitals

5. Thallium is a main-group element at Period 6 and Group ⅢA of the periodic table

6. (1)Cs, Ba, Sr; (2)Ca, Ga, Ge; (3)As, P, S

第十一章

习题

3. (1)均为平面正三角形；(2)价层电子对构型为平面正三角形，分子的空间构型为V形；(3)均为正四面体；(4)价层电子对构型为正四面体，分子的空间构型为V形；(5)均为三角双锥；(6)价层电子对构型为三角双锥，分子的空间构型为变形四面体；(7)均为正八面体；(8)价层电子对构型为正八面体，分子的空间构型为四方锥

6. (1)由sp^2等性杂化转变为sp^3等性杂化，由平面正三角形转变为正四面体；(2)杂化类型不变，构型由V形转变为三角锥形；(3)由sp^3不等性杂化转化为sp^3等性杂化，由三角锥形转变为正四面体

8. (1)sp^3不等性杂化，三角锥形；(2)sp杂化，直线形；(3)sp^3等性杂化，正四面体；(4)sp^3不等性杂化，V形

9. HNO_2，Π_3^4

10. (1)$[(\sigma_{1s})^2(\sigma_{1s}^*)^2(\sigma_{2s})^2(\sigma_{2s}^*)^2(\pi_{2p_y})^1(\pi_{2p_z})^1]$，2个单电子π键，键级为1，顺磁性；(2)$[(\sigma_{1s})^2(\sigma_{1s}^*)^2(\sigma_{2s})^2(\sigma_{2s}^*)^2(\sigma_{2p_x})^2(\pi_{2p_y})^2(\pi_{2p_z})^2(\pi_{2p_y}^*)^2(\pi_{2p_z}^*)^2]$，1个σ键，键级为1，反磁性；(3)$[(\sigma_{1s})^2(\sigma_{1s}^*)^2(\sigma_{2s})^2(\sigma_{2s}^*)^2(\sigma_{2p_x})^2(\pi_{2p_y})^2(\pi_{2p_z})^2(\pi_{2p_y}^*)^2(\pi_{2p_z}^*)^1]$，1个σ键和1个3电子π键，键级为1.5，顺磁性；(4)$[(\sigma_{1s})^2(\sigma_{1s}^*)^1]$，1个3电子σ键，键级为0.5，顺磁性。故最稳定的是F_2^+，最不稳定的是He_2^+

11. O_2^-存在，稳定性比O_2小，磁性较O_2弱

12. 按价键理论：H原子有单电子，可以配对形成共价键；He原子没有单电子，不能形成共价键。按分子轨道理论：H_2分子的分子轨道式为$(\sigma_{1s})^2$，键级为1，可以稳定存在。He_2分子的分子轨道式为$(\sigma_{1s})^2(\sigma^*_{1s})^2$，键

级为 0，He_2 不能稳定存在

13.（1）Π_3^3 （2）2 个 Π_3^4 （3）Π_4^6 （4）Π_4^4 （5）Π_4^6

15.（1）SiF_4 为正四面体，电偶极矩为零，非极性分子；（2）NF_3 为三角锥形，电偶极矩不为零，极性分子；（3）BCl_3 为平面正三角形，电偶极矩为零，非极性分子；（4）H_2S 分子为 V 形，电偶极矩不为零，极性分子；（5）$CHCl_3$ 分子为变形四面体，电偶极矩不为零，极性分子

16.（1）HCl；（2）H_2O；（3）NH_3；（4）非极性分子；（5）$CHCl_3$；（6）NF_3

18.（1）H_2<Ne<CO<HF；（2）CF_4<CCl_4<CBr_4<CI_4

21.（1）色散力；（2）色散力、诱导力和取向力，分子间氢键；（3）色散力和诱导力；（4）色散力、诱导力和取向力，分子间氢键

22.（1）>（2）>（3）

23.（1）A 为ⅣA 族元素，AB_4 为正四面体，sp^3 等性杂化；（2）A-B 键为极性键，AB_4 为非极性分子；（3）分子间只存在色散力；（4）熔点、沸点比 $SiCl_4$ 的低

Exercises

1. (a) sp—hybridized, linear; (b) sp^2—hybridized, trigonal planar; (c) sp^3—hybridized, trigonal pyramidal

2. (a) trigonal pyramidal; (b) bent; (c) tetrahedral; (d) linear

3. (a) $(\sigma_{1s})^2(\sigma_{1s}^*)^2(\sigma_{2s})^2(\sigma_{2s}^*)^2(\pi_{2p_y})^2(\pi_{2p_z})^2(\pi_{2p_x})^1$; (b) 2.5; (c) paramagnetic; (d) longer bond than N_2

4. delocalized

5. F^- and HCOOH

第十二章

习题

5. $[PdCl_4]^{2-}$ 具有抗磁性；$[Cd(CN)_4]^{2-}$ 具有抗磁性

6.（1）$[Co(en)_3]^{2+}$ 的空间构型为正八面体，为外轨配合物。（2）$[Fe(C_2O_4)_3]^{3-}$ 的空间构型为正八面体，为外轨配合物。（3）$[Co(en)_2Cl_2]Cl$ 的空间构型为正八面体，为内轨配合物

7. 铁的氧化值为 +2，形成的配合物为高自旋型

8. $[Co(CN)_6]^{4-}$ 极易被氧化成更稳定的 $[Co(CN)_6]^{3-}$；$[Co(CN)_6]^{4-}$ d_γ 轨道上的 1 个电子易失去，成为能量更低的 $[Co(CN)_6]^{3-}$

9. 配合物，电子排布，磁矩 μ/μ_B 及自旋状态分别如下：$[Co(NH_3)_6]^{2+}$，$d_\varepsilon^5d_\gamma^2$，3.87，高；$[Fe(H_2O)_6]^{2+}$，$d_\varepsilon^4d_\gamma^2$，4.90，高；$[Co(NH_3)_6]^{3+}$，$d_\varepsilon^6d_\gamma^0$，0，低

10. $[Mn(H_2O)_6]^{2+}$ 吸收光的波长比 $[Cr(H_2O)_6]^{2+}$ 吸收光的波长短，因此其分裂能大于 $[Cr(H_2O)_6]^{2+}$ 的分裂能。电子排布依次为 $d_\varepsilon^3d_\gamma^2$ 和 $d_\varepsilon^3d_\gamma^1$

11. $[Fe(H_2O)_6]^{2+}$ 的 CFSE = −49.75kJ·mol^{-1}；$[Fe(CN)_6]^{4-}$ 的 CFSE = −588.43kJ·mol^{-1}

12.（1）正向；（2）逆向；（3）正向

13.（1）有 $Cu(OH)_2$ 沉淀形成；（2）有 $Cu(OH)_2$ 沉淀形成；（3）没有 $Cu(OH)_2$ 沉淀生成

14. $[Ni(NH_3)_6^{2+}]=5.5\times10^{-11}$mol·L^{-1}；$[NH_3]=1.60$mol·L^{-1}；$[Ni(en)_3^{2+}]\approx0.10$mol·L^{-1}；$[en]=2.00$mol·L^{-1}

15.（1）$[Ag^+]5.4\times10^{-10}$mol·L^{-1}，$[Ag(NH_3)_2^+]=0.05$mol·L^{-1}，$[NH_3]=2.90$mol·L^{-1}

（2）没有 AgCl 沉淀生成；$c(NH_3)\geqslant0.46$mol·L^{-1}

16. $[Ag^+]=1.91\times10^{-20}$mol·L^{-1}；$[CN^-]=0.043$mol·L^{-1}；$[Ag(CN)_2^-]=0.046$mol·L^{-1}

17. $\varphi^\ominus\{[Zn(OH)_4]^{2-}/Zn\}=-1.28$V

18.（1）$c(NH_3)=0.58$mol·L^{-1}；（2）$[Ag(NH_3)_2^+]=0.05$mol·L^{-1}，$[Ag^+]=1.97\times10^{-8}$mol·L^{-1}，$c(NH_3)=0.48$mol·L^{-1}，$[Cl^-]=[K^+]=9\times10^{-3}$mol·L^{-1}；（3）$\varphi\{[Ag(NH_3)_2]^+/Ag\}=0.3437$V

19.（1）$[Ag^+]=4.27\times10^{-15}$mol·L^{-1}；（2）$K_s\{[Ag(S_2O_3)_2]^{3-}\}=2.93\times10^{13}$；（3）$[Ag(S_2O_3)_2^{3-}]=1.01\times10^{-7}$mol·L^{-1}，$[CN^-]\approx1$mol·L^{-1}，$[Ag(CN)_2^-]\approx0.5$mol·L^{-1}，$[S_2O_3^{2-}]\approx3.0$mol·L^{-1}

20. $K_s=7.5\times10^{16}$; $c(OH^-)=(7.1+0.1\times2)\,mol\cdot L^{-1}=7.3mol\cdot L^{-1}$

21. $\varphi^{\ominus}\{[Fe(bipy)_3]^{3+}/[Fe(bipy)_3]^{2+}\}=\varphi^{\ominus}(Fe^{3+}/Fe^{2+})-0.059\,16\lg\dfrac{K_{s,2}}{K_{s,1}}$

22. $K_{s,2}=1.74\times10^{14}$; $[Fe(bipy)_3]^{2+}$较稳定

23. (1) $n(Na_2S_2O_3)=0.214mol$, $[Ag(S_2O_3)_2^{3-}]\approx0.10mol\cdot L^{-1}$; $[S_2O_3^{2-}]\approx1.4mol\cdot L^{-1}$; $[NH_3]=0.20mol\cdot L^{-1}$; $[Ag(NH_3)_2^+]\approx1.0\times10^{-5}mol\cdot L^{-1}$; (2) $\varphi\{[Ag(S_2O_3)_2]^{3-}/Ag\}=0.16V$

Exercises

1. $[Co(NH_3)_4(H_2O)_2Cl]Cl_2$

2. $[CuY]^{2-}$ is the more stable than $[Cu(en)_2]^{2+}$

3. $c(NH_3)\geqslant1.13mol\cdot L^{-1}$

4. Nothing the precipitation of AgI in the solution

5. The reaction is in reverse direction

$$[Ag(NH_3)_2]^+(aq)+2CN^-(aq)\rightleftharpoons[Ag(CN)_2]^-(aq)+2NH_3(aq)$$

6. $K_f\{[Ag(NH_3)_4]^{2+}\}=2.09\times10^{13}$

7. $E_{cell}=1.130V$

第十三章

习题

1. (1)五位; (2)三位; (3)两位; (4)一位; (5)两位

2. $T=0.2g$

3. 甲准确度高; 乙精密度高

4. (1)偏小; (2)偏大

5. $pH=8.11\sim10.11$

6. $0.1028mol\cdot L^{-1}$

7. $\bar{E}_{r1}>0.05\%$; $\bar{E}_{r2}<0.05\%$

8. 参加反应的各物质恰好按化学反应方程式所表示的计量关系反应完全称为化学计量点; 通过指示剂颜色的改变确定的终点称为滴定终点; 中性点 $pH=7$

9. $K_a=4.2\times10^{-7}$

10. (1)能，可选用酚酞(pH 8.2～10.0)作指示剂; (2)能，有一个滴定突跃，可选用百里酚酞(pH 9.4～10.6)作指示剂; (3)能，有2个滴定突跃，可分别选用甲基橙(pH 3.2～4.4)和酚酞(pH 8.2～10.0)或百里酚蓝(pH 8.0～9.6)作为两步滴定的指示剂; (4)能，有一个滴定突跃，可选用酚酞(pH 8.2～10.0)或百里酚蓝(pH 8.0～9.6)作指示剂; (5)不能

11. 有一个滴定突跃。化学计量点时的pH=9.40，可选用酚酞(pH=8.2～10.0)或百里酚酞(pH=9.4～10.6)作指示剂

12. $\omega_{Na_2CO_3}=71.61\%$; $\omega_{NaHCO_3}=9.11\%$

13. $\omega_{NH_3}=41.25\%$

14. $\omega_{NH_3}=0.631\%$

15. $\omega_{C_9H_8O_4}=95.08\%$

16. $\rho_{H_2O_2}=33.32(sln)\,g\cdot L^{-1}$

17. $m_{Ca^{2+}}=23.0mg$

18. $\omega_{Ca(ClO)_2}=5.380\%$

19. $\omega_{C_6H_8O_6}=98.07\%$

20. $V_{EDTA}=20.00mL$

21. $c_{EDTA}=0.010\,42mol\cdot L^{-1}$

22. $c_{Ca^{2+}}=1.105mmol\cdot L^{-1}$; $c_{Mg^{2+}}=0.384mmol\cdot L^{-1}$

23. $\rho_{H_2O_2}=11.10g\cdot L^{-1}$

Exercises

1. 0.019

2. (a) HX is weaker. The higher the pH at the stoichiometric point, the stronger the conjugate base (X^-) and the weaker the conjugate acid (HX)

(b) Phenolphthalein, which changes color in the pH 8.2-10.0 range, is perfect for HX and probably appropriate for HY

3. (a) $Mr=109.6$; (b) $K_a=1.6\times10^{-6}$

4. $m_{H_2C_2O_4\cdot2H_2O}=4.5g$

5. $c_{NaOH}=0.059\,50mol\cdot L^{-1}$

6. (a) $c_{NaOH}=0.2240mol\cdot L^{-1}$; (b) $m_{NaOH}=8.960g$

7. $\omega_{Na_2CO_3}=31.71\%$; $\omega_{NaHCO_3}=44.98\%$

第十四章

习题

5. $T_2=T_1^{1/2}$, $T_3=T_1^2$, T_2 为最大

6. $1.10\times10^4L\cdot mol^{-1}\cdot cm^{-1}$

7. $\varepsilon_1\neq\varepsilon_2$, 不符合 Lambert-Beer 定律

8. 0.528g

9. 0.0600g

10. $T_2=25\%$, $A_2=0.60$

11. 5.0L

12. $\omega=0.984$

Exercises

1. $\varepsilon=1.17\times10^4L\cdot mol^{-1}\cdot cm^{-1}$, $a=0.209L\cdot mg^{-1}\cdot cm^{-1}$

2. $A_2=1.20$, $T_2=6.3\%$

3. $A=0.155$, $T=0.240$

第十五章

习题

1. 原子吸收光谱分析是基于试样蒸气相中被测元素的基态原子对由光源发出的该原子的特征性窄频辐射产生共振吸收，其吸光度在一定范围内与蒸气相中被测元素的基态原子浓度成正比，以此测定试样中该元素含量的一种仪器分析方法

2. $22.6\mu g\cdot g^{-1}$

3. $0.280mg\cdot L^{-1}$

4. 荧光强度的灵敏度取决于检测器的灵敏度，当光电倍增管被改进增加了倍数，极微弱的荧光也能被检测到，所以可以测定更稀浓度的溶液，由此荧光分析的灵敏度将会被提高。可见 - 紫外分光光度法定量的依据是吸光度与吸光物质浓度的线性关系，所测定的是透射光和入射光的比值（透光率，即 I_t/I_0）。当增大光强信号时，透射光和入射光强度同时增大，比值不变，对灵敏度的提高没有作用。因此荧光分析法的测定灵敏度比一般可见 - 紫外分光光度法高，一般要高 3～4 个数量级

5.（1）若温度升高，分子运动速度加快，分子间碰撞机会增加，使无辐射增加，降低荧光效率。

（2）降低荧光体的浓度，分子间碰撞机会减少，使无辐射减少，提高荧光效率。

（3）溶剂的黏度增加时，分子碰撞机会减少，使无辐射减少，提高荧光效率

6. 低浓度时，溶液的荧光强度与溶液中荧光物质的浓度成正比：$F=Kc$，其适用条件是 $\varepsilon cL < 0.05$。若 $\varepsilon cL > 0.05$，荧光强度与溶液浓度不成线性关系，其曲线向浓度轴偏离，在较浓的溶液中，有时会出现荧光强度随浓度增大而降低的现象

7. 65.0%

8. 外标法、内标法、归一化法；内标法

9. 利用保留时间定性

10. 高效液相色谱主要优点是可以对那些不易汽化的成分进行分析，应用范围广。与气相色谱相比，造价高、柱效低。气相色谱具有仪器造价相对低、易于操作、分析效率高和分析速度快的突出优势，被广泛使用。适用挥发性好、易于汽化物质的分析

Exercises

1. Excitation 367 nm，emission 483 nm，pH = 9.35

2. 3.85×10^{-5} mol·L^{-1}

3. (1) $N_A=46\,000$, $N_B=48\,500$, $N_C=44\,400$, average $N=46\,300$; (2) 0.43mm; (3) $R_{AB}=1.5$, $R_{BC}=1.1$

第十六章

习题

1. 质子数、中子数、能量状态均确定的原子核称为核素；质子数相同，中子数不同的核素互称为同位素；质子数和质量数相同但能量状态不同的核素称为同质异能素

2. 主要包括 α 衰变、β 衰变、γ 衰变、正电子衰变

3. (1) $^{210}_{83}\mathrm{Bi} \longrightarrow {}^{210}_{84}\mathrm{Po} + {}^{0}_{-1}\mathrm{e}$

(2) $^{232}_{90}\mathrm{Th} \longrightarrow {}^{228}_{88}\mathrm{Ra} + {}^{4}_{2}\mathrm{He}$

(3) $^{84}_{39}\mathrm{Y} \longrightarrow {}^{84}_{38}\mathrm{Sr} + {}^{0}_{1}\mathrm{e}$

(4) $^{44}_{22}\mathrm{Ti} + {}^{0}_{-1}\mathrm{e} \longrightarrow {}^{44}_{21}\mathrm{Sc}$

Exercises

1. (1) $^{6}_{3}\mathrm{Li} + {}^{1}_{0}\mathrm{n} \longrightarrow {}^{4}_{2}\alpha + {}^{3}_{1}\mathrm{H}$

(2) $^{238}_{92}\mathrm{U} + {}^{1}_{0}\mathrm{n} \longrightarrow {}^{239}_{92}\mathrm{U}$　$^{239}_{92}\mathrm{U} \longrightarrow {}^{0}_{-1}\mathrm{e} + {}^{239}_{93}\mathrm{Np}$　$^{239}_{93}\mathrm{Np} \longrightarrow {}^{0}_{-1}\mathrm{e} + {}^{239}_{94}\mathrm{Pu}$

(3) $^{14}_{7}\mathrm{N} + {}^{1}_{0}\mathrm{n} \longrightarrow {}^{14}_{6}\mathrm{C} + {}^{1}_{1}\mathrm{H}$

(4) $^{2}_{1}\mathrm{H} + {}^{2}_{1}\mathrm{H} \longrightarrow {}^{3}_{2}\mathrm{He} + {}^{1}_{0}\mathrm{n}$

2. 0.125g

推荐阅读

[1] 王夔. 化学原理和无机化学. 北京：北京大学医学出版社，2005.

[2] 傅献彩. 大学化学(上册). 北京：高等教育出版社，1999.

[3] 华彤文，王颖霞，卞江，等. 普通化学原理. 4版. 北京：北京大学出版社，2013.

[4] 印永嘉. 化学原理(下册). 北京：高等教育出版社，2007.

[5] 高松. 普通化学. 北京：北京大学出版社，2013.

[6] 北京师范大学，华中师范大学，南京师范大学. 无机化学(上册). 4版. 北京：北京大学医学出版社，2014.

[7] 大连理工大学无机化学教研室. 无机化学. 5版. 北京：高等教育出版社，2006.

[8] 武汉大学，吉林大学，等. 无机化学(上册). 5版. 北京：高等教育出版社，2015.

[9] 宋天佑，程鹏，徐家宁，等. 无机化学. 3版. 北京：高等教育出版社，2015.

[10] 杨怀霞，刘幸平. 无机化学. 北京：中国医药科技出版社，2015.

[11] 顾雪蓉，朱育平. 凝胶化学. 北京：化学工业出版社，2004.

[12] 李三鸣. 物理化学. 8版. 北京：人民卫生出版社，2016.

[13] 徐光宪，黎乐民. 量子化学基本原理和从头计算法(上册). 北京：科学出版社，1999.

[14] 周公度，段连运. 结构化学基础. 5版. 北京：北京大学出版社，2017.

[15] 孙为银. 21世纪化学丛书——配位化学. 北京：化学工业出版社，2004.

[16] 戴安邦. 无机化学丛书(第十二卷)——配位化学. 北京：科学技术出版社，1987.

[17] 许兴友，王济奎. 无机及分析化学. 南京：南京大学出版社，2014.

[18] 何玲，李银环. 无机与分析化学. 北京：高等教育出版社，2017.

[19] 柴逸峰，等. 分析化学. 8版. 北京：人民卫生出版社，2016.

[20] 李少华，王荣福. 核医学. 8版. 北京：人民卫生出版社，2013.

[21] 于文广，李海荣. 化学与生命. 北京：高等教育出版社，2013.

[22] 黄时中. 原子结构理论. 合肥：中国科学技术大学出版社，2005.

[23] Lucy Pryde Eubanks and Catherine H. Middlecamp. 段连运，等译. 化学与社会. 北京：化学工业出版社，2008.

[24] Zumdahl S S. Chemical Principles. 5th ed. New York：Houghton Mifflin Company，2005.

[25] McMurry J E，Fay R C，Robinson J K. Chemistry. 7th ed. London：Pearson Education Limited，2016.

[26] Brown T E，LeMay H E，Bursten B E，et al. Chemistry. The Central Science. 11th ed. New Jersey：Prentice Hall，2008.

[27] Silberberg M S. Chemistry，The molecular Nature of Matter and change. New York：published by McGraw-Hill company，2010.

[28] 〔美〕Miessler G L，Tarr D A. 无机化学(英文版). 北京：机械工业出版社，2012.

[29] Zhang J，Chen P，Yuan B，et al. Real-Space Identification of Intermolecular Bonding with Atomic Force Microscopy. Science，2013，342(6158)：611-614.

[30] Siggaard-Ardersen O，Durst R A，Mass A H J. Physico-chemical-quantities and units in clinical chemistry with special emphasis on activities and activity coefficients. Pure & Appl Chem.，1984，56(5)：567-594.

中英文名词对照索引

N

O

P

Q

R

S

T